铅酸蓄电池制造技术

第2版

柴树松　编著

机械工业出版社

本书对铅酸蓄电池的基础理论、工艺过程、产品设计、质量控制、环境保护、能源消耗、前沿技术、原辅材料及检测等内容进行了介绍。在理论指导的基础上，介绍了生产实践中总结的经验，并尽可能地符合目前蓄电池生产的实际情况。因此，本书对蓄电池科研、生产、管理等具有实用性和可操作性的指导作用。

本书适合从事铅酸蓄电池生产、科研、产品开发、质量控制、检测、生产管理的工程技术人员、生产管理人员、质量控制人员阅读；可供使用蓄电池的相关人员参考；可用于蓄电池厂操作员工的培训用书；也可作为高校学生的参考书。

图书在版编目（CIP）数据

铅酸蓄电池制造技术/柴树松编著.—2版. —北京：机械工业出版社，2016.11（2024.2重印）

ISBN 978-7-111-55554-4

Ⅰ.①铅… Ⅱ.①柴… Ⅲ.①铅蓄电池-制造 Ⅳ.①TM912.1

中国版本图书馆CIP数据核字（2016）第287431号

机械工业出版社（北京市百万庄大街22号 邮政编码100037）
策划编辑：林春泉 责任编辑：林春泉
责任校对：张晓蓉 封面设计：路恩中
责任印制：常天培
北京机工印刷厂有限公司印刷
2024年2月第2版第5次印刷
184mm×260mm·24.25印张·591千字
标准书号：ISBN 978-7-111-55554-4
定价：79.00元

电话服务 网络服务
客服电话：010-88361066 机 工 官 网：www.cmpbook.com
010-88379833 机 工 官 博：weibo.com/cmp1952
010-68326294 金 书 网：www.golden-book.com
封底无防伪标均为盗版 机工教育服务网：www.cmpedu.com

第2版前言

本书第1版出版后，受到蓄电池行业的关注，特别受到铅酸蓄电池研发和生产的技术人员、蓄电池行业管理人员和生产员工的欢迎；也受到蓄电池装备、材料等相关行业的关注；部分学校将该书定为培训技术和管理人员的教材和参考资料，在此对读者表示衷心的感谢！

2015年底全国机动车保有量达到2.7亿辆，随着机动车保有量的快速增加，我国城市空气开始呈现出机动车尾气污染的特点，直接影响了群众的健康。减少尾气的排放是当务之急，在世界各地，特别是发达国家，正在大力发展具有微混和起停功能的汽车，我国也在积极的跟进，以应对尾气的污染问题。微混和起停汽车是采用当汽车遇到红灯或堵车时，踩下刹车后发动机自动停止，松开制动时，自动起动的技术，和普通汽车驾驶习惯一样。这种汽车短暂停车时没有怠速，减少了排放。因为这种减排是最容易实现的技术，且成本增加不多，尽管节油只有3%～5%，还是得到了快速发展。第2版在第13章铅酸蓄电池新技术中增加了微混汽车蓄电池的基本知识，便于读者的学习和了解。

近几年，蓄电池的装备制造业有了快速的发展，装备的不断改进促进了蓄电池制造企业的进步，使蓄电池行业的产品质量提高、成本降低、污染减少，为促进蓄电池工业的发展做出了贡献。

在第11章蓄电池用原材料及其性质的章节中，增加了炭黑的品种、预混合复合添加剂、石墨烯材料的介绍。以满足当前铅炭电池、添加石墨烯电池的开发和生产参考。

随着保护环境的力度加大，铅酸蓄电池生产中的环保要求更加严格，部分标准在第1版后进行了修订，为此对第10章铅烟、铅尘、废水的处理及职业卫生中的污染物排放标准进行了相应的修订。

在附录中，根据新颁布的铅酸蓄电池规范条件代替了准入文件，增加了铅酸蓄电池规范条件的文件。增加了电池行业清洁生产的评价指标体系。

由于本人水平所限，书中不妥之处请大家给予指正，作者表示衷心感谢。

在第2版中，李亚涛、邢延超、魏祯、柯志民、张健等提供了部分资料，给予了大力支持，在此表示衷心感谢！

在出版过程中，机械工业出版社林春泉老师给予了大力帮助，在此表示衷心感谢！

柴树松

第1版前言

铅酸蓄电池是一种安全性较高、性能稳定、制造成本较低，可低成本再生利用的资源循环型化学电源，广泛应用于国民经济和人们的生活中。起动铅酸蓄电池用于汽车起动和车载设施用电；电动自行车用蓄电池用作行驶的动力源；固定型蓄电池用于通信基站、电力、银行等需要备用电源的场合；储能蓄电池用于太阳能、风能发电的储存；铅酸蓄电池还广泛应用于铁路机车、船舶、矿山、短途车辆、航空地勤、军用、民用照明等领域。铅酸蓄电池是实用和重要的化学电源之一。

铅酸蓄电池的发明已经有150多年的历史。随着技术的发展，用电设施新功能的不断出现，促使蓄电池技术不断进步。如汽车起动用蓄电池，过去主要是起动发动机，现在随着节能环保的要求，汽车新技术的不断出现，其中一项就是在制动减速时回收能量，在起步或加速时借助蓄电池能量的技术，这就出现了汽车起停电池，显然这种电池与过去的电池在功能上有了很大的不同；再比如电动助力蓄电池的使用寿命是关系到使用成本的问题，最近几年蓄电池寿命得到了较大的提高，一般可达到2年以上，这在10年前是不可想象的；其他用途的蓄电池也在进步之中，因此蓄电池的技术是在不断地进步的。

中国铅酸蓄电池制造业在最近几年取得了明显的进步，主要体现在技术逐渐成熟，生产逐步实现规模化、集中化，小企业逐步被淘汰，蓄电池行业的集中度有了明显的提高。特别是环保整治后，粗放的产业格局得到了扭转。

铅酸蓄电池制造是一个传统的产业，但随着蓄电池用户要求的提高和新技术发展的需要，促使蓄电池技术的提高，同时促进了蓄电池制造装备的进步。在蓄电池制造中，基础理论固然重要，但生产经验和技术诀窍不可或缺。本书在介绍基本理论的同时，力争将一些经验介绍出来，使之成为蓄电池制造工作者的实用资料。

造出蓄电池是容易的，但造出优质的蓄电池是很难的。有些工厂没有生产蓄电池的经验，转产到这个行业就可以生产蓄电池，没有几年时间的历练是很难达到满意的程度的。即使有多年生产经验并具有一定规模和水平的工厂也经常会出现这样那样的问题，可想而知蓄电池的生产还是具有独特的工艺，这就是蓄电池的电化学反应的复杂性。在蓄电池生产过程中，检测的指标往往只能间接地反映蓄电池的性能，因此技术人员的经验和总体考虑处理问题的能力非常重要。

15年前，我曾编写过一本蓄电池技术的书稿，但深感水平有限，就放弃了出版，但通过那次写作，学习了很多理论知识，这使我仍记忆犹新。3年前，又萌生了写这本书的想法，从那时起坚持写作，就有了今天这本书的出版。

知识需要积累。在风帆公司工作的16年期间，风帆的严谨、求实作风影响着我，使我成为一名蓄电池技术人员；在福建闽华公司工作的11年期间，务实、灵活、雷厉风行的作风也影响着我，在公司和蓄电池技术的发展中得到了提升。这些经历是写出这本书的源泉。因此，非常感谢曾经工作的单位和帮助过我的人们。

本书包括蓄电池的基础知识、制造工艺、设计、质量控制、化验检测、能源分析、环境保护、材料特性以及新蓄电池技术等内容。重点结合蓄电池工厂的情况，介绍了生产工艺过程和控制；介绍了蓄电池研发、生产、质量管理中的一些实用经验。近几年，蓄电池行业进行了环保整治，在本书中也介绍了蓄电池生产中污染物的产生及污染的治理，铅对人体的危害以及职业卫生。本书还介绍了蓄电池的新技术。由于理论水平和实践经验所限，书中不妥之处，敬请指正。

本书用“阀控式蓄电池”代替“阀控密封蓄电池”的习惯称谓，用“表观密度”代替“视密度”，这样更符合国际和标准化法的要求。

张健补充修改了本书部分章节的内容；本书由沈双珠、张健、王建贞、朱有凤、曾庆丽审校，他们提出了非常好的修改意见和建议；杨凌对本书中的计量单位、名称的标准化要求进行了指导；在编写过程中得到了山东金科力电源科技公司邢福成，泉州一鸣科技公司戴增实、贺铁根的大力帮助；在该书出版过程中也得到了杨凌的大力帮助；在此对他们表示衷心的感谢。

最后感谢机械工业出版社，对本书的编写提出了宝贵指导意见，并积极安排了出版的各项工作。

柴树松

目 录

第1章　铅酸蓄电池的基础知识

1.1　铅酸蓄电池的概念

铅酸蓄电池是一种化学电源。化学电源是一种化学能转化电能的装置，一般称为电池。一次电池，主要是指一次性放电，不能再次充电的电池；二次电池，是指可以反复充电、放电使用的电池。铅酸蓄电池就是二次电池。

铅酸蓄电池正极活性物质是二氧化铅（PbO_2），负极活性物质是铅（Pb），电解液是稀硫酸，正负极之间由隔板隔开，电解液中的离子可以通过隔板中的微孔，但电极上的电子不能通过隔板。铅酸蓄电池放电后，正极板的活性物质二氧化铅（PbO_2）转化成硫酸铅（$PbSO_4$），附着在正极板上，负极活性物质铅（Pb）也转化成硫酸铅（$PbSO_4$），附着在负板上，电解液中的硫酸扩散到极板中去，电解液的浓度降低。在充电时，发生相反的反应。这样铅酸蓄电池就可以反复使用，直到储存的容量达不到用电器的要求时，寿命终止。

铅酸蓄电池由正极板、负极板、隔板、电解液、塑料槽、连接件、极柱等组成。根据电解液的状态分为富液式蓄电池和贫液式蓄电池。根据有无注酸孔的结构，分为开口式蓄电池和阀控式蓄电池。根据用途不同，分为起动用蓄电池、助力车用蓄电池、备用电源蓄电池、储能蓄电池、船用蓄电池、铁路机车用蓄电池、矿灯用蓄电池、动力用蓄电池等。

铅酸蓄电池的单体额定电压为2V，一只蓄电池可由多个单体串联而成，形成2V、6V、12V、24V等蓄电池；铅酸蓄电池的容量可以小到0.3A·h以下，大到几千安时，基本上可以做到任意的大小。

铅酸蓄电池广泛应用于国民经济和人民生活的各个方面，应用非常广泛。

用于汽车、拖拉机、工程车等蓄电池主要是起动发动机用途的蓄电池称为起动用蓄电池，它是用量最大的蓄电池之一，起动用蓄电池一般额定电压为12V，容量36~200A·h，根据发动机排气量的大小，配置不同的蓄电池，排气量越大，配置的蓄电池的容量也越大。起动用蓄电池的尺寸根据配套车型的不同，大致分为中国标准、美国标准、欧洲标准、日本标准、国际电工委员会标准等规定的外形尺寸。起动用蓄电池一般是富液式的免维护蓄电池，起动用蓄电池的工作方式是，起动时150~600A大电流放电，汽车开动后，汽车的充电系统给蓄电池充电，蓄电池长时间处于充电状态。

电动助力车得到较快的发展，主要得益于铅酸蓄电池技术的发展和质量的大幅提高，电动助力车用铅酸蓄电池，一般用三只或四只额定电压为12V，容量为10A·h或12A·h的铅酸蓄电池，它使用的特点是，使用时放电深度大，充电时间较长，即所谓的深充深放。电动助力车用蓄电池要求有较长的寿命，因此是蓄电池生产技术难度较高的蓄电池之一。

备用电源用铅酸蓄电池，广泛应用于电力、通信等众多领域，一般是固定型阀控式蓄电池，单只额定电压为2V、12V的蓄电池，一般由多只蓄电池串联使用。

1.2 铅酸蓄电池的原理

铅酸蓄电池放电的总反应式为

$$Pb + PbO_2 + 2H_2SO_4 = 2PbSO_4 + 2H_2O \tag{1-1}$$

铅酸蓄电池充电的总反应式为

$$2PbSO_4 + 2H_2O = Pb + PbO_2 + 2H_2SO_4 \tag{1-2}$$

铅酸蓄电池的正负极的反应是分开的，如图1-1，但同时进行，在接通外电路放电时，负极上的铅（Pb）失去电子氧化成二价铅（Pb^{2+}），反应式为

$$Pb + H_2SO_4 - 2e^- = PbSO_4 + 2H^+ \tag{1-3}$$

正极在放电时，四价铅（Pb^{4+}）得到电子，还原成二价铅（Pb^{2+}），反应式为

$$PbO_2 + H_2SO_4 + 2H^+ + 2e^- = PbSO_4 + 2H_2O \tag{1-4}$$

正负极上的铅离子是微量的，它与硫酸根离子形成硫酸铅（$PbSO_4$）。随着反应的进行，电解液中的硫酸，与正负极板中的Pb^{2+}不断形成$PbSO_4$，结晶在极板上，电解液中的硫酸浓度逐渐降低。

铅酸蓄电池在连接上直流电源充电时，负极上硫酸铅中的二价铅被还原成铅（Pb），硫酸析出，进入电解液，该反应是负极放电反应式（1-3）的逆反应。正极上硫酸铅中的二价铅，氧化成四价铅，形成二氧化铅（PbO_2），硫酸析出，进入电解液，该反应是正极放电反应式（1-4）的逆反应。随着反应的进行，电解液中硫酸的浓度逐渐增高。

铅酸蓄电池的反应原理图，如图1-1所示。

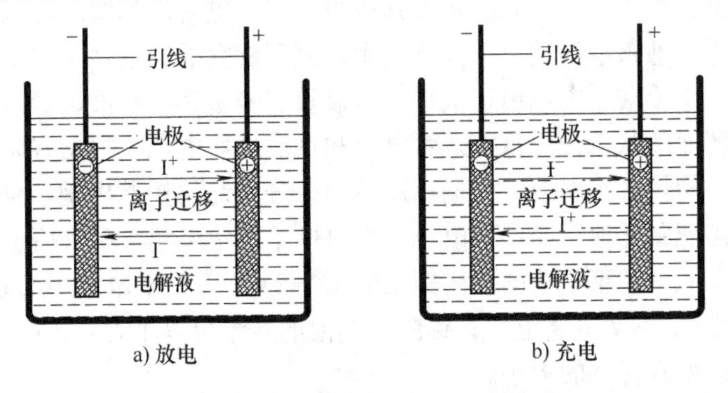

图1-1 铅酸蓄电池放电充电原理图

1.3 铅酸蓄电池的热力学

1.3.1 热力学参数

热力学是研究化学反应发生的可能性和进行程度的。在电化学反应中，当电极没有电流通过时，电池体系处于平衡态。电池体系状态一定，各热力学参数有确定的值；热力学的函数只与组分和所处的能量状态相关，与反应过程、途径无关。在平衡条件下，热力学的性能参数达到最大值。

电化学反应的热力学函数有，焓 H、吉布斯自由能 G、熵 S。用这些函数表示物质状态的量，实际应用意义不大，但反应前后的差值，是常用的表示变化特征或变化状态的参数，一般用反应焓的变化 ΔH，表示反应所释放或吸收的能量；自由能的变化 ΔG，表示能够转变成电能或机械能的（最大量）化学能；反应熵变 ΔS，与化学反应或电化学反应过程中能量的损失或者能量的获得有关系的一个参数，T 与 ΔS 的乘积，即可逆热效应，表示可逆过程中与周围环境之间发生的热交换。

热力学参数的重要关系是

$$\Delta G = \Delta H - T\Delta S \tag{1-5}$$

式中　T——热力学温度（K）。

1.3.2　铅酸蓄电池的电动势

铅酸蓄电池的电动势是铅酸蓄电池在平衡状态下，正极电极电位与负极电极电位的差值。电动势可用热力学公式计算，也可以用电极电位来计算。

电池电动势的大小由电池中进行的反应性质和条件决定，与电池的形状、尺寸无关。电动势是电池产生电能的推动力。

反应自由能 ΔG 描述了可以转变成电能能量的大小，它有下面的关系式为

$$\Delta G = -nFE \tag{1-6}$$

$$E = -\frac{\Delta G}{nF} \tag{1-7}$$

式中　E——单体电池的电动势；

ΔG——自由能的变化；

n——反应交换电子数［在式（1-1）中为 2］；

F——法拉第常数（96485C/mol）。

这是在可逆条件下的电池电压，即所有的反应都处于平衡态时的电压，实际上这意味着电池中没有电流流过。

如果电池的总反应的方程式为

$$mA + nB = kC + lD$$

根据化学反应的等温方程式，写成

$$\Delta G = \Delta G^0 + RT\ln\frac{a^k(C)a^l(D)}{a^m(A)a^n(B)} \tag{1-8}$$

将式（1-6）代入式（1-8）

$$\Delta G = \Delta G^0 + RT\ln\frac{a^k(C)a^l(D)}{a^m(A)a^n(B)} = -nFE$$

$$E = \frac{-\Delta G^0}{nF} - \frac{RT}{nF}\ln\frac{a^k(C)a^l(D)}{a^m(A)a^n(B)}$$

其中　$\frac{-\Delta G^0}{nF} = E^0$

$$E = E^0 - \frac{RT}{nF}\ln\frac{a^k(C)a^l(D)}{a^m(A)a^n(B)} \tag{1-9}$$

式中　E^0——为标准电动势，标准状态下，所有反应物和生成物的活度或压力等于 1 时的

电动势；

R——通用气体常数，为8.31J/（K·mol）；

T——温度（K）。

铅酸蓄电池的化学反应方程式为式（1-1），将离子活度带入式（1-9）方程中：

$$E = E^0 - \frac{RT}{2F}\ln\frac{a^2(PbSO_4)a^2(H_2O)}{a(Pb)a(PbO_2)a^2(H_2SO_4)}$$
$$= E^0 + \frac{RT}{F}\ln\frac{a(H_2SO_4)}{a(H_2O)} \tag{1-10}$$

其中，Pb、PbO_2 和 $PbSO_4$ 为纯固体状态，活度为1。

可根据电池总反应（这里硫酸是一步电离）：

$$PbO_2 + Pb + 2H^+ + 2HSO_4^- = 2PbSO_4 + 2H_2O \tag{1-11}$$

和全部物质活度为1时的热力学数据进行计算：

$$\Delta G^0 = [2\Delta G^0(PbSO_4) + 2\Delta G^0(H_2O)] - [\Delta G^0(Pb) + \Delta G^0(PbO_2) + 2\Delta G^0(H^+) + 2\Delta G^0(HSO_4^-)]$$

查表,并计算,

$$\Delta G^0 = -372.6\text{kJ/mol}$$
$$E^0 = \frac{-\Delta G^0}{nF} = \frac{-(-372.6)\times 1000}{2\times 96485} \approx 1.931\text{V} \tag{1-12}$$

在25℃时，式（1-10）简化为

$$E = 1.931 + 0.059\lg\frac{a(H_2SO_4)}{a(H_2O)} \tag{1-13}$$

若蓄电池的总反应（硫酸完全电离）：

$$PbO_2 + Pb + 4H^+ + 2SO_4^{2-} = 2PbSO_4 + 2H_2O \tag{1-14}$$

$$\Delta G^0 = [2\Delta G^0(PbSO_4) + 2\Delta G^0(H_2O)] - [\Delta G^0(Pb) + \Delta G^0(PbO_2) + 4\Delta G^0(H^+) + 2\Delta G^0(SO_4^{2-})]$$

查表，并计算，

$$\Delta G^0 = -395.4\text{kJ/mol}$$
$$E^0 = \frac{-\Delta G^0}{nF} = \frac{-(-395.4)\times 1000}{2\times 96485} \approx 2.049\text{V} \tag{1-15}$$

$$E = 2.049 + 0.059\lg\frac{a\ (H_2SO_4)}{a\ (H_2O)} \tag{1-16}$$

式（1-13）和式（1-16）都是正确的，两者只是使用了不同标准的酸浓度，式（1-13）表示平均活度 a_{H^+}、$a_{HSO_4^-}$ 和 $a_{H_2O} = 1\text{mol/dm}^3$ 时的平衡电压值，对应于：

$$\frac{a_{H^+}a_{HSO_4^-}}{a_{H_2O}} = 1$$

而式（1-16）是表示 a_{H^+}、$a_{SO_4^{2-}}$ 和 $a_{H_2O} = 1\text{mol/dm}^3$ 时的平衡电压值，平衡电压 E^0 对应于：

$$\frac{(a_{H^+})^2 a_{SO_4^{2-}}}{a_{H_2O}} = 1$$

式（1-13）中标准电动势对应的硫酸浓度为 1.083mol/dm³（≈10% 质量百分比浓度，或密度约为 1.066g/cm³）时接近此值；式（1-16）中标准电动势对应的浓度大约为 2.42mol/dm³（≈20.2% 质量百分比浓度，或密度约为 1.145g/cm³）时接近此值[4]。在两个式中，代入的硫酸的活度要与式中标准电动势的硫酸的活度电离状态相同。

铅酸蓄电池中化合物的热力学参数的标准值见表 1-1。

表 1-1　铅酸蓄电池中化合物的热力学参数的标准值[1]（25℃）

物质	生成焓 H^0 /kJ · mol⁻¹	生成自由能 G^0/kJ · mol⁻¹	物质	生成焓 H^0 /kJ · mol⁻¹	生成自由能 G^0/kJ · mol⁻¹
Pb	0	0	H_2SO_4	-814.0	-690.1
PbO_2	-277.4	-217.4	HSO_4^-	-887.3	-755.4
$PbSO_4$	-919.9	-813.2	SO_4^{2-}	-909.3	-744.0
H^+	0	0	H_2O	-285.8	-237.2

根据电解质平均浓度的计算公式，导出硫酸完全电离（1-2 价电解质）的活度的计算公式[2,3]：

$$a(H_2SO_4) = (4^{1/3}m\gamma_\pm)^3 \tag{1-17}$$

式中　$a(H_2SO_4)$——H_2SO_4 的活度；

m——H_2SO_4 的质量摩尔浓度（mol/kg）；

$\gamma_\pm$——H_2SO_4的平均活度系数。

根据电解质平均浓度的计算公式，导出硫酸一步电离（1-1 价电解质）活度的计算公式：

$$a(H_2SO_4) = (m\gamma_\pm)^2 \tag{1-18}$$

硫酸溶液中水的活度以及硫酸的平均活度系数，可以从文献［3］中查到，可以求出在 25℃不同电解液的铅酸蓄电池的电动势（见表 1-2），即在平衡状态下，单体的开路电压。

表 1-2　酸浓度参数（25℃）与电池电动势和相对于标准氢电极的电极电位[4]

硫酸浓度			电动势 E^0/V	电极电位/V（相对于标准氢电极）	
密度/g · cm⁻³	H_2SO_4（质量分数,%）	浓度/mol · dm⁻³		正极	负极
1.01	1.731	0.1783	1.828	1.539	-0.289
1.02	3.242	0.3372	1.862	1.568	-0.294
1.03	4.746	0.4983	1.883	1.590	-0.293
1.04	6.237	0.6613	1.899	1.606	-0.293
1.05	7.704	0.852	1.913	1.619	-0.293
1.06	9.129	0.9865	1.935	1.630	-0.294
1.07	10.56	1.152	1.942	1.640	-0.295
1.08	11.96	1.317	1.945	1.649	-0.296
1.09	13.36	1.484	1.955	1.657	-0.297
1.10	14.73	1.652	1.964	1.665	-0.299
1.11	16.08	1.820	1.973	1.673	-0.300

（续）

硫酸浓度			电动势 E^0/V	电极电位/V（相对于标准氢电极）	
密度/g·cm^{-3}	H_2SO_4（质量分数,%）	浓度/mol·dm^{-3}		正极	负极
1.12	17.43	1.990	1.982	1.680	-0.302
1.13	18.76	2.161	1.991	1.687	-0.304
1.14	20.08	2.334	2.000	1.694	-0.305
1.15	21.38	2.507	2.008	1.701	-0.307
1.16	22.67	2.681	2.017	1.708	-0.309
1.17	23.95	2.857	2.026	1.714	-0.311
1.18	25.21	3.033	2.034	1.721	-0.314
1.19	26.47	3.211	2.043	1.727	-0.316
1.20	27.72	3.391	2.052	1.734	-0.318
1.21	28.95	3.572	2.061	1.741	-0.320
1.22	30.18	3.754	2.070	1.747	-0.322
1.23	31.40	3.938	2.079	1.754	-0.325
1.24	32.61	4.123	2.088	1.761	-0.327
1.25	33.82	4.310	2.097	1.768	-0.329
1.26	35.01	4.498	2.107	1.775	-0.331
1.27	36.19	4.686	2.116	1.783	-0.334
1.28	37.36	4.876	2.126	1.790	-0.336
1.29	38.53	5.068	2.136	1.797	-0.338
1.30	39.68	5.259	2.145	1.805	-0.340
1.31	40.82	5.452	2.156	1.813	-0.343
1.32	41.95	5.646	2.166	1.821	-0.345
1.33	43.07	5.840	2.176	1.829	-0.347
1.34	44.17	6.035	2.187	1.837	-0.350
1.35	45.26	6.229	2.197	1.845	-0.352
1.36	46.33	6.424	2.208	1.853	-0.355
1.37	47.39	6.620	2.219	1.861	-0.358
1.38	48.45	6.817	2.230	1.869	-0.361
1.39	49.48	7.012	2.241	1.877	-0.364

在实际应用中，常用近似计算为

$$E = d + 0.84$$

式中 E——单体电池的电动势（V）；

d——电解液密度（g/cm^3）。

用近似计算代替式（1-13）、式（1-16）的计算，符合性较好，可满足生产和实际使用中的需要。

1.3.3　电动势与温度的关系

根据热力学理论，电池平衡电动势的温度系数是由热力学数据决定的，遵从下列关系：

$$\frac{dE}{dT}=-\frac{\Delta S}{nF} \tag{1-19}$$

$$\frac{dE}{dT}=\frac{1}{nF}\frac{\partial(\Delta G)}{\partial T} \tag{1-20}$$

$$\frac{\partial(\Delta G)}{\partial T}=-\Delta S \tag{1-21}$$

蓄电池的成流反应设为式（1-11），则根据热力学数据，可算出标准状态下，电池反应的熵变

$$\Delta S=\frac{\Delta H-\Delta G}{T}=44.29\mathrm{J/(K\cdot mol)}$$

$$\frac{dE}{dT}=-\frac{\Delta S}{nF}=\frac{44.29}{2\times 96487}=0.0002295\mathrm{V/K}=0.2295\mathrm{mV/K}$$

任意温度 T 下的电池平衡电压是

$$E(T)=E(298.2\mathrm{K})+dE/dT(T-298.2) \tag{1-22}$$

式（1-22）的表示方法，认为温度系数是恒定的。这个假设表述了一个粗略的近似值，对于有关蓄电池体系，电动势的温度系数很小（见表 1-3），实际上它的影响一般忽略不计。

表 1-3　电动势的温度系数 dE/dT 对于硫酸溶液浓度 m 的关系[5]

m/mol · kg^{-1}	dE/dT/mV · K^{-1}	m/mol · kg^{-1}	dE/dT/mV · K^{-1}
0.1	−0.180	2.22	+0.233
0.5	+0.010	3.70	+0.235
1.0	+0.140	5.55	+0.205
1.11	+0.158	6.94	+0.170

铅酸蓄电池的电动势也可以用平衡状态下正极的电极电位与负极的电极电位的差来表示。

正极反应为

$$PbO_2+HSO_4^-+3H^++2e^-=PbSO_4+2H_2O \tag{1-23}$$

根据能斯特方程，正极的电极电位为

$$\varphi_{PbO_2/PbSO_4}=\varphi^0_{PbO_2/PbSO_4}+\frac{RT}{nF}\ln\frac{a^3_{H^+}\cdot a_{HSO_4^-}}{a^2_{H_2O}} \tag{1-24}$$

负极反应为（按氧化态 + ne = 还原态表示）

$$PbSO_4+H^++2e^-=Pb+HSO_4^- \tag{1-25}$$

根据能斯特方程，负极的电极电位为

$$\varphi_{Pb/PbSO_4}=\varphi^0_{Pb/PbSO_4}+\frac{RT}{nF}\ln\frac{a_{H^+}}{a_{HSO_4^-}} \tag{1-26}$$

电池的电动势等于正极的电极电位减去负极的电极电位：

$$E=\varphi_{PbO_2/PbSO_4}-\varphi_{Pb/PbSO_4} \tag{1-27}$$

将式（1-24）、式（1-26）代入式（1-27）中

$$E=\varphi^{0}_{PbO_2/PbSO_4}-\varphi^{0}_{Pb/PbSO_4}+\frac{RT}{nF}\ln\frac{a^{3}_{H^+}\cdot a_{HSO_4^-}}{a^{2}_{H_2O}}-\frac{RT}{nF}\ln\frac{a_{H^+}}{a_{HSO_4^-}}$$

$$E=E^{0}+\frac{RT}{nF}\ln\frac{a^{2}_{H^+}\cdot a^{2}_{HSO_4^-}}{a^{2}_{H_2O}}=E^{0}+0.059\lg\frac{a_{H^+}\cdot a_{HSO_4^-}}{a_{H_2O}} \tag{1-28}$$

式中 E^0——标准状态下的电动势；

a——该下标物质的活度。

式（1-28）和式（1-16）的结果是相同的。

标准状态下的电动势 E^0 可用正负极的电极电位求得，正负极的电极电位可从表1-2上查到。也可用表1-2查得不同浓度下的电极电位，求出该浓度下的电池电动势。

1.4 铅酸蓄电池的动力学

1.4.1 电极的极化和过电位

当金属成为阳离子进入溶液以及溶液中的金属离子沉积到金属表面的速度相等时，反应达到动态平衡，此时电极反应正逆过程的电荷和物质都达到了平衡，因而净反应速度为零，电极上没有电流流过，即外电流等于零，这时的电极电位就是平衡电极电位。当电流通过电极时，电极电位将偏离平衡值。电流越大，偏离越多。这种偏离平衡电极电位的现象称为电极的极化。

如果电极上发生的是氧化反应（如放电时，铅酸蓄电池的负极），则通过电极的电流称为阳极电流，电极电位向正方向变化，比平衡电极电位高，称为阳极极化。如果电极上发生的是还原反应（如放电时，铅酸蓄电池的正极），则通过电极的电流称为阴极电流，电极电位向负方向变化，比平衡电极电位低，称为阴极极化。过电位（超电动势）就是有极化时，电极电位与平衡电极电位的差。将任一电流密度下的过电位用公式表示为

$$\eta=\varphi-\varphi_0 \tag{1-29}$$

式中 η——过电位；

φ——有极化时的电极电位；

φ_0——平衡电极电位。

极化分为三种，第一是电化学极化，电极在溶液界面间进行反应，不可逆性引起的极化。第二是浓差极化，由于反应物的消耗，或生成物的产生，不能及时地供给或疏散，造成电极电位比平衡电极电位的偏差，称为浓差极化。第三是欧姆极化，电解液、电极材料、导电材料等的欧姆电阻造成了实际电位与理论电极电位的差，称为欧姆极化。

电化学极化是由于电极上进行的电化学反应产生电子的速度，落后于电极上电子导出的速度造成的。电化学极化引起的过电位随电流密度的增加而增大，塔菲尔验证了过电位与电流密度的对数之间存在线性关系，称为塔菲尔（Tafel）方程。

$$\eta=a+b\lg I \tag{1-30}$$

式中 a、b——常数，可由试验求得。

式（1-30）是电化学常用的关系式，常数 a 主要取决于电极体系的本性，同时还受到电极表面处理情况的影响，以及是否有杂质干扰电极的反应；常数 b 是分析电极反应机理非

常有用的参数。

当电极发生电化学反应时，电解液中参与反应的离子浓度产生了不平衡的问题，在放电时，铅酸蓄电池的正极（电化学阴极），需要 H^+ 和 SO_4^{2-} 参与反应，并结晶到电极上，负极同理。在充电时，电极反应析出离子，那么电极表面的离子浓度高于电解液中的离子浓度。离子在溶液中从一个位置到另一个位置的运动叫液相中物质的传递，简称液相传质。液相传质有三种方式：离子的扩散、离子的电迁移和对流。

由于电极极化，铅酸蓄电池在放电时，引起端电压降低，低于开路电压；而在充电时使端电压升高。一般说的极化，是三种极化的总极化，每种极化因所处的状态不同而产生的影响不同。铅酸蓄电池常温放电时，正极的浓差极化占主导，则称正极为浓差极化控制，即液相传质最慢，也称为正极液相传质控制。

浓差极化过电位用下式表示：

$$\eta = \frac{RT}{nF}\lg\left(1 - \frac{i}{i_{\lim}}\right) \tag{1-31}$$

式中　i——通过电极的总电流；

$i_{\lim}$——极限电流。

$i_{\lim}$指电极表面反应物粒子的浓度降到零。这时浓度梯度最大，达到极限值。

1.4.2　温度对反应速度的影响

物理化学理论中的阿伦尼乌斯方程，表示了活化能与反应速度的相关性。

$$k = k_0\exp\left(-\frac{E_A}{RT}\right) \tag{1-32}$$

式中　k——反应速率常数；

E_A——活化能（J/mol），一般为常数；

R——气体常数（8.3143J/mol·K）。

式（1-32）的对数形式为

$$\ln(k) = -\frac{E_A}{R}\frac{1}{T} + \ln(k_0) \tag{1-33}$$

根据式（1-33）方程，反应速度常数的对数与 $1/T$ 作曲线时，动力学参数的温度依赖性通常可以线性化，称为阿伦尼乌斯线。

在接近室温的条件下，近似的，温度增加10℃反应速度增加一倍。在电化学反应中，这意味着电流加倍。温度增加20℃，电流增加4倍；温度增加30℃，电流增加8倍[4]。

1.5　铅酸蓄电池的热效应

1.5.1　蓄电池的热力学可逆反应热

铅酸蓄电池的可逆反应热，可用反应焓 ΔH 和反应自由能 ΔG 之差计算出可逆热效应，按式（1-1）反应式，计算的结果为

$$Q_r = \Delta H - \Delta G = T\Delta S = -359.4\text{kJ} - (-372.6)\text{kJ} = 13.2\text{kJ} \tag{1-34}$$

式（1-34）可以看出，可逆热量与能放出的最大电量 ΔG 相比，只有3.54%，说明可逆热量是较小的。

可逆热量大于零，表示铅酸蓄电池在放电期间，获得的额外电能，这部分热量从环境中吸热而来；在铅酸蓄电池充电时，可逆热效应使蓄电池向环境中放热。

假设可逆热量全部转换成电能，产生的电压为 $Q_r/2F=0.068\text{V}$，铅酸蓄电池的热值电压为

$$E_{cal}=E^0-0.068 \tag{1-35}$$

这表示热值电压和由此表示的热效应相当于一个稍低于平衡电压的电压。

可逆反应热与欧姆电阻产生的焦耳热相比，是比较小的，所以此热量一般被焦耳热掩盖了。

1.5.2 蓄电池的欧姆电阻热

当有电流流过蓄电池的电极或部件时，都会由于电阻的存在产生热量，产生的热量符合物理学的定律：

$$Q=I^2Rt \tag{1-36}$$

式中 Q——电流通过时产生的焦耳热；

I——通过的电流；

R——通过材料的电阻；

t——通电时间。

这表明，通过的电流越大，产生的热量越多；电阻越大，热量越多。这是电池充电或极板充电化成时，产生大量热量，温度升高的原因之一。

1.5.3 蓄电池材料的热容

热容是1mol 物体温度升高1℃需要的热量，铅酸蓄电池材料的热容见表1-4。铅酸蓄电池的典型热容值和电解液所占的百分比见表1-5。

表1-4 铅酸蓄电池各组件的热容量[4]

物质	摩尔质量/g	热容量	
		$J\cdot K^{-1}\cdot mol^{-1}$	$J\cdot K^{-1}\cdot kg^{-1}$
Pb	207.2	26.46	127.6
PbO_2	239.2	64.8	270.1
$PbSO_4$	303.3	103.2	340.2
H_2O	18.02	75.45	4187
H_2SO_4，$1.24g/cm^3$	—	—	3100
H_2SO_4，$1.28g/cm^3$	—	—	2800
聚丙烯	—	—	2100
聚苯乙烯	—	—	1200
玻璃（纤维）	—	—	800

表 1-5　各种铅酸蓄电池的典型热容值和电解液所占的百分比[4]

蓄电池的类型	热容量		电解液所占百分比（质量分数,%）
	$kJ \cdot K^{-1} \cdot kg^{-1}$	$kJ \cdot (100A \cdot h)^{-1}$	
起动用（富液 SLI）	0.94～1.2	30～37①	75～85
牵引（600A·h，管式）	1.05	7	76
固定（600A·h，涂膏）	1.15	8	82
固定（600A·h，管式）	1.18	10	80
阀控式	0.75～1.0	6～8	64～75

① 12V 蓄电池。

1.6　铅酸蓄电池的容量

1.6.1　法拉第定律

英国科学家法拉第在 1833 年，阐述了电解过程中电极上通过的电量与反应物质的量之间的关系，称为法拉第定律，它是电化学应用最广泛的定律。表示电流通过电解质溶液时，在电极上发生化学反应物质的量与通过的电量成正比。可写成：

$$m = kQ \tag{1-37}$$

式中　m——电极上发生反应的物质的质量（g）；

Q——通过的电量（A·h）；

k——比例常数，称为电化学当量。

根据法拉第定律另一表述，1F（法拉第常数，96485C，也表示为 26.8A·h）电量，在电极上分别产生 1g 当量（=1mol/n，n 为一个分子反应的电荷数）的物质。这个关系用式（1-38）的 k 表示：

$$k = \frac{M}{nF} \tag{1-38}$$

代入式（1-37）中，

$$m = \frac{M}{nF}Q \tag{1-39}$$

式中　M——参加反应物质的摩尔质量（g）；

n——电极反应得到或失去的电子数；

F——法拉第常数（26.8A·h）；

m——参加反应的物质质量（g）；

Q——通过的电量（A·h）。

注：1C=1A·s，1F=96485C=(96485/3600)A·h=26.8A·h。

1.6.2　铅酸蓄电池材料的电化学当量

从铅酸蓄电池的反应式（1-1），$Pb + PbO_2 + 2H_2SO_4 = 2PbSO_4 + 2H_2O$ 可以看出，在正极 1mol PbO_2 和 1mol H_2SO_4 反应，流过正极的电量是 2F；负极 1mol Pb 和 1mol H_2SO_4 反应，

流过的电量同样是 $2F$。正负极的反应写在一起，1mol PbO_2 、1mol Pb 和 2mol H_2SO_4 反应，电池放出的电量为 $2F$，因此可以说在铅酸蓄电池中通过 $1F$ 的电量使 1mol H_2SO_4 参加了反应，同样生成了 1mol $PbSO_4$ 和 1mol H_2O。如果是充电反应道理相同。铅酸蓄电池按式(1-1)反应相关物质的电化当量见表1-6。

表1-6 铅酸蓄电池按式（1-1）反应相关物质的电化当量

物质	摩尔质量/$g\cdot mol^{-1}$	电化当量/$g(A\cdot h)^{-1}$	电化当量/$A\cdot h\cdot g^{-1}$
Pb	207.2	3.865	0.2587
PbO_2	239.2	4.462	0.2241
$PbSO_4$	303.3	11.314	0.0882
H_2SO_4	98.078	3.659	0.2733
H_2O	18.015	0.672	1.4877

因此，从理论上讲，产生 1A·h 的电量，需要的物质重量的总和为

$$3.865g + 4.462g + 3.6593g = 11.98g$$

但实际上，蓄电池的重量远比理论重量重的多，首先活性物质要有支撑的载体，这就是板栅，板栅占到极板重量的25%～45%；连接件，如汇流排、中间极柱、端极柱等导电部件，也要占部分重量；正极板的活性物质的利用率一般为32%～55%，负极板的活性物质利用率一般为35%～68%，电解液除了使用37%～40%的稀硫酸外，其中的硫酸也不能全部利用；正负极之间要用隔板隔开，整个极群要装入塑料槽体中，这些都需要占据重量。

从上面的数据推出的1kg的活性物质可以产生的电量为83.47A·h，这一数值是铅酸蓄电池的理论比容量值。实际的蓄电池比容量为15～23A·h/kg（该值乘以电压，为30～48W·h/kg)。

1.6.3 铅酸蓄电池的容量

蓄电池是储存电能的容器，如同一个水桶是储存水的容器一样。水桶的容积表明能够储存水的多少，容积大储水多，容积小储水少；同样蓄电池容量大，储电就多，容量小，储电就少。蓄电池容量的单位用安时（A·h）表示，即放电电流（A）与放电时间（h）的乘积。根据不同的用途，铅酸蓄电池容量从0.5～3000A·h。同一铅酸蓄电池，其放电的容量与放电条件是相关的，如放电倍率大小，放电倍率越高，放出的容量就越小。为了方便，蓄电池的测量常用恒定电流放电（称为恒流放电），也有的用恒功率放电，但蓄电池使用时的放电条件各种各样。

1. 放电率对蓄电池容量的影响

放电率指的是蓄电池在放电时，放电电流大小的参照量。为了容易比较放电电流的数值，用一个比照的参数比较，如容量、放电时间等，这就称为放电率。对于大电流放电，一般用容量值的倍数表示放电电流，如 $3C_{20}$，指放电电流为3倍的20h率容量值的电流，假设蓄电池20h率容量为60A·h，3倍的20h率容量值为180，放电电流就是180A；对于电流比较小的放电，一般用小时率表示，如20h率电流，对于60A·h（20h率）的蓄电池，20h率电流等于容量除以放电时间，即60/20=3，即电池以3A放电，就称为蓄电池以20h率电流放电。

以容量的倍率表示放电率，倍率越大，电流越大；以小时率表示的放电电流，小时率数值越大，放电电流越小。一种蓄电池各种放电率容量可以通过测量得到，它们之间有一定的关系，由于蓄电池的性质和用途有较大的差异，不同类型的蓄电池小时率容量之间的相对关系也不同，不同厂家的蓄电池也有一定的差异。但总的规律是放电电流越大，放出的容量越小；放电电流越小，放出的容量越多。

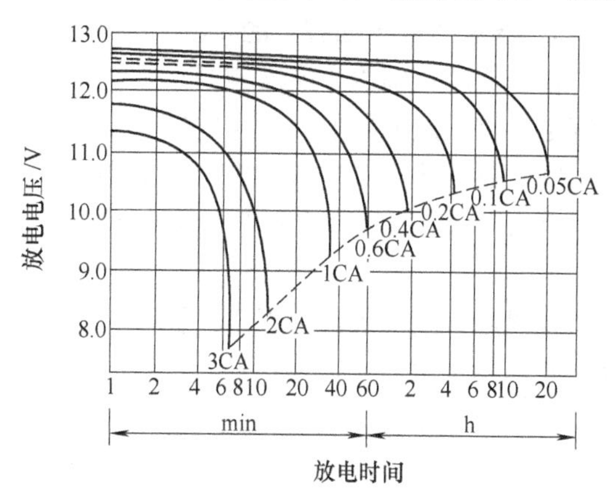

图 1-2　阀控式蓄电池不同放电率下的放电曲线（25℃）

图 1-2 所示为不同放电率下蓄电池的容量曲线。

起动用蓄电池要求有大电流放电的性能（见表 1-7 和图 1-3），一般极板比较薄，极板的孔率较高，各种放电率容量之间的差异相对较小；而阀控式固定型蓄电池，极板较厚，极板的孔率相对较低，所以大电流放电与小电流放电放出容量的差异就较大。

表 1-7　6-QA-60 起动用蓄电池在不同时率下放电数据[3]

放电时间	放电电流/A	容量/A·h	相对容量（%）	放电时间	放电电流/A	容量/A·h	相对容量（%）
20h	3.00	60	100	20min	90.1	30	50
15h	3.87	58	96.67	10min	155.9	26	43.33
10h	5.60	56	93.33	9min	170.0	25.5	42.5
7h	7.80	54.6	91.0	8min	188.0	25	41.67
5h	10.40	52	86.67	7min	209.9	24.5	40.83
3h	15.47	46.4	77.33	6min	237	23.7	39.5
2h	21.4	42.8	71.33	5min	271.08	22.5	37.50
1h	37.1	37.1	61.83	4min	314.84	21	35.00
50min	43.45	36.2	60.33	3min	380.00	19	31.67
40min	51.72	34.5	57.5	2min	471.50	15.7	26.16
30min	65	32.5	54.17	1min	658.68	11	18.33

放电率和容量之间的关系，蓄电池工作者做了大量的研究工作，提出了很多的经验公式，1898 年彼盖尔特（Peukert）提出的经验式为

$$I^nT=K \tag{1-40}$$

式中　I——放电电流（A）；

T——放电时间（h）；

n——与蓄电池类型有关的常数；

K——与蓄电池活性物质的量有关的常数。

为了得到给定型号的 n 和 K 值，将蓄电池分别用两个电流 I_1 和 I_2 放电，得到 T_1 和 T_2，代入式（1-40）中，便可求的 n、K 值（可取对数求解），将 n、K 值再代入式（1-40）中，得到 I 和 T 的关系式，则可求出任意 T 下的 I 值，$I\times T$ 为该电流放电下的容量。该经验公式

在部分电流范围内，符合的程度较好，超出一定范围可能误差较大。

2. 温度对蓄电池容量的影响

在一定的范围内，温度越高，放出的容量越高；温度越低，放出的容量越低。这就是为什么对铅酸蓄电池的低温性能进行要求的原因。放电容量随温度变化的曲线如图1-4、图1-5。

在温度范围不大的情况下，温度对容量的影响可用下式计算：

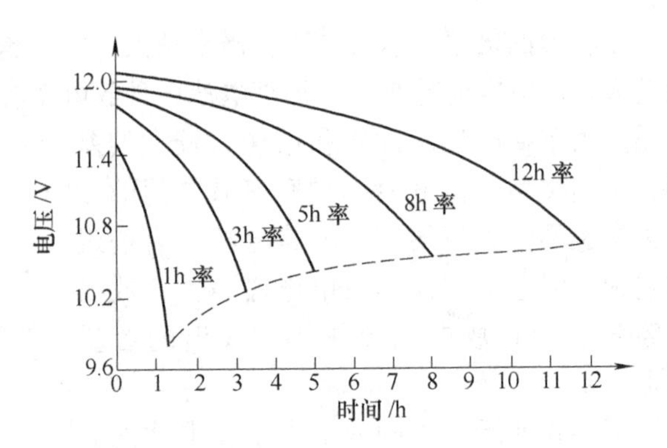

图1-3　起动蓄电池不同放电率下的放电曲线

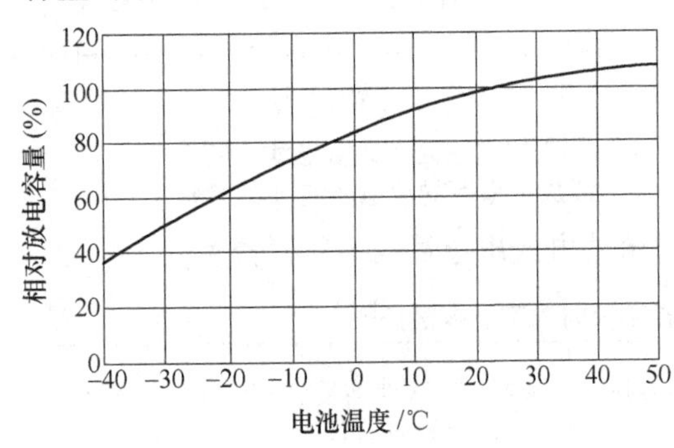

图1-4　不同温度下的相对放电容量

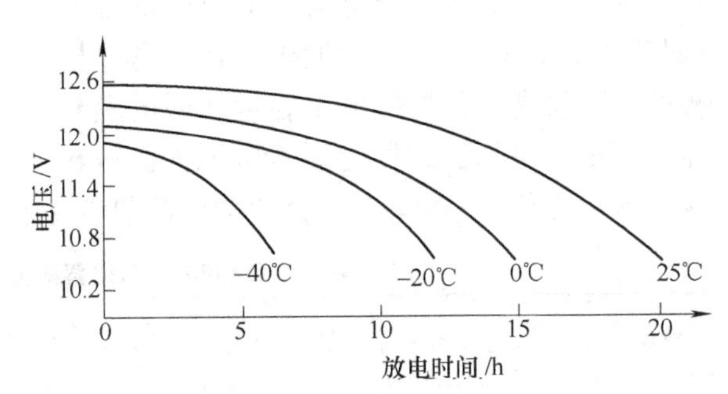

图1-5　阀控式电池在不同温度下的放电曲线

$$C_{25} = C_t[1 - \delta(t - 25)] \tag{1-41}$$

式中　C_t——温度t时的容量（A·h）；

C_{25}——25℃下的容量（A·h）；

t——放电时的温度（℃）；

δ——容量的温度系数（在25℃附近$\delta=0.01$）。

铅酸蓄电池的标准温度和容量的温度系数见表1-8。

表1-8　各类铅酸蓄电池的标准温度和容量的温度系数[3]

类别	标准温度/℃	小时放电率	容量温度系数/℃$^{-1}$
起动用	25	20	0.01
固定型	25	10	0.008
		1或0.5	0.005
动力牵引用	30	5	0.006
铁路客车用	30	10	0.008
内燃机车用	30	5	0.01
摩托车用	25	10	0.01
矿灯用	30	10	0.008

3. 放电深度对蓄电池的影响

放电深度是指蓄电池放出容量占蓄电池储存容量（或额定容量）的比例，一般用百分数来表示。如蓄电池的额定容量为 60A · h，放出电量 30A · h，放电深度为 50%，放出 45A · h，放电深度为 75%。

一般认为，放电深度越大，蓄电池的循环寿命越短。但对不同用途的蓄电池，差异较大，如电动助力车用蓄电池，放电深度与寿命的关系，相对其他电池就小一些，而起动用的蓄电池可能就会非常明显，这是蓄电池的结构造成的。

1.7　铅酸蓄电池的用途及分类

铅酸蓄电池在国民经济和人民生活中有广泛的应用，一般根据蓄电池的用途进行分类，主要的类型有，起动用蓄电池、固定型蓄电池、电动助力车用蓄电池、太阳能风能储能用铅酸蓄电池、船舶用蓄电池、牵引用蓄电池、铁路机车用蓄电池、矿灯用蓄电池、应急灯用蓄电池等。在起动用蓄电池中，包括汽车用、拖拉机用、工程车用等起动用蓄电池。固定型蓄电池中又细分为通信用蓄电池、电站用蓄电池等。

在起动用蓄电池中，根据充电的失水情况，分为免维护蓄电池、少维护蓄电池和开口式普通蓄电池。

根据铅酸蓄电池中电解液处于游离状态和吸附（或固定）状态，分为富液式蓄电池和贫液式蓄电池。贫液电池中，电解液吸附在玻璃纤维隔板中的蓄电池常设计成阀控密封式，称为阀控式蓄电池；电解液用 SiO_2 胶体固定的蓄电池称为胶体蓄电池。

铅酸蓄电池也常常根据结构和性能的特点，在名称前加以冠名，如免维护起动用蓄电池、防酸隔爆固定型蓄电池、电动车用胶体蓄电池、无镉电动助力车用蓄电池等。

铅酸蓄电池近年的产品标准见表 1-9。

表 1-9　铅酸蓄电池的产品标准

序　号	标 准 号	标 准 名 称
1	GB/T 5008. 1—2013 GB/T 5008. 2—2013	起动用铅酸蓄电池第 1 部分：技术条件和试验方法 起动用铅酸蓄电池第 2 部分：产品品种规格和端子尺寸、标记
2	GB/T 23638—2009	摩托车用铅酸蓄电池
3	GB/T 32620. 1—2016 GB/T 32620. 2—2016	电动道路车用铅酸蓄电池　第 1 部分：技术条件 电动道路车用铅酸蓄电池　第 2 部分：产品品种和规格
4	GB/T 19638. 1—2014 GB/T 19638. 2—2014	固定型阀控密封式铅酸蓄电池　第 1 部分：技术条件 固定型阀控式铅酸蓄电池　第 2 部分：产品品种和规格
5	GB/T 22199—2008	电动助力车用密封铅酸蓄电池
6	GB/T 22473—2008	储能用铅酸蓄电池
7	GB/T 13281—2008	铁路客车用铅酸蓄电池
8	GB/T 7403. 1—2008 GB/T 7403. 2—2008	牵引用铅酸蓄电池　第 1 部分：技术条件 牵引用铅酸蓄电池　第 2 部分：产品品种和规格
9	GB/T 19639. 1—2014 GB/T 19639. 2—2014	通用阀控式铅酸蓄电池　第 1 部分：技术条件小型阀控密封式铅酸蓄电池产品分类 通用阀控式铅酸蓄电池　第 2 部分：小型阀控密封式规格型号
10	YD/T 799—2010	通信用阀控式密封蓄电池
11	TB/T 3061—2008	机车车辆用阀控密封式铅酸蓄电池

（续）

序　号	标 准 号	标 准 名 称
12	JB/T 8200—2010	煤矿防爆特殊型电源装置用铅酸蓄电池
13	YD/T 1715—2007	通信用阀控式密封铅布蓄电池
14	QC 742—2006	电动汽车用铅酸蓄电池
15	GB/T 13337.1—2011 GB/T 13337.2—2011	固定型排气式铅酸蓄电池技术条件 固定型排气式铅酸蓄电池规格及尺寸

注：标准是不断更新的，请参考最新的标准。

1.7.1 起动用蓄电池

1. 起动用蓄电池的发展

起动用蓄电池是铅酸蓄电池中用途最广、用量最大的蓄电池之一。汽车都需要1只或2只12V铅酸蓄电池（有的也用6V或36V蓄电池），其作用是汽车在起动时需要用蓄电池的电能开动起动机，将汽车的发动机带动起来，这是最主要的作用，另外还承担点火和照明的作用，所以也称为SIL蓄电池。

起动用蓄电池的使用有其自身的特点，首先大电流放电性能要好，这主要是根据汽车起动的要求而确定的，因为汽车起动机一般要求瞬时电流为160～600A，所以蓄电池必须具备这个性能。一般起动用蓄电池的极板较薄，极板活性物质的孔率较高，板栅的筋条较密，电解液量较多，这些都是为了大电流放电应考虑的。另外，在汽车开动后，汽车上的充电机给蓄电池充电，在蓄电池一般的情况下，放电深度不大，往往会长期处于过充电的状态，因此要求起动用蓄电池抗过充电的性能要好。在北方寒冷地区的冬季，由于温度过低，起动困难，起动时消耗的电能增加，因此在寒带地区使用的蓄电池要有良好的冷起动性能。

早期的起动用蓄电池使用的是硬橡胶槽体，独立的小盖，各单体之间用外接连接条连接，小盖用沥青胶与槽体粘接，隔板用橡胶隔板，板栅用高锑或中锑合金重力浇铸，这种电池很重，使用一到两个月需要补充纯净水一次。如果单格出了问题，可以拆开，进行维修，目前这种蓄电池已经淘汰。塑料槽蓄电池是指蓄电池的槽盖用PP、ABS等材料制成外壳的蓄电池，目前除特种电池外，常用电池基本全部使用塑料槽盖。塑料槽蓄电池也经历了开口式普通蓄电池、少维护蓄电池、免维护蓄电池的过程，现在这些蓄电池都有使用，随着环保的要求越来越高，开口式蓄电池将会逐渐淘汰。

起动用蓄电池的维护性能，指的是蓄电池失水后需要补充水的性能。即失水较多的蓄电池，要经常补加水，称加水维护；免维护表明蓄电池在使用寿命期间，不需要加水，不是蓄电池不需要维护，这只是一个专业的叫法（这个叫法确实在有的消费者中产生了误解）。蓄电池的维护方面很多，包括亏电时需要充电，电池需要定期清洁，检查接线端等。

开口蓄电池是指每个单体有一个注酸孔，孔上有一个栓，具有排气和防止酸液溅出的作用，检查蓄电池电解液密度和状态时，可拧下排气栓，观察状况或测试。当电解液的液面低于要求时，可以补加纯净水。这种蓄电池在使用寿命终止后，蓄电池的电解液可以倒出，但是随意倒出会对环境造成污染。随着蓄电池的免维护性能的大幅度提高，起动用蓄电池可以做到终身不需要加水维护，密封大盖的免维护蓄电池已成为主流产品，蓄电池不能补加水，也不能倒出电解液。目前，这种蓄电池逐步取代了带注酸孔的普通蓄电池。

干荷电蓄电池是在存放时，不加电解液，在开始使用时，将密度为 1.28g/cm^3 的硫酸电解液注入铅酸蓄电池的注酸孔中，一般不用充电或短时间充电，直接安装到车上，就能起动汽车的蓄电池。干荷电是指处于不带液的状态，已经带电的蓄电池。这种蓄电池主要是为了储存方便，它可以储存很长的时间，一般 3 年还会有荷电性能，10 年都可以使用。

蓄电池的生产工艺和使用的材料是逐步进步的，以前起动用蓄电池用高锑或中锑合金，采用重力浇铸方式生产板栅，逐步发展成使用铅钙合金，采用拉网或连铸连轧工艺生产起动用蓄电池，不仅生产效率大幅度提高，而且板栅的重量也大幅度减轻，成本大幅度降低。蓄电池的隔板也从橡胶隔板到烧结 PVC、10G 隔板，发展到 PE 袋式隔板。过去起动用蓄电池的极板生产采用极板化成（槽化成）的生产方式，目前以电池化成为主。

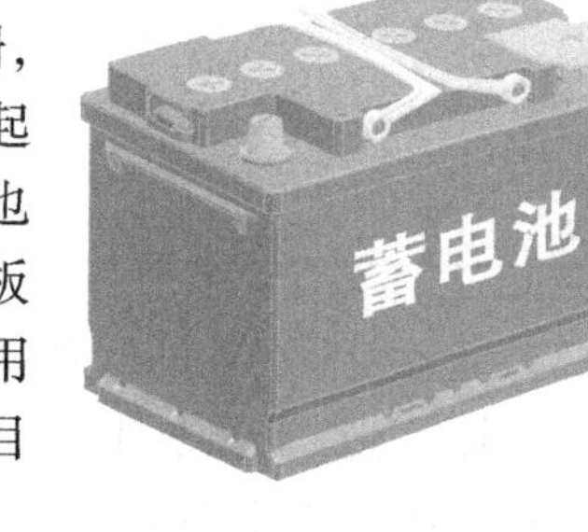

图 1-6　起动用蓄电池外形

起动用蓄电池外形与结构如图 1-6 和图 1-7 所示。

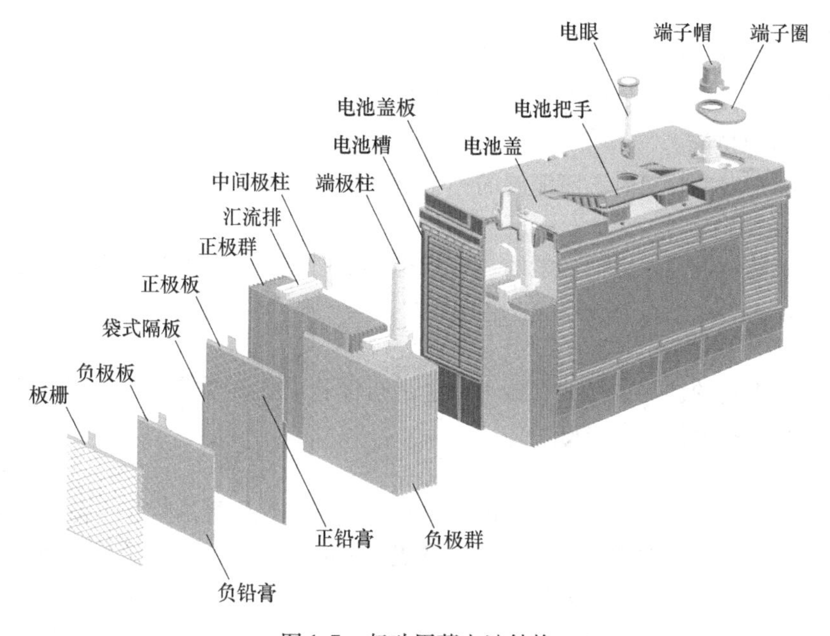

图 1-7　起动用蓄电池结构

2. 起动用蓄电池指标含义

（1）起动用蓄电池的容量

蓄电池的容量就是蓄电池储电量的大小。起动用蓄电池容量的表示方法有 20h 率容量、5h 率容量和储备容量，不同国家和汽车制造厂的标准中，选用一种或两种方法表示容量。20h 率容量是指在标准状态下，蓄电池以 $I_{20}=C_{20}/20$（I_{20}为 20h 率放电电流，C_{20}为 20h 率额定容量）安培电流放电到 10.5V（均指额定电压 12V 起动用蓄电池）放出的容量。储备容量是指在标准状态下，蓄电池以 25A 的电流放电，放电时间的分钟数，它与 20h 率容量的关系见表 1-10。

每个公司生产的蓄电池的 20h 率容量与储备容量的换算值和实测值有一定的差异，这是因为各公司的生产工艺不同、电解液的密度不同等一些因素造成的。为了规范 20h 率容量与储备容量的换算，标准中都规定了换算方法。参考第8章8.5节。

表1-10 典型起动蓄电池型号20h率容量与储备容量对比表

电池型号	20h率容量/A·h	储备容量/min	电池型号	20h率容量/A·h	储备容量/min
6-QW-36	36	55	6-QW-60	60	100
6-QW-40	40	62	6-QW-90	90	160
6-QW-45	45	71	6-QW-100	100	182
55415	54	88	6-QW-120	120	224
55559	55	90			

（2）起动用蓄电池的低温起动性能

是指蓄电池在低温条件下，大电流放电的性能。各国及各大企业的标准不尽相同。

（3）起动用蓄电池的充电接受能力

起动用蓄电池的充电接受能力是衡量蓄电池充电时，接受电能的性能，各国和各企业的标准不尽相同。

（4）荷电保持能力

荷电保持能力，是衡量自放电性能的一个指标。

（5）电解液保持能力

衡量电解液在电池倾斜时不能泄漏的一个指标。

（6）水损耗试验

水损耗是衡量蓄电池免维护性能的一个指标，水损耗少，免维护性能好，也称为失水量测试。

（7）耐振动性能试验

蓄电池抵抗振动的性能，一般在振动台上进行试验。具体要求各标准有一定的差异。振动后通过放电检查蓄电池是否完好。

（8）循环耐久性能

循环耐久性能，是衡量蓄电池寿命的一个指标。蓄电池以标准规定电流放电到标准规定的时间，然后在以标准规定的电流充电到标准规定的时间，此为一个循环，循环到标准规定的次数为一个周期，完成一个周期进行容量检验，合格转入下一个周期，一直进行到容量检验不合格。测试方法根据侧重点不同分为多种，有浮充寿命试验、有高温寿命试验、百分比放电深度循环寿命试验、有重负荷寿命试验、有轻负荷寿命试验等。

（9）干荷电性能

干荷电性能是衡量干式荷电蓄电池首次起动性能的指标。蓄电池灌酸后，进行大电流放电，测定规定时间的放电电压，要达到规定的指标。

3. 各国系列起动用蓄电池命名

（1）中国系列起动用蓄电池的型号命名

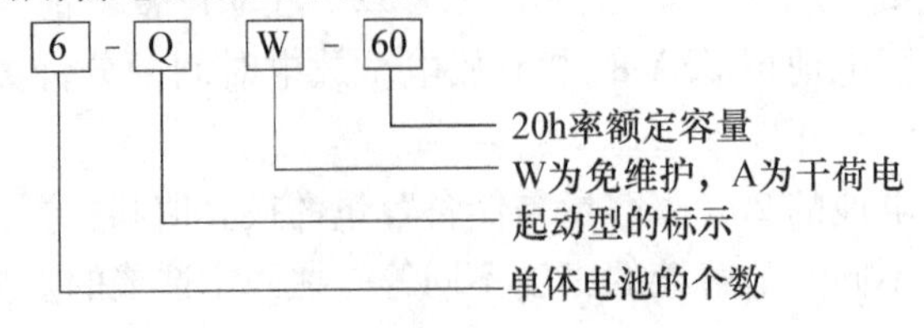

型号中，第一位数字为蓄电池串联的单体的个数，“6”代表6个单体串联，表示蓄电池的额定电压为12V；“3”代表3个单体串联，表示蓄电池的额定电压为6V；第二部分为蓄电池主要用途标志，用汉语拼音“起动”的第一个字母“Q”表示起动用蓄电池；第三部分表示蓄电池的特征，免维护蓄电池用“W”表示；干式荷电蓄电池用“A”表示；阀控式蓄电池用“F”表示；低温电池用“L”、高温电池用“H”、耐振电池用“Z”表示。也可以同时用两个或三个字母，表示具有相应的功能。例如：6个单体串联的额定容量为100Ah的免维护低温耐振用起动蓄电池的型号命名为6-QWLZ-100。

中国和东亚采用的端子尺寸见第12章图12-3、图12-4、表12-6。

（2）日本系列起动用铅酸蓄电池的型号命名

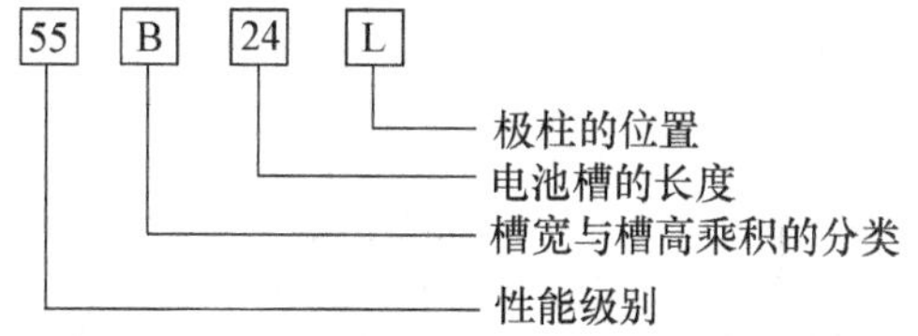

型号中所使用数值及字母所代表的含义如下：前面的数值代表性能级别。性能级别是由以下的算式求得的，性能级别 = $(CCA \times RC)^{1/2}/2.8$；数值后的字母：根据蓄电池的宽、槽高用B-H区分；字母后的数值，蓄电池的长度尺寸，以厘米为单位表示的概数；末尾的字母：端子极性位置的区分。例如28B17L表示的含义是，28为性能级别，B为根据蓄电池的宽、槽高的区分，具体尺寸为槽高是203mm，槽宽为127～129mm；17代表蓄电池的长度尺寸为17cm。L代表端子极性位置，蓄电池大面端子一侧面向人体，左侧为负极，右侧为正极，如图1-8所示。相反的位置称为R，即左侧为正极，右侧为负极。

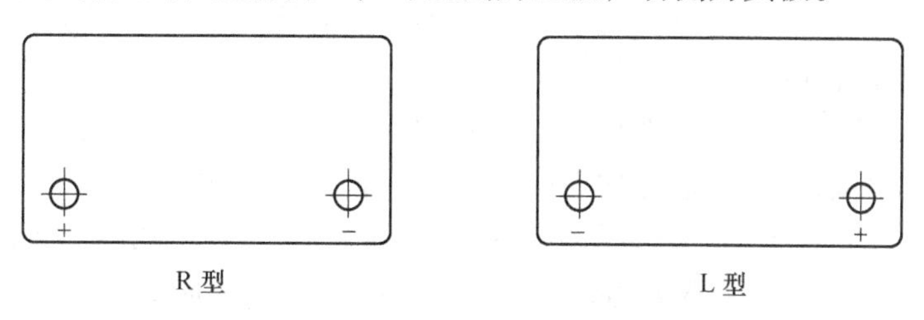

图1-8 日本型号起动用蓄电池的端子位置图

端子的区分以T1及T2区分。关于端子的区分标记形式为，在使用T2形式端子时，型号末尾用（S）来表示区分，例如28B17L（S）。端子结构与中国标准的结构一致。

（3）德国系列起动用蓄电池的型号命名

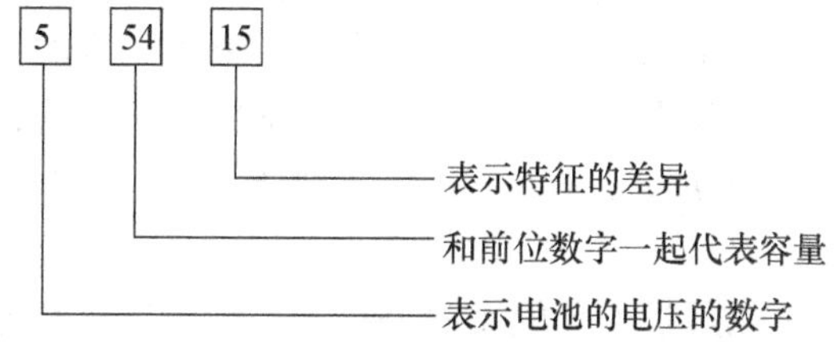

第一位数字代表电池的电压，5和6的代表蓄电池的额定电压为12V；前3位数字代表蓄电池的额定容量，计算方法为，前三位数字减去500的差为20h率额定容量，如55415电池的20h率容量为54A·h，68025电池的20h率额定容量为180A·h。最后两位数字代表特

征差异，用于类似电池的区分。如55415、55414电池排气有一些差异，免维护性能有一些差异等。欧洲（欧盟）起动用电池采用的端子尺寸第12章图12-13。

（4）美国系列起动用蓄电池的型号命名

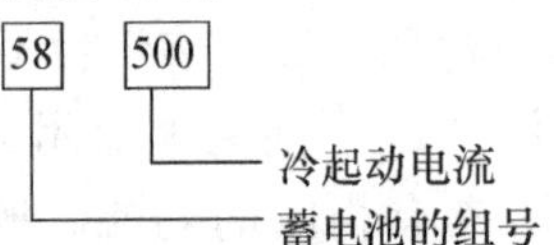

前两位数字代表蓄电池的组号，组号与蓄电池的尺寸对应，因此知道组号后，就知道蓄电池的尺寸；组号对应的尺寸见表12-10，其中型号称为组号；后面三位数字代表蓄电池的SAE冷起动电流值。美国起动用蓄电池的端子尺寸见第12章图12-21、图12-22、图12-23。

（5）法国系列起动用蓄电池的型号命名

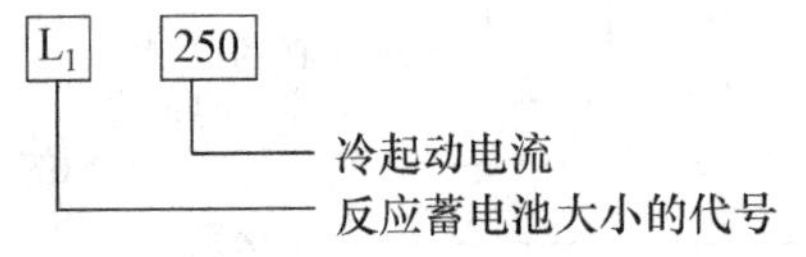

L_1是尺寸大小的代号，与对应的尺寸对应，还有L_2、L_3等；后面的三位数字是法国标准的冷起动电流。

1.7.2 固定型蓄电池

1. 固定排气式蓄电池和固定阀控式蓄电池

固定型蓄电池是指蓄电池用于相对固定场合的蓄电池，目前有富液式和阀控式蓄电池，这种类型的蓄电池多为应急使用，多属于备用电源。但应用领域广泛，也无法全部归到备用电源用蓄电池。这类蓄电池广泛应用于通信、电力、邮政、银行、医院、企业、公共设施等。使用的场合不同，可能要求上略有差异。

固定型电池比较典型的有两种类型，一种是单体蓄电池，额定电压为2V，容量为50～3000A·h，因为尺寸较高，通常也称为高型；另一种由6个单体蓄电池串联而成，额定电压为12V，容量为50～300A·h，因尺寸较矮，又称为矮型固定型电池。因蓄电池的规格和尺寸除国标规定外还可由供需双方确定，所以各种尺寸的蓄电池较多。

这类电池的特点是，蓄电池的尺寸大、容量高、要求的寿命长，适应浮充使用，产生的酸雾和可燃气体要少。

固定型排气式蓄电池是一种固定型富液蓄电池，在固定型阀控式蓄电池出现之前已被广泛应用，现在还有一些应用，过去曾称为固定型防酸式蓄电池。这种蓄电池的寿命较长，报道使用最长的达到了20年，但该电池为富液结构，在过充电时，会产生氢气、氧气和酸雾。一些固定防酸蓄电池的液孔栓采用特殊设计，栓中装有氢氧化合的催化剂，氢气和氧气可以得到部分化合。有的栓设计有隔爆的装置，避免蓄电池内进入火花，引起爆炸。尽管有这些装置，气体析出带出的酸雾对机房仍有腐蚀性，需要防腐措施和排风消除存在的不安全的隐患。

固定型排气式电池，可以通过液孔栓及时补加水，因此抗过充电的性能较好。板栅的合金多使用中锑、低锑合金，即含锑3%左右及以下的铅锑合金。充电接受性能、使用寿命良好。

固定型阀控式蓄电池，其特征是蓄电池中采用吸附式隔板，电解液吸附到隔板中，没有游离的电解液；蓄电池排气由单向阀控制，电池内的压力大于规定值时，单向阀打开，泄掉压力，之后单向阀又闭合；蓄电池过充电时，正极板会产生氧气，氧气通过隔板到达负极，与负极的铅化合，实现氧的复合，因此很少产生水的损失，可以使蓄电池在不加水的情况下，使用很长的时间。

固定阀控式蓄电池，板栅合金均采用铅钙合金，正板栅中加入0.8%～1.5%的锡，负板栅中加入0.2%～0.3%的锡。这种合金使析氢过电位提高200mV，与铅锑合金比较，大幅度降低了水的损失，这是实现阀控密封的基础。

阀控式蓄电池酸雾、氢气、氧气析出少，不用加水维护，这是最大的优点，但也有很多的不足，固定型阀控式铅酸蓄电池，是靠氧气在负极上的复合最终实现限压密封的，氧气与铅的化合是放热反应，氧气越多，反应热越大，使蓄电池的温度升得越高，在给蓄电池恒压充电时，电流就越大，电流越大，正极氧气产生的量就越多，负极化合产生的热就更多，如此循环，蓄电池很快就会因高温损坏，通常称为阀控式蓄电池的热失控。因此，阀控式蓄电池的使用要求比固定型排气式蓄电池的使用要求高得多，使用寿命比固定防酸电池要短。

2. 固定型蓄电池的性能指标

固定型蓄电池表示性能指标的名称和代表的含义与起动用蓄电池是相近的，但由于用途的差异，增加或减少了一些指标。固定型排气式蓄电池的性能指标有10h率容量C_{10}、1h率容量C_1、0.5h率容量$C_{0.5}$，瞬间放电、自放电、防酸性能、安全性、最大电流、寿命、涓流充电能力和电解液储存等指标。

固定型阀控式蓄电池有以下指标：

1）容量：以10h率容量C_{10}表示，在按标准测试时，要测试C_{10}，还要根据要求测试C_3、C_1。

2）耐充电能力：耐充电的一项指标，完全充电的蓄电池，以$0.3I_{10}$（A）电流充电160h，外观不应有变形和泄漏。

3）荷电保持能力：蓄电池存放时的自放电的指标，储存90天的蓄电池，荷电保持能力大于80%。

4）再充电性能（阀控式）：反映浮充电后的放电性能。

5）循环耐久性：包括浮充电循环耐久性、过充电循环耐久性、加速浮充电循环耐久性、热失控敏感性、低温敏感性等。

6）安全性：包括气体析出量、大电流耐受能力、短路电流和内阻平衡、防爆能力、防酸雾能力、排气阀动作、耐接地短路能力、材料的阻燃要求、抗机械破损能力等。

3. 固定型蓄电池的命名

（1）固定防酸式蓄电池的型号命名

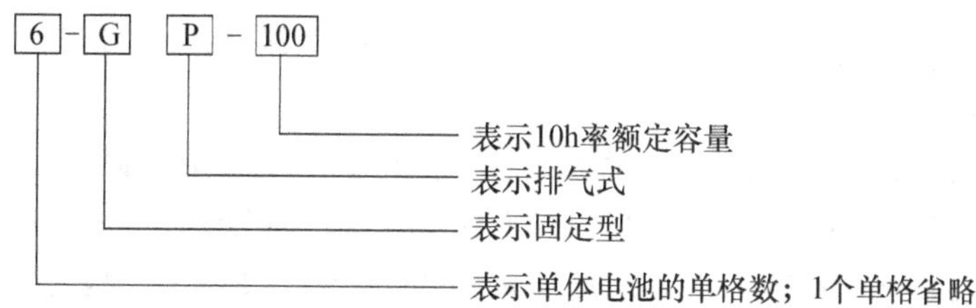

该命名方法前面没有数字，可以认为“1”时的省略，表示蓄电池的电压为2V；G代表固定式，P代表排气式，最后的数字代表10h率容量。固定型排气式是富液电池。

（2）固定型阀控式蓄电池的型号命名

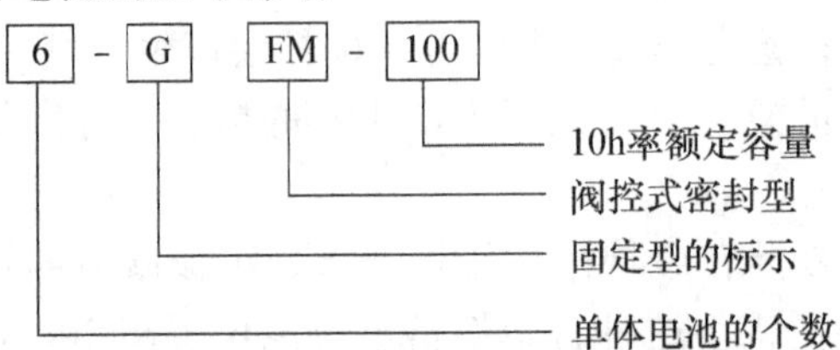

型号中，第一位数字为“6”时，代表6个单体，蓄电池的额定电压为12V；为“3”时，代表3个单体，额定电压为6V；为“1”时，省略，蓄电池的额定电压为2V。“G”代表固定型；“FM”代表阀控型；最后面的数字，代表10h率容量，用A·h表示。

固定铅酸蓄电池的接线端子，是直端子，带孔。有要求但不像起动用蓄电池的端子要求那样苛刻。

1.7.3 电动助力车蓄电池

1. 电动助力车用蓄电池基本情况

应用于两轮或三轮代步工具车上的铅酸蓄电池，统称为电动助力车用蓄电池。目前，电动助力车用蓄电池为阀控式蓄电池，一般为6个单体蓄电池串联而成，额定电压为12V，容量在6～32A·h，一般使用2个或3个蓄电池串联使用。该类蓄电池为动力型蓄电池，即在使用过程中较多的应用于放电深度较大，相应的充电量较多的使用环境，也就是所说的深充深放型。

早期的电动助力车蓄电池的使用寿命在6个月左右，经过技术人员不懈地努力，现在使用寿命可达到3年。早期蓄电池为解决寿命的问题，正板栅不得不使用毒性很强的镉，用铅锑镉合金，现在国家已限期2013年前淘汰镉合金，逐步转变为铅钙锡合金。正板栅用铅钙锡合金的助力车蓄电池，完全可以代替含镉合金的蓄电池，已能达到很好的使用寿命，能够满足需要[6]。

2. 电动助力车蓄电池指标要求

1）容量：衡量蓄电池储电量大小的指标，单位A·h，一般用2h率表示。如6-DZM-10电池，以5A放电，要达到120min以上。

2）容量保存率：在规定条件下，完全充电的蓄电池开路储存后的容量保存性能。蓄电池在25℃条件下放置28天，进行2h率容量试验，放出的容量与放置前的2h率容量的比值的百分数为容量的保存率，标准规定要大于85%。

3）低温容量：考核低温条件下，放电性能。蓄电池在－15℃，以2h率容量电流放电到10.5V，应不低于常温2h率容量的0.7倍。

4）密封反应效率：在规定条件下，蓄电池电解液中的水分解产生的气体再通过负极吸收还原成水的效率。

5）循环寿命：考核蓄电池寿命的指标。在25℃的环境中，以$1.0I_2$（A）电流放电1.6h，然后以恒定电压16V［限流$0.4I_2$(A)］充电6.4h；以上为一个循环次数。国标中规定的循环寿命次数大于350次。以上的放电深度为80%，很多工厂也进行100%深度的放电，即以I_2放电到10.5V电压，然后以恒压14.8V，限流$0.4I_2$A充电10h，为一个循环，这种充电放电方式接近电动助力车使用的状态，寿命更能反映实际情况。用100%放电深度进行试验，如果达到 700 次循环次数，蓄电池的实际使用可达到 3 年以上。

6）电动助力车蓄电池还要有良好的过放电性能：即放完电后，存放很长的时间，还能够充电使用，早期的蓄电池往往是因为此性能不好而失效；组合的一致性，是蓄电池配组使用的一项性能，一致性越好，蓄电池的使用寿命越长；还有安全性、防爆性、耐振动性等。

3. 电动助力车蓄电池的型号命名

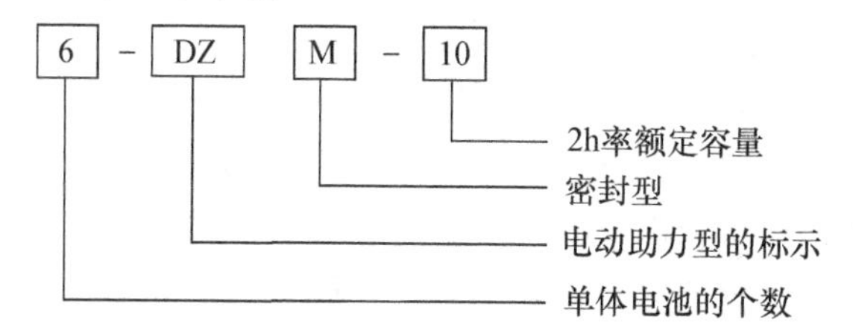

型号中，第一位数字代表串联的单体电池数，“6”表示 6 个单体，表示蓄电池的额定电压为 12V；“DZ”代表助力车用蓄电池；“M”代表密封阀控型；后面的数字代表 2h 率容量。

1.7.4　储能蓄电池

1. 储能蓄电池的基本情况

储能蓄电池一般指用于风能、太阳能装置储能用的铅酸蓄电池，应用的场合较多，典型的系统如图 1-9 所示。

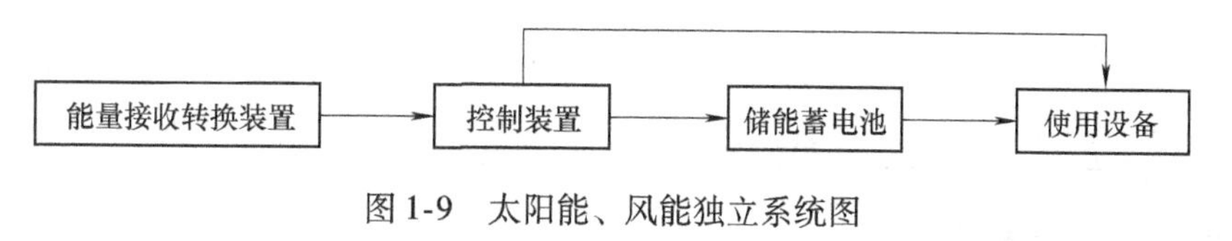

图 1-9　太阳能、风能独立系统图

储能蓄电池的容量就是储备电能的多少，同样用 A · h 表示，根据用电环境的不同，可串联（或并联）多只电池。根据风能、太阳能能量转换的能力，和用电设备的能源需求，确定匹配的蓄电池的容量。

独立的风能、太阳能系统，过多重视太阳能、风能的转换装置部分，其实这是认识上的误区。限制太阳能、风能独立系统发展的瓶颈在储能部分的蓄电池上。储能蓄电池仍是最主要和决定使用成本的关键部分。

目前还没有一种最适合的风能、太阳能储能电池，使用较多的仍是铅酸蓄电池。金属铅的价格关系到储能铅酸蓄电池的应用成本。因此，储能蓄电池寿命就显得非常重要。以 12V100A · h 的电池计算，假设一天一个充放电循环，每天蓄电池最多储电 1.2kW · h，假如 1 年工作 300 天，利用的电能只有 360kW · h。按目前市电价格算也只有 150 元左右。目前，一台 100A · h 的普通蓄电池的价格也要 400 元以上。按这样的计算，利用的电能 3 年才够蓄电池的成本，不用说整个系统的其他部分的投资。因此，这就要求铅酸蓄电池有较长的寿命。

风能、太阳能储能蓄电池充电状况，来自自然转换的能量，是不能完全控制的，尽管有控制器，但状况的好坏直接影响着充电。因此，风能、太阳能储能蓄电池比其他蓄电池多了一个不可控的因素，正是这个因素，对蓄电池来说是可怕的。实际上，充电接受能力是铅酸蓄电池的一个重要参数，对储能电池来讲更重要。一般太阳电池板或风机的功率是有限的，不可能很大，蓄电池就要把有限的能量储存在蓄电池中，这就看蓄电池的接受性能。更关键的是铅酸蓄电池充电接受能力和寿命又是关联的，充电接受不好，直接影响蓄电池的寿命。

在表1-11中列出各种蓄电池的使用环境问题，可以看出风能、太阳能储能蓄电池要求随温度变化的适应性是非常宽泛的，如果蓄电池在室外安装，夏天可能要承受很高的温度，如放在简易的铁皮箱中，在太阳下直晒，内部的温度可能达到60～80℃，这样高的温度，一般蓄电池无法承受，如果是阀控式电池更经受不住这样的温度，可能很快就会失效。在北方寒冷的冬天，最低气温又可达到-20℃以下，这样低的温度，充电、放电效率都会很低，都易出现问题。尽管人们可以提出要求蓄电池采取适当的措施，但蓄电池仍要承受温差变化和恶劣气候条件的影响。蓄电池要有低温性能，抵抗长期亏电或深度放电使用的性能，抗高温过充性能等[8]。

表1-11 各种铅酸蓄电池使用情况比较

电池类型	起动用电池	电动车电池	备用电池	风能、太阳电池
充电状况	恒压限流充电 充电完全	恒压限流充电 充电基本完全	恒压限流浮充 充电完全	恒压限流充电 充电可能完全、可能不完全
使用状况	短时间大电流放电 一般处于充电状态 放电较浅	恒电流深放电 使用频繁 放电深度大	一般电流放电 各种放电深度 使用频率低	放电电流不确定放电深度不确定 使用频率高
一般寿命	1.5～3年	1～2年	3～6年	1～4年
使用环境	颠簸振动高低温	颠簸振动高低温 充电环境良好	使用环境良好 充电环境良好	可能高低温使用 可能高低温充电
电池形式	富液免维护	贫液阀控式电池	贫液阀控式电池	不确定

2. 储能蓄电池的指标

储能蓄电池的性能指标有，10h率容量、低温容量、120h率容量、容量一致性、密封性能、充电接受能力、荷电保持能力、水损耗、循环耐久能力等。

3. 储能蓄电池的型号命名

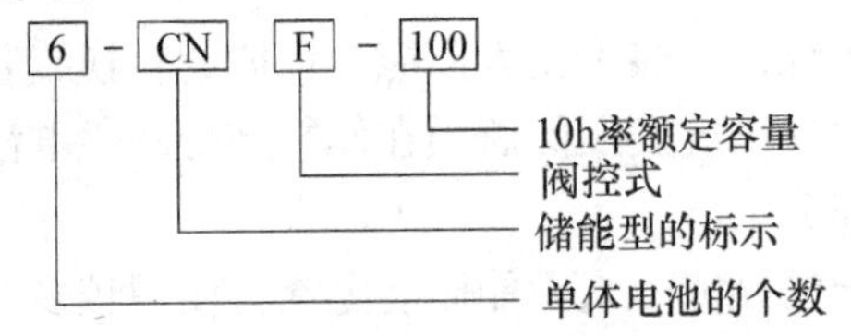

型号中，第一位数字代表串联的单体电池数，“6”表示6个单体，额定电压为12V；“CN”代表储能蓄电池；“F”代表阀控型；最后的数字代表10h率容量。

1.7.5 其他蓄电池

铅酸蓄电池的用途广泛，因此应用领域很多。能够分成大类的，一般制定了相应的标准，如船舶用蓄电池、矿灯用蓄电池、铁路客车用蓄电池、机车车辆用蓄电池、电动道路车辆用蓄电池、牵引用蓄电池等。应用量不多的蓄电池，一般参照相近类型的铅酸蓄电池选型。

在蓄电池的型号中，用一些特定的字母表示蓄电池某种用途和功能，表1-12列出了蓄电池命名的一些代号。

表 1-12　蓄电池命名的代号表

汉语拼音字母	代表的含义	汉语拼音字母	代表的含义	汉语拼音字母	代表的含义
Q	起动用	MT	煤矿特殊	TK	坦克用
G	固定型	C	船用	A	干荷电式
D	电池车、牵引车	JR	卷绕式	EV	电动道路车用
N	内燃机车	J	胶体式	F	阀控式
T	铁路客车	DZ	电动助力车	W	无需维护（免维护）
M	摩托车	CN	储能	P	排气式

参 考 文 献

[1] H. Bode. Lead - Acid Battery. J. Wiley & Sons, New York, 1997, p366
[2] 杨文治. 电化学基础 [M]. 北京：北京大学出版社，1982：48 - 149.
[3] 朱松然. 蓄电池手册 [M]. 天津：天津大学出版社，1997：1 - 45.
[4] D. Berndt. 免维护蓄电池 [M]. 唐瑾，译. 北京：中国科学技术出版社，2001：7 - 72.
[5] 刘广林. 铅酸蓄电池技术手册 [M]. 北京：宇航出版社，1991：124 - 142.
[6] 起动用铅酸蓄电池技术条件 [S]. GB/T 5008. 1—1991，中国国家标准.
[7] 起动用铅酸蓄电池第 1 部分：技术条件和试验方法 [S]. GB/T 5008. 1—2013，中国国家标准.
[8] 起动用铅酸蓄电池第 2 部分：产品品种规格和端子尺寸、标记 [S]. GB/T 5008. 2—2013，中国国家标准.
[9] 起动用铅酸蓄电池 [S]. JIS D5301—2006，日本标准.
[10] 固定型阀控密封式铅酸蓄电池 [S]，GB/T 19638. 2—2005，中国国家标准.
[11] 柴树松. 电动自行车蓄电池的绿色发展 [J]. 电动自行车，2009（2）：258 - 261.
[12] 电动助力车用密封铅酸蓄电池 [S]. GB/T 22199—2008，中国国家标准.
[13] 桂长清等. 动力电池 [M]. 北京：机械工业出版社，2009：40 - 103.
[14] 柴树松. 风能、太阳能储能用铅蓄电池的开发前景 [J]. 电池工业，2008（4）：258 - 261.
[15] 储能用铅酸蓄电池 [S]，GB/T 22473—2008，中国国家标准.

第2章 板 栅

2.1 板栅的概念

在铅酸蓄电池极板内起支撑活性物质的部件，通常为栅状结构，称为板栅。板栅在蓄电池中有三方面的作用，一是板栅支撑活性物质，是活性物质的载体；二是板栅是活性物质的导电体，活性物质储存的电量通过板栅流出和流入，目前实现导电体功能主要是选用铅基合金作为板栅的材料，除此之外也有研究使用非导体材料或非铅基材料，通过表面镀铅制成板栅，如镀铅塑料板栅、镀铅铜板栅等，用于负板栅；三是板栅的腐蚀产物要保护板栅，减少腐蚀，并要降低与活性物质结合的界面电阻。以前板栅与活性物质之间的界面电阻因较多使用铅锑合金并不明显，但随着铅钙合金的大量使用，这个问题表现的比较突出，有时甚至严重影响蓄电池的性能，所以减少腐蚀，降低界面电阻应认为是蓄电池板栅作用之一。

板栅是栅状结构，铸造板栅由边框、筋条（横筋条、竖筋条、斜筋条、加强筋、辅助筋）、极耳、板角（有的不需要）组成；拉网板栅由上下边框、网状筋条、极耳组成。冲孔板栅有上下边框和左右边框，孔的形成是靠模具冲孔成型的。板栅中间的空隙用于涂填活性物质。

板栅使用的环境非常苛刻，首先极板在5%～41%的硫酸中工作，极板活性物质是多孔的物质，板栅一部分会暴露在酸液中，因此板栅材料要承受硫酸的腐蚀，在硫酸溶液中不能溶解，并且少量的腐蚀产物不会对蓄电池形成毒副作用；在蓄电池充电过程中，正极处于氧化状态，负极处于还原状态，因此板栅材料要具有耐氧化和还原的性能。要达到这方面的要求，选择板栅材料的难度是很大的。

目前，板栅材料主要是铅基合金或塑料镀铅等非铅基材料，常用的铅基合金有铅锑（Pb-Sb）、铅钙（Pb-Ca）、铅锡（Pb-Sn）等合金，用于正、负板栅；非铅基合金材料有塑料镀铅、铜镀铅等，主要用于负板栅。

铅基合金板栅在使用过程中，尽管是有一定耐腐蚀和抗氧化还原的材料，但随着蓄电池长时间使用，充放电的反复进行，板栅还是会发生变化，正板栅逐渐被氧化，产生腐蚀产物，一般腐蚀产物主要是铅的化合物和少量合金成分的化合物，对蓄电池不产生副作用或副作用轻微。铅基合金正板栅的氧化腐蚀到不能支撑活性物质，或不能快速将电量导出和导入的情况下，蓄电池的寿命就终止了。所以，有以根据蓄电池正板栅腐蚀的速度推算蓄电池寿命的说法。负板栅多数情况下处于还原状态，板栅不会发生腐蚀，这也是镀铅板栅能够长期使用的主要原因。

在生产过程中，根据铸板机模具尺寸的要求，小板栅往往多片连在一起形成大片，称为工艺大片，这样方便生产、提高效率、降低损耗。等大片化成干燥后，再将小片分开，打磨边框，形成极板产品。为了方便生产，大片板栅要设计工艺极耳、也称假耳。假耳在分板后，重回铸板车间回用。随着电池化成的技术发展，以生极板装电池化成的，生板出来后就直接分板，工艺大片板栅的结构上就不需要再有极板化成的辅助功能。板栅的结构如图2-1、图2-2所示。

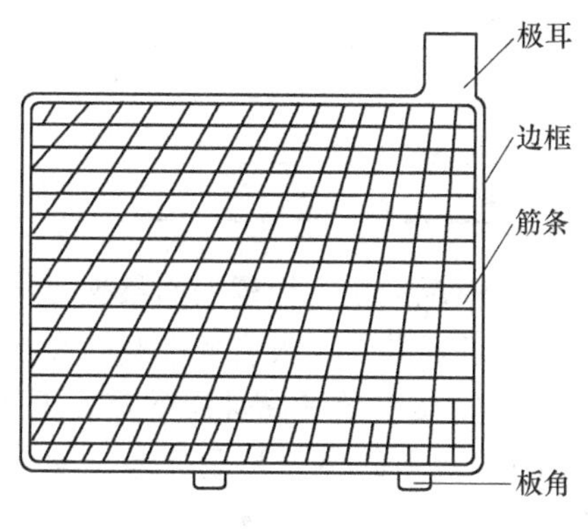

图2-1 重力浇铸板栅

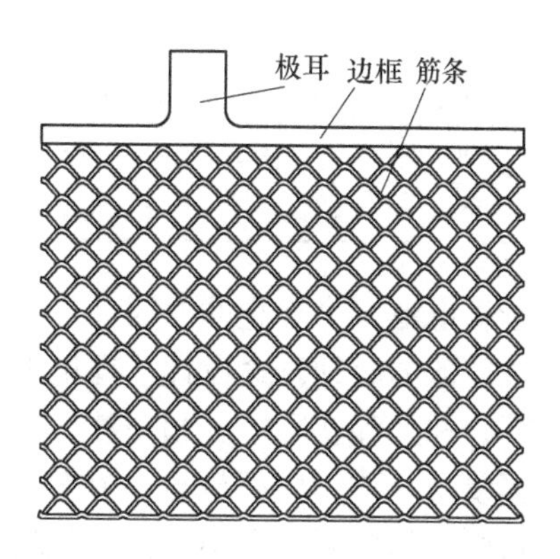

图2-2 拉网板栅

2.2 板栅设计

2.2.1 板栅的设计基础

板栅设计要考虑：板栅的耐腐蚀性（指正板栅）、板栅的涂膏量、板栅的工艺性、板栅的强度、板栅结构尺寸等。

板栅设计大多描述为以板栅的腐蚀寿命作为板栅设计的依据。

板栅材料主要是铅（Pb），腐蚀的最终产物是二氧化铅（PbO_2）其化学反应式是

$$Pb \rightarrow Pb^{4+} + 4e \tag{2-1}$$

1mol的铅（207.19g）全部反应需要$4F = 107.21A \cdot h$的电量，腐蚀反应式（2-1）的电化学当量是

$$\frac{207.19g}{107.21A \cdot h} = 1.9326g/A \cdot h$$

或 $$517.4A \cdot h/kg \tag{2-2}$$

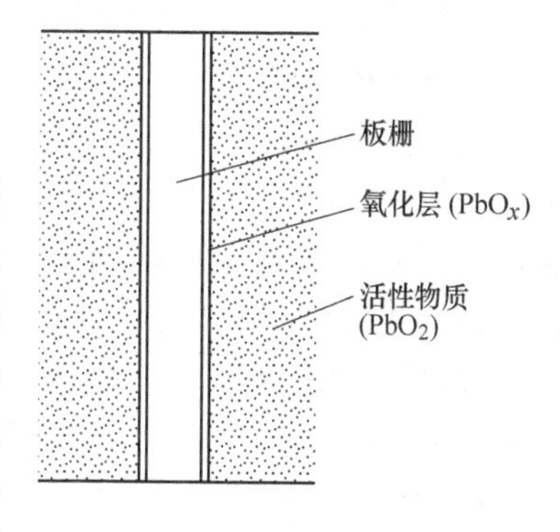

图2-3 正板栅氧化层

从式（2-2）可以看出，如果电能作用于板栅全部用于腐蚀，板栅很快就被腐蚀完了。为什么板栅能使用很长时间呢？这主要是由于板栅与活性物质接触的表面有一层致密的氧化层，如图2-3所示，一般认为成分为PbO_x（x为1~2），（介于PbO和PbO_2之间），界面的反应呈固态反应，以非常慢的速率进行。这层保护层阻止了板栅进一步被腐蚀。在板栅与活性物质的界面，由于PbO_x的体积

比 Pb 大很多，随着 PbO_x 不断增多，达到一定的厚度，体积膨胀就会形成裂纹[1]。在裂纹的下面，腐蚀就开始进行。腐蚀以相对恒定的速度进行，一直缓慢地进行下去。摩尔质量密度和腐蚀产物与铅的体积比见表 2-1。

表 2-1 摩尔质量、密度和腐蚀产物与铅的体积比[1]

物质	摩尔质量/$g \cdot mol^{-1}$	密度/$g \cdot cm^{-3}$	相对铅的体积比
Pb	207.2	11.34	1
$PbO_{(red)}$	223.2	9.64	1.26
PbO_2	239.2	9.87	1.32
PbO_2	239.2	9.3	1.40
$PbSO_4$	303.3	6.29	2.64

对于蓄电池寿命终止的原因，是由于板栅腐蚀导致的情况来说，板栅的筋条越粗，寿命越长。按筋条的腐蚀寿命设计，理论上是合理的，但操作性比较差，没有较准确的腐蚀模型用于计算，并且和实际情况相差甚远。板栅腐蚀是在活性物质覆盖和腐蚀层的掩盖下进行，环境相当复杂，与相同板栅合金在静态条件下、稳定的酸液中的腐蚀相差甚远，没有可比性；在蓄电池的实际使用中，充电状况、自放电状况、环境温度、贫富液状况、杂质影响等多种因素的作用，形成一个非常复杂的电化学体系，这个体系共同决定了板栅的腐蚀，而不仅仅是单纯一种因素的腐蚀。板栅的制造方法也影响其腐蚀，压延的板栅（如拉网）比重力浇铸板栅耐腐蚀性好得多。重力浇铸板栅的气孔、夹渣等都会影响板栅的耐腐蚀性；板栅浇铸时的工艺条件等因素，会使板栅内结晶的晶型结构产生差异。合金成分不均衡，耐腐蚀性是不同的，Ca 含量提高，耐腐蚀性降低等。因此，板栅设计以耐腐蚀性设计很难计算。但不管用何种方法设计，板栅腐蚀是要考虑的重要因素之一。

板栅是活性物质的载体，也可以说是装活性物质的容器。活性物质决定着蓄电池容量的大小。极板的尺寸确定后，板栅的宽、高、厚尺寸就确定了。

$$V_{活物} = V_{极板} - V_{板栅} \tag{2-3}$$

式中 $V_{活物}$——活性物质的体积；

$V_{极板}$——极板的体积；

$V_{板栅}$——板栅的体积。

从式（2-3）看出，减少板栅的体积，可以增加活性物质的体积。减少板栅的途径只有减少筋条的体积，从结构上就是减少横筋、竖筋（或斜筋）的根数，或减小筋条的截面积。反之，增加板栅的尺寸，活性物质就要减少。

板栅生产的工艺性对生产是非常重要的，不仅要制造出合格的板栅，还要考虑生产效率，节能减耗。一般重力浇铸机，根据模具的大小，分为工业铸板机和普通铸板机，普通铸板机的模具有效尺寸在 320mm × 180mm。对于小板栅，要设计成多小片构成的一大片的工艺板栅，并且要设计工艺挂耳，待做好生极板或熟极板后，再分成小极板。工艺板栅在铸板时，要保证每小片的尺寸、结构、重量相同，质量符合检验规范的要求。在板栅之后的生产过程中，工艺板栅的设计结构、工艺挂耳的位置等对生产的便利和可操作性产生重要的影响。

板栅具有一定的强度是生产中必需的。铅锑合金成分的板栅强度是较高的，在生产中基本不存在强度问题。对于铅钙合金板栅，强度低是影响生产的因素，同时也影响着质量。钙在铅钙板栅中是增加强度的，但钙添加量多时，会使蓄电池的性能快速降低。所以钙不能超过工艺给定的量。在铸板时，铸出的板栅脱模后落到机台的接板时，有时会产生变形，所以铸板的速度不能太快。未裁板栅进入裁刀口时，滑落与下面的定位板接触也会使板栅变形。夏天温度高时，板栅冷却较慢，变形更容易发生。板栅时效硬化后，涂板时，板栅强度不够，涂出的生板也容易变形，产生废品。所以要在工艺要求的合金条件下，通过合理的板栅排列结构、工艺挂耳、辅助部分来达到强度增加的目的。

板栅的结构尺寸是板栅设计的核心，筋条的分布、筋条的截面形状、筋条的尺寸是形成产品的关键因素。

蓄电池的基本要求有，蓄电池的初期容量、寿命、重量、比能量、使用类型等。大致可以根据这些要素确定板栅的结构（宽和高以及极耳位置由蓄电池槽体确定，参见第 12 章节，这里不多叙述），再进一步推算板栅大致情况。

板栅设计在大的方向确定之后采用经验设计更实用，即按确定的电池类型、板栅合金、蓄电池的具体要求、板栅厚度和结构，预估出设计结构，进行板栅设计，按工艺制造出电池，电池经过实验室寿命测试和实用寿命测试，解剖查看板栅的状态，为相同类型和相同条件的电池板栅提供依据。

板栅的合金不变，生产方式不变，电池的用途相近，就可以在以上经验的基础上，适当调整、设计出新板栅，再实验再积累。这种积累就形成了独特的设计思路和方法。也是实用和有效的方法[2]。

在这种设计思路下生产的板栅，合金稳定，达到的效果是符合预期的。有的厂家合金不稳定，一批一个样，这种情况将对电池的一致性造成严重影响。

2. 2. 2　板栅的结构设计

铅酸蓄电池的用途非常广泛，机动车用蓄电池的主要作用是起动发动机，电动车用蓄电池主要作用是作为动力源，经常深充电深放电；备用电源用蓄电池主要作用是停电时应急供电，多数情况下处于浮充电状态；太阳能风能储能蓄电池主要是靠太阳电池或风力发电机给蓄电池充电，蓄电池作为电源使用，蓄电池处于随时充电和放电过程中。根据蓄电池的不同用途，板栅的结构和特点也就不同。

1. 起动用蓄电池板栅

起动用蓄电池使用状态为瞬时大电流放电，最高可达 400～600A，放电时间短，起动功率大。在使用期间，浮充状态一般占整个使用过程的大部分时间。寒冷的冬季低温性能要好。使用寿命为 2 年到 3 年。根据这些情况，板栅设计应考虑以下几个方面：

1）板栅厚度要薄，一般不超过 2mm，以保证大电流放电性能。

2）中间极耳板栅优于偏极耳板栅，放射筋结构优于直筋结构，板栅的细微结构变化影响板栅的效果。

3）高与宽的比例明显小于其他板栅，一般小于 1。

4）正负板栅厚度比值较小，这主要考虑负极板决定充电接收能力和低温大电流放电的需求。一般在 1. 25 左右。

5）极耳的宽度比其他类型尺寸接近的板栅要大。

6）筋条密集，筋条粗细适中。

2. 大中固定型阀控式电池板栅

大中固定型阀控式蓄电池，寿命要求较高，一般5年以上，有的甚至10年。蓄电池在使用过程中，相对于容量的放电电流倍率不高，使用环境一般良好，浮充时间占使用时间的比例很高，即一般处于浮充状态。板栅设计应考虑以下几个方面：

1）板栅厚度偏厚，一般为1.8～4mm。

2）放射筋结构对电池的性能影响不大，中间极耳的影响也很小。

3）由于电池在使用过程中，有各种放置。因此，板栅宽高比例各种各样。具体根据槽体设计。一般有高型和矮型之分。

4）筋条比较稀疏，筋条偏粗。

3. 电动助力车电池板栅

电动助力车电池的使用寿命约为2年、要求容量高，属于深充深放电池类型，放电电流相对较稳定，充电状态良好，放电状况苛刻（可在低温、高温、振动状态下使用）。因此，板栅设计应考虑以下几个方面：

1）板栅适宜厚度正板栅2.5～3.0mm，负板栅1.5～2.0mm。

2）板栅的高和宽基本由槽体确定。由于容量要求高，相对其他用途的板栅设计偏高（相对槽体）。

3）正负极板厚度的比值较大，这主要是增加正极活性物质，以确保寿命的原因。

4）筋条偏疏，筋条结构偏细。这主要增加活性物质量以增加容量。

4. 储能电池板栅

储能蓄电池充电放电不规律，可能经常处于过充电状态，也可能经常处于过放电状态，受天气、地理位置的影响较大。要求使用的寿命较长。因安装的条件差异，有的蓄电池要经受高温、低温的恶劣环境。

1）板栅厚度在1.6～4.0mm。

2）横竖筋的间距可以略大一些。

3）筋条不能太细。

5. 筋条间距及结构

对于机动车起动用、大中小固定型阀控式、电动助力车用、储能用蓄电池的板栅，一般为重力浇铸板栅横筋设计成相邻筋条朝向相反的半筋，如图2-4所示。这主要是考虑在能够满足板栅的功能要求下，降低板栅的重量，留出更大的空间来容纳活性物质。这样布局可使活性物质导电的间距均匀，更加合理。

对于较薄的板栅（厚度低于1.2mm），如起动用蓄电池板栅，横筋条厚度的长方向要与板栅平面平齐，即$b=1/2e$，这是由于重力浇铸靠重力在模腔成型的。如果筋条很细，铅液不能在模腔流动并成型，结果铸不成板栅，一般$b<0.6$mm就会很难成型。a的尺寸要结合b的尺寸综合考虑，如果b的尺寸很小，a的尺寸要适当增大，原因是b的尺寸小时，a的尺寸也小的话，筋条将很难成型，一般（$a+b$）>1mm。正常情况下a的尺寸为0.2～0.4mm。横筋的顶端要导角，其作用是板栅脱模时，不易挂片，如果没有导角，脱模难度增加，不易操作。r一般在0.3mm。如果筋条太细，可适当提高r角的角度，以增加筋条截面积，保证筋条应有的性能。c的尺寸一般在1.0～1.4mm之间，可根据情况选用合适尺寸。对于d的尺寸选择范围较大。通过大量的试验和经验的积累，认为筋条的间距在$d=4.5$～

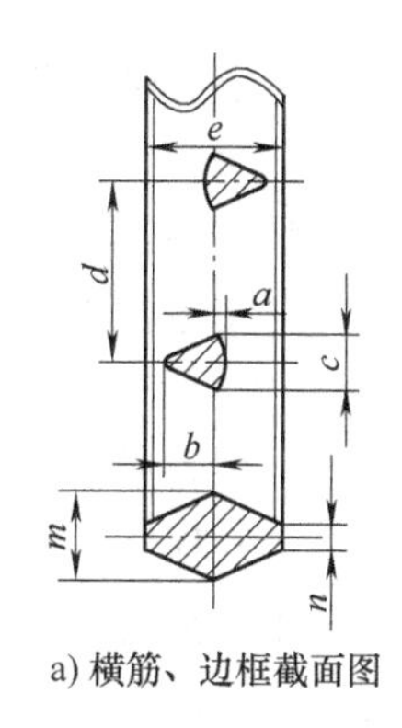

a) 横筋、边框截面图

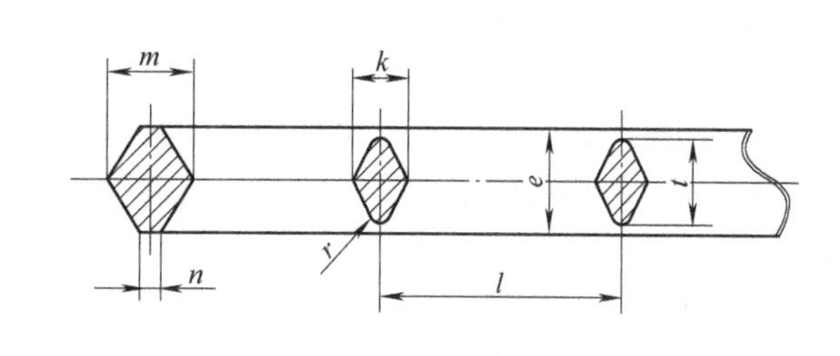

b) 竖筋、边框截面图

图2-4 板栅横筋竖筋边框结构

5.8mm（中心间距）为合适。一般减少筋条截面尺寸将使生产难度增加，很难采用。试验证明，间距增大后，对蓄电池的初期容量影响不大，但对蓄电池的大电流放电性能、充电接受能力有一定影响。因此，d 值不能增加太多。

对于厚度较厚，适用于备用电源的蓄电池的板栅，a 控制在0.2～0.4mm，b 值控制在 >0.7mm，c 值在1.0～1.4mm，d 值在5～7.5mm，是较为合理的，可根据具体的使用情况，调整其中的某个参数。

板栅竖筋，一般采用整筋（即两个完整半筋），截面积比横筋大40%左右，间距在12～18mm。

重力浇铸蓄电池板栅的结构尺寸见表2-2。

拉网板栅的筋条结构由设计和设备确定，网格的尺寸由设计确定，然后制造相应的扩孔刀具，形成孔的大小。筋条的粗细一部分由铅带的厚度决定，一部分由扩孔时矩阵的斜度决定。上下边框由设计留出。多数蓄电池工厂提出板栅的要求，由设备厂制造工装模具，生产出符合要求的板栅。目前，蓄电池工厂还没有制造拉网机等复杂设备的工装模具的能力。

6. 铅的节约与板栅寿命

随着铅价的上涨，成本成为蓄电池生产的一个重要问题。如何降低成本已成为技术人员需要考虑的问题。板栅起导电和支撑活性物质的作用，并不直接储存电能，不是参加化学反应的核心物质。因此，怎样使板栅发挥出最好的效能，减轻板栅相应的重量，是一个永恒的课题。

过去铅价较低，板栅的设计多是功能过剩的，对于起动用蓄电池过去设计板栅占极板重量在35%～45%之间，大中型阀控式电池也基本是这个比例，现在板栅的重量逐渐降低，目前起动用电池板栅（重力浇铸）占极板重量的26%～35%，而大中阀控式电池占28%～42%之间。板栅重量降低太多，电池的性能就要降低，寿命缩短，而且会造成重力浇铸板栅成型困难，生产难以进行。

大量的解剖试验发现，正常蓄电池寿命终止时，蓄电池板栅接近全部腐蚀，有时见不到合金，或合金非常细小，轻微碰触就碎成小块，在这种情况下筋条中能见到细小的合金条或合金段是比较合理的，即认为功能不过剩也不富余，由此推断板栅筋条的设计是合理的；如果蓄电池使用的寿命达到预期的寿命，而板栅内部已不能见到合金，表明板栅的筋条设计不够，需要增加筋条的强度；如果蓄电池达到了预期寿命，而板栅腐蚀较小，则有降低板栅重量的余地。

这种从后向前推的设计思路，对没有相应试验和经验的技术人员存在一定的困难，但最初的设计可参照本节的相关内容进行，毕竟减重是相对次要的环节，而满足蓄电池的功能要求才是第一位的。

随着板栅筋条数量减少或截面减小，板栅的重量和体积减少，活性物质增多，容量有所提高，但随着板栅筋条的继续减少或截面减小，容量增加变小，到一定的程度，容量达到最高，再继续减少，容量反而降低。同样，大电流放电性能和充电接受性能都将受到影响，且受影响程度可能比容量还要大一些。因此，板栅减重，要建立在试验基础之上。不然的话以牺牲性能来减重是得不偿失的。

7. 模具制造对板栅生产的影响

板栅设计出来后，必须通过模具实现产品的成型。模具不好用，板栅不能成型，或板栅有缺陷。再好的设计也没有用。因此，板栅的设计要与模具制造及技术水平结合起来，尽管设计上你可以要求筋条什么样的结构，多么小的尺寸，但铸造不出来，也是没有意义的。板栅的铸造与其他铸件产品有相似之处，但板栅的铸造毕竟已小到极限。

模具的材质要均匀一致。质量不好的毛坯可能存在各位置的硬度不相同、结构和成分也不相同的状况，这样的毛坯无法使用，毛坏要经过热处理，或在风吹雨淋条件下存放半年以上，这样可降低毛坯的应力，减少使用时因冷热变化产生的变形。板栅模具从结构上要设计合理的排气，排气过大，可能导致漏铅，过小可能排气不畅，造成憋气断条的问题。浇口、铅道设计要合理，这也是成型的关键之一。

好的模具生产起来非常顺畅，国外先进蓄电池生产公司常常一个人看四台机，还比较轻松，而国内的很多公司一个人看一台机，还比较紧张，主要是模具和设备的差别。

8. 工艺极耳及裁片口的设计

工艺极耳的作用主要是辅助板栅的浇铸，或是在涂板、化成、干燥、搬运等工序或操作中，起辅助制造的功能。工艺极耳设计合理，不仅可以保证产品在整个制造中质量的一致性、稳定性，还可大大提高生产效率。因此，生产过程中工艺极耳必不可少。

工艺极耳的设计尽可能本着实现功能要求、方便生产，还要尽可能减少假极耳（工艺极耳的全部或一部分）的重量，因为假极耳不进入最终的产品，分板后要回炉重新使用，若重量过大，回炉中的损失就越多，可能由此产生的污染物的量也就越多。除了这方面的考虑外，还要考虑假极耳对整个板栅结构的影响，如收缩孔是否增加、气孔是否增加等。

好的工艺极耳设计既实用又简洁。如图 2-5 所示的三种大小极板的工艺极耳的结构图，图 2-5a 是上下双排板栅四片连接，极板极耳靠近中间位置的结构，增加小工艺极耳的作用是，支撑大工艺极耳。在化成时，生极板要插入化成槽中，称为插板，插板时极板是靠重力落入化成槽的导电杠上的，如果没有小极耳的支撑，大极耳就会弯曲，见图 2-7 所示的结构。小工艺极耳与板栅的连接处，采用了非常薄的小连接，极板化成好之后，从锯口处切开，小工艺极耳与极板的接触较小，用手（或设备）一掰就会脱落，并且在极板上形成的毛刺非常小，用刷耳机轻轻一刷就会干净。在整个极板制造过程中，小假极耳起重要的辅助作用。工艺小极耳的加入，对板栅的铸造也有益，这种结构也使化成的导电性非常好。图 2-5b 是单片大极板的工艺连接结构，这种结构的特点是，将真极耳设计在下方，目的是增加化成时电流的均匀分布，化成时电流通过工艺小极耳和真极耳给电，化成的均匀性明显提高，一般大板的电流较大，分散给电是重要的方法。除此之外，还可以将极板上下换方向，将真极耳上提，这种结构不如图2-5b的结构更好地分配电流。还有的用真极耳做工艺极耳，这种做法化成电流只通过真极耳给电，不分散给电，会造成电流的过于集中，从而造成极板化成的不均匀。图2-5c是三排九小片的连接的工艺极耳的情况，这种结构利于化成，也利于各工序的生产。一般大工艺极耳下方的连接条的宽度为5mm，厚度与板栅同厚。

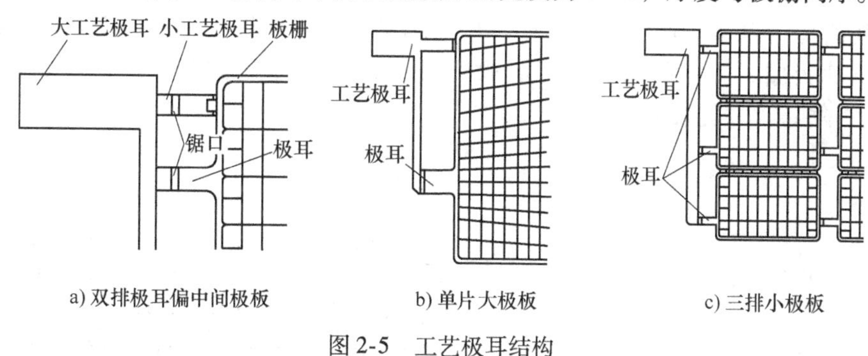

图2-5 工艺极耳结构

一大片板栅可能是由一片、二片或多片组成，这就需要裁口的设计，裁口要根据分片机的要求来设计。滚切式和锯式的裁口宽度、厚度、极板的布置方向，可能有较大的差异，要根据设备的具体情况设计。如果分片使用的锯片厚度为2.0mm，锯口设计成2.1mm是合适的。如采用滚切机，裁口一般设计成0.6mm，也可根据设备的工艺要求设计。

工艺极耳的作用主要有两个方面，一个作用是生产过程中的支撑作用，图2-6所示。板栅从一铸出来，到熟极板分成小片极板，成为成品，支撑位置一直在起作用，可见其重要性。板栅铸出来，经铸板机裁刀切去边角后，就要挂在铸板机上，以便收片、修片；在进入涂板机时，板栅要挂在涂板机的喂板架上，让机器的吸嘴吸入板栅，板栅经过涂板机涂上铅膏，形成生极板，经过快速干燥后，挂在机架上，供工人收板到固化架上；化成出槽后，水洗干燥，都用工艺极耳的支撑位置，直到极板分板。另一作用是化成导电作用，如图2-7所

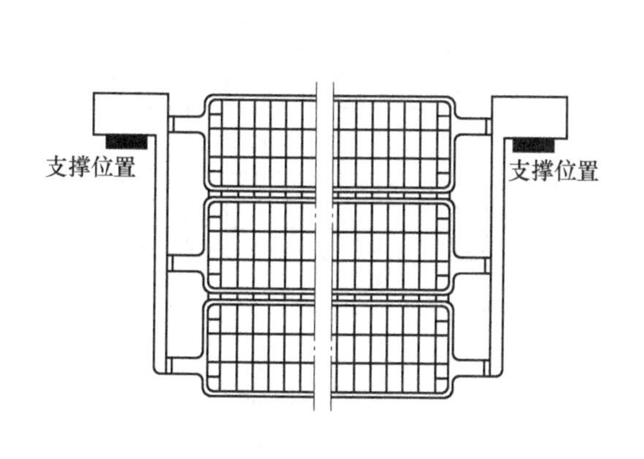

图2-6 板栅或极板的支撑位置

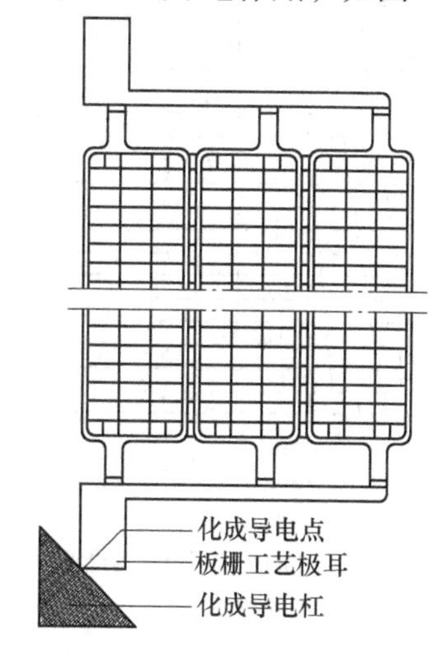

图2-7 极板化成时的导电位置

示。生极板化成时，工艺极耳上的顶点，接触化成槽的导电杠，起到化成导电的作用，实现无焊接化成。由上述可见工艺极耳的重要性。工艺极耳的长度一般为15~30mm，可根据具体情况设计。

采用电池化成的工艺极耳的设计要简单一些，它不用考虑极板化成的导电问题，做出生板后分板成为极板的成品，因此只需考虑铸板和涂板用的工艺挂耳。

9. 典型的蓄电池板栅

蓄电池的型号众多，这里仅给出四种板栅结构，即电动助力车6-DM-10蓄电池板栅、起动用蓄电池板栅、固定型阀控式蓄电池板栅、太阳能风能储能用蓄电池板栅。结构如图2-8所示，筋条尺寸见表2-2。

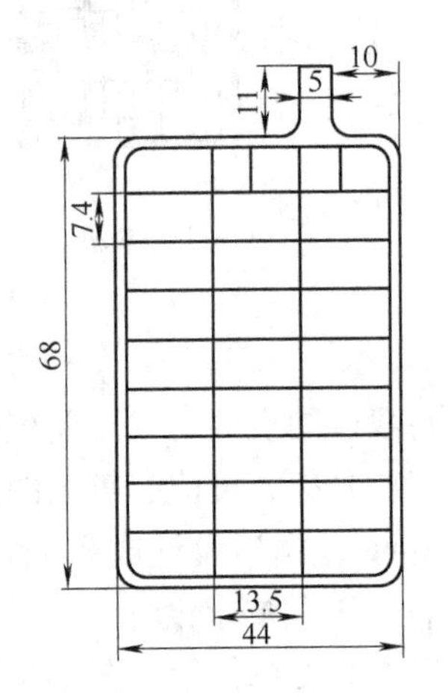

a) 电动助力车用蓄电池板栅

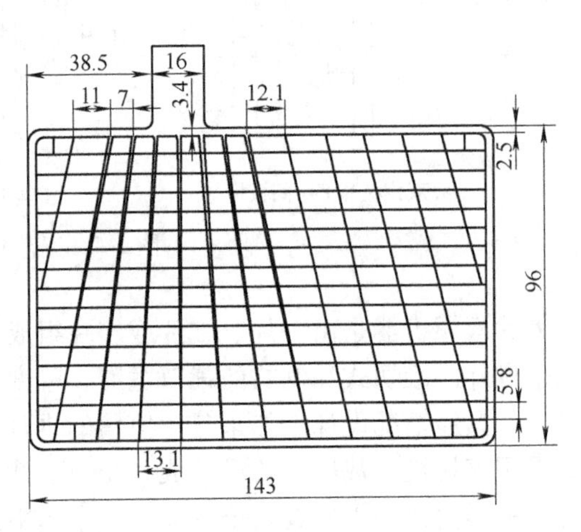

b) 起动用蓄电池板栅

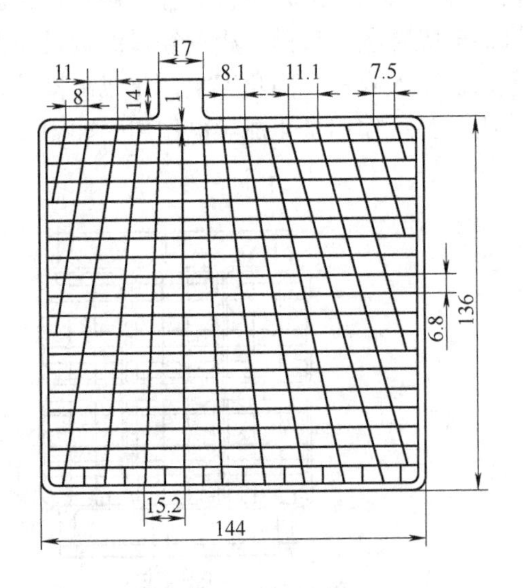

c) 阀控式固定型蓄电池板栅

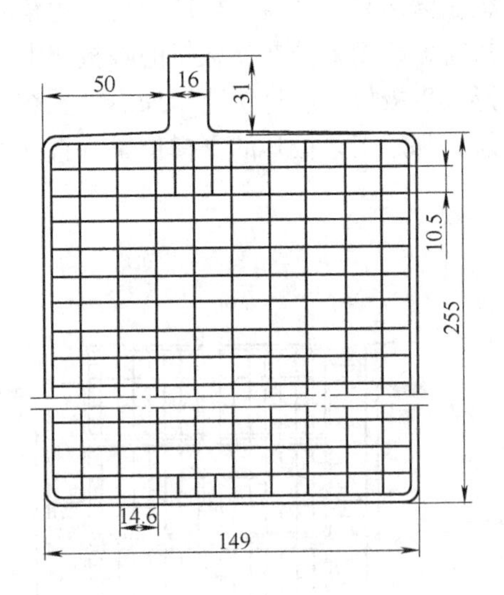

d) 储能用蓄电池板栅

图2-8 蓄电池用典型板栅

表 2-2 图 2-8 板栅的筋条、边框尺寸 （单位：mm）

		边框			横筋				竖筋			加强筋		
图 例														
		m	n	e	a	b	c	r_2	k	t	r	k_1	t_1	r_1
助力车蓄电池	正	1.7	0.6	2.4	0.2	0.7	1.1	0.3	1.1	1.0	0.3	1.2	2.4	0.2
	负	1.7	0.6	1.4	0.3	0.6	1.1	0.3	1.1	0.9	0.3	1.2	1.4	0.2
起动用蓄电池	正	2.5	1.0	1.5	0.3	0.7	1.2	0.3	1.4	1.5	0.2	—	—	—
	负	2.5	1.0	1.2	0.3	0.6	1.2	0.3	1.4	1.2	0.2	—	—	—
备用电源电池	正	2.5	1.0	2.2	0.3	0.9	1.2	0.3	1.3	1.9	0.2	1.5	2.2	0.2
	负	2.5	1.2	1.4	0.3	0.7	1.2	0.3	1.3	1.2	0.2	1.4	1.4	0.2
储能用蓄电池	正	3.5	2.0	3.8	0.3	1.7	1.7	0.2	2.8	3.8	0.2	2.8	3.8	0.2
	负	3.5	2.0	2.2	0.3	1.1	1.6	0.2	2.5	2.2	0.2	2.5	2.2	0.2

表 2-3 图 2-8 中四款板栅的参考重量 （单位：g）

型号	图 a	图 b	图 c	图 d
正板栅	11.5	50	82	285
负板栅	9	47	58	170

2.2.3 板栅的模具设计与制造

1. 重力浇铸机械板栅模具

板栅模具的材料要选择球磨铸铁，一般采用的标号为500，标号小的材料比较软，刷模时容易破坏模具表面，造成模具损坏；标号大时，材料的硬度大，内部应力较大，使用时容易变形。毛坯出厂时需要经过退火处理，降低内部的应力。毛坯各处应均匀一致，内部不能有气孔和沙眼等缺陷。为防止模具在使用中变形，尽可能地在自然条件下放置半年以上，以消除内部的应力。用新的没有陈化的材料制造模具，往往会因应力的问题，模具在使用过程中产生轻微的变形，使铸板难成型或板栅达不到质量标准的要求；模具的使用寿命也受到很大的影响，有的使用不过半年就报废了。一般蓄电池厂家提供毛坯的尺寸和结构，由铸造厂按图样生产，最好与铸板机相适应，符合板栅要求大小的毛坯。这样模具制造就省时省力、方便加工。板栅模分动模和静模，一般静模安装固定在铸板机上，静模上安装顶针；动模安装在铸板机的导杆上，在静模上设计排气道。在静模和动模上都要设计浇口的降温水道。模具毛坯如图 2-9 所示。

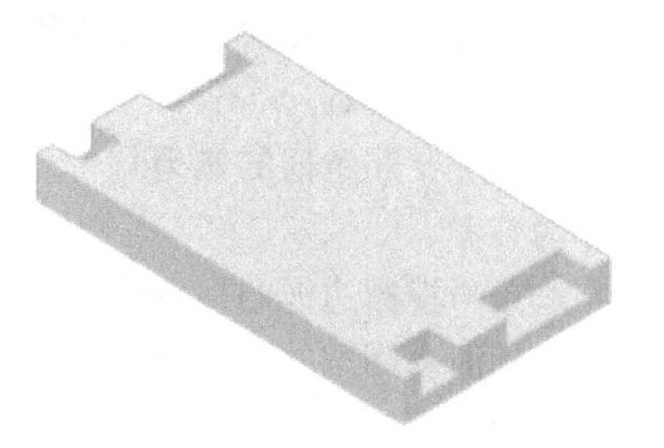

图 2-9 重力浇铸板栅模的毛坯

普通铸板机使用的毛坯长为420～480mm，宽为240～280mm，厚度为45～50mm。工业铸板机模具较大，根据具体的情况选择毛坯尺寸。毛坯铸出的缺料处，用于装固定螺栓、水道的接口等，铸出如图2-9所示的形状，可节省加工费用。

动模和静模都使用同样的毛坯，在图2-9的上面是动静模开模的面，两模相对。

板栅模具的制造有几方面原则：中间开模原则，即动模和静模打开部位，处于板栅厚度方向的中间位置，从板栅图可以看出，板栅的中间位置的尺寸最大，从中间位置脱模是合理的。板栅左右居中原则，即板栅的位置要处于模板的中部位置。均匀布置原则，主要是要求左右两侧，重量基本平衡，铸板脱模后下落时均匀落下，使板栅不变形；若不均衡落下，如一角先落地，板栅就会变形。

板栅模具制造的关键部位有，动模和静模的筋条要相对，不能错筋；排气道的设计合理；顶针分布和位置要合理。

排气道是在模具的正面开槽，然后再镶上同样的材料，靠镶条边的缝隙，将板栅铸造时模腔内的气体排出，以利于成型。普通尺寸的模具一般要设计三条排气条，每个排气条的宽度在15～20mm，长度要覆盖工艺极耳的边界。模板刨平后，先开排气槽，镶好排气条，将排气条用螺栓固定（成型后的固定形式），然后刨平表面，开筋条。排气道内部由一竖孔连接，直通模具的下方，然后接一气嘴。排气道在铸片时起排气的作用，在刷模时，排气嘴要接上外面的压缩空气，使气体通过排气道，从模具里向外喷出，这样喷模时不致堵塞排气道。排气道对模具浇铸板栅起着重要的作用，排气道的缝隙太大，铅合金就会在铸板时流入缝隙，铸出类似小的筋条毛疵，影响涂板；如果缝隙太小，喷模粉可能堵塞缝隙，起不到排气的作用，导致排气不畅，产生断筋的问题，板栅不能成型。排气条的材料一定选用和主体模板同批号的材料，以便具有相同的性质。排气条设计在动模上。

顶针是板栅在模具内成型后脱模时，顶出板栅的装置。板栅靠顶针的力量将板栅顶出模腔，平衡脱落。顶针设计在静模上，一般设计三排，12个顶针。顶针设计在板栅的边框与筋条的交界处，或筋条与筋条的交界处，顶针的截面越小越好，一般$\phi 2$～$\phi 3$mm之间。顶针与模具的筋条槽的底部平齐或略高，使铸出板栅上顶针的痕迹与板栅平面相齐或略低，高于板栅平面会影响涂板，挂断涂板钢丝，或影响涂板带的使用寿命。模具装到铸板机上，顶针的顶出顺序要进行调整，重量不同的板栅上下顶针的先后顺序是不同的，板栅轻（指厚度小于1.5mm）的要同时顶出，板栅重的先上面后下面。顶针固定在顶针条上，顶针条由固定在静模上的螺杆调节最大位置，由弹簧保持原始位置。运行时气缸推动顶针条，将板栅顶出，气缸退回后，弹簧保持顶针到原始位置。

在模具的浇口处要安装冷却水管，位于动模和静模的上边缘的下方约40mm，其目的是，浇口的流铅量较大，上部的热量较多，温度较高。如不降温将使模具过热，无法控制温度，造成生产困难。

模具主要筋条槽的制造尺寸一般比板栅图样的尺寸大0.1mm，这是制造模具的经验，可作为参考。

筋条与板栅边框的拐角处，要进行小的导角，以减少铅液流动的阻力。过去板栅动模和静模的模面要用细的石英砂打磨成麻面，以便于排气，现在很少打磨，主要原因是节省模具加工时间。

板栅模腔的结构分布如图2-10所示，最上面是浇铅口，深度是25mm左右，与板栅平面的夹角为45°~50°。下面是缓冲区，深度为20mm左右，厚度为1~2mm。再下面是铅道，与板栅的筋条或边框相对，尺寸比筋条的尺寸略大，一般截面为长方形。板栅的外围有排气面，排气面略低于模具面，主要是模腔的气体会有一部分通过模具四周排出，起到辅助排气的作用。

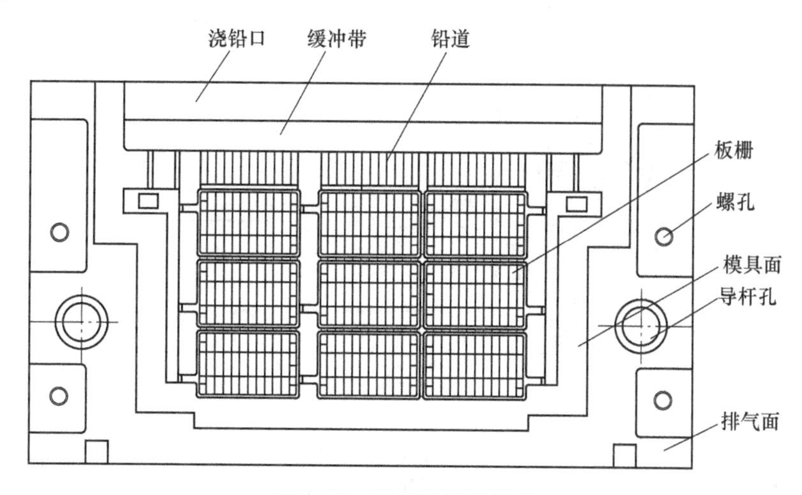

图2-10　铸板机板栅模腔

在板栅的背面要设计安装加热管的位置，一般设计在下方三分之一处，热电偶的插孔要设计好，孔的位置不同，温度的差异也较大。所以制定工艺温度时，要根据实际情况制定。一般厂家应规定模具所有热电偶应在相同的位置，以便于工艺文件的标准和统一。

2. 重力浇铸手工板栅模具

手工模具在大批量的生产中已很少用，在特殊型号小批量的生产中还有应用，在进行试验研究中，仍有应用。手工模具的特点是制造简单、板栅浇铸方便、节省费用。

图2-11所示是手工模具的内部模腔的布置图，上面和机械板栅的结构类似，有浇铅口、缓冲区、铅道。板栅连接结构适用于手工焊接化成。模具不用开排气道，不用顶针，不用开制水道，完全靠自然排气，自然冷却。

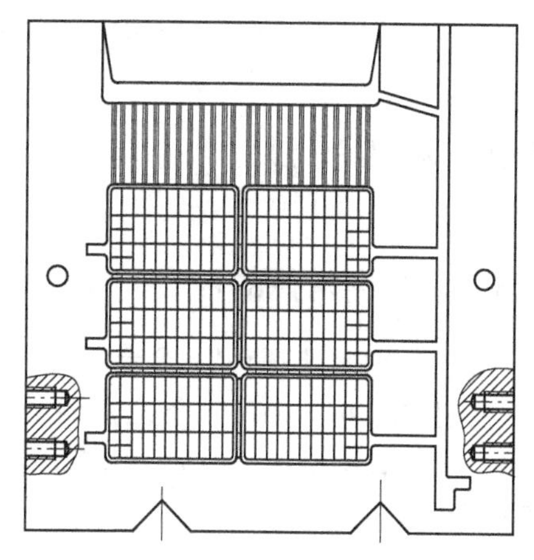

图2-11　手工模具内部模腔布置图

图2-12所示是手工模具的装配图，1是采用倒扣的角铁，将静模固定在角铁上，角铁同时是导杠，动模在上面滑动。模具把手安装在静模上，可以以3为中心轴转动。动模放到导杠上，动模安装把手5。

操作时，首先预热模具，一般是放入铅锅中，模具浮在铅液的表面，加热到150℃左右，取出后，将铅液倒入模具铸片。左手上推静模把手，让下面顶开动模，同时右手拉开动模的把手，模具打开后，戴手套的右手拿出板栅，先放在平板上。浇第二片的铅液倒入板栅模后，再拿起第一片，将板栅带的浇口，蘸入铅锅中，浇口的铅就融入铅锅中了，将板栅摆好，进行裁边处理后，成为成品。

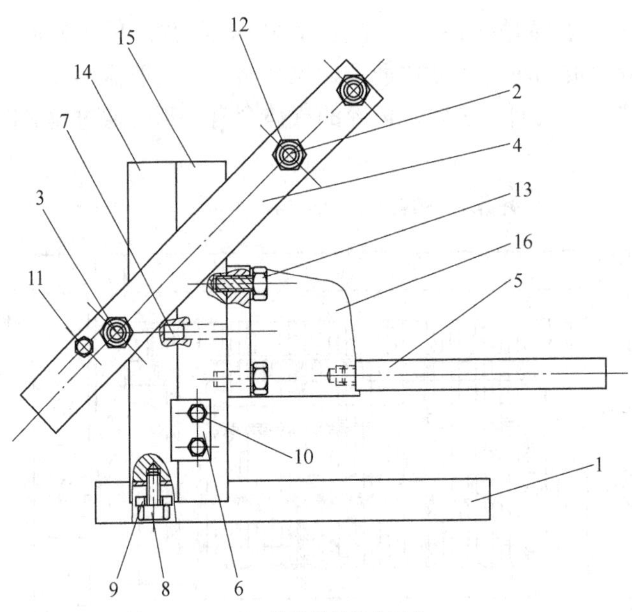

手工模具总装技术要求:
1) 把手的支撑板4前后各一片,与2、3固定;
2) 螺栓均为GB普通螺栓;
3) 11为静模把手的后仰位置限位;
4) 静模把手的旋转轴为3。

图2-12 手工模具装配图

1—静模支架 2—静模把手 3—静模把手固定杆 4—扳手支撑板 5—动模手柄 6—动模限位块 7—定位销 8、10、13—M10螺栓 9—固定块 11—定位螺栓M8 12—M14螺母 14—静模 15—动模 16—动模手柄支架

2.3 板栅材料

2.3.1 板栅常用的合金

1. 正板栅Pb-Ca-Sn合金

正板栅Pb-Ca-Sn合金见表2-4，该合金适用于免维护起动用蓄电池（重力浇铸或拉网）、阀控式蓄电池、电动助力车用蓄电池等的正板栅，根据适用蓄电池的品种，Ca、Sn的量可适当调整。

表2-4 正板栅用Pb-Ca-Sn合金（质量分数,%）

Ca	Sn	Al	Fe	Cu	Zn	Sb
0.07~0.12	0.55~1.5	0.01~0.03	≤0.0005	≤0.0005	≤0.0005	≤0.001
As	**Bi**	**Ni**	**Co**	**Ag**	**Pb**	
≤0.0005	≤0.003	≤0.0005	≤0.0005	≤0.0005	余量	

2. 负板栅Pb-Ca-Sn合金

负板栅Pb-Ca-Sn合金见表2-5，该合金适用于免维护起动用蓄电池（重力浇铸或拉网）、阀控式蓄电池、电动助力车用蓄电池等的负板栅，根据适用蓄电池的品种，Ca、Sn的量可适当调整。

表 2-5 负板栅用 Pb-Ca-Sn 合金（质量分数,%）

Ca	Sn	Al	Fe	Cu	Zn	Sb
0.075～0.130	0.2～0.6	0.01～0.04	≤0.0005	≤0.0005	≤0.0005	≤0.001
As	Bi	Ni	Co	Ag	Pb	—
≤0.0005	≤0.003	≤0.0005	≤0.0005	≤0.0005	余量	—

3. 板栅用 Pb-Sb 合金

目前，高锑合金已使用很少，在表2-6中介绍了几种中锑和低锑合金，主要用于少维护的起动用蓄电池、固定型蓄电池、牵引用蓄电池等。

表 2-6 板栅用 Pb－Sb 合金的成分（质量分数,%）

序号＼含量	Sb	As	Sn	Se	Pb
1	2.8～3.0	0.10～0.15	0.01～0.10	0.01～0.02	余量
2	2.5～2.7	0.15～0.20	0.05～0.20	0.015～0.02	余量
3	1.8～2.0	0.15～0.20	0.150～0.25	0.02～0.30	余量
4	1.5～1.7	0.15～0.20	0.20～0.30	0.025～0.035	余量

4. 历史上曾经用过的主要合金

表2-7列出了以前使用和现在正在使用的合金，其中注意的是，因Cd的毒性较大，国家现在已禁止在铅酸蓄电池中使用这种元素。

表 2-7 铅酸蓄电池用板栅合金[1]

序号	合金种类	添加成分	应用领域
1	铅锑合金	4%～11%Sb、As、Sn、Cu（Ag）	牵引电池
2	低锑合金	0.5%～3.5%Sb、Se、Te、SCu、As、Sn（Ag）	少维护蓄电池（固定、牵引）SLI蓄电池
3	铅钙合金	0.06%～0.12%Ca、0～3%Sn	固定、排气或阀控蓄电池、SLI蓄电池
4	低钙合金	0.02%～0.05%Ca、0.3%～3%Sn（Ag）、0.008%～0.12%Al	阀控蓄电池、SLI蓄电池（连续铸造板栅）
5	铅锡合金	0.2%～2%Sn	阀控蓄电池、导电部件
6	纯铅	—	普兰特极板、贝尔系列、圆柱形电池
7	铅砷碲银合金	0.009%As、0.065%Te、0.08Ag（Sn）	
8	铅锑镉合金	1.5%Sb、1.5%Cd	

2.3.2 板栅合金的性质

目前，铅酸蓄电池主要使用的合金为铅钙锡合金和铅低锑合金，本节主要介绍这两种合金的一些物理化学性质。

1. 铅锑合金特性

1）具有良好的力学性能、抗拉强度、延展性、韧性以及抗蠕变性能。

2）合金熔点低、收缩性小，具有良好的流动性和成型性，以及良好的浇铸性能。

3）具有比纯铅更低的热膨胀系数，蓄电池在充放电过程中不易发生变形。

4）板栅与活性物质之间具有较好的结合力，和较低的表面电阻，有利于蓄电池的深充放能力和良好的循环寿命。

5）充电时，正极板栅中的锑在电解液中，会转移到负极，沉积在活性物质表面，降低析氢过电位，因此锑的存在降低了水的分解电压，加剧了水的分解和存放时蓄电池自放电。不能达到免维护要求。当合金的锑含量为≥3%时，水分解和自放电较为明显，用该合金生产的蓄电池必须定期（如两个月）进行一次补充充电和补水。合金锑含量≤1.5%时，充电时水分解明显降低，可以制造少维护的蓄电池。

6）耐腐性能较差，随正板栅含锑量的增加，腐蚀速度加快，降低循环寿命。

铅锑合金在锑含量≥3%时，可不加其他元素，直接使用；在锑含量降低时，一般要加入少量的砷、硒、锡、铜、硫等元素，作为增强剂或结晶细化剂以改善合金的性能。以Pb-1.5% Sb-0.15% As-0.20% Sn-0.03% Se和Pb-1.5% Sb-0.15% As-0.20% Sn-0.06% Cu-0.006% S两种合金为例说明成分的作用。硒是主要的成核细化剂，加入0.02%～0.03%，可以把颗粒直径保持在60～80μm，大大缩小了颗粒直径，对板栅因颗粒大出现的问题，如冷裂、热裂等问题得到很好的解决，起到很好的作用。0.06%的铜作为成核剂的影响主要是由于形成了Cu_3As晶核，在与硫化合时，有更强的颗粒细化影响。但应当指出的是，铜明显增加了自放电，很大程度上降低了析氢过电位，因此后来几乎不使用铜作为成核剂。当使用成核剂时，熔化合金温度要保持在460～500℃，以防止形成大的颗粒，转化成铅渣，影响铸造的颗粒细化作用。

低锑二元合金的强度和铸造性能较差，添加砷和锡可改善这些性能，添加0.1%～0.25%的砷，可提高合金的硬度，减小铅枝状晶体的尺寸，防止了电池使用过程中板栅的长大。砷减少了熔化合金的氧化，阻止了合金的晶体间腐蚀，但是它降低了铸造过程中铅液的流动性。

加入0.1%～0.25%的锡，提高了铅液的流动性，提高了腐蚀层的导电性，提高了板栅材料的抗蠕变性。

表2-8 铅锑合金的性质[3]

Sb（质量分数，%）	熔点/℃	密度/g·cm^{-3}	抗拉强度/MPa	伸长率（%）	布氏硬度	膨胀系数×10^{-7}/℃$^{-1}$	电阻率×10^{-7}/Ω·cm
0	327	11.34	12.515	—	3.0	292	212
1	320	11.26	—	—	4.2	288	220
2	313	11.18	—	—	4.8	284	227
3	306	11.10	33.406	15	5.3	281	234
4	299	11.03	39.795	22	5.7	278	240
5	292	10.95	44.717	29	6.2	275	246

铅锑二元合金的相图，如图2-13所示。锑对析气的影响如图2-14所示。

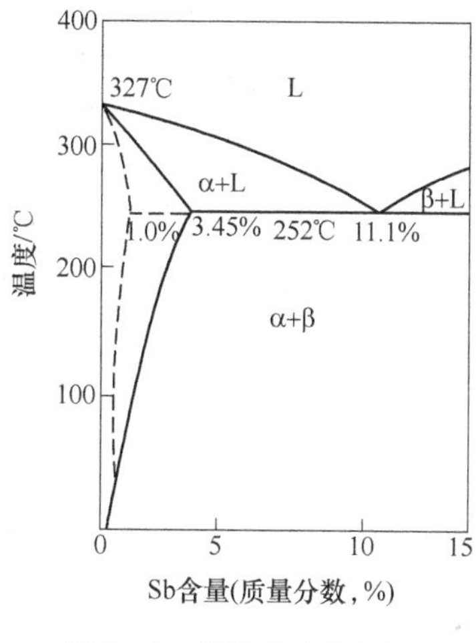

图 2-13 铅锑合金的相图

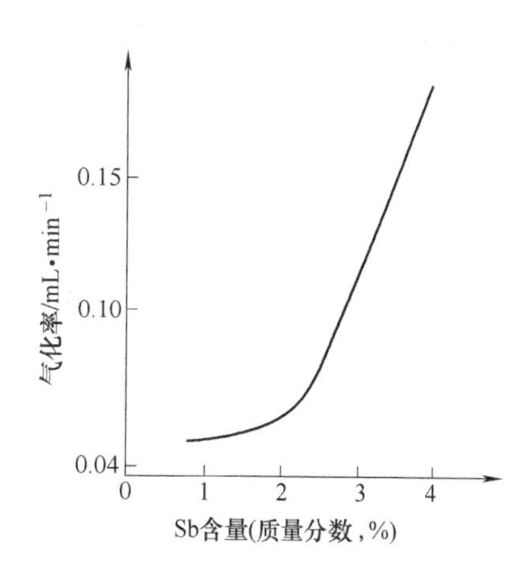

图 2-14 锑含量对析气的影响图

2. 铅钙合金特性

1）具有良好的机械强度。铅钙合金为沉淀硬化型，即在铅基质中形成 Pb_3Ca 金属间化合物沉淀成为硬化网络，使合金具有一定的机械强度。钙含量对强度的影响较大，太低的钙含量会降低板栅的力学性能，过量的钙会导致板栅在使用中的快速增长。浇铸条件也影响晶粒结构及最终的腐蚀程度；Pb-Ca 合金的硬化非常快，一天可达到 80% 的极限强度，7 天内就可以完全时效硬化。

2）充电时，析氢过电位比铅锑合金约提高 200 ~ 250mV，不易发生水的分解。同时减少自放电，因此铅钙合金成为制造免维护蓄电池的主要材料，这也是替代铅锑合金的原因之一。

3）耐腐蚀性较好，板栅有较长的寿命。

4）Pb-Ca 合金电池在充放电循环时，充电接受能力下降，出现再充电困难，引起寿命初期容量损失，容量迅速下降，称为早期容量衰减，早期研究者称为无锑现象。研究认为是板栅与活性物质界面之间形成了阻挡层。现在这个问题已通过添加 Sn 元素等得到很好的解决。如图 2-15 中的 PCL-1。

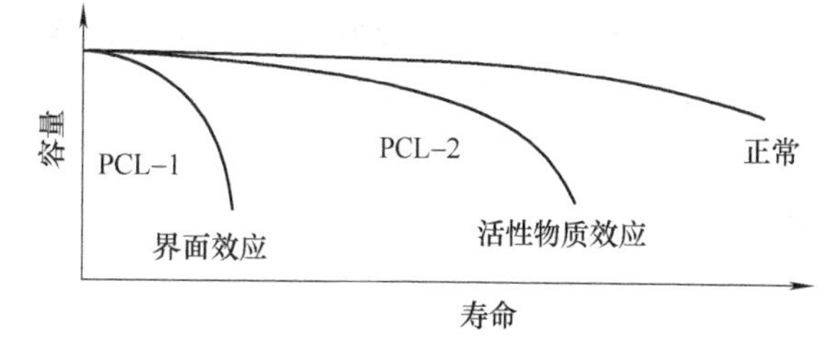

图 2-15 早期容量衰减（PCL）图

5）抗蠕变性能差，随着充放电循环进程正板栅长大。特别是对循环用大型极板，这种现象比较突出。

6）在熔炼及铸造过程中，钙容易被氧化烧损，影响合金的成分与性能的稳定，氧化渣还降低了合金的可焊性。

7）新铸出的板栅较软，加工存在难度。

铅钙二元合金的力学性能见表 2-9。

钙是 Pb-Ca-Sn-Al 合金中影响性能的元素之一，对板栅的硬度有重要影响，具有明显的时效硬化作用。Ca 在铅液中的溶解度很低，因此须充分搅拌，才能达到成分均匀的目的。

表 2-9 铅钙二元合金的力学性能[5]

Ca 含量（质量分数,%）	屈服强度/MPa	拉伸强度/MPa	屈服强度/极限抗拉强度	在 20.7MPa 下蠕变至失效/h	年腐蚀速率/mm
0.025	17.7	25.1	0.71	1	0.279
0.050	29.0	37.2	0.78	30	0.345
0.065	31.8	42.5	0.75	50	0.348
0.075	35.3	46.4	0.78	40	0.358
0.090	32.9	47.0	0.70	20	0.392
0.100	32.5	47.8	0.68	10	0.411
0.110	30.5	46.3	0.66	7	0.429
0.120	27.6	43.2	0.64	5	0.48
0.14	24.7	39.2	0.63	2	0.513

铅钙合金的二元相图，如图 2-16 所示。

3. 铅钙合金的改善

铅钙合金最大的问题是，用作正板栅时出现早期容量衰减的现象。因为这种现象不会发生在铅锑合金中，因此也称为无锑效应。研究认为板栅与活性物质的界面电阻层是造成这个问题的原因，起初认为在界面形成了电阻较高的绝缘化合物，并认为是 $PbSO_4$，但后来研究发现是 $PbSO_4$ 层下有一层 α-PbO 在起主要作用[5]。

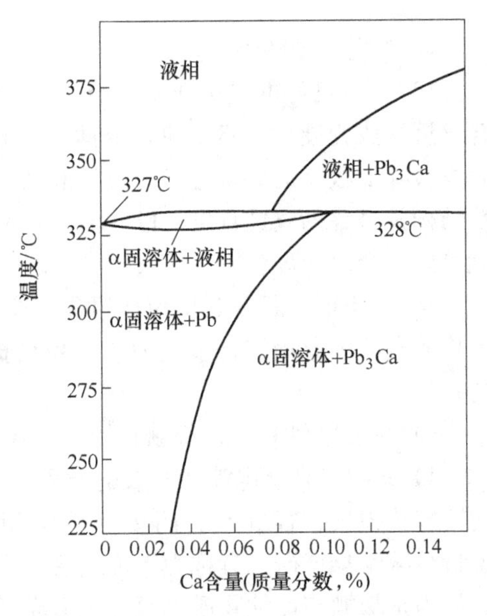

图 2-16 铅钙合金的二元相图

Sn 添加到 Pb-Ca 合金中，在 PbO 层中 Sn 的掺入可加大充电电流，含锡的腐蚀层导电性比 Pb-Ca 合金腐蚀层更高，掺入 Sn 或 SnO_2 而形成复杂的 PbO 半导体结构是增加腐蚀层导电的原因。将 0.6%～0.7% Sn 添加到正板栅中，阀控式铅酸蓄电池循环过程中，容量迅速下降的问题能得到很好的缓解。当 Sn 低于 0.8 时，钝化层只有离子导电性；超过 0.8 时，电导性迅速增加；当达到 1.5 时，达到稳定状态[5]。

Sn 的加入能够改善 Pb-Ca 合金的流动性，提高铸造性能。铅钙合金的强度、硬度和流动性会随着锡含量的增加而增高，见表 2-10、表 2-12。同时，Sn 还对 Ca 有保护作用。Sn 增加，Pb-Ca-Sn 合金抗腐蚀性增加，见表 2-11。

表 2-10 含 0.1%Ca 的 Pb-Ca-Sn 合金的力学性质[4]

Sn 含量（质量分数,%）	抗拉强度/MPa	Sn 含量（质量分数,%）	抗拉强度/MPa
0	32.34	1.0	54.88
0.25	44.10	1.5	54.80
0.50	48.02	1.8	60.76
0.78	49.98	—	—

表 2-11 Sn 对极化和 Pb-Ca-Sn 合金腐蚀的影响[4]

Sn 含量（质量分数,%）	充电时电极极化/mV	腐蚀失重/mg·cm⁻²·d⁻¹
0	2.062	6.56
0.026	2.038	4.25
0.100	1.626	1.74
0.370	1.337	1.04
0.620	1.227	0.82
1.410	1.242	0.77

表 2-12 铅钙合金的力学性能[3]

编号	合金成分	极限抗拉强度/MPa	延伸率（%）
1	Pb-0.1%Ca-0.3%Sn	40~43	25~35
2	Pb-0.1%Ca	37~39	30~45
3	Pb-0.065%Ca-0.3%Sn	43~47	15
4	Pb-0.065%Ca-0.5%Sn	47	15
5	Pb-0.075%Ca	43	25

高 Sn 含量能抵消高钙含量合金的腐蚀速度。在滚压扩展板栅中，Sn 含量高，改善了抗拉强度、抗腐蚀性，并明显地减小了板栅的伸长。

将 Sn 添加到 Pb-Ca 合金中，明显改变了沉积方式和时效硬化过程，硬化过程起初是 Pb_3Ca 的不连续沉积，然后是 Pb_3Ca 和 $(PbSn)_3Ca$ 的不连续沉积和连续沉积同时进行，最后是 Sn_3Ca 的连续沉积过程[5]。Sn 含量一定的情况下，晶粒结构随着 Ca 含量的增加而变小；而 Ca 含量一定的情况下，随着 Sn 含量的增加，晶粒变大。

Sn 与 Ca 的比值即 r 因子对板栅的机械性能有较大的影响，$r<9$，随着金属间化合物 Pb_3Ca 沉淀的形成时效硬化进展得较快；相反，$r>9$ 的高锡低钙合金起始硬度较低，并且起始硬化速率也较低。$r>9$ 的 Sn 含量可以使合金内的 Ca 反应，并产生连续的 $(PbSn)_3Ca$ 沉积，同时掺入晶界及枝晶界中。偏析晶界的高 Sn 含量增加了板栅表面腐蚀产物的局部掺入过程。因而在合金设计中，要保证 $r \geqslant 9$[6]。

通过研究极化电位与腐蚀产物相组成间的关系，发现 Sn 能进入到 PbO/PbO_x 晶格中，加快 α-$PbO \rightarrow PbO_x$（$1<x<2$）反应的进行，促进电阻小于 PbO 的过渡氧化物 PbO_x（$1<x<2$）的长大，Sn 在 Pb 的阳极氧化过程中能降低钝化层中 α-PbO 的含量，减小钝化层厚度。同时 Sn 能提高阳极 PbO 层的孔隙度，缝隙间的液体承担离子运输，因此 Sn 降低了 PbO 表面层电阻。

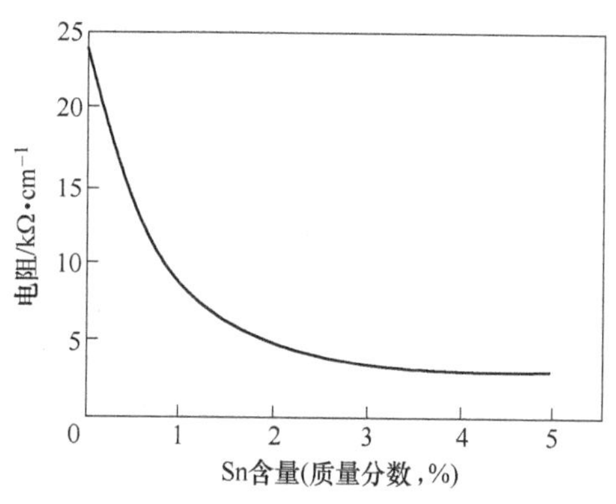

图 2-17 Pb-0.08Ca-x%Sn 的合金在 0.5M H_2SO_4 溶液中及 700mV 下极化 24h 后，Sn 对极化电阻的影响[5]

锡在铅钙板栅合金中的加入量一般小于 2%，在添加 0.2% 到 1.8% 时，性能会明显地改善，大于 2% 效果提高不多，反而增加成本较多，如图 2-17 所示。深循环的蓄电池（电动车用、储能用）正板栅锡含量最高，一般为 1.6%，拉网起动用蓄电池的正板栅为 1.5%，阀控式备用电源的正板栅为0.8%；负板栅一般为0.3%左右。

铝（Al）主要作为一种保护元素添加到Pb-Ca-Sn合金中以减少钙的氧化烧损，而且Al还有成核剂的作用，由于Al在铅中的溶解度随温度降低而下降，在凝固过程中先析出，因而起成核剂的作用，在有Al存在时可获得较细的结晶，增加铅钙锡合金的机械强度。

铅酸蓄电池的研究人员对合金进行了大量的研究，添加一些元素可能对性能有一些改善，如添加稀土元素等，目前还处于研究试验阶段。

2.4 板栅的生产和工艺

2.4.1 重力铸板机的工作原理

重力铸板机的结构如图2-18所示，各厂生产的铸板机有所差异，但结构大同小异。铸板机有一个铅锅（也可集中供铅，由管道输送），是合金熔化成液态的容器，铅锅放在高位，称为高位炉；铅锅放在地面，合金液由铅泵打到铅阀的，称为低位炉。高位炉的铅液直接流入铅阀中，节省输送动力和输送设备的维修费用，占地减少，是目前使用较多的铸板机。

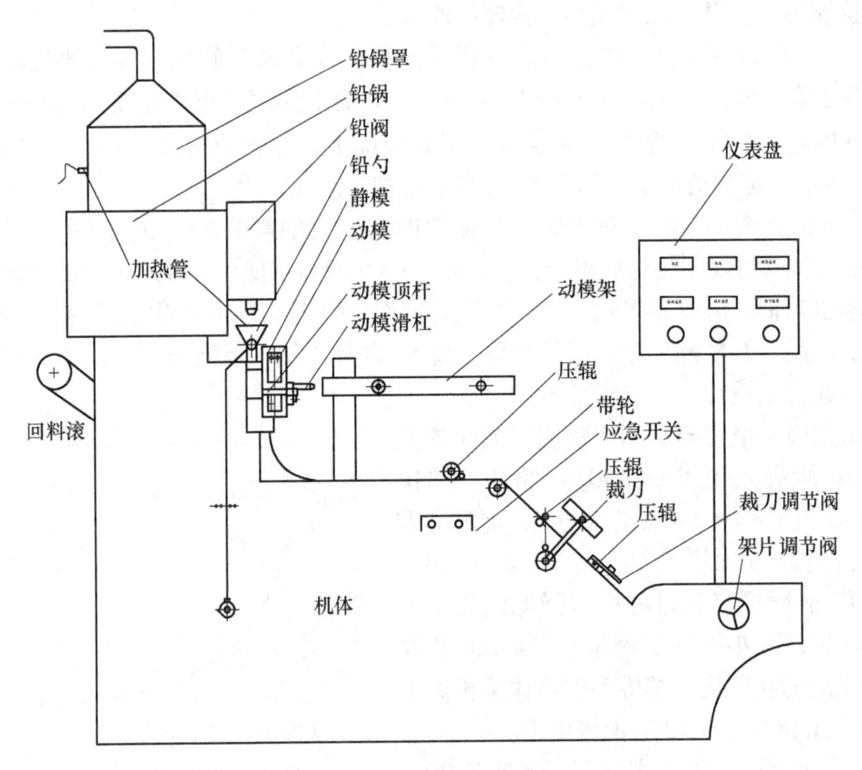

图2-18 重力铸板机结构图

重力铸板机是靠重力的作用，铅液从模具的浇口，自上而下，流满模腔成型，形成板栅。重力铸板机根据能制造板栅尺寸的大小，分为起动用蓄电池铸板机（也称普通铸板机，铸片的尺寸一般是两单片起动用蓄电池板栅的大小），和工业铸板机。

铅锅由电加热管加热，一般使用规格为380V，18kW的加热管。铅液达到工艺温度，铸板时打开铅阀，自动控制流入铅液，每铸一片，加一次铅液，铅液的多少可通过阀门调节。铅液流入铅勺，铅勺的加热管（一般规格为3.5kW，380V）需要时（达不到温度）可加热铅液，铅勺的铅液自动倒入模具铸板，铅勺倒铅的大小，可用调节阀调整。铅勺上面有一燃气嘴，点燃后火焰浮在铅勺表面，目的是防止高温铅液暴露在空气中氧化，形成氧化渣。有人认为燃气是加热用的，是不准确的。为了节省燃气，有的不再使用。板栅成型后，打开动模，板栅落到机台滑板上，进入输送带，经过第一个压辊后，进入坡面，再经第二个压辊后，进入裁刀口裁片，成品进入第三压辊，翻板将每片板栅推入板栅架片位置，由操作工人，数片后，拍片整形，放到卡板上。裁下的边角料由机内输送带输送到后面的回料箱，回收使用。

动模架是用于板栅刷模的工装，需要刷模时，将动模架的臂，向模具旋转90°，将动模顶杆拿起，将动模向后拉，拉入动模架上，然后向外旋转，离开机位，使动模面向操作者，方便操作。

仪表盘用于指示铅锅温度、铅勺温度、模具温度、电压、电流、铸片速度等参数，上面还有手动、自动、开模、合模、电源、应急等开关。在机身也装有应急开关。

铅锅上有排气罩，铅烟、铅尘通过管道至处理设备净化处理，达标后排放。

当铅锅中的合金减少时，可人工补加铅合金，或用机械自动添加。

模具表面要喷脱模剂，也称为涂模剂、喷模剂。其主要作用是为模具保温。铅液进入模腔后，如果凝固过快，就不能形成理想的晶型，板栅强度不够，或形成脆裂等问题；如果有合适的脱模剂保温，铅液能够形成理想的晶型，板栅顺利成型。在喷模过程中，模具要有一定的温度，一般在90℃以上，温度低时，喷模剂不能瞬时干到模具上，会向下流动，形成流痕不能使用；温度过高，会使模粉（干燥后的脱模剂）碳化，失去作用。在铸板时铅液进入模腔后，由于工艺挂耳、极耳、边框的铅液较多，散热就较慢，为了保持相同的散热程度，同时结晶凝固，在喷4遍模具后，要将工艺挂耳、极耳、边框的模粉刮掉，再整体喷两遍，其目的是使工艺挂耳、极耳、边框的模粉厚度减薄。如不刮模粉减薄，较细的筋条凝固后，体积收缩，就会在未凝固的工艺挂耳、极耳、边框处产生拉力，将铅液吸向先凝固的地方，最后在工艺挂耳、极耳、边框产生气孔、收缩等外观缺陷，可以想象，铅液的温度越高，气孔、收缩等问题越严重。

模粉越厚，保温性能越好，但模粉越厚越容易脱落；模粉越薄，散热越快，容易断筋。一般模粉的厚度在0.1mm比较合适。

铅锅、铅勺、模具的温度是保证铅液倒入模具后完整成型的重要条件，根据铸板的难易程度适当调节。铅锅、铅勺温度过高，合金产生的铅渣就越多，不仅浪费，还使合金的成分不稳定，甚至不合格，因此温度不要太高。温度太低，板栅可能成型困难，经常会出现断筋等问题，产生的废品率高，甚至达不到产量的要求。一般控制铅锅、铅勺温度在460～570℃。模具温度刚生产时温度较低，可借助加热管加热，生产一段时间后，由于铅液在模具中的散热，模具的温度会较高，除了停止模具加热之外，可能还要加大冷却水的流量，以加速冷却。模具温度过高，可导致模粉加速碳化，导致使刷一次模的使用时间大大缩短，大幅增加刷模频率，影响生产，更容易出现糊筋等问题。

重力浇铸板栅的设备简单，操纵方便，设备投入成本较低，更换品种容易，适合多品种生产。是常用的板栅制造方法之一。

重力铸板机适用于铅锑合金和铅钙合金，可以制造起动用蓄电池板栅、小中大固定型阀控式铅酸蓄电池板栅、动力用蓄电池板栅等。

2.4.2 铸板机工作部分的用途

铸板机由三大部分组成，一部分是高温系统，包括铅锅、铅阀、铅勺、模具，是铸板机的核心部分；第二部分是传动气动系统，包括铅阀动作控制、模具开闭模、顶针动作的联动和裁片、架片，边角料的回送等；第三部分测量传送系统，主要是铅锅温度、铅勺温度、模具温度测量和控制，机器速度的控制。

铸板机需要电源用于加热、机器的运转；需要压缩空气推动气缸、喷模；需要燃气用于铅勺合金的防氧化。具体参数及要求根据机台的要求确定。

普通铸板机能生产的板栅尺寸为，工艺板栅的高度（参见图2-10，指板栅上边框到下边框的宽度，裁掉铅道部分）为108~160mm；宽度（指工艺挂耳下端的宽度）为180~310mm，两工艺极耳之间的宽度可达360mm；厚度为1.1~4.8mm；铸片速度在10~18片/min。

工业铸板机（一般指铸工业电池板栅的铸板机，板栅较大）根据板栅型号、厚度和合金种类，机器速度为4~12片/min。板栅尺寸：宽为136~235mm，高为235~640mm（不包括板栅极耳），包括板栅极耳的最大尺寸为690mm。特殊型号的铸板机铸出的板栅尺寸可能更大。

2.4.3 铸板操作工艺及其相关问题的分析处理

1. 铸板操作工艺要求

1）操作人员上班前应穿好工作服，穿好具有防烫、防砸伤功能的工作鞋，戴好口罩，戴好手套等劳动护品，检查设备是否完好，检查工装用具如铲刀、扳手、喷枪、竹片刮刀、铅渣勺等是否齐全；检查压缩空气、冷却水、燃气（如需要）是否准备好。检查模具是否完备。

2）应安排车间人员提前1h对铸板机合金锅加热，并使其温度保持在460~540℃。

3）安装模具：将定模放到机台上，安装加热管，接上热电偶，放到机台的模位上，用螺钉固定。然后将动模放到机台上，安装拉杆耳，然后将动模放到动模架上，旋转动模架到与定模相对的位置，推入到机台的滑杠上，将拉杆放好固定，安装加热管和热电偶。

4）开机加热模具温度到90℃以上，不超过180℃；铅勺温度控制在470~540℃。

5）将模具打开，用铲刀或钢丝刷去掉旧涂模剂，用0.3~0.5MPa的压缩空气吹掉浮尘，以备喷涂模剂。

6）将配置好的涂模剂灌入喷枪内，旋转喷嘴上的喷头，调好喷嘴，压缩空气的压力调为0.3~0.5MPa，每次喷模前先将涂模剂摇动几次。喷涂前将动模上的排气条的气嘴接上压缩空气，使压缩空气反向从模面喷出，目的是防止排气条被涂模剂堵塞。喷脱模剂的方法，先点喷板栅左右的工艺极耳处少量，然后从左上角开始（约模具上沿下方30mm处），从左向右喷，喷模的速度为250~350mm/s，喷枪嘴与模具表面保持150~250mm的距离，到达右边后，喷涂点下移10mm，从右喷到左，然后再下移10mm，从左喷到右，一直喷到板栅模具的下边框外，这叫横喷。然后竖喷，仍从左上角开始，位置同横喷起点，从上到下喷，速度同前，到下面后，向右移5~10mm，向上喷，来回反复，一直喷到板栅边框外，这称为竖喷。然后再进行一次横喷和竖喷，共4遍。根据情况看是否需要刮掉边框的模粉，一般极耳的模粉是要刮掉的。再横喷、竖喷模具各一遍，最后喷浇口多遍，即完成喷模。动模静模同样喷涂。之后拔掉空气管，移动动模架合模。喷模粉一遍的厚度约为0.02mm，喷完后的厚度一般为0.1mm，测试可用铲刀铲掉一块不用部位模粉，用千分尺测量厚度。

7）喷涂好涂模剂后通过自动手动开关转换，开闭几次模具，检查模具是否开合自如，检查合金液、铅勺等温度是否达到工艺要求，清理铅勺的氧化铅渣，开启模具循环降温水，检查运转正常后，开始铸造板栅。

8）通过裁刀调节阀调好裁刀尺寸，通过旋转架片螺旋把手调整尺寸，使架片位置合适。

9）连续铸片20大片后全面检查板栅质量，合格连续铸板，否则根据不同情况调整到完全达标为止。

10）铸片速度为12~15大片/min。

11）在正常生产中每300大片要抽查一次重量、厚度，并认真填写工艺记录，板栅外观每100大片抽查一次。

12）板栅落到板栅架后，检查外观，不良品和气孔片应挑出。

13）收片后将四周毛刺刮净，格内糊筋要逐格清理修正，拍平后每50片一叠放在案板上。

14）放好工号，由质检验收。

15）生产时，应及时补加合金。

使用不同的合金，操作上有些不同，可根据机台、人员的实际情况进行调整。

2. 铸板操作中常见问题及处理

1）板栅偏重、偏轻：刷模后，随着不断的铸片，板栅的重量越来越重，当不符合标准时，要进行喷模。按标准要求正常喷模，如板栅有偏轻或偏重问题，并经多次验证相同，则是模具问题，应修理模具。

2）断筋条：①排气不好，排气道设计不合适，排气不畅，应修理模具，排气道被模粉堵塞，排气不畅，应拆下排气条，将堵塞物清除，然后再装好；②喷涂模剂偏薄，模具散热快，铅液凝固快，导致断筋。应加喷模具，增加模粉厚度；③铅锅温度低，易断筋，升高铅锅温度；④铅勺温度低，易断筋，升高铅勺温度；⑤模具温度低，易断筋，升高模具温度。

3）板栅不平：①左右两边，一边薄，一边厚，因模具有偏差，需修理模具，动模拉杆不平，调整螺钉或加垫片，调平拉杆；②上下不平，动模的挂耳安装不平，一边高，一边低，或两边偏低或偏高，调平动模挂耳位置。

4）拉片：模具导角不好，产生拉片，需要修理模具。

5）气孔：①排气不好，应修理模具或将排气条拆下，清除堵塞物，没有刮好极耳和边框，重新刮极耳和边框，再喷涂模剂；②铅合金黏度大，易产生气孔，添加其他牌号的合金，混合使用；③气候影响，有时因气候影响产生气孔。

6）裁坏板栅：应调整裁刀。

7）板栅变形：①合金强度低，如铅钙合金中的钙含量低等，取样化验，补加合金，及时添加锅内的合金，保持一定的液面高度；②板栅铸好后落下时，碰撞到滑板的力量太大，导致变形，应抬高滑板或调整滑板角度；③板栅进入裁刀口，撞击挡板变形，一般是板栅降温不够，室温较高造成，可采取风吹降温的措施解决；④进入裁刀口，板栅歪斜也容易变形，应调整板栅进入的位置，保持端正进入裁刀口。

8）挂板：板栅顶针位高或低、顶出时挂板，调整顶针的位置。挂板的原因是，上排的顶针太长，要调整上排的顶针短一些，下面两排顶针要调平。

9）糊筋：主要原因是掉模粉，其原因是，喷模剂胶性不够，应添加胶量。上边框掉模粉，可能是铅道冲力太大造成，应修理模具，减少铅道的尺寸或数量。模具的温度太高，容易烧掉模粉，长时间使用温度较高的铅液，也容易烧掉模粉，应降低温度。

10）板栅边框或筋条夹渣：渣是铅液在流动中，与空气中的氧气氧化形成的，多是由于该部位铅液的流速慢造成的，与该部位的排气不畅有关系，应修理模具，调整排气。

11）板栅脆裂：板栅铸出后或放置一段时间，用手弯曲板栅，板栅筋条就会断裂，这主要是合金的晶粒细化剂成分减少造成，如铅低锑合金中缺少硒等；或是板栅合金中的杂质含量超标；或是铸板的温度不合适，结晶过程偏析造成。主要发生在铅锑合金中。

12）板栅软片：铸出的板栅很软，用手拿起一半，另一半下沉弯曲，可能是合金成分烧损造成的某元素减少，常发生在铅钙合金中，如铅钙合金的钙成分降低。应化验确认后，调整合金。并在正常生产时，保持合金的液位，及时在炉中添加合金。

2.4.4 铸板机新模具的试验

铸板机新模具的试验是一项重要的工作，在试验过程中发现问题，进行修理或调整。主要试验板栅的成型情况、质量符合情况、产量情况，发现并排除模具的问题。一般由有铸板经验和一定的模具修理经验的技工承担。一边试验，一边修理调试。试模的工序如下：

1）检查模具：主要检查，顶针是否装好，顶针的高度是否合适；排气条是否装好，排气条的螺钉是否上紧。

2）安装动模拉杆架。

3）将静模搬到机台上，接上加热管和热电偶，然后搬到机位上，拧紧固定螺钉。

4）将动模搬到铸板机台上，接上加热管和热电偶，然后放到活动架上，将活动架移到动模的导杆前，将动模推入滑杆上，放下拉杆，固定模具，将活动拉杆移开。

5）打开动模和静模的加热管开关，给模具加热。

6）接上动模和静模上的降温水管。

7）将铅勺的铅渣捞净。

8）打开铅锅到铅勺的开关，铅勺流满铅液。

9）用手控制铅勺导杆，将模具倒满铅液。

10）模具温度达到80℃时，可打开模具喷模，喷模要求见2.4.3节。

11）第一次喷模后，打开模具降温水三分之一，铸20~50片，重新刷模，主要是去掉模具首次使用时上面带的油污。开始铸片，查看存在的问题，做好记录。并根据模具的问题，现场修理，或根据发现的问题，送模具车间进行修理。

2.4.5 板栅使用合金的配制

目前，铅酸蓄电池常用的合金为铅钙合金和铅低锑合金，铅钙合金用于阀控式铅酸蓄电池，起动用免维护蓄电池等；铅低锑合金主要用于起动用少维护蓄电池等。这里介绍铅钙合金的配制。

铅钙合金用铅钙铝合金（钙75%，铝25%）、锡来配制。一般配制分两次进行，即第一次先配制成铅钙母合金，然后再配成板栅使用的合金。这样做的目的是使含量更均匀，成分更稳定。配制母合金和板栅合金的加入量和工艺参数见表2-13、表2-14。

表2-13 母合金配制工艺参数

序号	工艺参数	数值
1	1#电解铅/kg	500
2	钙铝合金/kg	10
3	铅液温度/℃	640~690
4	搅拌时间/min	15
5	每锭合金重量/kg	20或10

注：表中数据可根据含量的要求调整。

表2-14 板栅合金配制工艺参数

序号	工艺参数	数值		
		正板栅	负板栅	高锡板栅
1	1#电解铅/kg	1000	1000	1000
2	母合金锭/kg	100	110	100
3	1#锡锭/kg	7~9	1~2.5	15~16.5
4	铅液温度/℃	540~580	540~580	540~580
5	搅拌时间/min	15~20	15~20	15~20

注：表中数据可根据含量要求进行调整。

1. 钙母合金配制工艺

1）准备好原材料。称量钙铝合金时，用橡胶锤打碎大块，不要用金属工具敲打合金，不要潮湿，以防爆炸和氧化。称好的合金应用纸包好备用。

2）应检查设备是否完好。打开高位铅锅上的电源，把工艺量的铅锭放入熔铅炉内熔化（一般锅底要有剩余的电铅，新锅首次使用应先倒入铅液），一般要标记加铅前的液面高度，作为计量依据，温度420℃±30℃。

3）从高位电铅炉放铅液到母合金炉中，铅液放到加铅前的指定高度，开启电源加温。

4）铅液升温到规定值后（680℃），将事前称好的钙铝合金块，至少分3次加入，并用带有长手柄钻有许多小孔的小铁筒压入铅液中，不断搅拌，混合均匀。达到规定的时间后方可放液铸锭。

5）捞渣、铸锭，做好合金的标识号，称量母合金锭重量并标记，放合金到规定量时再进行下一炉操作。

6）完成当班任务后，关掉设备电源。

2. 板栅合金配制工艺

1）准备好原材料，将母合金及锡锭按正负极生产锅数的工艺量放好，做好标识并在定置区域存放。

2）先投入工艺规定量的母合金和锡于炉内，再加入规定量的铅锭。

3）升温到工艺规定温度540℃后，搅拌15~20min（或按规定时间进行）。

4）使用取样杯在锅内铅液中部分别取两个样品，贴好合金类型、班次、时间、工号等标识送化验室检测，送样化验时炉温、搅拌不得停止，化验合格方可放液铸锭，不合格调整成分（用少量母合金、锡、或铅）重新送样检测，至到合格为止。如没有直读光谱仪，不能很快化验的，则先铸锭，化验后再确认合格与否。

5）检查放液余量是否在炉内规定的刻度，捞渣后，方可进行下一锅投料操作。

6）按合金类型做好标识，分别存放于指定的场所。下班前要关掉不用的设备电源，需要保持铅炉温度的，温度应设置在380℃，并做好场地卫生的整洁。

2.4.6　脱模剂的配制

1. 骨胶喷模剂配制

配置喷模剂前，应准备配置锅一个，其结构是一个圆桶型的容器，桶内安装电加热管，外接一个温控仪，中间安装螺旋搅拌器。

喷模剂配制前，将配制设备清洗干净。按100L水、0.8～1.0kg骨胶、0.3～0.5kg聚乙烯醇比例，加入水、骨胶、聚乙烯醇，放置1～1.5h，打开电热器，并设置恒温75℃±5℃，打开搅拌器，转速调至100～200r/min，时间1h。升温度达到80℃，搅拌转速调为200～300r/min，在此温度下搅至骨胶全部溶解后，加入软木粉5kg，继续搅拌30min。关闭加热电源，并将搅拌转速调至60～100r/min，搅拌至温度50℃时停止搅拌。配制好的涂模剂，冷却、搅匀后即可使用，最长使用时间不得超过72h。

2. 水玻璃喷模剂的配制

将50L水与6L密度$d=1.150g/cm^3$的硅酸钠（水玻璃）充分混合，放入配制锅内，加热煮沸，降低温度，到约60℃时，加入5kg的软木粉，充分搅拌，约3min，再加水50L，煮沸2h，冷却后过60～80目的筛网。备用。

3. 喷模剂材料的性能及要求

（1）软木粉技术性能要求

1）软木粉的耐热性要求要高，耐热性好，就不易碳化，不易在模具上脱落，可增加模具的铸片数量，减少喷模次数。

2）软木粉要适应铅的流动性，对铅液的流动阻力较小。

3）软木粉的保温性能要好，可保证铅合金有良好的结晶时间。

4）软木粉有使板栅生成粗糙面或毛细孔的作用，以增强板栅与活性物质的结合。

以上性能不容易测试，一般都是通过试用，观察效果。目前，软木粉的指标主要是颗粒度，一般为200目或300目。图2-19所示为200目软木粉测得的粒径分布。

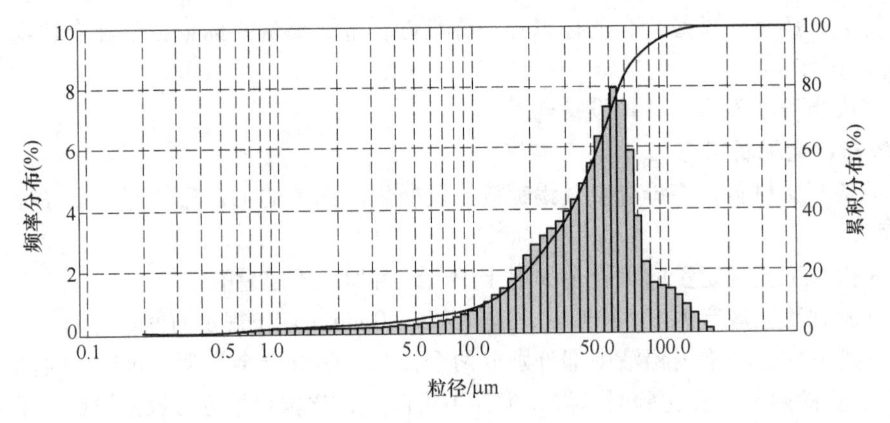

图2-19　软木粉粒径分布图

（2）骨胶技术要求

骨胶是以牲骨为原料，经破碎、提油、擦洗等多道工艺处理后，在规定的压力和温度下提取而成的胶原。骨胶为琥珀色、半透明颗粒，具有高冻力、低黏度的特性。

骨胶广泛用于复印胶板、黏合剂、防雨浆、火柴调药、木材胶合等原料以及丝绸、棉纱、棉布、草帽等轻工产品的上浆和铜版纸、蜡光纸等造纸工业的上光。

骨胶在喷模剂中主要是起粘结软木粉到模具的作用。骨胶的技术指标见表2-15。

表2-15 骨胶的技术指标

指标名称	指标要求
水分（质量分数,%）	≤15.5
勃氏黏度（12.5%溶液）/mPa·s	≥3.0
灰分（质量分数,%）	≤3.0
氯化物（质量分数,%）	≤0.6
pH值（1%溶液）	5.5~7.0
色泽	金黄色
性状	半透明微带光泽的细粉或薄片、无发霉、发臭现象

（3）水玻璃的技术要求

硅酸钠是无色固体，密度2.4g/cm^3，熔点1088℃。溶于水成黏稠溶液，俗称水玻璃、泡花碱。是一种无机粘合剂。水玻璃为硅酸钠水溶液，分子式为$Na_2O \cdot mSiO_2$。水玻璃分子式中的m称为水玻璃的模数，代表Na_2O和SiO_2的摩尔比。m值越大，水玻璃的黏度越高，但水中的溶解能力下降。当$m>3.0$时，只能溶于热水中，给使用带来麻烦。m值越小，水玻璃的黏度越低，越易溶于水。喷模剂常用m为2.6~2.8，既易溶于水又有较高的强度。水玻璃在水溶液中的含量（或称浓度）常用密度或者波美度表示。水玻璃的密度一般为1.36~1.50g/cm^3，相当于波美度38.4~48.3。密度越大，水玻璃含量越高，黏度越大。

2.4.7 重力铸造板栅的质量要求和检验

1. 板栅外观要求

1）用目测，板栅四框和板耳不允许断裂，发现裂纹，可沿裂纹掰开，确认是否影响质量。

2）用目测或用尺测量，板耳顶部收缩和裂纹不得超过板耳高度的1/3。

3）用目测或用尺测量，板栅糊筋的宽度不得超过0.8mm。

4）用目测或用尺测量，板栅四框不得歪斜，两片背放不重合尺寸不得超过1.5mm。

5）不允许有温度过高造成的起泡、裂纹、收缩、发白、发脆等。

6）用目测，板栅边框不允许缺料、收缩、夹渣。

7）用目测或用尺测量，板栅切刀浅表型气孔最大尺寸不得大于0.5mm，最多不多于两处。

8）用目测或用尺测量，筋条内不允许有大于0.5mm的气孔。

9）用目测，板耳下以小片板栅高度的1/3内不允许断筋。其他区域竖筋或斜筋不能断筋，横筋允许有一处不超过一格的断筋。

10）用目测或用手检查，板栅不得有油污，软木粉等杂物。

2. 重量和尺寸检验

铸出板栅后，抽取稳定生产后的10~20片之间的板栅，进行首件检验（包括外观检查），称量重量是否符合工艺的要求，符合要求后，再用卡尺测量边框和筋条，边框每边侧4个点，工艺挂耳测一个点，横筋和竖筋共测6个点，小片连接的，要抽测中间部位的边框一小片至少一个点。检测合格后方可投入正常生产，检测不合格，适当调整后再做首件检验。正常生产每铸100~200片，进行一次称重，重量符合要求，可简单测量四边框的厚度，且每边检查两个点就可以了，中间筋条未发现异常，不用再测量。随着铸板的进行，板栅的重量逐渐增加，当测量板栅的重量快超出工艺要求时，应格外注意，及时刷模。重新喷涂模剂后，应按前述步骤进行首件检验。

板栅放到卡板后，也可从宏观上看出板栅的问题。合格的板栅摆放到卡板上，板栅的前后左右平整，每摞之间没有错台；如果板栅一边高，一边低，板栅肯定薄厚不均。

3. 合金成分检验

铅锅的合金应定时送化验室检验，应配备直读光谱仪进行检测，一是检测结果准确；二是检测速度和效率很高，非常适合蓄电池生产中检测使用。应根据使用合金的稳定情况确定检验频次，铸板机刚开始铸片，要取样化验。在生产不正常的情况下，如因模具或机台不好用，已连续较长时间没有铸出片，或铸出很少的片，长时间的烧损，合金成分可能已不符合要求。在铸板机调整合金不同的产品时，应及时化验。

4. 板栅存放及时效

1）板栅须存放在干燥、通风、防尘的环境中；板栅不得受潮严重氧化，表面不得有尘土杂物；板栅领用要先进先出。

2）板栅需放置96h以上，进行时效硬化才能涂板。如果发现板栅较软、强度不够、涂板变形，应将板栅进行高温硬化，工艺条件为80℃/10h。经过高温硬化的板栅，需降温4h以上，温度降到室温才能涂板。

3）板栅表面严重变黑，不得使用。

4）板栅存放在干燥环境中的时间为3个月。超过时间应报废，如果使用要慎重。

5. 板栅的湿氧化

铅-钙-锡-铝合金很好地满足了免维护的要求，但铅-钙-锡-铝合金与活性物质的结合较差，界面电阻较大，这个问题一直影响着蓄电池技术的发展。为了克服这一问题，在传统的生产工艺中可增加板栅氧化的工序。在空气中，铅钙合金的氧化程度较弱，只能在板栅表面形成较薄的致密的氧化层，板栅与活性物质之间的结合能力还是不够，涂板之后板栅与活性物质之间界面的电阻较大。

将板栅置于温度为35~65℃且相对湿度为60%~80%的环境中氧化8~16h，然后干燥。板栅在湿度较大的环境中进行加速氧化，使板栅表面的铅氧化成氧化铅的化合物，从而使板栅表面的腐蚀层加厚，破坏板栅表面在空气中所形成的致密氧化层，而形成比较松散的氧化层结构，在板栅与氧化层的界面，腐蚀更不规则，从而提高板栅与活性物质的结合能力，使得板栅与活性物质的界面电阻降低。改善了铅酸蓄电池的充电效果，使铅酸蓄电池不易亏电运行，从而延长了铅酸蓄电池的使用寿命。

有工厂试过板栅浸水后，进行干燥的做法，效果也较好。

一般将板栅放到凉板架上，板栅之间保持0.1~0.5mm的间距，板栅顺着气流方向，凉板架放满固化间。

由于这个工艺增加了工序，所以只适用于性能要求较高的蓄电池生产中。如储能电池、动力电池等。

2.5 连续板栅拉网（扩展网）生产

连续板栅制造技术始于20世纪70、80年代，主要分为四类：①连铸连轧扩展网（Roll and Expand）技术；②连续铸网辊压成型（ConCast and ConRoll）技术；③连铸连轧冲网（Roll and Punch）技术；④连续铸带扩展网（Cast and Expand）、连续铸带冲压网（Cast and Punch）。目前，国内主要使用连铸连轧扩展网工艺和连铸连轧冲网技术工艺。

2.5.1 连铸连轧扩展网（Roll and Expand）工艺

连铸连轧技术是采用特定的设备连续制造出铅带，然后将铅带通过不同切、拉（模具）设备将铅带扩张制备成有特定网孔结构的连续网栅，例如加拿大Cominco公司的“Rotary Expander line”（旋转辊切扩展方式），意大利索维玛公司的“Performer line”（水平冲切扩展方式），然后进行连续涂板及后续过程。扩展网用铅量低，生产效率高、成本低，但只能加工成无边框板栅[6]，如图2-2所示。

1. 工艺优点

1）采用连铸连轧扩展板栅生产线（简称拉网线），板栅的厚度可控制在0.6～1.5mm，可比重力浇铸方式生产板栅节约铅合金约20%。

2）采用连铸连轧扩展板栅生产线可明显的降低能耗，与重力浇铸板栅比节约能源40%以上。

3）扩展网板栅生产的节能效果优于冲压网板栅生产；冲压网板栅性能优于扩展网板栅。可以选择正极采用冲压网板栅，负极采用扩展网板栅。

4）采用连铸连轧扩展板栅生产线减少了重力浇铸板栅生产所产生的铅烟、铅尘和铅渣，可以实现更清洁的板栅生产，更清洁的涂板。

5）效率较高，节省劳动力资源。

6）适合品种少，产量大的规模化生产。

7）在起动用蓄电池的生产方式上，拉网或冲压网的连续生产方式是鼓励的生产方式；重力浇铸方式是逐渐被淘汰的生产方式。重力浇铸方式仍可在其他类型的电池上正常应用。

2. 板栅制造工艺

连铸连轧扩展板栅（拉网线）制造系统是由一系列设备组成：铅带成形生产线，如图2-20a所示，由合金熔炉、连续铸造铅带机、回料机、连续铅带压轧机、清洗机、铅带缠卷机组成。拉网涂板生产线，如图2-20b所示，由水平式铅带输送机（倒带机）、焊接机、缓冲储存机、拉网机、板栅成形整理机（冲极耳、定高度、辗压菱形结点）、涂膏机（铅膏挤入菱形栅网并正反面贴纸）、裁片机、快速干燥机、极板传送收集机组成。

用于制造正板栅的铅带合金是Pb-0.07%～0.10%Ca-1.4%～1.7%Sn，用于制造负板栅的铅带合金是Pb-0.08%～0.11%Ca-0～0.3%Sn。

铅带主要控制参数：铅带厚度为0.5～1.2mm，宽度为50～100mm，不平整度每2400mm≤9.5mm。铸出的合金铅带需时效72h后才可使用。

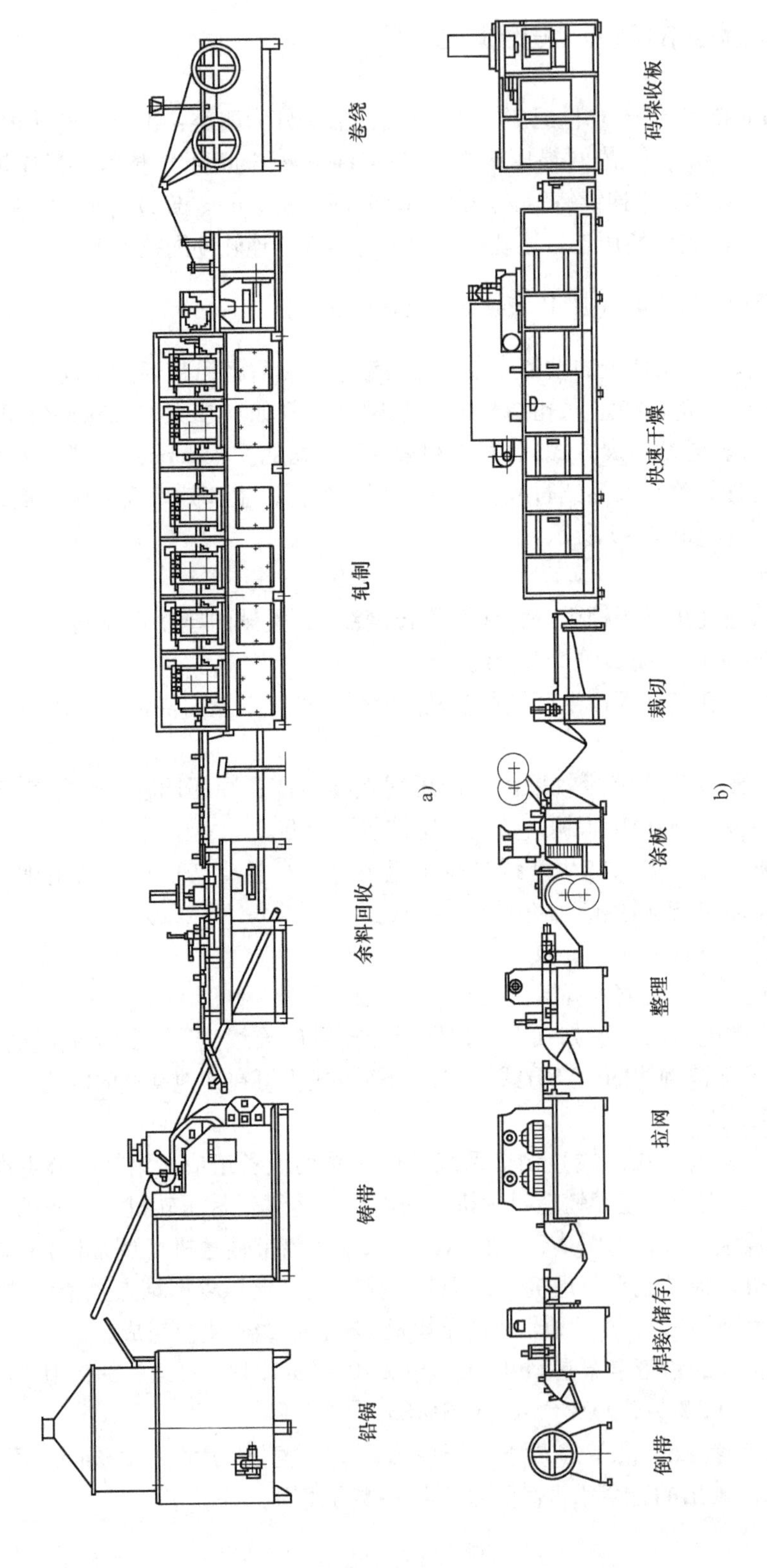

图 2-20 连铸连轧扩展板栅工艺流程图

2.5.2 连铸连轧扩展板栅原理及生产

1. 铅带的轧制

目前，国内外的铅带的制备主要是采用冶金设备中的连铸连轧法。连铸连轧法是指金属在一条作业线上连续通过熔化、铸造、轧制、剪切及卷取等工序而获得板带坯料的生产方法。连铸连轧机组又根据连铸机的结构型式分为多种机组，应用最广的是轮带式连铸机。轮带式是由带铸槽的旋转铸轮、封闭铸槽的钢带及张紧轮组成的结晶器系统。钢带与铸轮可以有不同的包络方式，由于钢带与铸轮的包络方式不同组成了种类众多的各种连铸机，但是原理基本相同。铅合金进入由旋转的铸轮以及与该铸轮相互包络的钢带组成的结晶腔内，随着铸轮和钢带的同步运行，凝固成坯的铅合金在钢带和铸轮的分离处以与铸轮周边相同的线速度分离出来，这样就连续铸造出了铅带毛坯。

熔体凝固热被铸轮与钢带所吸收，因此，旋转的钢带与铸轮要通过内外水冷装置进行冷却。冷却系统应具备分段控制水量的能力，最好采用完全雾化喷嘴，可沿着铸轮圆弧方向和带坯宽度方向分别进行水量调整和位置调整，控制带坯品质。

将所需合金放入铅锅内，加温熔化，控制温度在 450 ~ 480℃ ，将铅合金液打入铸带机上铅勺和下铅勺中间部位的开放式收口型的铅嘴中如图 2-21a，铅嘴中的液面由上铅勺控制，铅液温度控制在 340℃左右。下铅勺负责向铸带模具中输铅，流进的铅液与铸带的铅液流量相同，保持液面固定。铸带轮的面是一个凹槽，凹槽面与浇口处钢带锁紧上轮钢带的最小间距基本是所铸铅带的厚度。铅液流入铅带浇口，铸带轮逆时针旋转，铅液带入铸带轮和钢带的间隙中。钢带与铸带轮凹槽的宽度相同，截面吻合在一起，使浇铸不会漏液。铅液沿铸带轮逆时针旋转，过钢带锁紧上轮和铸带轮，然后经过冷却水的喷淋降温，铅液结晶成型。后经钢带锁紧下轮，从铅带出口导出，之后进入压延工序。铅液均匀不断地打入，铸带轮匀速转动，连续地铸出铅带毛坯。图 2-21b 原理相同。

铅带毛坯的厚度因为厂家不同和机型不用而不同，一般约为 7 ~ 15mm，宽度一般是固定值，厚度和宽度不随板栅的变更而变化，但会根据厂家产品范围来设定宽度，如果宽度范围太大，可以通过更换铸轮实现宽度变化。厚度变化会影响轧制的顺利运行，所以毛坯厚度变化会影响轧制变化，一种机型厚度要一定。

铅带毛坯经过几道轧辊的轧制，称为粗轧，每道轧制具有一定的厚度，之后铅带进入精轧，精轧厚度根据用户产品厚度的范围大小来设置。精轧是控制产品最终厚度的，因此精轧很重要，图 2-20。精轧后进入铅带的清洗阶段，将铅带上的轧制液吹干，进入裁切阶段，根据不同产品宽度将两边多余的铅带裁掉，边料返回到铅锅，铅带缠卷，满卷后检验，做好标识存放，进行时效硬化。

一般铅带的厚度为 0. 5 ~ 1. 2mm，宽度会根据板栅的网格、板耳的高度、筋条的宽度、边框的宽度由设备使用厂家与设备模具厂家计算共同确定。

图 2-21 钢带在外的机型，相对简单，成本低，维修使用方便；钢带在内的机型复杂一些。窄带铸带机适用于拉网用的铅带或板栅高度不高的冲网板栅；宽带铸带机适用于拉网（分切后）、冲网板栅。

2. 拉网

经过 3 天以上时效硬化的铅带，可以拉网涂板。拉网涂板线一般由铅带输送机（倒带机）、焊接机，图2-22、缓冲机，图2-23、拉网机、涂板机、裁片机、快速干燥机、收板机组成。

铅带从倒带机上倒开，进入缓冲储存机，缓冲储存机主要是为拉网机储存可用的铅带，使拉网连续工作，前面又可以断续工作。一卷铅带进入缓冲机后，铅带停止，铅带尾与下一卷铅带头在焊接机上焊接，然后继续倒带。有的工厂不用缓冲机，一卷铅带用完后，就要停拉网机，焊接铅带。焊接机有两种，一种是加温铅带，手工焊接，另一种是机器压焊。

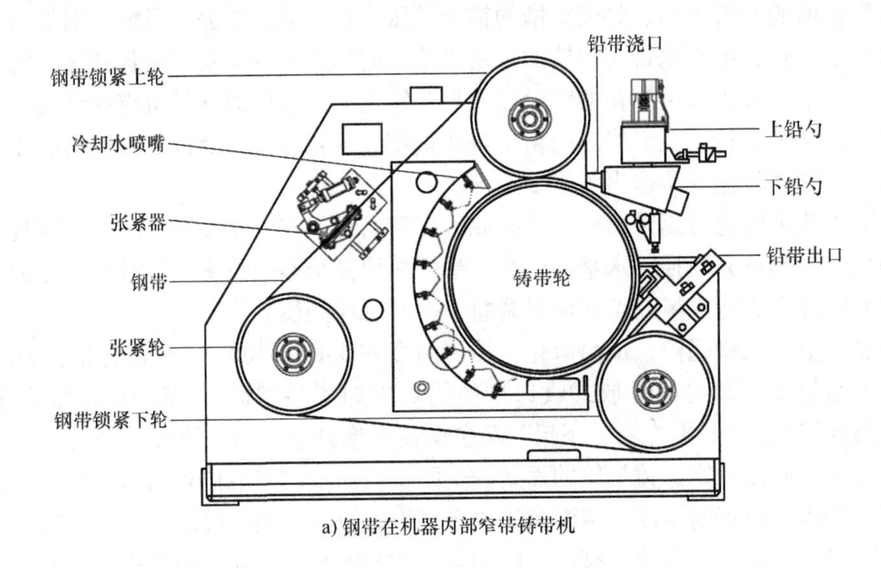

a) 钢带在机器内部窄带铸带机

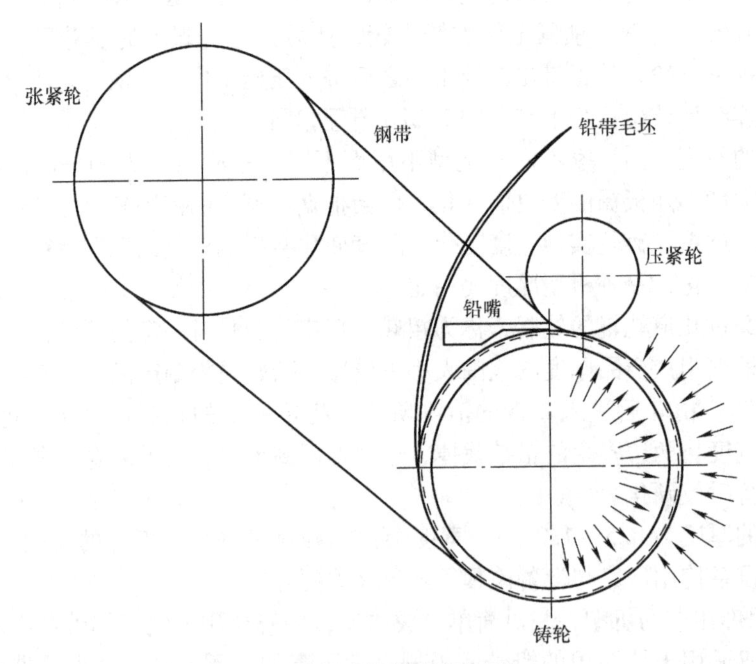

b) 钢带在铸带机外部铸带机

图2-21 铸带机的外观和原理图

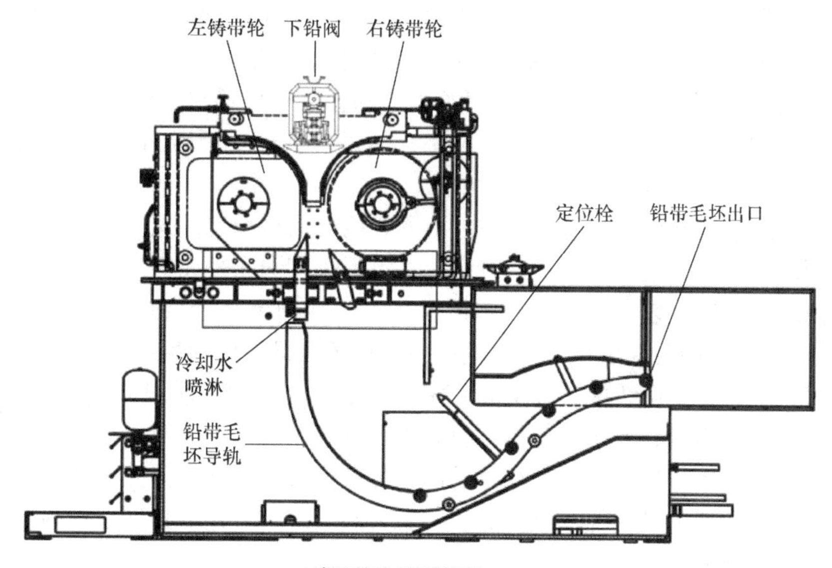

c) 宽带铸带机(无钢带)

图 2-21　铸带机的外观和原理图（续）

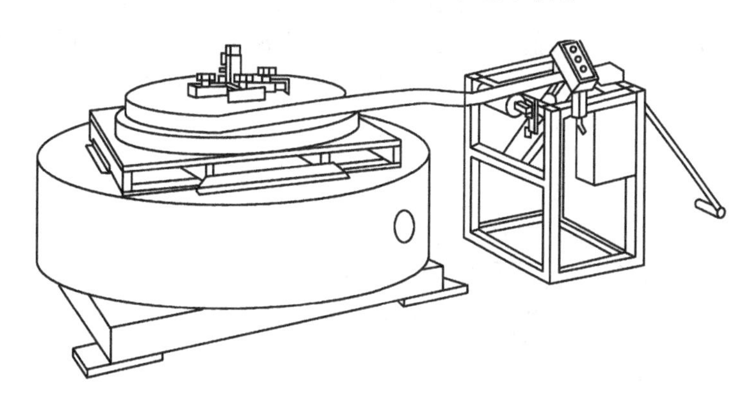

图 2-22　缓冲机

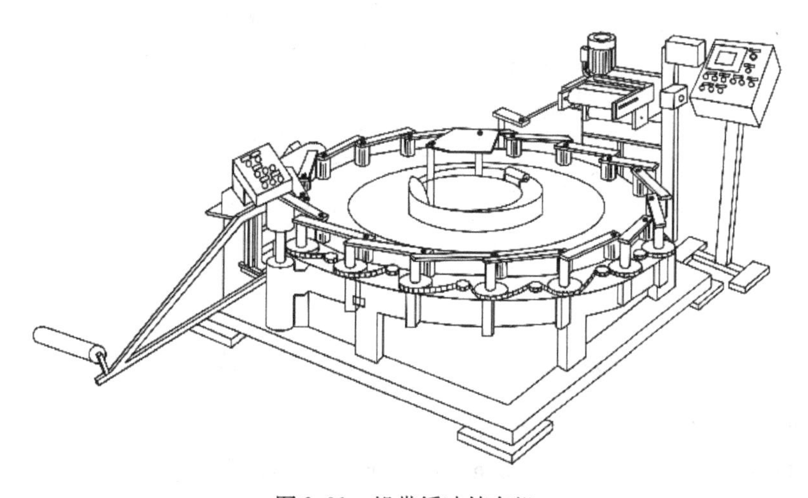

图 2-23　铅带缓冲储存机

拉网机有两种工艺方式：第一种是一边冲孔，同时拉伸（冲拉工艺），这种方式典型的设备以国内的保定金阳光公司的拉网机[8]和意大利索维玛公司的拉网机为代表。第二种是先开孔，后拉网（扩网工艺），即先用设计好的刀将铅带切出透缝，然后夹住铅带两个边缘用固定的力向两边拉伸，形成板栅需要的网格，使铅带扩宽至所需的宽度，然后进行整理。当然这些动作都在传动中进行。

第一种冲拉工艺方式，因具有板栅节点牢固，网格成型稳定，正、负板栅均能制作等优点被广泛应用。保定金阳光公司的拉网设备已在世界很多国家得以应用，成为蓄电池生产的重要装备。第二种扩网工艺方式，因在扩展拉伸时对板栅节点处会造成撕裂现象（放大镜下可观察到），使得板栅耐腐蚀性下降，因此只能用于负极板栅的生产。

在冲拉式拉网设备生产线中，除上面介绍的倒带机（或双轴垂直开卷机）、焊接机、缓冲机外，还有拉网成型机、冲压整理机、收卷机等设备组成。

拉网成型机与冲压整理机是生产线中的两台关键设备。保定金阳光公司的拉网线中，两台设备相对独立，便于更换品种及维护保养。意大利索维玛公司的拉网线中两台设备组合为一体，减小了占地面积。

拉网成型机：拉网成型是拉网工艺最复杂的工序，也是关键工序。其工作原理为铅带靠齿型裁刀的剪切力及齿面的顶力，边切边顶，将铅带制成网状。铅带进入拉网机，铅带向前运行，裁刀固定在铅带下方运转的机台上，裁刀上下弧形运转，铅带前行一定距离，裁刀裁切一次，形成图2-28的形状。拉网成型机外观和结构如图2-24所示。

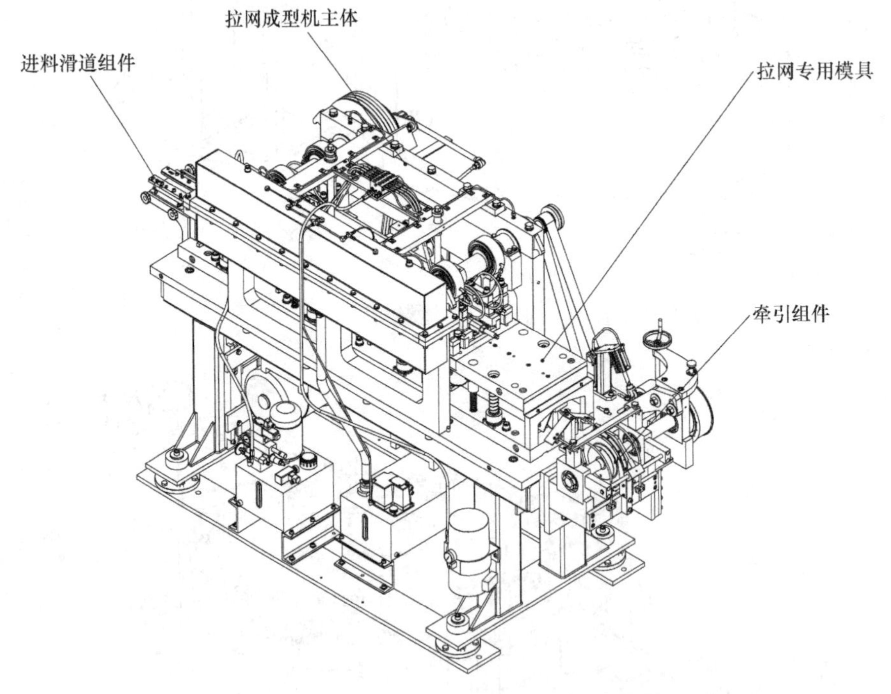

图2-24 金阳光拉网成型机外观和结构图

一般一块裁刀上有3个裁刀齿牙，裁刀块安装在铅带下部设备的模板上，沿模板斜边安装。每个裁刀块的两端各多出1/4个齿的距离，两个裁刀块紧密安装，相邻两块刀上外齿间距就多出半个齿的距离，使第一排与第二排正好错开半个孔，形成菱形结构。一个裁刀块负责固定位置横网格的裁切，如最外面的网格肯定是最先进入的裁刀制造的，第二排网格肯定是第二块刀制造的。当机械的下面部分向上压住铅带裁切扩孔后，铅带前行，裁刀进行往复动作，裁切后的铅带这时运行的距离正好是一个裁刀块的长度，与前次裁切相接。铅带运行一块刀的距离，在宽度方向，余出的尺寸正好是筋条的宽度。在刀块长度固定的情况下，机台的设计模板斜度决定着筋条的宽度。横排网格的排数就是刀块的数量。铅带进入的最后一块裁刀，也就是前进方向最前排的裁刀，形成中间最边的扩孔，中间留出的部分是板栅边框和极耳高度的尺寸。

冲压整理机：用于冲制板耳并将板栅厚度压延至要求的尺寸，冲压模具由曲轴带动实现往复冲裁，牵引装置与模具运动相配合完成步进送料。不同板耳品种只需更换冲压模具，方便更换品种，操作简单便捷。冲压整理机外观和结构如图 2-25 所示。

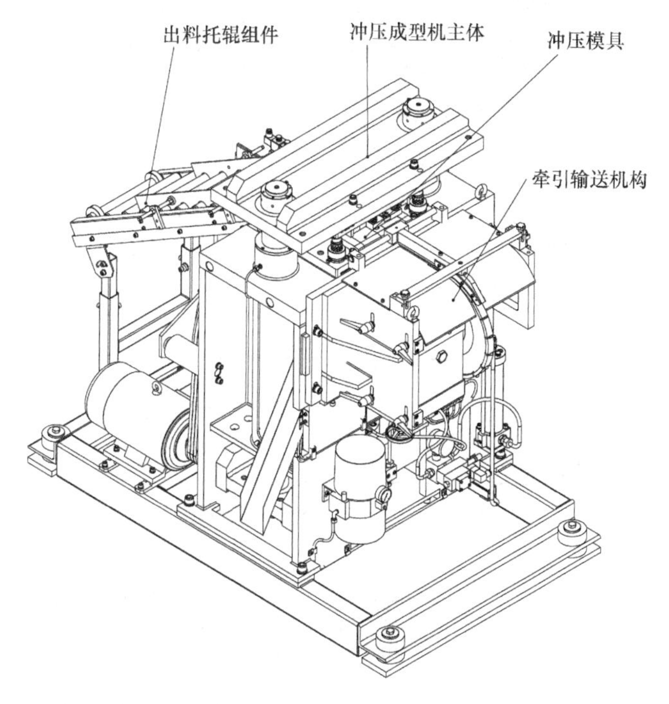

图 2-25 金阳光（拉网后）冲压整理机外观和结构图

为了保证分切点符合要求及保证精度，拉网板栅的分切节点采用了如下办法保证。拉网生产线采用预冲牵引孔的方式，拉网及板耳成型的全过程均以牵引孔作为牵引送料和定位的唯一基准，使得网栅栅格及板耳孔的成型获得准确的定位，进而保证板栅分切时能准确地分切于板栅栅格节点处，从而降低了组装后板栅边缘刺破隔板的几率。保定金阳光公司的拉网机工艺可以做到节点切分率在 95% 以上。

网栅经过冲压整理后就完成了板栅制造的全过程，可以收卷待用或直接进入涂板工序。

一般板栅的厚度为 0.9 ~ 1.6mm，极耳的厚度同铅带的厚度，一般比板栅薄 0.2 ~ 0.4mm。板栅的高度和宽度根据电池的设计确定。索维玛拉网机外形结构如图 2-26 所示。拉网冲牵引孔如图 2-27 所示。拉网机扩展板栅制造过程如图 2-28 所示。

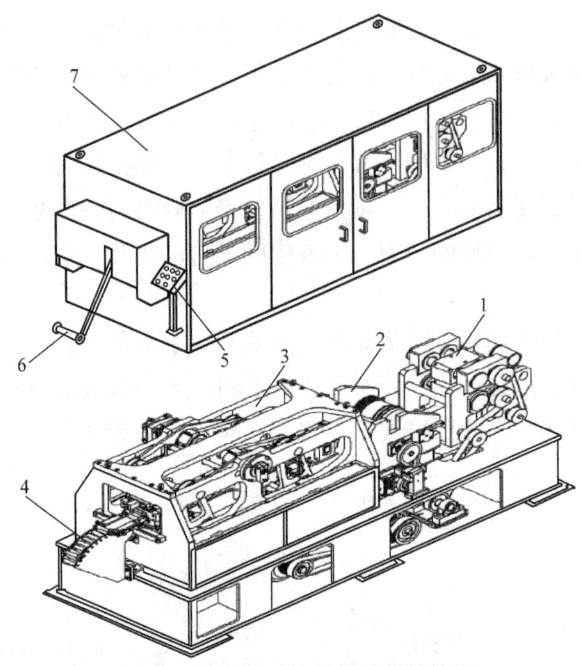

图 2-26 索维玛拉网机外形结构图

1—板栅成型机 2—突出熄灭装置 3—扩张器 4—铅带插入口 5—操控面板 6—浮辊 7—机器舱

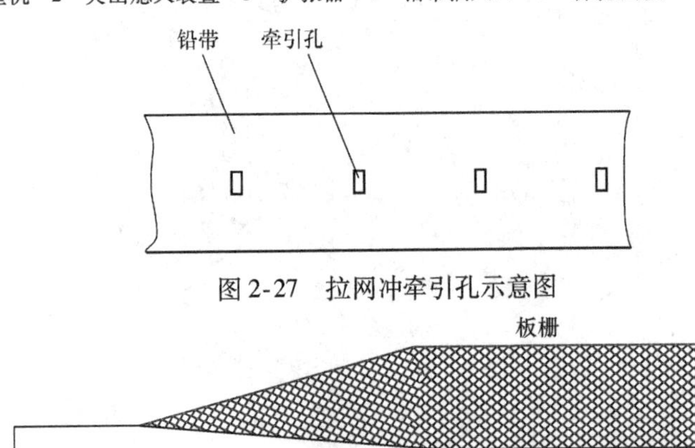

图 2-27 拉网冲牵引孔示意图

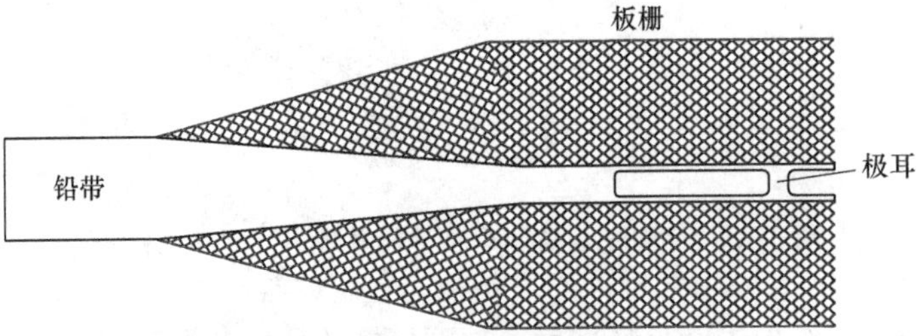

板栅
铅带
极耳

图 2-28 拉网机扩展板栅制造过程示意图

2.5.3 连铸连轧扩展板栅的质量要求

连铸连轧拉网板栅克服了浇铸板栅因浇铸带来的缺陷，如气孔、夹渣、收缩等。质量控制指标较少，主要有板栅的高度、节点的完整性、断筋的数量、切片时下边角是否在节点上等。

板栅的高度是由孔的大小决定的，孔的大小是裁刀尺寸及上下运行（顶筋成网）的高度决定的。在机器稳定的情况下，板栅的高度应该是稳定的，当机器磨损或故障时，可能会出现高度不符合要求的情况。一般板栅高度的误差应在1mm以内。节点是板栅网格的菱形交汇点，不能出现从节点的断裂，节点断裂多是裁刀部位的问题。断筋可能是铅带前进时不平稳，向两边偏移造成的，可能与设备的精度，设备的磨损有关，也可能与机械的平稳性有关。极板的下边角不在节点上，锋利的筋条会刺破PE隔板，造成电池的短路，因此要保证下边角落在节点上，设计上也要考虑到此问题。如果出现偏差，应调节板栅冲极耳的位置，使之符合要求。板栅的厚度也是监控的指标之一，要保证板栅的厚度在规定的范围内。

2.6　连铸连轧冲网

连铸连轧技术是采用铸带机、轧制机连续制造出铅带，铅带通过冲压机，制备成网状结构具有完整边框连续板栅的技术。

由于连续铅带是采用多次连轧工艺制备，可产生细致高密度金属晶粒结构，与传统浇铸板栅相比具有优良的机械性能和抗腐蚀性能，因此可以采用更薄的板栅取代传统的浇铸板栅。冲压板栅生产线可以制备厚度为0.6mm的薄板栅，可以同时用于正、负极板[7]。

该工艺因为生产带边框的板栅，并且可以连续生产，最有可能替代浇铸的阀控式蓄电池板栅和汽车电池板栅的生产。使阀控式电池的极板实现连续化生产。

该工艺不足之处在于板栅冲掉的余料较多，回收料较多，损耗相对较大。

冲网生产有多重方式，但都基于在制造好的模具上，将板带上的多余材料冲掉，剩下板栅的工艺。

不同的冲网生产线，设备有所不同。金阳光的冲网生产线主要设备有扩张锥式开卷机、缓冲机、冲网系统、水平收卷机和电气控制系统等组成。如图2-29所示，冲网生产线利用预先轧制好的铅带，经多工位级进模（冲网模）连续冲压后制成连续网状铅带。冲网生产线具有生产效率高、板栅一致性好、合金组织致密耐腐蚀性强、工人劳动强度低、铅烟铅尘少等优势，适宜连续板栅的大批量生产。而且还具有一些优点：1）可生产具有完整边框的板栅。2）可按设计要求生产各种形状的栅格，诸如矩形、放射形、斜线形等；筋条节点具有过渡圆角。3）在可加工范围内可实现任意尺寸的板栅冲制。4）可单片连续冲制、双片联排连续冲制甚至多片连续冲制。但冲网板栅也有不足，它与拉网板栅比较，生产中的回料为70%~85%，增加了再次使用时的能源消耗。

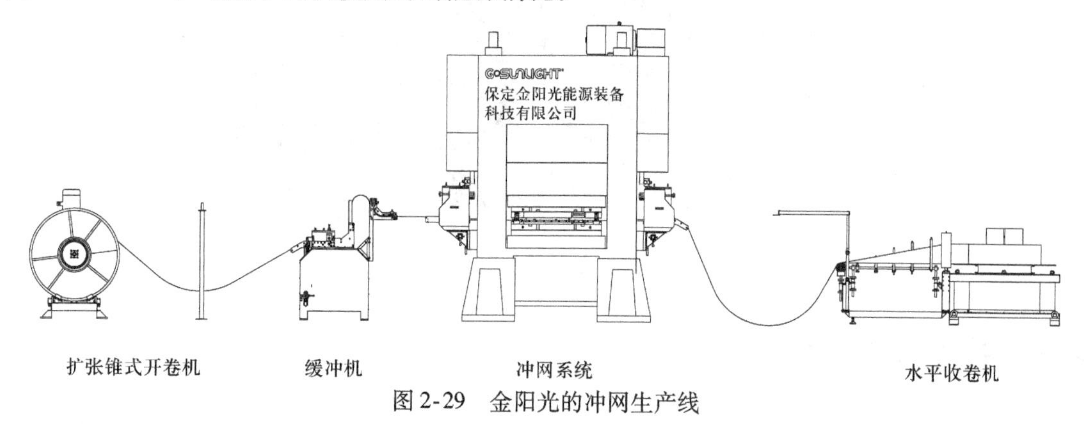

图2-29　金阳光的冲网生产线

冲网生产线关键设备相对独立，操作简单方便，便于更换品种及维护保养。

冲网系统由前送料机、冲压机、冲压模具及后送料机组成。送料机安装于闭式双点高速精密压力机的两端，用于将铅带以设定送料步距，间歇送入安装于压力机上的多工位级进冲网模具，送料机的间歇送料运动与压力机的冲压动作相配合，经冲网模具的多工步冲压后，铅带即被冲制成连续带状板栅，如图2-30、图2-31所示。

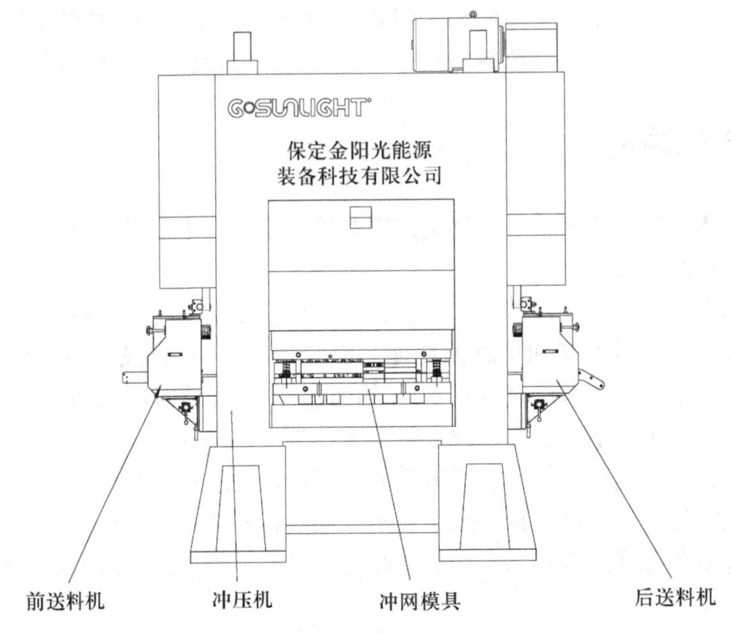

图2-30 板栅冲网机结构示意图

图2-31 连铸连轧冲网板栅

2.7 其他连续板栅工艺

2.7.1 连续铸网辊压成型工艺

连续铸网辊压成型（ConCast and ConRoll）工艺是在旋转鼓式模具上浇铸出连续的板

栅，再经过1~2次辊压，如沃尔兹公司的连续板栅轧制铸造系统。这一系统可以将浇铸出的连续板栅压薄（至50%），使抗腐蚀性能有一定的提高。但是旋转鼓式浇铸连续板栅的冷却速度过快，造成的超微晶粒结构有加快腐蚀的倾向。该系统比较复杂，旋转鼓式浇铸模具不能改变和更换，因此一套设备只能用于一种固定规格的板栅[7]。

2.7.2 连续铸带扩展网（Cast and Expand）、连续铸带冲压网（Cast and Punch）

通过连续铸造的方式制造出连续铅带，然后通过扩展或冲压的方式制造板栅。因为这种连铸铅带没有经历连轧工艺处理，加工设备简单，耐腐蚀性能低，只适合于制造负极板栅。

参考文献

[1] D. Berndt. 蓄电池技术手册 [M]. 第2版. 唐谨译. 北京：中国科学技术出版社，2001

[2] 柴树松. 铅酸蓄电池板栅设计的探讨 [J]. 蓄电池，2008，(3)：103-106.

[3] 刘广林. 铅酸蓄电池技术手册 [M]. 北京：宇航出版社，1991

[4] 朱松然. 蓄电池手册 [M]. 天津：天津大学出版社，1998

[5] D. A. J. Rand. 阀控式铅酸蓄电池 [M]. 郭永榔译. 北京：机械工业出版社，2007

[6] 胡耀波，张祖波. 铅酸蓄电池用拉网合金 Pb-Ca-Sn-Al 研究 [J]. 蓄电池，2008，(4) 154-157.

[7] 潘继先. 铅酸蓄电池极板制造清洁生产新技术. 全国第十届铅酸学术年会. 深圳. 2011. 3. 25

第3章 铅 粉

铅粉是指由表面覆盖着一层氧化铅的金属铅微粒组成的颗粒状粉末，是铅酸电池极板活性物质的基本材料，也是铅酸电池实现粉末多孔电极的途径，所以铅粉的各项性能将直接影响极板及蓄电池的性能。

3.1 铅粉的制造原理及工艺

3.1.1 铅粉的制造原理

铅粉的制造工艺有两种，一是球磨法；二是气相氧化法。其中球磨法在国内外广泛地采用，而欧美等国家采用气相氧化法居多。所谓球磨法是指铅球或铅块在铅粉机圆筒内通过相互撞击和摩擦被氧化磨碎成粉的过程，通常称为岛津粉，制造设备为球磨式铅粉机，也称为岛津铅粉机。气相氧化法主要是指熔融的铅液在气相氧化室内被搅拌成雾滴状后与空气中的氧气化合制取铅粉的过程，由此制得的铅粉通常称为巴顿粉，制造设备为巴顿铅粉机。

球磨式铅粉机应用较多，用量估计占到国内用量的80%。球磨式铅粉机一般按每天额定产量，标称为0.5t、1t……30t铅粉机。依据厂家制造设备的类型基本分为，自动球磨铅粉机和普通球磨铅粉机。自动球磨铅粉机主要特点是采用微电脑技术，工艺参数由电脑控制执行，加料和输送由机械自动完成，铅粉质量稳定，大大减轻了工人的劳动强度。普通球磨铅粉机，主要以简单的参数，控制铅粉机的质量和设备的运转，铅粒的添加多以人工操作为主，劳动强度较大，随着蓄电池生产的集中度的提高，普通球磨铅粉机使用量逐渐减少。

相对于岛津式铅粉机而言，巴顿式铅粉机具有能耗低、产量高、占地面积小等优点，但用该铅粉制造的蓄电池的性能略差一些，见3.2.3节。近几年，巴顿铅粉机在国内有使用增加的趋势。

1. 球磨式铅粉机的工作原理

球磨铅粉机是将铅块放到滚筒内，滚筒转动时，靠摩擦力带动铅球转动到一定的角度，铅块被抛出，靠铅块之间的撞击、摩擦，使外层逐渐脱落，形成粉末颗粒。铅颗粒与空气中的氧气发生氧化反应，并放出热量。滚筒内维持一定的温度，有利于铅颗粒的氧化。

滚筒转动时，如果转速慢，铅粒就举不高，落下的冲击力就小；转速快，铅块与滚筒一起转动，不能被抛出去，不会产生大的冲击力。当铅块到达顶点，铅块对滚筒壁的作用力为零时是临界速度，即铅块的重力与铅块的离心力相等的状况，如图3-1中所示的$\theta=0$时。这时的转速可以计算得出：

$$n_{临界}=\frac{42.4}{\sqrt{D}} \tag{3-1}$$

式中 $n_{临界}$——滚筒的临界速度（r/min）；

D——滚筒的直径（m）；

42.4——重力等于向心力时，$\theta=0$ 时，计算出的系数。

当 $\theta=54°40'$时，铅块抛出是铅粉机生产铅粉的最佳速度。这时，

$$n_{最佳}=\frac{37.2}{\sqrt{D}} \tag{3-2}$$

式中 $n_{最佳}$——滚筒的最佳速度（r/min）；

D——滚筒的直径（m）；

37.2 为当 $\theta=54°40'$时，重力等于向心力时，计算出的系数。

一般铅粉机的转速在 25 ~ 32r/min。

铅粉机内的加铅块量，通常用充填系数表示：

$$\varphi=\frac{V_{球}}{V_{体}} \tag{3-3}$$

式中 φ——填充系数；

$V_{球}$——滚筒内铅块占的体积；

$V_{体}$——滚筒内的有效体积。

铅粉机的填充系数一般为 0.18 ~ 0.25。

铅粉机的出粉率用下式表示：

$$f=\frac{q}{Q} \tag{3-4}$$

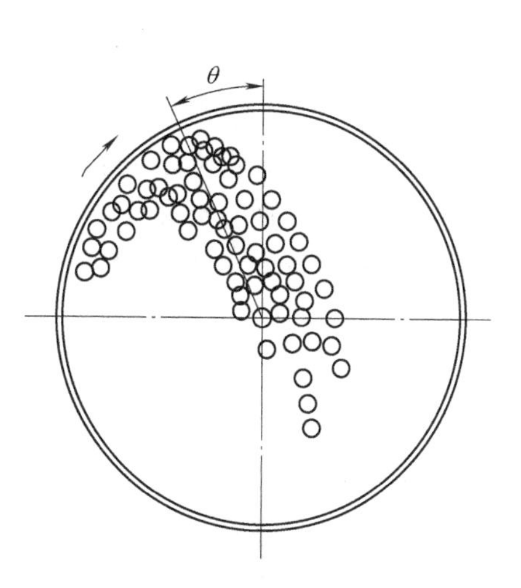

图 3-1　球磨铅粉机原理图

式中 f——铅粉机的出粉率（%）；

q——每小时的平均产量；

Q——滚筒内装铅块量。

铅粉机滚筒的长度为 L，直径为 D，有时用长度与直径的比 L: D 表示铅粉机的尺寸参数。

2. 巴顿铅粉机工作原理

巴顿铅粉机（或称为巴顿铅粉系统），是一种用气相氧化法生产铅粉的装置。铅液泵入反应釜内，反应釜中的搅拌器高速旋转，将铅液搅起，铅液与吸入反应釜的空气接触，发生化学反应，生成的颗粒随风带出，分离后得到铅粉。反应过程中放出热量。反应方程式为

$$Pb+\frac{1}{2}O_2 \longrightarrow PbO+52kcal \tag{3-5}$$

3.1.2　铅粉制造工艺过程

1. 带正压风的球磨铅粉机工艺

图 3-2 所示为带正压风的球磨铅粉生产工艺流程图。目前，铅粉使用的原材料是 1 号电解铅，铅含量为 99.994%。电解铅铅锭运到工厂后，首先进行检验，检验合格的产品存入库房，生产需用时，用叉车运到铅粉车间指定的工位处，成垛摆放好，以备用。铅粉机运转

正常生产时，将铅锭用铅块提升机1，一次提升一层4条铅锭到自动加铅块机2的滚到上，按要求排好。当铅锅3液面低时，自动加铅块机2会根据铅锅液面的高度，自动加入铅锭，始终保持液面在一定的范围内。用铅锅中的铅泵从铅锅3中抽出铅液，打入铅条成型槽4中，在行进中成型并冷却，铸出铅带，多出的铅液返回铅锅3中。铅带被切块机5上的夹紧转动装置向前拉行，喂入刀口中，切块机上下运动，将铅带，切成长度为20～30mm，重约120g的铅粒，落入铅粒提升机6内，铅粒提升机6将铅粒送入铅粉机8的喂料口中，再经过转动的加料机，将铅粒加入铅粉机8的转筒内。铅粉机根据转动滚筒主电动机用电负载的大小或滚筒总重量的大小，确定加入铅粒的速度，当用电负载小时，表明滚筒内的铅粒少，切块机通过变频电机，加速加料；当滚筒中的量超过规定的量时，加粒减速，使产出的铅粉量大于铅粒的加入量，减少滚筒的铅粒量，使滚筒内的铅粒量总保持接近平衡的状态。铅粉机转动带动铅粒撞击摩擦，产生铅粉。铅粉被正风压机7吹进的空气氧化成PbO，在滚筒内产生大量的热，使滚筒内的温度升高。正风机吹入铅粉机内的空气，通过铅粉机内的一排吹风管吹向运动的铅粒，吹风管保持一定的角度，是静止不动的，但吹风风嘴角度可以小范围适当调整，一般通过外面的角度调整阀调整（调整好后的风嘴角度不经常调整），调整风嘴的目的是调整铅粉的粒度和产量。铅粉达到一定的细度，被负压风带入滤粉器9中，形成铅粉。

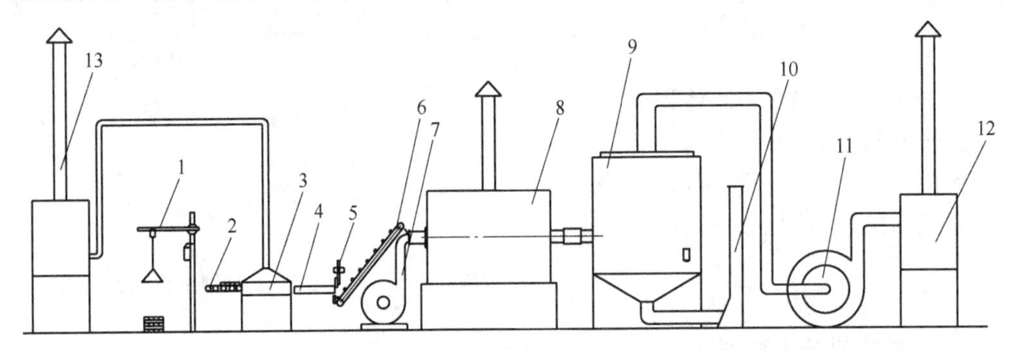

图3-2 带正压风的球磨铅粉生产工艺流程图

1—铅块提升机 2—自动加铅块机 3—铅锅 4—铅条成型槽 5—切块机 6—铅粒提升机 7—正风压机 8—铅粉机 9—滤粉器 10—铅粉提升机 11—负风压机 12—除尘器 13—净化器

在铅粉机滚筒内，除了铅粒被磨碎之外，还发生式（3-5）的反应，并且放热。除此之外铅粒的撞击也产生热量。生成的铅粉带出了大部分热量，但剩余的放热还会使滚筒内的温度升高，滚筒外有喷淋降温的装置，当滚筒内的温度，升高到规定的上限，喷淋装置会自动开启，给滚筒降温，保持滚筒内的温度在一定的范围内。铅粉进入滤粉器9后，铅粉沉降到下面，由铅粉输送装置，提升至粉仓备用。滤粉器中安装了多根圆柱形滤袋，负压风通过滤袋的滤布，被负压风机11抽到除尘器12中。滤袋在正常工作过程中，经过一定时间间隔从上面用压缩空气反吹滤袋，以保持过滤效果，减少负压风的阻力。净化器13是铅烟、铅尘二级处理器，将铅锅产生的铅烟、铅尘抽过来，进行处理，达到环保排放要求后排放。

目前仍有一些厂家使用过去生产的没有自动控制的球磨铅粉机（简称为普通球磨铅粉机），其基本的工艺路线是，用铅锅熔化电解铅，采用铸块或切块的方式制成铅粒，堆放在铅粒仓内。铅粉机加铅粒，采用人工或机械添加。靠操作工人观察铅粉机主机的电流（或功率）的大小来控制，大时表明负载大，滚筒内的铅粒量多，小时表明负载小，滚筒内的铅粒量少，根据这个参数间接地确定加铅粒速度。铅粉机滚筒内要控制一定的温度，以得到氧化度合适的铅粉。滚筒内的温度升高，表明铅粉的氧化量增加，减少氧化量，就可以降低温度，所以通过氧化量来控制温度，也就是通过减少加铅粒量，加大负压风，来控制温度的上升。铅氧化放出的热量通过铅粉带出一部分，另一部分由滚筒散出。在正常生产的时候，铅粉机可以达到一个平衡的温度，这个温度是生产合适铅粉需要的，也就是说，在该温度下，能够生产符合要求的铅粉。铅粉机滚筒内的温度，和铅粉出口的温度可以用自带的热电偶测量。从铅粉机出来的铅粉进入滤粉器，再输入到粉仓。

由于铅粉的质量受铅粉机的影响很大，各铅粉机制造厂，制造设备的水平不同，往往造成某种类型的铅粉机，生产的铅粉可能存在系统性的偏差，如颗粒度大或小，氧化度低或高等。铅粉机的影响因素主要受滚筒的转速、滚筒的直径、滚筒的有效长度和滚筒的内部结构的影响。所以铅粉机一旦有系统性偏差，想通过工艺调整也是比较难的。12t 带正压风铅粉机主机规格见表 3-1。

铅粉机的滚筒和滤粉器处于负风压状态，因此铅粉在正常状态不会跑出设备外。

表 3-1 12t 带正压风铅粉机主机规格参数[1]

型号	SF-12L（三环牌）	型号	SF-12L（三环牌）	型号	SF-12L（三环牌）
生产能力	12t/d	铅粉机主机功率	75kW	压缩空气用量	$2m^3/min$
铅粉机滚筒转数	29 r/min	正风压机功率	22kW	冷却水压力	0.2MPa
铅粉机滚筒直径	1560mm	负风压机功率	15kW	冷却水用量	$20m^3/24h$
铅粉机滚筒长度	2550mm	压缩空气压力	≥0.7MPa	系统安装尺寸	14m×8m×7.5m

2. 不带正压风的球磨铅粉机工艺

不带正压风球磨铅粉机的工艺流程如图 3-3 所示，铅粉机运转生产时，将铅锭用铅块提升机 1，一次提升一层 4 条铅锭到自动加铅块机 2 的滚道上，按要求排好。当铅锅 3 液面低时，自动加铅块机 2 会根据铅锅液面的高度，自动加入铅锭，始终保持液面在一定的范围内。用铅锅中的铅泵从铅锅 3 中抽出铅液，打入铅块铸粒机 4 中，铸出铅粒。由铅粒提升机 5 将铅粒送入铅粒储存仓 6 中，再经过自动加料机 7，将铅块加入铅粉机 8 内。铅粉机自带重量感应系统，可以测量滚筒内铅粒的重量，根据重量的多少，自动确定加入铅块的速度。通过触摸屏设置铅粉机滚筒内的铅粒重量，当实际重量小时，表明滚筒内的铅粒少了，自动加块机加料到规定的重量，当重量超过规定的量时，加粒减速，使产出的铅粉量大于铅粒的加入量。滚筒内铅粒的量保持接近平衡的状态。铅粉机转动带动铅块撞击摩擦，产生铅粉。铅粉被负压风机 12 吸进的空气氧化，氧化成 PbO，并在滚筒内产生大量的热，使滚筒内的温度升高。另外，为加速铅粉的氧化，或者说弥补没有正压风的问题，滚筒内增加了喷水（必须是净化水）的工艺，水通过滚筒内设置的喷头加入，加入量约为 200L/t 铅粉，由于滚筒内的温度远高于 100℃，水马上变成蒸汽，增加了滚筒内的湿度，加速铅粉的氧化。有的也将滤粉器和净化器合二为一，放在一起，其他工艺与有正压风的工艺过程基本相同。经测试，滚筒加水生产的铅粉，铅粉中不含有水。

目前使用的普通铅粉机有的也没有正压风，只有负压风，靠负压风抽入的空气氧化。

铅粉机的滚筒和滤粉器处于负风压状态，因此铅粉正常状态下不会跑出设备外。

3. 巴顿铅粉工艺

巴顿铅粉机铅粉工艺又称为气相法制造铅粉工艺，如图 3-4 所示。将铅锭用铅块提升机，提升至铅锅旁，用加铅块机 2 将铅锭加入铅锅 3，铅锅的温度在 440 ~470℃，将熔融态

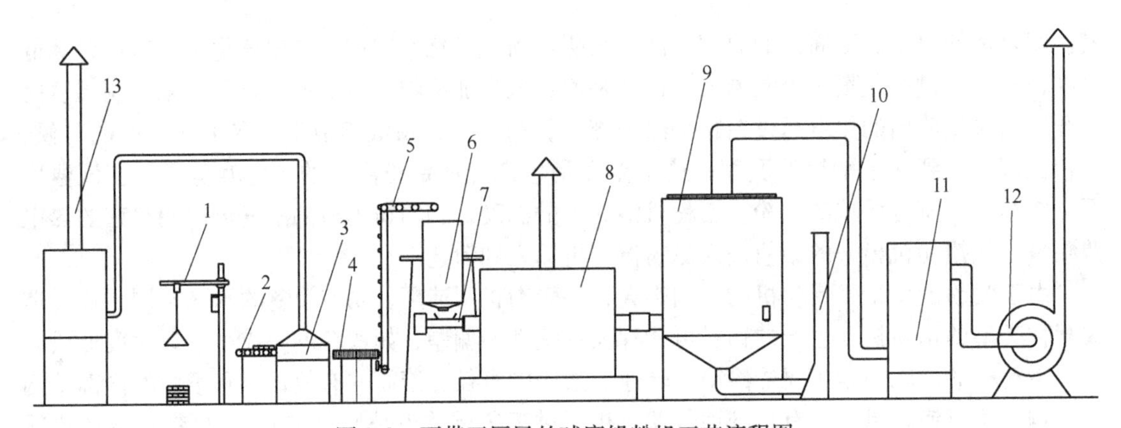

图3-3　不带正压风的球磨铅粉机工艺流程图

1—铅块提升机　2—自动加铅块机　3—铅锅　4—铸粒机　5—铅粒提升机　6—铅粒储存仓
7—铅粒输送带（自动加料机）　8—铅粉机　9—滤粉器　10—铅粉提升机　11—除尘器　12—负压风机　13—净化器

的铅用泵打入反应釜4内，反应釜内的温度一般控制在350～370℃，反应釜中的搅拌器高速旋转，把熔铅搅成小雾滴，因系统处于负压，随同熔铅进入的空气很快与铅的小雾滴混合并使之氧化成氧化铅粉，在反应锅形成的氧化铅，由气流送到颗粒分离器10，分离器从气流中去掉较重的和较粗的颗粒，这些颗粒下降又回到反应锅里提高氧化度。从分离器出来的铅粉随气流进入铅粒旋风分离器5收集，在旋风分离器中进一步氧化，随风进入过滤器7的铅粉，进行第二次收集，达到排放标准的气体，通过风机8排放。

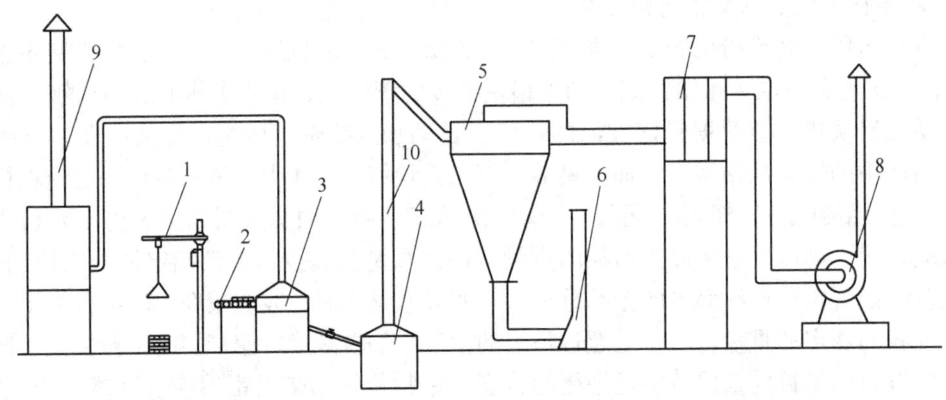

图3-4　巴顿铅粉生产工艺流程图

1—铅块提升机　2—加铅块机　3—铅锅　4—反应釜　5—铅粉旋风分离器
6—铅粒提升机　7—过滤器　8—风机　9—铅烟、铅尘净化器　10—颗粒分离器

巴顿铅粉与岛津铅粉有一定的差异，巴顿铅粉中不仅有α-PbO（四方晶）、Pb，还含有β-PbO（斜方晶）。β-PbO的含量与反应釜的温度有一定的关系，温度越高，β-PbO的含量越高。在反应温度488℃以上，大量生成β-PbO；温度在488℃以下，α-PbO为稳定产物，是蓄电池中所希望的产物[2]。

3.1.3　铅粉机操作

1. 带正压风球磨铅粉机操作

1）开机前，检查所有冷却水管道是否正常，包括铅粉机滚筒冷却水，减速机冷却水，铅条成型槽冷却水，铅烟除尘器水箱等。检查主机各润滑点是否正常，减速机润滑油是否充足，主机大小齿轮润滑油箱油是否充足；凡是规定设备每天需要加油的部位，都要加注相应的润滑剂，切块机各个油杯要加满油。

2）开机前，检查总电源是否正常，将所用分电源闭合，观察电压是否正常；将压缩空气总阀门打开，要求气压≥0.4MPa。

3）打开熔铅炉的开关，设定炉温为390～410℃；开启铅烟铅尘净化器。

4）开启铅条成型槽冷却水阀门。铅液泵输送管道要用乙炔火焰均匀加热，使铅管里的铅熔化后，起动铅液泵。

5）打开减速机冷却水，开启主机滚筒冷却水总阀门。起动主机（所带润滑油泵、铅块进料旋转阀、铅块提升机等也自动起动），主机开始运转，如需要按要求设定主机功率；按规定开启铅粉输送系统。开启铅条切块机，自动加料。普通球磨铅粉机根据负载确定加料。

6）当主机滚筒升温至135～155℃时，起动负压风机和滤袋脉冲，负风压设定为300～650Pa（30～65mmH_2O）。起动正压风机（起动前要将风门关闭，起动后再打开），正风压设定为3～6kPa（300～600mmH_2O）。普通球磨铅粉机控制正风压为0.5～2kPa（50～200mmH_2O），负风压控制在为1.2～5.5kPa（120～550mmH_2O），要根据设备情况和要求确定。

7）根据主机的情况，设置滚筒降温参数，一般为165～205℃开始喷水，时间设置为喷2～5s，停10～20s，如温度继续上升，可增加喷水时间，缩短停止时间，待温度回降时再调回。

8）当主机运行平稳后，取样化验铅粉质量。按以下规律操作，提高氧化度，要降低负风压、正风压（如果负风压和正风压是联动的，按设备的要求调整或设置），或提高主机滚筒温度；降低氧化度，要提高负风压、正风压，或降低主机滚筒温度。提高表观密度，要提高负风压、正风压，或降低主机滚筒温度；降低表观密度，要降低负风压、正风压，提高主机滚筒温度。两个参数都要调整，要综合考虑滚筒温度和负风压。

9）主机功率设定好后，运行功率超过设定值，应减少加球量；运行功率低时应增加加球量。对于直接加料的自动变频器切块机，频率在低位时，表明主机在高负载运行，需减少铅粒单重，就要将溢流箱铅液面调低，减少铸条的厚度；相反调高。

10）如果正负极用的铅粉不相同，涉及铅粉调仓的问题。一般是正极的氧化度高，负极的氧化度低；换仓时，氧化度高的可以进负极仓，氧化度低的铅粉一般不允许进正极仓。铅粉满仓后，要把检查孔盖好。做好时间、班次、极性等信息标示。

11）铅粉机系统的关机，首先要减少主机的负载，即先停止加铅块，其他仍正常运转，约降到原设定98%时，自动铅粉机可打开停机降温功能，到160～180℃以下时，停止正风压、负风压。普通的铅粉机在关机前，温度应当尽可能地降低，可以打开外设的风机（或自带的冷却水装置）降温，降到110～130℃，然后关主机和正压风机。负压风再运行一段时间，等温度更低时，可停止负压风机。先后停止铅锅、净化器、冷却水等。关闭总的控制阀门（其他不用的情况下）。对设备进行加油保养，清洁现场。

2. 不带正压风自动球磨铅粉机的操作

1）开机前，检查设备的电源、水源、气源是否正常，检查水、电、气开关，给转动部位加油。将铅锭的熔铅炉送上电源，升温并控制在工艺规定的炉温，使铅锭熔化。

2）开启铸粒机输送带、铅粒提升机，之后起动铸粒机。用乙炔-氧气火焰均匀烧熔铅炉铅液出口的凝固铅。打开熔铅炉出口阀门，并调流量，使铅液流入铸粒机，即可铸成铅粒。采用石墨粉拌少量白矿油，用毛刷在铸粒机转盘活动顶杆中部加油，使顶杆达到润滑。检查水池水位，检查抽水泵是否正常。开动水泵，使铅粒达到冷却。熔铅炉温度应控制在工艺范围，超高易烧坏电热管，超低铅粒易连串，卡住提升机，引起跳闸。

3）送上主机电源，按下自动循环开关，起动螺旋、提升机、气阀、振动器等，清粉完毕，起动主机自动开关，打开冷却水开关。

4）起动主机时，进行参数设置调整，工艺参数主要有，熔铅炉温度一般在390~450℃，主机功率、机内粒重、加水频率、滚筒温度、铅粉出口温度、负风压力等参数，可根据具体的铅粉机型号设置和调整。检查铅粉质量是否达标。调整的原则是，提高表观密度，可增加负风压；提高氧化度，可增加滚筒的温度或在一定范围内增加加水频率，或减少负风压。

5）停机时，提前一小时降温，待主机负载达到规定，会自动停机、关闭电源及冷却水。

3. 巴顿铅粉机的操作

1）开机前，先将铅锅的温度加热到450℃，当反应釜底部温度加热到600℃后，反应釜其他部位的温度应达到330℃。如反应釜的温度达不到要求不能起动主机。

2）打开输送铅粉的绞龙，然后起动风机。

3）达到温度后，起动反应釜的主机。主机和风机、绞龙是联锁的，如风机和绞龙不运转，主机不能起动。

4）反应釜的温度达到350~380℃后，再开启自动加水开关，进行加水，24t铅粉机的加水量约为20~60L/h。

5）正常出粉，根据氧化度的情况适当调整。生产中的调整原则：提高温度，铅粉的氧化度增加，表观密度降低；降低温度氧化度降低，表观密度增加。增加风量，铅粉的氧化度降低，表观密度增加；降低风量，铅粉的氧化度增加，表观密度降低。加水量（规定范围）增加，铅粉的氧化度降低，表观密度增加；加水量减少，铅粉的氧化度增加，表观密度减少。

在一般情况下，调整以上的参数可得到合适的铅粉参数，在上面的调整不能满足时，可以调整反应釜内拌齿的高度，调高拌齿，氧化度提高；调低拌齿，氧化度降低。

主机的负载决定铅液从铅锅流入反应釜的量，当负载低时，流入的铅量要增多，负载高时，流入的铅量要减少或不流入。负载低时反应釜的温度低，负载高时反应釜的温度高。负载主要以主机电流来体现。

6）停机操作。先关掉加水阀，然后再关掉铅锅的铅泵，停止打铅。主机和送粉正常运转，等到主机电流降到正常负载（24t正常负载电流约为60A）的一半时，主机停止运转，风机和螺旋输送再运行5min，即可关掉风机和螺旋输送。

3.1.4 新球磨铅粉机的调试

新铅粉机安装完成后，要检查各个部位是否符合安装的规程和要求，检查管路的通畅情况，清理各部位的杂物，润滑设备的各润滑部位。分阶段测试各部位，如铅粒系统包括铅粒成型系统、铅粒输送系统、铅粒储存系统。测试风压系统，在测试之前，先不要装过滤袋和净化器中的过滤布，风机测试运转都正常后，等铅粉机及管道清理和除锈后，再装过滤袋和过滤布。测试供电、供水、供气系统。试运转铅粉机主机。然后进行除锈工作。

滚筒的除锈是将铅粉机滚筒中加入一定量（一般正常铅球体积的60%）的干燥的鹅卵石，鹅卵石的单颗粒重量可在0.3～1kg，开动铅粉机主机（不要开正风压和负风压），运转大约两天的时间，靠摩擦力的作用，将滚筒上的铁锈磨掉。停机后，打开人孔清理出石渣，检查筒壁是否基本干净，如果仍有较多的铁锈，应换新的鹅卵石再进行除锈。除锈完成后清理干净滚筒。然后将整个系统包括管路全面清理干净后，可装入布袋和净化器滤布，进行联合调试。

调试完成后，可开始装铅粒，首次加入正常量的三分之一，开始带料调试。基本按正常的开机要求一项一项地进行，调试产出的铅粉不能使用，只供化验分析。等系统稳定后，运转5h后，检查铅粉的铁含量、氧化度、表观密度等指标，达到要求后，可正常出粉。

由于刚开机的铅粉指标不稳定，如果有其他铅粉可混合使用，以降低新铅粉的不稳定性。

3.1.5　球磨铅粉机的主要工艺参数

1. 滚筒温度

滚筒温度是决定氧化度的关键参数之一，温度高，铅的氧化反应速度加快，铅粉的氧化度高。在提高氧化度方面，一般首先采取的是提高滚筒温度。相反，降低氧化度，需降低滚筒温度。

2. 负压风

负压风是决定产量的重要参数之一，也对氧化度和颗粒度有重要影响。一般负压风大，产量高；负压风小，产量少。提高负压风，氧化度也会降低，颗粒的尺寸会增大。

3. 主机功率

主机功率是判断滚筒内负载的参数，负载大，滚筒内的铅粒多，负载小，则铅粒少。在要求的范围内，添加较多的铅粒，可提高产量。太多时，会出现铅粉颗粒大，质量不能达标的问题。

4. 风嘴角度

风嘴角度是重要的参数，一般调整好后不经常调整，如图3-5所示。

风嘴角度α越小，铅粉的产量高，颗粒较大。α越大铅粉越细，产量越低。α一般在38°～48°。如果风嘴安装到右侧（负值），铅粉粒度粗，带铅皮，出粉量大，就不符合铅粉的质量要求。

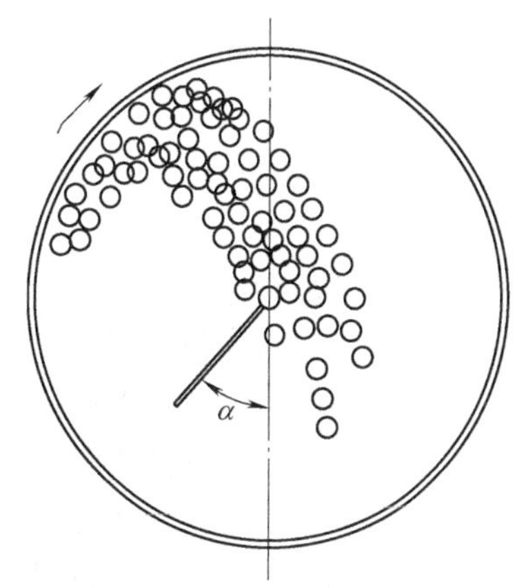

图3-5　球磨铅粉机风管安装图

3.1.6　球磨铅粉生产中故障及处理

1. 黑粉

黑粉是指铅粉的颜色比正常的铅粉颜色深，颜色发黑的一种状况。主要是氧化度低，颗粒大造成的。产生的原因，首先是滚筒温度低，负风压大造成的，应及时调整滚筒温度和负风压。滚筒内的铅块太多，也可能造成。产生的黑粉要分析颗粒度的大小，如果没有大的颗粒，可多放置一段时间，少量加入正常铅粉中，逐渐混合使用完毕。如果有少量大颗粒，筛除大颗粒，少量添加混合使用。如果大颗粒很多，在铅粉机加料口加入铅粉机中，重新制粉，每次加入量不能太多，每次加入量一般为铅粒量的十分之一。

2. 烧粉

烧粉是铅粉的氧化度较高，颜色发红，从表面看上去像烧过一样，实际是氧化过度造成的，主要原因是温度高。应检查设备温度过高的原因，采取措施。另外，粉仓在潮湿的情况下，也容易过度氧化，发热致温度升高，造成烧粉。因此，粉仓应该安装干燥除湿器，并保证正常使用。烧粉可能出现结块的现象，可将结块粉碎、过筛，与正常铅粉少量添加使用，一般添加量不超过2%，并注意添加烧粉的极板化成时的状况，必要时可减少化成电流，以预防过化成。

3. 粗颗粒粉

发现铅粉中有粗颗粒，可能是过滤布袋损坏造成的。应分析原因，确定布袋问题，应及时更换布袋。粗铅粉应重新制粉。

4. 停电故障的紧急处理

在发生停电事故后，应采取措施降低滚筒的温度，可打开散热夹层，也可借助喷水降温等，主要是防止滚筒内的铅粒、铅粉，过热造成铅块成坨现象。

3.1.7 铅粉的储存

铅粉一般储存在铅粉仓内。铅粉机生产出来的铅粉，通过螺旋输送和刮板输送到粉仓，粉仓一般可容纳铅粉30t、40t、50t等。铅粉仓要密封，防止湿空气进入，造成氧化发热，甚至产生烧粉的问题。铅粉仓一般安装干燥器，用硅胶作为干燥剂，干燥剂失效后要及时更换。粉仓的上面一般开观察孔，用于观察铅粉，不用时一定要密封好。铅粉仓一般安装振动装置，当铅粉向外输送时，开启振动器，方便仓内均匀下粉。有的粉仓有自动称重装置，方便计量。

铅粉生产出来，要存放3天以上才能使用。刚生产出来的铅粉，合制的铅膏较难使用，不好涂板；电池的性能也不好。放置一段时间后，涂板的工艺性会提高很多。

3.2 铅粉性质

铅粉的性能指标有铅粉的粒度、氧化度、表观密度、吸水性、吸酸值、铁含量、筛析剩余物重量等。铅粉的粒径可通过激光粒度仪测量，也可通过SEM观测或拍照。铅粉的氧化度、吸水性、吸酸值、铁含量可通过化验室测量。铅粉的表观密度、筛析剩余物在生产现场测量。随着蓄电池设备的不断进步，目前的球磨铅粉机或巴顿铅粉机一般在正常的生产中只将铅粉的氧化度、表观密度和筛析剩余物纳入工艺参数，其他参数可在设备刚投入使用时，为掌握情况测量，或定期测量时定为指标。

3.2.1 球磨铅粉机铅粉的性质

1. 球磨铅粉粒径和结构

球磨铅粉的 SEM 照片如图 3-6 所示。

球磨铅粉的粒度分布如图 3-7 所示。

球磨铅粉的分级粒度分布表见表 3-2。

从图 3-6、图 3-7、表 3-2 中可以看出球磨机铅粉的粒径在 0.5 ~ 2μm 之间，0.8 ~ 0.9μm 颗粒的比例最高。从铅粉的 SEM 照片看出，颗粒的外观呈不规则的片状结构，像雪花一样的堆积。

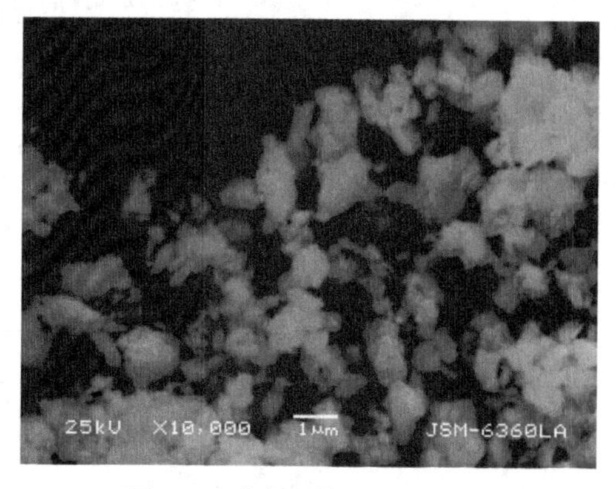

图 3-6 球磨铅粉的 SEM 照片

通过 XRD 分析，球磨铅粉的结构成分为 α-PbO 和 Pb。

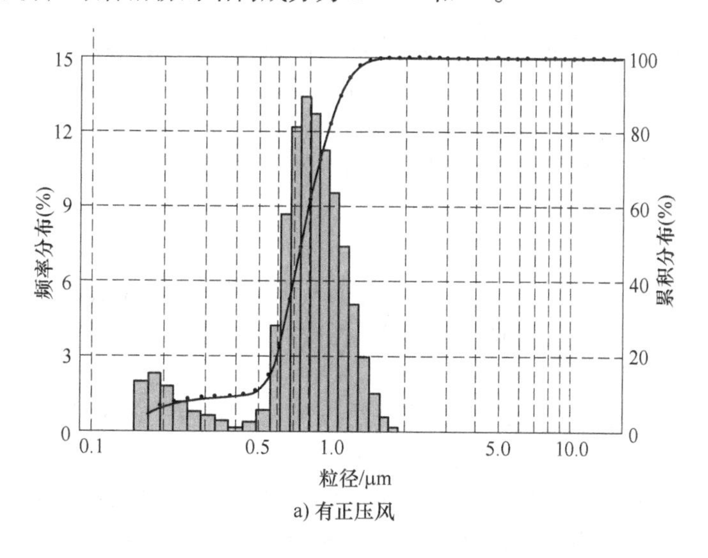

a) 有正压风

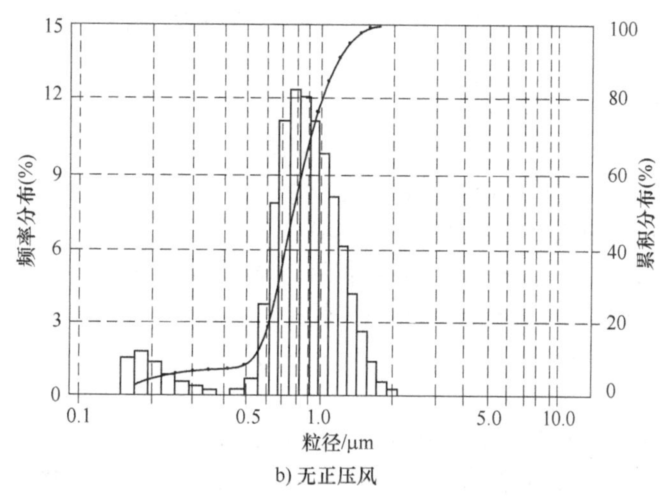

b) 无正压风

图 3-7 球磨铅粉的粒度分布

表3-2 球磨铅粉的分级粒度分布表

分级/μm	有正风压球磨铅粉		无正风压球磨铅粉	
	频率（%）	累积（%）	频率（%）	累积（%）
0.2～0.5	4.87	9.43	4.08	7.71
0.5～1.00	64.29	73.72	59.98	67.69
1.00～2.00	26.21	99.93	32.13	99.82
2.00～5.00	0.07	100.00	0.18	100.00
5.00～10.00	0.00	100.00	0.00	100.00

注：有正压风的球磨铅粉氧化度为76.36%，表观密度为1.36g/cm³；无正压风的球磨铅粉的氧化度73.74%，表观密度为1.39g/cm³。

有的工厂用100目的网筛，测量筛余物，实际上测得的是大的非正常的颗粒物。因为铅粉的颗粒度在5μm以下，根据筛网目数与颗粒度尺寸的对照，要用2500目以上目数的筛网，由于铅粉有黏性，铅粉是不可能通过的，所以也没法用筛析的方法测量铅粉的颗粒度。考虑到铅粉的颗粒度在正常生产时，变化不大，一般在生产工艺中，不进行测量和控制。

由于铅粉机的差异，不同的铅粉机生产的铅粉，颗粒的粒径大小与分布有所不同。从趋势上看，铅粉的颗粒向越来越小的方向发展。

2. 铅粉的氧化度

铅粉的成分是铅和氧化铅，一般是铅颗粒的外围包覆着一层氧化铅。氧化度是指铅粉中的氧化铅的含量，用百分数来表示。一般球磨铅粉的氧化度在68%～82%。

3. 铅粉的表观密度

铅粉的表观密度，是指铅粉以规定的方法，落入容器后，单位体积内的重量，用单位g/cm³表示。一般球磨铅粉的表观密度在1.28～1.60g/cm³。

铅粉表观密度的值与测试方法有很大的关系，不同厂家测试同样的铅粉，其值可能有较大的差异，因此一个工厂要用自己的装备和方法测量，用自己的数据和自己的数据比较，指导工厂的生产。产生数值差异的问题主要是，铅粉落下时重与轻，角度和方向以及筛铅粉的手法。

4. 铅粉的吸水性

铅粉吸水性是指铅粉与水混合吸收的性能，间接反映铅粉的颗粒度、氧化度和铅粉结构的综合状况。在生产上，可反映出合膏和涂膏的工艺性。测试方法为，取一定的铅粉，用滴定管一边加水，一边用玻璃棒搅拌铅粉，当铅粉加水加到铅粉成一团，不存在干粉，也没有水渗出时，计算加入水的百分数，用百分数表示。球磨铅粉的吸水量一般在11%～20%。

由于球磨机生产的铅粉比较成熟和相对比较稳定，目前在生产中，一般很少将铅粉吸水量和吸酸量纳入工艺控制中。

5. 铅粉的吸酸值

铅粉的吸酸值是铅粉与酸反应，消耗硫酸的数量值。一般以每克铅粉消耗的硫酸（密度为1.10克数g/cm³）克数来表示。间接反应铅粉的氧化度、细度的综合状况。在生产上，可反应出合膏和涂膏的工艺性。球磨铅粉的吸酸值一般在0.18～0.3g/g。

在生产稳定的情况下，该指标一般不纳入工艺指标中。

6. 筛析剩余物

筛析剩余物通常用100目的筛，筛一定量的铅粉，一般取50g，看筛余物的多少，或按百分比计算。一般筛余物是很少的，如果出现过滤袋破损，会出现大颗粒增多的现象。

7. 铅粉的铁含量

铅粉的铁含量通常是铅粒中含铁引入，以及铅粉与铅粉机的筒壁、管道、输送绞龙等摩擦产生引入的，一般低于0.001%。可通过化验分析。正常生产稳定后，可一周化验一次。

3.2.2 巴顿铅粉机铅粉的性质

1. 巴顿铅粉粒径和结构

巴顿铅粉的平均粒径比岛津铅粉要大得多，岛津铅粉边缘不明显，像一片片的雪花堆积；而巴顿铅粉，颗粒边界清晰，大小不均匀，大颗粒像由小颗粒黏结在一起形成的，图3-8SEM图和图3-9粒径分布可看得非常清晰，以及见表3-3。

巴顿铅粉平均粒径约为3μm，颗粒度范围为0.5~10μm。

通过XRD分析，巴顿铅粉的结构成分为α-PbO、β-PbO和Pb；β-PbO含量在5%~10%。巴顿铅粉机的生产温度提高，得到的β-PbO含量增加。

图3-8 巴顿铅粉的SEM图

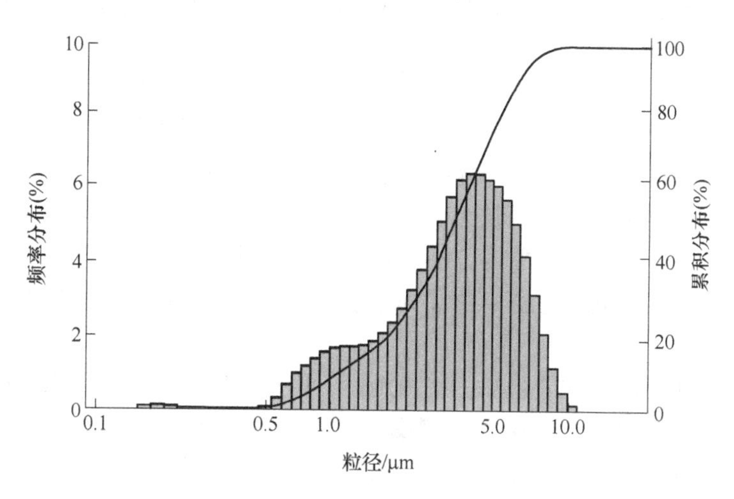

图3-9 巴顿铅粉的粒径分布

表 3-3 巴顿铅粉用激光粒度仪测得的分级粒度分布表

分级/μm	频率（%）	累积（%）	分级/μm	频率（%）	累积（%）
0.2~0.5	0.28	0.48	5.00~10.00	26.55	99.56
0.5~1.00	6.58	7.06	10.00~15.00	0.43	99.99
1.00~2.00	14.53	21.59	15.00~20.00	0.01	100.00
2.00~5.00	51.42	73.01	20.00~37.00	0.00	100.00

2. 巴顿铅粉的氧化度、表观密度、吸水性、吸酸值

一般巴顿铅粉的氧化度比球磨铅粉的氧化度高一些，一般在75%~88%，这样可使颗粒更小一些，如果氧化度低，颗粒会更大，不利于铅粉的性能；铅粉的表观密度比球磨铅粉机铅粉高一些，一般在1.45~1.80g/cm^3；铅粉的吸水率，吸酸率比球磨铅粉要低，巴顿铅粉测试值见表3-4。

表 3-4 巴顿铅粉的测试值

项目	PbO（质量分数,%）	吸水率（质量分数,%）	吸酸量/g·g^{-1}	表观密度/g·cm^{-3}	Fe（质量分数,%）
测试值	85.07	11.6	0.199	1.50	0.00082

3.2.3 岛津铅粉机与巴顿铅粉机铅粉的差异

巴顿铅粉与球磨铅粉比较，在使用中主要存在几个问题：①在电池化成或极板化成中，正极板弯曲变形较为严重；②化成后的正极板 PbO_2 含量偏低，电池的初期容量较低；③正极板的强度较差，活性物质易于脱落[3]。

巴顿铅粉比岛津铅粉的氧化度及表观密度要高，吸酸值偏低。巴顿铅粉的氧化度控制在75%左右时，表观密度达到1.8g/cm^3；将氧化度提高到80%左右，表观密度只能降低至1.7g/cm^3（球磨粉的表观密度一般控制在1.3~1.6g/cm^3）。

巴顿铅粉的颗粒形状与球磨铅粉差异较大，巴顿铅粉呈边界清晰的颗粒，而球磨铅粉雪花状颗粒。

巴顿铅粉的颗粒较大，采用一般的低温高湿的固化工艺难以实现金属铅的充分转化，导致化成的反应受到影响、正极板二氧化铅偏低、电池的初期容量较差。

巴顿铅粉制成的正极板，在固化后游离铅含量通常较高。在极板进行化成时，过多的金属铅向二氧化铅的转化过程中，体积会发生较大的变化，故而容易导致极板的弯曲变形。

同样由于固化效果不好，铅膏与板栅结合不牢，电池的寿命较短。

针对巴顿铅粉表观密度高、颗粒大的问题，如果提高氧化度（氧化度达85%），将表观密度控制在1.5~1.6g/cm^3 的范围内，极板的弯曲变形得到了明显改善，电池初期容量也有所提高。但由于铅粉的氧化度过高，造成固化效果差，极板裂纹较多、强度低、电池的寿命较短。

采用巴顿铅粉生产蓄电池要采取一些措施：①固化问题，尽可能采用高温高湿固化，增加铅的氧化。将温度控制在65~80℃、湿度控制在95%以上的范围内；②可加入一些增加化成性能的材料，如石墨、红丹等；在正极铅膏中加入红丹化成后生成的β-PbO_2 较多，能够提高蓄电池的初期容量。

利用巴顿铅粉机操作灵活、易于控制的特点，用巴顿铅粉机生产细颗粒、高氧化度的铅粉（氧化度约为97%），可代替红丹使用。将这种高氧化度的铅粉加入到正常巴顿铅粉的铅膏中，根据极板的厚度及类型的不同，加入5%～15%时，正极板化成后弯曲变形明显减少，二氧化铅含量有所提高，极板化成后白花现象基本消除，电池的初期容量得到提高[4]。

如果工厂既有巴顿铅粉机，又有球磨铅粉机，可以将两种铅粉混合使用，巴顿铅粉机和球磨机的铅粉可按1:3～1:2比例混合，可根据实际情况确定，能克服一些缺点，得到较好的效果。

3.3 铅粉对蓄电池性能的影响

铅粉性能影响铅膏性能，进而影响蓄电池的性能，如容量、寿命等。所以，好的铅粉对生产出好的蓄电池是至关重要的。

粒径较细的铅粉制成的极板，孔率大、孔径小、比表面积大，化成时容易转化为活性物质，生产的电池充电接受能力好，大电流放电性能好，电池初容量相对较高，但太细的铅粉可能造成极板的软化脱落，随着电池循环容量逐渐下降；反之，粒径较粗的铅粉制成的极板，生产的电池，其初始循环时容量较低，充电接受能力较差，因用粗粉生产的正极板化成时并没有完全生成 PbO_2，必须进行一定次数的充、放电循环后，才能转化为 PbO_2，容量逐渐上升至最大值，此后开始逐渐下降，但粒径过大的铅粉生产的极板，活性物质之间及活性物质与板栅的结合强度较弱，其循环寿命也比较低。所以要想获得好的容量和寿命，要选用粒度和结构合适的铅粉。

铅粉的氧化度对后面生产的工艺性用一定的影响，氧化度高，铅膏的工艺性好，涂板好涂填，但容易出现极板裂纹的现象；氧化度较低，铅膏不好涂板，涂填工艺性较差，固化后的生极板，有时游离铅的含量较高。氧化度低的铅粉可导致极板变形。有大颗粒的铅粉可能造成化成后的极板脱皮。

参考文献

[1] 江苏三环科技公司. 铅粉机说明书，2006.
[2] 朱松然. 蓄电池手册 [M]. 天津：天津大学出版社，1998.
[3] 王利军. Linklater 铅粉机抽风系统和输粉系统分析 [J]. 蓄电池，1999 (1)：29-32.
[4] 杨竞. 巴顿铅粉用于铅酸蓄电池生产的实践与探讨 [J]. 蓄电池，2007 (3)：129-130.

第4章 合膏与涂板

4.1 合膏工艺

合膏（也称和膏）是将铅粉、净化水、稀硫酸和添加剂，按一定的工艺要求，在合膏机中合制成符合技术要求和涂填要求铅膏的过程。合膏过程是铅酸蓄电池制造过程中关键的环节和重要的环节。由于合膏过程的检验指标无法直接反映出活性物质的性能，所以很多工厂将合膏过程规定为特殊过程。

合膏过程不是简单的物理过程，而存在复杂的化学过程。合膏过程形成的结构对蓄电池的性能和寿命都有重要的影响。合膏添加的水、酸、添加剂部分参与了化学反应，最后的产物比较复杂，一般有氧化铅（PbO）、硫酸铅（$PbSO_4$）、碱式硫酸铅（$PbO \cdot PbSO_4$）、三碱式硫酸铅（$3PbO \cdot PbSO_4 \cdot H_2O$）、铅（Pb）、四碱式硫酸铅（$4PbO \cdot PbSO_4$）等。由于合膏过程中正负铅膏的添加剂不同，铅膏的成分有一定的不同。

目前的合膏方式有，普通合膏、真空合膏、连续合膏等。

4.1.1 合膏的工艺过程

1. 普通合膏

合膏之前要根据蓄电池的要求确定铅膏配方，按照配方和合膏工艺进行合制。正负极铅膏是要严格分开的，所以合制正负极铅膏要分别使用各自的合膏机，不能混用。正负极铅膏合制有些不同，但很相近。

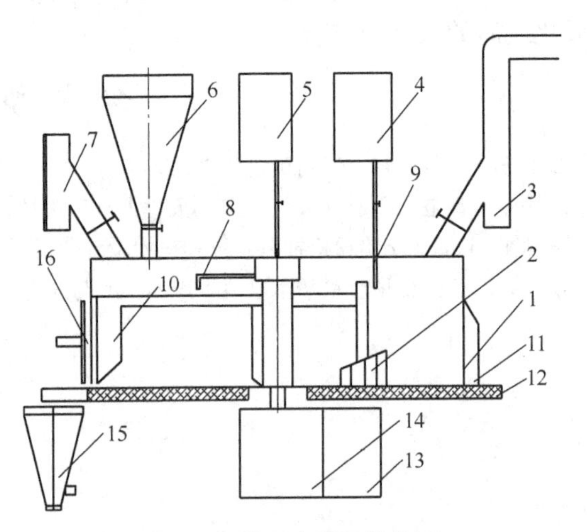

图 4-1 普通合膏机结构图

1—合膏机主机 2—搅拌齿 3—抽风管 4—纯水计量器 5—硫酸计量器 6—铅粉计量器 7—进风口 8—淋酸管 9—淋水管 10—刮膏齿 11—降温水套 12—支撑平台 13—合膏机电动机 14—减速箱 15—膏斗 16—出膏门

由图 4-1 所示，如果设备是自动合膏机，要在设备微电脑上输入程序参数，因设备生产厂家的不同，参数的设置可能不同。如果是手工控制，通过调节阀门进行控制。铅粉通过输送管线送到铅粉计量器 6 中，称量工艺要求重量的铅粉。硫酸计量器 5 通过管线加入稀硫酸到规定的量。纯水计量器 4 加入规定量的水。关闭抽风管 3 和降温水套 11 的阀门。将添加剂放入合膏机中，开始放铅粉，同时起动合膏机主机电动机，合膏机转动，对干粉进行搅拌，加铅粉的时间约 1min，干搅拌的时间 1 ~ 3min，然后加水，加水时间约 1min，之后进入湿搅拌阶段，湿搅拌的时间约 5min，湿搅拌完成后，停机清理拌齿上的铅膏，然后开机进行加酸，加酸时间控制在 12min 左右。之后进入最后的搅拌阶段，一般需要 25min。在最后搅拌期间要清理拌齿，测量铅膏密度，通过加净化水调节表观密度等。

一般设置合膏机内铅膏温度高于 40℃冷却水打开，高于 45℃抽风门打开。但要注意在合膏开始时测得温度较高的情况下，为防止风门打开，可将抽风温度设置得高一些，以防没有合膏时抽风门打开，将添加剂抽走。

图 4-2 是合膏机设置铅膏温度高于 40℃冷却水打开，高于 45℃抽风门打开状况下，1t 合膏机的主机电流和铅膏温度的变化曲线。

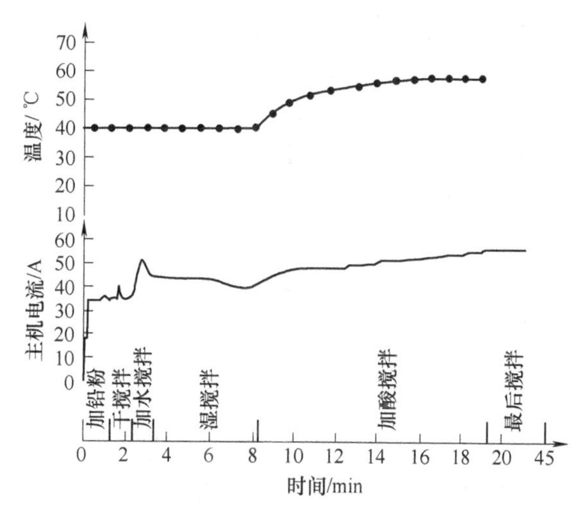

图 4-2　1t 合膏机合膏过程的温度和主机电流变化

从图中可以看出，在加铅粉和干搅拌阶段，主机电流在 35A 左右，并且稳定，进入加水过程中，电流快速增加，最高达到 55A 左右，表明在此阶段，合膏机的负荷是快速增加的，这也表明铅粉在半湿半干的情况下，合膏阻力很大，加水半分钟后，铅粉全部湿润时，阻力下降，电流快速下降。进入湿搅拌阶段，电流维持稳定，湿搅拌的后期，电流有所下降。进入加酸阶段，开始电流有一个较快的增长，之后进入缓慢的增长阶段，最高达到 56A 左右。进入最后搅拌阶段，电流基本稳定，在补加水时，电流会出现下降。因此通过观测合膏机电流的变化，操作工人在最后阶段能够根据电流的大小初步判定铅膏表观密度的大小，经验丰富的操作者能够通过电流的变化发现铅膏合制过程中的问题。

合制铅膏的温度变化是从加酸开始，之前的加水等过程，温度基本没有变化。加酸开始后，铅膏温度上升，随着加酸继续进行，反应热逐渐增加，当温度的升高达到一定值，降温水套的冷却水打开，带走了部分热量，当温度继续升高时，会打开抽风机继续降温，所以温度上升逐渐平缓。主要的放热反应是 $PbO + H_2SO_4 \longrightarrow PbSO_4 + H_2O + Q$。

普通合膏机是目前使用量最多的合膏设备，该设备投资低、容易维修、使用方便。

一缸铅膏的合制时间约需要 45 ~ 55min。

2. 真空合膏

真空合膏是在合制铅膏时，与外界隔离，利用负压控制温度，并将冷凝水全部回到铅膏中的合膏方式。真空合膏机的流程与结构图如图 4-3 所示。

真空合膏机在负压下操作，真空密封的合膏机壳体与设备机座连为一体，壳体内部有装在滚珠轴承圈上的旋转的混合盘。当制备铅膏时，硫酸与氧化铅之间发生放热反应，使铅膏温度上升，为了使铅膏保持工艺要求的温度，必须不断地把热量带走，即需要冷却铅膏。如果铅膏在低于水蒸发成水蒸气的压力下，水将从铅膏中蒸发。水蒸发所需要的能量来自铅膏，这个过程称为瞬间冷却，将铅膏的温度通过水蒸发冷却到相应的压力下的温度。冷却率和温度变化通过压力曲线来控制，如图4-4所示，其原理是水的沸点与绝对压力有关，绝对压力降低，水的沸点降低，实现低温下蒸发，蒸发需要热量，从而将铅膏中的热量带走，降低铅膏的温度。

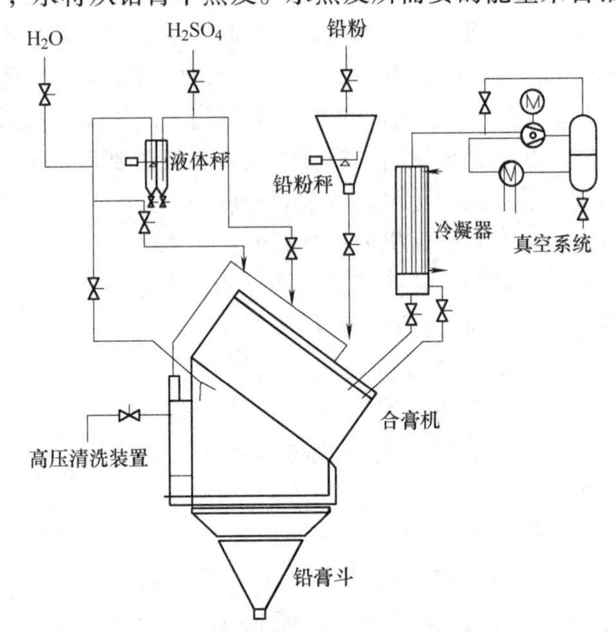

图4-3 真空合膏机流程与结构图[1]

产生水蒸气在冷凝器中被冷凝，冷凝器为垂直管道设计，将热量传到冷却水中。形成的冷凝液立刻流回到合膏机中并均匀地混入铅膏。

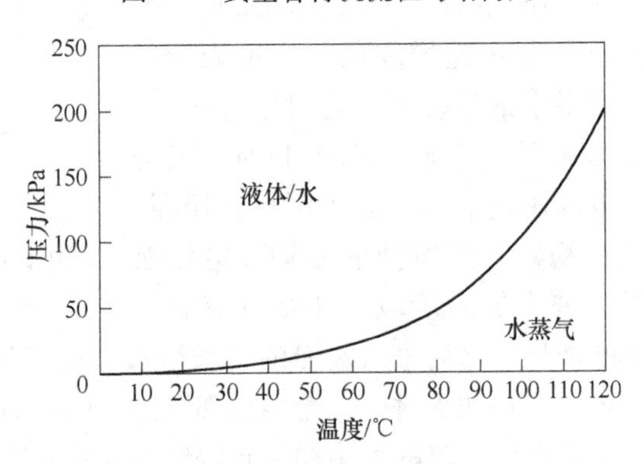

图4-4 水液相与气相的相图

工艺过程的特点主要有，①由于缸体转动，合膏混合过程中无死角；②冷却不用抽风降温，配方的一致性得到很好的保证，配方组分保留在混合物中；③工艺过程独立于外界环境条件，因此受外界温度的影响较小；④通过压力控制温度不会产生局部过热，合膏过程温度均匀，不会造成过大晶体生成；⑤硫酸被高速分散，提高了加酸速度，铅膏制备时间缩短；⑥只有少量空气被抽出，基本封闭运行，减少环保设施费用[1]；⑦设备的购买费用和维修费用较高。

合膏机的水、酸、铅粉自动计量。合膏温度可通过调节真空度调节温度。清洗合膏机可用机带的高压清洗装置清洗。真空合膏机的工艺时间见表4-1。

表4-1 真空合膏机的工艺时间

步骤	项目	时间/min	步骤	项目	时间/min
1	加铅粉	2.0~3.0	6	后搅拌	3.0~5.0
2	干混	0.5~2.0	7	针入度测量	0.1
3	加水	0.3~1.0	8	调整	0~1.0
4	湿搅拌	1.0	9	卸膏	0.5~0.7
5	加酸	6.0~9.0	10	总时间	13.4~22.8

3. 连续合膏

这种合膏机是最近报道的新型合膏机，其特点是铅粉和添加剂通过料斗进入合膏机，水和酸同时进入合膏机，在带有螺旋的特殊搅拌齿的搅拌下，完成合膏作业，如图 4-4 所示。实现了连续合膏，从进料到出膏时间很短、连续生产、封闭运行[2]，如图 4-6 所示。

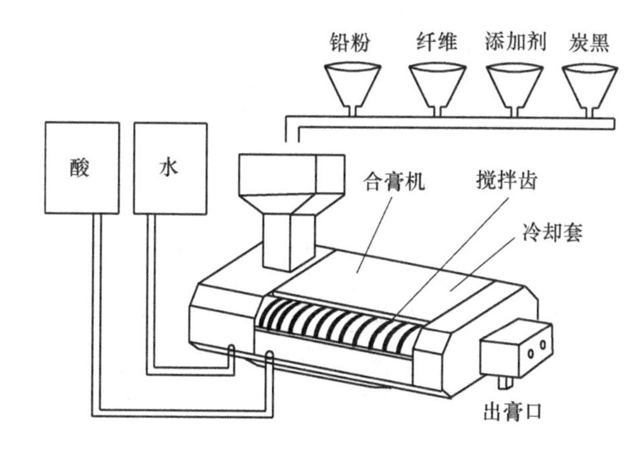

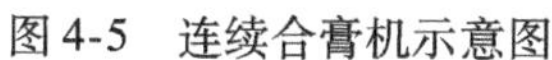
图 4-5　连续合膏机示意图

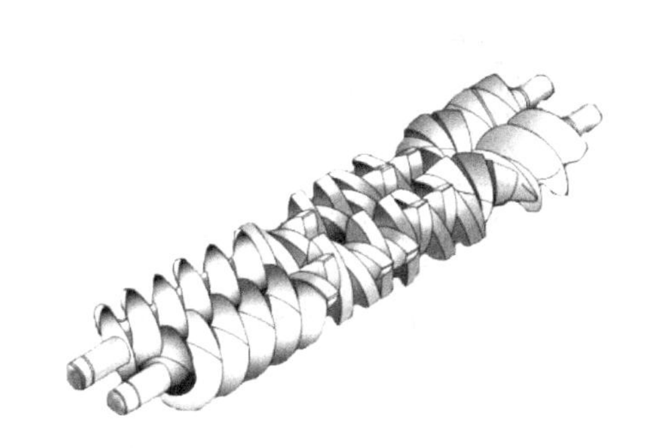
图 4-6　连续合膏机的拌齿示意图

从加铅粉到出铅膏的时间为 35s，每小时合膏用铅粉 500 ~ 5000kg。

4.1.2　合膏的操作要求及问题的处理

1. 普通合膏机的操作要求

1）工作前工作人员应穿戴好防护用品：合膏前应检查设备是否完好，检查润滑部位，并加好润滑剂；准备好使用的用具和测量工具，如清缸铲子、电子秤、密度杯等；准备好铅膏的添加剂。检查合膏机内是否清理干净，是否存有残留水，如有未清理干净的残留膏和残留水需清理干净后才能使用。观察铅膏机缸体内及搅拌杠表面的锈蚀状况，如表面有一层偏红色铁锈样的锈斑，应清理后再使用。检查合膏稀硫酸的密度以及高位硫酸槽的液面高度和高位纯水的液面高度，检查高位槽酸、水自动泵是否正常运行，自动控制一般用浮球控制，用轻拉浮漂绳开启液泵，松开停止的办法检查自动装置。用其他方式控制的采用相应规范的方法检查自动系统的状况。采用手动开启抽水、抽酸的，在合膏前，液位应达到指定的高度。硫酸的密度不符合要求时，应通过返回装置，返回配酸站，重新配置。

2）打开合膏系统总电源以及使用的分电源：如果是自动输粉系统，打开输粉系统电源；打开冷却水总阀门。如果之前连续停机 5h 以上的，应空转主机检查是否正常；开抽风系统检查，是否正常。

3）根据任务单和工艺规定的要求，对于自动合膏系统，设置输入合膏工艺，合膏工艺由两部分组成：一部分是主程序见表 4-2，主要规定合膏成分的量和工艺时间及温度的控制；表 4-3 ~ 表 4-6 是控制项目，在触摸显示屏上分页显示，是保证主程序的执行的辅助项目，用以保证合膏各阶段的时间、温度、物料计量的准确度以及保证工艺的执行[3]。一部分时间控制参数是为了保证运行的正确性，当物料输送出现问题时，在规定时间内没有完成，将提示或报警，以便检查，排除故障；一些参数设定了工艺参数范围的上限或下限，超过提示或报警，用以保证工艺的准确实施。表 4-2 是触摸屏上显示的内容，设定值由使用者根据工艺的要求输入，表中的数字仅作为示例，表 4-3 ~ 表 4-6 中的表示方法同表 4-2。

表4-2 1t合膏机的主程序的参数设置样式

项目	设定值	单位	项目	设定值	单位
铅粉重量	1000	kg	湿搅拌时间	300	s
净化水重量	130	kg	最后搅拌时间	1080	s
稀硫酸重量	83	kg	水冷开启温度	52	℃
干搅拌时间	120	s	风冷开启温度	58	℃

注：加酸时间由加酸阀控制，手动完成。

表4-3 自动合膏机控制项目1参数及含义

序号	控制项目1	含　义	一般设定值
1	铅粉称重超过时间	铅粉称重器秤内加料时间，超过报警或指示	1200～1800s
2	净化水称重超过时间	净化水称重器加水时间，超过报警或指示	300～420s
3	硫酸称重超过时间	硫酸称重器加酸时间，超过报警或指示	360～600s
4	铅粉加入超过时间	铅粉加入合膏机的时间，超过报警或指示	240～360s
5	净化水加入超过时间	净化水加入合膏机的时间，超过报警或指示	180～360s
6	硫酸加入超过时间	硫酸加入合膏机的时间，超过报警或指示	420～600s

表4-4 自动合膏机控制项目2参数及含义

序号	控制项目2	含　义	一般设定值
1	铅粉超重范围	计量时允许超过的范围	2～5kg
2	净化水超重范围	计量时允许超过的范围	0.3～1kg
3	硫酸超重范围	计量时允许超过的范围	0.3～1kg
4	铅粉残余量范围	放完后允许的残留量	3～5kg
5	净化水残余量范围	放完后允许的残留量	0.2～0.5kg
6	硫酸残余量范围	放完后允许的残留量	0.2～0.5kg

表4-5 自动合膏机控制项目3参数及含义

序号	控制项目3	含　义	一般设定值
1	铅粉结束称重提前量	铅粉接近要求重量，关闭指令的提前量	3～5kg
2	净化水结束称重提前量	净化水接近要求重量，关闭指令的提前量	0.2～0.5kg
3	硫酸结束称重提前量	硫酸接近要求重量，关闭指令的提前量	0.2～0.5kg
4	铅粉秤手动清零范围	在此范围内，手动可以清零	3～5kg
5	净化水秤手动清零范围	在此范围内，手动可以清零	1～1.5kg
6	硫酸秤手动清零范围	在此范围内，手动可以清零	1～1.5kg
7	铅粉秤自动清零范围	在此范围内，自动可以清零	1～3kg
8	净化水秤自动清零范围	在此范围内，自动可以清零	0.3～1kg
9	硫酸秤自动清零范围	在此范围内，自动可以清零	0.3～1kg
10	最后搅拌最短时间	最后搅拌时间设置的最小值	120～180s
11	最后搅拌最长时间	最后搅拌时间设置的最大值	1500～1800s
12	出膏温度	出膏时的最高温度	40～65℃
13	自动停止控制方式	最后搅拌停机后，控制停机的方式	时间停机

表 4-6　自动合膏机控制项目 4 参数及含义

序号	控制项目 4	含　义	一般设定值
1	铅粉计量斗振动器开时间	铅粉计量斗每次振动时间	3 ~ 6s
2	铅粉计量斗振动器停时间	铅粉计量斗每次停止时间	5 ~ 10s
3	两次加水时间间隔	合膏加水，两次之间的时间间隔	0s
4	出酸阀自动关闭温度设定	合膏加酸时，达到一定温度关闭酸阀的温度值	60 ~ 70℃
5	出酸阀重新打开温度设定	酸阀关闭后，合膏降温达到该值时酸阀重开	55 ~ 58℃

铅粉输送系统是连续输粉，多级螺旋输送的，必须从输送的后面（接近合膏机为后）依次从后向前开启螺旋输送或自动设置好开启顺序，以防铅粉的堵塞。使用的铅粉必须是生产时间超过 72h 以上的铅粉，一般情况下，铅粉仓的铅粉应按照先进先出的原则，一仓用完，再用一仓。

当上一缸铅膏的铅粉、水、酸依次按时间放入合膏机，各放料阀门关闭后。可开启“自动称重”，自动称量铅粉、酸、水。自动称重完成后，关闭自动称重或按“禁止自动称重”按钮。

在正极合膏机内放入纤维及规定的添加剂（或在负极合膏机内放入纤维及规定的添加剂）。开启“自动循环开始”，进入自动合膏程序。进入自动程序后，显示屏上显示进行的程度和参数，可根据参数的显示判定设备运转是否正常，当设备运转不正常时，或出现报警显示，可根据报警的提示排除故障，不能排除的，应及时通知相关人员排除故障。因设备故障影响铅膏的质量时，应及时通知相关人员到现场处理。

加水搅拌 5min 后，可“暂停”，观察铅膏的情况。将搅拌杠上的铅粉清理到缸内。如无异常可开启“继续”，起动搅拌电动机。进入加酸程序后，要观察加酸时间是否与设置时间相符，相差 2min 以上时，下次合膏应调整酸阀。关小酸阀延长加酸时间，开大酸阀缩短加酸时间。平时调整好后应尽量不动酸阀。“最后搅拌” 10min 后，“暂停” 搅拌，打开机盖，观察铅膏是否正常，用戴胶手套的手碾压铅膏，感觉铅膏的软硬。明显偏硬时，可适当“手动补水” 0.5 ~ 2kg 。“最后时间” 结束后，测试铅膏表观密度，符合工艺要求为合格，等待出膏。表观密度偏高，开机搅拌，可根据情况“手动补水” 0.5 ~ 2kg，2min 后停机测试表观密度偏高再次调整。如果测试表观密度偏低，可进行搅拌，并抽风 5min，测量表观密度，偏低再次抽风直到合格。等到涂膏斗中的铅膏用完后，首先按“打开出膏门”按钮，再起动搅拌机出膏。

当自动操作需要转手动操作时，先按“暂停”按钮，然后按“系统复位”键或按钮，使系统复位。选择“手动操作”，方可进行下一步，直到出膏。手动操作情况下出膏前不能再转入自动操作，否则将重复放料。手动操作只能出膏后才能转自动操作。机器正常使用无故障时，合膏过程使用自动操作系统。

自动合膏机的触摸屏显示，操作界面清楚，过程状态直接显示，操作方便。

在生产中应根据铅膏温度的变化及时观察冷却水和风门的开闭，发现异常应及时检修。

生产中有异常现象及时通知相关部门；补加水量超出或低于正常范围时，应在班后通知相关部门维修调整。生产中要注意安全，正常合膏时，安全装置不能在解锁或失控的状态运行。

合膏结束后，要清理合膏机，因清理需要可能在安全装置解锁的情况下运转，因此要求清理时，单人操作。用水冲洗合膏机时，应注意不要溅到电器上，不要把铅粉称重桶和合膏机的接口处溅湿。

定期更换铅粉称重桶与合膏机连接处的毡子。按规定要求，做好工艺记录和设备运行记录。清理完合膏机后，要清理场地卫生。收好工具，关闭水、电、气。并将清理的铅膏放到指定位置。

手工合膏机，操作比较简单，一般是一个过程完后，手工转入下一阶段。

2. 合膏过程中问题的处理

合膏过程一般很少出现问题，但出现问题就是比较麻烦和严重的问题。一般集中在以下几个方面，首先是加料系统方面的问题，如合膏过程中，铅膏还没有合好，下一缸的料（包括铅粉、水、酸）误加入，导致铅膏不能使用；其次是达不到工艺实施条件的问题，如铅膏的冷却水降温系统不良或出现问题，导致铅膏的温度降不下来等；第三是设备出现的气动、电动方面的问题，如误开阀门等。手工合膏机因为操作动作的器件较少，设备很少出现问题，即使有可能是操作者的误操作造成的问题。

操作过程中，出现误加料的问题是较严重的，如果是铅粉误加入，在自动程序操作下，到发现时有可能误加入量已较多，发现问题后，应及时将表面没有潮湿的铅粉挖出，装入铅粉专用的干燥桶中，后续合膏时可先使用挖出的铅粉。落到铅膏上已潮湿的铅粉要同铅膏一起挖出，少量多次加入后面的合膏中。挖出的是没有加酸的铅膏，可在正常合膏的加酸前加入，并根据加入量的多少，适当的增加酸量。如果挖出的铅膏是加酸后的铅膏，则在加酸后加入，搅拌时间适当增加。误加水，将导致铅膏成稀粥状，一般应取出，可分多次少量加入正常合膏的铅膏中。误加酸，问题比较严重，由于误加入酸会增加反应放热，将铅粉烧成黑色，团在一起，形成小颗粒，误加较多的酸，可与铅膏反应生成白色的 $PbSO_4$，铅膏会变成白色。误加酸的铅膏不能再回用，只能报废。

合膏温度降不下来，可能是设备的故障，也可能是冷却系统存在问题。如果是设备的问题，首先停止加酸，排除故障，等故障排除后，继续合膏加酸。如果是冷却系统方面的问题，且短时间不能解决，只能以降低加酸的速度，慢慢加酸来控制温度的上升。

正常生产过程中，如出现铅膏表观密度偏高偏低的情况，一般工艺中都有规定的方法调整，只有超出工艺范围较多时，才作为事故处理。

合膏设备的器件要经常检修和定期更换，以保证正常生产。

设备的腐蚀也是值得关注的问题之一，尽管合膏机的内筒和搅拌齿是不锈钢的材料，但长期与酸接触，还是会发生腐蚀，如图4-7所示。要及时维修，使用到一定程度，要进行更换。

图4-7　合膏机搅拌齿腐蚀图

4.1.3 铅膏配方

铅膏配方对蓄电池的性能有重要影响，因此各厂都有适合自己要求的铅膏配方，下面介绍的铅膏配方是常用的配方，仅供参考。

1. 正极铅膏配方

（1）起动用蓄电池正极铅膏配方（见表 4-7）

表 4-7　起动用蓄电池正极配方

材料名称	要求	计量单位	配方量
铅粉	氧化度 75% ~82%	kg	1000
稀硫酸	密度 $d=1.400\mathrm{g/cm^3}$	kg	98
短纤维	聚酯或丙纶	g	520
纯净水	电导率≤2μS/cm	kg	108 ~135
石墨	高纯级 900 目	kg	1.2
表观密度	—	$\mathrm{g/cm^3}$	3.9 ~4.2

（2）电动助力车用密封蓄电池正极铅膏配方（见表 4-8）

表 4-8　电动助力车用密封蓄电池正极配方

材料名称	要求	计量单位	配方量
铅粉	氧化度 72% ~75%	kg	1000
稀硫酸	密度 $d=1.400\mathrm{g/cm^3}$	kg	78
短纤维	聚酯或丙纶	g	520
纯净水	电导率≤2μS/cm	kg	106 ~132
石墨	高纯级 900 目	kg	1.0
4BS	≥90%	kg	6
表观密度	—	$\mathrm{g/cm^3}$	4.2 ~4.4

（3）阀控式蓄电池正极铅膏用配方（见表 4-9）

表 4-9　阀控式蓄电池正极配方

材料名称	要求	计量单位	配方量
铅粉	氧化度 74% ~80%	kg	1000
稀硫酸	密度 $d=1.400\mathrm{g/cm^3}$	kg	82
短纤维	聚酯或丙纶	g	520
纯净水	电导率≤1μS/cm	kg	107 ~133
石墨	高纯级 900 目	kg	2.0
表观密度	—	$\mathrm{g/cm^3}$	4.0 ~4.3

（4）储能用密封蓄电池正极铅膏配方（见表 4-10）

表 4-10　储能用密封蓄电池正极配方

材料名称	要求	计量单位	配方量
铅粉	氧化度 73% ~78%	kg	1000
稀硫酸	密度 $d=1.400\mathrm{g/cm^3}$	kg	87
短纤维	聚酯或丙纶	g	520

（续）

材料名称	要求	计量单位	配方量
纯净水	电导率≤1μS/cm	kg	108～134
石墨	高纯级 900 目	kg	2.2
表观密度	—	g/cm³	4.1～4.3

2. 负极铅膏配方

（1）起动用蓄电池负极铅膏配方（见表4-11）

表4-11 起动用蓄电池负极配方

材料名称	要求	计量单位	1号配方量	2号配方量
铅粉	氧化度73%～80%	kg	1000	1000
稀硫酸	密度 d=1.400g/cm³	kg	89	89
硫酸钡	超细	kg	8.5	8.5
腐殖酸	≥85%	kg	8.8	—
木素	蓄电池专用	kg	—	2.5
乙炔黑	蓄电池用	kg	2.8	2.8
石蜡油①	食品级	kg	—	7
1-2酸①	工业级	kg	2.8	—
短纤维	聚酯或丙纶	g	520	520
纯净水	电导率≤2μS/cm	kg	105～128	105～128
表观密度	—	g/cm³	4.2～4.5	4.2～4.5

① 石蜡油和1-2酸为防氧化剂，用于干荷电极板，电池化成的铅膏不添加。

（2）电动助力车用蓄电池负极铅膏配方（见表4-12）

表4-12 电动助力车用蓄电池负极配方

材料名称	要求	计量单位	1号配方量	2号配方量
铅粉	氧化度71%～74%	kg	1000	1000
稀硫酸	密度 d=1.400g/cm³	kg	71	71
硫酸钡	超细	kg	8.1	8.1
腐殖酸	≥85%	kg	8.2	2.1
木素	蓄电池专用	kg	—	2.2
乙炔黑	蓄电池用	kg	3.2	3.2
短纤维	聚酯或丙纶	g	520	520
纯净水	电导率≤2μS/cm	kg	104～125	104～125
表观密度	—	g/cm³	4.3～4.7	4.3～4.7

（3）阀控式蓄电池负极铅膏用配方（见表4-13）

（4）储能用密封蓄电池负极铅膏配方（见表4-14）

表 4-13　阀控式蓄电池负极配方

材料名称	要求	计量单位	1 号配方量	2 号配方量
铅粉	氧化度 73% ~79%	kg	1000	1000
稀硫酸	密度 $d=1.400g/cm^3$	kg	76	76
硫酸钡	超细	kg	7.8	7.8
腐殖酸	≥85%	kg	7.6	—
木素	蓄电池专用	kg	—	2.3
乙炔黑	蓄电池用	kg	2.8	3.0
石蜡油①	食品级	kg	7	7
短纤维	聚酯或丙纶	g	520	520
纯净水	电导率≤1μS/cm	kg	105 ~125	105 ~125
表观密度	—	g/cm^3	4.2 ~4.5	4.2 ~4.5

① 石蜡油为防氧化剂，用于干荷电极板，电池化成的铅膏不添加。

表 4-14　储能用蓄电池负极配方

材料名称	要求	计量单位	1 号配方量	2 号配方量
铅粉	氧化度 72% ~76%	kg	1000	1000
稀硫酸	密度 $d=1.400g/cm^3$	kg	79	79
硫酸钡	超细	kg	8.3	8.3
腐殖酸	≥85%	kg	8.6	1.6
木素	蓄电池专用	kg	—	2.0
乙炔黑	蓄电池用	kg	2.0	2.0
石墨	高纯级 900 目	kg	1.0	1.0
石蜡油①	食品级	kg	7	7
短纤维	聚酯或丙纶	g	520	520
纯净水	电导率≤1μS/cm	kg	105 ~125	105 ~125
表观密度	—	g/cm^3	4.3 ~4.6	4.3 ~4.6

① 石蜡油为防氧化剂，用于干荷电极板，电池化成的铅膏不添加。

4.1.4　添加剂的种类和作用

1. 正极添加剂

正极添加剂需要满足以下的条件，首先添加剂在酸性环境中不能溶解，一旦溶解到电解液中，不但在正极板上起不到任何作用，可能危害电解液或负极板；第二，添加剂应具有较强的抗氧化性能，在蓄电池充电时，正极板的氧化电位很高，很多材料承受不了高的氧化电位，而发生分解等反应；第三，添加剂要有对正极延长寿命或提高某项性能的作用。目前常使用的添加剂有纤维、红丹、4BS、石墨等。报道较多的非导电添加剂，有羧甲基纤维素、聚四氟乙烯乳液、中空玻璃球、硅胶等；导电添加剂有铅酸钡、氧化钛、导电聚合物、SnO_2、硼化铁、镀铅玻璃丝、碳、二氧化铅等；化学活性添加剂有硫酸盐、磷酸盐、铋、聚乙烯磺酸及盐等[4]。

纤维是正极必不可少的增强添加剂，主要是增加极板的抗拉强度，阻止极板裂纹、掉块等缺陷的发生。一般纤维的长度3～5mm，细度为3登尼尔（纤维单位，长9000m重1g为1登尼尔）。目前常用的纤维材料是聚酯纤维或丙纶纤维。在使用方面，主要要求纤维的分散性要好，一般直接加入到铅粉中，合膏就能很好地分散。纤维的长度太短，增加强度的作用降低；长度太长，涂板时容易挂钢丝，导致涂板困难。

红丹（$Pb_3O_4=2PbO\cdot PbO_2$）主要用于提高极板的化成效率，缩短化成时间；提高极板的初期容量。多用于管式极板或较厚的涂膏式极板。添加量各异，根据情况而定，少的只有百分之几，多的可加20%以上。对于薄型极板，添加红丹容易造成极板的疏松，对寿命有不利的影响，因此在薄型极板中慎用。

4BS（$4PbO\cdot PbSO_4$）添加到正极板中，主要起到结晶晶种的作用，使极板中的物质形成更多的4BS结晶，一般需要与高温固化配合使用。合膏时加入4BS晶种，可使高温固化的生极板生成颗粒较小的、较多的4BS，且较均匀，在高温固化下有阻止4BS晶粒长大的作用，阻止了生极板大颗粒的产生。熟极板的SEM显示，熟极板中的颗粒比常温固化不添加4BS极板的颗粒变大[5]。添加4BS在高温固化下的极板，寿命明显延长。一般4BS在极板中的添加量为0.5%～1%。在有其他添加剂同时使用时，可能影响4BS的结晶，或根本就不能形成结晶，如一些有机物的存在，因此添加4BS要注意其他添加剂的影响，必要时，需要测试后才能确定。市场上销售的4BS添加剂，4BS的有效含量是关键的指标，因为目前测量起来还是比较困难的。

合膏过程中产生的4BS会使铅膏呈现沙砾状，水分含量减少，铅膏发硬，涂板的工艺性比3BS铅膏差，并且减小了板栅与活性物质的结合力。

合适晶粒尺寸的4BS对提高铅酸蓄电池的循环寿命有好的作用，已得到了大量实验证实，但作用机理仍不明确。铅酸蓄电池的正极活性物质由β-PbO_2、α-PbO_2组成，一般认为主要以α-PbO_2为骨架构成导电网络，α-PbO_2晶体具有结构粗大、机械强度高便于连接等优点。正是由于α-PbO_2可以形成较为粗大的骨架，所以形成的网状结构可增加极板的机械强度、便于传导电流、稳定活性物质等。进行充放电循环时，α-PbO_2会慢慢地转化为β-PbO_2，导电网络结构会被削弱，活性物质失效导致软化甚至脱落。α-PbO_2主要是在化成初期极板微孔中酸性小或中性的条件下形成的。由于极板中的α-PbO_2、生极板中的4BS对寿命都有好的影响，有人就推测可能是4BS转换成了α-PbO_2，但通过大量对应的生熟极板XRD结构半定量分析，表明4BS的含量与生成α-PbO_2没有关系。通过对比分析，4BS颗粒最大尺寸小于5μm为主的小晶粒极板，比最大尺寸小于20μm为主的大晶粒极板生成了更多的α-PbO_2，这还需要更多的试验确认。另外4BS含量较多时的生板化成后，生成较大颗粒的PbO_2，是否是提高寿命的一个因素也有待于研究。

Burschka博士[6]对4BS与3BS的晶体结构进行研究，结果表明，4BS晶体呈现长粗针状，且互相交错，具有较强的骨架结构，可以增大极板中活性物质的结合力，蓄电池的循环寿命得以延长。

图4-8、图4-9所示为不添加4BS与添加4BS的微观结构图。

石墨是导电性添加剂，主要增强了导电性。但也有研究认为，向正极中添加石墨可以提高容量和循环寿命，是因为石墨膨胀提高了极板的孔率，而不是导电性的提高。目前较多的试验确认石墨对蓄电池有好的作用，但添加量应该控制在0.5%以下，并且是高纯石墨，含量99%以上，粒径要求通过900目的标准筛。一般认为，在极板受压的状态下使用更合适，如阀控式蓄电池；在不受压的条件下，添加量要减少，一般不超过0.2%。

图4-8　不添加4BS，常温固化生极板SEM图

图4-9　添加1%4BS 75℃99%RH固化5h，再转常温固化生极板SEM图

2. 负极添加剂

负极添加剂主要有硫酸钡、腐殖酸、木质素、炭黑等。硫酸钡常称为无机添加剂；木素、腐殖酸常称为有机添加剂。硫酸钡+腐殖酸+炭黑，硫酸钡+木素+炭黑是常用的两种配方。现在也经常将木素和腐殖酸混用。国外的企业多用木素，国内的企业常用腐殖酸。国外基本使用市售配好的添加剂，国内的企业常常自己配置。其他的负极添加剂还有栲胶、合成鞣剂等。防氧化剂（用于干荷电蓄电池）有1-2酸、松香粉、石蜡油等。膨胀剂对蓄电池容量的影响，如图4-10所示[8]。

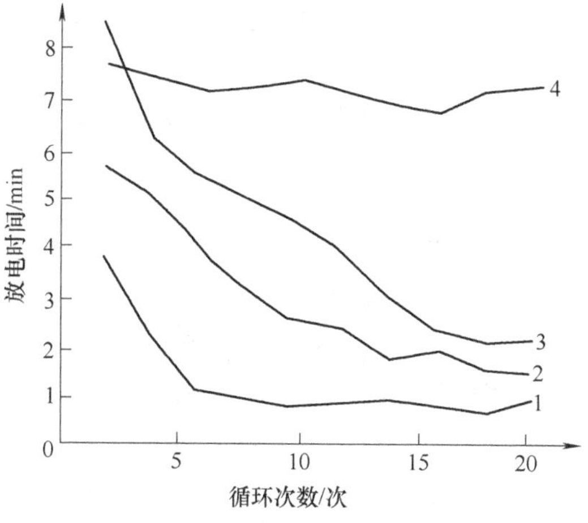

图4-10　膨胀剂对蓄电池容量的影响
1—无膨胀剂　2—含 $BaSO_4$　3—含有机膨胀剂
4—含有机膨胀剂和 $BaSO_4$

硫酸钡对负极板的性能有重要影响，是不能缺少的负极添加剂。硫酸钡和硫酸铅是同晶系物质，它起着放电产物沉积结晶中心（种子）的作用，并有利于限制晶体的大小。硫酸钡的效果归结于晶核出现的数量，而不是所加的量。硫酸钡过去的用量为0.3%～0.5%，现在的趋势是添加量在增加，最高增加到1%，较高含量被认为在发生有机组分失效时维持放电产物的结晶尺寸。报道硫酸钡极限添加量在2%，即产品不加有机组分，避免使用期间充电电位可能发生的变化[4]。硫酸钡不影响电极电位，在阀控式蓄电池中使用不影响充电和失水性能。

一般使用具有高分散性的超细硫酸钡，直接加入到铅粉中，搅拌后就能很好地分散。要严格控制杂质含量，如 Cl^- 等。详见第11章原材料章节。

腐殖酸作为负极活性物质的添加剂，它能够吸附在负极的铅晶表面上，使铅得以保持其高分散性，在放电过程中，形成 $PbSO_4$ 不能直接包围的铅粒，防止负极的收缩，因此腐殖酸对蓄电池的寿命起到非常重要的作用，对提高电池容量和寿命效果明显。

腐殖酸在蓄电池中的用量一般为0.3%～0.9%。

木素是分散剂，加入到蓄电池的负极板中，减小了活性物质的尺寸，大大增加了表面积。在放电期间，特别当以高倍率和低温放电时，它限制活性铅位置的覆盖面积，使钝化推迟，改进和保持了容量，并具有良好的循环性能。添加木素增加了负极板的BET比表面积。没有添加，表面积为0.2m^2/g，添加少量的挪威木素磺酸钠（Vanisperse A）0.25%，增加表面积到0.67m^2/g，添加0.75%，增加表面积到0.82m^2/g[4]。

蓄电池中一般使用木素磺酸钠，木素磺酸钠有很强的分散性，其分子式为RSO_3Na，在水中电离成RSO_3^-、Na^+，在硫酸中产生Na_2SO_4和木素磺酸，具有疏水的有机基团（R^+）和亲水的无机基团（SO_3^-），R基团为复杂的芳基聚醚。其中有羟基（—OH），羧基（—COOH），甲氧基（—OCH_3）。

木素磺酸钠相对于腐殖酸的溶解性较高，随着蓄电池的使用，木素磺酸钠会逐渐的溶解失效。木素磺酸钠在负极铅膏的添加量为0.2%～0.3%。

乙炔黑是负极常用的碳素材料，一般认为，其作用除了改善活性物质导电性及提高活性物质的孔隙率外，还能在金属铅的结晶过程中调节表面活性物质的分布，聚集吸附过剩的表面活性物质，改善充电接受能力[7]。乙炔黑的用量在0.1%～0.4%。

4.2　工艺控制和组分对极板性能的影响

4.2.1　酸量的影响

1. 工艺性的影响

一般认为铅膏分为黏性膏和砂性膏，黏性膏是指铅膏的黏度较大，一般使用低密度（如密度在1.1g/cm^3以下）的酸，加酸较少制得；而砂性膏是合膏时使用较高密度的酸（如1.4g/cm^3），且加酸量较多制得。实际上铅膏的黏性膏和砂性膏没有严格的区分，酸量是影响铅膏性状的重要因素，也直接影响着涂板的涂填性能。过去手工涂板大多使用酸量较低的黏性膏，现在机械生产都使用砂性膏。

铅酸蓄电池的正、负极活性物质是多孔结构。孔隙率多少、孔径大小及孔径的分布对电池的电化学性能有很大的影响。多孔的活性物质，具有较高的比表面积，可以使活性物质放电电流很大，极化损失较小，也有利于电解液的扩散传质，因此活性物质利用率较高。在铅酸蓄电池铅膏设计中，一般首先根据产品的用途、容量、寿命的要求，综合考虑极板厚度，选择硫酸用量和铅膏表观密度，再根据涂膏设备及其蓄电池的性能要求确定合膏用酸的密度。通常，对起动用电池，因为需要大电流起动，浅充浅放，设计为薄极板高孔隙率。因此选择酸用量较高，正极达到纯硫酸50～60g/kg铅粉，铅膏表观密度较低，但正极铅膏表观密度最低极限值不能低于3.8g/cm^3。固定型蓄电池一般要求寿命长，故极板较厚，最高约在3.5mm以上，铅膏表观密度较高，含酸量偏低。

铅酸蓄电池极板孔隙的形成主要与铅膏配方有关，还与极板的固化干燥和化成有关。铅膏是由铅粉、水、稀硫酸和添加剂在合膏机中合制而成，通过涂板机填涂在板栅的栅格中。为了使铅膏能均匀地填涂在板栅格栅中，要求铅膏有较好的涂填性能。合膏时硫酸和水的加入量达到一定范围才能获得具有可涂性的铅膏。硫酸量过多，使铅膏中存在大量的硫酸盐，从而使铅膏可涂性变差。反之，减少铅膏含酸量，黏度增大，铅膏变软。因此必须兼顾工艺条件与产品性能的关系，兼顾铅膏含酸量与黏度及活性物质利用率之间的关系，选择适当的含酸量。对于正极，随着铅膏表观密度的降低，活性物质孔隙率增加，利用率提高，在活性物质质量恒定时，有利于容量的提高，但对寿命起着相反的作用，铅膏表观密度越低寿命越短。合膏过程中的加酸量、加水量与铅膏表观密度的关系如图 4-11 所示，图中为 1t 铅粉的加酸量和加水量。

铅膏的稠度也是表示铅膏黏性的一个重要参数，它是用针入度仪来测量的，其基本原理是以测定针入度仪进入铅膏的深度来表征稠度的大小。稠度是与穿透深度值成反比的。

由图 4-12 所示可看出，酸量增加，稠度增加。正极 80℃ 合膏时，由于生成了 4BS，铅膏稠度的增加小于 30℃ 合膏的情况。这就说明了高温合膏的铅膏一般不如常温合膏的铅膏好用的原因。

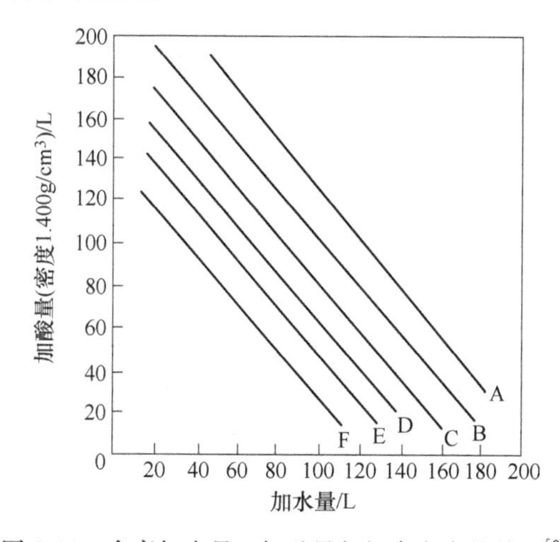

图 4-11　合膏加水量、加酸量与铅膏密度的关系[8]

注：铅膏密度（g/cm^3）：A = 3.9；B = 4.1；C = 4.3；D = 4.5；E = 4.7；F = 5.0。

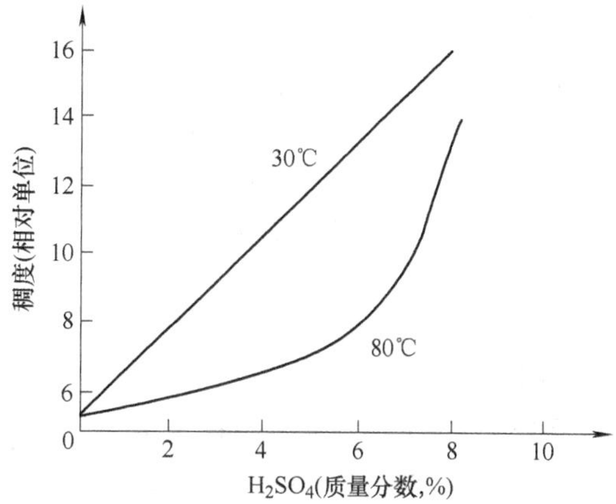

图 4-12　不同温度铅膏稠度与硫酸量的关系[9]

合膏过程中加入物料的顺序也是很重要的，在称量的铅粉和添加剂的混合物中一次性加足所需配方水，经短时间搅拌，再逐步按时间要求加入计量的酸，经搅拌、测表观密度，加入微量水（需要时）调节表观密度，这种铅膏不仅适宜涂板操作，且极板组装成电池性能也相对较好。如果合膏时水不是一次加足，而是加酸后一段时间再补加较多的水，其总水量虽然与前者相同，但后来加入的水几乎不与铅粉反应，不仅涂板操作困难，而且固化干燥后往往会出现脱粉和裂纹。用这类极板组装的电池，性能也会较差。生产工艺过程的合理控制，精心操作是非常必要的。

在铅膏中加入的酸量多，3BS、4BS、1BS 形成得较多，铅膏的硬度增加，黏度下降。一般正铅膏的表观密度在 3.9 ~ 4.3g/cm^3，负铅膏的表观密度在 4.0 ~ 4.7g/cm^3。要根据电池的类型确定酸量和铅膏的表观密度。

合膏酸量对化成有一定的影响，酸量少，容易化成；酸量多，化成难度大。在寒冷的冬季，酸量高的极板化成更困难。

2. 生成物结构的影响[8]

（1）正极铅膏生成物

从图4-13中可以看出，在35℃条件下合膏，在常用的酸量范围内，主要产物是3BS，随着酸量的增加，铅粉中的PbO、Pb逐渐下降。由图4-14中显示，在80℃条件下合膏，在常用的酸量范围内，主要生成了4BS。并且在酸量5%左右时，4BS产生量最高。因此，可根据极板要求的性能，采用相应的酸量和合膏方式。

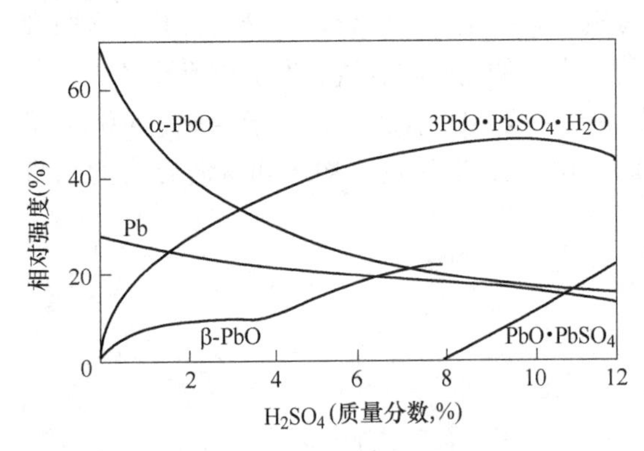

图4-13 35℃条件下正极合膏酸量与形成组分的关系

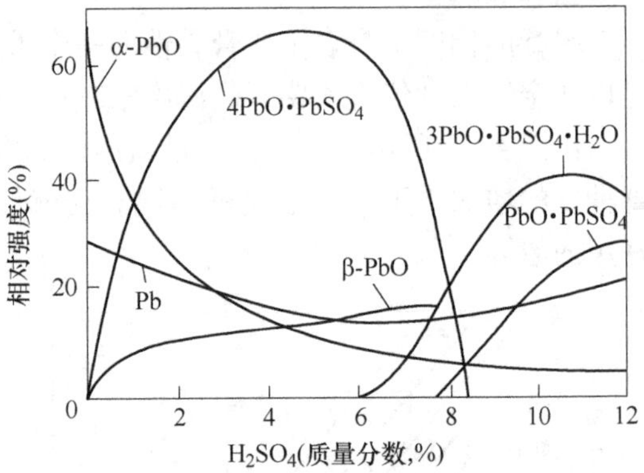

图4-14 80℃条件下正极合膏加酸与结构成分的关系

（2）负极铅膏酸量与生成物

从图4-15和图4-16可看出，30℃和80℃的负极合膏，产物是接近的，主要原因是负极中添加了有机添加剂，阻止了4BS的形成，不管低温还是高温都以3BS为主要产物。因此要形成4BS，铅粉中就不应含有有机物质（如正极铅膏），这点是较重要的。随着酸量的增加，PbO含量是逐渐减少的。

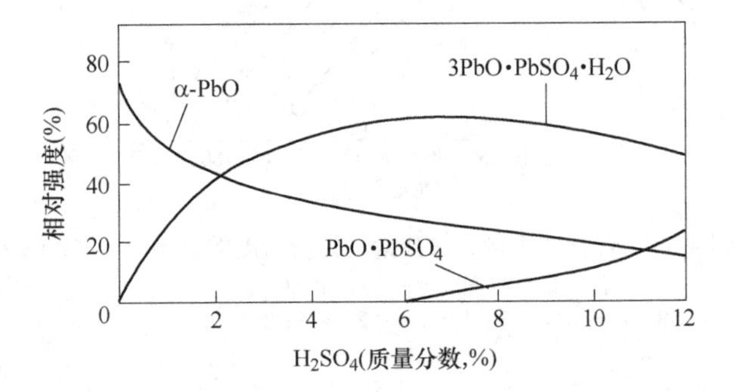

图4-15 30℃负极铅膏组分与加酸量的关系

3. 酸量对蓄电池性能的影响

正负铅膏酸量在一定范围内增加，容量提高，寿命减少。对于正极铅膏，不管是常温合膏还是高温合膏，都有类似的结果。酸量在4%～6%的范围内，高温80℃合膏比30℃合膏有较长的寿命，但容量偏低，这主要与正极合膏过程4BS的形成有直接的关系。图4-17所示表明合膏酸量和固化控制4BS在生极板中的形成及其量的多少，对蓄电池的性能有很大影响。

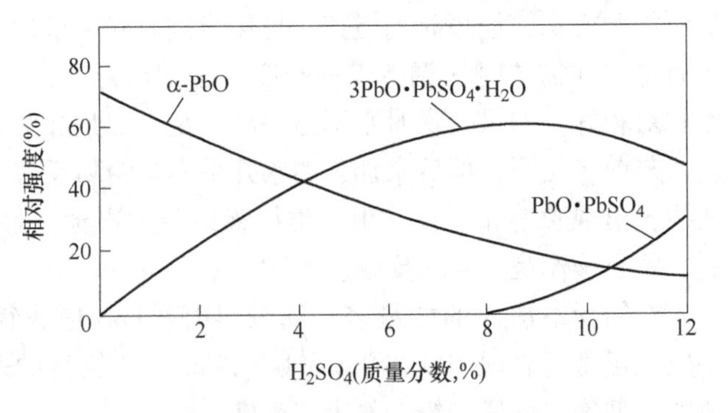

图4-16 80℃负极铅膏组分与加酸量的关系

4.2.2 合膏温度的影响[8]

从图4-18所示中可看出，合膏温度在20~45℃，正极铅膏的主要成分是3BS、正方的α-PbO、斜方的β-PbO；在45~55℃主要成分是3BS、4BS、α-PbO、β-PbO；在55~90℃主要成分是4BS、β-PbO和α-PbO。

对于负极铅膏，由于有机膨胀剂的存在，在温度较高时，不形成4BS，仍以3BS为主，从图4-15、图4-16中可以看出。因此负极铅膏，无论合膏温度高时，还是合膏温度较低时，均以3BS为主要组分。

4.2.3 添加剂的影响

在正极铅膏中，相对使用的添加剂较少，如导电性添加剂石墨等，一般对合膏涂板的工艺性影响不大。但有些也有较大的影响，如聚四氟乙烯乳液等极板增强剂，增加铅膏黏度较大，对涂填有一定的影响，因此加入时，要考虑涂板的可行性。加较多的纤维或较长的纤维，涂板时会挂到刮板钢丝上，对涂板有一定的影响，因此要选择合适的纤维长度和适当的加入量，并要定期清理刮板钢丝。

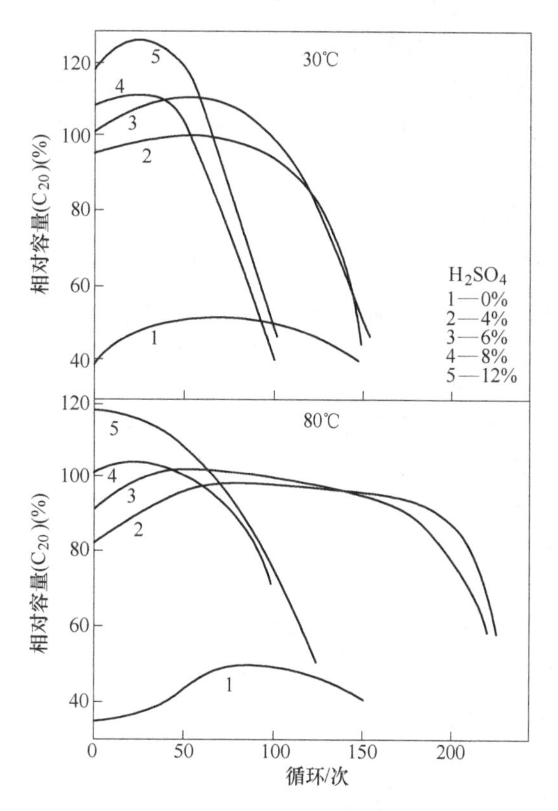

图4-17 不同合膏温度下酸量对容量和寿命的影响[10]

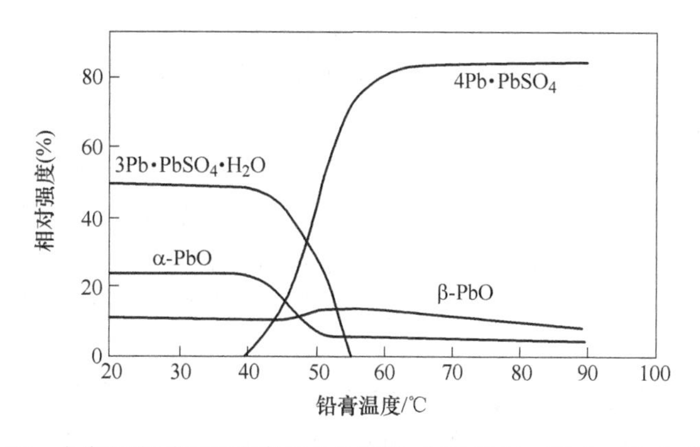

图4-18 合膏温度对正极铅膏组分的影响（6% H_2SO_4/PbO，40min搅拌）

在负极铅膏中，常用的有机添加剂有两种，一种是腐殖酸，另一种是木素磺酸钠。两种物质的加入，工艺性相差很大。加入含木素添加剂的铅粉，在加入水时，铅膏迅速变稀，形同稀粥一样，逐渐加酸后，较快变稠，形成符合要求的铅膏。这是木素的性质所决定的。添加腐殖酸添加剂的铅粉，加入水后，铅膏不会变得很稀，加酸会后形成所要求的铅膏。多数人认为，添加腐殖酸的铅膏比添加木素的铅膏涂填工艺性好一些。

一般认为添加木素添加剂的负极初期性能，如蓄电池的初期容量，低温放电性能要好一些；充电接受性能要差一些。木素的溶解性较高，特别在高温条件下和酸性降低的情况下，木素溶解后，原有的作用将丧失。添加木素的负极板在极板化成收板时，容易出现粘板的现象，即一片负板与另一片负板面面相粘，造成废品增加。添加腐殖酸铅膏涂板工艺性表现良好，对充电接受能力的不良影响小一些；化成过程中不会出现粘板现象，蓄电池的初期性能不如木素负板的初期性能好，但腐殖酸的溶解性较低，可以较长时间保留在负极板中，使负极板有较长的寿命。其他负极添加剂的成分对工艺性影响不大。

4.2.4 铅粉对合膏工艺性的影响

铅粉对合膏涂板的工艺性影响较大，主要是铅粉的表观密度、铅粉的氧化度、铅粉的生产方式（球磨还是巴顿），以及铅粉的存放时间。铅粉的表观密度越低，合膏涂板的工艺性越好；铅粉的氧化度越高，合膏涂板的工艺性越好。铅粉要存放几天后才能使用，刚生产的铅粉前几天的放置时间对工艺性的影响很大，存放时间长，合膏涂板的工艺性好；不存放或存放时间不够的铅粉，不但工艺性差，蓄电池的性能也差，因此铅粉必须存放3天以上的时间。

球磨（岛津）铅粉比巴顿铅粉合膏涂板的工艺性好，这主要是铅粉颗粒结构造成的。因此在有球磨和巴顿铅粉同时存在的情况下，一般混合使用不仅在性能上得到改善，工艺性上也得到很好的提高。

4.3 涂板工艺

4.3.1 涂板的工作原理及过程

涂板就是将合制好的铅膏涂到板栅上，形成生极板的过程。涂板是由涂板机完成的，涂板机分为多种，用于重力浇铸板栅的涂板机有双面涂板机、单面涂板机；用于拉网板栅的涂板机一般为转滚式的涂板机。

1. 重力浇铸板栅涂板

重力浇铸板栅涂板机（包括单面和双面涂板机）分两个部分，如图4-19所示，主机部分和涂斗部分。主机部分控制涂板带的速度和进板栅的速度；涂斗的作用是容纳、搅拌铅膏，并将铅膏通过转滚均匀的挤入涂板带上的板栅格子体中。涂板机有控制涂板速度、下膏量和涂板厚度的装置。

涂板机先设定主机速度，一般根据设备范围和实践经验进行调整。调试进板栅速度，与主机速度配合合适，在涂板带上板栅之间的距离，应保持片与片之间的余膏顺利从涂板带上掉下去，若板栅与板栅之间的距离较小，沾到前一片极板边框上的余膏，经辊轮碾压后，沾到后一片极板上，造成贴膏现象，也称甩膏。若间距大，余膏虽然不会沾到极板上，从涂板带上掉下的余膏较多，造成铅膏回用较多，增加工人的劳动强度，不利于节约和质量控制。

涂斗的调整高度应适合板栅的厚度，调试涂斗一般要保持高于板栅0.2mm，高度调整

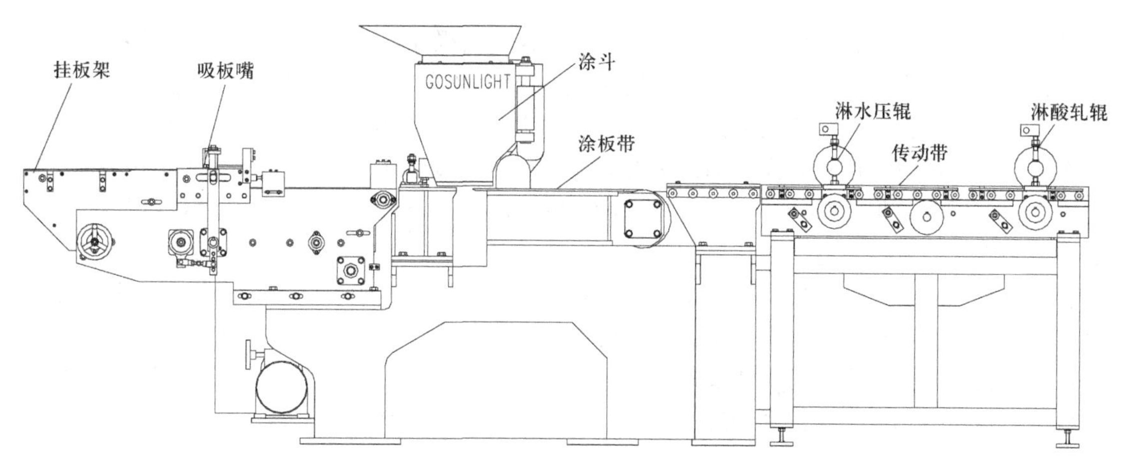

图4-19　重力浇铸板栅双面涂板机

要平衡，避免一边薄一边厚。调整涂斗的速度要达到两个效果，其一是背面少露筋条，一般不露筋条；其二是达到工艺要求的涂板重量。

双面涂板机挡膏板是与板栅相适应的专用工装，下膏的宽度尺寸略大一些，一般每边大0.2～1mm。

单面涂板机挡膏板由多个部分组成，两边有弹性压板，中间有压条（阻止进入中间极耳部分，如中间没有极耳则不用中间压条），刮膏板（由弹簧、钢条、橡胶条、弹性刮板组成）。

单面与双面涂板机的区别如图4-20所示。

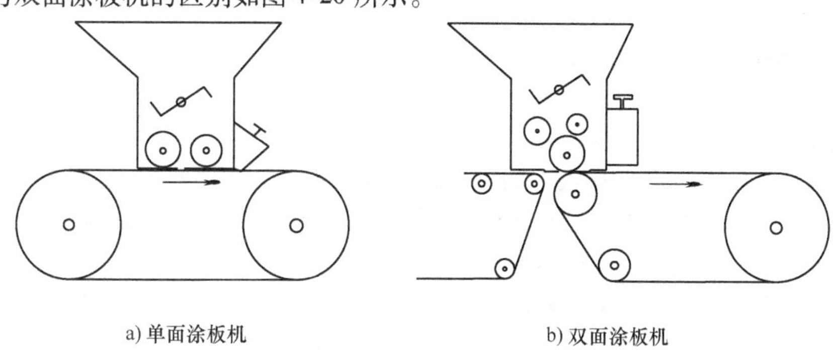

图4-20　单面涂板机和双面涂板机结构图

单面涂板机的涂膏斗在涂板带两轮的中间位置，膏斗中的两个挤压辊将铅膏挤压到板栅上，涂板带的运动，将涂好的板栅带出，连续地进行涂板。双面涂板机的涂膏斗在涂板带的前端，下膏的地方是运动的板栅要接触涂板带的位置，在此位置板栅的下面是空的，铅膏很容易穿过板栅，使板栅下面挤上铅膏，挤上铅膏的板栅进入涂板带与刮板之间，随涂板带的运转带出，连续地进行涂板。

铅膏到膏斗后，由拌齿进行搅拌，并由拌齿施加向下的力，将铅膏搅到辊轮的缝隙中，在中间部位辊轮靠向下方向的转动，将铅膏挤出。单面涂板机和双面涂板机的结构有一些差异，单面涂板机靠双棍；双面涂板机，双棍挤压后，单棍挤出铅膏，比单面涂板机多一棍。总体上看，双面涂板机涂出的极板板面要比单面涂板机好一些，露筋减少，同时涂板重量的一致性有很大的提高，使用起来也容易操作，更换刮板操作简单。单面涂板机更换挡板、刮板等比较麻烦，图4-21所示为单面涂板机的铅膏斗底面的结构图，挡膏的功能由三部分组成，一是挡膏板，带有弹性的薄钢板，由螺栓固定，主要作用是挡住铅膏进入板栅的外侧，一般安装时，进料口尺寸略大，挡膏板的边缘压在板栅边框外侧上，后面尺寸略小，挡膏板的边缘压在板栅边框内侧上，可与边框内侧外错0～0.5mm。中间压板在涂膏机的前面固定，也是弹性薄钢板制造，挡住板栅中间有极耳的部分，一般是多片小板栅连接的结构，中间有两排极耳的要有带两条压板的结构。刮膏板安装在涂板机的后面，在刮膏板的上面是一个安装槽，里面装有弹簧、下面是钢条、再下面是橡胶条，刮膏板安装在橡胶条上，用安装槽挤紧。在钢条的上面，安装调节螺栓，用于调节刮膏板的高低（见图4-22）。所以单面涂板机刮膏板安装起来是比较繁琐的。

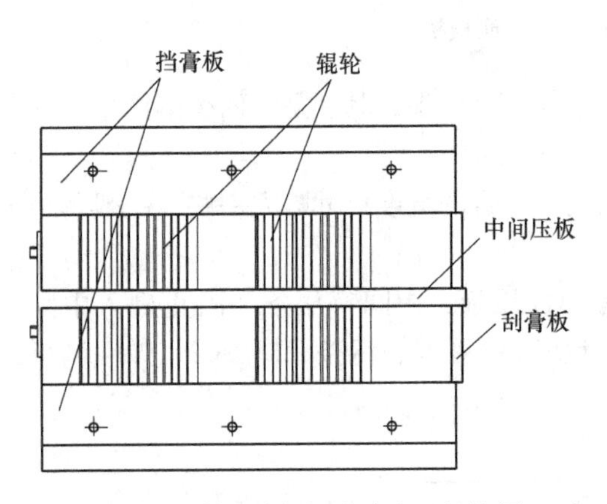

图4-21　单面涂板机膏斗底面结构图

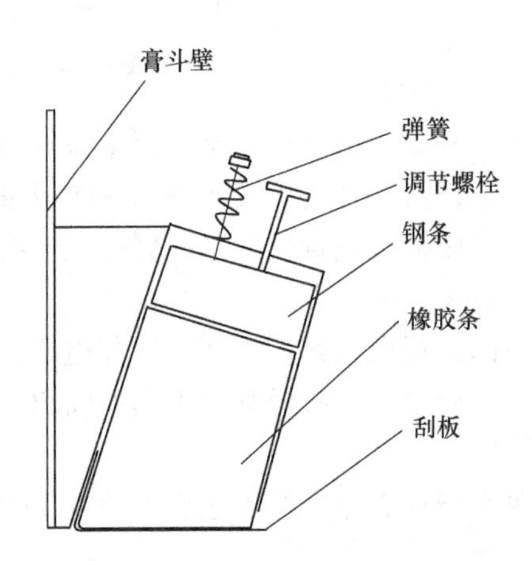

图4-22　单面涂板机刮膏板部分的结构图

2. 拉网板栅涂板

拉网涂板与重力浇铸涂板有很大的不同，拉网涂板是在扩展板栅的铅网带上连续的涂填，进涂板机的是铅合金网带，出涂板机的是涂填铅膏的极板带，极板带经过裁切分成小片极板，然后进入快速干燥机，出机后，码放在卡板上，再进入固化室。

涂板机虽是独立的设备，但与前后设备通过铅带、极板带同时运行，速度保持同步，当一台设备出现运行故障时，可通过各种控制将这些设备同时停下来。

图4-23所示为拉网涂板机的结构外观图，图4-24所示为拉网涂板机的内部结构图，图4-25所示为拉网涂板机的涂板原理图。板栅带通过板栅带架进入涂板机，涂板机的涂膏斗下面装有涂膏框架和挡膏板工装，不同尺寸的板栅带需要不同的工装。涂膏斗中的铅膏在搅拌中挤到转动的涂板转辊，板栅带在转辊上一同转动，铅膏就涂填到板栅带上。在板栅带进入涂板机时，下面的涂板纸同时进入，沾到极板带的下面。涂好的极板带要经过辊压，同时进入压辊的还有涂板纸，在压辊上粘合在一起，贴在极板的上面。之后极板带进入下面的工序，进行分板和快干。

分板采用转刀式分板，一个转辊上几个刀，刀之间的距离就是极板的宽度。不同宽度的极板需要不同的转刀，更换极板就需要更换转刀。分板后，极板进入快速干燥机干燥，原理同重力浇铸的快速干燥机。之后由码垛机码垛，然后由手工或机械手放到卡板上。

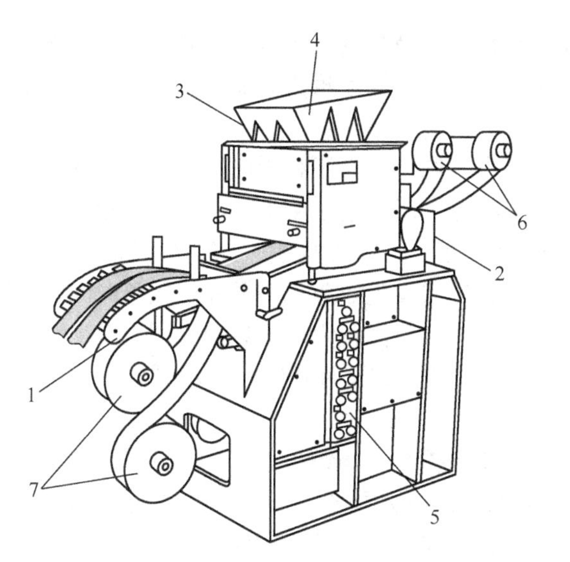

图4-23 拉网涂板机的外形及结构
1—板栅铅带入口处 2—生极板带出口处
3—涂板斗搅拌机 4—料斗
5—控制面板 6—上纸卷 7—下纸卷

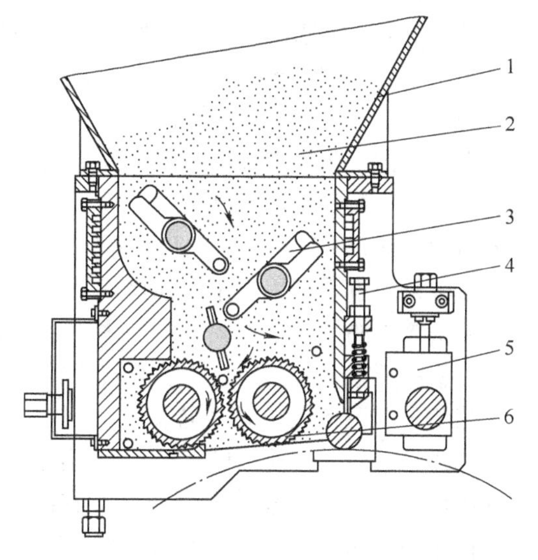

图4-24 拉网涂板机膏斗内部结构图
1—铅膏斗 2—铅膏 3—铅膏搅拌齿
4—涂板厚度调节器 5—膏斗固定 6—挤膏辊

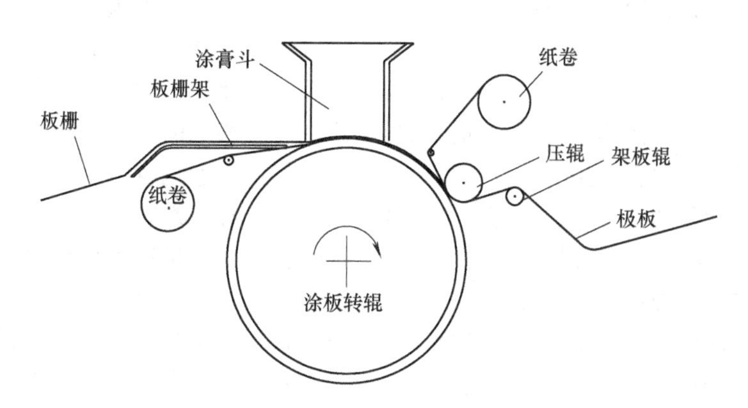

图4-25 拉网涂板机涂板原理图

4.3.2 涂板的操作过程

1. 重力浇铸板栅涂板过程

工作前应穿戴好防护用品，准备好用具。检查涂板机、干燥机是否完好，对机器润滑部分进行润滑。检查板栅重量、厚度、外观合格方可使用。检查用酸用水是否符合要求。

用水浸湿涂板带，调整涂板带的松紧程度。安装相应型号的刮刀、橡胶条、挡板。压滚缠布，并调整压力。调整板栅架的位置、吸板栅嘴的位置应符合要求，调整收板架的尺寸也需符合要求。向涂斗放铅膏，并确认铅膏与所涂极板型号相同，设置涂板机的参数、主机速度、膏斗的下膏量、喂板栅速度、根据板栅厚度调整膏斗的高度和平行度等，调整方法见4.2.1节。试涂极板，约连续涂3~5片，对重量进行测量，对外观进行观测，合格方可进行涂板；不合格需调整后再试。进入正常生产阶段，对首件进行测试，并做好记录。正常涂板时开启淋酸、淋水阀门，控制酸、水保持在不粘板时的最小量。正常开机时2~5min测一次涂板重量，应在工艺要求范围内调整。涂板需要停止时，停涂板机后需马上关闭淋酸和淋水阀门。

干燥机按工艺要求设置参数，并根据实际情况进行调整，在不粘板的情况下，应控制较低的温度。极板经快速干燥机后，收极板放在晾板架上，用双手在架上拉开极板间距，板与板的间距在0.5~3mm；如发现粘板及时增高干燥温度。收极板放满一架，应及时入固化室；在收极板过程中，应用湿毯挡住极板架的三侧；机器发生故障，需要停机较长时间，应将未放满极板的架子放入固化室。固化室内极板的方向应与固化室内的风向相同。

涂板的板栅必须是经过常温环境3天以上或80℃/10~15h时效硬化的板栅。生产中做好工艺记录和设备维护保养记录。

完成涂板后立刻使用硬毛刷和水清洗涂板带，清除铅膏。当设备不工作时，尽量避免涂板带接口处（无缝涂板带的暗接口）在滑轮的两端，同时调松涂板带，减少拉力，保证涂板带在潮湿处储存，避免变硬和变脆。使用过的涂板带应一直保持湿润状态。

涂板完后，清洗设备；关闭水、酸、电、气源；清扫现场。

2. 拉网板栅涂板工艺过程

操作者工作前应按要求穿戴好劳动保护用品。为了保证设备正常有效的运行，操作者在操作设备前必须检查并确保设备保持良好的润滑状态。根据准备和预热时间不同开启生产线的设备。为了保证极板通过干燥窑时有足够的干燥温度，根据干燥窑的加热升温情况提前开启干燥窑，并根据要求设定相应型号极板的快速干燥温度及运转频率工艺参数。安装好分板机的刀棍，并调试好。按调试进度起动极板堆叠机，设置相应的堆叠片数。

根据生产极板的类型及型号选择相应的铅带，并将铅带卷托盘放入倒带机的支架上。

根据拉网机设备的要求预热运行一段时间。根据工艺规定设置参数。

开启铅带焊接机的加热装置，使焊接机处于加热状态，满足铅带焊接的需求。

手动将铅带从倒带机拉入铅带储存机，再从储存机引入拉网机。开启铅带储存机储存一定量的铅带，以保证拉网在不间断生产的同时，有空余时间进行每盘铅带之间的焊接，使拉网连续生产。铅带存量少时，从倒带机存入储存机。铅带从倒带机到储存机可不连续使用，而铅带从储存机到拉网机连续运行，这是储存机的主要作用。

根据生产极板的型号选择相应的冲孔齿，根据板栅的厚度调整整理装置的整形厚度，手动运行拉网机，连续生产3~5m板栅网后用卡尺对板栅网两侧的宽度进行测量，待两侧板栅宽度、厚度均符合要求后至切片机进行切片，分别测量两边的板栅重量，应符合要求，否则要进行调试。

根据所涂极板的型号，准备相应型号的涂板工装和涂板纸。更换涂板工装，将板栅网和底面的涂板纸拉入涂板机的涂板转辊上，合上涂板机铅膏斗，进行调试。打开涂板主机开关，开启下膏斗将铅膏放至膏斗内，开启膏斗运行开关使膏斗内铅膏压实。涂铅膏到铅带上，将涂膏机后面的涂板纸导入极板的上面。将涂膏的铅带引入切片机裁片，检查两侧单片极板的涂膏量，确认重量和厚度符合要求的情况方可进行生产，生产过程中定期对极板的宽度、厚度、涂膏量进行检查，发现异常情况及时停机调整至正常后方可继续生产。涂片开机人员应定时对极板的涂膏量及极板的高度进行测量，机器调整后开机或是开始涂下一缸铅膏时，要按上述的检验顺序对其进行重新检验，以保证极板的膏量及极板高度。

经过表面干燥箱快速干燥的生极板，进入自动码垛机，码到设置的片数，送到机外。操作人员要对极板高度进行首件确认，并定期检查高度，确认合格后整齐、按顺序和叠层的要求叠放于晾片架托板上。生产中停机时应用潮湿的布袋盖住极板防止其失水过多，每架满后及时用铲车将其铲入固化室固化。因设备故障，极板不满的架子，预计存放时间超过20min的应放入固化室。

生产结束后，按要求关闭设备，干燥箱会在冷却后自动停止，严禁在没有冷却的情况下直接关机。操作人员要清除各涂片辊上和膏斗内及其他部位附着的铅膏，以及清理收片机上残留的铅膏。在清洗过程中不允许用水直接冲洗设备及电器元件，以防止发生事故。

操作人员必须根据设备保养要求，在指定部位加入相应的润滑油（脂），加润滑剂时必须确保设备处于停机状态。

4.3.3　淋酸的作用及控制

重力浇铸板栅经涂板机涂出来的生极板，紧接着要经过淋水辊压和淋酸辊压的过程，一般首先进行的是淋水辊压，水喷到上下两个辊轮的进极板的一侧的上方，极板通过辊轮，水经过极板后流入水收集槽中（淋酸也相同）。淋水后的极板，进入第二个辊轮，稀硫酸喷到上下两个辊轮的进板的一侧上方，极板通过辊轮，酸经过极板，流入酸收集槽中。极板经过辊轮的目的是增加极板铅膏的密度，淋水是保证极板的铅膏不沾到辊轮缠着的压布上。淋酸的目的有两个，一个是在极板的表面生成一层很薄的硫酸铅，硫酸铅没有黏性，在经过快速干燥后，生极板收板时和上架固化时，不容易粘板；第二个作用是，由于硫酸铅的形成，表面比较致密，可很好地保持极板内的水分，使极板得到很好的固化。

淋水量和淋酸量一定要严格控制，一般1h淋水量不超过100kg，淋酸量不超过110kg，酸密度应控制在1.07～1.16g/cm^3。最大限度的控制用水量和用酸量可以减少水和酸的回用量，同时减轻环保处理的压力，减少消耗。淋酸后的酸可以回收再次使用，但需要过滤和重新调配酸密度，并且定期化验铁含量。

一些工厂采用了不淋水、不淋酸工艺，目的也是减少消耗，保护环境。经过大量的试验，不淋水和不淋酸工艺不会对极板质量造成重要的影响。但在实施不淋水和不淋酸工艺时，要增高铅膏表观密度以及进行参数的工艺调整等，并且设备必须达到要求的工艺范围。

拉网生产过程中，因为上下面贴了涂板纸，生极板不需要淋酸。

4.3.4　表面快速干燥的作用及控制

表面快速干燥是将极板用链条输送进入快速干燥机，在较高温度和循环风的作用下，将表面的水分带走，收片时极板表面不产生粘连的过程。快速干燥的关键，是表面干燥，而内部不能失掉水分。经过表面快速干燥的极板，正极板水分应保持在极板膏量的9%以上，负极板水分应保持在极板膏量的8%以上。

表面快速干燥由两个参数控制，一个是温度，一般使用的范围在60～180℃，由于各厂家生产的设备结构不同，测温点也各不相同，要根据设备的情况，确定工艺。另一个参数是风速，有的用排风控制，根据设备的情况调试确定。

表面干燥最容易出问题的是温度太高，导致极板表面干燥得太快，造成极板的开裂，并使极板水分较少，存在固化不良的质量隐患。

4.3.5　涂板的要求及质量检验

1）确认合膏所用的添加剂符合工艺要求（可抽测添加剂总重量，观察物料的性质），合膏前检查合膏用硫酸是否符合工艺要求的密度，检查合膏用铅粉是否达到铅粉时效期，按先进先出原则使用铅粉，检查铅粉表观质量，检验合膏中各种物料的计量有无异常。

2）合膏过程中应查看合膏工艺程序、合膏温度、出膏温度，出膏前测量铅膏表观密度。铅膏表观密度测量方法：用小钢铲分几处取适量的铅膏装入计量不锈钢杯内，并在平板上轻轻上下敲动，使铅膏填充钢杯内无空隙和气泡，重复进行直至铅膏充满钢杯后，用直刀沿杯口上沿刮去多余的铅膏，并将钢杯外部擦干净，称量总重量，计算出铅膏表观密度。表观密度要符合工艺要求。表观密度不合格的铅膏需采取措施（添加调整水或延长合膏时间）后，均匀搅拌，重新测量表观密度，合格后方可出膏。

3）涂板前，检查待涂板栅质量是否符合质量要求，发现异常退回返工处理。检查涂板机设备是否完好，涂板淋酸用硫酸密度是否符合工艺要求，定期取样化验酸中的杂质含量。

4）涂板运行时，要进行首件检查（涂板重量、平整度等），符合要求方可进行生产，不符合要求要进行调整。正常运行时检查频次以每机每5～10min测量1次重量和厚度。涂板厚度的测量是在表面快速干燥后，随机取5片，用准确度不低于0.02mm的游标卡尺测量，计算单片厚度（以极板标称厚度衡量），5片厚的总平整度误差允许±1.5mm。拉网极板检查频率以每机每5～10min测量1次极板高度和宽度，每半小时检查一次底角的筋条是否落在节点上。

5）涂板含水量的控制：涂板正常运行时，每台涂板机随机抽查一片快速干燥后的生极板，用塑料袋包好送化验室化验生板含水量，化验结果及时通知操作者。含水量不符合时要及时做出相应的调整。快速干燥机要严格控制温度。一般正板的含水量在9%，负板的含水量在8%以上。

6）生极板快速烘干后及时上架，当一层放满后用湿布围裹极板架以阻挡水分散失。生板满架后，及时进固化室（固化室应开启蒸汽，保证环境湿度）。

7）生板外观的控制：生产时需挑出破洞片、变形片及贴膏片；生板上架后，必须保持间距，背靠背均匀摆开，防止粘板。

8）涂板废次品回用的监督：涂板中挑出的不良品（粘板、变形板、破洞片、未涂满等），需及时敲膏，用纯水浸泡铅膏，避免硬化结块，铅膏分多次少量回用。涂板车间严禁使用未经过防锈处理的工装器具（铁车、铁架），怀疑可能进入杂质的工装器具应报废处理。

4.4　生极板固化

4.4.1　生极板固化工艺过程

1. 固化原理和作用

蓄电池极板固化是蓄电池极板生产中的重要工艺过程。它的作用主要有，铅膏中的铅氧化成氧化铅；形成活性物质的稳定结构或者说形成一定的晶型结构；促使板栅氧化与活性物质粘合形成界面良好结合的结构等。固化的方式一般分为常温高湿固化、高温高湿固化、高低温交错高湿固化等。常温固化的温度一般为 35～50℃，高温固化的温度一般大于 75℃，高低温交替固化是指固化期间多次高温、常温交替固化。高湿一般指湿度大于 95% RH。通常所说的高温固化不一定整个固化阶段都使用高温，一般是高温固化几个小时后，接常温固化一直到干燥阶段。固化效果的检查，一般采用化验，目测外观和观察板栅与活性物质的结合面等方法。化验主要是化验铅或氧化铅以及水的含量。强度检查主要采用极板跌落试验，即从 1～1.5m 高度平行地面跌落三次，看脱落铅膏量的比例。结合度检查主要看板栅与活性物质的结合面情况。

通常固化和之后的干燥一起完成，也有分窑进行的。固化阶段有三个功能，板栅界面形成、活性物质再结晶、游离铅的氧化。干燥阶段有以下的功能，前期剩余的游离 Pb 氧化较快，将大部分 Pb 氧化，同时极板失水较快；后期铅氧化和失水降低，直到极板干燥。

固化过程是一个系统过程。如图 4-26 所示的结构分析。

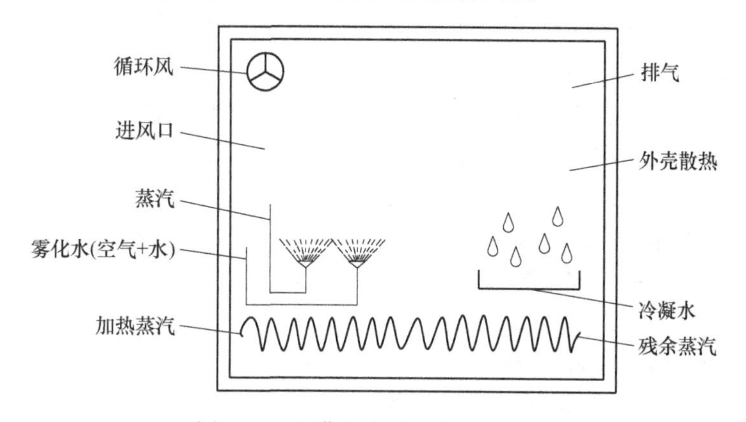

图 4-26　固化室介质和能量分析图

固化室能量进入部分有三部分，加热蒸汽、加湿蒸汽、雾化水（各种结构的固化室不同，能量部分也有差异）；能量输出的部分有加热冷凝水、残余蒸汽、箱内冷凝水、空气调节和温度调节阀排出的潮湿气体、外壳散热以及其他部分散失的能量。

极板中的 Pb 氧化成 PbO 是一个氧化过程，是一个放热反应。生极板本身的能量变化是一个降低的过程（自由能降低过程）。生极板干燥的过程，主要是水蒸发的过程，是一个吸热过程。因此可以看出生极板在固化阶段是一个放热反应，那么外界所给的能源或介质主要是维持恒温恒湿的条件，和把极板放出热量带走的作用。根据实验，低温固化，45℃、相对湿度在 99% 左右的情况下，极板中铅和水的变化规律如图 4-27 所示。

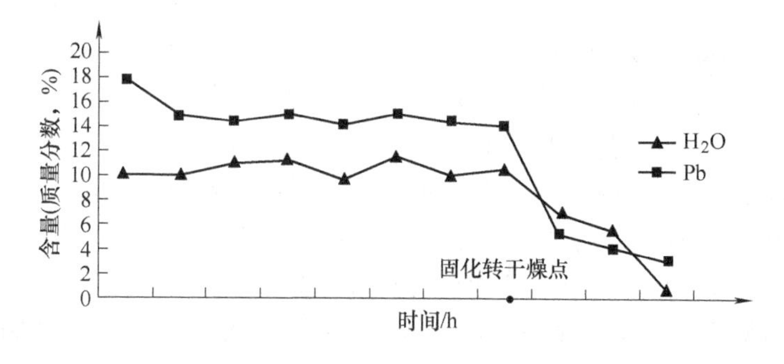

图 4-27　常温高湿固化和干燥过程 Pb、H_2O 的变化图

在固化完后刚进入干燥时，Pb 的氧化最快，这表明放热的最快最多点在固化完成干燥开始时。主要因为湿度从接近饱和开始下降，极板的空隙增加，有利于氧的传导，并且有一定的湿度，更有利于铅氧化。

Pb-Ca 板栅极板固化过程中，每过一段时间，取一片极板，快速干燥，敲掉铅膏，观察板栅与活性物质的结合度，可以看出，固化时间长短对板栅与活性物质结合的程度是不同的，时间长结合得好。因此固化的时间对板栅与活性物质结合的结构形成是非常重要的。因为界面的反应在活性物质的内层，氧气扩散到板栅表面是困难和有限的，所以，板栅与活性物质的反应更着重于 Pb 与水中氧的反应及结构的形成，所以板栅与活性物质在界面的反应需要的时间更长。Pb-Ca 合金界面由于成分和晶型结构更难破坏，界面稳定的结构需要长时间才能形成；如果是 Pb-Sb 合金，短时间内板栅与活性物质就会结合很好。使用锑合金的板栅，一些工厂采用盖上湿布在室温下放置的办法固化，也能达到很好的效果。对 Pb-Ca 板栅来说，严格的固化时间和条件对活性物质与板栅的界面形成牢固结合的结构非常重要。

活性物质中促使铅氧化的因素有空气、水分等，在固化刚开始的阶段，极板中的水分较多，氧气扩散比较困难，所以氧化慢慢地进行，到了固化转干燥阶段，温度升高，水分减少，氧气扩散增强，氧化加快，这时铅含量降低最快的时候，在图 4-27 中反应了该情况。

降低生极板中的水分含量，增加氧的扩散，确实能促进游离铅的反应。但生极板在固化阶段还有一个重要的作用，就是通过结晶的过程形成稳定的活性物质结构。如果仅为了降低生极板的铅含量，而不能完成生极板活性物质结晶的过程，那生极板固化过程的一些重要作用没有实现。因此还不能简单的降低湿度。保持相对湿度接近 100% 是常用的工艺方法。

大多数残余铅会附着在硫酸盐的表面，这些晶体粘合在一起形成稳定的结构。因此，在 Pb 反应结束之前，应当尽量控制极板中水的损耗，无论是固化还是干燥阶段。与此同时，板栅的表面也会发生氧化反应，从而与活性物质紧密结合。固化或干燥不好，活性物质会龟裂，甚至脱落。在铅膏中增加纤维，虽能减少裂纹，但只是掩盖问题而非真正解决问题。

现在固化设备都比较先进，一般是通过电脑多阶段控制，所以完成一般固化是没有问题的，关键是固化工艺的设计，参数的制定要满足达到的效果。

固化出现故障，可能有以下几种情况：

1）加热蒸汽工作不正常，如蒸汽源的压力不够，或冷凝水排放不畅，管道因杂质或腐蚀堵塞等，达不到要求温度。这种情况对高温固化的影响更大，将无法实现高温的条件，达不到要求的效果；对常温固化影响相对较小。

2）加湿蒸汽出现故障，湿度下降，相当于进入干燥阶段，可能对高温固化、低温固化影响都较大。

3）雾化水出现故障，湿度可能达不到，相对来讲对高温高湿影响更大一些；

4）循环风出现故障，固化室可能出现各处不一致的问题。

Pb-Ca 合金板栅，板栅与活性物质的结合比较困难；Pb-Sb 合金板栅与活性物质的结合要容易一些。这就是为什么 Pb-Ca 合金板栅的极板对固化要求非常苛刻，而 Pb-Sb 合金板栅的极板对固化要求并不高的原因。所以工艺不合理或不严格执行工艺，Pb-Ca 合金板栅的极板固化出问题的可能性要比 Pb-Sb 合金板栅的极板高得多。

固化对活性物质是一个再结晶的过程，低温固化形成 3BS 较多，高温固化形成 4BS 较多。

根据以上的分析，固化干燥阶段的大致的功能分布如图 4-28 所示。如果提高温度到 60℃，相对湿度为 92%，固化阶段的游离铅氧化的快一些，进入干燥阶段，由于游离铅已降低很多，游离铅的快氧化就不明显。

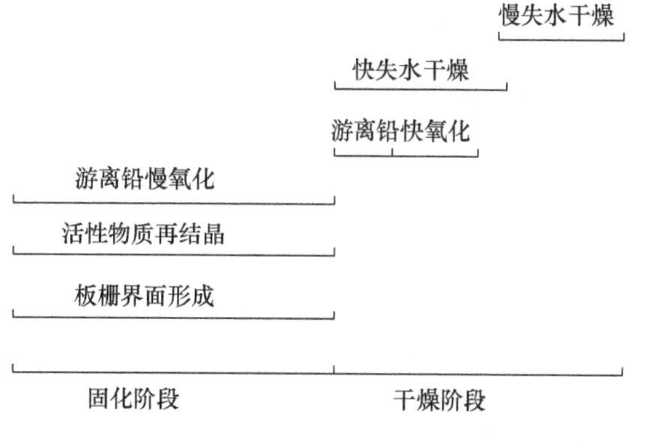

图 4-28　常温高湿固化及干燥阶段功能分布

根据物理化学原理，在某个温度时，相对湿度达到饱和状态时，若温度降低，蒸汽发生冷凝，湿度会维持饱和（即湿度为 100% RH）；若温度升高，水蒸气的分压迅速降低，相对湿度较快的下降。所以固化阶段温度升高时，相对湿度会马上降低，这是固化阶段要注意的。固化阶段若需升温，湿度必须得到保证，不能保证的情况下，可采取缓慢升温，给湿度上升一个缓冲的时间，否则，极板就如前面所讲的，极板中的 Pb 会集中氧化。

温度是形成 3BS 和 4BS 重要的参数和外部条件，要得到较多的 4BS 需要较高的温度和较长的时间，根据具体的极板确定适合的参数。

湿度是保证固化的前提，所以在固化阶段，湿度较高且波动越小越好。

湿度低时固化，如湿度降低到 80% RH，固化室中水的分压降低，空气的分压增大，极板的氧化更充分，会出现与图 4-27 和图 4-28 不同的状态，在固化阶段，铅含量是逐渐下降的，水分也是逐渐减少的，这种固化方法还有一些效果方面的争议，也有待于更多试验的支持。

2. 固化工艺

常用固化室的参数，见表 4-15。开机前要检查水、电、气是否正常，检查设备是否完好。检查所提供的压缩空气、蒸汽的压力是否正常。压缩空气压力在固化室未运行时不能低于 0.45MPa，蒸汽压力在 0.4 ~ 0.6MPa 之间。开机前要检查湿度传感器的湿布，以及湿布下的水位。第一次使用时，先关闭蒸汽电磁阀前的手动阀，打开旁通阀向固化室内放一会蒸汽，待管道中的锈蚀残渣等排完后，关闭蒸汽总阀，清理过滤网。以后使用一段时间，要定期采用此方法清理。对于自动固化室一般是通过程序设置进行控制的，设备型号不同设置的方法有一定的差异，要按照设备的说明操作，下面仅介绍某种型号三环固化室的程序设置。程序主菜单项目见表 4-16。

表 4-15　某型号固化室的参数

最大外形尺寸	4000mm(*W*) × 2500mm(*T*) × 4200mm(*H*)
工作间有效尺寸	3200mm(*W*) × 3300mm(*T*)
控制范围	35 ~ 85℃，湿度≥95% RH
控制精度	温度≤ ±1℃(45℃以下)，湿度≤ ±2% RH 温度≤ ±2 ℃ (55℃以上)，湿度≤ ±3% RH
电源功率	AC380V/220V，14.5kW
蒸汽	0.4 ~ 0.6MPa，约 100kg/h/台
压缩空气	0.2 ~ 0.6MPa，0.3 ~ 0.8m^3/min/台

（续）

水	0.2～0.4MPa
循环风量（风机功率）	18300～21000m^3/h（3kW）
排湿风量（风机功率）	2664～5268m^3/h（3kW）

表4-16 固化室主菜单内容

1. 运行选择	3. 显示运行曲线	5. 编辑工艺参数
2. 显示运行参数	4. 检查工艺参数	6. 设置控制参数

设置控制参数1的项目和输入，内容包括：温度控制参数的P、I、D，最大输出、最小输出、降温温差及排湿湿差。P、I、D参数是根据实际温度与设定温度的差值，采用比例和积分调节蒸汽电动调节阀动作的参数。一般给定调节范围，根据需要进行设置。最大输出是指蒸汽电动调节阀的最大开度比例设置（%）。最小输出是指蒸汽电动调节阀的最小开度比例设置（%）。降温温差是指在低温固化时，此参数用来控制风门的开关。当检测的温度与当时温度主设定值之差（高于主设定值）大于此降温温差设定值时，并且湿度高于降温排湿最低设定值时，风门打开进行降温排湿。排湿湿差：当检测的湿度与当时湿度主设定值之差（高于主设定值）大于此排湿湿差设定值时，风门打开进行排湿。

设置控制参数2的项目和输入，首段起始温度：当程序从第一段开始起动时温度起始设定值。首段起始湿度：当程序从第一段开始起动时湿度起始设定值。曲线采样时间：记录检测参数的时间间隔。湿度控制误差设定：湿度的控制范围设定，此值越小，湿度控制误差越小，但电磁阀工作越频繁，寿命越短。降温排湿最低湿度设定：此设定值用来控制固化时风门的开关。

编辑工艺参数：可以设置多种固化程序，每个程序包括多个阶段，按标示分别输入温度、湿度、固化干燥选项、时间、风机转速、蒸汽加湿选择、控制参数组号（在控制参数1中设定）。

要注意程序要符合工艺参数制定的意图，有的设备设置时阶段与工艺要求接近，但执行时不一定符合工艺要求的意图，这是要注意的。因为一些设备的程序，是以前段参数作为开始，后段作为结尾的，时间是这个过程的时间，此时就必须设置时间非常短的过渡段，每个阶段过度时都应该有。

运行选择：可以选择手动运行和自动运行。一般在装极板或检修时要采用手动方式操作设备，手动操作可选择起动风机（高速/低速）、手动雾化加湿、蒸汽雾化加湿及进出风门开关。自动运行，输入程序号及起始段号，按确认即可。

显示运行参数：显示程序运行的程序号、段号、段时间、总时间、温度、湿度显示值。

显示运行曲线：显示之前的温度、湿度和时间的曲线。

报警画面：当运行出现问题，报警时，显示报警画面。

操作人员在完成上面的设置后，要进行下面的工作，引导生极板入固化室、摆放，无特殊要求，放满一室再放另一室。在进极板、出极板时紧密配合司机，以免撞坏设备。

在入窑时，程序设定为低温高湿状态（或指定的手动操作）；入窑完成后设置成工艺程序。在正常固化、干燥时，应每2h，开门观察室内是否正常。在固化期间，主要是蒸汽、温度、风机的运转；在干燥期间主要是温度、抽湿风机循环风机的运转。发现问题，能排除的进行排除，不能排除的立即报告相关人员排除故障或倒换固化室。

应每半小时观察一次显示屏指示的运行情况，观察显示屏指示的温度、湿度与实际的差别，发现问题及时排除并报告。及时排除设备出现的报警，不能排除的报告相关人员。

要保留好工艺曲线和工艺参数，以便查看；做好工艺记录和设备运行保养记录。保持工作区域内的整洁和卫生。

3. 生极板固化注意的问题

生极板架摆放的四周都要留出空间，用于湿气和空气的流通，如果流通不好可能造成温度和湿度的不均匀，出现有的位置固化好，有的位置极板固化不好的问题。极板的摆放应顺着风向的方向，以便得到很好的流通。

拉网极板是叠放在极板架上的，因为极板之间没有间隙，湿气和空气的流通都不好，生极板在放热阶段也不容易散热，容易造成极板的过热。因此，极板的堆放高度要进行限制，参数变换时要缓慢地进行，不能大幅度的变动，以减少造成极板各部分不一致的问题。

极板架是很重要的工装，用于涂板后的装板、固化，化成后的装板、干燥等，一般一个工厂都采用统一的极板架。极板架的尺寸为：长 950mm × 宽 900mm × 高 830mm，适用于一个固化室装 27 架。

4.4.2　高温高湿固化

高温固化是蓄电池生产一项工艺技术。很多需要长寿命的动力型电池的开发和研究提到了高温固化。目前，对于采用高温固化的工艺能有效提高生极板中 4PbO、$PbSO_4$ 的含量，使晶粒变大，已得到充分的实践证明和认识。同时也应该看到，合适 4BS 晶粒尺寸的极板对蓄电池的寿命有好的作用，但 4BS 晶粒尺寸太大的极板，不仅容量低、化成困难、极板应力大，寿命也是短的。得到合适 4BS 晶粒尺寸的技术是高温固化的难点。高温固化技术在国内的生产应用并不理想。使用高温固化技术的企业很少。原因是多方面的，但技术的难点和条件上的限制可能是制约该技术使用的重要方面。高温固化在世界上的一些大公司得到了较多的应用[3]。

高温固化有以下作用：使板栅和活性物质形成良好的腐蚀层；生极板中 4BS 的含量增加，生极板活性物质的结合力和粘接强度增加，可以提高蓄电池的寿命。

高温固化关键的技术在于如何控制 4BS 的含量，结晶晶粒的大小以及晶粒的均匀程度。一般认为，4BS 的晶粒小，分布均匀才能较好的延长寿命。但一般的高温固化是较难控制的。目前很多企业不单纯使用高温固化，而是与在正极添加剂中加入 4BS 的晶种同时使用，这样的效果就很好。

1. 普通的高温固化很难提高寿命

在参考文献［9］中对常温固化、高温固化进行了试验，并进行了对比（见表 4-17）。认为普通的高温固化很难提高寿命。

表 4-17　固化试验参数

固化类型	阶段	温度/℃	湿度 RH（%）	时间/h
常温固化	固化	40	≥95	48
	干燥	80	≤35	24

（续）

固化类型	阶段	温度/℃	湿度 RH（%）	时间/h
高温固化	固化	80	≥95	24
	干燥	80	≤35	24

常温固化的极板采用正常的两阶段化成。高温固化的极板采用两种方式，一种同常温化成工艺；另一种在常温固化极板化成工艺的基础上增加电量20%（见表4-18）。极板的初期容量和循环寿命均为1C放电（见表4-19）。

高温固化的极板板面变形，主要呈凹凸型，薄极板比厚极板严重，薄极板最大变形约7mm。一大片由多个小片组成的，裁成小片后，变形不太明显；一大片由一片或两片组成，单片变形较明显。板面颜色不均匀。极板之间轻微敲击的声音清脆。敲掉活性物质较困难，板栅与活性物质结合良好，活性物质较硬实。低温固化的极板，板面不变形，板面颜色均匀，极板之间轻微敲击的声音不清脆。活性物质与板栅接触良好，活性物质的硬度低于高温固化。

表4-18 不同固化形式的正极板化验结果 （质量分数,%）

固化形式	PbO_2	PbO	$PbSO_4$
高温固化＋普通化成	55	—	—
高温固化＋化成增加20%电量	65.67	14.32	7.2
常温固化	85.54	6.19	5.45

表4-19 极板的初期容量 （单位：A·h）

固化形式	第一次容量1C	第二次容量1C	第三次容量1C
高温固化	42.65	50.15	52.3
高温固化＋化成电量增加20%	46.75	49.3	52.5
常温固化	62.55	60.9	59.0

图4-29所示为几种固化方式下的循环寿命曲线。

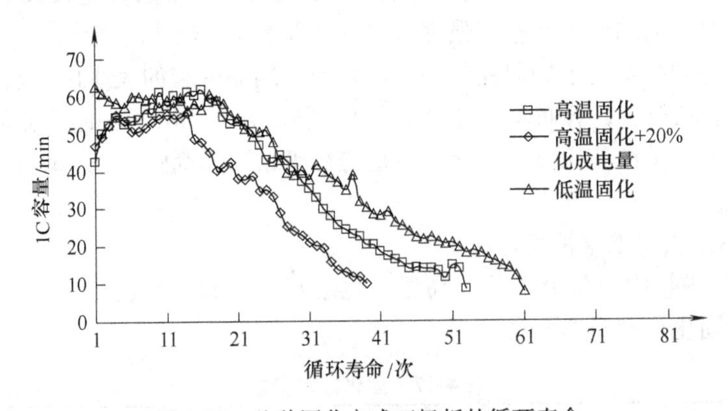

图4-29 几种固化方式正极板的循环寿命

采用高温固化的正极板PbO_2明显偏低，对于含量50%～70%的PbO_2的正极板，其性能肯定不会好，初期容量会较低，另外即使在电池中PbO_2会增加，也很难达到理想的效果，因此即使寿命提高，这样的 PbO_2 含量也会很难接受。PbO_2 低的原因主要是高温固化形成了较多的4BS，由于4BS 晶粒较大，化成较困难。

高温固化极板的初期容量明显偏低，这主要是生极板中形成了大颗粒的4BS，化成比较困难造成的，从化验成分可以看出 PbO_2 明显偏低。高温固化、增加电量化成的高温固化的极板特点都是第一次的容量较低，第二次、第三次容量会有所上升，这也是高温固化的一个特点。参考文献［1］中报道的试验表明：3BS 的极板容量第一个循环时，显著高于4BS 极板，但到第二个循环，两者已经很接近，到第3个循环，4BS 的极板容量高于3BS 极板。

高温固化，使极板形成过多的4BS，结晶颗粒粗大，使结构产生了变化，影响了寿命。从化成出来的板面看，碰撞产生的清脆的声音，以及极板变形，也表明极板的应力很大、强度很高，极板的强度超过一定的限度，势必影响寿命。

为了克服高温固化的缺陷，试验常温高温交替固化，结果减少了高温固化的强度，使活性物在固化过程中，形成合适的4BS 含量，使 PbO_2 晶粒合理，使寿命得到了明显的提高。相对于常温固化来讲，极板在交替固化时，形成部分4BS，4BS 晶粒变大，增加了极板强度，又克服了高温固化形成较多4BS 的倾向，结晶又不过于粗大，因此效果良好。

经验表明：在使用高温固化时，化成后的 PbO_2 含量是最直接判断工艺是否可行的依据，如果含量很低，高温固化是失败的，即使再增加电流或延长充电时间，也无济于事。只有在 PbO_2 含量比低温固化时略低时，才达到了基本要求。但这时又容易和没有形成4BS 结构相混淆，不容易判断。能够通过 SEM 照片观察是最理想的。

通过以上的分析可以看出，高温固化不一定能提高循环寿命，有时不仅不能提高寿命，而且还使容量降低，影响蓄电池的整体性能。合适的参数和条件是保证高温固化实施和提高蓄电池性能的前提。要把高温固化看成是一项重要的工艺过程，不同的合膏工艺，需要试验适合的高温固化工艺。常温固化的正极板的 SEM 图（见图4-8）；高温固化的正极板的 SEM 图，如图4-30 所示。

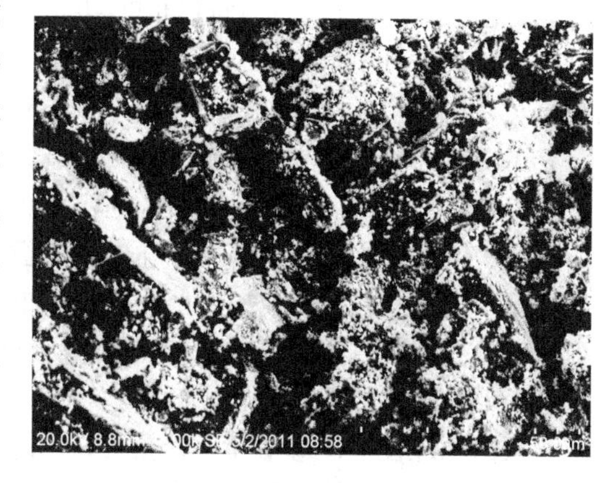

图4-30　高温固化正极板的 SEM 图

2. 高温固化的结构和成分

固化是铅酸蓄电池制造过程中的一个重要工序，传统的常温固化生极板形成了 $3PbO \cdot PbSO_4 \cdot H_2O$（3BS）结构。近年很多研究者提出了高温固化，生极板形成较多的 $4PbO \cdot PbSO_4$（4BS）结构，化成后4BS 形成 PbO_2。

I. Dreier 等实验了 Pb/Ca 合金板栅，极板厚度 2.5mm，固化温度分别为 50℃、70℃、80℃，常温固化主要形成了 3BS，高温固化只形成了 4BS，中温固化得到了 3BS/4BS 混合物，结果见表4-20。

不同成分的生极板化成后 PbO_2 含量不同，3BS 的极板 $PbO_2 > 90\%$，3BS/4BS 混合物的极板 $PbO_2 < 90\%$，4BS 的极板 $PbO_2 < 80\%$ 。

S. Laruelle 等人论述了高温固化的反应机理，由硫酸盐 $PbSO_4$、1BS 和 PbO 组成的混合物，在局域（固液表面）pH 值允许的范围内，首先生成3BS 中间态，再由剩余的 PbO 和

3BS 反应形成 4BS。在 3BS 的表面形成 4BS 的晶核过程，再由 3BS 转化成 4BS。同时，聚合现象快速在宽度方向生长（有表面活性剂存在时，情形不同），最后因 PbO 溶解或小颗粒碱式硫酸铅离解而提供铅粒扩散，致使针状 4BS 纵向生长，这与 OSTWALD 效应相似。

表 4-20 固化极板特性

铅膏密度/(g/cm^3)	固化温度/℃	结晶尺寸	3BS（质量分数,%）	4BS（质量分数,%）	孔率（%）	孔径/μm	比表面积/(m^2/g)
4.0	80	大	3	81	53	9	0.4
4.3	80	大	0	81	49	6	0.4
4.0	50	小	52	0	48	0.5	1.3
4.3	50	小	41	0	46	0.4	1.2
4.0	70	大/小	28	33	49	0.7	0.9
4.3	70	大/小	30	37	48	0.8	0.9

在不同的合膏和固化温度下，获得两种结构类型的铅膏：①当合膏温度为 30～60℃时，固化温度也在相同的范围下，形成 3BS 铅膏结构；②当铅膏在温度为 75～95℃下制备，获得铅膏主要由 4BS 组成，固化过程主要是小颗粒的 4BS 长成大颗粒的 4BS，这个过程发生在 80～95℃时的 6～8h 之间，或者固化温度 40～65℃时大约需要 24h；③而在 50℃下制备的铅膏主要由 3BS 组成，当固化在 70℃以上进行，发生了 3BS 向 4BS 的转化，固化开始时，初始的铅膏由 3BS、正方晶的 PbO 和 Pb 组成，固化 8h 后，3BS 晶粒转化成 4BS，直到固化 10h 时还保持着 4BS 晶粒的成长，正方晶 PbO 的数量由于参与 4BS 和斜方晶的 PbO 的形成而减少。4BS 晶粒在 8h 内完全形成[11]。

参考文献 [12] 中试验了用 Pb-Ca-Al 合金制造板栅，极板分别在 35℃、75℃、85℃，湿度为 100% 条件下固化 24h，再在 60℃下短时干燥极板。SEM 分析表明：85℃固化的生极板中含有大量的针状晶体，35℃固化的生极板中也有类似的针状晶体，数量较少。85℃固化的生极板中结晶颗粒连接良好，能稳定电极的结构。化成后熟极板的 SEM 分析，常温固化后形成的熟极板相对于高温固化的熟极板，活性物质晶粒致密，比表面积大。这一现象进一步证实，低温固化的正极板容量较大。

极板固化过程中：①半径小的孔消失，固化的铅膏孔半径在 0.6～4μm 之间；②小晶体消失，取而代之大晶体增加形成大孔；③孔体积增加 20%～35%；④极板上的铅膏表观密度由 7.0～7.1g/cm^3 增加到 7.8～8.0g/cm^3，约增加 10%；⑤化学粘合水量从 1.2% 减少至 0.5%，这是由于高度氢氧化的三碱式硫酸铅和氧化铅颗粒水损耗造成的。

3. 高温固化的合理应用

高温固化最难解决的问题是固化的不均匀性和固化的不可控性。固化的不均匀性是指高温固化时各个位置的均匀程度不一致，高温固化不均匀性产生的原因主要是温度较高，导致湿度波动很大，表现在极板上的各个部位的结构和成分存在较大的差异。高温固化的不可控性是指难以控制极板形成 4BS 结构的程度和结晶的尺寸的大小，即使我们知道要什么样的结构，但难以通过高温固化控制使其形成。因此，高温固化应遵循以下的要求：

1）固化的温度高，就应减少固化时间；温度低增加固化时间。效果应以 4BS 含量和结晶的尺寸判定。

2）高温固化所使用的固化室温度、湿度应均匀一致，差别较大的固化室不能进行高温固化。

3）添加4BS作为晶种，可有效减少晶粒的尺寸，增加4BS含量，增加分布的均匀性。提高了高温固化的均匀性和可控性。

4.5　生极板的技术要求

1. 成分和干燥度

重力浇铸极板正生板的游离铅含量不大于3%，负生板的游离铅含量不大于4%，活性物质含水量小于1%（以活性物质计）；拉网极板正生板的游离铅含量不大于4%，负生板的游离铅含量不大于5%，活性物质含水量小于1%（以活性物质计），生极板的铁含量≤0.005%。全部使用巴顿铅粉的极板，铅含量要高一些。

2. 重量和尺寸

重量和尺寸应符合生极板工艺要求的参数。

3. 强度和结合度

1）强度：从1m高度平行自由落体跌落3次，活性物质脱落面积不大于1/4。

2）结合度：筋条表面均匀腐蚀，敲掉活性物质，板栅与活性物质有1/2以上的结合（即板栅上沾有活性物质部分的面积与板栅总面积的比）。

4. 外观

1）表面不允许有较多裂纹，负极板不应有穿透性裂纹（即极板可透光的裂纹）。

2）生极板表面平整、整洁。表面不能粘板（即与相邻板相粘，将铅膏粘到极板表面，形成表面的铅疙瘩，或被相邻极板粘走铅膏，形成缺膏的凹坑或孔洞）。表面不允许有铅疙瘩、不允许缺膏。板栅边框不允许有超过1mm的余膏。

3）拉网生极板裁切的截面的底脚应落在节点上，以保证极板的下角不刺破隔板。拉网极板的左右边，不应有高于极板表面的毛刺。涂板纸应完整，粘贴牢靠。

4）生极板不能有不规则变形。向一个方向呈圆弧形弯曲的生极板，最大弯曲尺寸不得大于6mm（100mm长度），表面不允许有波浪形不平。

5）极耳不能粘铅膏，极耳的变形厚度不能超过极板。

6）生极板表面的颜色应均匀，不应有异常颜色。正生极板不允许有严重的从中间向外呈圆形或椭圆形向外发散的发黄；负生极板不允许有严重的从中间向外呈圆形或椭圆形发散的发黑或发绿。

7）生极板的任何部分不允许滴落的铁锈痕迹，否则应报废。

8）生极板应存放在干燥的环境中，存放期限不超过30天。

参考文献

[1] JAEGER H. 真空条件下铅膏的高效混合制备［J］. 电源技术，2001（4）：291-293.

[2] 美国Teck Metals公司产品介绍. 连续合膏机.

[3] 江苏三环公司. 合膏机说明书. 2006.

[4] Rand D A J. 阀控式铅酸蓄电池［M］. 郭永榔，译. 北京：机械工业出版社，2007.

[5] 柴树松，等. 4BS用于蓄电池极板的研究 [J]. 蓄电池，2011 (5)：215-217.
[6] 刘广林. 铅酸蓄电池工艺学概论 [M]. 北京：机械工业出版社，2009.
[7] 朱松然. 蓄电池手册 [M]. 天津：天津大学出版社，1998.
[8] 巴甫洛夫. 铅酸蓄电池科学与技术 [M] 段喜春，苑松译. 北京：机械工业出版社，2015.
[9] 柴树松. 高温固化的试验研究 [R]. 第十届全国铅酸蓄电池学会，2006.
[10] 胡信国，等. 阀控式密封铅酸蓄电池的最新发展 [J]. 蓄电池，2001 (3)：33-41.
[11] 阎新华，史鹏飞. 铅酸蓄电池固化条件的研究 [J]. 蓄电池，2001 (4)：9-11.
[12] 唐征，等. 高温固化在VRLA电池中的应用 [J]. 蓄电池，2003 (3)：104-109.

5

第5章 化 成

5.1 化成的概念

化成是指生极板中的物质用电化学的方法最终转化成为带电的活性物质的过程，即正极板中碱式硫酸铅、$PbSO_4$、PbO 及少量的 Pb 等物质进行阳极氧化，转化成 PbO_2；在负极板中碱式硫酸铅、$PbSO_4$、PbO 及少量的 Pb 等物质通过阴极还原，转化成海绵状的金属铅，使正负极板上的铅膏分别成为蓄电池荷电状态的活性物质。化成既可使极板生成具有较高活性的物质，又可使得到的活性物质有一个适当的微观结构，使晶体之间有较好的接触从而保证极板具有高的比特性和长的充放电寿命。

铅酸蓄电池有两种化成方式：一种为极板化成俗称外化成，极板经化成槽充电化成后，经过后处理形成干荷电极板，可组装成“干荷电电池”，需要时，注入规定要求的电解液就可以投入使用；另一种为电池化成俗称内化成，即生极板直接组装成电池，加入电解液后再进行充电化成，得到“湿荷电电池”。

极板化成又分为不焊接化成和焊接化成，随着不焊接化成技术的成熟，不焊接化成已成为主要的化成方式，焊接化成已较少使用。不焊接化成是将极板插入化成槽中，在化成槽的下部装有用于输送电流的导电杠，极板工艺极耳的一个角落在导电杠上，充电过程中靠这个接触部位进行导电。也有的导电杠装在化成槽的上面，让极板挂在导电杠上。焊接化成是生将极板插入化成槽中，然后将极耳焊接到导电杠上进行化成。

极板化成和电池化成各有优缺点，极板化成比较直观，化成出来的极板可以进行筛选，检验对比，一致性较好，但设备投入较大，厂房占用面积多，往往成为蓄电池生产的瓶颈工序；电池化成，因淋酸极板表面有一层紧密的 $PbSO_4$ 结晶层，或表面覆涂板纸，在分片、刷耳及组装过程中，铅尘对作业环境的污染远较极板化成的极板轻得多，而且化成酸雾较少、含酸废水少，不需要庞大的化成装置，但是电池化成对极板制造及电池制造的技术质量控制提出了更严格的要求，因化成过程是生极板的组成物质向正、负极板活性物质的电化学转变过程，如果出现转变不彻底，一致性差等问题，尤其是一些隐藏在电池内部不易发现的问题，会影响电池的各方面性能，从而影响电池的使用。

国内外生产汽车蓄电池，特别是采用拉网生产线的汽车蓄电池采用电池化成；重力浇铸板栅生产的大、中、小阀控电池，汽车起动用电池等两种方式都有采用；高型厚极板往往采用极板化成。因环保需要及国家和行业政策要求，电池化成是蓄电池生产优先选用的化成方式。

不管是极板化成还是电池化成，化成时间要根据极板的厚度而定，对于薄极板，厚度在1.0~3.0mm，化成时间一般在24h之内；对于厚极板即大于3mm的极板，化成时间一般要48h，或更长时间。化成的充电方式一般是多阶段充电，有时也需要中间放电。

化成受温度的影响很大，没有恒温措施的化成，在冬季和夏季的化成工艺要随室温的变化进行调整。在气温最高或气温最低的季节，是化成最容易出问题的时候。电池化成受环境温度的影响要小于极板化成，因为电池化成容易采取恒温的措施。

5.2 化成的原理

5.2.1 化成的充电过程

化成是一系列复杂的化学反应，从生极板浸到酸液开始，到极板完全化成好，化学反应一直进行。随着电化学反应的进行，正极板中的PbO、$3PbO \cdot PbSO_4 \cdot H_2O$（3BS）、$4PbO \cdot PbSO_4$（4BS）等成分逐渐转化成$PbO_2$；负极板中的PbO、$3PbO \cdot PbSO_4 \cdot H_2O$（3BS）等成分逐渐变成活性Pb。在转化的过程中，其间不断有中间产物生成，之后又转换成活性物质。要获得稳定和良好的化成效果，就需要从原理上了解化成反应和过程的控制。

1. 化成过程中的化学反应和电化学反应

（1）极板上的化学反应

固化后的生极板主要组成物质是PbO、$PbSO_4$，以及碱式硫酸铅和少量的金属铅。其中PbO和碱式硫酸铅都是碱性化合物。因此，在硫酸电解液中，发生中和反应，并产生热量，其化学反应为

$$PbO + H_2SO_4 = PbSO_4 + H_2O \tag{5-1}$$

$$3PbO \cdot PbSO_4 \cdot H_2O + 3H_2SO_4 = 4PbSO_4 + H_2O \tag{5-2}$$

$$PbO \cdot PbSO_4 + H_2SO_4 = 2PbSO_4 + H_2O \tag{5-3}$$

$$4PbO \cdot PbSO_4 + 4H_2SO_4 = 5PbSO_4 + 4H_2O \tag{5-4}$$

这些反应的结果消耗了硫酸，化成初期硫酸电解液密度下降。因此开始的电解液密度不能过低。在通电之前，首先保证极板上的微孔都被电解液充满。保证极板吸收了足够的硫酸，从而获得弱酸性的反应条件（达到适于电荷传导的pH）。这一过程对于用薄极板的SLI电池可能需要20~30min左右，而对于用厚极板的工业电池则可能需要0.5~2h。

（2）正极板上的电化学反应（阳极氧化反应）

$$Pb + 2H_2O = PbO_2 + 4H^+ + 4e \tag{5-5}$$

$$\varphi_e = 0.666 - 0.118pH$$

$$PbO + H_2O = PbO_2 + 2H^+ + 2e \tag{5-6}$$

$$\varphi_e = 1.107 - 0.0591pH$$

$$2H_2O = O_2 + 4H^+ + 4e \tag{5-7}$$

$$\varphi_e = 1.228 - 0.0591pH + 0.0148\lg p(O_2)$$

$$3PbO \cdot PbSO_4 \cdot H_2O + 4H_2O \longrightarrow 4PbO_2 + SO_4^{2-} + 10H^+ + 8e \tag{5-8}$$

$$\varphi_e = 1.325 - 0.0739pH + 0.0074\lg a(SO_4^{2-})$$

$$PbO \cdot PbSO_4 + 3H_2O \longrightarrow PbO_2 + SO_4^{2-} + 6H^+ + 4e \tag{5-9}$$

$$\varphi_e = 1.468 - 0.0866\text{pH} + 0.0148\lg a\ (SO_4^{2-})$$

$$PbSO_4 + 2H_2O \longrightarrow PbO_2 + HSO_4^- + 3H^+ + 2e \quad (5\text{-}10)$$

$$\varphi_e = 1.655 - 0.086\text{pH} + 0.0295\lg a\ (HSO_4^-)$$

φ_e 表示298.15K下反应的平衡电位，所有的平衡电位都是相对于标准氢电极作为参比电极。

在以上反应中式（5-7）是水的分解副反应。正极电位超过1.23V时就开始水分解，同时析出氧气。根据平衡电极电动势 φ_e 愈负的（即数值愈低的）阳极氧化反应愈容易进行；相反 φ_e 愈正的（即数值愈高）的阴极还原反应愈容易进行的原理，正极板的各种物质的化成顺序为Pb、PbO、H_2O、$3PbO \cdot PbSO_4 \cdot H_2O$、$PbO \cdot PbSO_4$ 化成的最后阶段 $PbSO_4$ 才转换成 PbO_2。在化成前期，铅膏中pH较高的碱性条件下，PbO和碱式硫酸铅形成 α-PbO_2，到了化成后期，铅膏的微孔中的pH较小的酸性情况下，主要 $PbSO_4$ 将转换为 β-PbO_2。

（3）负极上的电化学反应（阴极还原反应）

$$PbO + 2H^+ + 2e \longrightarrow Pb + H_2O \quad (5\text{-}11)$$

$$\varphi_e = 0.248 - 0.0591\text{pH}$$

$$3PbO \cdot PbSO_4 \cdot H_2O + 6H^+ + 8e \longrightarrow 4Pb + SO_4^{2-} + 4H_2O \quad (5\text{-}12)$$

$$\varphi_e = 0.029 - 0.0443\text{pH} - 0.00741\lg a\ (SO_4^{2-})$$

$$PbO \cdot PbSO_4 + 2H^+ + 4e \longrightarrow 2Pb + SO_4^{2-} + H_2O \quad (5\text{-}13)$$

$$\varphi_e = -0.113 - 0.0295\text{pH} - 0.0148\lg a\ (SO_4^{2-})$$

$$PbSO_4 + H^+ \longrightarrow Pb + HSO_4^- \quad (5\text{-}14)$$

$$\varphi_e = -0.302 - 0.0295\text{pH} - 0.0259\lg a\ (HSO_4^-)$$

$$2H^+ + 2e = H_2 \quad (5\text{-}15)$$

$$\varphi_e = -0.059\text{pH} - 0.029\lg p\ (H_2)$$

φ_e 表示298.15K下反应的平衡电位，所有的平衡电位都是相对于标准氢电极作为参比电极。

以上反应中式（5-15）的析氢反应是副反应，按平衡电极电动势大小的反应顺序规律，负极上的化成反应顺序为PbO、$3PbO \cdot PbSO_4 \cdot H_2O$、$PbO \cdot PbSO_4$、$PbSO_4$ 是在化成后期的最后阶段才被还原。

化成时，正极板和负极板浸入稀硫酸中，充电机像泵一样从正极板上抽取电荷并移动到负极板上。

2. 负极板化成

负极化成过程分为两段：在第一阶段，PbO和 $3PbO \cdot PbSO_4 \cdot H_2O$ 的数量减少，而Pb和 $PbSO_4$ 的数量增加，说明在极板内部中性环境下一部分还原为Pb，称为原生级铅，构成骨架结构，起汇流的作用；另一部分与硫酸反应生成了 $PbSO_4$。在第二阶段，在酸性环境中 $PbSO_4$ 还原为Pb，主要是铅晶体的长大，为次生级铅，起活性物质的作用。

在电化学转化过程中，Pb的结晶不会形成大块的晶体，而是呈针状，具有第二甚至第三根分叉。因此，反应可以很容易地渗透到活性物质中。针状或树枝状结晶结构具有大的比表面积，这是生产高性能电池所必需的。在化成中，膨胀剂的角色并不十分重要。他们的主要用途是在较长的循环使用过程中保持大的比表面积。

PbO 和 $3PbO \cdot PbSO_4 \cdot H_2O$ 在之前的浸泡过程中，被包裹在 $PbSO_4$ 之下。随着反应的进行，反应中产生的酸会进一步继续与 PbO 和 $3PbO \cdot PbSO_4 \cdot H_2O$ 反应。因此，到所有的基本组成物质被转化完之前，负极板中的电解液的密度不会出现大的增加。

化成过程所带来的显著变化是孔率的变化。化成前的 PbO 密度为 $9.5g/cm^3$，化成后 Pb 的密度为 $11.3g/cm^3$；摩尔质量从 223g/mol 减少到 207g/mol；固体物质（没有极板孔隙的自然状态）的体积由原来的 V_1 减少到 V。

$$V = V_1 \times \frac{207}{223} \times \frac{9.5}{11.3} \times 100\% = 78\% V_1 \tag{5-16}$$

由于碱式硫酸盐之间的密度关系很相似，重量的减少更多，估计固体物质的体积减小为原来的 75%。负极板化成后，假设外形体积不变的话，极板的孔率增加 25%。实际上，化成后的熟极板的外形体积是缩小的，但总体上孔率还是增加的。

通常用单位极板重量的充电量来计算化成充电量。对通常的负极组成，设定 100kg 铅粉（金属铅为 25%），假设加入硫酸 4kg，生极板理论上能得到 39.7kg 三碱硫酸铅（不含结晶水）。固化后得到 65.5kg PbO（假设 Pb 全部氧化为 PbO）和膨胀剂 1.5kg（假设）。假定经过干燥后仍有 2.5% 的水分剩余。这一步中活性物质（在此为除水之外的极板物质）的重量 AM^- 值为

$$AM^- = \frac{39.7 + 65.5 + 1.5}{0.975} kg = 109.4kg \tag{5-17}$$

26.8A · h 为 1 摩尔单位电荷电量。所以 2 × 26.8A · h 为 1 摩尔 Pb（207g）的电量。94.6kg Pb（100kg 的铅粉相当于 94.6kg 的 Pb）化成需求的理论电量 $f_{理论}$ 值为

$$f_{理论} = \frac{2 \times 26.8 \times 94600}{207} A \cdot h = 24500A \cdot h \tag{5-18}$$

以干燥后的活性物质为基础，每千克活性物质所需要的理论充电电量 $F_{理论}$ 为

$$F_{理论} = \frac{24500}{109.4} A \cdot h/kg = 223.9A \cdot h/kg \tag{5-19}$$

负极板的化成效率较高，电流转化率接近 100%。只有在反应接近完成，产生氢气的副反应时，效率才快速下降。

通常在正负极板比例匹配的条件下，负极板完全化成时快于正板。在实际操作中，化成过程取决于正极板的化成。在正负比例不匹配，加入更多负极板的情况下，负板完全化成好也可能慢于正板，应注意判断。

3. 正极板化成

D. Pavlov 等人揭示了正极化成过程分两阶段进行，在浸酸步骤和第一化成阶段，硫酸渗透进极板，铅膏被硫酸盐化。在浸酸过程中，硫酸盐化首先从极板表面层开始，然后在化成中向极板内部进行。极板内的 3BS、4BS 和 PbO 与水化合，使孔中溶液的 pH 值上升。在这些内部区域进行电化学反应，形成 $\alpha-PbO_2$，其余转化为 $PbSO_4$。第二阶段当 PbO 和 3BS 被耗尽时，溶液的 pH 值下降，为了维持恒定的化成电流，极板的电位将上升，并达到 $PbSO_4$ 氧化成 PbO_2 所需要的电位值，这时 $PbSO_4$ 被氧化生成 $\beta-PbO_2$，这个过程与硫酸的产生相联系，极板孔中的溶液变为强酸性，硫酸析出离开极板。在整个反应过程中，碱式硫酸铅氧化为 PbO_2 是通过固相反应进行的，即发生了所谓的“迭代过程”，使整个铅膏的结构得以保存。$PbSO_4$ 氧化生成为 PbO_2 是通过溶解-沉积机理进行的，使得其晶体形貌有所改变[1]。

$PbSO_4$ 微溶于硫酸溶液，$PbSO_4$ 的溶度积为 1.7×10^{-8}，在极板内部结构表面的水溶液中，浓度略高于2mg/L。由于 $PbSO_4$ 的反应只能够发生在溶解的状态下，$PbSO_4$ 的弱溶解性起了核心作用。$PbSO_4$ 首先溶解，接着 Pb 和 PbO_2 沉积在电极中。这被称作溶解-沉积机理。

正板化成后的产物为 $\beta-PbO_2$ 和 $\alpha-PbO_2$。

$\alpha-PbO_2$ 是一种类似于复合晶体的凝聚物，它是在碱性条件下生成的 PbO_2。在极低硫酸浓度（甚至碱性）和高温环境下化成时，正极板中会形成一部分 $\alpha-PbO_2$。由于其结构紧凑和比表面积较低，$\alpha-PbO_2$ 含量高的极板只能在低的表观电流密度的条件下才能进行放电，且容量低。

$\beta-PbO_2$ 由许多小晶体组成，这些小晶体之间有间隙，往往在偏酸性的低温条件下生成。由于它具有大的比表面，可以在高的表观电流密度的条件下放电。比起 $\alpha-PbO_2$，$\beta-PbO_2$ 更容易出现活性物质脱落的情况。

化成时，正极板会形成 $\alpha-PbO_2$ 和 $\beta-PbO_2$。一般 $\alpha-PbO_2$ 占量少，$\beta-PbO_2$ 占量多。$\beta-PbO_2$ 保证性能，而 $\alpha-PbO_2$ 则作为骨架，保证结构稳定。在达到相对稳定的比值之前须经历几次充放电的电化学反应，反应次数取决于极板的厚度，薄极板会更快地达到稳定的比例。$\alpha-PbO_2$ 和 $\beta-PbO_2$ 的含量能够决定铅酸蓄电池的初始性能和循环寿命。对于不同类型的蓄电池来说，合适的比例至关重要。

化成过程中的结晶是一个重要过程。晶体容易生长在氧化物的表面上，一旦表面被完全覆盖，反应继续进行下去就很困难。对于 3BS 的小针状结构，化成形成的产物覆盖在表面对内部继续化成影响较小；而较大晶粒的四碱硫酸铅经常在反应初期就被产物覆盖，使得化成反应很难完成。因此，在正极板的生产过程中，要避免 4BS 结晶过大的情况。这一点在铅膏合制和固化的生产过程控制中需要特别注意。因为事后几乎无法弥补或矫正。

在极板浸泡的过程中，短时间渗透到极板中心的液体几乎不含有硫酸，因为硫酸已经在极板表面和渗透过程中和 PbO 发生了反应，其化学状态为中性或微碱性。因溶液中没有（或微量）硫酸根离子存在，Pb 的溶解度比较高。此时接通化成电流，极板的中心部位会得到较多的 $\alpha-PbO_2$。随着浸泡过程继续进行，硫酸会以扩散的方式渗透到极板中，同时温度增高可以加速这一过程。浸泡的时间依据极板的厚度不同进行调整，固定型蓄电池极板的处理方法与起动用蓄电池极板会有所不同。起动用蓄电池极板一般需要浸泡 20 ~ 30min，固定型电池的极板会更长，根据极板厚度，有的需要 0.5 ~ 2h。

即使增加浸泡时间和硫酸的用量，PbO、3BS、4BS 向 $PbSO_4$ 的转化仍然不会彻底，这是孔率的变化造成的。PbO 的密度是 $9.5g/cm^3$，而 $PbSO_4$ 是 $6.9g/cm^3$。此时重量从 233g/mol 增加到 303g/mol，从而造成了固体物质的体积增加了 n 倍：

$$n=\frac{9.5}{6.9}\times\frac{303}{223}=1.87 \tag{5-20}$$

假设铅的氧化物全部反应，将彻底阻塞所有存在的微孔。但一般化成反应是逐渐进行的，所以不会出现外观体积的明显变化，只是在硫酸与 PbO 的反应过程中微孔减少了，之后形成 PbO_2 又生成了微孔。浸泡过度可使 $PbSO_4$ 生成较多，使体积增加，增大了结构所承受的机械应力，可能使活性物质之间结合力下降，因此浸泡时间也不能过长。

由于 PbO 的密度（$9.5g/cm^3$）和 PbO_2 的密度（$9.4g/cm^3$）几乎相同，而重量略增加

(223g/mol 到 236g/mol)。化成结束时的孔率会恢复到接近的初始状态。

当接通电流时，极板内的电解液几乎为中性，因此最初产生的 PbO_2 是 $\alpha-PbO_2$。当 PbO 完全反应，析出的酸不再参与反应，电解液的 pH 值逐渐降低，$\beta-PbO_2$ 的含量将会逐步增加。

假设正极板铅膏组成，基于100kg 铅粉（含有25%的金属铅）的情况。加入5kg 硫酸。

100kg 铅粉中 Pb 全部氧化，形成的 PbO 为101.9kg；与硫酸反应后形成 $PbSO_4$ 和水，水在干燥过程中蒸发，剩余的重量为4.08kg；极板固化后含2.5%的水分。则最终产出的活性物质（在此为除水之外的极板物质）的质量 AM^+ 为

$$AM^+ = \frac{101.9 + 4.08}{0.975} = 108.7\text{kg} \tag{5-21}$$

108.7 kg 极板的活性物质包含94.6kg Pb（由100kg 铅粉换算的 Pb 含量）。理论上正极板由 PbO 转化成 PbO_2 所需要的电量 $f_{理论}$ 为

$$f_{理论} = \frac{2 \times 26.8 \times 94600}{207}\text{A} \cdot \text{h} = 24500\text{A} \cdot \text{h} \tag{5-22}$$

每千克活性物质所需要的理论电量 $F_{理论}$ 为

$$F_{理论} = \frac{24500}{108.7}\text{A} \cdot \text{h/kg} = 225.4\text{A} \cdot \text{h/kg} \tag{5-23}$$

正极板在充电量达到理论充电量的60% ~70%之后，副反应开始大规模出现，产生大量氧气。副反应式如下：

$$2H_2O = O_2 + 4H^+ + 4e^- \tag{5-24}$$

这就造成了化成实际的充电量要远大于理论充电量。另外，大部分的电池制造厂家都会用过量的正极板铅膏（摩尔 Pb 比率：正极板比负极板大于1）。因此决定化成所需充电量的是正极板。

即使充入的电量超过理论电量的200%，仍会有没有反应的 $PbSO_4$ 和 PbO。因此，在什么时候，哪个点上停止正极板化成，是得到高性能极板的关键因素之一。

电解液密度为1.06g/ml 的槽化成，完成化成后的开路电压仅为1.9V。在化成中，气体开始大量析出之前，电压会上升到2.4V。简单地说，化成后期，反应物 $PbSO_4$ 的量逐渐减少，真实电流密度增大，正极的过电位增加，电压就会上升。与此同时，极板微孔中的电解液密度上升。这也被称为 $PbSO_4$ 减少所造成的极化现象。

一般化成后期温度升高，为阻止温度继续升高，需要降低化成电流。然而，即使化成电流只有初始值的50%，温度的上升仍然会较快。采取必要的降温措施是需要的。

析气是铅酸蓄电池生产中的常见的副反应，这是正常生产中不可避免的。当到达了析气电压时，在槽化成或电池化成充电中，化成电流就要降低。

5.2.2 化成时充电电压的变化

在化成过程中，正负极之间的电压随着化成的进程不断地变化，充电电压的变化是化成过程中总反应的体现。除与极板的组分有关系外，还与极化和离子的扩散有关，总体上有一定的规律性。

化成过程中的正板、负板的电位如图5-1所示，充电后期，负极电位更负，正极电位更

正，并逐渐趋于稳定。

极化是抬高充电电压重要因素。极化分为三种，一是电化学极化，是由于电极上进行电化学反应产生电子的速度，落后于电极上电子运动的速度造成的；二是浓差极化，在充电过程中，极板内部离子浓度由于电极反应而发生变化，极板间隙电解液中离子扩散的速度又赶不上弥补这个变化，就导致极板内部溶液的浓度与极板间隙电解液间有一个浓度梯度，这种浓度差别引起的电极电动势的改变称为浓差极化；三是欧姆极化，电极材料、电解液、活性物质等都有电阻，电阻的所产生的作用是使电位升高。三种极化的综合称为总极化，可以看出极化使化成时的电压升高。每种极化在总极化中占的程度随条件而改变。

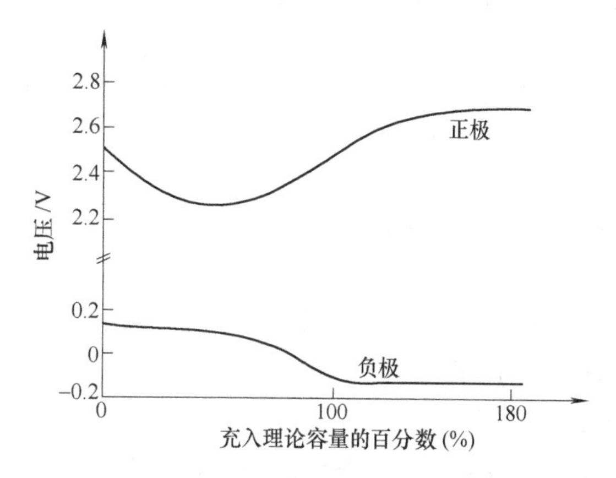

图5-1　化成正极板、负极板相对于镉电极的电压变化

由于极板制造采用的工艺不同，很难推测具体的极化数值，推测化成的电压就更不容易了。最简单的方法就是通过试验测定反应过程电压的变化，通过曲线判断充电的情况。图5-2所示中给出了三种设定化成电流的曲线，正常电流、偏大电流和偏小电流化成曲线，正常电流化成电压有一个最高点或拐点，对薄型极板更明显，厚型极板最高点或拐点可能不太明显，但也可以判断出来。电压的最高点或拐点非常重要，一般化成出现最高点或拐点后，再充入一定的电量，一般是再充 2 ~ 5h，就可以化成结束。电压的最高点或拐点出现的位置成为判断化成工艺是否合理的重要因素之一。化成电流偏小时，在预定的充电时间内未出现最高点或拐点，说明化成电量不够，需要增加电流或延长时间。电流偏大时，在预定的充电时间结束的 5h 前电压出现最高点或拐点，如继续按预定时间充电，到终止时，就会造成过充的状况，这种情况应减少电量，即减小充电电流或缩短时间。

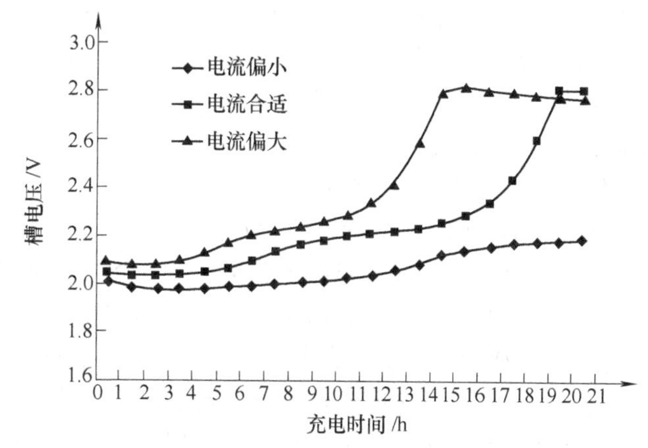

图5-2　极板化成的槽电压曲线

化成电压的变化规律基本为，在刚充电的几个小时，电压缓慢下降，之后缓慢上升，以图5-2中的合适化成电流的曲线为例，电压缓慢下降约5h左右，之后进入上升过程，到10h后又进入较平缓的上升阶段，到约16h，之后电压快速上升，到20h达到最高点，之后非常缓慢的下降（或微微上升），直到充电完成。

5.2.3　化成时极板中成分的变化

以3BS为主要结构的正极板的化成，其化成过程中的成分变化如图5-3所示（3BS成分分别以 PbO 和 $PbSO_4$ 计，图 5-4 所示中 4BS 同)，从图中可以看出，随着化成时间的增加，PbO 逐渐减少，到达 12h 后（固定的化成电流）基本消失；PbO_2 逐渐增加，到达 12h 以后，出现拐点，保持在 82% 以上；$PbSO_4$ 的变化是，在化成初期，生极板中的 PbO 与电解液硫酸反应较多，生成 $PbSO_4$，$PbSO_4$ 再化成反应生成 PbO_2，同时析出硫酸。硫酸继续与 PbO 反应，生成新的 $PbSO_4$，所以 $PbSO_4$ 含量是增加的。随着反应的进行，PbO 含量越来越低，PbO_2 含量越来越高，$PbSO_4$ 在出现一个高点后，逐渐下降，直至到 15h 后，接近很低的量[1]。

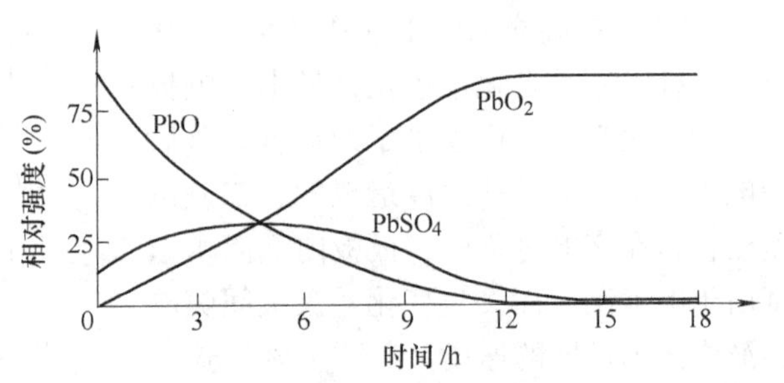

图 5-3 3BS 为主要结构的正极板化成时间与成分的曲线[3]

在化成结束后，极板中 PbO_2 的量一般在 82% ~ 91%，PbO 接近零，$PbSO_4$有 1% 到 5% 的含量。当温度过低化成，或化成电量不足时会出现 PbO_2 含量偏低，$PbSO_4$、PbO 偏高的情况。要根据具体情况判断和进行调整。

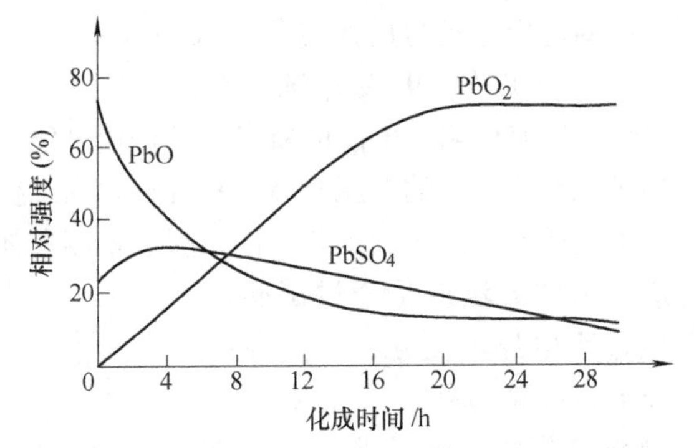

图 5-4 4BS 为主要结构的正极板化成的组分转化曲线[4]

4BS 为主要结构的正极板，化成成分的变化规律与 3BS 相近，但化成的充电时间明显延长，这表明 4BS 化成远比 3BS 化成困难。在 3BS 化成中，在给定的电流条件下，化成 13h，极板成分已基本稳定。而 4BS 化成在 28h 后仍不稳定，并且有较多的 PbO、$PbSO_4$ 成分，表明化成到这种程度，仍不能算化成完成。所以化成以 4BS 结构为主的极板，要格外注意这个问题。这也是高温固化不易实施的重要原因之一。

为了防止更严重的情况的出现，一般形成 4BS 的极板要严格控制结晶的尺寸，过大就会出现不易化成的问题，一般最好小于 5μm。采用引入 4BS 晶种的方法，即在合膏过程中加入 4BS 微粒的办法，可以细化结晶[2]。

为提高化成的效率，可以在合膏时加入红丹等，但不能添加太多，一般不超过 5%。在合膏中加入石墨也对化成和极板性能有好的影响，但一些研究认为，加入较多石墨可能对 4BS 的形成有阻止的作用；但加入量较小，如 0.2% 左右不会对形成 4BS 成分有影响[3]。

在负极板中，由于有机添加剂的存在，不会形成 4BS，主要成分为 3BS。在上节也提到，一般负极化成反应比较容易，不是化成过程的控制因素。图 5-5 所示表明，PbO 和 3BS，在化成过程中是逐

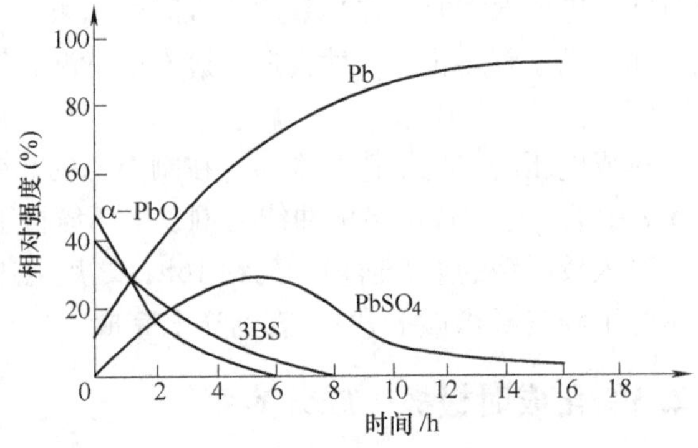

图 5-5 负极板化成组分变化曲线[1]

渐减少的，$PbSO_4$ 逐渐增加达到一个高点后会逐渐下降，化成生成的 Pb 逐渐升高，一直达到90%以上。

一般化成好的负极板，金属铅含量在83%以上，$PbSO_4$ 为1%～5%，含有少量的 PbO。如果是干荷电极板，因为后续的干燥处理可能使部分铅氧化，导致 PbO 增高。干荷电负极板的 PbO 含量在8%以下。

5.2.4 化成中酸密度的变化

在进行化成时，生极板插入调好电解液密度的化成槽中或生板电池灌酸后，由于极板中的 PbO 和3BS 等与电解液中的硫酸反应生成 $PbSO_4$，电解液中的硫酸逐渐减少，在化成过程的一段时间内，电解液的密度逐渐降低，当化成至理论容量的20%左右时，出现密度的最低点，之后密度逐渐上升。这主要是极板中的硫酸，多次反应的结果。到化成后期，极板中的硫酸大部分已进入电解液中，电解液的密度不再变化。极板化成与电池化成电解液变化的基本规律相同，由于电池化成灌酸的电解液密度一般比极板化成高得多，所以密度变化的幅度也较大，如图5-6所示。

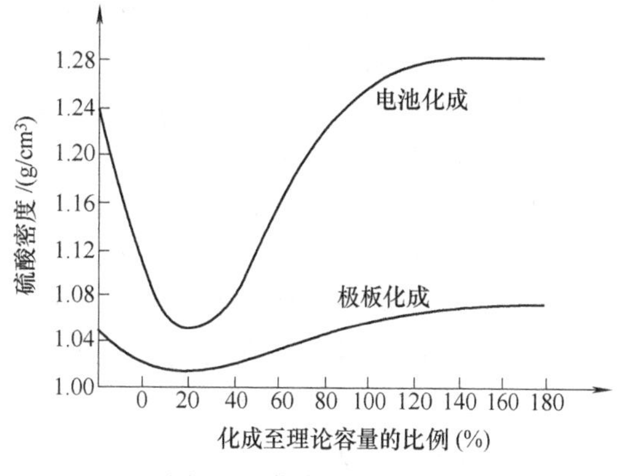

图5-6 化成过程中电解液密度的变化

极板化成电解液的初始密度约为 $1.04g/cm^3$ 左右，可以根据气温的变化适当调整，温度高时，降低电解液密度；温度低时提高电解液密度。一般工厂分为夏季工艺和冬季工艺。

电池化成有两种不同电解液密度的工艺，一种是灌注密度较高的硫酸，化成完成后不用倒酸，电解液符合蓄电池出厂的电解液密度要求。一种是灌注低密度的酸，化成完后倒酸，再加高密度的酸，与电池内残留的硫酸混合均匀后达到要求的电解液密度。不倒酸的工艺，操作上省事，但加高密度酸，极板化成比较困难，表面的白斑很难完全消除。加低密度的酸，需要倒酸和再加酸，操作上繁琐，但化成质量较好，化成不容易出问题。

极板化成与电池化成相比，电池化成的容量较高，极板化成的容量较低，主要原因是电池化成的酸密度较高，极板可能形成了较多的 $\beta-PbO_2$ 的缘故。

5.2.5 温度的控制

化成过程中温度是不断变化的，首先是极板插入化成槽后，硫酸与 PbO 等反应形成 $PbSO_4$ 是放热反应，温度上升。因为极板化成的酸密度低，电解液量大，所以极板化成插板后温度上升较少；而电池化成因为酸密度高，电解液少，温度上升较高，有时为了防止温度过高，采用预先将电解液降温的措施，俗称加冷酸，以降低加酸后的温升。

随着化成的进行，前期温度略有上升，但上升不快。当化成时间达到70%以上时，特别是出现析气较多时，温度上升较快。极板化成应控制温度在48℃以下，超过温度时应减少电流，以降低温度。电池化成一般采用水降温的措施，应保证电池不超过56℃，超过温度，应采取减少电流，增加降温水的流量等办法降温。超过以上温度，可能对电池的性能产生不利的影响。

5.3 极板化成工艺

5.3.1 化成电解液密度

极板化成在电解液中进行，电解液使用稀硫酸，电解液密度为1.025~1.080g/cm^3。使用硫酸电解液的特点如下：

1）与极板组装成电池后的电解液成分相同；铅膏中含有$PbSO_4$，化成析出硫酸，不会增加电极体系和电解液的成分组成。

2）硫酸是强酸，电离成离子较容易，离子迁移阻力较小，可降低化成的电量消耗。

3）必须在酸性电解液中化成，如在碱性中化成，全部生成$\alpha-PbO_2$，没有电化学活性，不能放电；在中性电解液中化成，容量极低。硫酸是电池电化学反应的反应物，硫酸在铅酸蓄电池极板化成中当然是最理想的电解液。

生产上通常用硫酸电解液的密度来表示稀硫酸的浓度，化成电解液的密度对化成的影响较大，特别是不焊接化成，它不仅影响极板的有效成分含量和形成的结构，还影响化成的工艺性，如产生掉片（指不焊接化成，没有得到很好充电的极板）等。化成电解液密度的确定一般根据极板的种类、极板薄厚、室温、化成的工艺性等条件确定。一般遵循以下几个原则：

1）化成过程电解液的温度高要降低电解液密度，温度低要增加电解液密度。一般化成受温度的影响较大，随着季节的变化，电解液的温度变化也较大。在夏季，温度较高，化学反应速度较快，充电时接受能力较强，极板容易化成好，低电解液密度能够满足化成的需要，一般应用的电解液密度为1.030~1.040g/cm^3。在冬季，温度较低，化学反应速度较慢，极板的接受能力较差，各种阻力较大，极板不易化成好，增加硫酸的浓度，有利于极板活性物质有效成分的增加，有利于极板良好的外观。一般应用的电解液密度为1.040~1.060 g/cm^3。

2）极板铅膏的含酸量高，要适当降低的电解液密度；铅膏的含酸量低，可适当提高化成电解液密度。合膏时铅膏中加入的酸量对化成有一定的影响，加入酸量多，较难化成，化成析出的硫酸量也较多，化成使用密度较低的电解液是合适的。一般铅膏加酸量达到1000kg铅粉加稀酸（1.4g/cm^3）100kg以上，就算是高含酸铅膏了，化成电解液密度要降低0.005g/cm^{3}以上。铅膏中的含酸量低，化成较易，但化成极板析出的酸较少，极板的颜色变浅，一般适当增加化成电解液的密度，可得到好的效果，一般增加量不超高0.005g/cm^3。

3）化成出来的正极板颜色发红，要提高电解液密度；化成出来的极板颜色发黑，要降低电解液密度。正极板的颜色一般介于深褐色和红褐色之间，如果颜色偏红，在确认没有其他影响因素的前提下，一般增加电解液密度会得到解决。化成出来的极板颜色发黑，特别是薄极板，应降低电解液密度。

4）化成出来的极板弯曲，要降低电解液密度。极板弯曲是极板应力引起的，主要是两面涂膏不均造成的。在较高电解液密度的情况下，极板与硫酸反应，形成 $PbSO_4$，然后再转化成 PbO_2，在这个过程中，体积不断地变化，形成应力不均的问题，造成一面应力大，一面应力小，形成了弯曲。

5）正极板表面白斑，降低化成电解液密度。硫酸与极板表面的铅膏反应形成了 $PbSO_4$，$PbSO_4$ 为白色，看起来像白花。表面 $PbSO_4$ 的电阻较高，$PbSO_4$ 的转化比较困难，有一部分不能转化过来，就形成了白花板。降低电解液密度，可减少白花板的产生。

5.3.2 化成电流及电量

在5.2.1节中，计算了生极板每千克重量活性物质化成好后需要的理论电量，正板约为225.4A·h/kg，负板约为223.9 A·h/kg，两者接近。但是由于化成过程中的副反应的存在，极板化成好的用电量远比理论值要高。实际化成电量为理论值的1.7～2.5倍，这个值取决于极板的厚度、固化铅膏的组成、不同相的组成颗粒的大小以及化成的恒流和恒压方法。起动用蓄电池的化成电量在2倍左右。化成电流是根据极板化成的用电量和化成时间确定的，化成时间一般根据极板的薄厚和设备的输出能力确定，极板薄需要的化成时间就短，极板厚需要的时间就长。一般设备的输出电流有上限的控制，输出的电流小，需要的时间就长。

化成电流一般有多种计算方法，可按铅膏重量计算，可按理论（或额定）容量计算，也可按体积计算。不管用那种计算方法制定的工艺都要在实际生产中进行修正，修正后得到确认的参数才能纳入生产工艺。由于铅粉的粒径、铅膏的表观密度、合膏加酸量、合膏工艺、涂板设备、淋酸与不淋酸、固化工艺等不同，会使化成电流产生一定差异。

1. 化成电流的计算

按涂膏或生极板重量法计算。一般都以正极板的计算为基础。

按生极板重量计算化成电流的方法为，每100g正生极板的理论化成电量约为22.54A·h（5.3.1节计算），实际化成电量为理论值的1.7～2.5倍（经验值）。假设化成时间18h，充电量为理论值的2倍，100g正铅膏的极板的化成电流 $=22.54\times2/18\text{A}=2.5\text{A}$。如果每槽化成的是含100g正铅膏的正极板，片数为16片，化成电流则为40A。如果想从生正板活性物质推算到湿铅膏的量，可测试铅膏到生极板活性物质的重量，经过换算则可得出。一般湿铅膏的含水量约为13%左右，100g湿铅膏的化成电流（按以上的设定）约为 $2.5\times100/113\text{A}=2.2\text{A}$。这是化成一阶段充电下算出的。如果是多阶段可根据电量进行分配，但总电量应与计算相符。如化成延长时间为36h，100g铅膏的化成电流值应相应地减少一半。

额定容量计算化成电流的方法为，以20h率容量为基础，化成过程充入电量，为极板额定容量的3～5倍（上面讲到，实际化成电量为理论值的1.7～2.5倍，正极活性物质的利用率又约为50%）。如果化成过程中有放电过程，充电量应增加放电量的1.8倍的电量。假设设计的一阶段充电过程为18h，每片极板的额定容量为20A·h，每个化成槽装16片正板，按4倍化成电流计算，化成电流 $=(20\times4\times16)\div18\text{A}=71.1\text{A}$，即该槽的化成电流为71.1A。化成槽是串联的，所以这路的化成电流是71.1A。化成槽串联只增加设备的输出电压，随着化成槽串联数的增加，化成的总电压在增加，一般每槽不超过3V。如果设计成多阶段充电，化成的总电量计算出来后，按阶段进行分配，一般主要化成阶段电流大一些，化成后期，析气增加，可适当减少化成电流。

极板厚度对充电效率影响较大，极板厚需要增加充电的电量；极板薄，减小充电电量。

按额定容量计算化成电流有时误差较大，原因是额定容量与实际容量有一定的误差。

化成好的极板要进行外观检验和成分的检验，判断化成的效果：正板 PbO_2 偏高，活性物质易脱落，有过充的特征，要减少化成的电流或电量。正板 PbO_2 偏低，极板表面有白花或颜色发红，可能存在充电不足的现象，应增加化成的电流或电量。

2. 影响化成电流的因素

温度是影响化成过程的重要因素，温度高化成的反应速度快，在相同的电流下化成，容易过充电。在夏季化成电解液的温度有时接近50℃，在这种情况下，首先应减少充电电流。减小电流后，化学反应速度减小，化成槽的电压降低，产生的热量就减少。在冬季，室温有时低到10℃以下，化成产生的热量很快散发掉，使化成槽的温度很低，有时在20℃以下，这时极板很难化成好，必须采取有效的措施。首先，适当提高化成电流是必需的，另外要进行保温，提高室内温度，也可对化成槽采取保温措施或采用较厚的橡胶槽化成。在工艺上采取一些措施，如增加放电阶段等，可提高化成的效果。

铅膏含酸量是影响化成电流的因素之一，酸量高，在生极板中的 $PbSO_4$ 就多，根据化成的各成分的转换电位，$PbSO_4$ 是较难转化的成分。若只从平衡电动势来看，正极上氧化过程应按下列顺序进行，Pb、PbO、H_2O、$3PbO \cdot PbSO_4 \cdot H_2O$、$PbO \cdot PbSO_4$ 最后是 $PbSO_4$[9]。因此铅膏加酸量高和化浸泡时间长，都将使化成较难进行。

铅膏表观密度高，生极板的孔率少，电解液的渗透较难，扩散的阻力较大，化成较困难；铅膏表观密度低，化成较容易。

涂板时极板表面淋酸使生极板表面形成一层 $PbSO_4$ 层，对化成有不利影响。淋酸密度的提高和淋酸量的增加，使化成更困难，需增加化成电量。

在生极板的组成中，3BS较好化成，晶粒较大的4BS则较难化成。因此在极板中有较多4BS的情况下，要增加化成的电量。

5.3.3 化成电解液的量

化成需要一定量的电解液，电解液量少，密度和温度波动较大，对化成过程以及质量的保证不利；电解液多，占地面积较大，操作也不方便。

一般极板化成采用规格较固定的化成槽，长宽深尺寸约为，小槽41cm×22cm×54cm，大槽46cm×22.5cm×56.5cm；小槽容积约为48.7L，大槽容积约为58.5L。另外还有各种类型的化成槽，适用不同的极板。

极板化成电解液的量按极板额定容量计算，每安时应不少于0.10L电解液。

选用化成槽和确定化成电解液的量一定要注意使用的环境和条件，在具有相对恒温的条件下化成，温度对化成影响较小，主要是化成过程中电解液密度的增加对化成的影响；在不具备相对恒温条件下的化成，温度较高时，增多电解液起到了增加散热面积的效果，需要电解液多一些；在冬季，温度较低，希望快速升温并保温，选用较小的化成槽和较少的电解液就比较合适。

5.3.4 化成充电步骤

化成一般采用多阶段化成，以利于减少化成后期的析气量，减少电量的消耗，并且减少因析气带出的酸雾量，节省酸雾处理成本。化成充电设备基本是微电脑控制，可以满足多段设置和自动转换的条件。

对于不焊接化成，每次化成要倒换极性，以便让极板与导电杠有良好的接触，在设备上有“正接”和“反接”的设置。在插好极板后，为了提高正极板与导电杠的导电性，需要反充电，设备有“正充”和“反充”的设置。插好极板的反充时间一般在 0.5h，30～50A。然后转入正常充电，按工艺设置的步骤进行。有的根据工艺的要求，需要放电，可由程序设置。充电后期，要观察极板是否充好，充好后，要停止充电。极板化成完成的主要特征有，槽电压不再升高、气泡均匀、电解液密度不再升高，以及采用目测极板的颜色、化验取出极板的成分等。

5.3.5　化成插片数及正负比例

化成插片数要根据几个方面的条件决定，首先是化成充电机的输出电流，输出的电流大，能够满足工艺给定的最大电流的要求，尽可能地多插一些极板，以降低整体电能消耗；化成槽的槽孔数也是限制插片数的因素，为了操作的方便，化成槽不能太大。气候也是影响插片数的因素之一，夏天温度较高，化成降温困难，当化成温度达到45℃以上时，可考虑减少插片数。

正板和负板插板比例对化成的质量和整个生产的安排是重要的，首先要保证化成极板的质量，使正板和负板都化成好；其次是蓄电池生产中正板和负板的比例与化成的比例不一致时，就要尽可能地向电池的比例靠拢，以降低消耗。

在图 5-7 所示中，正负板有以下几种插法，极板较厚，厚度超过 2.5mm 时，采用单片化成，即正板和负板在每个槽孔中只插一片极板，槽两端的极板插负板。梳板中间有螺杆，梳板被中间的固定螺杆分成了两部分，两部分的插板相同，中间是两片负板隔螺杆相对，图 a，正板的片数是 n，负板的片数是 $n+2$。当极板较薄时可采用双片化成，即每个槽孔中插双片，槽两端的片是单片负板；图 b，正板的片数是 $2n$，负板的片数也是 $2n$。按图 a 化成，对于负板片数多于正板的电池，可能导致电池的负极板少的问题，为此可采用图 c 的插板方式，正板的插板片数是 n，负板的插板片数是 $1.5n+2$（n 是 4 的倍数，大于等于4），这种插片方式，除个别负板活性物质与正板比值较高的效果不好外，大部分能够满足化成的要

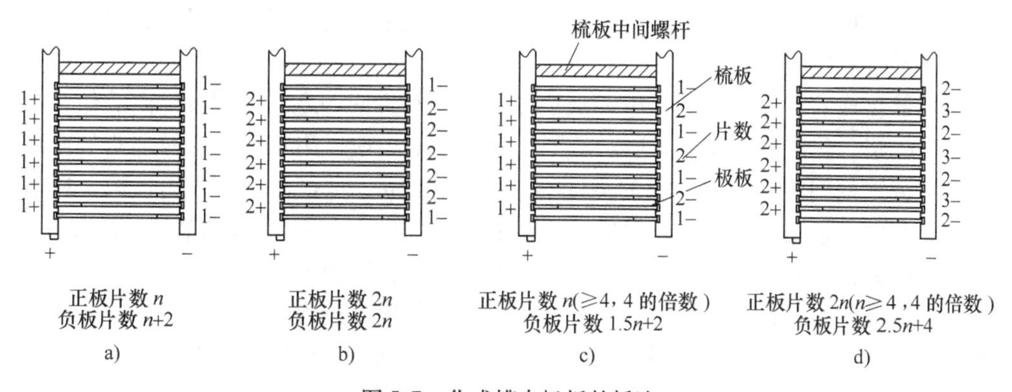

图 5-7　化成槽中极板的插法

注：梳板中间被固定螺杆分成两部分，两部分的插法相同，n 为正板插入整个化成槽的孔数。

求，质量符合要求。同样插双片化成也可能存在正负比例在电池中不匹配的问题，采用图 d 的插板，正板片数 $2n$，负板片数 $2.5n+4$。对于极板适合哪种插板方式，一方面要考虑生产的需要，另一方面要看质量的情况。对于图 c，图 d 的插板方式，正板化成好后，要求负极板的颜色要正常，不能颜色发白，发白是没有充好电的表现，再有就是化验极板的 Pb、PbO 含量，要符合质量要求。

在采取图 c、图 d 的化成方法后，负板仍然数量不够的，只能正板用板栅代替化成负板了，这种化成浪费 50% 的电能，还会产生更多的酸雾，是不经济的。

有的工厂采用正板 3 片对负板 3 片的化成，片数越多，掉片的可能性越大，一致性也难保证。最好每槽孔插板数控制在 3 片以下。

5.4 不焊接化成操作的要求

5.4.1 不焊接化成的设备和工装

不焊接化成需要的设备和工装有直流充电机、化成槽、梳形板、导电杠，以及酸雾回收和处理设备；常用的仪器有电压表、密度计、温度表等；化成槽中需要添加符合要求的硫酸电解液，现场要有调整用的纯净水。

化成充电机的输出电压的计算：每个化成槽一般按 3V 计算，如 100 个化成槽串联，电压为 300V，以充电机的实际最高输出为额定最高电压的 85% 计算，充电机的额定最高电压要达到 300V ÷ 85% = 353V 以上。各工厂的化成槽串联的数目可能各不相同，但可用相同方法计算充电机的额定电压值。实际使用的电压值要小于设备能输出的电压。

化成充电机的输出电流：化成槽是串联的，每个化成槽流过的电流相同。电流的大小取决于极板的容量的大小和片数的多少，每槽中的极板在化成槽中是并联的，化成槽的总电流为每片极板电流的和。化成电流与化成工艺有关系，化成时间短，电流就大。有的采用一天一个周期化成，有的采用两天一个周期化成，电流就会相差一倍左右。化成充电机输出电流的确定应按 5.3.2 节中 1 的计算，以生产极板型号中，化成需要电流最大的计算，此电流为设备输出的电流，设备额定电流一般为需要电流的 1.2 倍。化成有时需要放电，充电机要有放电功能，并且放出的电能要回馈电网，进行回收。充电机还需要多阶段设置和自动转换的功能，以及正接和反接功能。

化成槽是化成的容器，起储存电解液供极板反应和将两槽之间电解液隔离的作用。化成槽内装有化成架，化成架由图 5-8 所示的两块梳板面对组成，用塑料螺栓固定调节而成，两梳板之间极板槽的间距为化成极板的宽度再增加 2 ~ 3mm，以灵活插入拔出极板。在化成架两个梳板的下面分别装有导电杠，导电杠上的固定钉固定在梳板导电杠槽的固定孔中。导电杠与极耳接触面是斜面，如图 5-9 所示。当极板插入后，极板靠重力滑下，极板与导电杠接触并划出新的接触痕，以保证导电效果。导电杠在插板时不能有任何晃动，因此导电杠的固定非常重要，不仅是刚投入使用时，在整个使用寿命期间都不能因腐蚀等产生晃动。一般采用的方法是将固定钉穿过梳板，在背面熔化出一个大尺寸的台面，卡住固定钉。导电杠的导电连接杠伸出槽外，与邻槽相连接，如图 5-10所示。槽之间连接用焊接的方法，也可一个带孔，一个带钉，将一个导电连接杠的钉套在另一个的孔中焊接，可保证充分的可靠性。

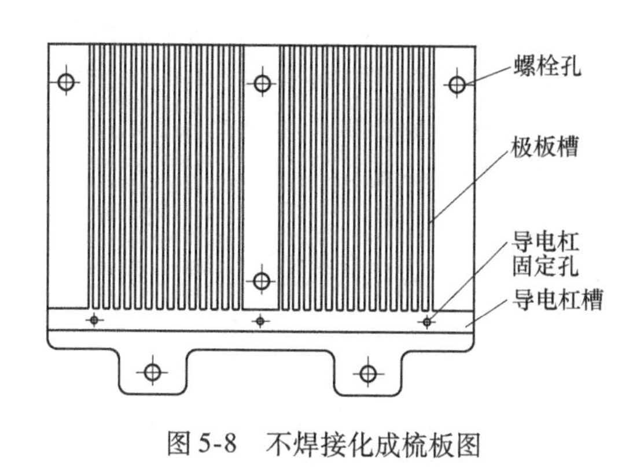

图 5-8 不焊接化成梳板图

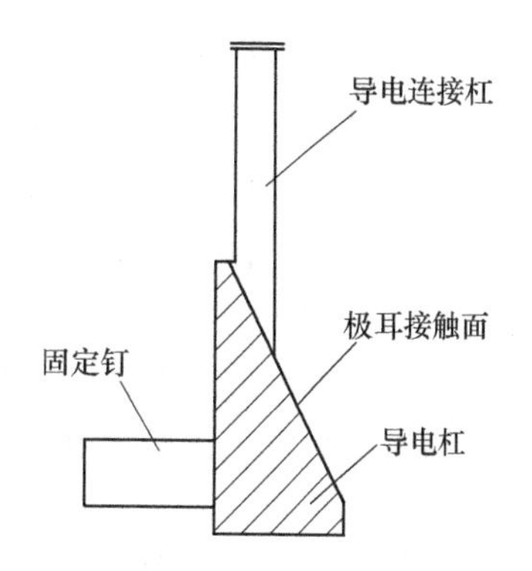

图 5-9 不焊接化成导电杠截面结构图

化成槽的串联如图 5-10 所示，这样连接的优点是每个槽的正、负极连接较短，不易使导电条发热，节省电能。

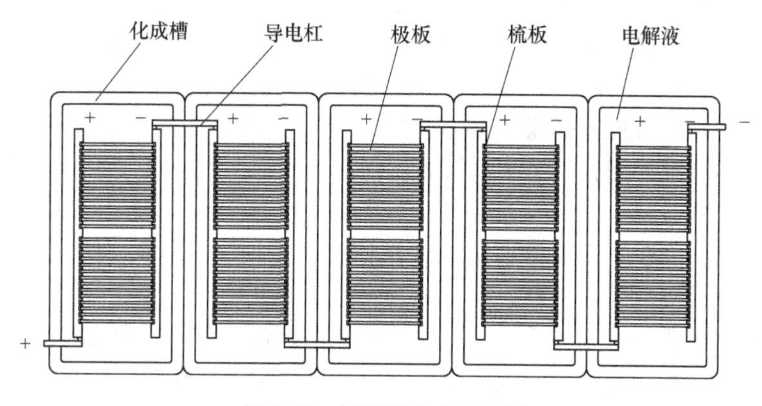

图 5-10 不焊接化成连接图

5.4.2 不焊接化成的操作要求

车间工作时应按要求佩带好防护用品，如穿胶靴、戴口罩等。准备好相应的用具。

1. 化成插板操作

检查极板的型号要与计划插板的型号相符，弯曲片、变形片需整形后才能插片。所插极板必须是出固化室后 10h 以上的极板。检查电解液的密度，如偏高偏低，要进行调整。一般偏低，要抽出一些稀酸，加入浓度高一点的酸进行调整；密度偏高，用纯净水调整。密度符合工艺参数要求后才能插板。槽内液面高度为刚刚超过插入极板的活性物质，露出极耳。

将负生板架到化成槽上，极耳朝外，用钢丝刷刷净极耳接触点，确认插板的片数与生产的要求相符，并符合工艺要求的插片数。将负板插入规定的槽孔内，落入上次化成正极的导电杠上。连续化成，每次插板的方向倒换一次，即负极插入上次化成的正极杠上，正极插入上次化成的负极杠上，具体位置和片数以工艺规定为准。

负极插完后，收回剩余的负板，方可插正生板。将正板架到化成槽上，极耳朝外，用钢丝刷刷净极耳接触点。将正板插入指定的槽孔内，落入上次化成负极的极杠上，具体位置和片数以工艺为准。插板完成后，把剩余的正生板放回原极板型号的架子上。

插完板后，进行打实极板，即用尺寸约10cm×6cm，厚度2cm塑料板，向下轻敲露出液面的极耳，使接触点未与导电杠接触的极板与导电杠接触，打实极板要用力均匀，方向正确。如果用力过大，会使极板极耳处的活性物质脱落，造成极板损坏；用力太小，可能有的极板不能落实，导电不良。打实极板后，双片板耳位置应均匀一致。

打完板后，在化成槽中补加水，以超过极耳为准。

整路检查，发现异常及时排除。按要求达到静置时间，启动充电机程序。充电后，为了安全，不准操作人员裸手接触带电部位，任何操作和测量工作要做好绝缘防护。

2. 化成充电操作

启动充电程序前要检查充电设备是否完好，检查化成电路是否在相应送电状态。确认可以送电后，启动程序充电。

正常连续化成时，化成一次，化成槽的极性倒换一次，即充电机的正充、反充倒换一次。插板时正板应插入上次化成的负极导电杠上，负板应插入上次化成的正极导电杠上。

为了保证正极板与导电杠有良好的接触，一般在第一阶段，用小电流进行反充约半小时，即正板为负极，负板为正极。反充电流根据槽中装极板的多少确定，一般为15～50A，极板多电流大一些。第一阶段结束后，进入第二阶段为正常充电，转为正板为正极，负板为负极。第一阶段的小电流反充非常重要，合适的反充，就不会掉片（正板接触不良的片）。短时间反充基本没有副作用，不影响极板的性能；但反充的电流过大，时间过长会影响极板的性能。

送电几分钟后，应观察化成槽极板的变色情况，正极（反充时为负板）颜色变深，与给定工艺对比，确认极性是否正确。

化成进入第二阶段正常充电后，要再次确认极性是否正确。因为这时如果极性错误再充下去，将导致整路极板的反充，造成报废，所以工厂都很重视充电后的检查。

在化成开始一段时间，化成槽中有气泡冒出。过一段时间，化成槽的气泡变少，到没有气泡，进入平稳的充电阶段。到中后期，气泡逐渐增加，直到充电结束。

化成受环境的影响较大，因此工艺要求上在化成充电的后期，一般给出一定的充电时间范围，由工艺员决定化成的终止时间，这样做可很好地保证极板质量，在气温升高时，极板不至于过充，在气温降低时，不至于欠充。但工艺员要有丰富的化成经验。工艺员判定化成结束可以出极板时，要在记录上签字确认。

在冬季没有连续生产的化成槽，初始槽温可能较低，一般称为冷槽，冷槽插板前需充导电杠（不插板直接给电），极性与上次化成同极性，化成电流为3～15A，时间为5～10h，一般可头一天晚上充电，直到插板前停止。化成出板后，虽连续化成，但中间停顿时间大于3h以上的，插板前，需要适当用小电流充导电杠，极性与上次化成同极性。

3. 化成收片操作

准备好摆放正板的凉片架；准备好存放负板的塑料槽，并放入一半高度的纯净水。

工艺员已确认极板化成好，并已停止充电后，同意出板后方能收板。先收正板，向上垂直拔出正板，顺放在另一手中，手中放满后，将收出的极板直接摆放在凉板架上，要均匀摆开，板间距为1～3mm。收满一架后，用车运到洗板位置，用纯水淋洗或在槽中清洗，淋洗从左到右，从前到后，每片极板都要淋到水。在槽中清洗，将极板浸到槽中，再换一槽浸泡2min左右，就可收板。槽中的水也不需频繁的更换，根据情况适当更换即可。摆片过程中，发现白花片挑出，放入凉板架的最上层，做好标识，干燥后收回化成车间，单独处理。凉片架的极板冲洗完成后，用叉车放入干燥窑中，然后进行干燥，一般干燥参数温度为 80 ~ 90℃，排湿风门在开始干燥时，可开到 100%，后期湿度较小，可减小风门。极板摆放的方向应与干燥室的风向相同。开始升温时，要缓慢升温；干燥完后降温时，要缓慢降温。过快升温降温对极板质量不利。湿气不能及时排出时，可能造成极板颜色发红等问题。干荷电性能要求苛刻的极板要求水洗至中性，可根据具体情况确定水洗的程度。用碱中和水洗水回用的工艺，一定要控制回用水的 pH，不能大于 8，并且要杜绝不符合要求的水进入水洗池。

化成槽中正板收完后，开始收负板。拔出负板时，要垂直向上，不要弯曲刮伤极板。拔出负板，放入另一手中，一叠后马上放入塑料槽内，纯水要漫过极板。收好极板的塑料槽要立即送到干燥处。从化成槽取出的极板不能放在化成槽上，要马上放到纯水桶中，不能在空气中放置。如果负极板已发热，表明已氧化，极板 PbO 会超标。塑料槽内的极板也不能长时间放置，需尽快地干燥。

放负板的塑料槽要放纯水，收板结束后要倒掉残水，并清洗塑料槽。生产中，槽内纯水变黑要重新更换纯水。

5.4.3 不焊接化成的常见问题

1. 掉片

化成掉片是指化成过程中，极板与导电杠接触不良或脱离接触，使极板不能完成化成的现象。

焊接化成与不焊接化成的区别在于极板与导电杠的焊接与不焊接，焊接化成每片都焊接在导电杠上，充电时掉片较少，充电的一致性可基本得到保证。但焊接化成，劳动强度大，焊接铅烟较多，对操作员工的身体影响较大，极易铅中毒；焊接的导电杠一次性使用，浪费很大，目前已很少使用焊接化成。以前不焊接化成最主要的问题是掉片多，但现在已得到解决，目前不焊接化成甚至比焊接化成掉片都少。

各种参数调整合适，工艺控制合理，不焊接化成掉片率会很低，可实现 0.05% 以下的掉片率。工艺上为减少掉片，可采取以下的措施：

1）控制合适的硫酸电解液密度，密度高容易掉片，因此在可行条件下，尽可能降低电解液密度。

2）生极板在化成槽中浸泡的时间不要太长，时间过长，会使导电部位及其相近处易形成 $PbSO_4$，导电性变差，并易出现掉片。

3）在插板后，合适的反充电可降低掉片。

4）有中间过程放电的工艺，放电不要过深，一般放电不要超过 20%。

5）插板时打实极板的技巧很重要，恰当地打实极板，可实现少掉片。

在化成过程发现掉片，一般是用绝缘材料轻轻按一下，使极板接触上。操作不能使梳板晃动，梳板晃动可能使其他极板掉片，造成更多的掉片。

2. 连电短路

正板和负板在化成槽中接触就形成了连电短路。一般接触是由于正板或负板变形弯曲造成的，也有极板边缘粘连的活性物质掉在正板与负板的中间，造成的短路。短路可造成整槽的极板不能充电。

一般要及时发现短路，然后用塑料薄板将正负极分开。在极板化成析气时，没有气体析出的就存在短路，非常容易发现，排除后马上有气体析出。

一般比较薄和软的极板容易短路，插板时要采取一些措施，如将生板整平等。

3. 导电杠发热燃烧事故

一列化成槽（有的也称一路）是将化成槽之间导电连接杠首尾焊接起来，连接在一起，形成串联电路。随着长时间的使用和硫酸的腐蚀，连接处导电面积逐渐减少，导致发热，有时出现高温燃烧的事故，这是非常危险的。导电连接杠焊接面的面积要大于0.5mm^2/A，导电面积不够要增加焊接面积。

有几个公司发生过因过导电杠接触问题引起的火灾，严重的烧掉了整个化成车间，损失巨大。导电杠连接是起因，用不阻燃的化成槽也是事故的重要因素。

4. 极板起泡

极板起泡可能有多种原因：

1）铅粉的颗粒不均匀，特别是有粗颗粒，氧化度较低时，可能发生化成的极板起泡问题。

2）极板不干，含水分超标较多，可能出现起泡问题。

3）极板中含有杂质，化成时参与化学反应，造成起泡。

5. 极板含杂质

最容易引进极板的金属杂质是铁和铜，铁杂质常常是所用的工装器具含有铁锈脱落引入的，铜杂质常常是由于导线中的铜不慎落入引入。有经验的化成人员通过颜色的差异，就可分辨出来含量高的含铁极板和含铜极板。极板常见的负离子杂质是氯离子，一般由于水不纯引入。这些杂质对蓄电池的影响较大，应严格控制。

5.5　极板化成后的处理

5.5.1　负极板的防氧化保护

负极板化成后为浅灰色海绵状铅，孔率高、表面积大、活性极高，处于热力学不稳定状态。因此在干燥和存放过程中，极易与空气中的氧反应，生成PbO，有时带有浅黄色。氧化严重的负极板影响电池的容量和寿命。

负极板防氧化除了在铅膏配方中添加防氧化剂外，还需要化成后的处理。一般有两种方法，一种是负极板浸硼酸；一种是浸木糖醇。这是生产干荷电极板的方法，目的是保护负极板铅的活性，在存放期间不被氧化成PbO。由于硼酸常温下溶解度较低，需要加温使用，一般在50～65℃，浓度约为5%，浸渍时间为10～15min。加温使硼酸的使用比较麻烦。木糖醇有液体，含量在60%～80%；结晶状固体，含量在96%。木糖醇易溶于水，使用含量为2%～3%，密度为1.02～1.03g/cm^3的水溶液，浸渍5～10min。木糖醇使用方便。浸木糖醇的极板在150℃以下进行干燥。

硼酸分子$B(OH)_3$为平面三角形，其中B原子以sp^2杂化轨道和氧原子成键。在晶体中这些分子通过氢键互相连接成层状结构。正硼酸的分子结构中每个B原子以共价键与同一平面上的3个O原子相连接，每个O原子除了以共价键与一个硼原子结合外，还通过氢键 O—H···O 与其他两个氧原子相联系。正硼酸微溶于冷水，但在热水中溶解度较大。部分 $B(OH)_3$ 分子在水溶液中电离为 $B(OH)_4^-$。硼酸是一元弱酸，其电离常数为 $K=5.8\times10^{-10}$。负极板在硼酸溶液中浸渍时，液相硼酸分子挤掉负极板表面的一部分水分子，吸附在负极板表面，在一定温度和浓度下达到吸附饱和。饱和吸附层可能是多层的，层与层之间靠微弱的分子间力连接。当负极板干燥后，水分蒸发掉，硼酸以晶体形式附着在极板表面上形成表面膜，防止负极板氧化。负极板表面硼酸膜厚薄一致是干荷处理的关键，吸附层太薄极板表面易氧化，吸附层厚的负极板在较低的温度下干荷电性能差[5]。因此，制定并遵守较严格的浸硼酸工艺是很重要的。

木糖醇又名木戊五醇，分子式为 $C_5H_{12}O_5$，分子结构为 CH_2OH—CHOH—CHOH—CHOH—CH_2OH，分子量152，易溶于水。整个分子可分为两部分，—OH 称为亲水基，整个碳键称为疏水基，具有表面活性。负极板浸入木糖醇溶液中，木糖醇的—OH 基指向溶液，碳氢键吸附在极板表面而形成吸附层。吸附层可能是单层也可能是多层。极板干燥后，由于水分子被蒸发掉了，木糖醇分子中亲水基之间通过 OH···O 氢键横向相互作用，疏水基与疏水基之间横向相互作用使得表面膜具有一定强度，能够承受一定的外力而不被破坏，形成稳定的吸附膜。这可能是在同一条件下干燥和储存的负极板，浸木糖醇负极板 PbO 含量低及储存性能好的原因[5]。

极板浸渍均匀是保证干荷电一致性的条件，在生产中要及时补加浸渍液，保持含量稳定。另外，摆放极板要均匀一致。

浸渍防氧化剂的负极板，要与相适应的干燥过程和参数相配合，才能得到好的效果。如在干燥机中长时间干不了，可能导致 PbO 含量的增高。

除了负极板浸防氧化剂之外，负极板的含水量也是关系到干荷电性能的一个重要的参数，不仅在生产极板时水分不能超标，在极板存放和使用时，以及电池存放时都不能潮湿，这是非常重要的。至于用硼酸或木糖醇防氧化剂哪种好，有各种说法，一般认为，在干燥状态下，长期的保存效果都好，在潮湿条件下有些差异。

5.5.2 负极板的浸渍及干燥过程

检查水、电、气是否正常，开启干燥机并设置工艺参数，一般温度设置 100～150℃，排湿风门在100%，检查各排湿风机运转是否正常，并将循环风的风门放到规定的位置。预热设备，达到工艺温度后可摆极板干燥。

准备好相应型号的水洗干燥架，将水洗槽内放满纯水，浸防氧化剂槽内配好含量约为2%～3%，密度为 1.02～1.03g/cm^3 的木糖醇溶液。使用硼酸的可在加温槽中配制 50～65℃下饱和硼酸溶液。在配置或添加过程中要搅拌均匀。随着极板浸泡的消耗，要根据测量的浓度，及时补充防氧化剂。

根据要求极板的性能，设置水洗的程度，调整水洗阀的进水口，使其处于要求的进水状态。

一般干荷电负极板进行水洗，是为了降低 $PbSO_4$ 的含量，增加活性物质 Pb 的含量，对于化成好的极板，水洗程度与 $PbSO_4$ 的含量见表 5-1。

在水槽内摆放好水洗干燥架（一般用不锈钢制造），将负极板在水中摆到干燥架上，板间距为 1～5mm，摆满一架后，按顺序在水内向前移，移到槽的最前面的干燥架到达槽的另一端后，搬起放入第二水洗槽内，在水内移向前方，最前面的水洗干燥架到达槽的另一端后，搬起放入防氧化剂槽内，防氧化槽内的水洗干燥架依次向前移动，移到最前端的（达到浸泡时间后），搬放在干燥机上，按设定的速度在干燥机内运行，实现干燥，如图5-11所示。发现极板与极板之间靠得很近或粘在一起的，要及时分开；发现极板倾斜严重的应退回重新摆片。无论在水槽内和干燥机上，架与架之间不准撞击。水洗过程中有掉片落入槽底，要用专用工具捞起。根据水洗要求的程度可设置2个水洗槽。

表5-1 水洗程度与 $PbSO_4$ 含量的关系

水洗程度	$PbSO_4$ 的含量（质量分数,%）
水洗至中性	1.5~2.0
半水洗（pH5~6）	2.0~3.5
不水洗	3.5~5

注：化成不好，$PbSO_4$ 含量会高，应注意区分。

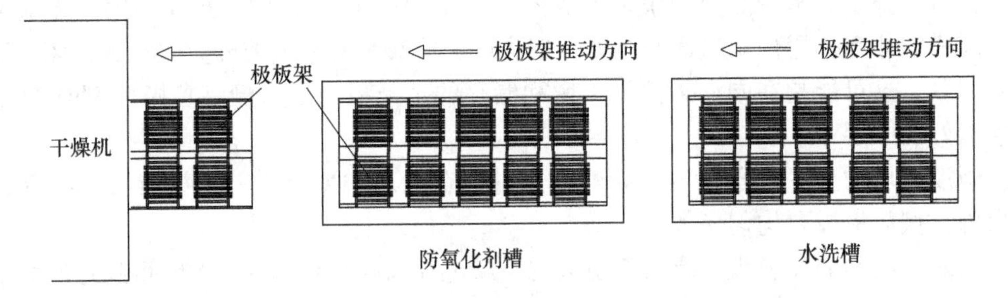

图5-11 负极板水洗、浸防氧化剂、干燥流程图

要控制洗极板前的存放周转槽的数量不能太多，存放周转槽内的极板存放时间不超过15min。可在生产中控制化成槽出极板的速度。

干燥机出片后，要确认极板是否干燥。最简单的方法是用手感觉中间极板的温度，温度高表明极板没有干，温度低表明极板已经干燥。这种方法使用时间长了，就会有经验。极板的干燥程度最终以化验为准。干燥的极板收片放到卡板上，做好标识。有问题的极板挑出单独存放。

极板收完后，先停止加热，等温度降到50℃以下时，才能关闭循环风。

5.5.3 正极板的处理及干燥过程

正极板化成完成后，从化成槽取出极板，可直接摆放到极板架上，也可用卡板或容器盛放运到指定位置，有的工艺要求水洗，然后摆放在极板架上；有的直接摆到极板架上，极板之间的间距为1~5mm，然后淋洗。之后将极板架放入干燥窑中，干燥窑有加温装置，一般热源是蒸汽或电，内部有循环风系统，外部有抽湿系统。极板的摆放，顺着极板板面方向要与干燥窑的循环风的风向相同，目的是循环风通过极板之间的间隔，带走湿气，使极板干燥。

干燥窑的干燥温度在80~90℃，温度高可导致正极板的热钝化，特别是干荷电极板，一定要避免热钝化的产生。一般干燥时间为20h，每天一个循环。根据设备的情况设置循环风和排湿的参数。

正极板干燥要注意在升温和降温时要平缓。避免因干燥窑某些部位过快干燥，某些部位过慢干燥造成的不一致现象。

5.6 极板化成后的指标要求

5.6.1 正极板的成分要求

正极板的成分主要是 PbO_2，另外还有 $PbSO_4$ 和少量的 PbO。PbO_2 是正极板的活性成分，是化验和控制的主要指标见表5-2。一般正极板成分含量为 PbO_2 72% ~90%，$PbSO_4$ 3% ~9%，PbO 0.5% ~3%。正极的表面积为 5 ~8m^2/g。

表5-2 GB/T 23636—2009 铅酸蓄电池极板标准中正极板指标要求

项目	指标（质量分数,%）		
PbO_2	干荷电极板	普通型涂膏式极板	普通型管式极板
	≥80	≥70	≥60
Fe（杂质）	≤0.005	≤0.005	≤0.005
H_2O	≤0.60	≤1.0	≤1.0

5.6.2 负极板的含量要求

负极板的成分主要是 Pb，另外还有少量的 PbO 和 $PbSO_4$。Pb 是负极板的活性成分，PbO 和 Pb 是化验和控制的主要指标（见表5-3）。一般负极板成分含量为 Pb 83% ~95%，PbO 2% ~12%，$PbSO_4$ 1% ~5%。负极的表面积为 0.5 ~0.8m^2/g。

表5-3 GB/T 23636—2009 铅酸蓄电池极板标准中负极板指标要求

项目	指标（质量分数,%）	
PbO	干荷电极板	普通型涂膏式极板
	≤10.0	≤30.0
Fe（杂质）	≤0.005	≤0.005
$PbSO_4$	≤3.50	—
H_2O	≤0.50	≤0.50

5.6.3 极板的性能要求

根据极板的要求，一般干荷电极板要测试干荷电性能，即将干荷电极板组成极群，放入一定密度的电解液槽中，启动极板用的电解液密度一般为 1.28g/cm^3，然后按规定的大电流进行放电，测量不同时间的放电电压，一般有 5s、10s、30s 等，和到终止电压时的时间，根据要求判断出极板的性能和一致性。

由于极板的容量测试时间比较长，生产极板时，容量没有办法作为生产中快速判定质量的指标，只能作为质量跟踪的指标。一般测试采用抽查，并且采用小电流放电。极板测试更不能在短时间内测试寿命。一般寿命要装好电池后根据标准或要求进行测试。

5.6.4 涂膏式极板的外观要求

极板化成后，首先颜色要正，通常与正常极板比较；极板没有外观上的缺陷，没有掉膏穿孔，没有起泡等问题。具体要求见表5-4。

表5-4 GB/T 23636—2009 铅酸蓄电池极板标准中极板外观质量

序号	检查项目	标准范围
1	极板弯曲	极板弧形弯曲度（弧顶与最长弧底之比）≤1.5%
2	极板活性物质掉块	每片极板不允许大于三个单格
3	极板表面脱皮有气泡	局部脱皮、有气泡，集中面积≤5%
4	极板活性物质凹陷	深度与厚度之比≤1/3；面积≤4%
5	极板四框歪斜	对角线差≤1.4%
6	极板断裂	极板耳部；四框不允许断裂
7	极板活性物质酥松	按标准1m自由落体，活性物质脱落不允许超过总面积10%

5.7 电池化成

电池化成有富液式电池化成和阀控式电池化成两种，化成的原理一样，在细节和控制有一定的差别。

5.7.1 电池化成的优点

1）极板在电池内充电，排出的酸雾较少，减少处理酸雾的费用，节能减排。

2）因为采用不倒酸工艺，或倒酸后酸液回收使用工艺，无酸液外排；克服了极板化成用稀酸回收的困难，以及直接进废水处理场处理的难题。

3）化成后电池直接出厂，不需要像极板化成那样，需要干燥正极板，防氧化处理及干燥负极板，节省大量的能量。

4）电池带液出厂，电解液质量有保证。

5）电池采用密封式上盖为主，电解液不能随意倒出，使用完后统一回收处理，对保护环境有利。

因此，国家支持电池化成工艺的蓄电池生产，逐步降低甚至淘汰极板化成的干荷电蓄电池生产。

5.7.2 电解液的加注工艺

在电池化成前，首先要加酸。根据倒酸与不倒酸的工艺，电池化成分一步化成和两步化成：一步化成灌酸密度一般约为1.240～1.260g/cm^3，根据电池种类、槽体的大小和极群片数的多少，适当调整该密度值，因为每个厂家或不同的电池都有差异，其目的是使电池最后的电解液的密度在1.285g/cm^3（起动用免维护）或1.32g/cm^3（阀控式固定型）左右。二步化成为第一次灌酸的密度在1.15 g/cm^{3}左右，化成好后将电解液倒出，再灌入高密度的电解液，如起动用蓄电池灌入1.35g/cm^{3}左右的电解液，与隔板、极板中的较稀的电解液混合，使最终的电解液密度达到电池的要求，二次灌酸的密度需要根据具体型号进行调整。

生极板蓄电池注酸后，极板中的PbO与硫酸反应，产生大量的热，使电池的温度升高（一般加酸后的温升在15~30℃），后面化成充电可能会使温度更高，因此必须采用降温措施，如水冷、风冷，以及延长静置时间，有些工厂采用加冷酸的工艺，即将灌入的电解液温度降到10℃左右。

电池灌酸后的静置时间根据极板厚度决定。极板较薄，电解液的渗透和扩散较易；极板较厚，离子的迁移要通过很长的微孔，电解液的渗透和扩散较难。灌酸后的静置时间较短，可能电解液渗透不彻底，对化成产生不利。但静置时间越长，生成的$PbSO_4$的量越多，不利于化成，而且造成$PbSO_4$的缓慢溶解，扩散并沉淀到隔板中，当开始充电化成时，形成枝晶，引起短路，所以加酸后也不能停放太久。薄极板的汽车起动用蓄电池静置时间一般在0.5h，厚极板的固定型电池尤其是阀控电池（结构紧凑散热慢）静置时间一般在0.5~3h是适宜的。

5.7.3 电池化成充电工艺

1. 化成电量

化成电量是影响电池化成质量的主要因素之一，在5.3.2节中介绍了极板的化成电量，电池化成的电量基本相同，实际化成电量为理论值的1.7~2.5倍，这个值仍取决于极板的厚度、固化铅膏的组成、不同相的组成颗粒的大小以及化成的充电方法和电池装配的结构。化成电量过低，活性物质未能充分转换，PbO_2含量低，导致电池初期性能不好；剩余PbO会慢慢与H_2SO_4反应，表现出电压降。而化成电量高，除能量损耗增加外，化成过程的温升不易控制，气体对极板冲击也较大，活性物质就会变得松软和不牢固，影响电池寿命。因此，应选择合适的化成电量。

充电电量也取决于化成效率。极板薄、效率高、充电量较少；相反极板较厚，化成充电电量较大；另外环境温度高，化成效率高；相反温度低，化成效率下降；化成电流密度越大，化成效率越低；化成电流密度越小，化成效率越高。

2. 化成电流

化成电流大小是化成工序的最主要的工艺参数，化成电流过小，化成反应慢，生成大量的$PbSO_4$，难以化成，化成时间长，生产效率低；电流过大，水分解的副反应增加，降低充电效率，同时正负极板上产生气体增多，容易发生脱粉或气泡。所以选择合适的电流密度是很重要的。

这里所说的电流密度为表观电流密度，而实际的真实电流密度与极板的孔率以及厚度有关；在相同表观面积的条件下，厚的极板活性物质的量比薄极板多，实际真实面积要大一些。

化成电流及电量的计算可根据5.3.2计算。除此之外，还要考虑电池的最高温度，以及电流较大时电解液搅拌对极板和隔板的影响，一般电池化成的电流要比相同理论容量极板化成要小，且电量略高一些。

3. 化成制度

在化成过程中，电池电压随化成的进程不断地变化，不同阶段上化成状态是不相同的，因此为达到最大的化成效率，在实际生产中，根据极板化成的反应机理和特点以及各种影响因素随化成时间变化的相互作用规律，采用分阶段化成的方法：采取不同的电流和时间进行充电，有时在化成中间有适当停顿或放电阶段的化成制度。

化成初期由于铅膏的电阻比较大，电流只能沿栅格及与筋条相接触的小面积铅膏上通过，因而真实电流密度很大，两极的极化也很大；同时中和反应消耗硫酸，电解液浓度较低，电阻大，端电压上升比较高，很高的化成电流容易引起气体的发生，因此在这个阶段不能使电流密度提高很大。一般采用充电电流为最大充电电流的60%左右，时间通常有1h左右。目的就是防止发生分解水的副反应，提高化成充电效率。

化成中期随着化成的进行，铅膏逐渐转为导电良好的Pb和PbO_2，电流可在更大的反应面积上分布，使真实电流密度下降，极化下降，极板的电化学反应的有效面积增加较多，真实电流密度相对减少，内阻下降，因极化引起的损失也减少，槽电压趋于平稳，反应效率大大提高。因此，这时可增加到最大充电电流，加快化成反应速度。当充入电量达到理论容量的100%时，前面温度和电解液浓度变化都不大，此后单体电压增加，进入各因素变化阶段。总体这个阶段是对化成比较有利的，是化成效率较高的阶段，持续时间差不多15~17h。这个阶段中，70%~80%的活性物质被转化，是化成过程的最主要的化成阶段。

化成后期正负极板的大部分铅膏已经转化为金属Pb和PbO_2，电化学反应的有效面积相对减少从而真实电流密度又重新增加，加剧极化，充电电压上升很高，达2.6V以上，开始发生激烈的水分解，同时在正负极板表面上析出大量的气体。水的分解电压是1.23V，电压达到这个数值是就发生水的分解，但氢和氧在铅电极上的析气过电压很高，开始较低的充电电压下，水的分解速度很低；当充电电压达到2.6V的高电压以后，才出现水分解发生激烈的析气过程，因而降低充电效率。因此为了提高化成效率，可以用70%的最大充电电流放电30min左右，或停止充电一段时间，通过电解液的扩散，消除电极表面附近和电解液内部之间的浓差，提高后期充电效率。之后再进行充电。对于厚极板电池中间需要增加多个放电。化成电流降低一些，即以最大电流的60%~70%左右的较小电流充电。

电池化成酸量较少、酸密度较高、极化较大、电池反应效率降低，特别是极板深处的活性物质更不易转换。因此，应在化成过程中，增加一次或多次的放电过程，这样可降低极化，提高化成效率，所以电池化成应采用多次充放的化成方式，特别是极板较厚的电池。

合理的安排工艺阶段，使化成充电效率提高、总的充电电量可减少、生产电能消耗减少、降低成本、化成排出的酸雾减少，有利于环保。表5-5中为冬季起动用蓄电池的化成工艺参数，表5-6中为春、夏、秋季起动用蓄电池的化成工艺参数，表5-7中为阀控式固定型蓄电池的化成工艺参数。

表5-5 适合于冬季的起动用蓄电池化成工艺

阶段	1	2	3	4	5	6
充电电流/A	0.16C	0.3C	0.23C	-0.3C	0.3C	0.15C
充电时间/h	1	6.5	6	1	4	2

注：C为电池的20h率容量数值。

表5-6 适合于春、夏、秋季的起动用蓄电池化成工艺

阶段	1	2	3	4	5	6	7
充电电流/A	0.16C	0.30C	0.22C	0.18C	-0.3C	0.3C	0.15C
充电时间/h	2	6.5	3	2	0.33	2	2

注：C为电池的20h率容量数值。

表5-7 12V100A·h阀控式固定型铅酸蓄电池化成工艺

阶段	化成电流/A	充电时间/h	充入电量/A·h
1	14.8	15	222
2	-25	1.4	-35
3	20	3.0	60
4	15	18	270
5	-25	2.8	-70
6	-10	1.0	-10
7	20	3.5	70
8	15	6	90
合计	—	50.7	597

注：灌酸密度 $d=1.22g/cm^3$，加酸量1100ml，硫酸钠含量0.75%。

起动用蓄电池的化成充电时间为18~24h，一般一天一个循环。化成电量的计算与极板化成相同，考虑到电池化成的电解液密度较高，电量应适当加大10%左右。由于化成占用场地和设施较多，一些厂家采用缩短化成时间，加大化成电流的方法，但电池的性能差一些。缩短化成时间后，电流较大、发热较多，冷却系统要得到保证，电池化成应控制在60℃以下。电池化成采用多阶段化成，在化成的后期，电流降低，以提高电流的利用效率。在化成超温时，采用降低电流的方法是有效的。

因为起动用蓄电池是富液薄型极板，电池化成是最简单的一种。对于厚型极板的工业用阀控式蓄电池，可根据极板的厚度和均匀性一致性的要求，采用长时间化成，有的需要两天、三天、四天等，中间还需要静置或放电，工艺对蓄电池的性能影响较大。工艺的关键点主要是充电电流及时间的确定，以及充电到什么时间放电，放电深度等，一般认为接近完全充电时，放电较合理，放电的深度在20%左右。当然各厂有自己独特的充电工艺。工业用阀控型固定电池的每单位容量充电电量比起动用蓄电池多，要看极板厚度及其他具体情况。

为了单只电池出现问题不影响一路电池的化成，在电池化成过程中要多次巡查，注意化成中参数的监控，并做好记录；对化成设备的进行周期校对和维护，避免设备的不准确对电池化成的影响。

4. 化成温度

温度是化成的重要参数，控制好化成温度是保证极板有合理的晶体结构和最优成分的重要条件。化成过程中，由于温度对正负极板化成影响不同，必须同时兼顾，温度过高或过低，都会给极板的化成带来不良影响。

化成电解液温度过低（低于10℃），酸和PbO的放热反应减慢，以至于要等到化成过程开始之后产生过量的热量之后再重新开始，降低化成效率，尤其正极化成比较困难，化成时间较长；同时由于电液黏度增大，扩散困难，容易使活性物质晶体沿着扩散方向生长，成为彼此联结不牢的枝晶。最终将引起正极板变形、正极活性物质脱皮松动、负极板“起泡”。随着温度的增加，有利于极板板面的正常。

电解液温超过50℃时，极板特别是负板活性物质粒径变大、反应面积减少、电池容量降低；高温还会降低氢和氧在电极上析出的过电位，使电极上过早地析出气体，容易使正极板疏松，出现极板脱粉，负极板的有机添加剂溶解，且影响寿命。

化成电解液温度一般控制在15～50℃之间，30～45℃是理想的化成温度。

环境温度很高时，注意电池摆放的间隙，电池应在流动的水中冷却；降低充电电流，延长化成时间，采取降温通风措施等降低化成温度。

5.7.4 电池化成的指标要求

电池化成完成后，验证是否化成完全是重要的（特别是第一次生产），其要求可借鉴5.6极板化成后的指标要求。

1）解剖电池，查看极板的外观，看表面有无白花，查看隔板是否有枝晶短路的现象。一般化成好的极板，表面没有白花或有轻微的白花。

2）化验正极板的PbO_2、$PbSO_4$含量，化验负极板的Pb和$PbSO_4$含量。PbO_2含量一般在80%以上。

3）检测电池的各项性能要达到标准规定的要求。

5.7.5 电池化成常见的问题及处理

1. 电池单格缺酸

富液电池造成单格缺酸的主要原因：加酸机加酸嘴与电池注酸口未对正，部分电解液流到电池外面；生产线上液面调整或液面检测失效。

阀控式电池造成单格缺酸的主要原因：加酸漏斗口与电池加酸口配合不好，抽真空时电解液外流；抽真空气压不足，抽真空气压次数不够。

2. 化成过程中电池爆炸

电池在充电过程中产生氢气和氧气，当氢气含量超过4%，遇到明火时产生爆炸。产生明火主要原因是，充电夹不合理或连接时接触不良产生明火；充电机电压不稳定，关机时有瞬时大电压、大电流容易在外连接处产生火花。因为电池化成摆放紧密，往往发生多只电池的爆炸现象，导致电池的上盖开裂损坏。

3. 电池壳烧伤

电池外壳烧伤的主要原因是，电池壳材料杂质多或电池表面有残酸，水浴中端子接线端与水浴有电压差形成回路，产生电流。

电池壳端子部位烧伤的主要原因是，充电夹连接方法不正确，电阻大产生热量，当充电夹靠近电池壳时造成烧伤。

4. 端子腐蚀

化成过程中端子腐蚀的主要原因是，化成时端子部位有电解液，接线处电阻大、电压降大，浸入酸或水中形成腐蚀微电池。

化成后电池存放过程中端子腐蚀的主要原因是，化成结束电池表面清洗不干净，或未吹干，电池表面形成液膜，正负极连接短路，端子氧化腐蚀；端子处有残酸也会逐渐腐蚀端子，使端子发黑或镀层氧化。

5. 爬酸漏液

富液电池外表有酸的主要原因是，热封不良、电解液添加过多导致充电时排气口冒酸。

阀控电池外表有酸的主要原因是，安全阀不合格或电解液添加过多导致充电时电解液外排。

富液电池极柱爬酸的主要原因是，端子迷宫结构设计不合理、注塑不良、装配焊接温度高。

阀控电池极柱爬酸的主要原因是，胶圈未放到位、注胶的工艺不合理、端子胶不耐酸、端子防酸结构设计不合理、注塑不良、装配焊接温度高。

6. 化成不透

电池化成解剖，正极板有白斑，正极板 PbO_2 含量低，其主要原因是化成工艺不合理或充电电量不够；环境温度太低，未及时调整工艺；电解液或极板中杂质含量过高，降低了氧、氢的过电位；一次灌酸量太少或化成过程中电池内水损失量过多。

7. 电压下降快

电池化成后，经摆放一段时间电压降得快的主要原因：电池化成不透；正、负极板及电解液杂质含量高，自放电大；电解液的最终密度低，充电后经扩散，电解液密度下降，电压下降；单格之间的电解液短路；极板枝晶短路；有二次加酸工艺的电池，倒酸时酸未到尽。

参考文献

[1] 巴甫洛夫．铅酸蓄电池科学与技术［M］．段喜春，苑松译．北京：机械工业出版社，2015.

[2] 柴树松，林宏名，等.4BS 用于铅酸蓄电池极板的研究［J］．蓄电池，2011（5）：215-217.

[3] 柴树松，李志斌，等．正极添加剂和固化条件对正极板结构的影响［J］．电池工业，2012（4）：195-197.

[4] 朱松然．蓄电池手册［M］．天津：天津大学出版社，1998.

[5] 孙德建．硼酸和木糖醇对铅酸蓄电池充放电性能的影响［J］．蓄电池，2001（3）：10-14.

第6章　蓄电池的组装

6.1　蓄电池组装的工艺流程

随着使用装备自动化程度的不断提高，工艺过程也在逐渐地发生变化。在过去装配主要以手工为主完成，特别是工业电池的装配。现在已发生了很大的变化，起动用蓄电池最先进的生产线，每条生产线的每班产量 1000 只左右，需要的人员不超过 3 人，关键的操作和转运都由机械完成，人员主要是生产线的检查，处理应急的事物和部分物料的上线。设备调整好后，产品装配质量受人为影响的因素较少。可见蓄电池生产线自动化程度越来越高。

起动用蓄电池先进的生产装配线流程如图 6-1 所示，首先通过包封配组机，用 PE 隔板包封好极板（一般是包封正极板，也可包封负极板），然后由包封好的正极板与负极板按要求交叉叠放配成极板组，极板组通过输送带传送到铸焊机旁边的规定位置。包封工位需要一人将极板搬到包封机上，也可用机械手搬运。极板组到铸焊机旁边后，铸焊机的机械手，将极板组从输送带的相应的位置上拿起，放入铸焊机的铸焊入槽工位，在极板组装槽工装的控制下，放入铸焊的夹具中，进行铸焊。铸焊机一般是圆形四工位的，也有直线型的。四工位铸焊机，自动进行极群的焊接作业，第一个工位是极板组上机工位，负责极板组装入铸焊机夹具内的工作；第二个工位是整理工位，首先对配组的极板整齐，对极耳整齐，然后进行刷极耳，刷掉极耳上的杂质，刷上助焊剂。第三个工位就是焊接工位，将极板组下降，插入注满铅液的铸焊模具中，保持要求的时间，然后冷却，带有汇流排和极柱的极群组就焊好了。第四个工位是卸载工位，负责将极群组卸下来。对于自动化的生产，第四个工位后交给了装电池槽工序，极群组到第四工位后，机械手抓起极群组，运行到装电池槽的工位，将极群组装入等在工位上的电池槽中。在这个工位，需要一人将塑料槽放入生产线上，塑料槽在线上完成打孔，扩筋（需要时）等作业后，流入装槽工位。装好槽的电池，首先进行短路检测，不合格的由机械于自动推出生产线，在之后的检测有相同的控制，即合格的流入下一工位，不合格的退出生产工位。接着到穿壁焊工位进行穿壁焊，穿壁焊之后对穿壁焊进行检测，和短路检测（需要时），然后进入热封工位进行热封。热封完成后，电池进行端子焊接，焊接好后，进行电池的气密性检测，合格电池，由机械手摆放到托盘上或直接流入灌酸化成的工序。化成好的电池，按图 6-2 所示的流程，进行后续处理。首先倒酸（如果不倒酸，此工序和灌酸工序则不需要），然后进行灌酸，之后调节液面、检测液面、小盖热封、气密性检测、电池清洗、大电流检测、然后进入包装工序。采用托盘或纸箱包装。

普通的装配线是在图6-1和图6-2所示的装配线无法完成机械化自动运转和物料传送的情况下，运用手工操作，根据自动化的程度，操作方式各不相同。比较原始（手工）的方式：是在包封工序手工封袋、手工套袋、手工配组极群；在焊接工序手工焊枪烧焊、手工装槽；机械穿壁焊、机械热封；手工烧焊端子。搬运由人工完成。整个生产需要大量的人员。由于操作人员太多，质量的一致性较差。

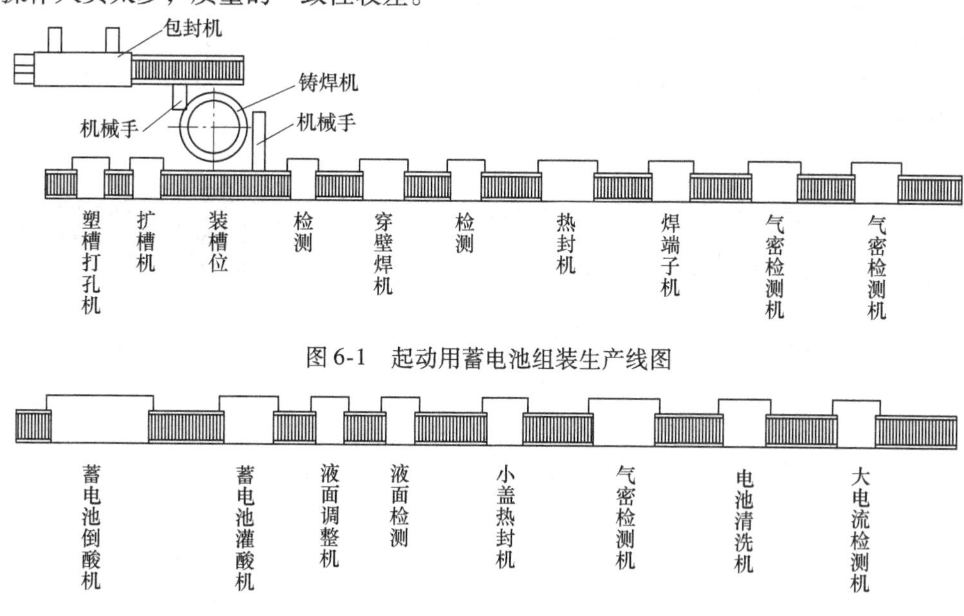

图6-1 起动用蓄电池组装生产线图

图6-2 起动用蓄电池化成后生产线

对于阀控式电池、小型电池的组装与起动用蓄电池组装线更接近一些；大型电池，因为电池重，很多方面需要人工操作。阀控式蓄电池与起动用蓄电池的差别在于塑槽的材质不同，所采用的极群的连接方式就不同，起动用蓄电池用PP材料，穿壁焊连接、热封封盖（树脂胶对PP材料无黏性）；而阀控式电池大多用ABS材料，跨桥连接、树脂胶封接槽盖。目前中小型密封电池可实现机械自动包封、配组，自动焊接极群等，大型密封电池仍主要以手工生产为主。

6.2 蓄电池组装的操作

6.2.1 包封配组

目前包封配组一般由机械实现，手工操作仍有少量使用，但逐渐在减少。包封配组机分两部分，一部分是包封、一部分是配组。包封有袋式包封，如PE隔板的包封，包住极板并封边；有片式包封，即隔板折叠包住极板，不封边，如AGM隔板的包封。

一般PE隔板包封配组机有两种形式，一种是鼓式吸板装置；另一种是链条带动喂板装置，各有优点。正负极板分别放到极板架上，机械自动将极板一片一片的放入传动的滚道上，将待包的极板（如正板）放入第一条极板架上，极板进入滚道，到包封的位置，隔板从前方折向后方，上下两面包住极板，然后在运动中，两边的压辊挤压两边，包封极板。包封好的极板在轨道上运行，不需包封的相反极性的极板由第二条极板架送入轨道，叠放在包封的极板上，形成一片包封的极板，一片不包封的极板叠在一起同时运行的方式，到叠片的工位，按顺序一叠一叠放入极板盒中，到规定的数量，构成一个极群的片数，前进一个位置，后面的在下一个盒中继续叠片。叠好的极板组，竖放在轨道上的极板盒中，如图6-3所示。最后一个极板架是用于补片的，当工艺规定，一种极板需要多一片的时候，就通过这个极板架补片，通过机械设备上电脑的调节，可实现多种组合的叠片，比如说，5片正板6片负板组成一个极板组，或是6片正板6片负板组成一个极板组。配组好的极群通过手工或机械手，转到下一工序。

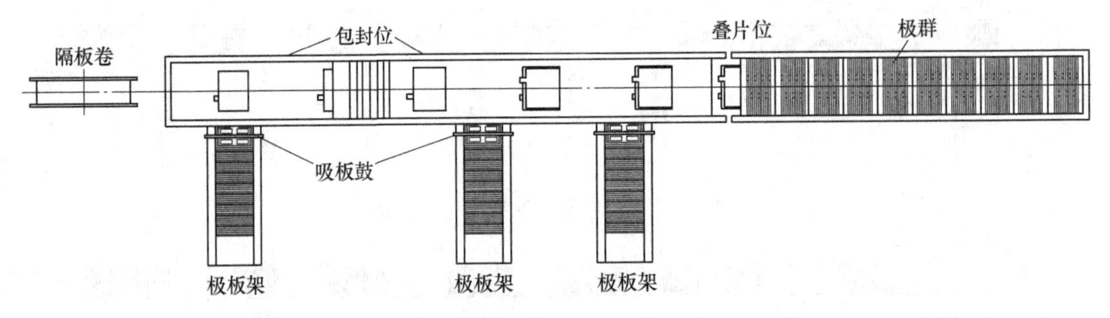

图6-3 包封配组机位置分布示意图

包封的原理如图6-4所示，PE隔板从隔板卷过来，首先经过包封高度控制对辊，由对辊的速度，调节隔板的高度，一般有一个调节阀。对辊的速度快，进入隔板的长度就长，包封的高度就高。然后隔板进入压痕裁刀辊，一个是压痕裁刀辊，上面安装一个裁刀，一个压痕刀，两刀对称分布，以便保证压痕在隔板的中间。压痕裁刀辊以一定的速度运转，将隔板裁切，并在中间压痕。对应的刀辊的另一辊是支撑裁切和压痕的辊子，如同切菜的案板。然后经过下面的控制辊，将隔板垂直放入包封位，隔板上的压痕正对着极板，极板运行时，带动隔板折叠在极板上，后面经过压边实现包封。

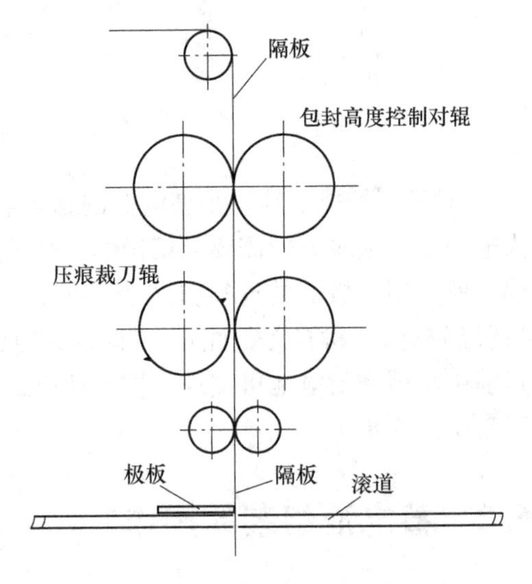

图6-4 包封机PE隔板包封原理图

包封配组应注意的事项有，机械的运转情况是否正常，包边的强度是否符合要求，包边不能歪斜，隔板裁切要平齐，配组的片数和排列是否符合要求。尽可能地采用多条包封机，相同尺寸的包封应放在一台包封机上，减少调节的次数。

6.2.2 极群的铸焊和烧焊

1. 铸焊机和烧焊的工作方式

铸焊是将极板的极耳焊接到汇流排上，同时一起铸出汇流排和极柱。其过程是将干净的极耳浸入充满液态铅合金的模具型腔中，由熔融液态铅合金传导加热，使极耳表面温度迅速升高达到融化温度，在极短时间内使极耳表面部分熔化而进入液态的铅合金中，随着铸焊模具型腔的冷却，汇流排铅合金快速凝固与极耳形成一体[1]。极耳表面熔化的程度非常关键，表面熔化少焊接不牢，表面熔化多，可能会导致极耳全部熔掉，也不能焊接。

极群铸焊是蓄电池生产常用的焊接方式，手工焊接逐渐在减少。目前普遍使用的铸焊机以四工位旋转式铸焊机为主，铸焊机由上下两部分组成，上面是一个可以带动极群旋转的转盘，下面是一个固定盘，在固定盘上相应工位安装该工位的工装，四个工位的作业不同，如图6-5所示。在转盘上，安装相同的四套夹具工装，主要作用是夹紧或松开极群，上下翻转并完成相应工位操作。夹具在工装盒内，通过气缸的动作夹紧或松开极群，气缸安装在工装盒内，工装盒和夹具一起可根据操作要求上下旋转，也可以上下移动。转盘每旋转一圈，就完成一组极群的焊接，一般是6个极群组。在旋转盘下面的固定盘上，第1号工位是极板组上机工位，将极板组装入夹具中，极耳向上，进行简单的整齐。当转盘转动90°后，极板组由1号工位转入2号工位，2号工位下面的托盘升起，托住极板组，上面的整理极耳工装下降到极耳位置，然后松开极板组，整理极耳，即在松开极板组后，从极耳的两边，向里（极耳）打2~3次，将极耳对齐。整理极耳的装置安装在工位2的上方，与转盘不接触，工作时下降到相应的位置，工作后抬起，基础安装在固定盘上，伸出支架悬挂工装。整理好极耳后，工装盒和夹具与夹紧的极板组，上下翻转，使极耳朝下，固定盘上蘸有铸焊剂的滚刷，由外向里运动，刷过极耳，然后再由里向外运动，将多余的助焊剂刷掉。接着转入第3号工位，也是铸焊最重要的一个工序，焊接工序。首先用铅泵从铅锅打入铅液到模具型腔内，模具结构如图6-6所示，然后将旋转盘下降到设定的高度，将极耳伸入模具的铅液中，同时多余的铅液流出，然后冷却，顶出极群。最后转到第四个工位，将工装盒夹具以及铸好的极群，上下翻转过来，汇流排和极柱向上，然后固定盘上的托板上升，与极群底面接近，松开夹具，极群落下，托板托住极群下降，到位后取下极群，或机械手直接进行极群装槽。

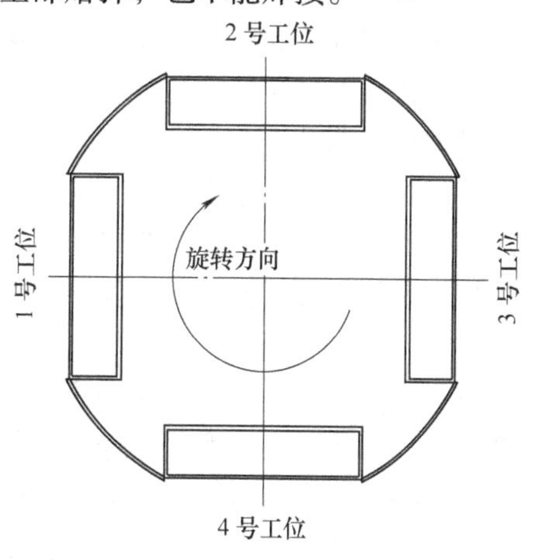

图6-5　铸焊机工位图

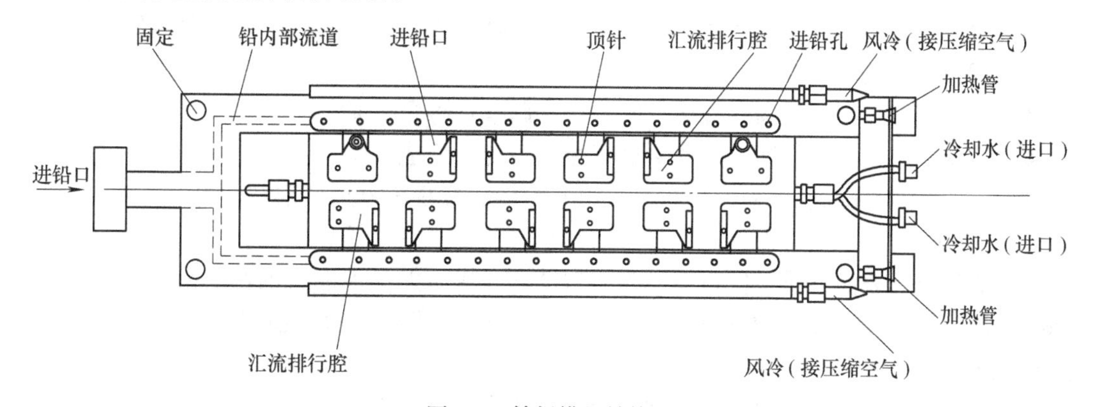

图6-6　铸焊模具结构图

铸焊生产必须配有符合要求的铸焊模具，模具结构设计要合理，材质要符合要求，不能变形。模具冷却水道的设计要合理，冷却性能要好。生产过程中，模具要按规定喷模。

铸焊操作关键工序是焊接工序，其他工序是为焊接服务的。铸焊常见的问题有以下几点：焊接的强度不够以及汇流排的厚度超标，解决方法主要是调整输送铅的温度、时间和冷却时间；还有汇流排的飞边毛刺问题，主要原因是铸焊模具的涂模剂不合适，应及时喷模；汇流排掉板问题，主要是夹具问题和铸焊模具变形等造成，整修夹具及维修铸焊模具。

铸焊的参数设置非常关键，主要参数有进铅时间、铅液温度、模具温度、插片时间、冷却时间等。各参数之间要配合好。

烧焊是将极板组插入对应型号的梳板中，将预先浇铸好的极柱放入梳板上设计好的位置，然后用乙炔-氧焊枪烧融极耳，同时添加铅合金，将极耳连同极柱焊成极群。烧焊一定要注意要在汇流排冷却后才能卸极群，否则会因为结晶没有完成，发生热裂。手工焊接效率较低，另外焊接析出的铅烟对操作者的身体有较大的危害。

2. 铸焊的操作规程及常见问题的解决

铸焊工艺要根据模具的设计结构以及电池的类型确定浇铸铅液温度、进铅时间、冷却温度、模具温度等。工艺参数与模具的结构、极耳厚度、脱模剂的喷涂、助焊剂类型及合金成分密切相关。模具是依据电池类型和汇流排结构而设计制造。

铸焊的操作包括以下内容：

（1）准备工作

操作者工作前应穿戴好劳动保护用品。在设备需要润滑的部位加注润滑油。检查所有设备运动部分是否正常；水、电、气是否正常。将生产所需要的原辅材料准备好。安装好模具，打开总开关，提前给铸焊机铅锅加热。

（2）设备的调试

根据生产任务，对照工艺要求，将所需的铸焊模具（套）、夹具和定位工装安装到位。

1）将铸焊机转盘落下，夹具开口朝上，升起装极板组托板，根据极板类型调整托板与夹具之间高度；用扳手调整极群夹具动板和定板之间的距离，确保极板组装入后松紧适宜。松开夹具，根据铸焊模具模腔的排列装入极群（或装相应的板栅用于调试，或只装一个极板组），夹紧夹具。

2）将转盘转到第二工位，调整极板组托盘的高度；调整整理工装的高度，调整工装上整理极耳的位置。调整刷助焊剂的高度，一般刷到板耳高度3～5mm，不能刷到隔板和极板上。调整刷子前后运行的定位。

3）转盘到第三工位，调整好模具的定位，调整好铸焊高度定位。

4）转盘到第四工位，调整好收极群托板的高度。完成全部调试后，回到第一工位，装上极板组（或用板栅代替极板的极板组）进行试验，发现不合适的部位，再进行微调。

（3）喷模

1）清除模具表面杂质，保持模具表面清洁和干燥。尤其不能有油污，因为油污及杂质影响软木粉的附着性能，且容易脱落，从而达不到保温要求，易出现掉片及汇流排毛刺、飞边等质量问题。

2）用压缩空气将模具模腔内部吹干净，等铸焊模具温度达到工艺要求，打开铅泵，将铅液注入空模腔，铅液达到模具模腔的80%高度，要求距离模具上表面1～3mm。

3）对带铅模具表面进行喷涂，喷涂时要均匀，模腔内上部露出部位和模具表面都要喷到，一般喷3~5遍。脱模剂厚度大约在0.03~0.1mm之间。脱模剂使用重力铸板用的喷模剂，脱模剂配置见第2章的2.4.7节。

4）等模具表面脱模剂完全干燥后，顶出铅零件。

5）根据产品规格及生产极板片数，对模具模腔底部（不带铅）进行喷涂，相同的模具，极板片数越多则喷涂量越多，反之片数越少则喷涂量越少。如有铸焊时融耳现象，则将模腔底部喷模剂刮掉。

（4）正常生产

设置并调整控制表盘上铸焊工艺参数，符合工艺要求。先手动生产几组极群，检查焊接效果，达到要求后，设置为自动，再生产几组，检查焊接效果，达到要求后，进行首件定型。之后转入正常生产。在生产中，观察铸焊的汇流排是否有厚薄不均问题，并进行有针对性的喷模。观察铸焊模内液面高度，有选择性的调整快速溢流时间来控制汇流排的厚度。表6-1中为常用的铸焊温度工艺参数

表6-1 含锑4%铅锑合金铸焊温度工艺参数[1]

合金位置	温度/℃
铅锅	480~500
铅管	475
模具（汇流排）	120

（5）铸焊问题的排除

铸焊常出现的问题见表6-2，一般采取相应的措施后能够得到排除。

表6-2 铸焊常见的问题及排除

故障	原因	解决方法
汇流排薄	供铅速度慢	加大铅泵速度，延长浇铸时间，提高铅锅温度，清理供铅管道
汇流排厚，有飞边，毛疵	供铅量太大或多余的铅不能回流	减少浇铸时间，减小铅泵速度，增加快速溢流时间，模具表面增加喷模
极耳熔断掉板	铅液温度太高、散热不畅	降低模具温度、降低铅锅温度。提高模具冷却效果，减少喷模厚度
汇流排薄厚不均	供铅分布不均	排除管路堵塞，清除铅槽里的浮渣，降低供铅速度
汇流排断裂	汇流排温度高	延长冷却时间，增加冷却效果，减少喷模厚度
掉板	焊接不牢，或没有焊接	打光极耳，刷好助焊剂，提高合金温度、模具温度，改善助焊剂的效果。调整铸焊高度和刷极耳高度，升高模具温度，加强水冷效果
汇流排不能注满	供铅孔堵塞	清除供铅槽里的浮渣，清理管路铅渣。提高铅液温度，延长加液时间
汇流排内有大气孔	液体气化产生	减少极耳上助焊剂，降低插片速度

6.2.3 穿壁焊和跨桥焊

起动用蓄电池在制造中，普遍采用穿壁焊工艺。这种工艺既可保证单体电池连接，也可

实现电解液的隔离，实现单体串联的功能。穿壁焊连接与过去的桥式连接相比，不仅工艺简单，而且节省了大量的铅合金，使电池的重量减轻，成本降低[2]。

在蓄电池装配的工序中，穿壁焊是最重要的一个工序，如果穿壁焊出现质量问题，可能导致电池的断路、短路，不能大电流放电，甚至出现爆炸，对质量的危害和影响较大。

1. 蓄电池穿壁焊的工作原理

穿壁焊的原理是，两单体的极柱通过压力压紧，然后短时间通过大电流，由接触电阻产生热量使接触部位熔化焊接。可用式（6-1）表示：

$$Q = \int_0^t I^2 \times R \times \mathrm{d}t$$

式中 Q——穿壁焊接时所产生的热量；

I——焊接时通过焊件的电流；

R——焊件间的接触电阻；

t——焊接时通电的时间。

通常焊件间的接触电阻是一个变数，影响接触电阻的因素如下：

1）焊件间的压力：压力越大电阻越小；压力越小电阻越大。正常焊接时，压力增大会导致焊接不良；压力减小会导致过热甚至溅铅（铅从焊接处溅出，也称炸铅）。

2）焊件的温度：温度越高焊件的电阻越大；温度越低焊件的电阻越小。在蓄电池的连续生产中，穿壁焊之前的工序是铸焊极群及装槽，铸焊的极柱会有一定的温度，在穿壁焊时焊件要冷却下来，以保证焊件的电阻趋于稳定。正常焊接时，如果焊件的温度高会引起溅铅。

3）焊件存放的时间：焊件存放的时间越长，表面氧化越严重、电阻越大，焊接时造成溅铅的可能性越大。

4）焊头挤压焊件所形成的平面大小：与焊头的形状和压力有关，焊接面积大，可造成焊接不良。

总之，在穿壁焊的过程中电阻值的影响因素较多，也处于变化过程中，因此电阻值是一个复杂不易控制的参数。

起动用蓄电池的穿壁焊焊接电流约为2.8～3.0kA，焊接能量为0.3kJ。焊接时间约0.08s。

2. 穿壁焊操作规程

1）打开穿壁焊机电源、冷却水、气阀、油泵。检查设备是否正常（气压、流量等）。

2）对所要生产的电池槽冲孔进行检查，主要参数为冲孔直径尺寸 、冲孔位置尺寸 、冲孔外观（毛刺等）。

3）根据生产任务单及所生产型号，确定所需要的焊头并进行安装，调整好轨道宽度，确定轨道的防护完好，保证电池的印字、商标及电池表面不被轨道划伤。

4）调整电池穿壁焊定位，保证定位正确。使中隔焊接处处于焊头的中心位置。

5）焊接电流关闭，其他参数开启，用冲孔正确的电池槽来校正焊头位置5次 用电池极柱预压出来的焊接接触面符合要求。

6）根据工艺规程设定参数，一般参数有焊接程序号、挤压时间、焊接时间、焊接电流、保持时间。

7）用装好槽的电池进行焊接，用扭力扳手检查焊接强度并断开，目测检查焊接断面是否结晶细腻，无孔洞或孔洞面积符合规定要求。

8）根据预焊接结果对焊接参数作微调，使之达到最佳焊接效果。

9）检验合格后，进入正常生产。

3. 蓄电池穿壁焊质量缺陷

经过大量的解剖电池和进行分析发现，穿壁焊的质量问题可归为以下几个方面。

1）穿壁焊开焊：穿壁焊的两侧极柱没有焊接或焊接部位很小，焊接强度较低，在大电流放电时熔断或经过振动后断裂。

2）穿壁焊的虚焊：穿壁焊没有焊接，或焊接部位只是浅表面焊接，在有负载或振动下，很容易断开。

3）穿壁焊的溅铅：在穿壁焊操作时，由于材料或工艺参数不合适，导致在焊接时，接触部位的铅液沿塑料壁溅出的现象，溅铅导致焊接不牢或内部孔洞，溅出的铅液容易导致蓄电池的短路。

4）穿壁焊中格弯曲：在穿壁焊时，有时会出现塑料槽中隔的弯曲，多数是由于穿壁焊时应力作用导致的结果，可能有两方面的应力，一是来自穿壁焊时的铅零件应力的作用，另一方面是塑料中隔内有应力。穿壁焊参数选择不当或穿壁焊极柱材料的性质可能导致中隔弯曲。中隔弯曲后将严重影响热封的封接性能。

5）穿壁焊焊接处内部气孔：切开穿壁焊连接面，有时发现气孔。一般小气孔不会过大影响焊接性能，但出现较大的气孔，如直径 2mm 以上的气孔，将可能影响大电流放电，或在大电流放电时，焊接处发热损坏连接。

6）穿壁焊极柱裂纹和断裂：极柱本来是完整无损的，但经过穿壁焊后，在通过穿壁焊压痕或在压痕周围产生固定位置的裂纹和断裂。这种情况有时不太明显，很容易漏检。

7）穿壁焊处密封不良：将导致电解液串液，蓄电池将没有正常的电压，电池不能使用。

4. 穿壁焊质量问题产生的原因

首先，穿壁焊是由穿壁焊机械完成的，因此穿壁焊机是影响穿壁焊质量的要素之一。穿壁焊机需要电能，因此电的参数会产生一定的影响；穿壁焊需要通过压缩空气（或液压）用于对极柱施压，压力的稳定性也是一个要素；极柱之间要焊接，焊接材料即极柱合金和材料的表面状态也是一个要素；另外，环境的温度、湿度以及焊件的温度也可能产生一定的影响。

5. 解决穿壁焊质量问题的途径和方法

穿壁焊机目前有两个层次的设备，一种是功能齐全，各种因素都充分考虑的穿壁焊机，其质量是稳定可靠的，但价格昂贵；二是简易的穿壁焊设备，质量稳定性略差，但价格便宜。尽管目前国内设备取得了一定的进展，但与国外知名企业的设备相比，还有一定的差距。

1）电源的稳定性是影响穿壁焊质量的因素之一，通过试验发现在电压不稳定交流频率中存在谐波或杂波时，在设备没有附带精密电源的情况下，穿壁焊的可靠性较低，甚至有时在白天生产焊接质量不好，只能停止生产，但晚上就能正常生产，质量就较稳定，实际白天的电压和晚上的电压经测量没有多大的差别，这可以基本说明这是谐波的影响问题。当然这主要发生在没有附带精密电源装置或系统的穿壁焊机上，如果有这些系统，则何时使用都会很稳定。由于成本问题，部分设备不注重配备精密的稳压系统，试验证明穿壁焊的效果是很差的。建议起码在晶闸管触发电路中采用精密的电源装置。

2）在焊接之前需给极柱施加压力使极柱接触才能焊接，压力的大小和稳定性是影响穿壁焊的一个参数，如果采用并网使用的压缩空气，压力的波动会影响穿壁焊的一致性，如确需压缩空气必须设置大的缓冲罐。一些机器自带液压设备，穿壁焊的效果良好。为保证质量，应优先选用液压系统，这样就会比较稳定。

3）极柱合金材料也是影响焊接的一个重要因素，在以前无论是普通电池还是免维护电池使用铅锑合金，锑含量都在3.5%左右。但随着免维护电池对失水指标要求越来越高，开始采用Pb-Sn合金，Pb-（0.9%～1.5%）Sn合金用于穿壁焊极柱，使用效果良好，性能稳定可靠，不会因强度不够造成质量问题。Pb-Sn合金与Pb-Sb合金焊接性能和强度有很多不同，因此在极柱结构上要考虑Pb-Sn合金的一些特点，另外焊接参数会有很大的不同，要进行试验确定。极柱存放时间不能太长，有的工厂规定不允许超过1天，主要是由于极柱表面的氧化会影响穿壁焊的性能。极柱的厚度主要根据强度而定，Pb-Sb合金可薄一点，约4mm，Pb-Sn合金可用5mm。

4）部分穿壁焊机的焊头采用冷却系统，因此冷却系统的一致性也很关键。如果采用自来水冷却，有时温度忽高忽低，焊头的温度会有较大的波动，会带来一定的不稳定和不一致的因素。因此保证冷却介质的稳定是非常必要的，一般介质的流量是可调的。焊头温度不仅要稳定，而且不能太高或太低，这要根据实际使用的设备和具体情况，通过试验确定。

5）穿壁焊头的形状和尺寸（见图6-7）是影响质量的因素之一，如果穿壁焊头的高度大，穿壁焊的深度就大，连接部位就小，有时导致强度不够；如果穿壁焊头的尖度太大，电流就会太集中，就会出现溅铅和内部气孔等问题。

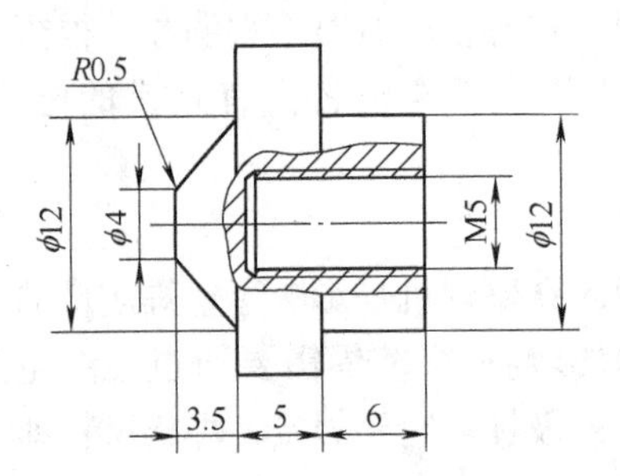

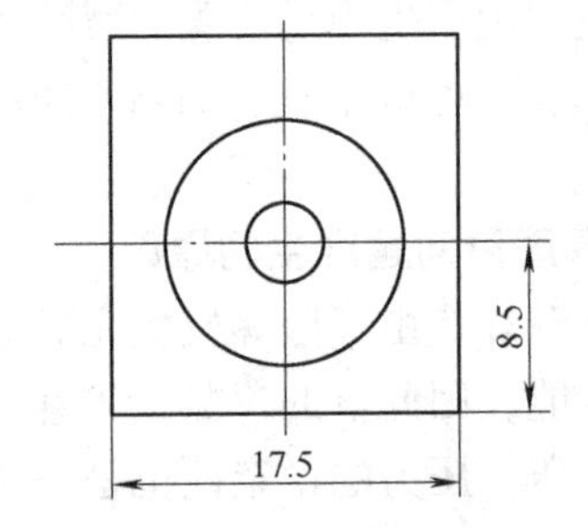

图6-7 穿壁焊焊头结构

极柱的尺寸由穿壁焊孔的尺寸、塑料中隔厚度、铅零件的厚度和硬度确定。一般极柱的边缘距穿壁焊的外缘要有3～4.5mm的距离。

为了检测穿壁焊的质量，部分生产线配备了穿壁焊剪切试验机，这种设备能够起到部分试验把关的作用，但检测机测试时低于预警值才能报警，只要测试值高于预警值，即便存在一定的缺陷，也不会报警。因此在生产中适当进行人工抽检是一种比较有效的办法，比如生产50～100台后在不停止生产的情况下取样对穿壁焊（可采用单格仅装极柱的办法测试）进行切开判断，这能更有效地防止穿壁焊出现问题。

6. 跨桥焊接

跨桥焊接一般用于胶封的固定型蓄电池中，生产中极群的极柱伸出到槽外，两单隔的极柱相靠近，然后用工装模具固定，用火焰枪焊接在一起。焊接的伸出部分，在胶封时密封到盖子中，实现了单体之间的连接。

6.2.4　热封和胶封

1. 生产方式

热封和胶封是将装入极群的蓄电池槽和蓄电池盖封接在一起的操作。热封是通过用加热模具将槽和盖的封接面加热融化，然后对接在一起，冷却后便封接在一起。胶封是在电池盖上设计胶槽，将胶注入胶槽中，然后将装入极群的蓄电池槽倒放插入盖子的胶槽中，之后经过一段时间的固化，槽盖就封在一起。热封一般用于起动用蓄电池，因为起动用蓄电池槽盖采用PP塑料，而PP塑料用胶不能粘接，只能采用热封的方式；胶封一般是工业阀控式电池，采用ABS塑料。

采用PP料的起动用蓄电池槽盖，一般热封的温度为270～340℃，加热的时间为2～9s，保压时间为4～9s。热封对PP料的材质有一定的要求，并且每批料的材质一致性要好。塑槽要符合蓄电池设计制造的规范，要有规定的强度。槽盖的封接面要面面相对，塑槽的四边和中隔不能变形。生产设备热封机非常重要，好的设备漏气率很低，精度不够的设备，可能造成热封歪斜、面面不对、漏气等问题，直接影响质量和外观。

热封后要进行端子的烧焊。有的用机械烧焊，有的用手工烧焊。其原理是将端子套模具戴到端子上，用火焰将极群上的极柱与塑盖上的端子圈焊在一起，要注意焊接的深度，深度较浅时，可能存在虚焊的问题，或强度不够。

胶封蓄电池主要用于大、中、小型的以ABS为塑槽材料的阀控式电池。目前注胶机的使用逐步取代手工注胶，注胶机可根据电池盖上的胶槽，设置注胶嘴的路线（程序），根据电池的大小不同和工艺要求设置胶的流量。当盖子到达规定的工位后，注胶机会沿着胶槽自动的注胶。然后将装好极群的槽体，倒放插入盖子中。生产中使用胶的质量很重要，要使用质量可靠的蓄电池专用树脂胶，并且固化剂的加入量要符合规定的要求。有的工艺为了减少时间，采用加热固化的工序（一般多为小电池），大电池多使用自然固化的方法。

2. 热封的操作规程及常见问题的解决

热封机是热封的主要设备，虽然形式上有些差异，但原理是相同的。热封机用加热板将塑料槽的封接面与盖的封接面融化，然后在融化状态粘连在一起，等冷却后，槽盖就封接在一起，并且有较大的强度。

（1）生产的准备

首先操作人员穿戴好劳保护品，特别是戴好手套，以防烫伤。准备工装、工具，准备试验用的空槽、盖，以及用假极板（代替极板）装好槽的电池。检查水、电、气是否符合要求。

将与生产电池型号相对应的加热板安装到热封机上，调整加热板前后、左右的位置，调整高度，调整机械上槽盖的定位高度。调整时要用槽盖进行试验，并测量或目视位置，直到调试符合要求。检查加热管是否完好，开启加热板的加热，使加热板达到工艺规定的温度。

（2）调试及试生产

在手工操作的条件下，在机器上先用加热板烫一个槽和一个盖，不用热封，目的是观察热融面。首先观察盖子烫的位置是否准确，主要是观察，盖子烫的前后、左右的位置是否相同，不相同表明盖子可能歪斜；第二是要观察盖子各部位烫的深度，一般用目视的方法很容易观察，深浅不一致，可能导致电池的高度不一致，严重时可能造成封接不良，导致漏气。第三要观察电池槽的热融面，要观察烫的深度，前后左右位置，以及四周和中隔的均匀性；最后要观察烫的盖子和槽的深度是否接近，不能一个烫的很深，一个很浅。根据试验的情况，按照设备的调试要求，一项一项地调整直至正确。然后再用同样的方法进行测试，直至槽盖烫接面准确。之后，用槽盖封好一个空电池，观察盖的位置是否准确，盖子前后、左右距槽的尺寸要均匀。测量高度是否符合电池的高度要求，不符合时需要调整。然后测量空电池的气密性，以检测是否漏气。不漏气时，撬开（破坏性的）槽和盖，观察粘接面是否均匀，是否面面相对，槽子的边缘和中隔是否有弯曲。正常后，开始用装好极群，并穿壁焊好的电池，进行试热封，产品符合要求，可以再生产几只并全面检验，进行首件定型之后投入正常生产。

（3）正常生产

正常生产时，要设置好加热工装的温度、热封时间、保压时间的参数。一般设备处于自动运行状态。在设备不是非常稳定的情况下，要规定定期进行撬开电池检查，观察槽和盖的热封情况，这是最稳妥的避免批量漏气的方法之一。

（4）热封的常见问题及解决方法（见表6-3）

表6-3 热封问题及解决方法

问题	特征	解决方法
漏气	气密性检查不能保压	撬开电池观察漏气部位 1）粘合面不相对。要调整工装，使面面相对 2）没有融接。可能是热封温度偏低 3）融化没有粘住。可能是热封定位不合适，导致槽盖没有压实 4）塑料材料有问题，更换槽盖的材料
槽盖不正	盖子歪斜	调整工装尺寸，使热封位置正确
热封后槽凹凸不平	外观不美观，应力造成	加热板有缺陷或磨损等，维修或更换加热板
烫掉尺寸太多	电池尺寸小，挤出料多	温度过高，或加热时间长造成，进行必要调整
串格	中隔漏气	1）穿壁焊部位是否漏气，漏气需改善穿壁焊质量 2）电池槽中隔变形，中隔强度低，应增加强度 3）电池槽中隔上的定位不起作用，应修改盖子的模具，改到合适 4）电池槽中隔有应力，可能是槽体生产注塑的保压时间不够，应调整 5）对槽盖材料进行测试，排除材料的问题

3. 胶封的操作

（1）工作前的准备

操作人员要穿戴好劳保护品，特别是口罩和胶手套。准备好需要的用品和用具，准备好材料和半成品。采用自动注胶机设备的，要选择好程序、调整好工装。检查抽风排气设备是否完好。生产大型电池还需要准备好吊装设备。

（2）配胶及胶封

根据电池的型号及生产的快慢，确定配胶的量，一般工厂的工艺对每次配胶的量有明确规定，按标准化进行操作。胶分为两部分，一部分是胶的本体，一般是蓄电池环氧树脂专用胶，另一部分是固化剂，起凝固的作用。在胶中不加固化剂，胶就不能固化或很长时间才能固化。在胶中加了固化剂，胶就在一定的时间内固化，固化剂加得越多，固化时间越短，操作的时间就越少，一旦添加固化剂的胶出现变稠的现象时，胶就没办法再使用。配胶主要是在胶中加固化剂的过程。具体操作如下：

称量工艺要求的蓄电池用专用树脂胶，然后称量固化剂，将固化剂倒入树脂胶中，按工艺要求搅拌后备用。将蓄电池盖子倒放在水平的工作台上，用注胶工具注入盖子上的胶槽中，排出胶槽中的气泡，待胶自然流动达到平衡后，将装好极群，焊好连接件的电池倒放进盖子内，使电池槽的外壁与中隔进入相应的位置，用胶埋没，等固化干燥后，槽盖粘结在一起并完成密封。固化过程可以是自然固化，也可以是加热固化，一般加热固化，适用于小电池。

（3）常见问题及解决（见表6-4）

表6-4 胶封常见的问题及解决办法

问题	特征	解决方法
漏气	封接不严	解剖查看问题 1）胶的质量问题，应换符合要求的胶 2）封接部位有杂质和尘土，应清理杂质和尘土 3）胶开裂，可能是固化剂太多，应减少固化剂 4）加胶量不合适，应调节加胶量
溢胶太多	密封时胶液沿盖流出	1）适当减少加胶量 2）盖子设计不合理，应改进盖子结构
槽盖偏斜	盖子不正	盖子上的定位不起作用或没有定位，应设计合适的定位

6.2.5 生产中的检测

在生产中一些检测是同时进行的，极群装槽后，就要逐个检查极群有无短路情况，一般测定电阻，无短路时电阻会很大，发生短路时电阻会降低，达到设定值时就会报警，该电池剔除，由操作人员进行检查判定，排查问题。由于电阻值与湿度和使用的设备关系较大，所以设定的参数要根据模拟样品进行测定，能够测出微短路的现象，且又不能在没有问题时经常误报警。

反极检测适用于熟极板组装的电池，检测装入电池槽中的极群极性是否正确，发生反极现象设备启动报警提示。生极板电池极性检测很困难，一般不进行检测，依靠生产中标识极性来目测检查。

穿壁焊后要对穿壁焊强度进行检测，一种是通过施加一个剪切力来检测，这种方法直观，效果也好，但由于对极柱施加了剪切力，对极柱还是有影响的。另有一种是通电检测，这种检测虽不对极柱产生伤害，但检测效果有待继续考察。

热封后要对蓄电池的密封性进行检查，如有漏气可能导致蓄电池以后使用过程中产生漏酸现象，所以气密性的检查是非常重要的。一般检查是，将蓄电池单格1、3、5进行充气，然后2、4、6充气，一般气压为0.03MPa，泄漏量不能超过5%，这个值只是一个判定值。极板是多孔的，保压期间，由于气体在极板孔中的扩散，气压肯定逐渐降低，最后稳定。大小电池气压下降的情况是不一样的，大电池因为极板多，肯定下降的多，因此大电池需要注气的时间要长。要合理设定参数，并正确判定。对于带加水帽的电池，打气的工装一般用与注酸孔配合的密封装置，对电池盖的压力不大；但对于不带加水帽的免维护电池，打气工装可能平压在电池盖上，电池槽和盖之间漏气时，因为有外加压力的作用，使漏气表现不出来，存在可能测不出来的风险，造成误指示，应注意这方面的情况，适当增加工装的密封性，减少测试工装板的压力。

6.3 蓄电池组装的技术要求

6.3.1 包封配组的技术要求

包封配组主要的操作是包封和配组。主要要求如下：

1）包封后隔板的尺寸要符合要求，不能偏斜。可用测量的方法和目视的方法判定。

2）底边的压痕不能损伤隔板的结构，不能形成孔洞或结构损伤。

3）极板两边的压接包封，强度要符合要求；压接纹均匀一致，不能深浅不一。

4）配组片数和叠放顺序要正确，机械运行不能损伤隔板的底脚，不能撞击形成针眼微孔。

6.3.2 铸焊的技术要求

铸焊是蓄电池装配的重要工序，它是低压浇铸的铸造原理在铅焊接中的运用，是利用已进入模具模腔的高温熔融金属的热量，将浸入的极群极耳，按正、负极板分别熔焊到一起，同时铸出汇流排和极柱。铸焊的要求如下：

1）生产中的温度控制：铅锅、铅泵、模具分配块及模具模腔的温度对铸焊质量有较大的影响。温度过高产生氧化铅，堵塞铅道、浪费资源、铸焊时易融极耳；温度过低，铅液流动不畅、汇流排不能成型、直接影响焊接效果。一般铅锅及模具分配块温度控制在470～500℃，模具模腔温度控制在120～165℃。

2）模具的要求：铸焊模具中汇流排的尺寸、极柱的尺寸要符合设计要求。

3）极群的总高度、汇流排的中心距、穿壁焊中心高度是配合尺寸，一定要符合要求。

4）材料的要求：极板板耳要光滑，无油污和氧化物等；使用的合金铅和助焊剂等材料要符合规范要求，并定期进行检查。

5）产品外观检验：外观要完整，极板排列应整齐，极板焊接应牢固，汇流排无飞边毛刺、缩孔、裂痕、铅豆等；汇流排符合尺寸要求，特别是厚度要符合规定；极柱无飞边毛刺、缩孔、裂痕，表面要平整。

6）铸焊质量及检查方法：必须保证焊接质量。可用多种方法检查，①观察汇流排与极板的焊接浸润情况，通过浸润角的大小判断焊接的强度；②用手向下拉片，测试焊接的直观拉力，拉力大表明焊接强度高；③切开汇流排，并用用盐酸、草酸、过氧化氢的混合液浸泡5s，观察焊接深度和粘接强度。

7）极群不能有损伤，如隔板底脚的破损、边角的刺穿，以及两边包封的开封等。

8）铸焊液不能蘸到极板或隔板上，否则可能导致后面装配的检测不正常。

9）铸焊不能烫伤隔板，不能产生隔板卷曲变形，不能有烧熔极耳的问题。

6.3.3　穿壁焊和跨桥焊的技术要求

穿壁焊是实现极群连接的方法，其质量好坏直接关系到整个电池的质量好坏。穿壁焊应满足以下基本要求：

1）切开穿壁焊的截面，观察焊接的面积，焊接边缘应充满塑孔、饱满；中心焊接形成的小孔不大于直径1mm。

2）穿壁焊四周不应有溅铅，有溅铅的焊点应返工或报废处理；穿壁焊不能有虚焊、假焊、漏焊。

3）穿壁焊处不能漏气，可用气密性检测设备检测或解剖检测。

4）穿壁焊后的电池中隔不能有超过0.5mm的变形。

5）穿壁焊焊点周围不能有微裂纹。

6）穿壁焊好的电池，极群上面应清洁、无污浊，隔板、极板排列整齐，极群的松紧度合适，汇流排无毛刺。

6.3.4　热封和胶封的技术要求

1）热封或胶封前检查槽盖的热封或胶封位置及尺寸，是否符合规定的要求，热封胶封面完整，电池槽的热封或胶封边不能有超过1mm变形弯曲；电池槽的热封高度应一致，误差不超过0.5mm。

2）槽和盖的热封深度为1～2mm，此深度和槽盖高度的一致性、机械的精度相关，可视具体情况调整。测量方法是解剖后测量高度。

3）将电池盖和槽沿结合处撬开，目视结合处热封或胶封的一致性，发现偏差或偏斜则需要调整。在撬盖时，注意封接的强度，强度太低需要调整参数，增加封接强度。

4）观察或测量槽盖位置，封接面位置一致性是否符合要求，发现偏斜需要调整。

5）热封好的电池需要经过气密性的检测，不漏气为合格，发现漏气现象要查找漏气点并进行解决。漏气电池为不合格电池，需进行返修或报废处理。

6）热封温度的控制。热封温度及热封时间的控制，根据焊接的材料及焊接模具的结构选择焊接温度及焊接时间。温度偏高，塑料可能碳化；温度偏低，焊接强度不够。

参考文献

[1] 徐国荣，全勇，等．浅谈铸焊汇流排的工艺和设计要求［J］．蓄电池，2011（4）：180-182.
[2] 柴树松．铅酸蓄电池穿壁焊的探讨［R］．全国第九届铅酸蓄电池学术会议，2004.

7

第7章　配酸、水净化、蒸汽、压缩空气

7.1　配酸工艺及要求

7.1.1　配酸的流程

硫酸是蓄电池生产的重要原材料，需要配置成各种要求的浓度，以供不同工序使用。配酸需要配酸装置，一般蓄电池工厂会将配酸集中在一起，然后通过管道输送到使用的部位。

图7-1所示是配酸操作流程图，用硫酸隔膜泵2将浓硫酸打入高位的浓酸槽中，用净化水泵1或用管道将净化水送入高位净化水槽。配酸时先将净化水加入配酸灌中，根据工艺规定的硫酸密度及用量计算并加入适当的净水量，然后开始往配酸灌中加浓酸，用隔膜酸泵4将配制后的硫酸溶液从上面抽入热交换器（负压吸入），进行降温循环，同时起到酸液搅拌的作用。用水泵5将冷水打入热交换器中，热量通过冷水带出，经冷却水塔降温，进行冷却水的循环。根据硫酸溶液配制过程中的温度上升情况，确定浓酸的加入速度，配酸液的温度过高，需减缓或停止加入浓酸。浓硫酸加入的量达到预定值，当溶液温度冷却降到50℃左

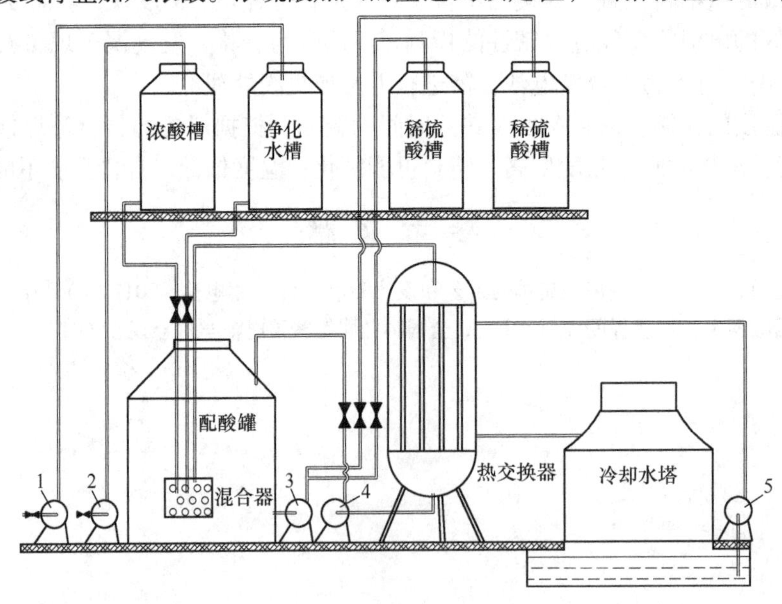

图7-1　配酸流程图

1—净化水泵　2—硫酸隔膜泵　3—酸泵　4—隔膜酸泵　5—水泵

右时测量出酸液的密度，并按照温度与密度的换算系数，换算成 25℃的密度，换算值符合工艺要求，可将配制好的硫酸溶液用泵 3 打入相应密度的酸槽中。换算值不符合工艺要求，可通过加水或加酸重新进行密度调整。

7.1.2　配酸的操作

员工在进行配酸操作前，须按照规定做好劳动防护措施，即穿防酸胶鞋、戴防酸胶手套、戴护目镜、配防酸围裙等防护用品。操作人员必须经过严格培训才能上岗，了解并掌握必要的防护知识和相关的应急处理措施。准备好工作必须用品和工具，如密度计、量筒、温度计等。

配酸操作流程如下：

第一，首先打开控制柜的电源开关，之后打开纯水泵 1 开关，将纯水打入高位槽中，一般用自动，也可用手动。达到规定的液面高度时及时关闭纯水泵 1 开关。第二，将浓硫酸打入高位槽。先将盛浓硫酸的塑料容器放到指定位置，打开容器的盖子，将吸酸管放入浓酸的容器中，打开酸泵 2 前后的手动阀（一般为常开），打开进酸泵 2 进行抽酸。一容器抽完后，将吸管放入下一容器中，按顺序吸酸。抽浓硫酸时必须注意以下事项：①抽酸管带出的酸液滴到指定的位置或容器内，以防腐蚀物品或对人体造成伤害；②抽酸过程中不要同时进行其他作业；③抽酸时酸须有人在盛浓硫酸的容器旁边看护，容器中浓酸抽完后应及时更换待抽的容器；吸管在不吸酸时不能在空气中运行太久，以避免造成隔膜酸泵的损耗。第三，打开高位水槽的出水管放水到配酸灌，根据工艺要求的硫酸浓度计算加水量，当液位达到指定的高度时关闭进水阀。第四，打开冷却水泵 5，开机前观察冷却水的水位，并及时补水。第五，开启循环降温酸泵 4 前后的阀门，并打开循环酸泵 4。将高位浓酸槽到配酸灌的浓酸阀门打开 1/2。浓硫酸流入配酸灌的混合器，当配酸灌的液面达到指定高度，关闭浓酸阀门。第六，当配制的酸液温度降到 50℃以下时，关闭循环酸泵并测量出此时酸液的密度，按照温度与密度的换算系数，换算成 25℃的密度，如换算值不符合工艺要求，可根据与要求的差别，加水或加酸进行调整；在加水或加酸时要开循环酸泵 4 至少 5 ~ 10min 后，再次进行密度检测；直至符合密度要求时为止。第七，按顺序打开高位酸槽阀门、泵前后阀门及泵 3，将配制好的稀硫酸打到相应密度的高位槽中。

配酸完成后，检查各阀门的开关，关闭浓酸罐和纯水阀门。

硫酸的密度与温度的关系为

$$d_{25} = d_t - \alpha(25 - t) \tag{7-1}$$

式中　d_t——t℃的硫酸密度（g/cm^3）；

α——硫酸密度的温度系数，为 0.0007；

d_{25}——25℃硫酸的密度（g/cm^3）。

生产中常用的酸密度见表 7-1，硫酸浓度对应表见表 7-2。

表 7-1　生产中常用的酸密度

序号	酸密度/$g \cdot cm^{-3}$	用途	序号	酸密度/$g \cdot cm^{-3}$	用途
1	1.400	合膏	4	1.100	涂板淋酸
2	1.300	电池用酸	5	1.040	极板化成用酸
3	1.240	电池化成			

表 7-2 硫酸浓度对应表[1]

密度/g/cm^3		电解液中 H_2SO_4 含量		电解液中 H_2SO_4 含量	
15℃	25℃	质量分数,%	体积分数,%	mol/L，以15℃计	g/L，以15℃计
1.000	1.000	0	0	0	0
1.010	1.009	1.4	0.8	0.144	14.1
1.020	1.019	2.9	1.6	0.302	29.6
1.030	1.029	4.4	2.5	0.463	45.4
1.040	1.039	5.9	3.3	0.626	61.4
1.050	1.049	7.3	4.2	0.782	74.5
1.060	1.058	8.7	5.0	0.941	92.2
1.070	1.060	10.1	5.9	1.103	108.1
1.080	1.078	11.5	6.7	1.267	124.2
1.090	1.088	12.9	7.6	1.435	140.6
1.100	1.097	14.3	8.5	1.605	157.0
1.110	1.107	15.7	9.5	1.778	174.3
1.120	1.117	17.0	10.3	1.943	190.4
1.130	1.127	18.3	11.2	2.190	206.8
1.140	1.137	19.6	12.1	2.279	223.4
1.150	1.146	20.9	13.0	2.452	240.4
1.160	1.156	22.1	13.9	2.612	256.4
1.170	1.166	23.4	14.9	2.793	273.7
1.180	1.175	24.7	15.8	2.973	289.5
1.190	1.186	25.9	16.7	3.144	208.2
1.200	1.196	27.2	17.7	3.330	326.4
1.210	1.206	28.4	18.7	3.506	343.6
1.220	1.216	29.6	19.6	3.685	361.1
1.230	1.225	30.8	20.6	3.865	378.8
1.240	1.235	32.0	21.6	4.049	396.8
1.250	1.245	33.0	22.6	4.234	415.0
1.260	1.255	34.4	23.6	4.400	433.4
1.270	1.265	35.6	24.6	4.593	452.1
1.280	1.275	36.8	25.6	4.806	471.1
1.285	1.280	37.4	26.1	4.906	480.1
1.290	1.285	38.0	26.6	5.002	490.2
1.300	1.295	39.1	27.6	5.197	508.3
1.310	1.305	40.3	28.7	5.386	527.9
1.320	1.315	41.4	29.7	5.575	546.5
1.330	1.325	42.5	30.7	5.767	565.2

（续）

密度/g/cm³		电解液中 H_2SO_4 含量		电解液中 H_2SO_4 含量	
15℃	25℃	质量分数,%	体积分数,%	mol/L，以15℃计	g/L，以15℃计
1.340	1.335	43.6	31.8	5.961	584.2
1.350	1.345	44.7	32.8	6.157	603.2
1.360	1.355	45.8	33.9	6.335	622.9
1.370	1.365	46.9	34.9	6.566	642.5
1.380	1.375	47.9	35.9	6.745	661.0
1.390	1.385	49.0	37.0	6.950	681.1
1.400	1.395	50.0	38.0	7.143	700.0
1.410	1.405	51.0	39.1	7.346	719.1
1.420	1.415	52.0	40.1	7.535	738.4
1.430	1.425	53.0	41.2	7.734	757.9
1.440	1.435	54.0	42.2	7.929	777.6
1.450	1.445	54.9	43.2	8.122	796.1
1.460	1.455	55.9	44.2	8.318	815.1
1.470	1.465	56.9	45.5	8.531	836.1
1.480	1.475	57.8	46.5	8.728	855.4
1.490	1.485	58.7	47.5	8.924	874.6
1.500	1.495	59.7	48.7	9.134	895.5
1.510	1.505	60.6	49.7	9.336	915.1
1.520	1.515	61.5	50.6	9.539	934.8
1.530	1.525	62.4	51.7	9.741	954.7
1.540	1.535	63.3	52.9	9.974	974.8
1.550	1.545	64.2	54.1	10.154	995.1
1.560	1.554	65.1	55.2	10.362	1015.6
1.570	1.564	66.0	56.3	10.573	1036.2
1.580	1.574	66.8	57.4	10.769	1055.4
1.590	1.584	67.6	58.5	10.967	1074.8
1.600	1.594	68.6	59.7	11.193	1097.3
1.610	1.604	69.4	60.8	11.480	1117.3
1.620	1.614	70.3	61.9	11.620	1138.9
1.630	1.624	71.2	63.1	11.842	1160.6
1.640	1.634	72.0	64.2	12.131	1180.8
1.650	1.644	72.9	65.4	12.274	1202.9
1.660	1.654	73.7	66.5	12.479	1223.4
1.670	1.664	74.5	67.6	12.695	1244.2
1.680	1.674	75.4	68.8	12.926	1266.7

（续）

密度/g/cm³		电解液中 H_2SO_4 含量		电解液中 H_2SO_4 含量	
15℃	25℃	质量分数,%	体积分数,%	mol/L，以15℃计	g/L，以15℃计
1.690	1.684	76.2	70.0	13.138	1287.5
1.700	1.694	77.1	71.2	13.374	1310.7
1.710	1.704	77.9	72.4	13.592	1332.1
1.720	1.713	78.8	73.6	13.838	1355.6
1.730	1.723	79.7	75.0	14.066	1378.5
1.740	1.733	80.6	86.2	14.310	1402.4
1.750	1.743	81.5	77.6	14.554	1426.3
1.760	1.753	82.4	78.8	14.798	1450.2
1.770	1.763	83.4	80.2	15.063	1476.2
1.780	1.776	84.4	81.7	15.329	1502.3
1.790	1.783	85.6	83.3	15.624	1532.2
1.800	1.793	86.7	84.8	15.924	1560.6
1.810	1.803	88.1	86.7	16.271	1594.6
1.820	1.813	89.8	88.9	16.678	1634.4
1.830	1.823	91.8	91.4	17.142	1679.9
1.840	1.834	94.8		17.799	1744.3

7.1.3 配酸的注意事项

浓硫酸具有氧化性，稀硫酸具有腐蚀性。因此在生产中要注意硫酸对人员的危害和对设备、建筑的腐蚀等，必须注意加强防护措施。

1）配酸人员在进行生产操作时要穿橡胶裤、胶靴、佩戴橡胶围裙、胶手套、护目镜等。不要因为怕麻烦、图省事而不穿戴防护用品。操作设备需要点击触摸屏的，须使用专用的橡胶棒进行操作，尽可能避免用手直接对触摸屏进行操作。车间内要有处理接触酸受到伤害的基本条件，如备有棉布、清水等。操作人员须经过专门操作培训，具备处理相关问题的知识和能力。

2）一般使用的硫酸纯度较高，在硫酸配制操作过程中注意防止污染，酸液中不能引入任何杂质。

3）硫酸配制是放热反应过程，要注意操作中的温度变化，温度上升较快是异常现象，应立即停止操作并查清原因、排除故障。配酸时必须在配酸灌中先加水，这是关键性的操作步骤，如果误先加酸，再加水，可能导致事故发生，这是绝对不允许出现的。

4）硫酸对建筑和设备有腐蚀性，要尽量避免酸液外漏，加强设备日常点检，保证设备不出现跑、冒、滴、漏现象。如有跑、冒、滴、漏酸现象要及时进行处理。

5）泵4为塑料隔膜泵，要接在热交换器的出口位置，如果接在热交换的进口位置（配酸槽的出口位置），热酸先进入隔膜泵，对泵会造成损坏。

6）浓硫酸中 $H_2SO_4 \cdot H_2O$ 的熔点为8.5℃，在冬天容易结冰，堵塞管道，因此要特别注意，一般采取保温或采用含量低一点的浓硫酸。

7.2　水净化的工艺及要求

7.2.1　阴阳离子交换树脂水净化的原理

1. 离子交换树脂的工作原理

离子交换树脂是一种合成的离子交换剂，交换剂本体是由高分子化合物和交联剂组成，交联剂的作用是使高分子化合物组成带网状的固体。交换剂的交换基团是依附在交换剂本体上的原子团，当溶于水时，可以释去正电荷或负电荷以便与水中的杂质离子反应产生作用。

水处理用离子交换树脂有强酸性阳离子树脂、弱酸性阳离子树脂、强碱性阴离子树脂、弱碱性阴离子树脂。铅酸蓄电池用净化水需要强酸性阳离子树脂、和强碱性阴离子树脂。

强酸性阳离子树脂含有大量的强酸性基团，如磺酸基—SO_3H、苯乙烯和二乙烯苯的高聚物经磺化处理得到强酸性阳离子交换树脂，其结构式可简单表示为R—SO_3H，式中R代表树脂母体，在溶液中离解出H^+，故呈强酸性。其中的氢离子能与溶液中的金属离子或其他阳离子进行交换。树脂离解后，本体所含的负电基团，如—SO_3^-，能吸附结合溶液中的其他阳离子。这个反应使树脂中的H^+与溶液中的阳离子互相交换。强酸性树脂的离解能力很强，在酸性或碱性溶液中均能离解和产生离子交换作用。以Ca^{2+}离子为例的反应式为

$$2R—SO_3H + Ca^{2+} \longrightarrow (R—SO_3)_2Ca + 2H^+ \quad (7\text{-}2)$$

阳离子树脂在使用一段时间后，树脂与金属离子结合接近饱和，要进行再生处理，即与酸反应，使上面的离子交换反应以相反方向进行，使树脂的官能基团恢复原来的状态，此时树脂释放出被吸附的金属阳离子，再与H^+结合而恢复原来的组成。

强碱性阴离子树脂含有强碱性基团，如季氨基[—$N(CH_3)_3OH$]，能在水中离解出OH^-而呈强碱性。这种树脂的正电基团能与溶液中的阴离子吸附结合，从而产生阴离子交换作用。以Cl^-离子为例的反应式为

$$R—N(CH_3)_3OH + Cl^- \longrightarrow R—N(CH_3)_3Cl + OH^- \quad (7\text{-}3)$$

这种树脂的离解性很强，在不同pH下都能正常工作。当树脂使用一段时间接近饱和时，用强碱进行再生，是阴离子吸附反应的逆反应。

铅酸蓄电池生产净水处理常用的交换树脂为阳离子交换树脂001（732）型，阴离子交换树脂201（717）型。

2. 离子交换树脂的物理性质

离子交换树脂的颗粒尺寸和有关的物理性质对它的工作和性能有很大影响。

（1）树脂颗粒尺寸

离子交换树脂通常制成珠状的小颗粒。树脂颗粒越细，反应速度越快，但对液体通过的阻力越大，需要较高的工作压力；如果树脂粒径在0.2mm（约为70目）以下，会明显增大流体通过的阻力，降低流量和生产能力。因此，应选择适当颗粒大小的树脂进行净化水处理。

（2）树脂的密度

树脂在干燥时的密度称为真密度；湿树脂每单位体积（连颗粒间空隙）的重量称为表

观密度。树脂的密度与它的交联度和交换基团的性质有关。通常交联度高的树脂的密度较高，强酸性或强碱性树脂的密度高于弱酸或弱碱性树脂，而大孔型树脂的密度则较低。苯乙烯系凝胶型强酸阳离子树脂的真密度为1.26g/cm^3，表观密度为0.85g/cm^3。

（3）树脂的溶解性

离子交换树脂应为不溶性物质，但树脂在合成过程中夹杂的聚合度较低的物质及树脂分解生成的物质，会在工作运行时溶解出来。交联度较低和含活性基团多的树脂，溶解性倾向较大。

（4）膨胀度

离子交换树脂含有大量亲水基团，与水接触即吸水膨胀；当树脂中的离子产生交换时，如阳离子树脂由H^+转为Ca^{2+}，阴树脂由Cl^-转为OH^-，都因离子直径增大而发生膨胀，增大树脂的体积。通常交联度低的树脂的膨胀度较大。在设计离子交换装置时，必须考虑树脂的膨胀度，以适应生产运行时树脂中的离子转换发生的树脂体积变化。

（5）耐用性

树脂颗粒使用时发生转移、摩擦、膨胀和收缩等变化，长期使用后会有少量损耗和破碎，故树脂要有较高的机械强度和耐磨性。树脂的耐用性主要决定于交联结构的均匀程度及其强度，通常交联度低的树脂较易碎裂。如大孔树脂具有较高的交联度，其结构稳定，能够反复再生。

7.2.2 用阴阳离子交换树脂处理水的流程

图7-2所示是铅酸蓄电池工厂常用的净化水处理装置，四柱构成一个系统，其中一个阳离子交换柱，一个阴离子交换柱，两个阴阳离子混合柱。根据生产需要耗用净化水的量的多少，可选择采用由单套或多套系统组成，也可采用较大尺寸的交换柱系统。

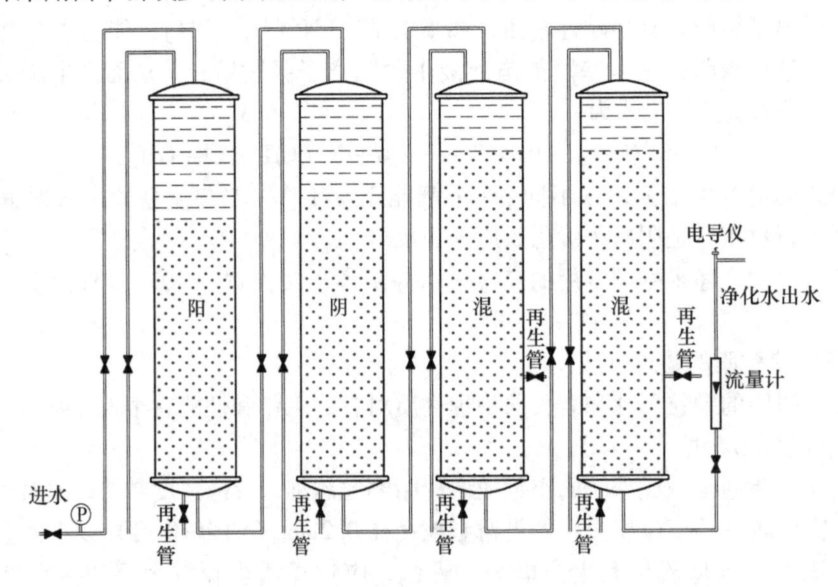

图7-2 离子交换树脂净化水图

自来水（或其他干净水源）经过阳离子交换柱，其中的一部分金属阳离子被树脂吸附，同时释放出氢离子，水呈酸性。依次进入阴离子交换柱，其中的一部分阴离子被树脂吸附，同时释放出氢氧根离子，与阳离子柱释放的氢离子结合，形成水，水显中性。然后依次进入两个阴阳离子混合柱，继续吸附阴阳离子，使阴阳离子大幅度降低，水得到净化。

离子交换柱内径为400mm、高2000mm的一个系统，每小时处理水量约为2.5t，处理的纯度达到1μS/cm以下，一般能够达到铅酸蓄电池生产用水纯度的工艺要求。

7.2.3 离子交换净化水的操作及要求

1. 净化水的生产

正常生产比较简单，只要缓慢打开进水阀门，缓慢打开出水阀门，调整好流量，电导仪的测定数据低于1μS/cm以下就可以了。净水生产应注意以下事项：

1）电导率测控仪在使用中，要经常维护保养，定期清洗电极，以保持电极表面清洁，可使用中性清洗剂清洗或用5%～7%的稀盐酸浸泡1min，再用纯水清洗干净，切不可用强酸、碱及机械方法清洗。

2）树脂长时间使用中，会积累大量残留物，如泥沙等，影响出水及水质。发现这种情况，要将树脂放出柱外，阳树脂用清澈的自来水清洗，阴树脂用纯水清洗。

3）合理调配离子交换树脂再生时间，避开纯水使用高峰期再生处理，以保证生产用水的供应。

4）净化水电导率≥1.00μS/cm时（根据工厂的实际需要可调整工艺标准），水质不合格，要关闭系统查找原因。当阳柱出水酸度下降、pH升高时，树脂需要进行再生处理；当阴柱出水的碱度下降、pH降低，且出口处净化水电导率不达标时，树脂需要进行再生处理。

5）树脂高度低于柱高3/5时，要及时补充树脂。新树脂要严格按照新树脂的处理方法进行处理。

6）离子交换树脂为多孔网状立体结构，多孔网眼是离子树脂内部扩散进出的通道，通道内壁具有众多的功能基团，是离子交换反应的活性点，一旦被覆盖，交换过程就无法进行。离子交换树脂只能交换水中的阴阳离子，即去除水中的盐分；对于一些有机物、泥沙等只能起到物理过滤的作用，并且这些有机物、泥沙等对树脂的影响较大，因此一定要保持水源清洁干净，取水设施尽可能使用塑料材料，避免使用铁质的设备或管道。

2. 阴阳离子交换树脂的再生

（1）阳离子交换树脂的再生

从阳离子交换柱底部泵入原水，从上出口排出，将树脂反冲起来，进行搅拌，此操作反复数次，使树脂不断搅动，直至排出的水清澈为止。逆洗的目的在于除去树脂中悬浮杂质和气泡，并疏松树脂层，使之重新排列。逆洗完成后，从树脂柱底部缓慢泵入已配好的，密度为1.025～1.040g/cm^{3}的盐酸溶液（或硫酸溶液），从上出口排出，直至排出液pH接近1为止，浸泡1～3h。之后，从进水口泵入原水，从下出口排出，淋洗阳离子交换树脂，至排出液pH为4～5。

（2）阴离子交换树脂再生

从阴离子交换树脂柱底部泵入净化水，从上出口排出，将树脂反冲起来，进行搅拌，此操作反复数次，使树脂不断搅动，时间约10～15min。从上部缓慢泵入已配好的，密度为

1.080~1.090g/cm³ 的氢氧化钠溶液，从下出口排出，直至排出液pH为12止，浸泡1~3h。之后，从上出口泵入净化水，从下出口排出，淋洗阴离子交换树脂，至排出液pH为7~8。

（3）混合阴阳离子交换树脂再生

第一步，将净化水从底部泵入、从上出口排出，进行反冲逆洗，此操作反复数次，使阴阳离子交换树脂分层，阴树脂在上部，阳树脂在下部；再从上部缓慢泵入已配制好的密度为1.080~1.090g/cm³ 的氢氧化钠溶液，然后从侧管排出，直至排出液pH为12止，浸泡1~3h；之后从上进口泵入净化水，从下出口排出，淋洗阴离子交换树脂，至排出液pH为9~10止。

第二步，从底部缓慢泵入配制好的密度为1.025~1.040g/cm³ 的盐酸溶液，从侧管排出，直至排出液pH为1止，浸泡1~3h；然后从下进口泵入净化水，侧管排出，淋洗阳离子交换树脂，至排出液pH为3~4止；再从上进口泵入净化水，从下出口排出，淋洗阴阳混合离子交换树脂，至pH5~6；最后从底部泵入净化水，从上出口排出，如此操作反复数次，使阴阳离子交换树脂混合，时间约10~15min。

将各交换柱串联出水，直至出水电导率≤1.00μS/cm即可放入储水池使用。

3. 新树脂的处理

新树脂在使用前要经过处理，目的是除去一些低聚物、色素等异物。具体操作如下：

将新树脂放到塑料桶中反复漂洗，直至洗出液不浑浊为止；再用纯水浸泡24h后将水排出，加入95%的乙醇搅拌均匀并浸泡24h，以除去醇溶杂质，将乙醇排尽，用自来水洗至无色，无醇味。

阳树脂的处理模式是酸-碱-酸。

在阳树脂中加入密度为1.025~1.040g/cm³ 的盐酸（或硫酸），以没过树脂为宜，放置2~3h后将酸排出，用水洗至pH为3~4；再加入密度为1.080~1.090g/cm³ 氢氧化钠溶液，以没过树脂为宜，放置2~3h后将碱液排出，用水洗至pH为10~11，再用密度为1.025~1.040g/cm³ 盐酸浸泡4h，定时进行搅拌，浸泡完后将酸排尽，用水洗至pH为3~4。

阴树脂处理模式是碱-酸-碱。

在阴树脂中加入密度为1.080~1.090g/cm³ 的氢氧化钠，以没过树脂为宜，放置2~3h后将碱液排出，用水洗至pH为10~11；再加入密度为1.025~1.040g/cm³ 盐酸溶液，以没过树脂为宜，放置2~3h后将酸液排出，用水洗至pH为3~4，再用密度为1.080~1.090g/cm³氢氧化钠浸泡4h，定期搅拌，浸泡后将碱液排尽，用水洗至pH为10~11。

处理后的树脂按阴离子树脂、阳离子树脂、阴阳离子混合树脂的加入量加入树脂柱中，新的水处理器在第一次使用时，应将油污等杂质清洗干净。

7.2.4 反渗透水处理的原理及操作

把相同体积的稀溶液（如淡水）和浓溶液（如盐水）分别置于一容器的两侧，中间用半透膜阻隔（见图7-3a），稀溶液中的溶剂将自然地穿过半透膜，向浓溶液侧流动，浓溶液侧的液面会比稀溶液的液面高出一定高度，形成一个压力差，达到渗透平衡状态，此种压力差即为渗透压（见图7-3b）。渗透压的大小决定于浓液的种类，浓度和温度，与半透膜的性质无关。若在浓溶液侧施加一个大于渗透压的压力时，浓溶液中的溶剂会向稀溶液流动，此种溶剂的流动方向与原来渗透的方向相反，这一过程称为反渗透（见图7-3c）。

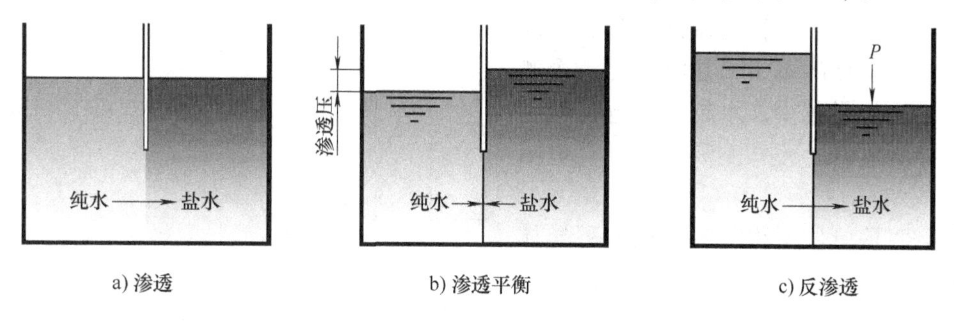

图7-3　反渗透水处理原理图

反渗透水处理的流程图如7-4所示，原水经水泵打入多介质过滤器，过滤掉粗杂质、悬浮物，降低浊度；之后进入活性炭过滤器，吸附有机物及游离氯和臭氧等氧化剂；然后进入精密过滤器过滤，通过高压泵加压，将过滤的水打入反渗透管中，通过反渗透膜进入中心管的水，是得到净化的淡水，未通过渗透膜的水继续在第二个反渗透管中进行过滤，过滤的水为淡水，通过中心管流入淡水储存槽中，未过滤出去的水为浓水，意思是杂质浓度高的水，流出到需要的地方。

在运行过程中，为降低水的硬度造成的结垢，需要同时加入阻垢/分散剂。如图7-4中所示的储药槽和微型药泵组成的系统，可以在高压泵之前加入，也可在精密过滤器前加入，根据药剂说明书的要求加入。系统运行时，与药剂加入同时运行。

一般单管反渗透水处理系统每小时生产淡水约6t，由于设备生产厂家的反渗透水处理系统各不相同，处理的指标要求不同，处理量有所不同。图7-4所示的系统处理过的淡水达到的纯度为6μS/cm，最好时可达到2μS/cm。淡水与浓水的比例为3:2，这表明有大量的浓水排出。

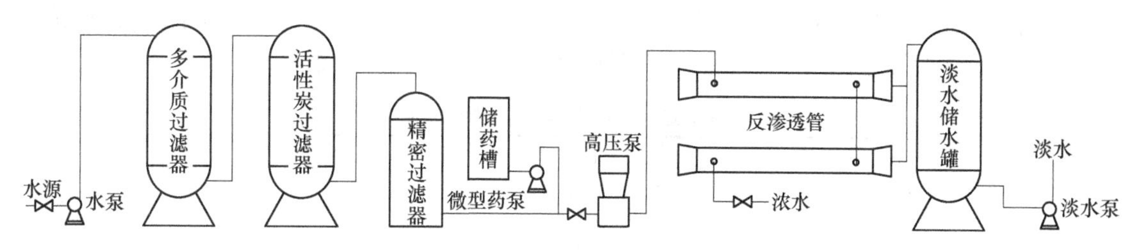

图7-4　反渗透水处理流程图

渗透膜使用一段时间，水的纯度明显降低时需要清洗，一般根据设备厂家的要求进行处理。

在铅酸蓄电池的水处理中，一般采用反渗透水处理系统后接离子交换树脂处理系统，这样水的纯度可满足蓄电池生产的要求，也不像单独使用离子交换树脂系统那样处理系统庞大。

7.2.5　水的纯度要求

1. 水的纯度与含盐量的关系

水中含有的溶解盐类以离子的形式存在。在水中插入电极并接通电源后，因为电场的作用，阴阳离子产生定向移动，阴离子向阳极移动，阳离子向阴极移动，使水溶液导电。水导电能力的强弱程度，称为水的电导，它反映了水中含盐量的多少，是纯度的一个测量指标。含盐量越少，水越纯，电阻就越大，电导就越小（见图7-5）。电导是电阻的倒数。

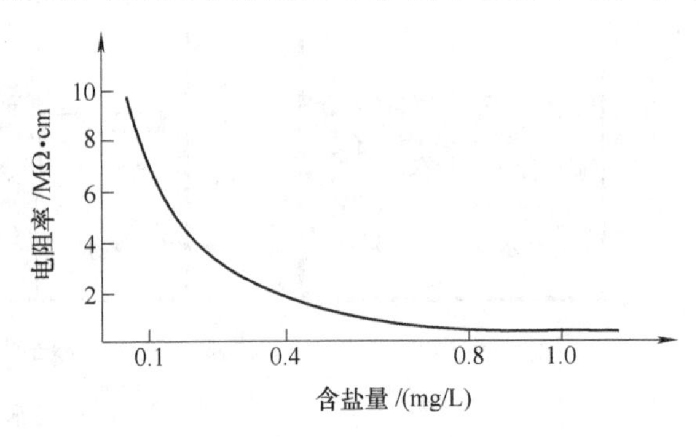

图7-5 水中含盐量与电阻率的关系

电阻率是单位面积、单位长度下导体的电阻，是电导率的倒数。电阻率的单位是Ω·cm，电导率的单位是S/cm。

一般对于同一种水源，以温度25℃为基准，其电导率与含盐量的关系大致为1μS/cm电导率时，含盐量为0.2～0.5mg/L（见表7-3）。

表7-3 各种纯水的电导率（25℃）

水质纯度	电导率/$\mu S \cdot cm^{-1}$	含盐量/$mg \cdot L^{-1}$
纯水	≤10	2～5
非常纯水	1	0.2～0.5
高（超）纯水	0.1	0.01～0.02
理论纯水	0.054	0.00

2. 净化水的标准要求

一般生产时，主要检测水的电导率，电导率达到要求，水质便可满足蓄电池生产的质量要求。工厂也可定期抽查水样，作为参考，并作为资料保存。

蓄电池工厂最关注的是水中的铁离子、氯离子，可用简易的试剂在生产现场测试。表7-4中是蓄电池用水的要求。一般工厂用水比表7-4给出的要求要高。

表7-4 JB/T 10053—2010标准中铅酸蓄电池用水的要求

序号	检验项目	指标
1	外观	无色、透明
2	残渣含量（质量分数）	≤0.0100%
3	锰含量（质量分数）	≤0.00001%
4	铁含量（质量分数）	≤0.0004%
5	氯含量（质量分数）	≤0.0005%
6	还原高锰酸钾物质（以O计）含量（质量分数）	≤0.0002%
7	电阻率（25℃）/Ω·cm	$\geq 10 \times 10^4$
8	阀控式蓄电池电阻率（25℃）/Ω·cm	$\geq 50 \times 10^4$

注：电阻率是电导率的倒数，电阻率$\geq 10 \times 10^4$ Ω·cm，相当于电导率≤10μS/cm；电阻率$\geq 50 \times 10^4$ Ω·cm，相当于电导率≤2μS/cm。

7.3　压缩空气的制备

7.3.1　压缩空气的制备流程

空气经螺杆压缩机压缩，然后进入储气罐（缓冲罐），经过油水分离器进入干燥机除湿后，经两级油水分离器接入供气管道，如图 7-6 所示。当室温较低不用干燥机时，通过旁路过油气分离器进供气管。

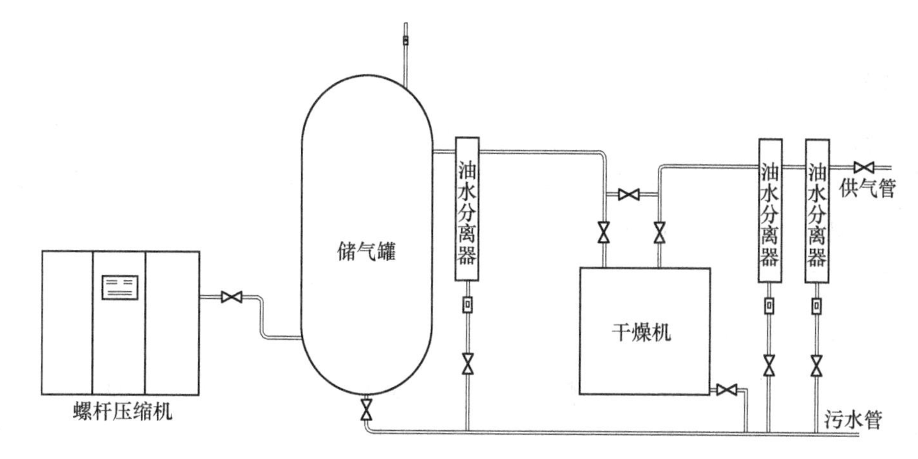

图 7-6　压缩空气生产流程图

压缩空气生产的操作人员，属于劳动部门规定的特殊工种作业，需持劳动部门颁发的岗位培训证上岗。操作的要求应按压缩机生产厂家的操作规程和规定执行，特别涉及安全的事项，须严格遵守。

一般产气量 6~12m^3/min 的压缩机，配 2m^3 的储气罐，20m^3/min 的压缩机配 3m^3 的储气罐，也可以根据压缩机的实际要求进行配置。

7.3.2　压缩空气的主要设备

过去蓄电池厂多使用往复式压缩机，现在随着节能减排的环保要求，往复式压缩机逐渐被螺杆压缩机所取代。表 7-5 中列出了几种排气量的压缩机的参数，供参考。

表 7-5　螺杆式压机参数

型号（各厂的型号不同）		50	100	150	200	300	400
排气量/(m^3/min)	0.7MPa	6.5	14.1	20.5	28.3	38.5	52
	0.85MPa	6.1	12.8	19	27	35.8	48
	1.0MPa	5.5	11.6	17.2	24.5	32.2	43
	1.25MPa	4.9	10	14.8	20.5	28.5	39
冷却方式		风冷或水冷				水冷	
润滑油量/L		20	70	94	112	120	120
噪声/dB（A）		72	75	77	79	79	80

（续）

型号（各厂的型号不同）	50	100	150	200	300	400
电动机功率/kW	37	75	110	160	200	315
参考重量/kg	1080	1950	3000	3800	4800	6000
冷却水流量/（L/min）	100	300	300	400	450	450

7.4 蒸汽的生产

7.4.1 蒸汽的用途

在铅酸蓄电池生产中，蒸汽有两方面的用途，一是热源，用于涂板车间极板加热烘干，固化时及化成后正负极板的加热干燥；二是蒸汽直接使用，主要是增加固化室的湿度。

有的工厂使用锅炉生产蒸汽；有的工厂使用电加热设备生产蒸汽；也有工厂使用电厂集中供给的蒸汽。

7.4.2 锅炉生产蒸汽

蒸汽锅炉的种类样式非常多，有燃煤锅炉、燃油锅炉、天然气锅炉及油气两用锅炉等，其操作和使用需根据锅炉的实际要求进行。详细资料可翻阅专业的书籍。燃煤锅炉以煤为燃料，通过加热锅炉中的水，使水沸腾产生蒸汽。燃煤锅炉的生产流程如图7-7所示。

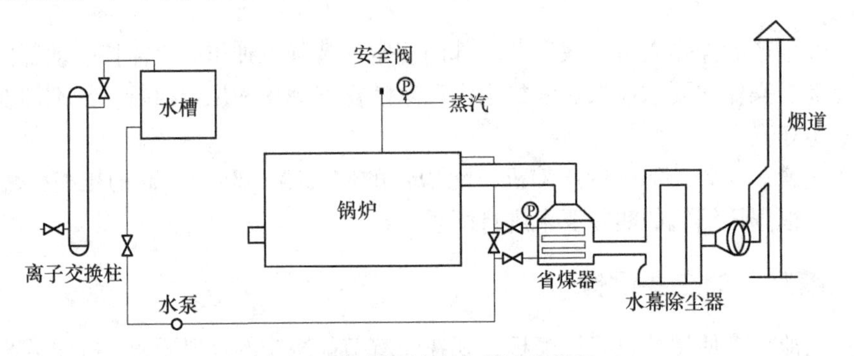

图7-7 燃煤锅炉生产蒸汽流程图

7.4.3 生产中的注意事项

蒸汽锅炉的操作属于劳动部门规定的特殊工种作业，操作人员必须经过劳动部门的培训并获得操作证，才能上岗。

蒸汽锅炉的烟尘处理要符合国家的排放标准，排放高度要达到国家相关规定。

因为水中含有杂质，随着锅炉水的蒸发，杂质浓度会变得很高，浓缩的杂质里含有大量的钙镁离子，会附着在锅炉的受热面上，形成水垢。水垢有很大的危害，它的导热系数比钢板小上百倍，阻碍了正常的传热，它就像隔热层，把水和铁板隔起来，铁板的温度传不出去，超过极限温度后就会使受热面过热、变形、损坏；同时为了保持原来的锅炉产出量，就要加大耗煤量，大量的浪费燃料；水垢降低了锅炉的产能；缩短了锅炉的使用寿命，加大了检修量。因此锅炉用水必须经过软化处理，保持水的 pH 呈中性，同时还要进行水质监测，须达到相关规定要求后才能使用。

参 考 文 献

[1] 朱松然. 铅酸蓄电池技术手册 [M]. 天津：天津大学出版社，1998.

第8章　化验与电池测试

8.1　原材料的化验分析

8.1.1　直读光谱仪测试铅及其合金

1. 分析原理

原子由位于其中心的质子、中子和在轨道上运转的电子组成。当吸收一定能量时，外层电子就发生跃迁，使原子处于激发态。处于激发态的原子是不稳定的，在回复过程中会以光子的形式释放能量，回到原子基态状态，如图 8-1 所示。每种原子的电子跃迁时所吸收的能量（光能）是不同的，用一个激发光源激发样品，收集激发光线、分析光谱和能量的变化，与原子的能级图谱对比，由谱线的特征确定成分，用谱线强度确定含量。

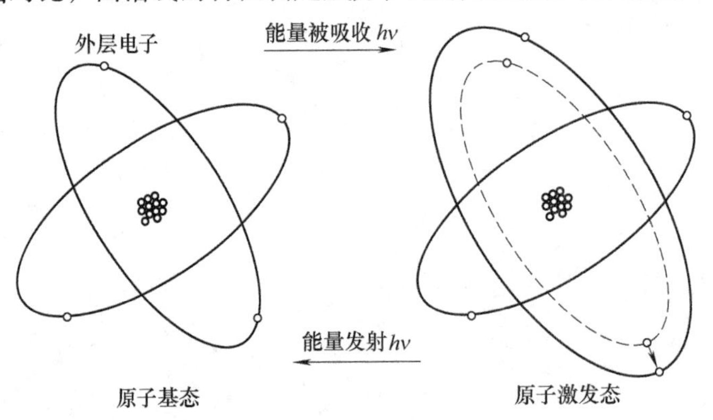

图 8-1　原子的基态和激发态

2. 直读光谱仪的原理和结构

图 8-2 所示为直读光谱仪的原理图，样品经过电弧或火花放电激发成原子蒸气，蒸气中原子或离子被激发后产生发射光谱，发射光谱经狭缝，到衍射光栅，散成各光谱波段，用光电管测量每个元素的特征谱线，每种元素发射光谱谱线强度正比于样品中该元素浓度，通过内部预制校正曲线可以测定含量，直接以百分比浓度显示。

直读光谱仪要预装测试元素和范围的软件。使用中要按生产厂家的要求操作。温度和湿度对测量准确度影响较大，所以设备要安装在恒温、相对湿度小于 70% 条件下的实验室内。

直读光谱仪使用非常方便，用专用的模具将铅或合金样品铸成铅块，用车床将测试面铣平即可直接测试。较厚的板栅极耳经处理后也可直接测试。使用过程中应经常用标准样进行校准。

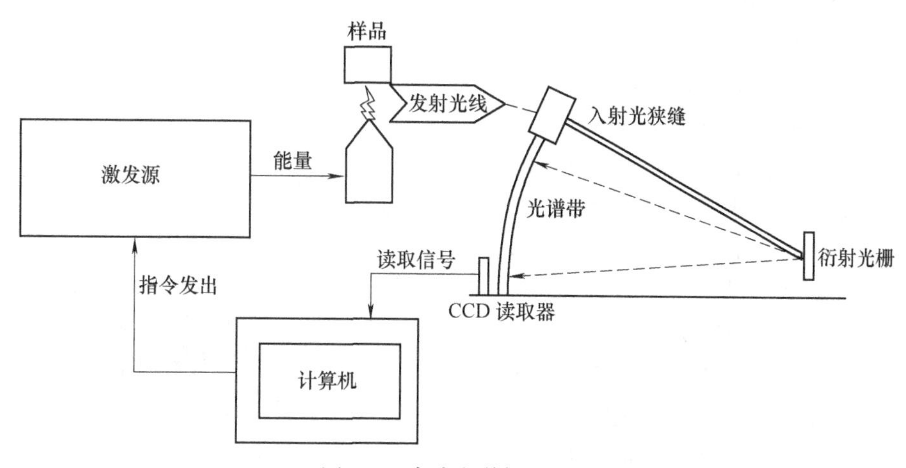

图 8-2　直读光谱仪原理图

8.1.2　激光粒度计测试粉末材料

激光粒度仪是根据颗粒能使激光产生散射这一物理现象测试粒度分布的。当光束遇到颗粒阻挡时，一部分光将发生散射现象，散射光的传播方向将与主光束的传播方向形成一个夹角 θ，θ 角的大小与颗粒的大小有关，颗粒越大，产生的散射光的 θ 角就越小；颗粒越小，产生的散射光的 θ 角就越大。散射光的强度代表该粒径颗粒的数量。这样，测量不同角度上的散射光的强度，就可以得到样品的粒度分布了。

为了测量不同角度上的散射光的光强，需要运用光学手段对散射光进行处理。在光束中的适当的位置上放置一个傅里叶透镜，在傅里叶透镜的后焦平面上放置一组多元光电探测器，不同角度的散射光通过傅里叶透镜照射到多元光电探测器上时，光信号将被转换成电信号并传输到计算机中，通过专用软件对这些信号进行处理，就可以得到准确的颗粒粒度分布，如图 8-3 所示。

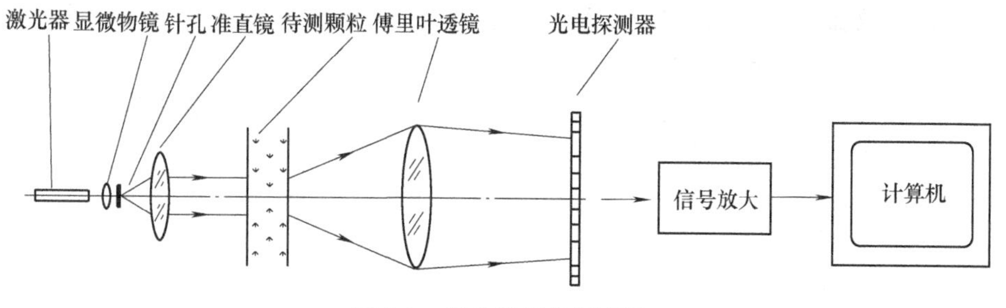

图 8-3　激光粒度仪原理图

激光粒度仪在蓄电池行业中用于测试铅粉、硫酸钡、石墨、炭黑、软木粉等材料的粒度，且可测得粒径分布的详细数据和曲线，图 8-4 所示为硫酸钡的粒径分布曲线。

8.1.3　原子吸收光谱仪测定成分含量

1. 工作原理

当试样溶液变成原子蒸气时，能够吸收该元素本身特征辐射波长的光。吸光度与试样中被测元素的含量成正比。

2. 仪器原理和构造

原子吸收光谱仪的工作原理可概括为待测元素基态自由原子蒸气，吸收光源辐射的该元素原子特征谱线光能量，被吸收的光能量与该元素自由原子浓度存在函数关系，通过测量被吸收光能量的大小，即能确定待测元素的含量。这一工作原理决定了构成仪器的基本功能部件。光源：能产生含有待测元素原子特征谱线的光辐射源；原子化器：能使待测元素原子形成气态自由原子的部件；光学系统：能够从光源辐射的多谱线或连续光谱中分离出待测元素特征谱线，达到测量部件；信号检测系统：能测量光强变化的光信号接收与光电信号转换系统；信号处理系统：能够处理信号转换成测试数据的系统。图8-5所示为原子吸收光谱仪基本构造。

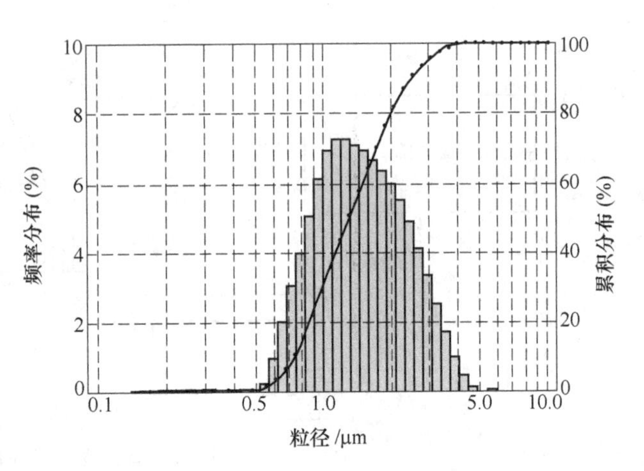

图8-4 激光粒度仪测量硫酸钡的粒径分布图

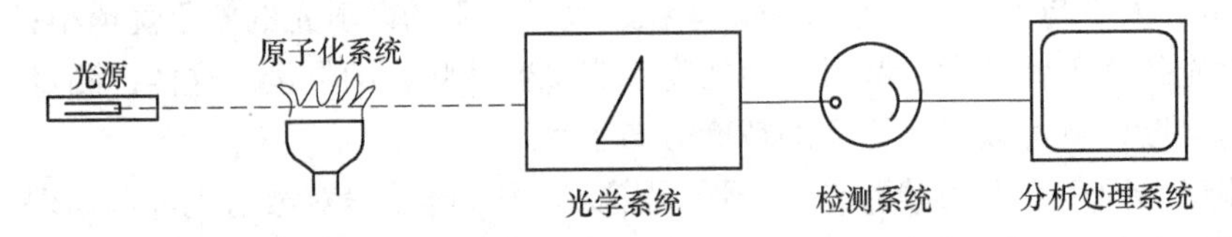

图8-5 原子吸收光谱仪基本构造示意图

3. 在蓄电池行业中的应用

原子吸收光谱仪在蓄电池行业中应用广泛。测量的元素涉及蓄电池使用的所有材料，是方便实用的检测仪器。主要用于分析铅及合金的元素成分和原材料的杂质含量，如铁、铜等。试样需溶解成液体后再进行测试。

在测试中首先做含量与试样接近的标准样品，然后进行测试并形成工作曲线；样品测试后根据吸光度查出测试项目的含量。

8.1.4 腐殖酸的测定

1. 腐殖酸含量分析

（1）方法原理（容量法）

用碱溶解腐殖酸，在浓硫酸溶液中，用重铬酸钾将腐殖酸中的碳氧化成二氧化碳，根据重铬酸钾消耗量和腐殖酸的碳系数计算腐殖酸的含量。

（2）试剂和溶液

1%溶液液氢氧化钠：称取4g氢氧化钠溶于400mL水中（注意储存，勿生成碳酸钠）。

重铬酸钾溶液：$c(1/6K_2Cr_2O_7)=0.8mol/L$。称取40g重铬酸钾溶于1L水中。

邻菲罗啉指示剂：称取1.6g邻菲罗啉及1g硫酸亚铁铵（或0.7g硫酸亚铁），溶于

100mL 水中，保存于棕色瓶中。

重铬酸钾标准溶液：$c(1/6K_2Cr_2O_7)=0.1000mol/L$。称取于 130℃烘 3h 后冷却的重铬酸钾 4.9036g，放入 250mL 烧杯中，用水溶解后移入 1L 容量瓶中用水稀至刻度。

硫酸亚铁铵或硫酸亚铁：$c(Fe^{2+})=0.1mol/L$ 标准溶液：称 40g 硫酸亚铁铵或 28g 硫酸亚铁，溶于 900mL 水中，经过滤后，加入 20mL 浓硫酸，混匀并稀至 1000mL，移入棕色瓶中（每周需用 0.1 mol/L 重铬酸钾标定两次以上）。

（3）分析方法

称取通过 120 目筛试样 0.2g（准确至 0.0002g），于 250mL 锥形瓶中，加入 1% 氢氧化钠溶液 70mL，并于瓶口插入小玻璃漏斗置入沸水浴中，在经常搅拌下加热溶解 30min 取出锥形瓶。冷却后将抽取液及残渣全部移入 100mL 容量瓶中，用水稀至刻度后摇匀。用中速滤纸干过滤，用最初的滤液冲洗后，准确移取滤液 5mL 于 250mL 锥形瓶中，用移液管准确加入 0.8mol/L 的重铬酸钾溶液 5mL，加入浓硫酸 15mL（缓慢加入注意不要溅出），于沸水浴中加热氧化 30min，取下冷至室温。加水 80mL 左右，及 3 滴邻菲啰啉指示剂，用 0.1mol/L硫酸亚铁铵或硫酸亚铁滴定至砖红色为终点。同时移取 0.8mol/L 重铬酸钾溶液 5mL，加入 15mL 浓硫酸，按上述条件氧化和滴定，测定空白值。

（4）计算

$$腐殖酸含量=\frac{0.003\times(V_0-V_1)c_{Fe2+}}{\alpha Wk}\times100\% \tag{8-1}$$

式中　V_0——空白硫酸亚铁铵标准液用量（mL）；

V_1——试样硫酸亚铁铵标准液用量（mL）；

c_{Fe2+}——$c(Fe^{2+})$ 硫酸亚铁标准溶液的浓度（mol/L）；

k——试样碱提取液所取的比例；

W——试样质量（g）；

0.003——每毫克当量碳的克数；

α——不同煤种的纯腐殖酸碳系数（风化煤腐殖酸为 0.64，褐煤腐殖酸为 0.58，泥煤腐殖酸为 0.51）。

以上计算的腐殖酸含量，是原样下计算的；如果计算干基状态下的腐殖酸含量，应在试样重量中减去水分，进行计算。

2. 腐殖酸水分测定

用预先干燥并恒重的称量瓶，称取分析试料约 1g（准确至 0.001g），然后把盖开启将称量瓶放入预先加热到 105～110℃的干燥箱中。干燥 90min 后，从干燥箱中取出称量瓶，在空气中冷却 2～3min 后，放入干燥器中冷却到室温（约 20min），再称量，然后重复干燥，每次 30min，直到试样的质量变化小于 0.001g 或质量开始增加时为止。在后一种情况下，要采用增重前一次质量为计算依据。

3. 腐殖酸灰分的测定

试料在 800～830℃下灼烧残留物占试料的质量百分数作为灰分。

称取分析试料约 1g（准确至 0.001g），放入已恒重过的长方形瓷皿内，轻轻振动摊平，移入温度不超过 100℃箱式电阻炉中，在 30min 内缓慢升温至 500℃并保持 30min，继续升温至 800～830℃后，再灼烧 45min，取出后先在空气中冷却 5min，然后放入干燥器中冷却到室温（约需20min），再称量、计算（灰分为干基灰分，计算时，将试样中的水分减掉）。

4. 腐殖酸铁含量的测定

（1）仪器与试剂

原子吸收分光光度计。

盐酸：1+1溶液；

铁标准贮备液：10mg/L。

（2）工作曲线的绘制

配制标准系列溶液为0mg/L、0.5mg/L、1.0mg/L、1.5mg/L、2.0mg/L、2.5mg/L，将溶液置于原子吸收分光光度计工作条件下，采用空气-乙炔火焰法进行测定，建立工作曲线。

（3）测定步骤

将腐殖酸灼烧后的灰分转移至150mL的烧杯中，加1+1盐酸15mL，加热溶解后，移入200mL容量瓶中，用水稀释至刻度并混匀。在标准工作曲线上，测量溶液的浓度。同时测空白溶液。

（4）结果计算

$$\text{Fe 含量} = \frac{(C_1 - C_0)V}{m \times 10^6} \times 100\% \tag{8-2}$$

式中 C_1——测得试样中铁元素的浓度（mg/L）；

C_0——以随同试样空白溶液的铁元素的浓度（mg/L）；

m——试样量（以干基计算，减掉水分）（g）；

V——试液的总体积（mL）。

8.1.5 木素磺酸钠的测定

1. 水分的测定

称取试样5g（准确至0.001g），置于快速水分测定仪的已恒重的称量瓶中，在105～110℃下，烘至恒重，记下水分值。

2. 水不溶物含量

称取试样10.0g（准确至0.001g），于250mL烧杯中，加水150mL，搅拌溶解试样，静置片刻，待沉淀完全后，小心倾出上层清液。重复此操作数次至沉淀物不再溶解，将沉淀物移入已恒重的小型烧杯中，将沉淀物连同烧杯于105℃烘干。计算水不溶物的含量。

3. 木素磺酸钠中铁含量的测定

（1）仪器和试剂溶液

原子吸收分光光度计。

盐酸：1+1溶液。

（2）工作曲线的绘制

配制标准系列溶液为0mg/L、0.5mg/L、1.0mg/L、1.5mg/L、2.0mg/L、2.5mg/L，将溶液置于原子吸收分光光度计工作条件下，采用空气-乙炔火焰法进行测定，建立工作曲线。

（3）分析方法

称取试样1g（准确至0.0002g），置于150mL烧杯中，加1+1盐酸20mL，低温加热微沸溶解 5 ~ 10min，用定量滤纸过滤于 100mL 容量瓶中，用水稀至刻度并混匀。将溶液于原子吸收分光度计最佳分析条件下，使用空气-乙炔火焰，以水调零，测量溶液铁浓度。

（4）分析结果计算

$$\text{Fe 含量} = \frac{(C_1 - C_0)V}{m \times 10^6} \times 100\% \tag{8-3}$$

式中　C_1——测得试样中铁元素的浓度（mg/L）；

C_0——以随同试样空白溶液的铁元素的浓度（mg/L）；

m——试样量（g）；

V——试液的总体积（mL）。

8.1.6　硫酸钡的测定

1. 硫酸钡含量（硫酸钡重量法）

（1）试剂

熔融混合物：将无水碳酸钠和碳酸钾按 1 +1 混合；

碳酸钠：无水试剂和 0.2% 溶液；

盐酸：1 +4 溶液；

氯化钡：12% 溶液；

甲基橙：0.1% 溶液；

硫酸：1 +9 溶液；

氨水溶液：1 +1。

（2）分析方法

称取于 105℃ 干燥至恒重的试样 1.0g（准确至 0.0002g），置于已盛有 4g 熔融混合物的铂坩埚中混匀，然后在它上面再盖 4g 熔融混合物。盖上盖子，将坩埚放在高温电炉内，于 900℃ 左右熔融 40min，取出冷却。用 100 ~ 150mL 热水浸取熔融物于 250mL 烧杯中，用包橡皮头的玻璃棒，把全部白色残渣转移至烧杯中。加热煮沸静置片刻，用慢速定量滤纸先将上层清液过滤，然后以 0.2% 热碳酸钠用倾泻法洗涤不溶物，并将其转移到滤纸上，继续洗至滤液无硫酸根为止（检验方法：取 2mL 滤液，加两滴 1 +4 盐酸和 0.5mL 12% 氯化钡，10min 后应保持透明），用清洁表面皿盖在漏斗上。

用 30mL 1 +4 热盐酸分 6 次加到漏斗中溶解沉淀，滤液收集在 500mL 烧杯中，每加一次盐酸后冲洗一次，盐酸全部加完后，用热水洗涤漏斗上的滤纸至滤液无氯根为止（检验方法：取 2mL 滤液加 0.5mL 2% 硝酸银，5min 后应保持透明）。加 0.1% 甲基橙 2 滴于滤液中，用氨水 1 +1 中和至恰好淡黄色，加 1 +4 盐酸 2mL，加水至体积为 400mL。

将滤液加热至沸，在搅拌下以均匀速度缓慢滴加 1 +9 热硫酸 20mL，盖好烧杯在温热处静置 3 h 或放置过夜，用慢速定量滤纸过滤，沉淀以热水洗涤至洗液无氯根为止。将沉淀连滤纸置于已灼烧恒重的瓷坩埚中干燥、灰化、并在高温电炉内于 600℃ ±20℃ 灼烧至恒重。

（3）结果计算

$$BaSO_4\ \text{含量} = \frac{G_2 - G_1}{G} \times 100\% \tag{8-4}$$

式中 G_2——坩埚与沉淀共重（g）；

G_1——坩埚重（g）；

G——试样重（g）。

2. 硫酸钡中铁量测定

（1）试剂溶液和仪器

原子吸收分光光度计；

盐酸1+1溶液；

铁标准溶液：10μg/mL。

（2）工作曲线的绘制

配制标准系列溶液为0mg/L、0.5mg/L、1.0mg/L、1.5mg/L、2.0mg/L、2.5mg/L，将溶液置于原子吸收分光光度计工作条件下，采用空气-乙炔火焰法进行测定，建立工作曲线。

（3）分析方法

称取试样10g（准确至0.001g），于250mL烧杯中，加入100mL水和1+1盐酸10mL，在搅拌下加热煮沸10min，迅速冷却至室温，移入250mL容量瓶中，用水稀释至刻度摇匀后过滤，弃去最初20mL滤液。将滤液于原子吸收分光光度计分析条件下，使用空气-乙炔火焰，以水调零，测量试样滤液中铁元素浓度。随同试样同时做空白试验。

（4）分析结果计算

$$\text{Fe 含量} = \frac{(C_1 - C_0)V}{m \times 10^6} \times 100\% \tag{8-5}$$

式中 C_1——测得试样中铁元素的浓度（mg/L）；

C_0——以随同试样空白溶液的铁元素的浓度（mg/L）；

m——试样量（g）；

V——试液的总体积（mL）。

3. 水分含量

称取试样10g（准确至0.001g），置于快速水分测定仪的已恒重的称量瓶中，在100℃±5℃下，烘至恒重，记下水分值。

8.2 半成品、成品的化验分析

8.2.1 极板中二氧化铅的测定

1. 二氧化铅测定的方法原理

在硝酸溶液中，二氧化铅可定量的氧化过氧化氢，而剩余的过氧化氢又被高锰酸钾定量氧化，根据高锰酸钾溶液的用量，可计算出二氧化铅的含量。

2. 试剂

硝酸：1+1溶液；

浓硫酸；

过氧化氢：1+40溶液；

草酸钠：基准试剂；

高锰酸钾：$c(1/5KMnO_4)=0.1mol/L$ 标准溶液。

高锰酸钾标准溶液的配制：

1）配制：称取3.30g（准确至0.01g）高锰酸钾，溶于1050mL蒸馏水中，缓和煮沸20～30min，于暗处放置7天，用耐酸过滤漏斗（G3）或玻璃棉过滤，滤液保存于棕色磨口瓶中。

2）标定：称取在105～110℃干燥2h的基准草酸钠0.2g（准确至0.0001g），溶于50mL蒸馏水中，加8mL浓硫酸，用 $c(1/5KMnO_4)=0.1mol/L$ 高锰酸钾溶液滴定至接近终点时，加热至70～80℃，继续滴定至溶液呈浅紫红色保持30s。按以上的方法同时做试剂空白试验。

3）计算：高锰酸钾标准溶液浓度 $c(1/5KMnO_4)$ 按式计算

$$c(1/5KMnO_4)=\frac{m_0}{V_0\dfrac{M(1/2Na_2C_2O_4)}{1000}} \tag{8-6}$$

式中 m_0——称取草酸钠的质量的数值（g）；

V_0——消耗高锰酸钾溶液的体积数值（mL）；

$M(1/2Na_2C_2O_4)$——草酸钠的摩尔质量数值（g/mol）；

$c(1/5KMnO_4)$——0.1mol/L高锰酸钾标准溶液的实际浓度（mol/L）。

3. 分析方法

称取全部通过120目筛试样0.35～0.45g（准确度为0.0001g），于250mL三角烧杯中，加1+1硝酸15mL，用移液管准确加入1+40的过氧化氢溶液10mL，轻轻摇动下溶解约30min，使试样溶解完全（试样中含有活性炭等添加剂不易判断时，可仔细观察无小气泡发生即表示溶解完全），用高锰酸钾标准溶液滴定至浅紫色（30s不变）。按以上方法同时同条件做空白试验。

4. 计算

二氧化铅含量以质量百分数表示，按下式计算

$$PbO_2\text{ 含量}=\frac{(V_1-V_2)c\times0.1196}{m}\times100\% \tag{8-7}$$

式中 V_1——空白消耗高锰酸钾标准溶液的体积（mL）；

V_2——试样消耗高锰酸钾标准溶液的体积（mL）；

c——$c(1/5KMnO_4)$ 高锰酸钾标准溶液的实际浓度（mol/L）；

0.1196——1mmol高锰酸钾[$c(1/5KMnO_4)=0.1mol/L$]标准溶液相当的二氧化铅的质量的数值（g/mmol）；

m——试样的质量（g）。

8.2.2 极板中氧化铅的测定

1. 方法原理

试样中的氧化铅易溶于稀醋酸中，所生成的二价铅离子，在pH为5～6的溶液中，以醋酸钠和六次甲基四胺溶液做缓冲剂，二甲酚橙为指示剂，用EDTA络合滴定。

2. 试剂与溶液

乙酸：5%醋酸溶液，用5mL乙酸与95mL水混合；

氨水：1+1溶液；

氢氧化钠：AR分析纯；

无水乙酸钠：20%溶液，称取20g无水醋酸钠溶于98mL水中加1~2mL冰醋酸调至溶液pH值至5~6；

六次甲基四胺：20%溶液；

二甲酚橙：0.5%溶液，加两滴氨水；

EDTA：$c(C_{10}H_{14}N_2O_8Na_22H_2O)=0.05$mol/L标准溶液。

3. 标准溶液EDTA配制

1）称取18.6g乙二胺四乙酸二钠，加热溶解于500mL含有1g氢氧化钠的水中，用快速滤纸过滤于1000mL容量瓶或磨口瓶中，用水稀释至1000mL并混匀。

2）标定，称取0.4g（准确至0.0001g）纯铅（含量99.99%以上）于300mL三角烧杯中，加15mL 1+4硝酸溶液，低温加热溶解后，蒸发出去大部分酸，用水洗杯壁，加热赶尽氮氧化物，取下稍冷加水至100mL，用1+1氨水调整至溶液产生氢氧化铅沉淀又恰好溶解，加入5mL 20%无水乙酸钠溶液，3mL 20%六次甲基四胺溶液，三滴0.5%二甲酚橙指示剂，在溶液的pH值5~6时用配制的$c(C_{10}H_{14}N_2O_8Na_22H_2O)=0.05$mol/L标准溶液EDTA滴定至溶液由紫红色变为亮黄色。

3）计算，EDTA标准溶液对氧化铅的滴定度（T）按下式计算：

$$T=\frac{m_1\times 1.0772}{V_3} \tag{8-8}$$

式中 m_1——称取纯铅的质量数值（g）；

V_3——标准溶液的用量的数值（mL）；

1.0772——铅换算氧化铅的系数；

T——为每毫升EDTA标准溶液，滴定的氧化铅的克数（g/mL）。

也可以计算出EDTA的实际摩尔浓度，计算式如下：

$$c=\frac{m_1}{V_3\times 207.2}\times 1000 \tag{8-9}$$

式中 c——$c(C_{10}H_{14}N_2O_8Na_22H_2O)$标准溶液摩尔浓度的实际值（mol/L）。

在滴定氧化铅、硫酸铅、铅时，若用EDTA标准溶液的摩尔浓度计算百分含量，计算式应为

$$X=\frac{cV_xk}{m_x\times 1000}M\times 100\% \tag{8-10}$$

式中 X——氧化铅、硫酸铅、铅的百分比含量；

c——标准溶液EDTA（$C_{10}H_{14}N_2O_8Na_22H_2O$）摩尔浓度的实际值（mol/L）；

V_x——滴定消耗的标准溶液的体积（mL）；

m_x——试样的质量（g）；

M——氧化铅、硫酸铅、铅的克分子量（g/mol）；

1000——升与毫升的体积换算系数；

k——试样总配置溶液与每次滴定所取溶液的比值。

4. 测定步骤

称取2.9～3.1g（准确至0.0001g）经研磨并能通过120目筛的负极板活性物质，置于盛有60mL 5%醋酸溶液的250mL烧杯中，充分搅拌3～5min，放置15～20min，用慢速过滤纸过滤于250mL容量瓶中，用少量5%醋酸溶液洗涤杯及滤器3～4次（整个过程残渣不得暴露于空气中，避免金属铅的氧化），将滤液用水稀释至刻度并摇匀。残渣保留分析硫酸铅。用移液管移取25mL于250mL三角烧瓶中，加水稀释至80～100mL，用1+1氨水调溶液至pH为5～6，加入20%醋酸铵溶液5mL、20%六次甲基四胺溶液3mL、0.5%二甲酚橙指示剂2～3滴，用EDTA标准溶液滴定至由紫红色变为亮黄色为终点。

5. 计算PbO含量

$$\text{PbO 含量} = \frac{TV_4 \times 10}{m_2} \times 100\% \tag{8-11}$$

式中 T——EDTA标准溶液对氧化铅的滴定度（g/mL）；

V_4——滴定所消耗的EDTA溶液的体积（mL）；

m_2——试样的质量（g）；

10——试样溶液总体积与每次滴定所取溶液体积之比。

6. 正极中的氧化铅的化验

正极中的氧化铅的分析原理和方法同负极。

8.2.3 极板中$PbSO_4$含量的测定

1. 方法原理

硫酸铅在常温下可缓慢地溶解于含有较高浓度氯化钠的溶液中，加入醋酸，生成二价铅离子，采用EDTA络合滴定。

2. 试剂和溶液

氯化钠：25%溶液和10%洗液；

HNO_3溶液（1+4）；

冰乙酸：AR分析纯；

抗坏血酸：AR分析纯；

硫脲：AR分析纯；

六次甲基四胺：20%溶液；

二甲酚橙：0.5%溶液，加两滴氨水；

EDTA：$c(C_{10}H_{14}N_2O_8Na_22H_2O)=0.05$mol/L标准溶液。

3. 测定步骤

分析氧化铅（8.2.2节中）保留的残渣立即收集于原杯中，加入150mL 25%的氯化钠溶液，连续搅拌溶解1h或搅拌后放置过夜。用快速滤纸过滤于250mL容量瓶中，加冰乙酸5mL，用10%的氯化钠洗液洗涤烧杯，残渣至无铅离子，并稀释至刻度处摇匀。

用移液管吸取25mL试液，于250mL三角杯中，加水稀释至80～100mL，用1+1氨水调溶液至pH值5～6，加5mL 20%乙酸溶液，3mL 20%六次甲基四胺溶液，3mL饱和硫脲，0.1g抗坏血酸，三滴0.5%二甲酚橙指示剂，用$c(C_{10}H_{14}N_2O_8Na_22H_2O)=0.05$mol/L EDTA

标准溶液滴定至溶液变为亮黄色。

4. 计算

硫酸铅含量以百分数表示，可按下式计算：

$$PbSO_4\text{ 含量} = \frac{TV_5 \times 10}{m_3} \times 1.3587 \times 100\% \qquad (8\text{-}12)$$

式中 T——EDTA 标准溶液对氧化铅的滴定度（同 8.2.2 节中的 T）（g/mL）；

V_5——滴定所消耗的 EDTA 溶液的体积（mL）；

m_3——试样的质量（g），（与 m_2 相同）；

10——试样溶液总体积与每次滴定所取溶液体积之比；

1.3587——氧化铅换算成硫酸铅的系数。

5. 正极板中硫酸铅化验

正极化验硫酸铅的原理与负极相似，正极中也含有少量的氧化铅，先用醋酸洗掉。一般取 3g 正极板样品（准确度同负极板），用 5% 的醋酸 50mL，洗掉少量氧化铅，然后用 25% 的氯化钠溶液 50mL 溶解，再过滤。与负极同样操作滴定。

8.2.4 负极板活物质 Pb 含量的测定

1. 方法原理

铅溶解于稀硝酸溶液中，形成二价铅离子，用 EDTA 络合滴定。

2. 试剂

硝酸溶液（1+4）；

氨水溶液（1+1）；

醋酸铵溶液（20%）；

六次甲基四胺溶液（20%）；

二甲酚橙溶液（0.5%）；

EDTA：$c(C_{10}H_{14}N_2O_8Na_22H_2O) = 0.05mol/L$ 标准溶液。

3. 测定步骤

负极板活性物质 $PbSO_4$ 测定中（见 8.2.3 节）保留的滤纸及沉淀物用微热的 1+4 硝酸溶液 40mL 分几次冲洗于 250mL 烧杯中，用 50mL 蒸馏水分几次冲洗滤纸。滤液用原滤器过滤于 250mL 容量瓶中，用热的 1+4 硝酸溶液 10mL 淋洗滤器数次，再用热水洗涤烧杯及滤器 3~4 次，冷却至室温，稀释至刻度并摇匀。吸取 25mL 置于 250mL 三角烧瓶中，用 1+1 氨水溶液中和至白色沉淀不再消失（勿多加），加入 20% 醋酸铵溶液 5mL、20% 六次甲基四胺溶液 5mL、0.5% 二甲酚橙溶液 2 滴，用 EDTA 标准溶液滴定至由紫红色变为亮黄色为终点。

4. 计算 Pb 含量

$$Pb\text{ 含量} = \frac{TV_6 \times 10}{m_4} \times 0.9283 \times 100\% \qquad (8\text{-}13)$$

式中 T——EDTA 标准溶液对氧化铅的滴定度（同 8.2.2 节中的 T）（g/mL）；

V_6——滴定所消耗的 EDTA 溶液的体积（mL）；

m_4——试样的质量（g），（与 m_2 相同）；

10——试样溶液总体积与每次滴定所取溶液体积之比；

0.9283——氧化铅的滴定度换算成铅的滴定度的系数。

8.2.5　极板中铁（杂质）含量的测定

1. 比色法测定铁杂质含量（一般用于正极板）

（1）方法原理

在 pH 值 4～5 的溶液中，二价铁与邻菲啰啉生成红色络合物，借此进行比色测定，铅及其干扰物用 EDTA 酒石酸掩蔽。

（2）试剂

硝酸：1+4 溶液；

酒石酸：20% 溶液；

EDTA：30% 溶液，每 100mL 中含 15mL 浓氨水；

柠檬酸钠：30% 溶液；

盐酸羟胺：10% 溶液；

氨水：1+1 溶液；

邻菲啰啉：0.1% 溶液，加热溶解。

铁标准储存溶液：准确称取 0.1000g 纯金属铁丝（含铁 99.95% 以上）于 100mL 烧杯中。加入 10mL 1+1 硝酸溶液。低温加热溶解后，驱除氮氧化物，取下冷却移入 1000mL 容量瓶中，用 7% 硝酸溶液洗涤并稀释至刻度并摇匀。此溶液 1mL 含 0.0001g 铁；

铁标准溶液：用移液管吸取 10mL 铁标准溶液储存于 100mL 容量瓶中，用水稀释至刻度并摇匀，此溶液 1mL 含 0.00001g 铁。

（3）分析步骤

（a）标准曲线的绘制

在六个 50mL 容量瓶中，依次加入 0.00mL、1.00mL、2.00mL、3.00mL、4.00mL、5.00mL 铁标准溶液，用水稀释至 40mL，加 10% 盐酸羟胺溶液 3mL，用 1+1 氨水调整溶液 pH 值至 4～6，加 0.1% 邻菲啰啉溶液 5mL。用水稀释至刻度并摇匀，在 20℃以上室温放置 30min。

取部分溶液于 3cm 比色皿。以试剂空白溶液为参比，在 510nm 波长处，依次测量各溶液的吸光度，以铁含量为横坐标，相应的吸光度为纵坐标，绘制标准曲线。

（b）试样的测定

称取 0.5g（准确至 0.0001g）试样，于 100mL 烧杯中，加 1+4 硝酸溶液 10mL，20% 酒石酸溶液 2mL，加热溶解，用水洗杯微沸除去氮氧化物后冷却。加 30% EDTA 溶液 5mL、30% 柠檬酸钠溶液 5mL、10% 盐酸羟胺溶液 3mL，用 1+1 氨水调整溶液 pH 值至 4～6，一份加 0.1% 邻菲啰啉溶液 5mL，另一份不加邻菲啰啉作为空白溶液，用水稀释至刻度并摇匀，室温环境下放 20～30min。

取部分溶液于 3cm 比色皿。以空白溶液为参比，在 510nm 波长处测得的吸光度及空白溶液的吸光度，在标准曲线上查得相应的铁含量。

（4）铁含量的计算

铁含量以百分数表示，可按下式计算：

$$\text{Fe 含量} = \frac{m_5}{m_6} \times 100\% \quad (8\text{-}14)$$

式中 m_5——自标准曲线上，查得的铁含量的数值（g）；

m_6——称取试样质量的数值（g）。

该方法用于负极板测定时，由于负极板中的炭黑和有机物的颜色会影响比色，对结果造成较大的误差，所以负极用这种方法测定铁含量的误差可能较大。

2. 原子吸收分光光度计法测定极板中铁、铜含量（一般用于负极板）

（1）分析原理

原子吸收光谱分析法是利用原子蒸气能够吸收该元素本身特征辐射波长光的现象，进行化学分析的方法。

（2）仪器与试剂溶液

原子吸收分光光度计。

硝酸：1+3溶液；

酒石酸：20%溶液；

盐酸：比重1.19g/cm^3。

（3）工作曲线的绘制

配制标准系列溶液为0mg/L、0.5mg/L、1.0mg/L、1.5mg/L、2.0mg/L、2.5mg/L，将溶液置于原子吸收分光光度计工作条件下，采用空气-乙炔火焰法进行测定，建立工作曲线。

（4）分析方法

称取5.0g（准确至0.0001g）试样于250mL烧杯中，加入1+3硝酸40mL、20%酒石酸10mL，加热溶解完全后，移入已盛有5mL浓盐酸的100mL容量瓶中，用水稀释至刻度并混匀，放置澄清或干过滤。将溶液于原子吸收分光光度计的分析条件下，使用空气-乙炔火焰，以水调零，测量试样溶液待测元素浓度。随同试样同时做空白试验。

（5）分析结果计算

$$A = \frac{100 \times C_m}{10^6 \times m_7} \times 100\% \tag{8-15}$$

式中 C_m——测得试液的铁、铜浓度（mg/L）；

m_7——试样质量（g）；

A——铁、铜的百分含量；

100——溶液的体积（mL）。

8.2.6 正负极板中活性物质含水量的测定

1. 分析步骤

以极板的四角和中心五点作为基点，取下总量不少于10g的活性物质混合物，用分析天平称重（准确至0.01g），然后放入温度105℃±5℃的恒温干燥箱内180min后，取出放入干燥器内中冷却至室温，立刻用分析天平进行称重，记录烘干前后的重量进行计算。

2. 分析结果计算

水分含量的计算为

$$A_1 = \frac{m_8 - m_9}{m_8} \times 100\% \tag{8-16}$$

式中 m_8——极板烘干前质量的数值（g）；

m_9——极板烘干后质量的数值（g）；

8.2.7　生极板中游离铅的测定

1. 方法原理

先用醋酸+醋酸钠溶液洗掉生极板中的氧化铅及硫酸铅，铅留在残渣中，用硝酸溶解，用EDTA络合滴定。

2. 试剂

EDTA：$c(C_{10}H_{14}N_2O_8Na_22H_2O)=0.02mol/L$ 标准溶液；

醋酸+醋酸钠溶液：100g醋酸钠+100mL冰醋酸+90mL无水乙醇，摇匀后移入1000mL容量瓶中，用水稀释到刻度；

醋酸+醋酸钠洗液，25g醋酸钠+25mL冰醋酸+40mL无水乙醇，摇匀后，移入1000mL容量瓶中，用水稀释至刻度；

醋酸铵溶液（20%）；

六次甲基四胺溶液（20%）；

二甲酚橙溶液（0.5%）；

硝酸溶液（1+4）。

3. 测定步骤

称取经过80目筛的试样0.5g（准确至0.001g），于150mL烧杯中，加入醋酸+醋酸钠溶液50mL，放在电炉上加热搅拌溶解试样，过滤，用醋酸+醋酸钠洗涤残渣5~6次。残渣用1+4硝酸8mL加热溶解后，用1+1氨水调pH为5~6，加水稀释至约100mL。加入20%醋酸铵溶液5mL、0.5%二甲酚橙3~4滴、20%六次甲基四胺溶液3mL，用EDTA标准溶液滴定至由紫红色变为亮黄色为终点。

4. 计算Pb含量

$$\text{Pb 含量}=\frac{TV_7}{m_{10}}\times 0.9283\times 100\% \tag{8-17}$$

式中　T——EDTA标准溶液对氧化铅的滴定度（同8.2.2节中的 T）（g/mL）；

V_7——滴定所消耗的EDTA溶液的体积（mL）；

m_{10}——试样的质量（g），（与 m_2 相同）；

0.9283——氧化铅的滴定度换算成铅的滴定度的系数。

8.2.8　生极板中铁（杂质）的测定

1）正生极板铁杂质的测定，参见8.2.5节中1方法。

2）负生极板铁杂质的测定，参见8.2.5节中2方法。

8.2.9　铅粉表观密度、铅膏表观密度的分析

1. 铅粉表观密度分析

铅粉表观密度是铅酸蓄电池生产中铅粉控制的主要指标，它的物理意义是单位体积的铅粉堆积的质量。铅粉是小颗粒的，且形状不规则，所以表观密度的测试与使用的测试仪器和测试方法有一定的关系。一般测试的仪器多由生产厂自己制造，所以只适用自己工厂的比较

判断，指标的制定也要根据生产的实际情况和仪器的特点制定。不同工厂之间用不同测试仪器测得的数据没有比较的意义，也就是说数值的差距较大。

图8-6所示为铅粉表观密度的装置图，在铅粉桌上安装一个漏斗，漏斗大口的尺寸与铅粉筛的直径接近，小口的直径要小于密度杯的直径，漏斗的倾斜度以不能在壁上挂铅粉为合适，漏斗壁光滑。在铅粉桌上设置铅粉筛的滑动支架，铅粉筛放在漏斗上方的支架上。密度杯放在漏斗的下方，离漏斗底部的距离10～30mm。为防止铅粉溢出，桌上要设置铅粉罩，罩上设置放铅粉筛的门，供放或取铅粉筛用。铅粉筛的振动方式有两种：一种是手工振动，可以在铅粉罩的一侧设置密封软连接的手套，如同无氧操作箱的结构，这样可防止铅粉尘的飞扬；另一种采用机械传动的方式，机械部分可在铅粉罩的外面，通过传动杆连接。一般使用的铅粉筛为50～100目，密度杯为圆柱型，体积可大可小，一般为50～100cm^3。

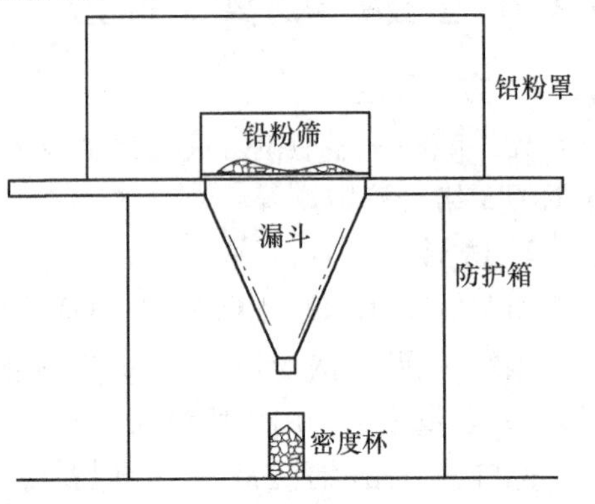

图8-6 铅粉表观密度测试装置

在铅粉表观密度测试时，振动的频率和振幅要基本固定，如果是手工操作，同一人的操作可比性更强。在铅粉筛中放入规定量的铅粉，然后关闭密封铅粉罩，手工或机械振动铅粉筛，密度杯满后，停止振动。将密度杯取出，用薄尺从中间切入，切到密度杯沿后，沿杯沿向外刮平，然后以同样的方法刮平另一半铅粉，之后称量重量，算出表观密度。在操作过程中，漏斗中的铅粉需自然滑落，不能积聚后再落下，密度杯不能有任何外力压实。

2. 铅膏表观密度分析

铅膏表观密度是铅膏的重要指标之一，也是容易直接控制的指标之一。铅膏表观密度的概念是单位体积内铅膏的质量，单位以g/cm^3表示。测试的工具有密度杯、铅膏铲和天平或电子秤。密度杯一般用不锈钢制造，外形为圆柱形，杯内体积为50～100cm^3，杯口直径约45～60mm，内壁光洁，容易清洗。

测试方法：用小铲刀的尖角从铅膏中挑出约8～10g铅膏，放入密度杯中，依次在不同的位置取样，3次之后手拿密度杯，让密度杯的底轻轻敲击在钢制的工装上，使密度杯内的铅膏均匀地分布在密度杯内，铅膏中的气泡全部排出，然后再同样加入铅膏，同样敲击，直至密度杯满出，然后用铲刀的长直边（或斜直边）从中间切入杯上的铅膏，向外侧沿杯沿刮掉铅膏，然后以同样的方法刮掉另一侧的铅膏。称量重量，计算表观密度。

按下式计算出铅膏的表观密度D。

$$D=\frac{M_2-M_1}{V} \tag{8-18}$$

式中 D——铅膏的表观密度（g/cm^3）；

M_1——钢杯的重量（g）；

M_2——铅膏和钢杯的总重量（g）；

V——钢杯的容积（cm^3）。

测试铅膏表观密度时，要求铅膏的压实度一致，不能过分压实，也不能让铅膏中残留气泡。密度杯的杯口一定要刮平。

8.2.10　塑料槽的分析

1. 耐酸质量增减

（1）试样的制备

单体槽从侧面，整体槽从单体蓄电池间隔处取样，其尺寸长为10cm、宽为2.5cm、厚度为槽壁及电池槽间隔壁为标准，试样表面必须光滑整洁，除去抗介质侵蚀的表面层或其他物质。

（2）试样处理及试液的制备

取上述制备的试样5片称重（精确至0.0003g），放于磨口广口瓶中，用玻璃棒将其隔开，准确加入密度为1.280g/cm^3 ±0.005g/cm^3（25℃）的稀硫酸500mL，使试样完全浸在酸液中，盖上盖子防止酸液蒸发。将广口瓶放于温度为58～62℃的恒温箱中，加热168h。取出冷却至室温，将试样取出，酸液待测。

（3）试样的测试

将取出的标准试样用自来水冲洗至中性，再用纯水洗净，放于恒温箱中保持103～107℃干燥2h，将试样取出冷却放入干燥器内，冷却至恒温再称重。

（4）计算

$$\text{耐酸质量增减} = \frac{M - M_1}{M} \times 100\% \tag{8-19}$$

式中　M——试样浸酸前的质量（g）；

M_1——试样浸酸后的质量（g）。

2. 塑料槽中铁含量

（1）方法原理

试样中铁在一定酸度和时间内浸出，用盐酸羟胺还原三价铁，在pH为4～6的溶液中，二价铁与邻菲啰啉反应生成橙红色的络合物，借此进行比色。

（2）试剂与仪器

盐酸羟胺：10%；

氨水：1+1；

乙酸-乙酸钠缓冲溶液：pH为4；

邻菲啰啉：0.1%；

铁标准溶液：10μg/mL。

分光光度计。

（3）绘制曲线

于6个50mL容量瓶中，依次加入0.0mL，1.0mL，2.0mL，3.0mL，4.0mL，5.0mL铁标准液，加入10%盐酸羟胺2mL，用氨水调至中性，加pH为4缓冲溶液5mL，加0.1%邻菲啰啉2mL，加水至刻度并摇匀。在室温下放置5min进行比色。取部分试样于3cm的比色皿中，以试剂空白为参比，用分光光度计测试相对应的铁含量。

（4）试样的测试

吸取测试耐酸质量增减的试液2mL于50mL容量瓶中，加入10%盐酸羟胺2mL，用氨水调至中性，操作步骤同上。取原浸泡液试样密度为1.280g/cm^{3}的硫酸同时做空白。

（5）计算

$$\text{Fe 含量} = \frac{M_3 \times 250}{M_2 \times 10^6} \times 100\% \tag{8-20}$$

式中 M_3——工作曲线查得的铁含量（μg）；

250——总试样与抽取试样的体积比；

M_2——试样的质量（g）。

3. 塑料槽高锰酸钾还原物

（1）方法原理

在常温下电池槽被稀硫酸浸泡出的还原性物质，在一定酸度、温度下，加入过量的高锰酸钾使其充分氧化，然后用硫酸亚铁铵反滴定求得还原高锰酸钾的量。

（2）试剂

硫酸：$1.280g/cm^3 \pm 0.005g/cm^3$；

硫酸亚铁铵：$c[(NH_4)_2Fe(SO_4)_2] = 0.01mol/L$ 溶液；

高锰酸钾：$c(1/5KMnO_4) = 0.01mol/L$ 溶液。

水浴锅。

（3）比值的校正

$c(1/5\ KMnO_4) = 0.01mol/L$ 溶液的用量（mL）对 $c[(NH_4)_2Fe(SO_4)_2] = 0.01mol/L$ 溶液的用量（mL）的比值，以 K 表示。

量取密度为1.280 g/mL的硫酸100mL，置于250mL烧瓶中，用滴定管准确加入 $c(1/5\ KMnO_4) = 0.01mol/L$ 溶液10mL，加热至70～80℃后冷却至室温。加入 $c[(NH_4)_2Fe(SO_4)_2] = 0.01mol/L$ 溶液10mL，立即用 $c(1/5\ KMnO_4) = 0.01mol/L$ 溶液滴定至微红色为终点。

$$K = \frac{V}{V_0} \tag{8-21}$$

式中 V——$c(1/5KMnO_4) = 0.01mol/L$ 溶液的用量（mL）；

V_0——$c[(NH_4)_2Fe(SO_4)] = 0.01mol/L$ 溶液的用量（mL）。

（4）测定步骤

量取［8.2.10节1（2）中耐酸质量增减］待测试液25mL于250mL烧瓶中，用滴定管准确加入 c（$1/5KMnO_4$）$= 0.01mol/L$ 溶液10mL，操作步骤同8.2.10节3（3）。

（5）计算

还原高锰酸钾物质（X_2）以1g试样消耗 $c(1/5KMnO_4) = 0.01mol/L$ 溶液的体积（mL），计算如下

$$X_2 = \frac{(V_2 - V_1K) \times 20}{m} \tag{8-22}$$

式中 V_2——消耗高锰酸钾的体积（mL）；

V_1——消耗硫酸锰铁铵溶液的体积（mL）；

m——试样质量（g）；

K——$c(1/5KMnO_4) = 0.01mol/L$ 溶液的用量（mL）对 $c[(NH_4)_2Fe(SO_4)_2] = 0.01mol/L$ 溶液的用量（mL）的比值；

20——溶液试样总量与分取量的比。

8.3　极板结构的分析

8.3.1　X 射线衍射分析（XRD）

晶体的 X 射线衍射图像实质上是晶体微观结构的一种精细复杂的变换，每种晶体的结构与其 X 射线衍射图之间都有着一一对应的关系，其特征 X 射线衍射图谱不会因为其他物质混聚在一起而产生变化，这就是 X 射线衍射物相分析方法的依据。制备各种标准单相物质的衍射图谱并使之规范化，将待分析物质的衍射图谱与之对照，从而确定物质的组成相，就成为物相定性分析的基本方法。鉴定出各个相后，根据各相图谱中的强度正比于该组分存在的量，就可对各种组分进行定量分析。

X 射线衍射分析仪可实现无损伤分析，可在大气环境中分析，在置于分光器（测角仪）中心的样品上照射 X 光时，X 射线在样品上产生衍射。在改变 X 射线对样品的入射角度和衍射角度时，检测并记录衍射的强度，就可得到 X 射线的衍射图谱，用计算机解析在图谱中出现峰的位置和强度的关系，则可以进行物质的定性分析、晶格常数的确定等，而且通过峰高和峰面积的计算，也可以进行定量分析。通过峰角度的扩大或峰形进行粒径、结晶度、精密 X 射线解析等各种分析，如图 8-7 所示。

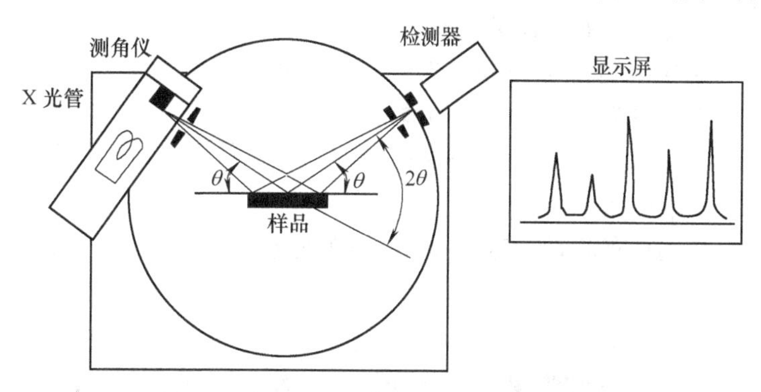

图 8-7　X 射线衍射分析仪原理图

图 8-8 所示为正极板的 X 射线衍射图谱，可以根据峰的角度和峰值的大小确定物质组分和含量。在铅酸蓄电池行业中，常用 X 射线衍射分析极板、生极板、铅粉等的 $\alpha-PbO_2$、$\beta-PbO_2$、$3PbO \cdot PbSO_4 \cdot H_2O$、$4PbO \cdot PbSO_4$、$\alpha-PbO$、$\beta-PbO$ 等。很少厂家有 X 射线衍射分析仪，一般委托大学或研究单位测试。

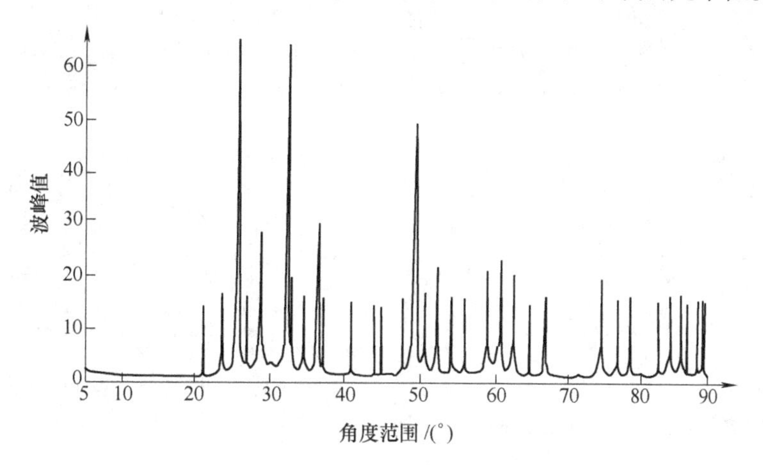

图 8-8　正极板 X 射线衍射图谱

8.3.2 扫描电镜（SEM）分析

图8-9所示为扫描电镜（SEM）的原理图。由电子枪产生发射出来的电子束，经栅极聚焦后，在加速电压作用下，经过2至3个电磁透镜组成的电子光学系统，电子束会聚成一个更细的电子束，扫描线圈使电子束在样品表面扫描。高能电子束与样品物质表面作用，结果产生了各种信息，这些信号被相应的接收器接收，经放大后送到显像管的栅极上，调制显像管的亮度。由于经过扫描线圈上的电流是与显像管相应的亮度一一对应，即电子束打到样品上一点时，在显像管荧光屏上就出现一个亮点。扫描电镜就是这样采用逐点成像的方法，把样品表面不同的特征，按顺序、成比例地转换为视频信号，完成一帧图像，从而可以在荧光屏上观察到样品表面的各种特征图像。要得到清晰和高质量的图像，要求样品表面导电性能良好，因此本身不导电的样品需要经过喷金或镀碳等样品预处理，或用具有低真空功能的扫描电镜观察。

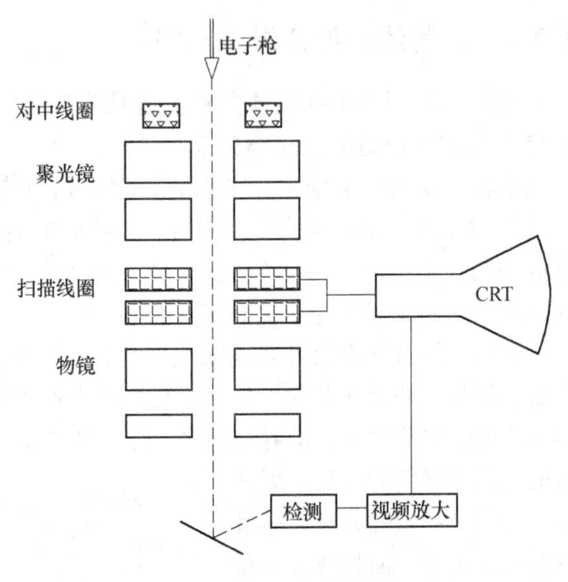

图8-9 电镜扫描原理图

在蓄电池行业中，用SEM分析生极板、熟极板、隔板、铅粉等微观结构。图8-10所示为SEM分析的几张图片。

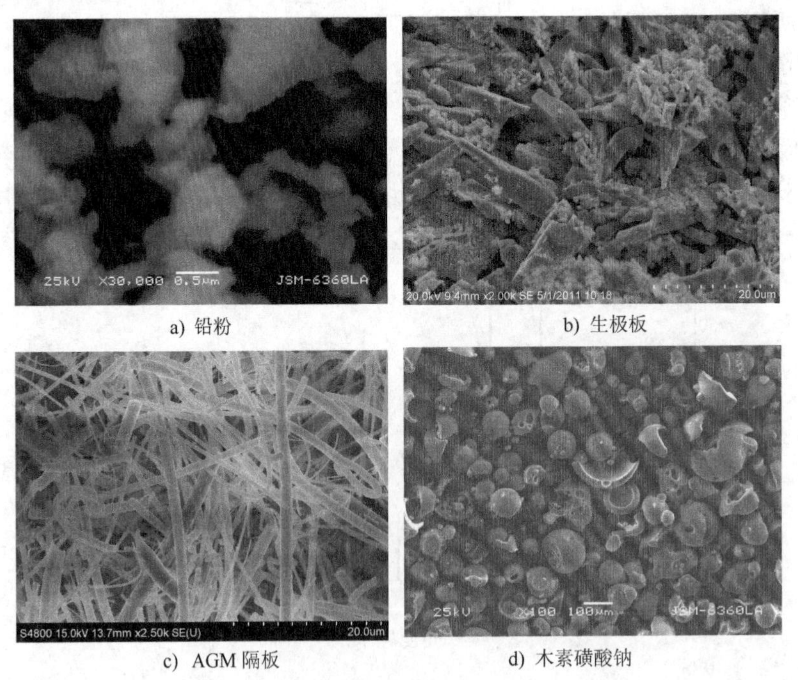

a) 铅粉　b) 生极板　c) AGM隔板　d) 木素磺酸钠

图8-10 几种物质的扫描电镜（SEM）图

有少数工厂有扫描电镜（SEM），大多数工厂需要委托大学或研究单位进行试验。通过分析对掌握材料、半成品、成品的质量是大有帮助。

8.4 蓄电池相关物理分析

8.4.1 材料强度的测试

材料的强度测试包括拉伸强度测试和冲击强度测试等。拉伸测试主要有隔板的拉伸强度、塑料槽盖材料的拉伸强度、蓄电池提绳拉伸强度等，冲击测试主要有蓄电池槽的落球冲击试验等。

拉伸强度测试原理：在专用的试验机上恒速拉伸试样，通过对试样的测试即可得出拉伸强度。片型及袋型隔板以试样单位横截面积所承受的最大力表示，毡型隔板以试样单位宽度承受的最大力表示。PP 等塑料材料的拉伸强度以试样单位横截面积所承受的最大力表示。

落球冲击测试原理：蓄电池槽受到一定外力冲击，若其有缺陷或材料本身不耐冲击，会出现裂纹或破碎。用蓄电池槽在一定温度下恒温放置一定时间后，经受一定质量的钢球冲击是否产生裂纹表示其耐冲击性。

1. 隔板拉伸强度

测试步骤：片形及袋型隔板沿隔板成型方向裁取 5 个试样，试样长 70mm、宽 10mm，带筋条隔板正面筋条在试样中间，压槽形隔板凹凸槽各取一半，在试样上做出夹具为 30mm 的标记。毡型隔板沿隔板成型方向裁取 5 个试样，试样长 100mm、宽 15mm，在试样上做出夹具为 50mm 的标记。

将试样夹在拉力机的上、下夹具上，在测试过程中应将试样夹紧，不能滑动和损坏试样，夹具中心线应与试样的中心线同轴，片形及袋型隔板试样以 200(±20)mm/min 的速度拉伸，毡型隔板试样以 100(±20)mm/min 的速度拉伸，记录试样破坏时的负荷。在无法区别试样的成型方向时，应在长、宽方向上各取 5 个试样，以实测数据较高的一组为试样破坏负荷。如试样在夹紧部位被拉断，测试无效，应补加试样重新测试。

结果计算及判定：片形及袋型隔板试样拉伸强度按式（8-23）计算：

$$\delta_t = \frac{P}{bd_{均}} \tag{8-23}$$

式中 δ_t——拉伸强度（MPa）；

P——试样破坏负荷的数值（N）；

b——试样宽度数值（mm）；

$d_{均}$——试样平均厚度的数值（mm）。

带筋条隔板试样平均厚度按式（8-24）计算：

$$d_{均} = d_{基} + \frac{n_{(+)}b_{筋(+)}d_{筋(+)} + n_{(-)}b_{筋(-)}d_{筋(-)}}{b} \tag{8-24}$$

式中 $d_{均}$——试样平均厚度的数值（mm）；

$d_{基}$——试样基底平均厚度的数值（mm）；

$b_{筋(+)}$——试样正面筋条宽度的数值（mm）；

$b_{筋(-)}$——试样负面筋条宽度的数值（mm）；

$d_{筋(+)}$——试样正面筋条厚度的数值（mm）；

$d_{筋(-)}$——试样负面筋条厚度的数值（mm）；

b——试样宽度的数值（mm）；

$n_{(+)}$——试样正面筋条数的数值；

$n_{(-)}$——试样负面筋条数的数值。

毡型隔板试样拉伸强度按式（8-25）计算：

$$\delta_t = \frac{P}{b} \tag{8-25}$$

式中 δ_t——拉伸强度的数值（kN/m）；

P——试样的破坏负荷的数值（N）；

b——试样宽度的数值（mm）。

若有1个或1个以上试样测定结果不合格，则判定该项不合格。测试结果数值以5个试样测定值的算术平均值表示。

2. 隔板的横向伸长率（适用于微孔聚乙烯隔板）

在专用的试验机上，通过恒速拉试样可测出隔板的横向伸长率。按图8-11所示的沿隔板横向制备5个试样（复合隔板只测聚乙烯材质部分）。

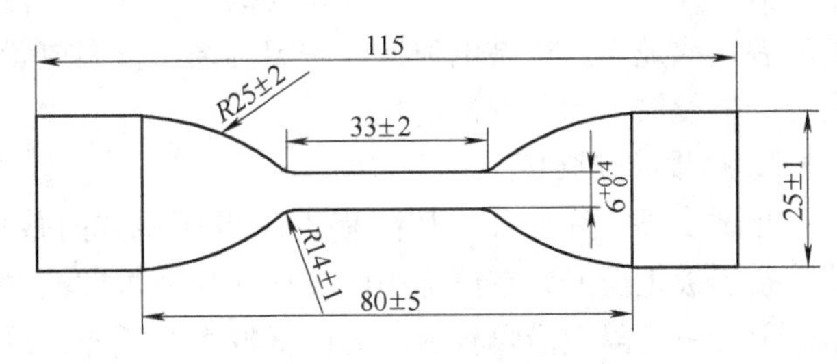

图8-11 隔板的试样图

测试步骤：调整拉力机试样夹具间距至80mm，将试样夹在夹具上，在测试过程中夹具的中心线与试样的中心线同轴，以300mm/min速度拉伸试样，记录试样断裂时，基准长度的变化量。

结果计算及判定：横向伸长率以长度变化率E计，数值以百分数表示，按式（8-26）计算：

$$E = \frac{\Delta L}{50} \times 100\% \tag{8-26}$$

式中 ΔL——断裂时基准长度变化量的数值（mm）；

50——试样基准长度的数值（mm）。

若有1个或1个以上试样测定不合格，则判定该项不合格，不再计算算术平均值。合格的结果数值以5个试样测试值的算术平均值表示。

3. 塑料槽的落球冲击试验

常温落球冲击试验：取3个试样平放在厚约25mm，宽比试样最大尺寸至少大25mm的铁板上，整体槽试样冲击点位于与极板平行一侧的中心20mm直径范围内。单体槽试样冲击点位于四壁中心20mm直径范围内，冲击面应保持水平。按表8-1的高度，使重量为500g的钢球呈自由落体运动冲击试样，检查试样是否产生裂纹。钢球冲击试样只应一次。落球冲击试验台如图8-12所示。

低温落球冲击试验：取3个试样放置在-30℃冷冻箱内保持3h，然后将试样从冷冻箱内取出在 1min 内按上述常温落球冲击试验的方法进行试验。

表 8-1　塑料槽落球冲击试验的下落高度　（单位：mm）

类型	规格	常温	低温
起动用	各种规格	1000	500
摩托车用	各种规格	400	300
航标用	各种规格	1000	500
小型阀控式	各种规格	400	300
铁路客车用 内燃机车用 牵引用	各种规格	1000	500
煤矿防爆装置用	各种规格	1500	500
矿灯用	各种规格	400	300
固定型防酸式 固定型阀控式	≤100A · h 100 ~ 1000A · h >1000 A · h	300 500 1000	— — —

常温和低温落球冲击试验的结果判定：以敲打试样发出的声音及目测判断试样是否损坏，有撕碎声按裂纹处理。进行电击穿试验，若有击穿现象按裂纹处理。3 个试样中有 1 个不合格，需加倍抽样重新测定，若仍有试样不合格，则判定该批产品不合格。

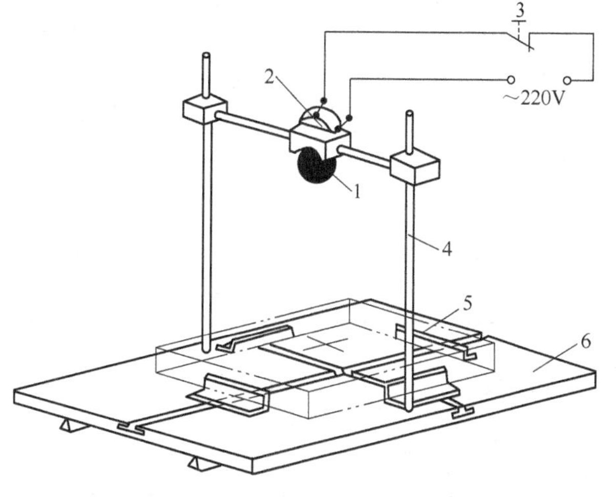

图 8-12　蓄电池槽落球冲击试验台
1—钢球　2—电磁铁　3—开关
4—标尺　5—蓄电池槽紧固框　6—支撑板

8.4.2　其他性能的测试

蓄电池槽体的检验项目还有，耐电压、耐热性、内应力、耐气压性、耐腐蚀性、质量变化率等。

耐电压是指蓄电池槽体在一定直流电压作用下，若有缺陷或材质本身电阻低，则会被击穿。用蓄电池槽经受一定的直流电压作用是否被击穿表示其耐电压。分为干法测定和湿法测定。

内应力是判定槽体内部应力合格与否的指标，其原理是，非结晶形高聚物成型的塑料槽经非极性溶剂润湿或浸泡，槽体应力集中较大的部位将产生裂纹。用塑料槽经非极性溶剂作用一定时间后是否产生裂纹表示其内应力是否合格。

蓄电池槽的耐热性：蓄电池槽在一定温度下放置一定的时间，冷却至室温，外形尺寸发生变化，用蓄电池槽外形尺寸的变化表示其耐热性。

蓄电池槽的耐气压性：阀控式蓄电池槽通入一定压力的气体后，因膨胀产生一定的形变，用在一定压力下产生形变的大小表示槽体的耐压性。

蓄电池槽的质量变化率：试样在一定的硫酸中浸泡一定时间后，由于受到侵蚀其质量发生变化，用侵蚀后质量的百分数表示质量变化率的大小。

8.5 蓄电池实验室性能测试

实验室测试是蓄电池研究和蓄电池质量控制的重要手段，而且是非常重要的。检测分为严格按照相应的标准测试和自定方法测试，严格按标准测试用于判定蓄电池性能是否符合标准，自定方法测试多用于研究开发等。本节介绍的方法并不一定是标准的方法，只供学习参考用。

1. 容量测试

容量是蓄电池的最基本性能指标之一。实验室需具有符合精度要求的充放电测试仪器，具有符合要求的电池恒温水浴设施。

（1）充电

在蓄电池放电前一般要经过充电，起动用蓄电池的充电方法有恒流充电和恒压限流充电，固定型阀控式蓄电池一般采用恒压限流充电。以下以起动用蓄电池为例介绍。

排气式蓄电池（包括开口蓄电池、少维护蓄电池、免维护蓄电池）恒流充电：蓄电池在25℃±10℃条件下，以2 I_{20}（A）电流充电至单体蓄电池平均电压达到2.4V后，再继续充电5h（起动试验后的继续充电时间为3h）。

阀控式起动用蓄电池恒流充电：蓄电池在25℃±10℃条件下，以$2I_{20}$（A）恒定电流进行充电，蓄电池端电压达到14.80 V时，以I_{20}（A）电流恒流充电4h。

恒压限流充电：蓄电池在25℃±10℃条件下，以表8-2中的电压U_1（V）和电流I_1（A）进行充电后，然后以I_2（A）电流充电4h。

表8-2 恒压限流充电参数表

蓄电池类型	U_1/V	I_1/A	I_2/A	充电时间/h	起动后充电时间/h
正常水损耗蓄电池	14.80±0.10	$5I_{20}$	I_{20}	20	10
低水损耗蓄电池	15.20±0.10	$5I_{20}$	I_{20}	20	10
微水损耗蓄电池	16.00±0.10	$5I_{20}$	I_{20}	20	10
阀控式蓄电池	14.40±0.10	$5I_{20}$	$0.5I_{20}$	20	10

（2）放电

20h率容量试验：蓄电池完全充电结束后1～5h内，在25℃±2℃的恒温水浴槽中，以I_{20}(A)电流放电，在放电过程中电流值的变化应不超过±2%，放电过程中每隔2h记录一次蓄电池端电压；每隔4h记录一次电池温度。当电压达到10.80V时，每隔5 min记录一次电压，电压达到10.50V±0.05V时，停止放电并记录放电时间和温度。并按式（8-27）换算到基准温度25℃时的实际容量：

$$C_e = I_{20}t[1-\lambda(T-25)] \tag{8-27}$$

式中 C_e——25℃，20h率实际容量（A·h）；

I_{20}——20h放电电流（A）；

t——放电时间（h）；

T——最终温度（℃）；

λ——为0.01（℃$^{-1}$）。

储备容量试验：蓄电池完全充电结束后1～5h内，在25℃±2℃恒温水浴箱中，以25A电流放电，在放电过程中电流值的变化应不超过±1%，放电过程中每隔10min记录一次蓄电池电压，当电压达到11V时，每隔1min记录一次蓄电池电压，当电压达到10.50V±0.05V时，停止放电并记录放电时间和温度。并按式（8-28）换算到基准温度25℃时的实际容量：

$$C_{r,e}=t_1[1-\lambda_1(T_1-25)] \tag{8-28}$$

式中 $C_{r,e}$——25℃，实际储备容量（min）；

t_1——放电时间（min）；

T_1——平均温度（℃）；

λ_1——为0.009（℃$^{-1}$）。

储备容量（$C_{r,n}$）与20h率容量（C_n）关系：储备容量与20h率容量关系按式（8-29）计算：

$$C_{r,n}=\beta\ (C_n)^{\alpha} \tag{8-29}$$

式中 $\alpha=1.1828$（富液式蓄电池）或$\alpha=1.1201$（阀控式蓄电池）；

$\beta=0.7732$（富液式蓄电池）或$\beta=1.1339$（阀控式蓄电池）。

20h率容量（C_n）与储备容量（$C_{r,n}$）关系：按式（8-30）计算：

$$C_n=\delta\ (C_{r,n})^{\gamma} \tag{8-30}$$

式中 $\gamma=0.8455$（富液式蓄电池）或$\gamma=0.8928$（阀控式蓄电池）；

$\delta=1.2429$（富液式蓄电池）或$\delta=0.8939$（阀控式蓄电池）。

铅酸蓄电池的放电容量随放电电流的增大，一次性放出的容量减少，见1.6.3节。

在过去的国标中也用下式换算：

$$C_n=-133.3+\sqrt{17778+208.3C_{r,n}} \tag{8-31}$$

2. 低温性能测试

低温试验需要有符合要求的低温箱、充放电设备、大电流放电器以及电压表等。

起动用蓄电池测试方法如下：

-18℃低温起动能力试验：完全充电的蓄电池，放置在带有空气循环低温箱或低温室中，温度保持在-18℃±1℃，时间不低于24h，蓄电池在低温箱或低温室取出后，迅速接好接线端，时间不超过2min。以规定的-18℃冷起动电流I_{cc}电流放电30s，在放电过程中电流值的变化应不超过±0.5%，分别记录放电10s和30s时蓄电池端电压。然后停止放电，静置20s，之后以0.6I_{cc}电流放电40s，在放电过程中电流值的变化应不超过±0.5%，记录40s时蓄电池端电压。全部试验在90s内完成。蓄电池放电到10s时端电压不小于7.5V，30s端电压不小于7.2V，90s端电压不小于6V。I_{cc}值可查标准或产品目录。

-29℃低温起动试验（只适用于具有超低温的蓄电池）：完全充电的蓄电池，放置在带有空气循环低温箱或低温室中，温度保持在-29℃±1℃，时间不低于24h，蓄电池在低温箱或低温室取出后，迅速接好接线端，时间不超过2min。以规定的-29℃冷起动电流I_{ccl}（$I_{ccl}=0.8I_{cc}$）放电30s，在放电时间内电流值的变化应不大于±0.5%，分别记录放电10s和30s时蓄电池端电压。然后停止放电，静置20s，之后以0.6I_{ccl}电流放电40s，在放电过程中电流值的变化应不超过±0.5%，记录40s时蓄电池端电压。全部试验在90s内完成。蓄电池放电到10s时端电压不小于7.5V，30s端电压不小于7.2V，90s端电压不小于6V。I_{ccl}电流值可查相应标准或产品目录。

3. 充电接受性能测试

起动用蓄电池按式（8-32）计算放电电流：

$$I_0 = C_e/10 \tag{8-32}$$

式中 C_e——三次容量放电之中最大一次20h率实际容量（A·h）；

10——放电时间（h）。

注：进行储备容量试验的蓄电池应换算出20h率容量进行试验。

蓄电池完全充电结束后1～5h内，在25℃±2℃环境温度中，以I_0电流放电5h。放电结束后，立即将蓄电池放入温度为0℃±1℃的低温箱或低温室内至少20h。蓄电池在低温箱或低温室内1min内以14.40V±0.10V电压充电，记录10min时的充电电流I_{ca}。该值与放电电流I_0的比值为充电接受值，比值不小于2。

4. 荷电保持能力试验

荷电保持能力性能也称为电池自放电性能，是衡量存放过程中电能损失的一个指标。

将完全充电的起动用排气式蓄电池旋紧液孔，擦净表面，在温度为40℃±2℃水浴槽中开路放置表8-3规定时间后，以$0.6I_{cc}$电流进行－18℃低温起动放电，记录30s电压，不应小于8.0V。I_{cc}值可查标准或产品目录。

表8-3 荷电保持时间

序号	蓄电池类型	荷电保持时间/天	序号	蓄电池类型	荷电保持时间/天
1	正常水损耗	10	3	微水损耗	49
2	低水损耗	14	4	阀控型	49

5. 电解液保持能力测试

将完全充电的蓄电池开路放置在温度25℃±5℃环境中存放4h，开口电池调整每个单体蓄电池中电解液面高度至规定位置，对于有液孔栓蓄电池必须旋紧，然后擦净蓄电池表面。蓄电池向前、后、左、右四个方向依次倾斜，每次倾斜间隔时间不小于30s，倾斜方法如下：蓄电池在1s内，由垂直位置倾斜45°；然后蓄电池在这个位置上保持3s；之后蓄电池在1s内，由倾斜位置恢复到垂直位置。电解液不能渗出。

6. 失水量测试

失水量测试也称为水损耗测试。蓄电池失水性能是免维护性能的一项重要指标，一般以失水量划分免维护、少维护蓄电池。

完全充电的蓄电池，擦净全部表面，干燥并称量质量（W_1）到准确度±0.05%。蓄电池在40℃±2℃水浴中环境中，以14.40V±0.05 V恒压充电500h，擦净全部表面，干燥并称量质量（W_2）到准确度±0.05%。按式（8-33）计算水损耗量：

$$W = \frac{W_1 - W_2}{C_n} \tag{8-33}$$

式中 W——水损耗量（g/A·h）；

W_1——充电开始时蓄电池质量（g）；

W_2——充电后蓄电池质量（g）；

C_n——20h 率额定容量（A·h）。

低水损耗蓄电池质量损失不得大于 4g/A·h；微水损耗（免维护）蓄电池质量损失不得大于 1g/A·h。

7. 阀控式蓄电池再化合能力测试

电池再化合能力是阀控式蓄电池的一项重要指标，也称密封反应效率。主要是在充电过程中正极产生的氧气通过隔板到达负极，并在负极上进行化合，实现氧气的内部循环，减少充电过程中水的消耗。

电动助力车电池的测试方法为，完全充电的蓄电池，在 25℃ 的环境中，以 $0.2I_2$（I_2 为 2h 率电流连续充电 48h，然后再以 $0.1I_2$ 电流连续充电 29h，从改变电流的第 25h 起开始收集气体 5h（见图 8-13），然后计算出化合的水与分解的水的比值。

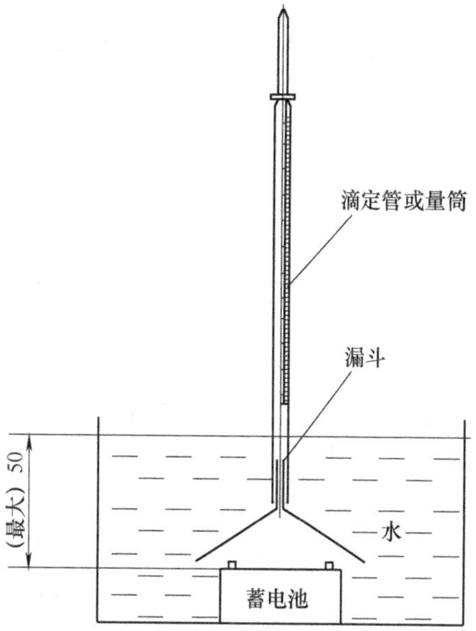

图 8-13 密封反应效率试验收集气体的装置

按下式计算密封反应效率：

$$V=\frac{P}{101.3}\frac{298}{(t+273)}\frac{V_1}{nQ} \tag{8-34}$$

$$\eta=\left(1-\frac{V}{684}\right)\times 100\% \tag{8-35}$$

式中 V——在 25℃，101.3kPa 状态下，蓄电池充入 1 A·h 电量所放出的气体（mL/ A·h）；

P——收集气体时的大气压（kPa）；

t——滴定管或量筒的环境温度（℃）；

V_1——收集蓄电池放出的气体量（mL）；

n——电池包含的单体电池数；

Q——收集气体期间充入的电量（A·h）；

684——在 25℃，101.3 kPa 的状态下，蓄电池充入 1 A·h 电量理论气体发生量的数值（mL）。

上面的计算基于两个原理，一是物理学的理论，在标准状态下，1mol 气体占有 22.4L 的体积；二是蓄电池在完全过充的条件下，充入的电量假设全部用来电解水，电解水的量符合法拉第电解定律。

固定型阀控式电池以浮充析气量为计算方法，参阅具体标准要求。

8. 蓄电池寿命测试

蓄电池寿命是衡量蓄电池使用时间的重要指标，因蓄电池的用途非常广泛，所以蓄电池寿命的测试方法一般都有针对性。主要的测试方法采用充电放电的方法，另外有的电池考核高温寿命、过充寿命、浮充寿命等。一般寿命的测试方法为充好电的电池，按规定的电流放电到规定的时间停止，然后再按规定的电流或电压充电，一次放电一次充电构成一个循环，这样进行下去，到达一定的次数构成一个单元。

起动用蓄电池寿命方法如下：

（1）高温侵蚀试验

蓄电池按恒压限流充电10h，并在水浴箱中保持在60℃ ±2℃环境温度中，蓄电池按以下步骤进行试验：

1）蓄电池在60℃ ±2℃环境温度中以14.00V ±0.01V恒压充电13天；

2）然后蓄电池在60℃ ±2℃环境温度中开路静止13天；

3）将蓄电池温度降至25℃ ±2℃，必要时应调整每个单体蓄电池中电解液面高度至规定位置；

4）蓄电池按8.5.1节的恒压限流充电方法充电6h后，在25℃ ±2℃环境温度中开路静止20h；

5）蓄电池在25℃ ±2℃环境温度中，以$0.6I_{cc}$（I_{cc}为-18℃低温起动电流，I_{cc}值可查标准或产品目录）电流放电30s，记录30s电压。

以上由1）~5）构成一次完整测试循环，当30s蓄电池端电压低于7.2V时试验终止。蓄电池要经受4个以上的循环。

（2）循环耐久Ⅰ试验

蓄电池完全充电后，并在恒温水浴箱中保持在25℃ ±2℃环境温度中，同时对于正常水损耗蓄电池应调整每个单体蓄电池中电解液面高度至规定位置，低水损耗、微水损耗、阀控型蓄电池不调整电解液面高度。蓄电池按以下步骤进行试验：

1）蓄电池以$5I_n$（I_n为20h放电电流）放电1h；

2）然后以表8-2中U_1（V）电压充电2h 55min，最大限流为$10I_n$；

3）排气蓄电池再以充电电流$2.5I_n$或阀控式蓄电池再以充电电流$0.5I_n$，充电5min；

4）以上由1）~3）构成一次完整测试循环，蓄电池在循环放电时端电压不得低于10.50V，否则试验终止；

5）循环120次时进行-18℃ ±1℃低温起动放电，放电电流$0.6I_n$，放电时间30s电压不低于7.2V。

该寿命方法适用于普通类型蓄电池（A类）。

（3）循环耐久Ⅱ试验

蓄电池完全充电后，在恒温水浴箱中保持在25℃ ±2℃环境温度中，对于正常水损耗蓄电池应调整每个单体蓄电池中电解液面高度至规定位置，低水损耗、微水损耗、阀控型蓄电池不调整电解液面高度。蓄电池按以下步骤进行试验：

1）蓄电池以$5I_n$放电2h；

2）然后以表8-2中U_1（V）电压充电4h 45min，最大限流为$5I_n$；

3）之后排气蓄电池以充电电流$2.5I_n$或阀控式蓄电池以充电电流$0.5I_n$，充电15min；

4）以上由1）~3）构成一次完整测试循环，循环18次为一个单元；

5）蓄电池按8.5.1节的恒压限流充电方法充电，充电时间限制在6 h；

6）蓄电池开路静止5h；

7）以$5I_n$恒流放电，终止电压10.00V ±0.05V，计算放电容量不得低于$0.5C_n$，否则试验终止；

8）蓄电池按8.5.1节的恒压限流充电方法完全充电；

9）以上由1）~8）构成一次完整测试循环，完成一个单元进行低温 -18℃ ±1℃试验，放电电流0.6I_{cc}，放电时间30s电压不低于7.2V。然后进行下一单元试验。

该寿命试验方法适用于长寿命、耐振动型蓄电池（B类）。

（4）循环耐久Ⅲ试验

蓄电池完全充电后，并在恒温箱中保持在40±2℃环境温度中，同时必要时应调整每个单体蓄电池中电解液面高度至规定位置，本试验只适于20h率容量在60~220A·h的排气式蓄电池。蓄电池按以下步骤进行试验：

1）蓄电池以表8-4规定的电流放电1h；

2）在以表8-4规定的电流充电5h；

表8-4 测试中的电流值

20h率额定容量	60~90A·h	91~220A·h
放电电流/A	20	40
充电电流/A	5	10

3）以上由1）和2）构成一次完整测试循环；循环25次为一个周期，完成一个周期按表8-4中电流充电后，在以表8-4中电流进行容量试验，终止电压为10.2V；

4）计算放电容量，当蓄电池容量高于0.4C_e（C_e为最近一次20小时率实际容量）时，进行下一个周期试验，否则试验终止，且不能计入试验周期。

该寿命试验方法适用于长寿命、耐振动型蓄电池（B类）

（5）循环耐久Ⅳ试验

蓄电池完全充电后，并在恒温水浴箱中保持在40±2℃或75±3℃环境温度中，正常水损耗蓄电池应调整每个单体蓄电池中电解液面高度至规定位置，低水损耗、微水损耗、阀控型蓄电池不调整电解液面高度。蓄电池按以下步骤进行试验：

1）蓄电池以25A±0.1A电流放电240s；

2）在10s内，以恒流限压进行充电，恒流25A±0.1A，限压14.80 V±0.03V充电600s±1s；

3）以上由1）和2）循环100~112h；

4）蓄电池开路静止65~70h；在40±2℃或75±3℃环境温度中，进行起动放电试验；放电电流I_{cc}(I_{cc}为-18℃低温起动电流)，放电时间30s电压不低于7.2V。

40±2℃环境温度试验适用于普通类型蓄电池（A类）；75±3℃环境温度试验适用于C类高温起动用蓄电池。

9. 起动用蓄电池的耐振动性能试验

蓄电池完全充电后，在25℃±2℃环境温度中放置24h。蓄电池根据结构采用如下固定方式：

1）下固定：用M8的螺栓，扭矩为15~25N·m固定蓄电池在振动台上；

2）用表8-5中X（mm）宽度角铁压紧蓄电池，以M8的螺栓，扭矩至少为8~12N·m固定蓄电池在振动台上；

3）蓄电池在30Hz±2Hz的频率，最大加速度G(m/s^2)，以表8-5中值垂直振动T(h)，振动曲线为正弦曲线。振动完成4h内，蓄电池不经再充电，在温度为25℃±2℃的条件下，

以冷起动电流 I_{CC} 电流放电30s，测记蓄电池端电压，电压不得低于7.2V。

表8-5 振动试验参数

蓄电池类型	A	B	C
角铁宽度 X	15mm	33mm	15mm
振动时间 T	2h	8h	2h
振动加速度 G	$30m/s^2$	$50m/s^2$	$30m/s^2$

10. 蓄电池其他性能测试

蓄电池的类型很多，不同类型有针对具体要求的指标，就形成了相对应的测试方法。就是同一类型的电池，由于标准不同，测试方法也有较大的差别。以上的一些指标的测试，只是介绍一些方法，实际中的测试一定要按照标准或自定的方法试验。

参考文献

[1] 章诒学，何华焜，陈江韩．原子吸收光谱仪［M］．北京：化学工业出版社，2007.

[2] 全国铅酸蓄电池标准化技术委员会，GB/T 28535－2012 铅酸蓄电池隔板［S］．北京：中国标准化出版社，2012.

[3] 全国铅酸蓄电池标准化技术委员会，GB/T 23754－2009 铅酸蓄电池用电池槽［S］．北京：中国标准化出版社，2009.

[4] BS EN50342－1：2006 Lead-acid starter battery［S］. British standard.

[5] 全国铅酸蓄电池标准化技术委员会，GB/T 5008.1－2013 起动用铅酸蓄电池第1部分：技术条件和试验方法［S］．北京：中国标准化出版社，2013.

[6] 全国铅酸蓄电池标准化技术委员会，GB/T 5008.1－2013 起动用铅酸蓄电池技术条件［S］．北京：中国标准化出版社，2013.

第9章　铅酸蓄电池生产中能源资源消耗

9.1　铅酸蓄电池生产中的电能消耗

9.1.1　铅酸蓄电池生产用电概况分析

在蓄电池生产过程中，实际能源耗用相对是比较高的。每生产1000kg铅酸蓄电池极板（重力浇铸、极板化成方式）的用电量约为1100kW·h，极板再组装成蓄电池，整个流程的总耗电量约为1300kW·h，加上使用燃煤锅炉产生的蒸汽用量折算为电量约300kW·h，由此可以计算出铅酸蓄电池生产过程中总的耗电量达到每吨极板1600kW·h，按每吨极板组装80kW·h蓄电池计算（蓄电池类型不同组装蓄电池的容量差别较大），每生产1kVA·h蓄电池的耗能约为20kW·h电能。各种类型蓄电池的能耗因活性物质的利用率不同而不同，起动用蓄电池的能耗最低，动力蓄电池的能耗最高；在不同蓄电池生产工艺间进行能耗比较，拉网工艺耗电较少，重力浇铸耗用电能较多。

以实际生产为例，一只12V，80A·h蓄电池的蓄电量接近1kVA·h，这样一只蓄电池的电量放出来，约相当于1kW·h，就是1度电，而生产这样一只电池所需要耗用的电量大约是20kW·h，就是20度，是自身储电量的20倍。由此可以看出蓄电池的生产用电量是较大的。

节能降耗是实现可持续发展的必然趋势，在蓄电池生产中大力提倡和贯彻节能的思想理念，研发更为有效的节能工艺和技术，是非常有意义的。

在铅酸蓄电池工厂规模化生产中：采用生极板电池化成工艺；起动用电池采用拉网工艺技术；适当采用巴顿铅粉；重力浇铸采用多台铸板机集中供铅方式；岛津铅粉机采用多台集中供铅粒的布局、或采用冷压造粒等，都是行之有效的节能技术和方法。采用先进的工艺和技术，节能达到20%以上是可以实现的。

9.1.2　蓄电池工厂用电情况

表9-1是一个年产值300万kVA·h铅酸蓄电池工厂的耗能情况（其中固化、负板干燥、正板窑式干燥加热热源部分采用蒸汽，其他环节均用电进行生产）。

表9-1　以每吨极板计算的各工序用电量

序号	工序	用电量/kW·h	占总用电量的比例（%）	备注
1	铸板	137	10.29	70%合金外购，30%自配
2	铅粉	130	9.77	包括铸粒

（续）

序号	工序	用电量/kW·h	占总用电量的比例（%）	备注
3	合膏	25	1.88	
4	涂板	10	0.75	
5	快干	65	4.88	电加热
6	固化	20	1.50	蒸汽加热
7	化成充电	393	29.53	
8	环保治理	116	8.72	
9	极板干燥	45	3.38	负板用蒸汽链条干燥机（电辅助），正板用蒸汽干燥。
10	分板打磨	25	1.88	
11	空压机	65	4.88	
12	锅炉房	20	1.50	
13	总成	200	15.03	
14	其他	80	6.01	净化水、水处理等
	总用量	1331	100	

注：表中工艺采用重力铸板、极板化成工艺。未列明的环保设备用电包括在工序内。蓄电池用槽体、隔板外购。

9.1.3　铅酸蓄电池各生产工序主要设备耗电情况分析

1. 铅粉制造工序

表9-2、表9-3分别列出了额定产量为每天12t的铅粉机和18t的铅粉机系统的用电设备的功率，从表中可以看出，铅粉机耗能的主要三部分为，铅粉主机、铅锭熔化铸块、正负压风机。铅粉主机是生产铅粉的主要设备，在生产铅粉期间，全部运行。正负压风机在生产中也全部运行。铅锭熔化铸块，要看设备的生产方式，有的连续运行，有的单独运行，铅锅的加热一般是两部分加热系统，在开始工作时，需要尽快地加热熔化铅锭，两部分加热系统全部工作。正常工作时，铅液达到一定温度（一般在400℃左右）时，就要由温控器进行加热控制：一组加热管停止电加热，另一组加热管则继续加热工作。加热工作时间的长短，由铅块的产量以及铅炉的保温性能决定。对于岛津铅粉来讲，耗电量与铅粉机的设计制造有一定的影响。调整工艺参数可以适当提高产量，降低能耗。

表9-2　带正风压的12t岛津铅粉机系统用电设备功率

序号	用电项目	功率/kW	序号	用电项目	功率/kW
1	主机功率	75	8	铅块提升机	0.37
2	负压风机功率	15	9	铅块旋转阀	0.37
3	正压风机功率	22	10	1#铅锭输送机	0.55
4	液压泵	0.37	11	2#铅锭输送机	0.44
5	集粉器旋转阀	0.37	12	铅泵	0.55
6	集粉器刮板电动机	1.5	13	铅锅电加热管	45
7	切块机	1.5			

表 9-3　不带正风压 18t 岛津铅粉机系统用电设备功率

序号	项目	用电功率/kW	序号	项目	用电功率/kW
1	铅锭输送机	0.37	6	传送带输送	0.37
2	熔铅锅	75	7	铅粉主机	132
3	铅液泵	0.55	8	反推螺旋功率	0.55
4	铸粒机	0.25	9	抽风机功率	30
5	加铅块机构	0.25	10	螺旋输送机功率	2.2

提高铅粉产量，可以适当降低能耗。但往往会造成铅粉的粒度增大，氧化度降低，这对极板制造的使用又会产生一定的影响。

经实测，生产 1000kg 铅粉的耗电量约为 220kW·h，核算 1000kg 极板在铅粉上的用电量约为 130kW·h。

2. 铸板工序

从表 9-4 中可以看出普通重力铸板机耗电环节主要在于铅锅加热。铅锅的工作方式是，在刚开始加热时，铅锅加热管全部打开，当达到所设定的工艺要求的温度时，电热管全部或部分停止加热，处于保温状态；在铅液使用一段时间后根据需要补充合金锭时，电热管又开始加热；当铅液温度降到工艺要求温控点以下，电热管也会自动启动加热。

表 9-4　铸板机用电参数

序号	项目	参数
1	铅锅电加热管	18kW
2	合金（锅）斗	1.2kW
3	主电动机	0.75kW

注：表中指一机一锅。

铸板机的正常生产时的速度是，铅钙合金板栅每分钟 13～16 片左右。按每班 8h 计算，一台机一个班的板栅产量大约在 3000～6000 大片之间，每片板栅平均重量为 120g，每班生产的板栅大约为 600kg。

每吨板栅约耗电 342kW·h（包括配置 30% 合金及片头回炉合金耗能）。核算成生产 1000kg 极板，在板栅耗上的耗电量为 137kW·h。

3. 合膏工序

合膏工序用电主要在于合膏机的主机电机的消耗，合膏机在生产过程中，运行的时间约为总生产时间的 85%，铅膏斗运行的时间为 40%。

合膏机一般每小时生产 1000kg 铅粉的铅膏，相当平均活性物质约 1000kg，用电量 42kW·h。核算在 1000kg 极板中的用电量为 25kW·h。

合膏机用电设备功率见表 9-5。

表 9-5　1000kg 合膏机用电设备功率

主机功率	45kW
铅膏储存斗电动机功率	4kW

4. 涂板工序

涂板工序主要用电部位是涂板的膏斗电动机和涂板主机用电、极板快速干燥的用电、热循环风机用电。

涂板机的涂板速度为每分钟100片左右，假设涂膏量平均为150g，每小时所涂铅膏量为900kg。每吨铅膏涂板用电量约120kW·h。核算每吨极板用电量约为75kW·h。

各种涂板机用电参数见表9-6～表9-8。

表9-6 双面涂板机用电参数

序号	项目	参数
1	主电动机	5.5kW
2	膏斗电动机	7.5kW
3	上板电动机	1.5kW

表9-7 单面涂板机用电参数

序号	项目	参数	序号	项目	参数
1	主机	5.5kW	4	吸气电动机	0.55kW
2	膏斗电动机	3.7kW	5	酸泵电动机	0.37kW
3	进料电动机	0.37kW			

表9-8 生极板表面干燥机用电参数

序号	项目	参数	序号	项目	参数
1	加热功率	180kW	3	热循环风机功率	11kW
2	传动主机功率	2.2kW	4	排湿风机功率	1.1kW

5. 固化工序

固化室的工作间有效尺寸为3200mm（宽）×3300mm（深）×2900mm（高），存放极板数量27架，每架极板的重量约为830kg。固化热源、加湿蒸汽采用燃煤锅炉蒸汽，用电部分主要是循环风电动机、排湿风机电动机。固化干燥时间为72h。核算每吨极板用电量为20kW·h。固化室用电参数见表9-9。

表9-9 固化室用电参数

序号	项目	参数
1	排湿风机	1.1kW
2	循环风电动机功率	11kW

6. 极板化成工序

化成阶段是蓄电池工厂耗电最多的工序，生极板经过化成转换成熟极板。一般极板化成的充电量是蓄电池额定容量的3倍多。充电机的工作原理是将交流电通过整流设备转变成直流电，通过控制系统进行调节，根据设备的不同、达到的转换效率也不同，一般可达90%以上。

化成充电需要的电量按100g活性物质以2 A电流充21h计算，充电时的槽电压按2.6V

计算，1000g正板的充入电量为

$$\frac{1000\times2\times2.6\times21}{100\times0.9}\text{W}\cdot\text{h}=1213\text{W}\cdot\text{h} \tag{9-1}$$

在充正板时，认为对应的负板的活性物质为正板的85%，即为850g。

正负板活性物质的总重为1850g，每克活性物质（正负平均）的充电量为0.656W·h/g。假设活性物质占60%，1000kg极板化成需要电量为393kW·h。

每台化成电路配备一个电动机功率为5.5kW酸雾抽风净化器，一路化成的极板总重量约为1000kg，化成时间为21h，酸雾抽风净化消耗的能量为116kW·h。

在极板干燥阶段：负板干燥机，每小时处理2000kg极板需要消耗电能180kW·h，每1000kg负极板消耗电能为90kW·h；正板干燥窑，每窑装板22000kg，排湿和循环风机总功率为7kW，干燥时间为23h，每1000kg正极板消耗电能为7kW·h。平均计算得出每1000kg极板耗电量为45kW·h。

由上可知，化成阶段的总耗电量=(393+116+45)kW·h=554kW·h。

负板18m干燥机用电参数见表9-10。

表9-10 负板18m干燥机用电参数（加热方式：蒸汽+电进行加热）

序号	项目	功率参数	序号	项目	功率参数
1	传动调速电动机功率	2.2kW	4	冷却风机功率	2.96kW
2	热循环风机功率	45kW	5	电热功率（补充加热）	135kW
3	排湿风机功率	9kW			

7. 电池组装工序

电池组装工序的用电部分主要在于蓄电池的充电，组装线的用电、粘胶剂固化干燥用电等。每1000kg极板生产电池用电量约为200kW·h。各蓄电池厂家的生产差异较大，自动化程度高的，用电量相对大一些。但如果效率很高，用电也会降低。

9.1.4 节能降耗的前景和节能新工艺技术的应用

1. 板栅工序

在产品设计时，要考虑板栅的制造方式，即工艺路线的确定。例如起动用蓄电池应优先考虑连铸连轧拉网板栅、连铸连轧冲孔板栅等工艺，原因是这种板栅的生产采用拉网或冲孔的生产方式效率较高、能耗较低，相同容量的电池板栅重量减轻（耗铅量减少）；再者起动用蓄电池产量较大，规格较少，具有很高的规模效益，拉网或冲孔生产方式是起动用蓄电池理想的生产方式。而重力浇铸生产方式在阀控式铅酸蓄电池中仍将广泛使用，短期内没有更理想的生产方式，因此可以肯定地说在未来很长一段时间内，拉网板栅、冲孔和重力浇铸板栅共存。

重力浇铸板栅的耗能部分主要在合金的熔化上，现在的操作模式多是一个铅炉供应一台铸板机，有的是低位铅炉，有的是高位铅炉。低位铅炉的铅液需要用铅泵打到铸板机的模具内，耗电更多，因此低位铅炉铸板机将逐渐被高位铅炉铸板机所取代。铸板机的铅炉尽管加了保温层，但保温效果多数不理想，另外铅炉的上口是开口的，热量散失是比较严重的。采用一个铅炉供应多台铸板机的方式，是有效节省能量消耗的方法，可采用的模式有二机一炉、四机一炉、多台集中供铅等，节能效果可达到10%～20%。

采用四机一锅（见图9-1），铅锅离铸板机较近，输铅管可以不用保温。多机连续供铅（见图9-2），输铅管道较长，管道的散热较多，输铅管道必须保温，且在输铅管道上要设计防止堵塞的装置和堵塞后便于熔化和修复的装置。

另外，在暂时不能改进铅炉的情况下，生产上应时时注意节电，靠管理节能，是最为直接和有效的方法。

2. 铅粉工序

岛津铅粉生产的主要耗能部分在主机电机消耗的电能和熔铅消耗的电能，因此在规划工厂时，尽可能选用大产量的铅粉机系统，建议选用12t以上的铅粉机，根据工厂实际生产情况，淘汰产量较小的铅粉机。在多机并存的情况下，采用集中供铅粒的方式，尽可能减少熔铅炉的使用数量和尽可能缩短铅粒生产的时间，以达到更大幅度减少铅炉的电能消耗。

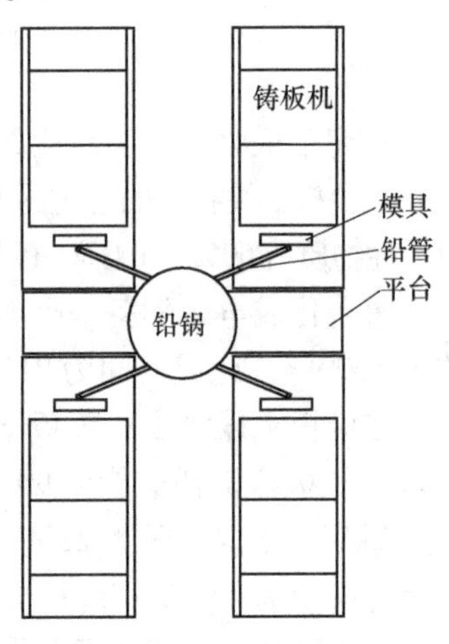

图9-1　一炉四台铸板机示意图

采用冷压铅粒技术是节能的方法之一，冷压铅粒技术采用直接将铅锭压制成符合铅粉机使用的小铅粒。不需要将铅熔化，节省大量的电能，见表9-11。冷压制粒机如图9-3所示。

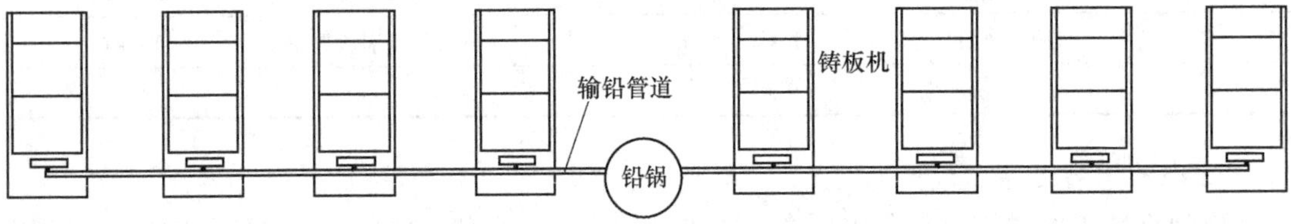

图9-2　多台铸板机连续供铅示意图

表9-11　铅粉机铸粒和冷压造粒的能耗比较

指标	铅粉机铸粒	铅粉机冷压造粒
能耗/kW	135	19.6
单产月产量/t	1080	1080
月耗电量/1000kW·h	97.2	14.1
环境污染	铅烟、铅尘污染	无

3. 合膏涂板工序

在生产规划中，尽可能选用产量较大的合膏机，目前常用的为500kg和1000kg合膏机，在产量较大的情况下，优先选用1000kg的合膏机，以降低能耗。

极板快速干燥是涂板工序的耗电最大的部分，在有蒸汽加温的条件下，要优先使用蒸汽，采用蒸汽加热或蒸汽与电辅助加热的方式，快速干燥的工艺要经过多次的试验和探讨确定，在能量消耗最小的情况下，达到工艺效果。

图9-3　冷压制粒机图

4. 固化干燥

固化干燥是耗能较多的环节，一般固化干燥采用蒸汽加热和加湿的设备。尽可能不使用全部用电的设备。

5. 化成工序

极板化成是耗能最多的工序，电能的消耗主要用于生极板转化成熟极板以及极板的干燥。

对于蓄电池生产厂来讲，节能降耗最好的办法是取消极板化成而采用电池内化成。这样达到的节能效果一般在15%以上。因为采用电池内化成后，电量的消耗全部转移到电池化成，而且电池化成在电池内部进行，只产生少量的酸雾，处理酸雾的这部分耗电量就可以节省下来；并且同时节省了用于熟极板组装电池后的充电电能。

从以上可以看出，取消极板化成改为电池化成可以有效节能，并且已在实践中证明是可行的，应该得到推广。

6. 环保设备

废气处理、酸雾处理、废水处理在蓄电池生产中所占的耗能也是一个较大的数字，降低这部分耗能的主要办法是采用高效的设备和采用集中处理的方式。另外要从工艺上推行少产生污染的工艺技术，如电池化成、连续分板、不淋酸涂板、外购合金等工艺和方式，从源头上减少产生污染。

7. 采用先进工艺

在铸板环节，对于能够采用拉网工艺生产的蓄电池要采用拉网工艺，拉网工艺的节能效果是很明显的。初步统计，节能在铸板工艺的50%以上，按照表9-1所示，铸板的耗电量占10.29%，如果改用拉网，板栅制造工序的总用电量不会超过5.2%。所以采用先进工艺是节能的重要方法。

在铅粉制造环节，以前主要用熔铅炉，将铅熔化，铸成铅球，或铸成铅带切块，加入到铅粉机中，目前已经研发出一种冷造粒的设备如图9-3，并且已大量投入使用，这种设备改变了以前的铅粉制造方法，节能明显，与之前铅粉制造工艺相比较节能可达到50%以上，并且没有铅烟铅尘的产生，效益非常明显。按表9-1，铅粉的耗电量占9.77%，改为冷造粒后，可降到8%以下。

在化成阶段，电池化成比极板化成有显著的节电效果，主要是极板化成后，需要干燥工序，耗用大量的电或蒸汽，电池化成省去了该工序；极板化成后组装成电池，还需要补充电，同样需要耗费大量的电能。而电池化成一次性将化成和充电结合在一起，只有化成一个过程，有效节省了大量的电能。极板化成改为电池化成后，预算的总耗电量降低5%。按表9-1中的数据，化成总耗电将从29.53%降到25%以下。采用电池化成是节能的好方法，并且不向环境排放废酸，生产中减少酸雾的产生，环保效果明显。

因此采用一些新工艺、新的措施后，可实现的能源消耗见表9-12。

表9-12 蓄电池生产采用新工艺后的电能消耗

序号	工序	1000kg极板用电量/kW·h	占总用电量的比例（%）	备注
1	拉网	65	7.2	合金外购
2	铅粉	100	11.1	冷造粒

（续）

序号	工序	1000kg极板用电量/kW·h	占总用电量的比例（%）	备注
3	合膏	25	2.8	
4	涂板	10	1.1	拉网线涂板
5	快干	45	5.0	电加热
6	固化干燥	20	2.2	蒸汽加热
7	极板化成	0	0	
8	极板干燥	0	0	
9	分板打磨	0	0	
10	总成	150	16.7	
11	电池化成	330	36.8	
12	酸雾处理	30	3.3	
13	空压机	45	5.0	
14	锅炉房	20	2.2	
15	其他	60	6.6	净化水、水处理等
	总用量	900	100	

将极板化成工序取消，燃煤锅炉产生的蒸汽换算成电量表示为250kW·h/1000kg极板，由此可以计算出1000kg极板的电池总耗电1150kW·h。按生产80kVA·h电池，每kVA·h的用电量为14.38kW·h。

9.2 各工序用水量

蓄电池生产的用水量也是较多的。蓄电池生产过程中对水质的要求较高，在生产用水中不能混入杂质、以避免接触极板和活性物质的部分而影响蓄电池的质量及寿命，因此蓄电池的用水主要的为净化水，净化水的电导率要达到1μs/cm以下。其他用水则主要是设备的冷却、员工卫生、地面清洗等用水。

对于电池化成的工艺，可省去表9-13中的极板化成用纯净水、化成水洗用净化水。因总成需要灌酸，而电池化成灌酸用的净化水量略比总成熟板电池灌酸用的净化水量多一些，但不会多很多，因此采用电池化成用的净化水量约为极板化成的一半。

表9-13 采用极板化成方式生产各工序净化水用量

序号	工序	1000kg极板用水量/kg	占总用水量的比例(%)	备注
1	铅粉	150	6.94	铅粉机有加水系统
2	合膏	130	6.02	
3	涂板	100	4.63	
4	固化	80	3.70	雾化水用
5	化成	1100	50.93	
6	水洗	200	9.26	
7	总成	400	18.52	
	总用量	2160	100	

各工序自来水耗用情况见表 9-14。

表 9-14　各工序自来水耗用情况

序号	工序	自来水用途	序号	工序	自来水用途
1	铅粉	铅粉机冷却水	5	总成	电池充电冷却水
2	铸板	铸板机冷却水	6	净化水车间	净化纯水用水
3	合膏	合膏机冷却水	7	各工序	员工卫生用水、地面卫生用水
4	化成	地面卫生用水			

采用极板化成工艺，生产 1000kg 极板的电池自来水用水量（包括净化水）约为 6000kg，折算成 kVA · h 用水量为 100kg/kVA · h。生产 1000kg 极板的电池净化水用量约为 2200kg，折算成 kVA · h 用水量为 30kg/kVA · h。采用电池化成的工艺，将大幅度减少用水量，减少 30% 以上。

9.3　各工序用蒸汽

9.3.1　各工序使用蒸汽情况

蓄电池生产耗用的蒸汽量与制定的生产工艺及选用的设备相关，表 9-15 是采用重力浇铸板栅工艺，固化干燥、极板干燥使用蒸汽，其他使用电能的情况。

表 9-15　极板化成方式生产各工序用蒸汽换算成标煤量

序号	工序	1000kg 极板用标煤量/kg	占总耗煤量的比例（%）	备注
1	固化干燥	86	75	固化干燥（全部用蒸汽）
2	极板干燥	29	25	正板干燥窑，负板链条干燥机（均使用蒸汽）
	总用量	115	100	

按蓄电池产量计算，年产 400 万 kVA · h 的重力浇铸生产极板化成方式工厂，需要12t/h 的蒸汽锅炉一台。

采用拉网板栅、电池化成工艺生产方式，可省去极板干燥的过程，节省标准煤 25% 左右。

9.3.2　主要采用的蒸汽设备

一般认为，蓄电池生产使用蒸汽比使用电能更能有效节省能耗。但使用蒸汽需要增添锅炉及相应的设施，增加操作的员工，需要有场地等，当然如果有市网蒸汽那是最理想的能源了。而单纯用电进行生产，则耗能比较大，且近来电价涨幅较大，蓄电池厂的生产成本有较大幅度增加，但用电方便、控制容易。

总的来说，蓄电池厂主要的耗能部分采用蒸汽是更为理想的。蓄电池生产需要加湿和干燥的部分有，涂板工序的快速干燥、极板固化和干燥、化成后正负极板的干燥。这些设备如果使用蒸汽加热，将使蓄电池生产的总体费用得到降低，能源利用更合理。

另外，蒸汽使用完后的冷凝水也可以回收热量利用，作为员工卫生、环境卫生之用，这样可更有效的节约水的耗用。

10

第10章　铅烟、铅尘、废水的处理及职业卫生

10.1　铅酸蓄电池生产污染源分析

铅酸蓄电池的正极活性物质是二氧化铅，负极活性物质是海绵状铅，电解液是稀硫酸溶液，正、负极板间采用橡胶、PVC、PE 或 AGM 作为隔板。铅蓄电池生产的主要原材料铅属于第一类污染物，对人体和环境的危害较大，被列为我国《重金属污染综合防治“十二五”规划》中进行总量控制的五大金属之一，所以生产过程也存在较高的铅污染风险；作为铅酸电池的电解质的硫酸则具有腐蚀性，对人体、环境和车间设备具有较大的危害，所以生产过程也存在酸污染的风险。

10.1.1　铅酸电池工艺流程及产污节点分析

铅酸蓄电池制造流程中涉及铅、酸的工序很多，其污染物的形式主要有铅烟、铅尘、含铅废水、酸雾、含酸废水以及各类含铅固体废物等，其中铸板、铸带、铅零件、制粒、焊接装配等工序产生铅烟；制粉、合膏、涂板、固化、分板、装配等铅作业工序产生铅尘；合膏、涂板、固化、极板化成、电池灌酸、电池化成、电池清洗、设备及地面清洗等工序产生含铅含酸废水；在生产过程中还将产生浮渣、污泥、废极板、废电池、废塑料等固体污染物。为了有效控制铅酸电池生产过程中污染物对车间作业环境及车间外环境的污染，必须关注生产工艺过程中产生污染物的具体部位、污染物种类和数量。

因为各企业生产的蓄电池类型和所选用的生产设备的不同，因此各铅酸蓄电池厂家所选用的工艺流程也各不相同，以下为拉网板栅电池化成方式生产工艺的流程及产污节点图如10-1 所示。

在图 10-1 所示中，铅粉工序熔铅炉熔化过程产生铅烟，经净化塔喷淋处理后，大部铅烟进入喷淋水中，流入污水站处理，携带少部分铅烟（G1）的空气达标排放。熔铅炉表面氧化产生铅渣（S1），回收处理。

铅带轧制过程中，熔铅炉熔铅产生的污染物是处理后残留的铅烟（G2）、铅渣（S2）回收处理。

拉网涂板工序工艺上没有产生污染物，但实际生产过程中出现的滴落，或极板返工时敲掉的铅膏产生废膏铅泥（M1）。废膏泥（M1）由冶炼厂回收冶炼，冲洗地面的含铅废水，流入污水站进行集中处理。快速干燥及其之后的收板过程产生的残渣（S3），回收处理。

包封配组是一个物理过程，工艺上不产生排放，但实际上，在极板的来回运送过程中，

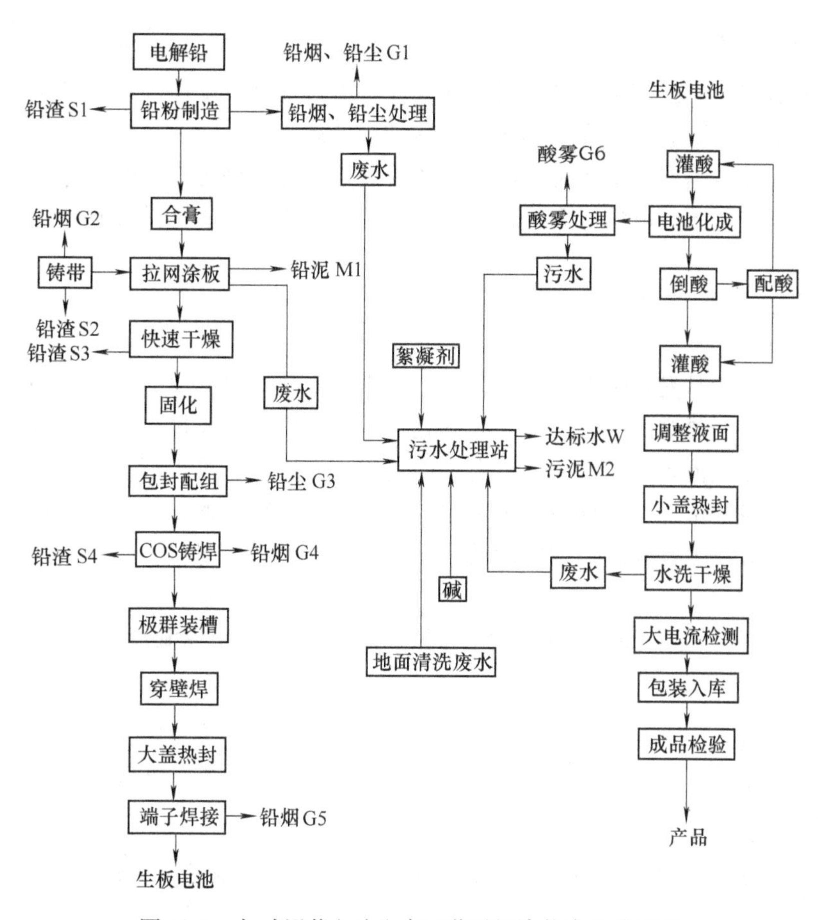

图 10-1　起动用蓄电池生产工艺及污染物产生流程图

极板边缘和极板表面黏附的粉尘，会脱离极板，飘逸在空气中，因此在设备上极板经过的部分都要有抽风的装置，然后经过环保设备处理，达标排放，排放仍带走一部分铅尘（G3）。

铸焊过程产生污染的环节主要是熔化铅液的熔铅炉，其处理方法和产生的污染物与其他工序熔铅炉相同，经处理后排放物的成分中含有极少量铅烟（G4）以及有铅渣（S4）回收。

焊接端子主要通过乙炔与氧气燃烧产生热量，熔化槽盖上的铅圈与极群的极柱，形成一个完整的接线端子。焊接过程产生的含铅烟的气体一般导入铸焊的环保处理设备中进行处理，达标排放的尾气仍带出少量的铅烟（G5）。

电池化成排出的污染物是充电阶段溢出的酸雾，经过环保设施喷淋处理后，仍有少量的酸雾（G6）排出，淋洗的含酸废水进入污水站进行处理。

值得注意的是，重力浇铸板栅的极板，极板在化成槽中化成，电解液的初始密度为 $1.03 \sim 1.05 g/cm^3$，化成完后，由于极板中的硫酸反应进入到电解液中，使电解液的密度增加，再进行化成时，就要适当调节电解液的密度，主要的方法就是倒掉一部分电解液，然后加入净化水将电解槽内的电解液稀释到工艺要求的范围。实际上，合膏过程加入的硫酸，除了约 3% 左右与铅反应生成的硫酸铅外，其余部分全部进入到了化成电解液中，而每次极板化成的初始电解液的密度要求是一致的，因此极板化成完成之后，除极少数工厂对电解液进行回收再利用外，多数工厂的电解液都流入了污水站进行环保处理。另外在极板化成的过程中，有较多的酸雾产生，需要经过配套的环保设备进行处理，即使经多次淋洗，仍有少量酸雾排放到大气中，淋洗的含酸废水进入污水站进行处理。

污染物的排放点确定污染物排放部位，然后逐点统计各种污染物的成分、排放强度、浓度和数量。对最终排入环境的污染物，确定其是否达标排放，达标排放必须以项目的最大负荷计算。

10.1.2 铅平衡

物料衡算的目的是发现物料流失的环节，找出废弃物产生的原因，查找物料储运、生产运行、管理以及废弃物排放等方面存在的问题，寻找与国内外先进水平的差距，为污染控制提供依据。对于蓄电池企业应针对有毒有害的物料，如铅等，可进行物料衡算，其主要采用的方法是根据质量守恒定律，针对各个工序，实测输入和输出的物流，建立物料平衡，从物料平衡关系中，寻找废弃物产生的实际情况，并分析废弃物产生的原因，从而寻求污染控制的方法和手段。

图10-2所示为以起动用蓄电池生产为例的铅平衡图。图中以制造铅粉的1000kg铅为基

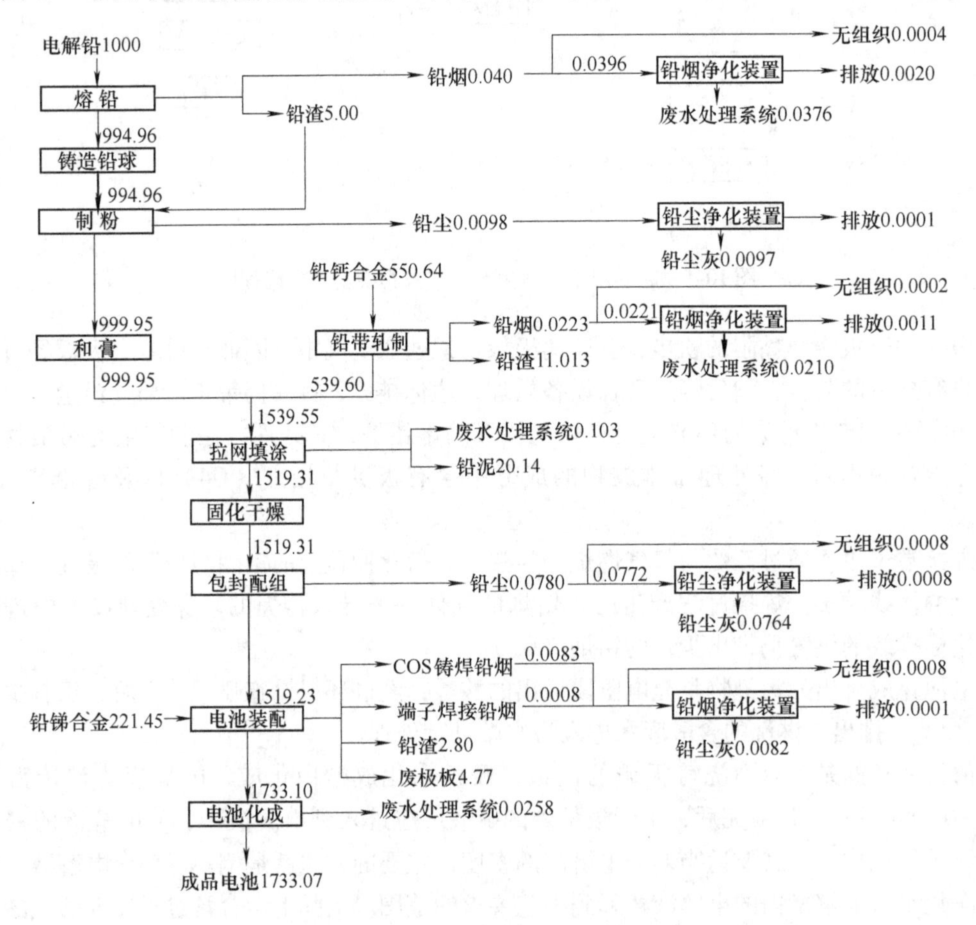

图10-2 以制粉投入1000kg铅计生产的铅平衡图（单位kg）

数计算的。各工厂的设备先进程度和环保处理设施的治理效果不同，排放有一定差异。

10.1.3 水平衡

水作为铅酸蓄电池生产中的原料和载体，在任一用水单元内都存在着水量和平衡关系，也同样可以依据质量守恒定律，进行水平衡计算。在蓄电池生产过程中，含铅含酸污水的来源工序主要有，极板化成废弃的低密度含铅含酸废水、地面清洗污水、电池清洗污水、废铅膏沉淀分离的污水、铅烟铅尘治理中淋洗后的废水、电池损坏或解剖流出的废酸水、治理酸雾过程中淋洗的含酸废水等。

图10-3所示为起动用蓄电池生产中的水平衡图，图中以1kg铅投入制造铅粉的量为基数计算。不同工艺路线及设备的差异对用水量有很大的影响。

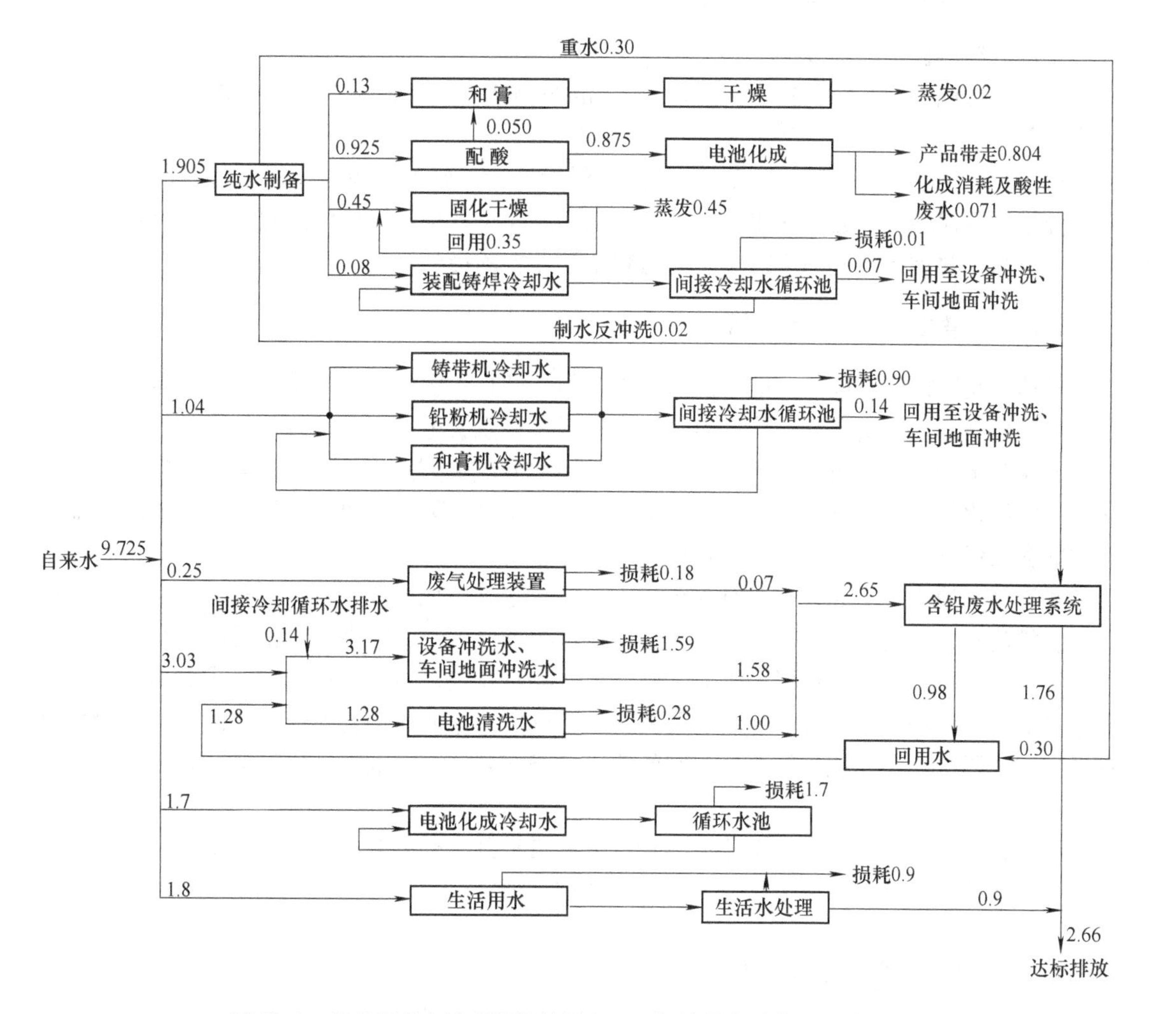

图10-3 起动用蓄电池以制铅粉投入1kg铅计的水平衡图（单位kg）

10.1.4 无组织排放源统计及分析[1]

铅蓄电池的无组织排放是对应有组织排放而言的，主要针对铅烟、铅尘和硫酸雾等废气排放，表现为生产工艺过程产生的污染物没有进入收集和排气系统，而经过厂房天窗或直接弥散到环境中。其统计方法有三种：

物料衡算法：通过全厂物料的投入产出分析，核实无组织排放量。

类比法：与工艺相同、使用原材料相似的同类工厂进行类比，在此基础上，核实本厂的无组织排放量。

实测法：通过对工厂正常生产时无组织监控点进行现场监测，通过面源扩散模式推算出无组织排放量。

铅蓄电池生产企业应对产生铅烟、铅尘和硫酸雾等废气的工序进行有效的收集并形成局部负压，甚至可以将整个车间形成微负压，实现全部有组织排放。

10.1.5　非正常排放源统计及分析[1]

非正常排污包括两部分：

1）正常开、停机及部分设备检修时排放的污染物。例如，铅粉机的检修导致少量铅粉散落地面。

2）其他非正常工况排污指工艺设备或环保设施达不到设计规定指标运行时的排污。因为这种排污不代表长期运行的排污水平，所以列入非正常排污评价中。此类异常排污分析都应重点说明异常情况产生的原因、产生的频率和处置的措施。

10.1.6　污染物排放总量分析[1]

目前，我国已经开展了环境容量的普查工作，其目的主要是将区域内现状污染物排放总量逐步削减到环境容量允许的范围内，从而实现真正意义上环境质量改善的目标。

国家规定的“十二五”期间污染物排放总量的控制指标有，大气环境污染物——二氧化硫、氮氧化物；水环境污染物——化学需氧量、氨氮。另外，铅蓄电池生产企业的特征污染物如含铅污染物，也应作为污染物排放总量控制指标。

对于蓄电池生产企业，应对有组织和无组织、正常工况与非正常工况排放的各种污染物浓度、排放量、排放方式、排放条件和去向等进行统计汇总。根据统计汇总结果核实本企业各类污染物的排放总量，并根据国家实施主要污染物排放总量控制的有关要求和地方环境行政主管部门对污染物排放总量控制的具体指标，确定本企业污染物排放是否满足污染物排放总量控制的要求。若未能满足总量控制的要求，则必须采取有效的技术改造或环境污染治理措施。

目前，作为铅蓄电池生产企业污染物排放总量控制指标的含铅污染物主要是针对废水排放进行统计的，也有个别地区是针对大气排放统计的。

10.2　含铅含酸废水的治理

铅酸蓄电池工厂的含铅含酸废水包括各工序生产过程中产生废水、初期雨水、事故废水等，主要有害物质为硫酸、离子态铅、铅膏（以氧化铅和硫酸铅为主），此外还有少量其他杂质。铅酸蓄电池工厂应实现雨污分流、清污分流、污污分流，并分别进行处理，实现含铅含酸废水的有效治理。

10.2.1　含铅含酸废水治理的原理

含铅废水处理主要采用化学沉淀法，其方法是指向废水中投加碱剂，中和废水中的硫酸，使 pH 值达到 7 ~9，并与废水中离子态铅反应，生成不溶于水的氢氧化铅，然后在水中加入絮凝剂，进行混凝反应、沉淀、澄清、轻质滤材过滤，将水中的各种氢氧化物、硫酸铅、氧化铅、悬浮物等杂质与水分离开来。

从表 10-1 中可计算得出，当污水的 pH =9 时，$[OH^-]=10^{-5}$，最大 $[Pb^{2+}]=1.2\times10^{-5}$mol/L = 248 × 10^{-5}g/L = 2.48mg/L。污水是复杂的混合溶液，蓄电池厂的污水有 SO_4^{2-} 的存在，当硫酸根离子的浓度为 0.001mol/L，即 0.096g/L 时，根据溶度积计算的最大 $[Pb^{2+}]=1.7\times10^{-5}$mol/L = 3.52mg/L；当硫酸根离子的浓度为 0.01mol/L，即约 1g/L 时，最大 $[Pb^{2+}]=1.7\times10^{-6}$mol/L = 0.352mg/L。

表 10-1　几种物质的溶度积常数[2]

物质	溶度积常数 K_{sp}	物质	溶度积常数 K_{sp}
$Pb(OH)_2$	1.2×10^{-15}	$PbSO_4$	1.7×10^{-8}
$PbCO_3$	7.4×10^{-14}	$CaSO_4$	2.5×10^{-5}

参考文献［3］报道，在水处理过程中，pH 控制在 8.7 和 9 时，含铅废水处理的铅去除率分别为 97.73% 和 98.04%；pH 在 6 时，铅的去除率为 70.82%，pH 为 11.1 时，铅的去除率为 71.78%。这表明在酸性较强或碱性较强的情况下，铅的去除率都会降低，主要原因是在酸性或弱碱性的情况下，符合溶度积的规律；在碱性较强的情况下，可能部分铅转化成铅酸盐的形式，增加了铅在水中的含量。图 10-4 所示为污水中铅含量的规律图。在实际污水处理过程中因反应时间与沉降时间较短，一般不能达到理论平衡状态，因此实际的情况与理论状态之间会有一定的差异。在排放标准为 1mg/L 的数值下，利用沉淀物的絮凝沉降法，有可能在波动的情况下超标，因此控制污水的 pH 值至少在 8 ~9 是这种处理方法的关键条件之一。

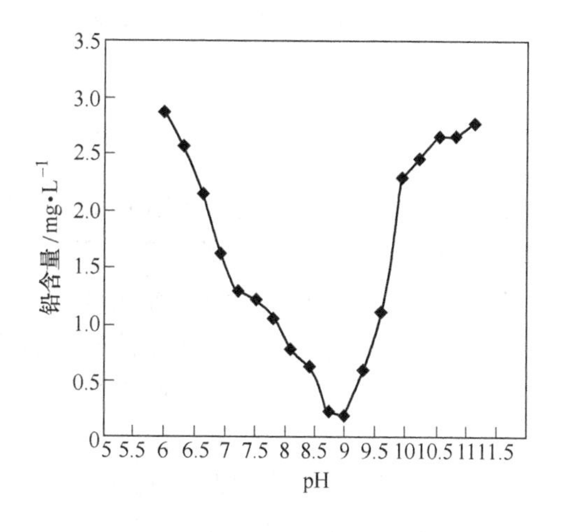

图 10-4　污水处理中铅含量与 PH 的关系[3]

10.2.2　含铅含酸废水治理的工艺流程

1. 蓄电池生产企业废水处理工艺流程（见图 10-5）

2. 工艺流程说明

1）各车间排放的含有硫酸和铅的废水，经过专门的排污管道收集后经格栅（过滤大件杂物）、滤油池（滤去废水表面浮油）进入沉淀池，在沉淀池中废水中大部分杂物颗粒沉淀。

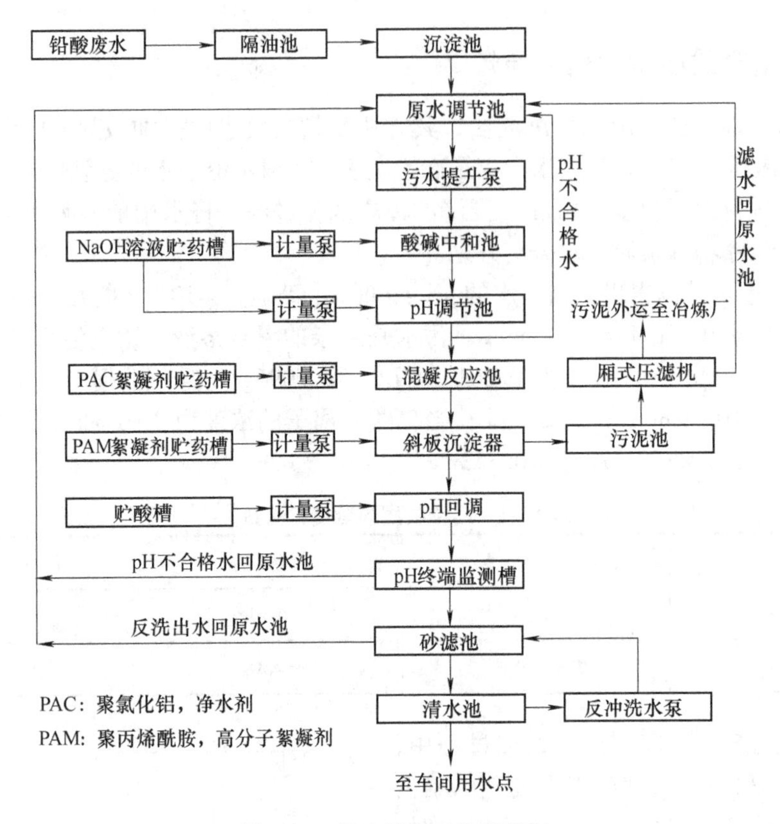

图10-5 污水处理工艺流程图

2）废水由沉淀池进入原水调节池。原水调节池的主要作用是均匀水质，稳定水量，有效缓解由于进水量的大小、浓度不均所带来的水质波动，保证后续处理的连续、稳定进行。

3）废水进入酸碱中和池，加入碱，进行中和反应后，进入pH调节池，调节pH值至8.5左右，使大部分铅离子生成不溶于水的氢氧化铅，形成悬浊液废水。

4）废水进入混凝反应池，定量加入净水剂PAC，使铅的沉淀物吸附聚集成大颗粒。

5）废水进入斜板净化器，定量加入絮凝剂PAM，经过净化器的五个区，通过PAM的作用将废水中细小的难以沉降的物质捕集，形成较易沉降的矾花，污泥絮凝形成，并在重力的作用下沉降，污泥与水逐渐分离，达到水质净化目的。

6）净化后的水进入pH回调池，将偏碱性的水中和至中性，经pH及铅含量终端监测，水质达标后，进入砂滤池进一步过滤水中少量的悬浮物，产出形成清水；水质不达标则回流至原水调节池重新处理。

7）达标的清水可做外排，也可直接用于清洗地面，还可接电渗析或反渗透设备将清水进行再处理循环利用。

8）聚凝沉淀下来的沉淀物连同沉淀池的污泥一并排入污泥池中，再由污泥泵进入厢式压滤机对污泥进行压滤处理，厢式压滤机具有浓缩时间短、成饼效率高的特点。厢滤水回流至原水池，泥饼外运至有资质的单位进行处置。泥饼在未外运处置之前的时间里，工厂需要考虑设置泥饼的临时安置点，临时安置点的基本要求为防雨、防渗漏；渗漏液需回污水处理系统。

3. 污水处理用碱

污水处理过程采用酸碱中和的方法。火碱价格较高，其反应生成物为氢氧化铅和硫酸钠，氢氧化铅被絮凝沉降，硫酸钠的溶解性较强，排放的水中含有大量的硫酸钠无机盐，对水体产生影响；但用火碱中和处理污水产生的污泥较少。生石灰价格较低，其反生成物为氢氧化铅和硫酸钙，氢氧化铅被絮凝沉降，硫酸钙溶解度较低（见表10-2），大部分形成污泥，另外生石灰的溶解度较低，不溶物也较多，渣量明显增加，用生石灰中和处理污水产生的污泥明显较多，需要的场地设施面积较大，但排放的中水中含有少量硫酸钙无机盐，对水体不产生影响。因此，在污水含酸量较大的情况下，采用一部分生石灰进行中和处理是必要的。

其反应方程为

$$H_2SO_4 + 2NaOH \rightarrow 2Na_2SO_4 + 2H_2O \tag{10-1}$$

$$PbSO_4 + 2NaOH \rightarrow NaSO_4 + Pb(OH)_2\downarrow \text{（碱为火碱）} \tag{10-2}$$

$$PbSO_4 + Ca(OH)_2 \rightarrow CaSO_4 + Pb(OH)_2\downarrow \text{（碱为生石灰）} \tag{10-3}$$

4. 混凝反应池或塔

絮凝反应可以在池中进行也可在反应塔中进行，在池中进行一般称为絮凝池，在塔中进行的一般称为反应塔、净化器等。其原理是在絮凝剂的作用下，将小的沉淀物凝聚成大的沉淀物，使其加速沉淀。絮凝池属自然沉淀，占用的面积较大；反应塔、净化器属加速沉淀，占地面积较小，需要投资设备和运行费用。高效净化器的结构分为5个区：混凝反应区、主流区、过渡区、斜板区、清水区。混凝反应区的主要作用是通过明矾、PAM（絮凝剂）的作用将废水中细小的难以沉降的物质捕集，使之凝聚成为颗粒较大、易于沉降的絮凝物。主流区位于斜板沉淀池底部的流动区，它的主要作用是传输待分离的混合液进入斜板区，沉淀后的污泥也从此处进入斜板沉淀池污泥斗。过渡区的作用是消能和调整流态，防止污泥上翻，保证固液分离效果；同时，它还具有均匀进水和作为污泥回流通道等功能，起着双向传输的作用。斜板区是泥水分离的实际区域（即工作区），在这里，污泥絮凝体形成并在重力作用下沉降到斜板上，澄清后的污水进入清水区。清水区为分隔沉淀工作区与出水堰，使斜板区的沉降过程不受出水水流影响，锯齿形溢流堰比普通水平堰更易加工，也更能有效保证出水均匀。

10.2.3　废水处理的监测要求

污水排放的适用标准为GB 30484—2013《电池工业污染物排放标准》，主要指标见表10-2。

表10-2　铅酸蓄电池企业污水排放主要参数表

污染物名称	排放限值（直接排放）	排放限值（间接排放）	特别排放限值（直接排放）	特别排放限值（间接排放）
pH值	6~9	6~9	6~9	6~9
化学需氧量	≤70mg/L	≤150mg/L	≤50mg/L	≤70mg/L
悬浮物	≤50mg/L	≤140mg/L	≤10mg/L	≤50mg/L
总磷	≤0.5mg/L	≤2.0mg/L	≤0.5mg/L	≤0.5mg/L
总氮	≤15mg/L	≤40mg/L	≤15mg/L	≤15mg/L
氨氮	≤10mg/L	≤30mg/L	≤8mg/L	≤10mg/L

（续）

污染物名称	排放限值（直接排放）	排放限值（间接排放）	特别排放限值（直接排放）	特别排放限值（间接排放）
总铅	≤0.5mg/L	≤0.5mg/L	≤0.1mg/L	≤0.1mg/L
总镉	≤0.02mg/L	≤0.02mg/L	≤0.01mg/L	≤0.01mg/L
单位产品基准排水量 m^3	极板制造＋组装			$0.2m^3/kVAh$
	极板制造			$0.18m^3/kVAh$
	组装			$0.025m^3/kVAh$

注：标准是定期修订的，请查阅和执行最新的标准。

直接排放是指排放单位直接向环境排放水污染物的行为；间接排放是指排放单位向公共污水处理系统排放水污染物的行为。特别排放标准是指根据环境保护工作的要求，在国土开发密度已经较高、环境承载能力减弱，或环境容量较小、生态环境脆弱，容易发生严重环境污染问题而需要采取特别保护措施的地区，应严格控制企业的污染物排放行为，执行特别排放限值。地域范围、时间，由国务院环境保护行政主管部门或省级人民政府规定。

水污染物排放限值适用于单位产品单位产品实际排水量不高于单位产品基准排水量的情况。若单位产品实际排水量超过单位产品基准排水量，须按式（10-4）将实测水污染物浓度换算为水污染物基准排水量排放浓度，并以水污染物基准排放量排放浓度作为判定排放是否达标的依据。产品产量和排水量统计周期为一个工作日。

在企业生产设施同时生产两种以上产品、可适用不同排放控制要求或不同行业国家污染排放标准，且生产设施产生的污水混合处理排放的情况下，应执行排放标准中规定的最严格的浓度限值，并按公式（10-4）换算水污染物基准排水量排放浓度：

$$\rho_{基} = \frac{Q_{总}}{\sum Y_i \cdot Q_{i基}} \times \rho_{实} \tag{10-4}$$

式中 $\rho_{基}$——水污染物基准排水量排放浓度（mg/L）；

$Q_{总}$——排水总量（m^3）；

Y_i——某种产品产量（t）；

$Q_{i基}$——某种产品的单位产品基准排水量（m^3/t）；

$\rho_{实}$——实测水污染物排放浓度（mg/L）。

若 $Q_{总}$ 与 $\sum Y_i \cdot Q_{i基}$ 的比值小于1，则以水污染物实测浓度作为判定排放是否达标的依据。

在铅酸蓄电池的废水中，主要污染物是铅和酸。其他指标不需要单独处理就能满足表10-3，一般都远低于排放标准，因此正常情况下，蓄电池厂处理后的水回收，用于部分场合是没有问题的。

表10-3　含铅废水处理后厂内回用水质要求

pH值	$SS/mg \cdot L^{-1}$	$COD/mg \cdot L^{-1}$	总铅$/mg \cdot L^{-1}$
6～9	≤30	≤40	≤1.0

10.3　含铅废气的治理

铅蓄电池生产企业产生的含铅废气主要包括两类：含铅粉尘（铅尘）和铅烟。

铅尘主要由制粉、合膏、涂板、分片、包封、配组等工序产生，主要是铅及其铅的氧化物以粉尘的形式散发到空气中，形成污染物。

铅烟主要产生于进行铅熔化的工序，如熔铅、铸板、焊接烧焊等工序，铅熔化为液态时会有极小部分以蒸气的形式或以微小颗粒的形式扩散到大气中，形成污染物。铅的温度越高，形成的铅烟越多。铅在空气中与氧反应，大部分形成颗粒较小的氧化铅。

铅尘和铅烟的物理性质，如颗粒粒径、密度等都不一样，因此收集、处理的方法也不相同。铅尘处理的关键设备是脉冲或布袋除尘器，而铅烟处理则主要采用的是湿式除尘法，也有将铅烟和铅尘收集起来合并在一起采用喷淋或布袋除尘法处理。

10.3.1　铅尘的治理

1. 铅尘的收集方式

铅尘因粒径和密度都比较大，因此每个生产铅尘的工序和工位都应设置独立的铅尘收集装置。在不需要人工操作的工序，如铅粉机，应采用整套封闭式集气罩；合膏机、灌粉机等采用局部密封式集气罩。而对于需要人工操作的工序，如分片、称片、包封、配组等工位，则要求采用半封闭式集气罩。集气罩要求足够大，能保证铅尘所散落的范围内都能得到有效的收集，而操作工人则在集气罩之外操作，同时在收集铅尘时的方式应采用侧吸或下吸方式，这样才能保证最佳的收集效果，减少铅尘的无组织排放。

2. 铅尘处理工艺

一般来说，铅尘宜采用布袋除尘器结合高效过滤器或喷淋法进行二级处理的方式，以提高处理效率，减少铅尘对环境的排放和污染。其主要的处理工艺及流程（图 10-6）如下：

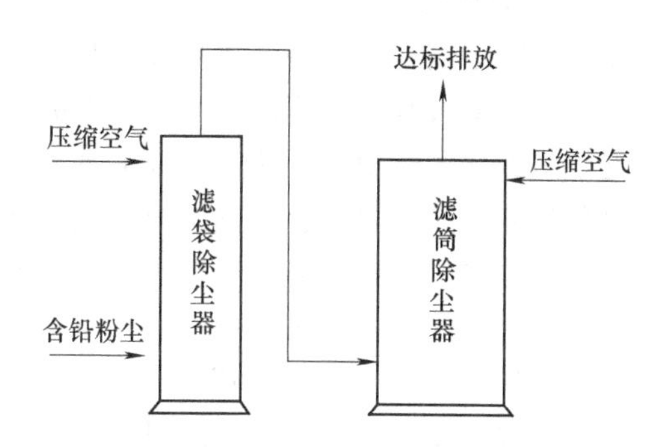

图 10-6　含铅粉尘处理流程图

第一级处理工艺：含有铅尘的气体通过管道进入脉冲布袋除尘器后，由于气流断面突然扩大，气流中一部分颗粒较大的铅尘在重力作用下沉降下来，颗粒较小的铅尘通过筛滤，沉积在滤袋表面，除尘器的阻力随滤料表面粉尘层厚度的增加而增大，阻力达到某一设定值时进行清灰。清灰原理是反向脉冲吹风，使滤料表面的粉尘脱落，用脉冲控制仪控制电磁脉冲阀的启闭。脉冲阀开启时，压缩空气通过脉冲阀，经喷吹管上的小孔喷射出一股高速、高压的引射气流，从而形成一股相当于引射气流体积 1 ~2 倍的诱导缺陷流，使滤筒内出现瞬间正压并产生鼓胀和微动，脉冲喷吹逐排顺序清灰，脉冲阀开闭一次产生一个脉冲动作，所需的时间为 0.1 ~0.2s，脉冲阀相邻两次开闭的间隔时间为 1 ~2min。沉积在滤袋上的粉尘脱落掉入灰斗内，灰斗内的粉尘通过卸料器排出。净化后的气体进入净气室由排气管经风机排出，再进入二级滤筒除尘器。

第二级处理工艺：滤筒除尘器的工作原理与脉冲布袋除尘器基本相同。含尘气体由除尘器进风口进入箱体，通过滤筒往上进入箱体过程中，由于滤筒的各种作用粉尘与气体分离开，粉尘被吸附在滤袋上，气体则穿过滤袋由文氏管进入上箱体从出风口排出。随着时间的增加，积在滤袋上的粉尘越来越多，使滤筒的阻力逐渐增加，通过滤筒的气体量逐渐减少。为了使除尘器能持续正常工作，要进行反向空气脉冲除尘，由脉冲控制仪发出指令开启脉冲阀，压缩空气由喷管喷射到各对应滤筒内，沉积在滤筒表面的粉尘在气流瞬间反向作用下脱落，滤筒得到再生，从滤筒上脱落的粉尘落入灰斗经排灰系统排出机体。

该铅尘处理系统的总去除效率可达99%以上，其中脉冲布袋除尘器的除尘效率可达95%以上，二级滤筒除尘器处理效率达80%以上。经测试，排气筒排放气体中含铅烟的浓度及排放速率可以达到GB 30484—2013《电池工业污染物排放标准》中的要求。排放主要指标：铅尘排放浓度≤0.5mg/m^3，颗粒物≤30mg/m^3。

3. 滤袋除尘器

在铅酸蓄电池生产的传统工艺中，布袋除尘器更多、更广泛地应用于物料输送系统、回风系统、混料系统、集料系统等。布袋除尘器占地空间相对较大、过滤效率相对较低、更换频繁且使用不方便，但由于成本较低，目前仍被广泛地应用于铅酸蓄电池行业。布袋除尘器应用最多的环节是铅粉的回收，其次是铅尘的处理。其结构如图10-7所示，用金属做成笼状，然后在上面套上布袋，一只一只排列在除尘器桶内。气体由袋的外面，通过袋壁出去，将粉尘留在袋壁上，当阻力大时，从袋里脉冲反向吹风，将粉尘抖落。

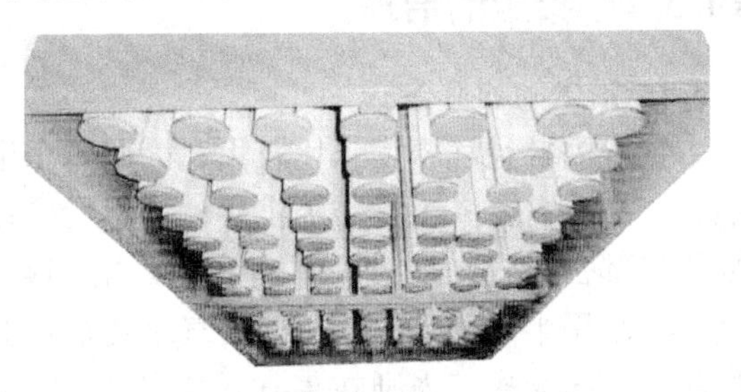

图10-7 布袋除尘器的结构图[3]

4. 滤筒除尘器

滤筒除尘器是将滤袋换成更专业的滤筒，由于滤筒采用褶皱结构，通风面积大，阻力低，除尘效率较高。滤筒设计首先考虑更换的方便，使用起来较布袋除尘器方便，滤筒的材质与滤袋的材质有很大的差别，效率明显提高。因此一般在铅尘处理设计中一级采用滤袋、二级采用滤筒的较多，也有两级都用滤筒的或单用一级滤筒除尘器的。具体如何设计要根据具体情况、粉尘的多少以及环保的要求确定。

一般滤袋的袋子较长，直径较小，目的是为了在脉冲时承受较大的压力；而滤筒的长度较短，直径较大，目的是滤筒的结构可使反吹时的粉尘容易脱落，承压较小。滤筒除尘器的结构和外形较多，图10-8所示为其中的一种。

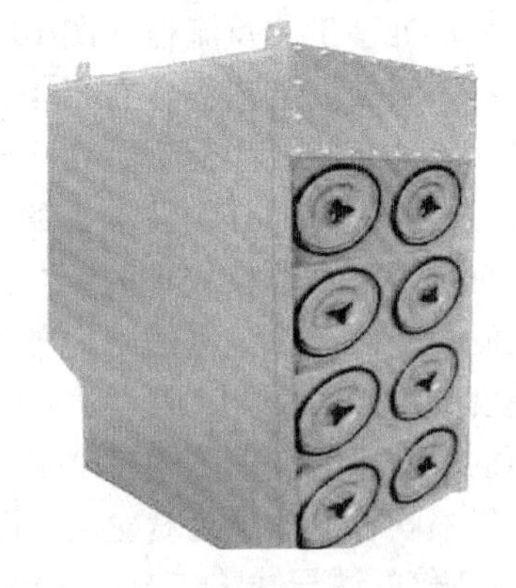

图10-8 横装滤筒除尘器[3]

10.3.2 铅烟的治理

1. 铅烟的收集方式

在每个产生铅烟的工序和工位，也需要设置独立的铅烟收集装置。在不需要人工操作的工序如熔铅锅等可采用局部封闭式集气罩；而对于需要人工操作的工序，如焊接工作台等工位，则需要采用半封闭式集气罩，而且集气罩要求足够大，能保证铅烟所飘散的范围内都能够得到有效的收集，而操作工人则在集气罩之外操作，铅烟因其密度和粒径较小，收集铅烟时的集气方式应采用侧吸或上吸方式，才能保证最佳的集气效果，减少车间铅烟的无组织排放。

2. 铅烟处理工艺

因为铅烟的颗粒较小，采用过滤的方法进行处理效果不是很理想，因此铅烟的处理以多级淋洗的处理方法为主。

铅烟净化塔（见图 10-9）多级淋洗处理铅烟工艺及流程如下（见图 10-10）：

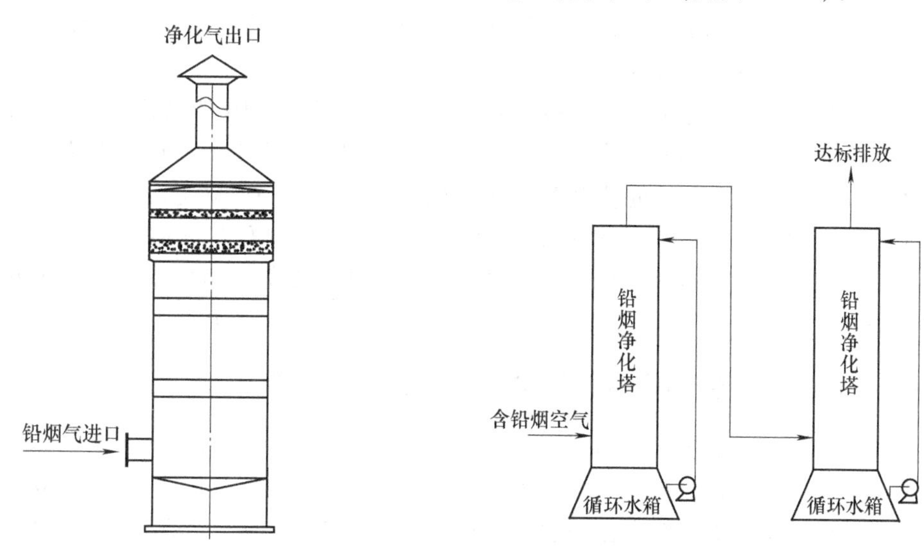

图 10-9　铅烟净化塔结构图　　图 10-10　铅烟处理工艺流程图

第一级处理工艺：

1）旋风除尘：含有铅烟的气体通过管道抽入净化装置塔体的下部，气流发生旋转，产生旋风分离作用，较大的粒子下沉。

2）条缝接触净化：烟气上升至第一级条缝吸收段，在缝隙界面形成无数细小的液膜，水气在此进行碰撞接触交换，由于气体流动与液体流动方向相反，加强了水洗效果。洗液中加一定浓度的碱，水洗过程中铅烟的主要污染物成分 PbO 与碱反应生成不溶性的亚铅酸钠，生成的混合物随吸收液流入下部贮水箱。为了保证良好的气液接触，缝条维持低而均匀的液层，使气体与液体不断分散和聚集。

3）填料过滤：烟气继续上升，进入第一层填料吸收层，喷淋雾化的小水滴在滤层填料的表面形成水膜，含尘气体通过迷宫一样填料层，与水膜不断接触、碰撞、润湿，进行充分的接触交换，生成的混合物随吸收液流入下部贮水箱。

4）喷淋除尘：未完全吸收的含尘气体继续上升进入喷淋段，在喷淋段中吸收液从均布的喷嘴喷出，形成无数细小雾滴与含尘气体充分混合接触，由从上往下的喷淋液进行淋洗，淋洗液依靠重力流入下部循环水箱。

5）气流继续上升，重复 2）~4）的操作。两层 2）~4）的接触过程是传质的进程，通过控制流速与滞留时间保证这一过程的充分与稳定，使气体与液体不断分散和聚集，从而达到良好的传质、吸收效果，使含尘气体得到净化。

6）旋流除雾：经过两层填料层的气体最后升入最上端的旋流除雾器，利用离心原理，在气流旋转时将夹带的液滴在离心力的作用下甩向塔壁，将液滴除去，将洁净的空气排入大气中。排放指标是，铅及其化合物排放≤0.5mg/m^3。

第二级处理工艺：有的公司为提高处理的效率，减少铅烟的排放多增加一级处理，其原理和工艺同第一级处理相同，经第一级装置净化的气体，在经过风管进入二级处理水喷淋塔，气体得到更加充分净化，经过高空管道达标排入大气。

吸收液采用水和碱配置成的溶液，气体中的铅或铅的氧化物能与碱发生化学反应，生成化合物沉淀。整个净化工艺是物理反应和化学反应交互进行的过程。吸收液须定期更换，并排放到工厂内污水站进行处理。

铅烟净化处理装置是治理铅烟的专用环保设备，广泛应用于铅酸蓄电池生产企业的铅烟治理中，净化处理装置的铅烟总去除效率可达90%以上，其中一级铅烟净化器处理效率达80%以上，二级铅烟净化器处理效率达50%以上。是目前国内蓄电池行业应用较多的环保设备，根据监测结果显示，经过铅烟净化处理装置处理后排放的气体可以达到GB 30484—2013《电池工业污染物排放标准》中的要求。排放主要指标：铅尘浓度≤0.5mg/m^3，颗粒物≤30mg/m^3。

10.3.3 各工序产生的铅烟、铅尘浓度及其处理效果

产生铅尘和铅烟的车间，如制粉、合金配制、分片、配组、装配等工序，应与其他区域隔离开，重要工序应该维持负压或局部负压，以避免含铅废气交叉污染。表10-4列出了工厂各道工序产生的铅烟、铅尘在经过相应的处理前后的浓度的变化情况，工厂所使用的生产设备和所采用的生产工艺对产生污染物的浓度影响较大，环保设备的处理效果差异也较大，表中的数据仅供参考。

表10-4 各工序产生的铅烟、铅尘浓度及其处理效果

类型	处理设施		量值
铸板、铸带铅烟	铅烟净化塔（一级）	初始浓度/mg·m^{-3}	1.96
		出口浓度/mg·m^{-3}	0.38
		去除率（%）	81
	烟烟净化塔（二级）	出口浓度/mg·m^{-3}	0.14
		去除率（%）	63
	总去除率（%）		93
	标准值/mg·m^3		0.5
铅粉制造铅尘	脉冲布袋除尘器（一级）	初始浓度/mg·m^{-3}	2.4
		出口浓度/mg·m^{-3}	0.11
		去除率（%）	95
	滤筒除尘器（二级）	出口浓度/mg·m^{-3}	0.02
		去除率（%）	82
	总去除率（%）		99
	标准值/mg·m^3		0.5

（续）

类型	处理设施		量值
包封配组铅尘	脉冲布袋除尘器（一级）	初始浓度/mg·m^{-3}	5.80
		出口浓度/mg·m^{-3}	0.40
		去除率（%）	93
	滤筒除尘器（二级）	出口浓度/mg·m^{-3}	0.1
		去除率（%）	83
	总去除率（%）		98
	标准值/mg·m^{3}		0.5
装配铅尘、铅烟	滤筒除尘器（一级）	初始浓度/mg·m^{-3}	0.85
		出口浓度/mg·m^{-3}	0.08
		去除率（%）	91
	铅烟净化塔（二级）	出口浓度/mg·m^{-3}	0.01
		去除率（%）	88
	总去除率（%）		99
	标准值/mg·m^{3}		0.5

GB 30484—2013《电池工业污染物排放标准》规定了企业边界大气污染物限值，见表 10-5。

表 10-5　企业边界大气污染物限值任何 1h 平均浓度

序号	污染物	最高浓度限值（mg·m^{-3}）
1	硫酸雾	0.3
2	铅及其化合物	0.001
3	汞及其化合物	0.00005
4	镉及其化合物	0.000005
5	镍及其化合物	0.02
6	沥青烟	生产设备不得有明显的无组织排放存在
7	氟化物	0.02
8	氯化氢	0.15
9	氯气	0.02
10	氮氧化物	0.12
11	颗粒物	0.3
12	非甲烷总烃	2.0

10.4　酸雾的治理

10.4.1　酸雾治理的原理

在铅酸蓄电池极板或电池化成过程中，硫酸会以雾的形式析出，对设备及人体产生腐蚀作用。所以化成槽都应密闭负压操作，酸雾的治理主要以水洗、中和的方式处理。含酸废气经收集风道、集酸箱一级拦截，由风机打入净化塔，经多级喷淋及过多层填料层，与氢氧化钠吸收液进行气液接触进行吸收反应，再经除液处理排放。排放的标准：GB 30484—2013《电池工业污染物排放标准》，排放的指标：硫酸雾排放浓度≤5mg/m^3。

10.4.2 酸雾净化塔

酸雾的回收及处理由酸雾净化塔来完成。酸雾净化塔是由圆柱形塔体组成，在进风处增加挡板，改变气体流向和流动方式。塔内由多层填料和斜板构成，高效填料可以增加气体在塔内的停留时间，增加气体与液体的接触表面积，从而提高废气的净化效率。填料层的多少可根据酸雾的浓度不同、需求不同进行设计确定，第一层洗涤系统处理酸雾的效率可达80%以上，第二、第三层吸收效率可达50%以上。

喷淋塔本身用水泵进行循环喷射工作，利用雾化喷头进行喷淋，可使洗涤效果更好。含酸雾的气体从底层向上运行，含氢氧化钠的水溶液从上向下喷淋，经过气体与液体逆向的充分接触，将酸雾洗涤干净。

回收及处理酸雾的净化设备较多，要根据企业自身的生产状况（即生产产生酸雾的浓度和风量）进行选择或设计。

10.4.3 酸雾处理的工艺及流程图

1. 酸雾处理工艺流程图（见图10-11）

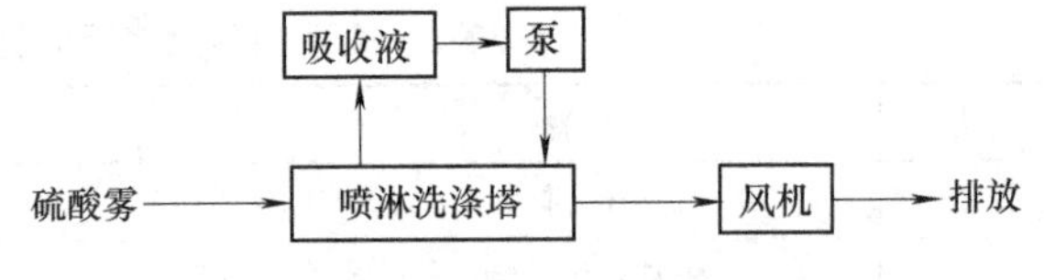

图10-11 硫酸雾净化处理工艺流程图

2. 酸雾处理的工艺

1）含酸雾的气体在离心引风机的引力作用下，进入到酸雾回收室，含有酸微粒的酸雾通过多层塑料格栅网，在迂回曲折的路程中，酸雾微粒子相互碰撞凝聚成液滴，并在格栅网的阻拦下凝聚成液体，酸性液体顺着格栅网流入回收容器的导槽，气体得到净化。

2）经第一级装置处理的气体再通过管道进入到第二级碱喷淋装置中，酸性气体在风机的引力作用下，迅速充满进气阶段，然后通过均流段上升至第一层填料层，利用风引力，使填料小球湍动，气体中的酸性物质与喷淋用的碱性物质充分发生化学反应，反应生产的物质随水流入下面的储存箱。未完全被吸收的酸性气体继续上升进入二级喷淋段，吸收液从均布的喷嘴高速喷出，形成无数细小雾滴与气体充分混合接触，继续发生化学反应。

3）酸性气体继续上升至第二湍流吸收喷淋段，进行与第二级类似的吸收过程。

4）气体进入塔顶部的除雾器，气体中夹带的吸收液被清除下来，洁净的空气从塔上端排入大气。

5）定期将净化塔内的废水排入到污水处理系统处理。

10.4.4 化成酸雾处理效果

酸雾处理应用于极板化成时，应注意避免因集气效率不够等原因造成的车间内酸雾较严重的无组织排放，可将每条极板化成线配备一个酸雾收集处理系统，再将各条化成线处理器的尾气集中引至一个综合的酸雾处理设施中进行二级处理，保证酸雾的高效处理。电池化成虽酸雾产生较少，但也需要有效的收集和处理。

表 10-6 列出了极板化成、电池化成工序产生的酸雾在经过相应的处理前后的浓度的变化情况，表中的数据仅供参考。

表 10-6　极板化成、电池化成酸雾处理效果

类型	处理设施		量值
酸雾	第一级水吸收	初始浓度/mg·m^{-3}	63
		出口浓度/mg·m^{-3}	12
		去除率（%）	81
	第二级水吸收	出口浓度/mg·m^{-3}	4.59
		去除率（%）	62
	第三级碱液吸收	出口浓度/mg·m^{-3}	2.1
		去除率（%）	54
	总去除率（%）		97
	标准值/mg·m^{-3}		45

10.5　工厂内环境的维护和保持

10.5.1　固体废弃污染物防治

1. 铅酸蓄电池生产企业固体废物的类型

铅酸蓄电池生产企业产生的固体废物包括生活垃圾、一般固体废物和危险固体废物。含铅固体废物主要有铅泥（含污水处理站的污泥），收集的铅尘、铅渣、含铅废料、废极板、废电池、含铅废旧劳保用品（废口罩、手套、工作服）等。

2. 含铅固体废物的处置

含铅固体危险废物的处置按照《危险废物贮存污染控制标准》（GB 18597—2001）要求进行，室内贮存，做好标识，并配备防渗措施。各车间应设计和布置临时存放点，有效防止固体危险废物对环境及人体造成污染；工厂内的生产废物与生活垃圾应严格区分进行处置，防止生活垃圾中混入含铅物质，以预防产生二次污染。固体危险废物的转移必须按照国家有关规定填写固体危险废物转移联单，批准后方可转移；固体危险废物必须委托有资质的单位运输和处置。

10.5.2　噪声污染防治

铅酸蓄电池企业的噪声污染主要来源于铅粉机、铸板机、合膏机、拉网机、引风机、循环水泵、空压机等，其声源强度值一般为 85～95dB（A）。以上所述设备应选用低噪声的动力设备与机械设备，并按照工业设备安装的相关规范进行安装；设备应科学合理地设置在车间内部，对其进行墙壁隔声。铅粉机、铸板机、拉网机、引风机、空压机、水泵需安装减振基础，空压机应设置在车间单独的隔音房间内，在空压机和风机进气口或排气口上安装消声器进行消音处理。同时在厂房周围、办公区与生产区要建有绿化隔离带，种植高大密实乔木结合灌木以降低噪声污染。

对产生噪声的车间及设备应采取有效阻隔、减振等降噪措施，确保厂界的噪声达到GB 12348—2008《工业企业厂界环境噪声排放标准》的相应标准要求。

10.5.3 无组织排放控制

铅酸蓄电池生产过程中，废气的无组织排放源较多：熔铅炉和焊接工序主要是容易进入空气的铅烟和铅尘；铅粉制造工序主要是设备泄露；合膏工序、涂板工序主要是铅膏干燥后产生的二次扬尘；固化工序、分片工序、包封工序主要是对极板不正确的处理等；化成工序也存在酸雾的无组织排放现象。

针对各工序产生的含铅含酸废气无组织排放，要求所有产生铅烟和铅尘的工序都应该配有相应的环保设施——集气罩，在不需要人工操作的工序应采用整套封闭式集气罩或采用局部密封式集气罩，而对于需要人工操作的工序则要求采用半封闭式集气罩。集气罩要求足够大，能保证铅尘所散落的范围内都能得到有效的收集，散逸在集气罩外空气中的铅烟或铅尘的量不应超过产生废气总量的5%，也就是说集气罩的收集率应达到95%以上。为保证排气罩对烟气的捕集，防止侧风影响对烟气和铅尘的捕集，以及防止少量无组织废气扩散，抽尘部分不应有风扇侧吹。产生铅尘和铅烟的车间最好与其他区域隔离开，并维持负压或局部负压，以避免含铅废气交叉污染。固定的操作工位采用集中送风装置。

车间内运输工具造成的污染是不能忽视的，一是排出的尾气、二是运输车辆在运行过程中产生空气流动卷起的含铅尘土都会对室内环境造成非常大的影响，因此应该推荐使用轻型的电动运输工具，且地面要经常进行清洗保持干净。

10.5.4 车间集中通风系统

铅酸蓄电池生产主要原料为铅，因此在生产过程中不可避免会排放至车间或厂外环境，对于厂外环境的铅污染，可以通过卫生防护距离、达标排放和总量控制等措施来进行控制，而对于要在车间进行操作的工人，则要保护他们免受铅空气的污染，除了各个可能产生铅烟铅尘污染的环节设置局部负压排气系统，还有必要提供正压呼吸新鲜空气的供气系统。

很多蓄电池工厂采用风扇吹走污染空气和降温，是不科学的，风扇会导致车间的污染空气四处飘散，还会引起不同作业区域空气的交叉污染，这样车间操作工人根本无法呼吸到新鲜空气，相反风扇的气流会引起二次扬尘导致更严重的污染，因此车间应该禁止使用各种风扇。

蓄电池工厂设置层流供气系统，为长时间待在固定工作工位的操作工人提供一个洁净空气区。洁净的空气来自车间外未被污染的空气，并且可做过滤和控温处理，进一步改善操作的环境。

10.5.5 土壤、地下水污染防治

污染物对土壤及地下水产生影响途径的主要是排放到大气中的铅尘、铅烟及酸雾等经过沉降后进入土壤，原料、半成品、产品堆放场所、循环水池、铅泥存放点以及车间地面防渗漏措施不够，导致污染物渗入土壤，进而污染地下水。土壤及地下水污染防治主要采取以下

措施：

1）加强原料、极板、产品堆放场所的防渗漏措施，地面应为耐酸水泥、沥青、树脂砂浆三层地坪制作，并铺设防酸材料。

2）一般固体废物与危险固体废物分类贮存，并加强固体废弃物临时堆放场所防渗漏措施，分别设置库房或贮存场所，铅渣、铅泥、水处理产生的污泥等固体废弃物应存放于全封闭设计的危险固体废弃物堆放场所，并进行标识。铅泥、水处理污泥的存放要设存放池，防止滤液渗出，并按照《危险废物贮存污染控制标准》进行场地防渗处理，地面为耐酸水泥、沥青、树脂砂浆三层地坪制作，并铺设防酸材料。

3）加强各循环水池防渗漏措施，循环系统水池、化成冷却水槽均采用钢砼结构，底部为耐酸水泥、沥青、树脂砂浆三层地坪制作，池底及水池池壁同时铺设防酸材料。可防止循环水池、化成冷却槽内污染物渗漏。

4）加强各种含铅废水的输送管线的点检工作，要做到各输送管道完全防渗漏。

5）加强各工序的环保措施及大气污染治理措施，最大限度减少无组织排放，以降低通过大气沉降进入土壤的污染物的量，同时对初期雨水进行收集处理。

10.5.6　减缓生态影响措施

铅酸蓄电池生产过程中排放的铅及化合物，可通过沉降、渗漏污染等途径进入土壤及包括地下水等水体，形成污染物富集状态，土壤中的污染物被植物吸收、被污染的水体被人或动物饮用而吸收，从而造成对生态的破坏和影响。具体有以下几种情况：

1）排放的废气中含有铅及其化合物经大气扩散，被周围植物、农作物以及人群直接吸收，对农作物及人体健康产生影响；

2）排放的废气中含有铅及化合物经扩散、沉降后进入土壤及包括地下水等水体，使土壤及水体受到污染，进而对生态环境及人体造成影响；

3）原料、产品堆放场所、各类含铅固体废物临时堆放场所防渗措施不够，造成渗漏，从而对土壤及水体造成污染，进而对生态环境及人体造成影响；

4）各循环水池产生渗漏，造成对土壤及水体的污染，从而对土壤及水体造成污染；

5）生产过程含铅废水进入周围环境的地表水，直接对生态环境及人体造成影响，并通过流动补给影响土壤和地下水。

减缓生态影响的措施如下：

1）积极采取环保措施，有效控制污染物的排放，减少最终排入大气中铅及化合物的含量。如采用除尘效率更高的除尘器，或采用更多级的除尘设施。

2）采用更先进的环保生产技术，改善工艺或采用更环保的工艺，可以大大减少各类污染物的排放。如拉网极板生产工艺代替重力浇铸工艺，冷压铅块代替浇铸铅块工艺，可以有效减少铅烟排放；而采用电池化成工艺，则能更有效减少酸雾和废酸的排放。

3）加强原料、极板、产品堆放场所防渗漏措施，堆放场所地面采用耐酸水泥、沥青、树脂砂浆三层地坪制作，并铺设防酸材料。

4）将一般固体废物与危险固体废物进行分类贮存，分别设置库房或贮存场所，危险废物堆放场所按照《危险废物贮存污染控制标准》进行场地防渗处理，并加强固体危废物临时存放场所防渗漏措施，铅渣、铅挂条、铅粉末、除尘灰、铅泥等固体废物均存于危险固体废物堆放场所。

5）加强循环水池防渗漏措施，采用钢混凝土结构，底部为耐酸水泥、沥青、树脂砂浆三层坪制作，同时池底及水池池壁铺设防酸材料。

6）所有酸容器均采用耐酸材料制成，并配制防漏盘、套和回流管道。酸水输送尽可能实现管道化，输送管道材料采用耐酸塑料。通过集中配酸及以全密封管道输送，克服酸水配制和输送过程中的泄漏现象。为防止意外酸泄漏，符合安全管理要求，对卸酸、配酸、注酸区等区域的地面和墙面都进行严格防腐处理，如地面铺盖4cm厚的花岗岩石板，既能克服酸水渗漏，又能满足重载车行驶。墙面和柱子都进行防酸处理。对可能意外泄漏的酸水流经的渠道、储水池等视其不同情况分别采用花岗岩贴面、玻璃钢内衬和PVC材料等制作。

7）距离工厂一定范围内无居民、学校、医院等敏感目标。

8）加强职工的劳动保护措施，提高职工劳动保护的意识，制定所有职工必须遵守的劳动保护制度，严格按照相关要求发放和使用防护用品。

9）加强厂区内绿化，种植不进入食物链且对Pb富集能力强的花草树木，如利叶鬼针草、酸模、香根草、黄杨、海桐、杉木等。

10）定期对周边土壤、地下水、农作物进行含铅量监测，对职工及周围人群进行血铅检测，掌握周围生态受污染影响的情况，并及时积极采取防治措施。

10.5.7 绿化

按相关规定，新建铅酸蓄电池工厂的绿化面积要必须占总用地面积的一定比例。绿化点设置在建筑物周边、道路两旁、厂界、厂门口等。重点为厂界绿化。

一般铅酸蓄电池厂区绿化设计如下：

1）厂界绿化带一般设计为宽3～5m之间的种植面积进行绿化。

2）建筑物周边绿化带：车间周围以常绿、落叶树组成混交型自然式绿地，为不影响车间采光，多种植草皮及地被植物，靠近车间的墙面可以种植少量爬藤植物；办公室前种植枝叶浓密的常绿植物，可按当地的气候选择适合的树种，如叶青、女贞等。

3）道路两旁绿化带适宜种植灌木并经人工修剪成篱状，高度适合在80～100cm左右。可供选择的树种有黄杨、千头柏、柏木、小叶女贞、构桔等。

4）工厂门口主题花坛应以观赏花卉为主，以花卉本身色彩为宜，适合选用花期一致、开花繁茂或花、叶兼美的一、二年生花卉。

10.6 铅作业的职业病及其防治

铅的工业污染来自矿山开采、冶炼、铅蓄电池生产、橡胶生产、染料、印刷、陶瓷、铅玻璃、焊锡、电缆及铅管等生产废水和废弃物。另外，汽车排放尾气中的四乙基铅是剧毒物质。水体中Pb含量达到0.3～0.5mg/L后，水的自净作用明显受到抑制；2～4mg/L时，水即呈现浑浊状[5]。

10.6.1 铅作业的职业病

铅在工业上用途很广，慢性铅中毒是铅作业主要职业病之一。铅主要通过消化道和呼吸

道吸收进入人体，吸收后大部分沉积于骨骼中。铅中毒程度的深浅主要决定于血液及组织中的含铅量。铅中毒有慢性铅中毒与急性铅中毒（或深度铅中毒）、中毒早期与晚期之分。

1. 铅对人体造成污染的主要途径[5]

铅进入人体大致有 3 种途径：

1）是土壤和水体中的铅通过粮食、蔬菜及饮用水进入人体消化道，燃油运输工具排放的尾气中含有铅尘铅烟及涉铅污染的企业排放含铅烟气所造成的污染空气进入人体呼吸道。

2）是涉铅企业员工不良卫生行为（如进食、饮水前不洗手，在铅加工场所吸烟，涉铅工作环境中不使用卫生防护用品等），使铅从口腔进入消化道，或直接吸入含铅烟尘进入呼吸道。

3）是铅作业场所没有必要的防铅尘、防铅烟气的环保设施或设施运行不正常，铅烟尘直接通过呼吸进入人体。

直接进入呼吸道的铅危害最大，溶入血液的比例高达 20% ~30%；通过消化道摄入的铅进入肝脏，一部分由胆汁排进肠内，随粪便排出，另一部分进入血液，随血液先分布肝肾等各个器官中，几周后，90% ~95% 以磷酸铅的形式沉积在骨头和头发等处，5% 左右溶入血液。

2. 铅的毒性

铅可引起人体组织多系统、多器官的损害，毒害作用最容易导致神经系统受损伤。铅元素对人体的主要危害见表 10-7[5]。铅可损害人体造血功能，影响人体免疫力及内分泌系统、消化系统，大量动物实验表明铅有致癌作用。调查研究表明，儿童单位体重摄入的铅超过成人，生理性摄入比例也高于成人，铅元素被列为“一类污染物”和“高毒物品”。

表 10-7　铅中毒的危害

损害系统	毒害类别	表现
神经系统	神经衰弱、脑病	头昏、头痛、呕吐、无力、记忆减退、抽搐、嗜睡
	心理变化	忧郁症、烦躁；儿童多动症
	智力下降	学习障碍，高铅儿童 IQ 值平均比低铅的低 4 ~6
	感觉功能障碍	视网膜水肿、视神经炎、眼球障碍、弱视等
	运动功能障碍	肌无力、肌肉麻痹、垂腕症
血液系统	拟制血红蛋白合成、缩短红细胞寿命	代谢产物变化、贫血
心血管系统	心血管病	动脉铅中毒、高血压
	心脏病变	心脏功能下降
骨骼系统	内分泌器官损伤	骨功能和骨矿物代谢调节能力下降
	干扰骨细胞功能	改变骨细胞-破骨细胞偶联关系
其他	消化道	口内金属味，食欲不振，上腹账闷、腹绞痛等
	肾脏	中毒性肾病，伴有高血压
	孕妇、儿童	不育、流产、早产、死胎、及婴儿铅中毒；敏感人群

铅对人体产生的影响[5]：

1）慢性中毒症状特征表现较多样化：主要有，消化系统的紊乱如食欲不振、便秘（有时为腹泻）、由于小肠痉挛而发生铅绞痛，齿龈及颊黏膜上由于硫化铅的沉着而形成灰蓝色铅线等。长期接触铅及其化合物会导致心悸，易激动，血象红细胞增多。铅侵袭神经系统后，出现头痛、头晕、失眠、多梦、记忆减退、疲乏，进而发展为烦躁易怒甚至狂躁、神志模糊、昏迷，晚期可发展为铅脑病，引起幻觉、谵妄、惊厥等；外周可发生多发性神经炎，出现铅毒性瘫痪，最后因脑血管缺氧而死亡。许多儿童体内血铅水平虽然偏高，但却没有特别的不适，轻度智力或行为上的改变也难以被家长或医生发现。这也是为什么儿童铅中毒在国外被称为“隐匿杀手”的原因。

2）致癌：铅是一种慢性和积累性毒物，一种潜伏性的泌尿系统致癌物质，不同的个体敏感性差异很大，铅的无机化合物的动物试验表明铅很可能引发癌症。

3）致突变：用含1%的醋酸铅饲料喂养小鼠的试验结果显示，小鼠白细胞培养的染色体裂隙-断裂型畸变的数目增加，这些改变涉及单个染色体，这说明小鼠DNA复制受到损伤，也就是说小鼠染色体发生了突变。

4）代谢和降解：环境中的无机铅及其化合物十分稳定，不易代谢和降解。铅对人体的影响是累积性的，人体吸入的铅有25%沉积在肺里，其中一部分通过水的溶解作用进入血液。若一个人持续接触的空气中含铅1μg/m^3，则人体血液中的铅的含量水平为1～2μg/100mL血。人体从食物和饮料中摄入的铅大约有10%被吸收，若每天从食物中摄入10μg铅，则血中含铅量为6～18μg/100mL血，这些铅的化合物大部分可以通过消化系统排出，其中主要通过尿道（约76%）和肠道（约16%），少部分则通过如出汗、脱皮和毛发脱落等不大为人们所了解的代谢途径最终排出体外。

5）残留与蓄积：铅是一种累积性有毒物质，人不仅通过食物链摄入铅，也能从被污染的空气中摄入铅，人体解剖的结果表明，被摄入人体的铅最终大部分以磷酸铅形式沉积并附着在骨骼组织上。

6）迁移和转化：据加拿大渥太华国立研究理事会1978年对铅在全世界环境中迁移研究报导，全世界海水中铅的浓度均值为0.03μg/L，淡水0.5μg/L。全世界乡村大气中铅含量均值0.1μg/m^3，城市大气中铅的浓度范围1～10μg/m^3。世界土壤和岩石中铅的本底值平均为13mg/kg。经测试表明平均每年铅在整个生态环境的转移情况是，从空气转移到土壤15万t，从空气转移到海洋25万t，从土壤转移到海洋41.6万t，从海水转移到海底淤泥为40～60万t。由于水体、土壤、空气中的铅被生物吸收而向生物体转移，造成全世界各种植物性食物中含铅量均值范围为0.1～1mg/kg（干重），食物制品中的铅含量均值为2.5mg/kg，鱼体含铅均值范围0.2～0.6mg/kg，部分沿海受污染地区甲壳动物和软体动物体内含铅量甚至高达3000mg/kg以上。

3. 血铅标准

我国血铅标准分为5级，详见表10-8。

表10-8　中国血铅水平分级[5]

血铅分级	指标值/μg·L^{-1}	血铅水平	血铅分级	指标值/μg·L^{-1}	血铅水平
Ⅰ	<100	安全浓度	Ⅲ	200～450	中度铅中毒
Ⅱ-A	100～140	轻度铅中毒	Ⅳ	450～700	重度铅中毒
Ⅱ-B	140～200	轻度铅中毒	Ⅴ	≥700	超重度铅中毒

主要国家的血铅标准见表10-9。

表10-9　主要国家血铅标准[5]

国家	指标值/μg·L^{-1}	备注
全球普遍值	100	公认的儿童血铅中毒水平通常以60μg/L作为儿童血铅超标水平
中国	100	
欧洲国家	40	
日本	60	
美国	50	

10.6.2　铅中毒的防治

1. 铅中毒的预防[5]

美国的铅使用量排在全球第二，为防止铅排放污染环境，逐步建立健全了相关铅污染防止法规，见表10-10，并强制涉铅企业执行。有效的法规和管理措施使环境质量不断提高，近20年来，美国铅蓄电池生产量（用铅比例占95%以上）每年以3%的速度递增，而排铅量每年以6.5%的速度递减。

表10-10　美国关于铅污染防治的法规

法规名称	主要内容
清洁空气法（CAA）	严格控制电池制造和二次冶炼厂建设；电池制造厂和二次冶炼厂实施许可证制度
清洁水法（CWA）	电池制造厂和二次冶炼厂实施许可证制度
资源保护恢复法（RCRA）	铅废弃物实施从“出生到死亡”的跟踪；铅废弃物处理、存储和处置实施许可证制度；按许可证规定控制操作，同时必须清除以前的污染
劳动安全健康法（OSHA）	实施血铅、空气铅含量监控；血铅超过50μg/L从涉铅岗位撤离，低于40μg/L返回；生产场所空气铅含量不得超过50μg/m^3
环境空气质量法（NAAQS）	月平均值0.025μg/m^3（PM10检测仪测定）

从表10-10可以看出，国家制定严格的防治标准，设定严格的准入条件，强制性地严格执行是预防人体铅中毒最有效的手段。提高行业的集中度，减少蓄电池企业的数量，实现规模化、集中化生产是实现生态恢复和发展的重要条件。

要加强铅蓄电池工厂的作业人员的工业卫生教育，使其深刻认识铅的危害性，自觉的采取预防措施，这对铅生产的现场操作人员非常重要。涉铅人员铅中毒的主要预防措施见表10-11。

表10-11　涉铅作业人员铅中毒的主要预防措施

类别	预防措施
环保设施	三废处理设施有效、运转正常、达标排放
通风环境	通风、无扬尘、场所宽敞
减少铅摄入	工作：戴防尘口罩，穿工作服、戴工作帽 进餐：脱去工作服、帽、洗手，禁止作业场所进餐吸烟 下班：冲澡，换清洁衣服 车间清扫：先洒水再清扫
饮食平衡	补充：锌、铁、钙、维生素 多食：高纤维食物（燕麦、米、蔬菜），富含果胶，海藻胶的水果，海带以及洋葱等；少食松花蛋、罐头等富含铅食品

2. 铅中毒的治疗

铅可以通过药物或自然方式可以排出体外，人体主要通过肠与肾进行排铅，肠的排泄量一般较肾多。铅与钙的代谢有平行关系，凡能影响体内钙代谢的因素也能影响铅的代谢。

铅中毒的患者应及时到有资质的正规医院进行化验检查和治疗。轻微中毒的患者也可以采用中成药进行排铅治疗。维生素 B_1 和 C 、芸香苷可改进铅中毒患者的新陈代谢，并加速铅的排出；乙二胺四乙酸二钠钙等有驱铅作用；中草药金钱草煎剂等也对治铅中毒有效。对于从事涉铅作业的员工在医师的指导下，可采用营养素干预和食疗的方法减少铅对人体的危害，见表 10-12、表 10-13。

表 10-12　营养素干预[5]

微量元素	锌	诱导金属硫蛋白与铅结合
	硒	抗氧化剂（铅造成过氧化损伤）
	铁	减少铅吸收，增加铅排出
	钙	缓解铅中毒
维生素	VC VB1	增加铅排出

表 10-13　预防铅危害的食物[5]

食品	茶叶、海带、绿豆、牛奶、蛋、蒜、猪血等	驱铅解毒、减少铅吸收
食品添加剂	葵花盘低脂果胶等	驱铅效果可达 EDTA 的 50% 左右

10.6.3　与铅相关的环境要求和排放控制标准

表 10-14　涉铅环境及排放要求（标准值均表示铅含量）

序号	项目名称	标准号	标准值
1	车间空气有害物质	GB 13746—2008	≤0.03mg/m³［铅烟］，≤0.05mg/m³［铅尘］
2	环境空气质量标准	GB 3095—2012	≤1.50μg/m³（季平均），≤1.00μg/m³（年平均）
3	电池工业污染物排放标准	GB 30484—2013	铅尘排放浓度≤0.5mg/m³，颗粒物≤30mg/m³ 污水见表 10-2
4	生活饮用水卫生标准	GB 5749—2006	≤0.01mg/L
5	地表水环境质量标准	GB 3838—2002	（mg/L）Ⅰ类 0.01、Ⅱ类 0.01、Ⅲ类 0.05、Ⅳ类 0.05、Ⅴ类 0.1
6	地下水质量标准	GB/T 14848—1993	（mg/L）Ⅰ类 0.005、Ⅱ类 0.01、Ⅲ类 0.05、Ⅳ类 0.1、Ⅴ类 >0.1
7	农田灌溉水质标准	GB 5084—2005	0.1mg/L（水作、旱作、蔬菜）
8	渔业水质标准	GB 11607—1989	0.05mg/L
9	污水综合排放标准	GB 20426—2006	0.5mg/L
10	土壤环境质量标准	GB 15618—1995	（mg/kg）：一级 35；二级 250 ~ 350；三级 500

（续）

序号	项目名称	标准号	标准值
11	生活垃圾焚烧污染控制标准	GB 18485—2014	焚烧炉大气污染物排放限值：按焚烧容量计算，参见标准
12	城镇垃圾农用控制标准	GB 8172—1987	100mg/kg
13	海水水质量标准	GB 3097—1997	（mg/L） Ⅰ类 0.001、Ⅱ类 0.005、Ⅲ类 0.010、Ⅳ类 0.050

注：标准是定期修订的，请选用最新版本的标准值。

参 考 文 献

［1］王金良，胡信国. 铅蓄电池行业准入实施技术指南［M］. 北京：中国轻工业出版社，2012.

［2］中南矿冶学院分析化学教研室，等. 化学分析手册［M］. 北京：科学教育出版社，1980.

［3］王洪伟，张成玉. pH 对铅酸蓄电池废水处理效果的影响［J］. 蓄电池，2013（1）：8-9.

［4］江阴市人和环保设备有限公司，产品说明书，2012.

［5］孟良荣，王金良. 涉铅企业职业卫生及防护［J］. 电池工业，2011（1）：53-55.

第11章　蓄电池用原材料及其性质

11.1　铅

11.1.1　铅的性质

铅是一种化学元素，其化学符号源于拉丁文，化学符号是Pb，原子量207.2，原子序数为82。铅为带蓝色的银白色重金属，它有毒性，是一种有延伸性的主族金属。熔点为327℃，沸点为1740℃，密度为11.4g/cm^3，硬度为1.5，质地柔软，抗张强度小[1]。

铅是人类最早使用的金属之一，公元前3000年，人类已会从矿石中熔炼铅。铅在地壳中的含量为0.0016%，主要矿石是方铅矿。铅在自然界中有4种稳定同位素：铅204、206、207、208，还有20多种放射性同位素。

金属铅在空气中受到氧、水和二氧化碳作用，其表面会很快氧化生成保护薄膜；在加热下，铅能很快与氧、硫、卤素化合；铅与冷盐酸、冷硫酸几乎不起作用，能与热或浓盐酸、硫酸反应；铅与稀硝酸反应，但与浓硝酸不反应；铅能缓慢溶于强碱性溶液。铅的物理性能见表11-1。

表11-1　铅的物理性能[2]

线性膨胀系数/℃$^{-1}$	29.5×10^{-6}
电阻率/Ω·m（20～40℃）	20.684×10^{-8}
热导率/W·m^{-1}·K^{-1}	33.49
布氏硬度/HB	4.2～2.9
抗拉强度/MPa	12.26
伸长率（%）	45～60
比热容/J·kg^{-1}·K^{-1}（0～100℃）	127.52

11.1.2　铅的用途

世界铅消费主要集中在铅酸蓄电池、化工、铅板及铅管、焊料和铅弹领域，其中铅酸蓄电池是铅消费最主要的领域，2009年美国、日本和中国铅酸蓄电池耗铅量所占比例分别达到了86%、86%和81.4%。基于环保的要求，其他领域中铅的消费都比较低。全球铅的用途及比例见表 11-2。

表 11-2　全球铅的用途及比例

铅的用途	占总耗铅量的比例（%）	铅的用途	占总耗铅量的比例（%）
蓄电池	80	铅合金	2
铅管铅板	6	电缆护套	1
化工	5	其他	3
铅弹	3		

11.1.3　各国铅的标准

中国铅锭标准见表 11-3。其他国家的高纯铅的规格（见表 11-4）。

表 11-3　中国铅锭标准（质量分数,%）

牌号		Pb99.994	Pb99.990	Pb99.985	Pb99.970	Pb99.940
Pb 不小于		99.994	99.990	99.985	99.970	99.940
杂质，不大于	Ag	0.0008	0.0015	0.0025	0.0050	0.0080
	Cu	0.001	0.001	0.001	0.003	0.005
	Bi	0.004	0.010	0.015	0.030	0.060
	As	0.0005	0.0005	0.0005	0.0010	0.0010
	Sb	0.0007	0.0008	0.0008	0.0010	0.0010
	Sn	0.0005	0.0005	0.0005	0.0010	0.0010
	Zn	0.0004	0.0004	0.0004	0.0005	0.0005
	Fe	0.0005	0.0010	0.0010	0.0020	0.0020
	Cd	—	0.0002	0.0002	0.0010	0.0020
	Ni	—	0.0002	0.0005	0.0010	0.0020
	总和	0.006	0.010	0.015	0.030	0.060

表 11-4　不同国家的高纯铅的规格[3]

元素	含量（质量分数,%）				
	澳大利亚	加拿大	德国	英国	美国
铅	99.99	99.99	99.99	99.99	99.94
锑	0.001		0.001	0.002	
砷	0.001	0.0015～0.02①	0.001	微量	0.002①
锡	0.001		0.001	微量	
铋	0.005	0.005	0.005	0.005	0.050
银	0.001	0.0015	0.001	0.002	0.0015
铁	0.001	0.02	0.001	0.003	0.002
铜	0.001	0.0015	0.001	0.003	0.0015
镉	0.001	—	—	微量	—
镍	0.001	—	—	0.001	—

（续）

元素	含量（质量分数,%）				
	澳大利亚	加拿大	德国	英国	美国
钴	0.001	—	—	0.001	—
硫	0.001	—	—	—	—
锌	0.001	—	0.001	0.002	0.001
杂质总量	0.01	0.01	—	—	—

注：表中数据铅为最小含量值，杂质为最大含量值。
① 为三元素之和。

11.2　硫酸

硫酸，分子式为 H_2SO_4。分子质量 98.08。98% 的浓硫酸密度 1.84g/mL，摩尔浓度 98g/mol，体积含量 18.4mol/L。是一种无色无味油状液体，是一种高沸点难挥发的强酸，易溶于水，能以任意比与水混溶。

98.3% 硫酸的熔点：10℃；沸点：338℃。100% 的硫酸熔点 10℃，沸点 290℃，100% 的硫酸并不是最稳定的，沸腾时一部分会分解，变为 98.3% 的浓硫酸，成为 338℃（硫酸水溶液的）恒沸物。加热浓缩硫酸也只能最高达到 98.3% 的浓度。

11.2.1　浓硫酸的主要化学性质

1. 脱水性

脱水性指浓硫酸脱去非游离态水分子或脱去有机物中氢氧元素的过程。浓硫酸有脱水性且脱水性很强。可被浓硫酸脱水的物质一般为含氢、氧元素的有机物，如蔗糖、木屑、纸屑和棉花等物质，被脱水后生成了黑色的炭（炭化）。

2. 强氧化性

常温下浓硫酸能使铁、铝等金属钝化。加热时，浓硫酸可以与除金、铂之外的所有金属反应，生成高价金属硫酸盐，本身一般被还原成 SO_2。

热的浓硫酸可将碳、硫、磷等非金属单质氧化到其高价态的氧化物或含氧酸，本身被还原为 SO_2。在这类反应中，浓硫酸只表现出氧化性。

11.2.2　稀硫酸的主要化学性质

1）可与多数金属氧化物反应，生成相应的硫酸盐和水

2）可与所含酸根离子对应酸酸性比硫酸根离子弱的盐反应，生成相应的硫酸盐和弱酸；

3）可与碱反应生成相应的硫酸盐和水；

4）可与活泼性氢前面的金属在一定条件下反应，生成相应的硫酸盐和氢气；

5）加热条件下可催化蛋白质、二糖和多糖的水解；

6）强电解质，在水中发生电离。

11.2.3　蓄电池用硫酸的标准

随着蓄电池性能的提高，蓄电池用硫酸的要求越来越高，对于阀控式蓄电池、起动用密封免维护蓄电池一般用分析纯硫酸，开口式蓄电池用硫酸的标准略低一些。分析纯硫酸的指标参数较多，在蓄电池上使用时，只对蓄电池有影响的指标检验，各工厂控制的指标有所差异。对蓄电池质量重要的指标基本包括在表 11-5 蓄电池用硫酸和表 11-6 蓄电池用电解液的标准中。

蓄电池用硫酸最低要求应符合表 11-5 的规定。

表 11-5　蓄电池用硫酸的标准　　（质量分数,%）

序号	项目	指标				
		稀硫酸		浓硫酸		
		优等品	合格品	优等品	一等品	合格品
1	硫酸（H_2SO_4）含量≥	34.0		96.0	92.0	92.0
2	灰分≤	0.01		0.001	0.02	0.03
3	锰（Mn）含量≤	0.00002		0.00005	0.00005	0.0001
4	铁（Fe）含量≤	0.0005	0.002	0.00005	0.0102	0.010
5	砷（As）含量≤	0.00002		0.000003	0.00005	0.0001
6	氯（Cl）含量≤	0.0001		0.00003	0.0002	0.0003
7	氮氧化物（以 N 计）含量≤	0.00004		0.00001	0.0001	0.001
8	铵（NH4）含量≤	0.0004	—	0.0002	0.001	—
9	二氧化硫（SO_2）含量≤	0.002		0.0005	0.004	0.007
10	铜（Cu）含量≤	0.0002		0.00001	0.0005	0.005
11	还原高锰酸钾物质（O）含量≤	0.0004		0.0002	0.001	0.002
12	透明度≥	350		160	160	100

注：含量和灰分均为质量分数。

表 11-6　蓄电池用电解液的标准　　（质量分数,%）

序号	检验项目	指标	
		排气式	阀控式
1	外观	无色、透明	
2	密度（25℃）/$g \cdot cm^{-3}$	1.100 ~ 1.300	1.100 ~ 1.300
3	硫酸（H_2SO_4）含量	15 ~ 40	15 ~ 40
4	还原高锰酸钾物质（以 O 计）含量	≤0.0007	≤0.0006
5	氯（Cl）含量	≤0.0005	≤0.0003
6	铁（Fe）含量	≤0.0030	≤0.0010
7	锰（Mn）含量	≤0.00004	≤0.00004
8	铜（Cu）含量	≤0.0010	≤0.0010

注：含量均为质量分数

11.2.4　硫酸的使用、储存、运输及废弃处理

1. 操作

尽可能使用机械化、自动化储酸和配酸设施。操作人员必须经过专门培训，严格遵守操作规程。建议操作人员佩戴自吸过滤式防毒面具（全面罩），穿橡胶耐酸碱服装，戴橡胶耐酸碱手套。远离火种、热源，工作场所严禁吸烟。远离易燃、可燃物。避免与还原剂、碱类、碱金属接触。搬运时要轻装轻卸，防止包装及容器损坏。配备相应品种和数量的消防器材及泄漏应急处理设备。倒空的容器可能有残留，应妥善处理。稀释或制备溶液时，应把酸加入水中，避免沸腾和飞溅。

2. 储存

储存于阴凉、通风的库房。库温不超过35℃，相对湿度不超过85%。保持容器密封。应与易（可）燃物、还原剂、碱类、碱金属、食用化学品分开存放，切忌混储。储区应备有泄漏应急处理设备和合适的收容材料。

3. 运输

铁路运输时限使用钢制企业自备罐车装运，装运前需报有关部门批准。铁路非罐装运输时应严格按照《危险货物运输规则》中的危险货物配装表进行配装。起运时包装要完整，装载应稳妥。运输过程中要确保容器不泄漏、不倒塌、不坠落、不损坏。严禁与易燃物或可燃物、还原剂、碱类、碱金属、食用化学品等混装混运。运输时运输车辆应配备泄漏应急处理设备。运输途中应防曝晒、雨淋，防高温。公路运输时要按规定路线行驶，勿在居民区和人口稠密区停留。

4. 废弃处置

废弃处置方法：缓慢加入碱液－石灰水中，并不断搅拌，反应停止后，用大量水冲入废水系统。地方有环保法规要求的，一定按环保法规的要求处理。

5. 购买

购买硫酸需要经公安部门的批准或备案。硫酸不仅属于腐蚀品，还是制造毒品所必需的，所以硫酸不能随便购买。

11.2.5　硫酸的危险性、应急措施、消防措施

1. 硫酸的危险性

对皮肤、黏膜等组织有强烈的刺激和腐蚀作用。硫酸蒸气或酸雾可引起结膜炎、结膜水肿、角膜混浊，以致失明；引起呼吸道刺激，重者发生呼吸困难和肺水肿；高浓度引起喉痉挛或声门水肿而窒息死亡。口服后引起消化道烧伤以致溃疡形成；严重者可能有胃穿孔、腹膜炎、肾损害、休克等。皮肤灼伤轻者出现红斑、重者形成溃疡，愈后瘢痕收缩影响功能。溅入眼内可造成灼伤，甚至角膜穿孔、全眼炎以至失明。慢性影响：牙齿酸蚀症、慢性支气管炎、肺气肿和肺硬化。

对环境有危害，对水体和土壤可造成污染。浓硫酸助燃，具强腐蚀性、强刺激性。

2. 急救措施

1）皮肤直接接触：皮肤接触稀硫酸，应立即用大量冷水冲洗，然后用3%～5% $NaHCO_3$ 溶液冲洗。皮肤接触浓硫酸应先用干抹布拭去（不可先冲洗!），然后用大量冷水冲洗

剩余液体，最后用约 0.01% 的苏打水浸泡。情况严重的要及时送医院救治。

2）眼睛接触：立即提起眼睑，用大量流动清水或生理盐水彻底冲洗至少 15min 后，送医院救治。

3）吸入：迅速脱离现场至空气新鲜处，保持呼吸道通畅。如呼吸困难，及时输氧。如呼吸停止，立即进行人工呼吸，并送医院救治。

4）食入：用水漱口，并送医院救治。

3. 消防措施

浓硫酸遇水大量放热，可发生沸溅。与易燃物（如苯）和可燃物（如糖、纤维素等）接触会发生剧烈反应，甚至引起燃烧。遇电石、高氯酸盐、硝酸盐、苦味酸盐、金属粉末等猛烈反应，发生爆炸或燃烧。有强烈的腐蚀性和吸水性。有害燃烧产物是二氧化硫。

灭火剂：干粉、二氧化碳、砂土。避免水流冲击物品，以免遇水会放出大量热量发生喷溅而灼伤皮肤。

发生泄漏，迅速撤离泄漏污染区人员至安全区，并进行隔离，严格限制出入。建议应急处理人员戴自给正压式呼吸器，穿防酸碱工作服。不要直接接触泄漏物。尽可能切断泄漏源。防止流入下水道、排洪沟等限制性空间。小量泄漏：用砂土、干燥石灰或苏打混合。也可以用大量水冲洗，洗水稀释后放入废水系统。大量泄漏：构筑围堤或挖坑收容。用泵转移至槽车或专用收集器内，回收或运至废物处理场所处置。

4. 相关法律法规

化学危险物品安全管理条例（1987 年 2 月 17 日国务院发布），化学危险物品安全管理条例实施细则（化劳发［1992］677 号），工作场所安全使用化学品规定（［1996］劳部发 423 号）等法规，针对化学危险品的安全使用、生产、储存、运输、装卸等方面均作了相应规定；常用危险化学品的分类及标志（GB 13690—1992）将该物质划为第 8.1 类酸性腐蚀品。

11.3 PE 隔板

11.3.1 PE 隔板的制造工艺

PE 隔板主要应用于起动用蓄电池中，也与玻璃纤维毡垫粘合在一起，用于深循环的工业电池中。一般以包封的方式使用。隔板的特点：隔板柔软、有延展性、可热封、抗穿刺性能较好、孔径小、孔率高。

PE 隔板生产流程如图 11-1 所示。

PE 隔板主要成分和作用如下：超高分子量聚乙烯，含量一般在 19% ~24%，在隔板中起到骨架的作用，使隔板达到所需的机械强度，具有良好的氧化稳定性和后续加工性。二氧化硅，含量一般在 57% ~63%，二氧化硅在隔板中的比例和残余油含量，共同决定隔板的孔隙率。在隔板生产过程中，微孔中吸入专用的油，后经溶剂把部分油萃取出来，形成微孔。隔板专用油，生产过程中达到 65% 以上，最终留下 15% 左右，油的作用，一方面是成孔，另一方面是在加工过程中起到润滑作用，再就是在隔板使用过程中起到抗氧化作用。微量的抗氧化剂在生产和使用过程中，起到抗氧化作用。微量的着色剂，一般是将不导电炭黑和聚乙烯一起造粒而成。微量的润湿剂可增加隔板的亲水性。

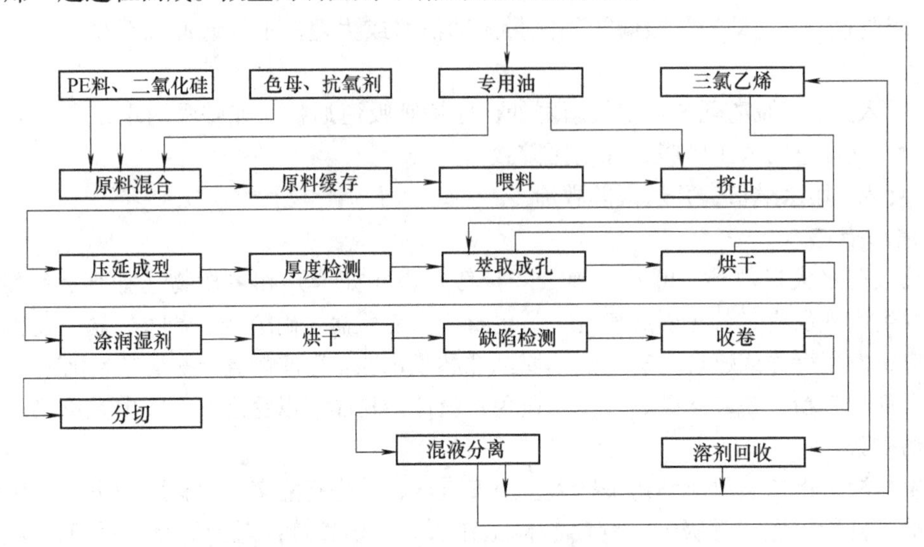

图 11-1 PE 隔板生产流程图

11.3.2 PE 隔板的性能

PE 隔板的主要技术要求见表 11-7。

表 11-7 PE 隔板的物理化学性能参数

序号	项目	起动用		其他型（包括复合型）	
		基底厚/mm	极限值	基底厚/mm	极限值
1	电阻/Ω · dm²	≤0.30[①]	≤0.0010	≤0.30	≤0.0015
		>0.30	≤0.0015	>0.30～0.50	≤0.0025
		—	—	>0.50	≤0.0035
2	横向伸长率	≥300.0%		≥200.0%	
3	孔率	≥55%		≥50%	
4	润湿性/s	≤60.0		—	
5	浸酸失重	≤4.0%		≤4.0%	
6	尺寸稳定性	≤1.0%		≤1.0%	
7	还原高锰酸钾物质/mL · g⁻¹	≤10.0		≤10.0	
8	铁含量	≤0.010%		≤0.010%	
9	氯含量	≤0.030%		≤0.030%	
10	水含量	≤4.0%		≤4.0%	
11	油含量	总体：12.0%～18.0%		基底厚/mm ≤0.3	总体：12.0%～20.0%
				基底厚/mm >0.3	总体：14.0%～22.0%

注：复合型是指：以微孔聚乙烯隔板为基底复合一层玻璃纤维做成的隔板。

① 表示该基底厚隔板正面筋条间间距宽度不小于5mm。

PE 隔板的微观结构如图 11-2 所示。

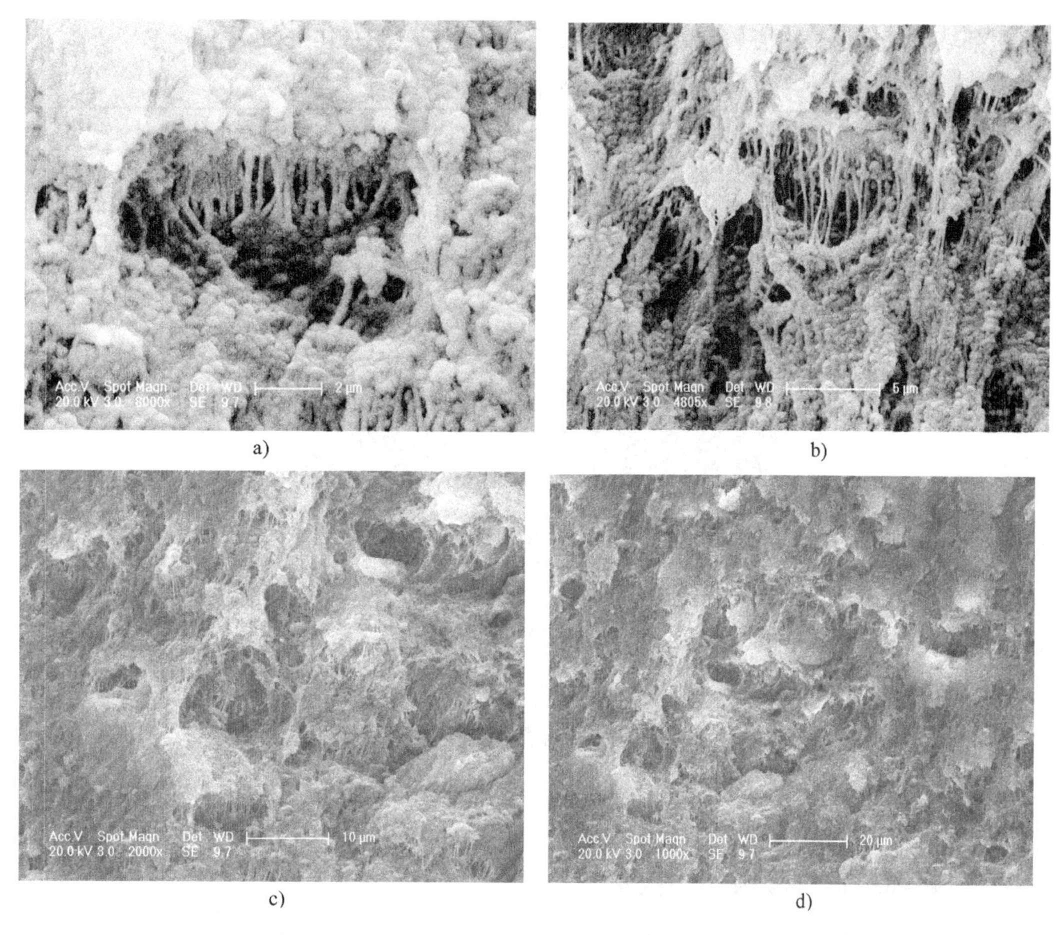

图 11-2　PE 隔板的微观结构图

11.4　超细玻璃纤维隔板

11.4.1　超细玻璃纤维隔板的生产工艺

超细玻璃棉隔板的生产采用造纸法生产，生产工艺简单、周期短。超细玻璃纤维隔板分为片型（可加工成袋型）和毡型，生产工艺和纤维的粗细有一定的差别，用于起动用蓄电池的隔板是片型或袋型，用于阀控密封蓄电池的隔板为毡型，也称为吸附式玻璃毡（absorptive glassmat），简称 AGM 隔板。超细玻璃棉隔板生产流程如图 11-3 所示。

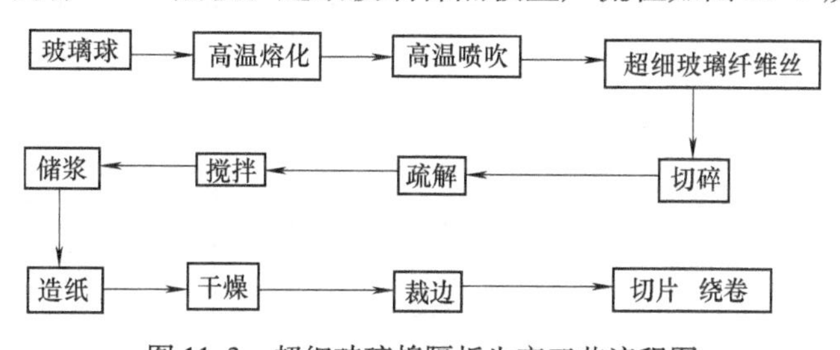

图 11-3　超细玻璃棉隔板生产工艺流程图

超细玻纤成分通常为有碱含硼硅酸盐玻璃，耐硫酸、耐氧化（见表11-8）。

表11-8　中美玻璃纤维成分比较

成分	SiO_2	B_2O_3	CaO	MgO	Al_2O_3	ZnO	K_2O	Na_2O	Fe_2O_3	BaO
美国(%)	69.08	5.43	5.88	0.60	1.50	2.37	0.55	14.56	0.10	0.20
中国(%)	72.04	1.09	6.97	3.94	1.38	1.56	0.70	12.70	0.20	0

吸附玻璃纤维隔板一般选用不同直径的玻璃棉进行搭配，直径范围一般是0.6～3μm。AGM隔板的电镜扫描如图11-4所示。

图11-4　AGM隔板的电镜扫描图

11.4.2　超细玻璃棉隔板的性能指标

超细玻璃棉隔板的技术要求见表11-9，片型（袋型）隔板主要用于起动用蓄电池，毡型隔板用于阀控密封蓄电池。

表11-9　超细玻璃棉隔板的技术要求

<table>
<tr><th>序号</th><th>检验项目</th><th colspan="2">片型、袋型隔板</th><th colspan="2">毡型隔板</th></tr>
<tr><td rowspan="3">1</td><td rowspan="3">拉伸强度</td><td colspan="2" rowspan="3">≥3.00MPa</td><td>总厚/mm</td><td>极限值</td></tr>
<tr><td>≤2.00</td><td>≥0.15d① kN /m</td></tr>
<tr><td>>2.00</td><td>≥0.84kN/m</td></tr>
<tr><td rowspan="2">2</td><td rowspan="2">电阻/Ω·cm²</td><td>普通②</td><td>复合③</td><td>≤2.00</td><td>≤0.00040d</td></tr>
<tr><td>≤0.0010④</td><td>≤0.0015</td><td>>2.00</td><td>≤0.00050d</td></tr>
<tr><td>3</td><td>最大孔径/μm</td><td colspan="2">≤30</td><td colspan="2">≤22</td></tr>
<tr><td>4</td><td>孔率</td><td colspan="2">≥85%</td><td colspan="2">—</td></tr>
<tr><td>5</td><td>润湿性/s</td><td colspan="2">≤5.0</td><td colspan="2">—</td></tr>
<tr><td>6</td><td>定量/g·m⁻²·mm⁻¹</td><td colspan="2">—</td><td colspan="2">130.0～150.0</td></tr>
<tr><td rowspan="2">7</td><td rowspan="2">毛细吸酸高度</td><td colspan="2">—</td><td colspan="2">≥75mm/5min</td></tr>
<tr><td colspan="2">—</td><td colspan="2">≥620 mm/24h</td></tr>
<tr><td>8</td><td>浸酸失重</td><td colspan="2">≤4.0%</td><td colspan="2">≤3.0%</td></tr>
</table>

（续）

序号	检验项目	片型、袋型隔板	毡型隔板
9	加压吸酸量	—	≥550%
10	还原高锰酸钾物质/mL · g^{-1}	≤15.0	≤5.0
11	铁含量	≤0.0080%	≤0.0050%
12	氯含量	≤0.0030%	≤0.0030%
13	水含量	≤1.0%	≤1.0%
14	发泡性	气泡（沫）不能完全覆盖硫酸溶液液面	—

① d 以 mm 为单位的被测试隔板厚度的数值。
② 普通型隔板是指外层未附有粗玻璃纤维的隔板。
③ 复合隔板是指外层附有粗玻璃纤维的隔板。
④ 此电阻极限值对应的隔板总厚不大于 2.0mm。

11.4.3 蓄电池使用的其他类型隔板

微孔橡胶隔板是过去起动用蓄电池以及工业电池大量使用的隔板，是一种优良的隔板。由于生产使用了大量的橡胶，成本较高，目前除少量的特种电池使用外，已较少使用。熔喷聚丙烯隔板是将聚丙烯熔化，通过喷涂的方法成型，然后浸润湿剂生产的隔板，该隔板的特点是生产工艺简单、成本低，主要用于起动用蓄电池中。烧结聚氯乙烯隔板，是通过烧结法制造的隔板，隔板比较脆，主要用于起动用蓄电池中。

11.5 蓄电池槽、盖

11.5.1 蓄电池槽、盖的基本情况

蓄电池槽和盖是蓄电池的重要部件，塑料槽是蓄电池的容器，承载着固定极群和电解液的使命。塑料材料主要是 PP、ABS 等，PP 塑料多用于起动用蓄电池和适合热封的其他蓄电池，槽与盖的封合采用热封工艺；ABS 塑料主要用于阀控式铅酸蓄电池，适合用于胶粘接的蓄电池。塑料材料除了具有一定的物理性能外，还要满足容易注塑成型，变形小，满足蓄电池装配工艺的要求，如起动用蓄电池需要热封生产，槽盖就要有良好的热封性能；阀控式蓄电池需要粘接生产，槽盖就应有良好的粘接特性。槽盖的生产是注塑成型的，因此要有符合技术要求的注塑设备和模具，并有一套完整适用的工艺。

蓄电池的槽盖应注意以下问题，槽和盖的配合尺寸要符合要求，误差要小。对于起动用蓄电池槽上的热封筋与盖上的热封筋要面面相对，整体的误差不超过 0.5mm，这是重要的配合尺寸，超过误差可能导致热封漏气。对于阀控式电池槽盖的配合尺寸也不要超过 0.5mm，误差过大会导致槽上的筋条落不到盖上胶槽的中心位置，导致强度不够，密封不良，产生爬酸的问题。电池槽的高度会因为注塑工艺的波动，产生高度方向的误差，一般应控制在 0.8mm 以内，如果误差太大，会对热封或胶封效果产生影响，这是值得注意的。塑槽的变形是影响蓄电池热封和胶封的重要因素，出现漏气、串格等问题，一部分是槽体变形导致的。有的蓄电池为了美观和体现个性化，设计一些特殊的结构，但设计不要影响电池的

功能性要求和制造的便利。

在蓄电池槽盖的使用材料方面，需要综合考虑材料的所有性能，槽和盖要满足标准要求。之外还要考虑成型的生产工艺要求和生产习惯。如PP料有中熔融指数和低熔融指数的材料，习惯用低熔融指数的材料，使用中熔融指数的材料就可能不习惯。

11.5.2 蓄电池槽的主要指标[10]

蓄电池塑料槽物理化学性能见表11-10。

表11-10 塑料槽物理化学性能

序号	检验项目		指标或极限值			
			≤50Ah	50~300Ah	300~1000Ah	≥1000Ah
1	耐冲击性	各类型常温	见标准 GB/T 23754—2009			
		各类型低温	见标准 GB/T 23754—2009			
2	耐热性		≤1.3mm	≤1.5mm	≤1.8mm	≤2.0mm
3	内应力		按标准 GB/T 23754—2009			
4	耐气压性（阀控槽）		≤1.0mm	≤2.0mm	≤2.5mm	≤3.0mm
5	质量变化率		≤1.0%			
6	铁含量		≤0.005%			
7	还原高锰酸钾物质/ml·g^{-1}		≤1.0mL/g			

耐电压是蓄电池槽的一个重要指标，蓄电池槽在一定时间内，在一定的交流电压的作用下，若有缺陷或材质本身电阻低则会被击穿。用蓄电池槽经受一定交流电压作用是否被击穿表示其耐电压，测试方法见GB/T 23754—2009。

落球冲击强度是表示蓄电池槽体强度和耐碰撞冲击的一个指标。蓄电池槽在一定温度下，用500g质量的钢球，以标准滚定的高度冲击，结果不应有裂纹或敲击试样有裂纹的声音，进行电压击穿试验不合格按有裂纹处理。以试验的落球高度值表示蓄电池槽的耐冲击性。低温试验是在-30℃保持3h，取出后1min内测试。

蓄电池槽的耐热性是蓄电池槽在一定的温度下保持一定的时间，一般整体槽为70℃，单体槽为60℃，保持时间为3h，然后冷却至室温，测量外形尺寸发生的变化，用蓄电池槽外形尺寸的变化表示其耐热性。

阀控式蓄电池槽通入一定压力的气体后，因膨胀产生一定的形变，用在一定压力下产生形变的大小表示槽体的耐气压性，一般充气压力达到30kPa，长度和宽度的变化率表示耐气压性。

11.6 起动用蓄电池的指示器

11.6.1 指示器的工作原理

对于起动用免维护蓄电池，电池盖上取消了注酸孔，终身不用补加水维护，为了指示蓄电池储存电量的大小，以及电解液的液位高低，一般安装蓄电池状态指示器，也称为电眼、猫眼、魔术眼等。蓄电池指示器是基于电解液的密度变化而工作的，所以只适用于富液式电池，多用于免维护蓄电池，在少维护或开口电池中也可使用。

在蓄电池放电时，电解液密度降低，当电解液的密度低于蓄电池状态指示器中的红色、绿（蓝）色等不同色球的密度时，色球就下沉，这一状态通过指示器杆折射放大后，显示出不同的环状颜色图形，即可判别蓄电池的荷电状态。密度球的密度数值对应电解液的临界密度值的上、下区域有不同的下沉、上浮状态，蓄电池电解液密度的临界值，是指蓄电池工作时，电解液密度下降至某一数值时，该蓄电池荷电降低至不能正常工作，需要对其充电时的密度值。这一临界值对不同厂家生产的蓄电池会略有不同。蓄电池状态指示器还能显示蓄电池电解液损耗超过下限的情况[4]。

11.6.2　指示器的构成

指示器主要有安装部分、密封部分、显色杆、密度球、球盒等组成。不同厂家的电池设计不同，选用的密度球颜色可能不同，目前主流的是红色、蓝色、绿色，有的也选用白色、黑色密度球。

目前指示器主要有螺纹安装方式和压入式安装方式两大系列。

生产时安装在蓄电池的盖上，带有液孔栓（工作栓）的蓄电池有的安装一个液孔栓与指示器合二为一的指示器（见图11-5）。

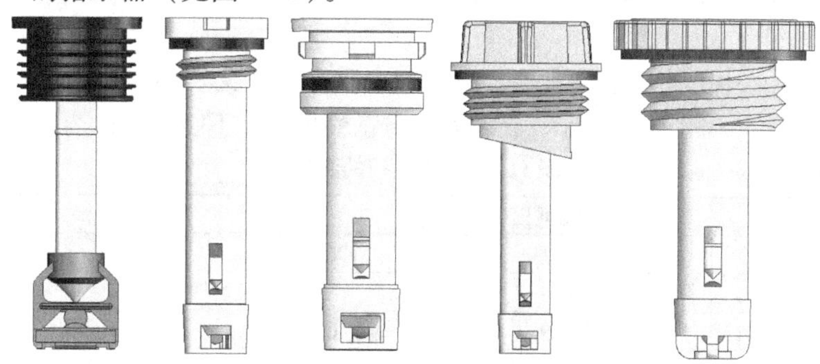

图11-5　蓄电池常用指示器结构示意图[5]

11.6.3　指示器的结构

指示器的上表面有一个水平观测镜面，用于观察折射密度球颜色的变化，一般在指示器的旁边标有颜色图形说明，只要将显示的图形与标示的图形对比，就可确认蓄电池的状态（见图11-6）。水平观测镜面下面有安装螺纹用于配合蓄电池的上盖安装孔，过盈配合安装是靠过盈力固定于蓄电池上盖的。电眼底端是密度球盒，用于将密度球固定在一个范围内。指示器的显色杆用于折射光线到水平观测镜面。

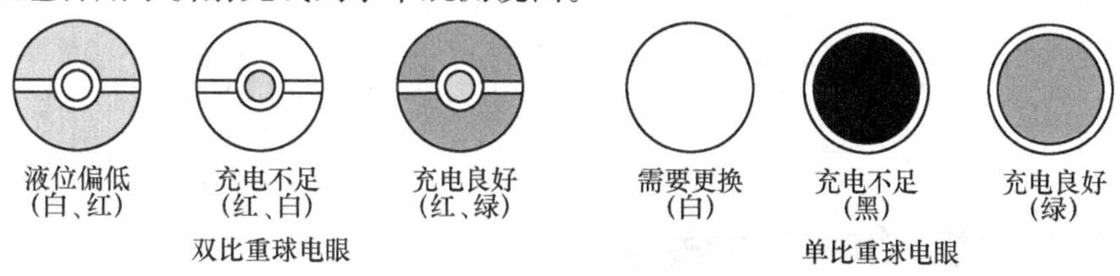

图11-6　蓄电池常用指示器指示效果图[5]

11.6.4 指示器的主要材料

指示器的材料主要有用于显色杆的聚碳酸酯塑料；用于密封的橡胶圈；指示密度的塑胶球。聚碳酸酯塑料简称PC工程塑料，PC材料是工程塑料中的一种。作为世界范围内广泛使用的材料，PC是一种综合性能优良的非晶型热塑性树脂，具有优异的电绝缘性、延伸性、尺寸稳定性及耐化学腐蚀性，较高的机械强度、耐热性和耐寒性；还具有自熄、阻燃、无毒、可着色等优点，可在-60～120℃长期使用。PC有90%的透光率。

指示器的核心零件是密度球，密度球的密度随温度的变化要与电解液密度随温度的变化相近，这样可保证受温度的影响较小。密度球的材质应不吸附极板中析出的物质，如防氧化油、炭黑等，这样才能不误指示。

11.7 添加剂

11.7.1 超细硫酸钡

超细硫酸钡是铅酸蓄电池负极铅膏的一种无机添加剂。作用是防止负极板在充电循环时收缩，改善蓄电池放电性能和充电接受能力。使用方法是添加到负极用铅粉中，添加量为铅粉重量的0.5%～1%。

硫酸钡在蓄电池中的使用主要考核分散性和杂质含量（见表11-11）。硫酸钡颗粒度应在5μm以下，如图11-7、图11-8所示，在铅膏中分散性要好，不能成团；杂质含量不能超标。

表11-11 硫酸钡的测试值

品种	沉淀硫酸钡	品种	沉淀硫酸钡
硫酸钡（质量分数,%）	99.11	Cr/mg·kg^{-1}	≤1.0
水分（质量分数,%）	0.064	Na/mg·kg^{-1}	≤0.1
水溶物（质量分数,%）	0.029	Ca/mg·kg^{-1}	≤0.01
Fe（质量分数,%）	0.005	Mg/mg·kg^{-1}	≤20
Cu/mg·kg^{-1}	≤1.0	pH	8.6
Ni/mg·kg^{-1}	≤2.0	吸油量/g·（100g）$^{-1}$	14.0
Sb/mg·kg^{-1}	≤0.5	平均粒子直径/μm	0.6～1.0

图11-7 硫酸钡的SEM图

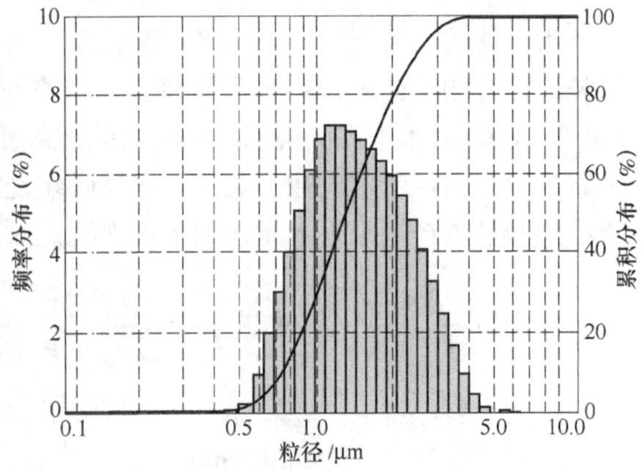

图11-8 用激光粒度仪测得硫酸钡的粒度分布

11.7.2　腐殖酸

腐殖酸作为负极活性物质的添加剂，它能够吸附在负极的铅晶表面上，使活性铅得以保持其高分散性，在放电过程中，形成 $PbSO_4$ 不能直接包围的铅粒，防止负极的收缩，因此腐殖酸对蓄电池的寿命起到非常重要的作用，对提高电池容量效果明显。

腐殖酸的种类较多，不是所有的腐殖酸都能应用于蓄电池。腐殖酸是一种天然有机高分子化合物，存在于土壤的腐殖质和低级煤的物质中，具有芳香核、羟基、羧基、醌基、甲氧基等活性基团。腐殖酸分子量为 300 ~ 400 称为黄腐殖酸（溶于水），分子量为 10^3 ~ 10^4 成为棕腐殖酸，分子量达 10^4 ~ 10^6 为黑腐殖酸。一般腐殖酸含碳 55% ~ 65%、氧 25% ~ 35%、氢 5.5% ~ 6.5%、氮 3% ~ 4%，还有少量的磷硫等。用于蓄电池的腐殖酸的原料来源有两种，第一种是特定地区的湖泥；第二种是风化煤。原材料的不同在蓄电池中的表现差别较大。腐殖酸的生产工艺有两种，一种是碱法生产，另一种是酸法生产，常用的方法是碱法。以湖泥为原料的腐殖酸，其腐殖酸含量要低一些，灰分要高一些，这是原材料差异造成的，一般认为，湖泥腐殖酸的性能要比以风化煤为原料的腐殖酸性能好一些，但湖泥腐殖酸的价格要高一些。腐殖酸的杂质主要是铁。

在负极铅膏合膏时，腐殖酸直接添加到铅粉中或与其他添加剂混合好，配成负极添加剂添加到铅粉中。添加量一般在 0.3% ~ 0.9%。

腐殖酸的指标见表 11-12。腐殖酸的 SEM 照片如图 11-9 所示。

表 11-12　腐殖酸的指标　　（质量分数，%）

项目	HGT-1999 指标	厂家 1 标准值	厂家 2 标准值
腐殖酸含量（干基计）	≥70	≥70	≥80
水分	≤10.0	≤10.0	≤10.0
灰分（以干基计）	≤15.0	≤12.0	≤8.0
碱不溶物（干基计）	≤7.0	≤7.0	≤7.0
铁（Fe）含量	≤0.10	≤0.05	≤0.05
氯（Cl）含量	≤0.10	≤0.01	≤0.01
硝酸根（NO_3^-）含量	试验合格	试验合格	试验合格
细度（通过 0.125mm 筛）	≥99	≥99	≥99.5

图 11-9　腐殖酸的 SEM 照片

11.7.3 木素磺酸钠

木素磺酸钠是为改善蓄电池放电特性，在负极铅膏中加入的一种有机添加剂，与腐殖酸一样是常用的有机添加剂。木素磺酸钠用木素制得，木素是从木材中提取的一种木质素，多是通过造纸得到的一种副产品。木素的外观为土褐色或棕褐色粉末物，粒径为1～5μm，表观密度为0.4～0.5g/cm^3，密度为1.3～1.5 g/cm^3，比表面积为180m^2/g，碳含量为60%～64%，氧含量31%～34%，氢为5%～6%。碱木素在空气中的软化点为120℃，熔点为140～150℃。木素能用于浮选剂，土壤改良剂，气体吸附剂，建筑材料与动物饲料添加剂（3%～5%），又可作为工业碳的原材料。

蓄电池中使用木素的磺酸盐，一般是木素磺酸钠，是经过专业的测试实验其性能符合蓄电池的要求，并且原材料来源稳定和固定的制造工艺生产出来的产品，才能作为蓄电池的添加剂，是一种专用的木素磺酸钠。使用方法为通常100kg铅粉加0.2～0.3kg木素磺酸钠。不同厂家木素磺酸钠的指标测试值见表11-13。

表11-13 不同厂家木素磺酸钠的指标测试值

项目	挪威某木素磺酸钠	木素磺酸钠样品1	木素磺酸钠样品2
含水率（质量分数,%）	—	≤5	15±5
pH	7.3	8.0±0.5	3.5±0.5
颜色	暗褐色	暗褐色	暗褐色
密度/g·cm^{-3}	—	0.7	0.8
木素磺酸钠（质量分数,%）	92	91	90
无机盐（质量分数,%）	—	9	10
灰分（质量分数,%）	17	20	15
总硫（质量分数,%）	2.5	—	—
Cl（质量分数,%）	0.005	—	—
$-OCH_3$（质量分数,%）	11.9	—	—
Ca（质量分数,%）	0.004	—	—
Mg（质量分数,%）	0.002	—	—
Fe（质量分数,%）	0.003	—	—
Na（质量分数,%）	6.2	9.6	5.4

木素磺酸钠的结构如图11-10所示。木素磺酸钠的SEM如图11-11所示。

有机膨胀剂木素磺酸钠与腐殖酸的成分对比见表11-14。

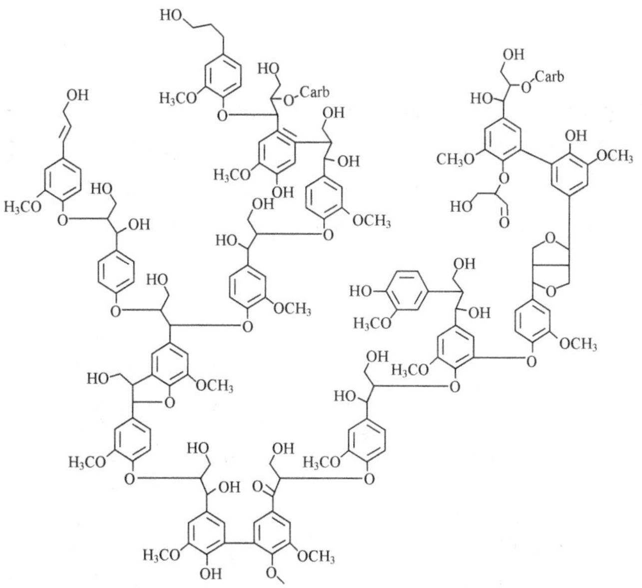

图 11-10　针叶木的木质素磺酸盐结构式示意图

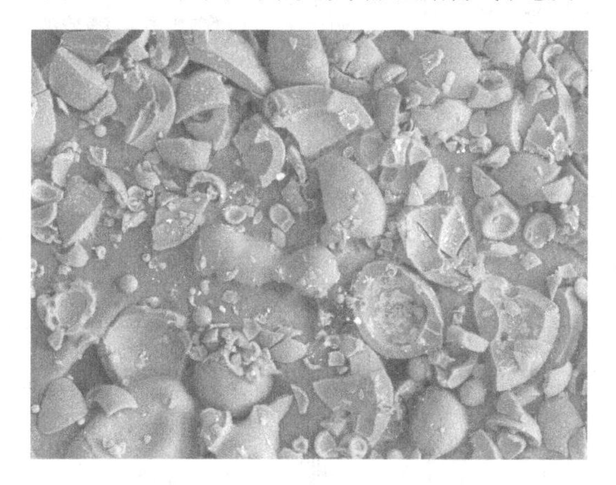

图 11-11　木素磺酸钠的 SEM 图

表 11-14　腐植酸与木素磺酸钠成分分析对比

成分	腐植酸 1	腐植酸 2	VanisperseA 饱利葛木素	VanisperseHT－1 饱利葛木素
固形物（*w* %）	88.1	90.2	≥93	≥93
pH 值	3	2.7	7～8	10～11
Na（*w* %）	0.62	0.47	—	—
－COOH（*w* %）	8.0	6.6	—	—
灰分（*w* %）	4.1	2.7	≤23	≤25
Cu/mg·kg^{-1}	52	48	≤340	≤70
Fe/mg·kg^{-1}	73	64	≤30	≤100
Mn/mg·kg^{-1}	14	14	≤10	≤10
Ni / mg·kg^{-1}	35	34	≤10	≤2.5
总氮（*w* %）	1.5	1.5	—	—

11.7.4 石墨

石墨是用于铅酸蓄电池正极中的添加剂（目前也少量用于负极），它的主要作用是提高正极的导电性，来提高蓄电池的性能。因石墨与蓄电池的正极铅膏结合较困难，因此石墨的颗粒要小，一般要达到900目以上，颗粒大容易导致活性物质的脱落。石墨中的杂质要低，特别是铁含量（见表11-15）。图11-12所示为900目石墨的粒径分布；图11-13所示为石墨的SEM图。

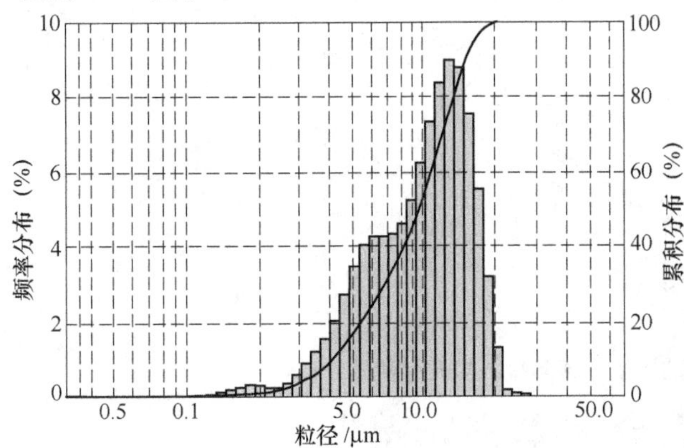

图11-12 900目石墨的粒径分布

图11-13 石墨的SEM图

表11-15 蓄电池中使用石墨的理化指标

检测项目	技术指标	检测项目	技术指标
固定碳（质量分数,%）	≥99.5	铝（质量分数,%）	0.0050
水分（质量分数,%）	≤0.5	钙（质量分数,%）	0.0100
铁（质量分数,%）	0.0040	铅（质量分数,%）	0.0005
铜（质量分数,%）	0.0001	粒度（≤25μm）（质量分数,%）	≥98
锰（质量分数,%）	0.0005	D50/μm	8~11
镉（质量分数,%）	0.0001	D10/μm	3~5
镍（质量分数,%）	0.0005	D90/μm	14~18

11.7.5 炭黑

（1）乙炔炭黑

乙炔炭黑具有导电性、易分散性等特点。在负极添加剂中加入高纯度乙炔炭黑，可以提高极板性能。炭黑是一种很好的导电体，可以用来改善负极活性材料的导电性。表11-16为乙炔黑的指标；图11-14所示为乙炔黑的SEM图。

表11-16 乙炔炭黑的指标

序号	测试项目	指标（50%压缩品）	序号	测试项目	指标（50%压缩品）
1	加热失重（质量分数,%）	≤0.4	5	吸碘值/g·kg^{-1}	≥80
2	灰分（质量分数,%）	≤0.3	6	盐酸吸液量/mL·g^{-1}	≥3
3	粗粒（质量分数,%）	≤0.03	7	电阻率/Ω·m	≤3.5
4	视比容/mL·g^{-1}	13~17			

乙炔炭黑重量比较轻，配料时飞扬比较严重，配料环境比较差；另外乙炔炭黑是憎水性粉体，和膏时较难混合均匀，化成容易析出，现在技术人员逐步寻找新的炭黑，以解决上述问题。用 PBX7 炭黑替代乙炔炭黑，除具备乙炔炭黑的功能外，具有亲水性，易于合膏，均匀一致的特点。

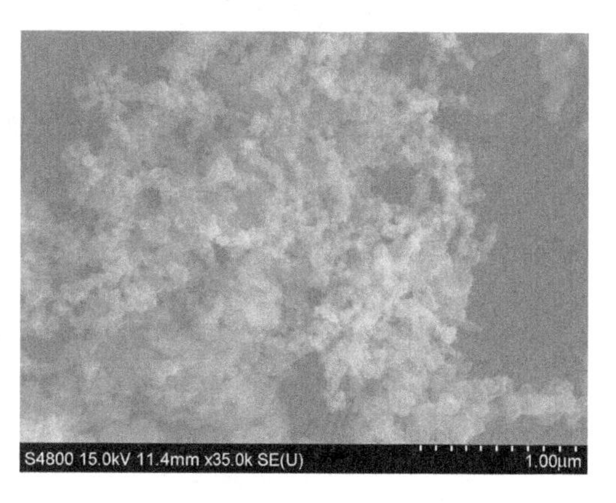

图 11-14　乙炔炭黑的 SEM 图

（2）卡博特炭黑

在很多的研究资料和书籍[13]中，看到称为卡博特（Cabot）炭黑的资料，这里将卡博特炭黑的参数和部分试验的添加量列入表 11-17中。

表 11-17　卡博特炭黑的参数

PBX™功能炭黑的典型参数				
	PBX09	PBX51	PBX135	PBX55
比表面 BET	210～260	1300～1550	120～180	45～60
吸油值 OAN（cc/100g）	100～130	140～200	150～180	120～150
铁含量（ppm）	<20	<40	<20	<20
可试用范围	通讯、储能、UPS	起停、电动自行车	EFB	EFB
参考添加量（按铅粉重量）	0.2%～0.5%	0.1%～0.3%	0.2%～0.5%	0.2%～0.5%
备注		尽量预湿		

11.7.6　短纤维

短纤维添加在铅酸蓄电池正、负极活性物质中，增强极板机械强度，提高蓄电池寿命。短纤维在水中的分散性要好，能保持长时间的均匀分散状态，与铅粉混合时能分散均匀，具有良好的耐温、耐酸性。使用方法：一般是铅粉重量的 0.05%～0.1%左右。

1. 聚酯短纤维（见表 11-18）

表 11-18　聚酯短纤维的性能指标

项目	质量标准	项目	质量标准
断裂强度/cN	≥7.00	长度偏差率（%）	±15.0
单纤维细度/detx	1.5～3	倍长纤维含量/mg·(100g)$^{-1}$	≤20.0
断裂伸长率（%）	23.0±6.0	纤维长度/mm	3～5
含水率（质量分数,%）	16.0±2.0	耐温性	在 100～110℃的烘箱中保持 2h 不收缩变形
130℃干热收缩率（%）	≤3.0	耐酸性	在 60%的硫酸中保持 30min 无溶解现象
直径/μm	11.1～14.0	分散性	无杂质、不卷曲、不粘连、不抱团、水中分散性好

2. 聚丙烯短纤维（见表11-19）

表11-19 聚丙烯短纤维的指标参数

项目	规格	项目	规格
细度/detx	2.22±0.33	耐酸性（质量分数,%）	≤0.5
纤维长/mm	3±0.3	热收缩性（%）	3.0±1.5
含水量（质量分数,%）	23~28	密度/g·cm^{-3}	0.91
干强度/CN· detx^{-1}	70~130	软化温度/℃	约135
分散性	良	熔点/℃	约165

11.7.7 4BS添加剂

4BS的分子式为$4PbO \cdot PbSO_4$，晶体的密度为8.1047g/cm$_3$，熔点为890℃，不溶于冷水和常规有机溶剂，但微溶于热水和硫酸；晶体结构为单斜四方晶型，P21/α空间群，晶体参数分别为$a=11.44$nm，$b=11.66$nm，$c=7.31$nm。晶胞由PbO和SO_4四面体组成，Pb-O键键长分别为2.28nm和2.95nm；SO_4四面体处于PbO晶胞空隙中，S-O键键长为1.45nm。[15]

四碱式硫酸铅是蓄电池生极板中的一种结构的物质。作为添加剂，4BS为一种亮白色细粉末，作为晶种使用，提高极板中四碱式硫酸铅的含量，可使形成的晶体细小、均匀，提高电池的寿命，也可以降低固化时间，适用于动力型电池、储能电池、起动用电池等。一般建议添加量为重量的0.5%~1%。Addenda 4BS晶种是蓄电池常用的添加剂之一。

表11-20中的纯度是4BS的纯度，其余的杂质是铅的化合物，对蓄电池有害杂质应参考铅粉的指标控制。4BS添加剂的SEM图如图11-15所示。

表11-20 4BS的质量标准

项目	指标
水分（质量分数,%）	≤0.5
纯度（质量分数,%）	≥95.0
颗粒大小（D50）/μm	≤2

图11-15 4BS添加剂的SEM图

11.7.8 红丹

红丹（四氧化三铅）的分子式为Pb_3O_4。用于蓄电池的正极添加剂，添加红丹对蓄电池的化成有促进作用。根据蓄电池的类型和生产工艺不同，适量添加。添加过量会造成极板的脱落，使蓄电池的寿命缩短，因此要酌情使用。蓄电池用红丹的技术指标见表11-21。

表 11-21　蓄电池用红丹的技术指标　（质量分数,%）

序号	项目	指标	序号	项目	指标
1	四氧化三铅（Pb_3O_4）	≥97	8	As	≤0.002
2	二氧化铅（PbO_2）	≥33.9	9	Zn	≤0.002
3	水分（H_2O 计）	≤0.10	10	Sn	≤0.002
4	硝酸不溶物	≤0.10	11	Sb	≤0.002
5	Fe	≤0.0015	12	Bi	≤0.003
6	Cu	≤0.001	13	Ni	≤0.0001
7	Ag	≤0.002	14	Te	≤0.0001

11.7.9　石墨烯

石墨烯（Graphene）是从石墨材料中剥离出来，由碳原子组成的只有一层原子厚度的二维晶体。2004 年，科学家成功地从石墨中分离出石墨烯，证实它可以单独存在。石墨烯既是最薄的材料，也是最强韧的材料，断裂强度比最好的钢材还要高 200 倍。同时它又有很好的弹性，拉伸幅度能达到自身尺寸的 20%。它是目前自然界最薄、强度最高的材料。

石墨烯几乎是完全透明的，只吸收 2.3% 的光。另一方面，它非常致密，即使是最小的气体原子（氦原子）也无法穿透。这些特征使得它非常适合作为透明电子产品的原料，如透明的触摸显示屏、发光板和太阳电池板。

作为目前发现的最薄、强度最大、导电导热性能最强的一种新型纳米材料，石墨烯被称为“黑金”，是“新材料之王”。

在铅酸蓄电池中，负极添加剂中一般有炭黑或石墨，现在加入石墨烯从成分上或结构上没有什么问题，同样会增加导电性能。添加多少，最佳效果还需要进行验证。市场上添加石墨烯的电池称为“黑金”电池，主要是销售策略。石墨烯是否能添加到正极，主要是要考核石墨烯在正极的耐氧化性能，还有待于进一步试验确定。有电池宣称在板栅合金中加了石墨烯，还有待于确认。

11.7.10　无水硫酸钠

无水硫酸钠的分子式为 Na_2SO_4，分子量为 142.04，呈白色晶体颗粒或粉状，易溶于水，不溶于乙醇。密度为 $2.698g/cm^3$，沸点为 1404℃，熔点为 884℃，有吸湿性。可与碳高温下反应还原为硫化钠，高温下与二氧化硅反应生成硅酸钠等。

分析纯无水硫酸钠主要用于蓄电池添加剂、化学试剂，也可用于医药解毒剂、食品添加剂，此外还用于制冷混合剂、燃料稀释剂、瓷釉、玻璃等。产品质量指标见表 11-22。

表 11-22　化学试剂无水硫酸钠的技术要求[16]　（质量分数,%）

名称	分析纯	化学纯
（Na_2SO_4）含量	≥99.0	≥98.0
pH（浓度 50g/L，25℃）	5.0～8.0	5.0～8.0
澄清度试验/号	≤3	≤5

（续）

名称	分析纯	化学纯
水不溶物	≤0.005	≤0.02
灼烧矢量	≤0.2	≤0.5
氯化物（Cl）	≤0.001	≤0.005
磷酸盐（PO_4）	≤0.001	≤0.002
总氮量（N）	≤0.0005	≤0.001
钾（K）	≤0.01	—
钙（Ca）	≤0.002	≤0.005
铁（Fe）	≤0.0005	≤0.0015
重金属（以 Pb 计）	≤0.0005	≤0.002

注：pH 除外，其他均为“质量分数,%”。

当蓄电池放电时，电解液中的硫酸根离子就会进入极板中，与极板进行反应，电解液的密度就会降低。在电解液中维持硫酸铅的溶度积的平衡，即硫酸根离子的浓度与铅离子的浓度的乘积是一个常数。当电解液中的硫酸根离子降低时（特别是降得较低时），铅离子就会进入电解液中。当再次充电时，大量的硫酸根离子进入溶液中，铅离子就会析出，形成硫酸铅，一部分沉积到极板，一部分沉积到隔板，使隔板很容易堵塞微孔或形成硫酸铅结晶逐渐长大，穿过隔板，造成短路。为防止这种问题的发生，一般会在电解液中添加无水硫酸钠，增加溶液中的硫酸根离子的浓度，阻止硫酸铅的沉积或结晶。一般无水硫酸钠的添加量为7～15g/L。一般阀控式蓄电池用分析纯，起动用免维护蓄电池用化学纯可满足要求。

11.7.11 预混式复合添加剂

预混式复合添加剂是由几种添加剂经过混合而成的。预混式复合负极添加剂主要由硫酸钡、木素、炭黑等组成，根据不同电池类型的需要，组成也不同，分为起动电池用、备用电源阀控密封电池用、动力电池用等多种类型。预混式复合添加剂用各种单体添加剂经过预先充分混合，均匀一致性好，合膏时添加剂分布均匀，可有效保证极板和电池的一致性，通过差示扫描量热法 DSC 试验也证明了这些。同时预混式复合添加剂杜绝了因人工配料称重不准确造成的误差和错加等质量事故，在达到相同效果时，比手工配料节省材料。重要的是过去是每个蓄电池厂都有配料室，由于称量炭黑等物质造成室内乌烟瘴气，工作环境非常差，是工厂里环境最糟糕的地方，并且工人常年在此环境下工作，有易得职业病尘肺的可能。直接购买或委托制造可解决上述问题，并能保证质量。有的公司担心技术会泄露是完全没有必要的，因为现在普通的配方差别不大。专业工厂生产的预混式复合添加剂，是经过多年的研究和试验确定的配方，可能性能更优良。国外的企业多使用预混式复合添加剂，可直接买到相应的产品，国内金科力公司已能生产全系列的预混式复合添加剂。

11.8 蓄电池用铅圈

铅圈主要用于起动用铅酸蓄电池的端子，在注塑盖子时铅圈底部埋入盖子的塑料中，与塑料形成密封体，靠多级螺旋增强密封性。有的在铅圈与塑料结合的部位涂上一层有机物，增加密封性能。端子的铅圈结构如图 11-16 所示。铅圈的技术要求见表 11-23。

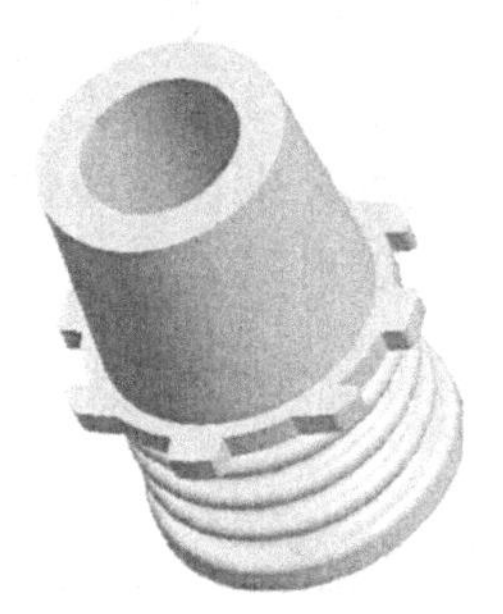

图 11-16　两种蓄电池用铅圈图

表 11-23　铅圈的技术要求

序号	检验项目		技术标准
1	外观	龟裂（裂缝）、裂痕	浇铸口切断裂痕在 2.3mm 以下，其他部位不得发生
		流纹	指甲划过无感觉
		孔洞	不能有看出的孔洞
		模具错位	无显著的模具错位
		收缩痕	不能有明显的收缩痕
		毛刺	切口部位和螺旋部位不能有超过 0.6mm 的毛刺，其他部位不允许
		杂物混入	不允许
		伤痕	螺纹部位：不得有明显的伤痕 其他部位：指甲划过没有感觉（顶部以下 1.5mm 以内不做规定）
		氧化铅渣	不允许有明显的夹渣
		浇铸口部及顶针部凹凸	浇铸口：0.4mm 顶针部：0.6mm
		弯曲变形	不允许
		铅套歪斜、偏芯	歪斜、偏芯：0.5mm 以下
		氧化变色	轻微允许
		浇铸不满，凹坑	不允许
		筋与邹纹	螺纹部位：长 1.8mm 以下，宽 1.0mm 以下，螺纹深度的 1/2 以下
2	尺寸		符合图样要求的尺寸
3	气密性		在铅套表面涂上肥皂水，以 1.5kg/cm^2 气压对铅套加压 10s，无漏气
4	渗透性		用清洁剂除去表面油渍，室温下干燥 1h，涂上红色渗透液，在室温下保持 72h，无渗透现象
5	扭力		用专用器具固定住铅套后，用扭力扳手不同方向曲折，细端子 8Nm，粗端子 13Nm，无损坏

11.9　蓄电池槽、盖用聚丙烯 PP 树脂

聚丙烯，英文名称：Polypropylene，分子式为 $[C_3H_6]_n$，简称 PP，由丙烯聚合而制得的一种热塑性树脂。有等规物、无规物和间规物三种构型，工业产品以等规物为主要成分。

聚丙烯也包括丙烯与少量乙烯的共聚物在内，通常为半透明无色固体、无臭无毒。由于结构规整而高度结晶化，故熔点高达167℃，耐热，制品可用蒸汽消毒是其突出优点。密度为0.90g/cm³，是重量较轻的通用塑料。耐腐蚀，抗张强度为30MPa，强度、刚性和透明性都比聚乙烯好。缺点是耐低温冲击性差，较易老化，但可分别通过改性和添加抗氧剂予以克服。特点：无毒、无味，密度小，强度 、刚度、硬度耐热性均优于低压聚乙烯 ，可在100℃左右使用。具有良好的电性能和高频、绝缘性不受湿度影响，主要用于蓄电池槽、盖成型用原材料。PP树脂的特性指标见表11-24[17]。

表11-24 PP树脂的特性要求

序号	项目	试验方法	单位	规格值
1	拉伸强度	ISO 527/JIS K7161	MPa	≥21
2	破断伸长率	ISO 527/JIS K7161	%	≥40
3	弯曲弹性	ISO 178/JIS K7171	MPa	≥1250
4	悬臂梁冲击强度	ISO 179/JIS K7111	kJ/m²	≥10
5	洛氏硬度	ISO 2039/JIS K7202	（R尺寸）	≥53
6	热变形温度	ISO 75/JIS K7191	℃	≥70
7	MFR	ISO 1133/JIS K7210	g/10min	10±1.5

11.10 蓄电池槽、盖用聚乙烯着色母粒

聚乙烯着色母粒是20世纪60年代开发的一种塑料、纤维的着色产品，它是把颜料超常量均匀的载附于树脂中而制得的聚合物的复合物。色母粒一般由三部分组成，着色剂载体分散剂，通过高速混炼机混炼后，破碎、挤出拉成粒，色母粒在塑料加工过程中，具有浓度高、分散性好、清洁等显著的优点，其特性见表11-25。主要用于蓄电池槽、盖成型用原材料。

表11-25 聚乙烯着色母粒的特性要求

序号	项目	单位	规格值	
			PP81023，银灰色	PP60076，蓝色
1	总色差	—	≤4	≤4
2	着色强度	%	95~105	95~105
3	含水量	质量分数%	≤1.5	≤1.5
4	耐迁移性	级	≥4	≥4
5	耐热性	级	≥4	≥4

参考文献

[1] 中南矿冶学院分析化学研究室，等. 化学分析手册［M］. 北京：科学出版社，1984.
[2] 朱松然. 蓄电池手册［M］. 天津：天津大学出版社，1997.
[3] 全国有色金属标准化技术委员会，GB/T 469—2013 铅锭［S］. 北京：中国标准出版社，2014.

[4] 巴甫洛夫. 铅酸蓄电池讲义. 保定金风帆蓄电池有限公司编译, 2000.
[5] 化学工业硫和硫酸标准化技术归口单位, HG/T 2692—2015 蓄电池用硫酸 [S]. 北京: 化工出版社, 2016.
[6] 全国铅酸蓄电池标准化技术委员会, JB/T 10052—2010 铅酸蓄电池用电解液 [S]. 北京: 机械工业标准, 2010.
[7] 全国铅酸蓄电池标准化技术委员会, GB/T 28535—2012 铅酸蓄电池隔板 [S]. 北京: 中国标准出版社, 2012.
[8] 陈红雨, 黄振泽等. AGM 隔板的研究与应用 [J]. 蓄电池, 1996, (2): 3 - 9.
[9] 全国铅酸蓄电池标准化技术委员会, GB/T 28535—2012 铅酸蓄电池隔板 [S]. 北京: 中国标准出版社, 2012.
[10] 全国铅酸蓄电池标准化技术委员会, GB/T 23754—2009 铅酸蓄电池槽 [S]. 北京: 中国标准出版社, 2009.
[11] 柴树松. 蓄电池用指示器的分析和探讨 [J]. 蓄电池, 2000, (2): 26 - 28.
[12] 福建省泉州一鸣电器有限公司编制. 指示器产品说明书, 2008.
[13] [保] 德切柯. 巴普洛夫 (Detchko Pavlov). 铅酸蓄电池科学与技术 [M]. 段喜春, 苑松译, 北京: 机械工业出版社, 2015.
[14] 山东金科力电源科技有限公司编制. 涤纶短纤维产品说明书, 2009.
[15] Steele I M, Pluth JJ, Crystal structure of tetrabasic lead sulfate ($4PbO \cdot PbSO_4$) [J]. J Electrochem Soc, 1998, 145 (2): 528 - 533
[16] 全国化学标准化技术委员会化学试剂分会, GB/T 9853—2008 无水硫酸钠 [S]. 北京: 中国标准出版社, 2008.
[17] 全国塑料标准化技术委员会, GB/T 12670—2008 聚丙烯 (PP) 树脂 [S]. 北京: 中国标准出版社, 2008.

12

第12章　蓄电池的设计

12.1　蓄电池设计的原则

12.1.1　蓄电池的电压

铅酸蓄电池的电压由正极材料和负极材料在稀硫酸电解液中的电极电位差决定，一般在2V左右；因此一般规定单体蓄电池的额定电压为2V。在常用的铅酸蓄电池中，都以2V为单体的电压进行设计。如果单体电池串联，蓄电池的额定电压为单体数与单体额定电压的乘积，即额定电压为串联单体数的2倍。当然额定电压与实际电压是有差别的，如充好电的起动用蓄电池的实际电压可能是12.80V左右，放电恢复后的电压可能是12.30V左右。额定电压是标称的电压，供电池设计、测试、使用等参考。

常用的起动用蓄电池的额定电压为12V，由6个单体蓄电池内部串联；过去曾经用过额定电压6V的蓄电池，由内部3个单体串联，现在6V的电池已较少见。因为汽车蓄电池的充电系统对于12V蓄电池的充电电压为14V左右，在汽车系统中又称为12/14V系统，少量使用36V蓄电池的汽车系统，又称为36/42V系统。固定型阀控式电池常用的额定电压有2V和12V，常用电动助力车单个电池的额定电压为12V，其他应用的铅酸蓄电池额定电压根据需要有所不同，但以12V为多。

12.1.2　蓄电池的容量

根据法拉第电解定律，电池的容量与活性物质的量成正比，这是容量设计的基础和思想。容量大活性物质必然要多，容量小活性物质少（参见第1章）。在此基础上，根据蓄电池的类型和用途，根据性能、寿命、成本等的具体要求，结合电池测试结果，确定活性物质的利用率，从而确定合适的活性物质的量。

正极活性物质 PbO_2 的理论当量为4.462g/(A·h)，负极活性物质Pb的理论当量为3.865g/(A·h)，硫酸的理论当量为3.659g/(A·h)。实际应用的蓄电池活性物质的利用率与电池的放电率有关，基本在30%～70%之间（见表12-1）。

由于蓄电池的用途非常广泛，使用的状况和环境又不同，所以蓄电池设计时，要考虑活性物质的利用率。一般原则是，浅充浅放的蓄电池，如起动用蓄电池，一般活性物质的利用率设计得较高；深充深放的蓄电池的活性物质的利用率较低，如动力型蓄电池、储能蓄电池；要求寿命较长的蓄电池，活性物质的利用率要低一些。

表 12-1　常用蓄电池活性物质的利用率　（%）

用途	正极活性物质的利用率	负极活性物质的利用率	电解液硫酸的利用率
起动用蓄电池	50 ~ 60	55 ~ 70	75 ~ 85
阀控式蓄电池	35 ~ 55	40 ~ 65	80 ~ 95
电动助力车蓄电池	28 ~ 35	32 ~ 40	80 ~ 95

蓄电池用户的使用环境和状况各种各样，要求也各不相同，因此活性物质的利用率要根据使用的不同和各工厂的生产情况进行调整和确定。

如起动用蓄电池，假设正极板的活性物质利用率为 $\lambda +$，负极板的活性物质利用率为 $\lambda -$，那么实际活性物质的量为

正极板的实际活性物质量(g/A · h)：$$M+=\frac{4.462}{\lambda +} \quad (12\text{-}1)$$

负极板的实际活性物质量(g/A · h)：$$M-=\frac{3.865}{\lambda -} \quad (12\text{-}2)$$

按表 12-2 的系数正极铅膏的量(g/A · h)：$$M_{铅膏}+=\frac{M+}{0.898} \quad (12\text{-}3)$$

按表 12-3 的系数负极铅膏的量(g/A · h)：$$M_{铅膏}-=\frac{M-}{0.780} \quad (12\text{-}4)$$

假设一款蓄电池的正极活性物质利用率为 55%，负极活性物质利用率为 60%，且合膏后的铅膏组分近似为表 12-2、表 12-3 的组分，那么单体电池每安时的膏量为

$$正极铅膏量=\frac{M+}{0.898}=\frac{4.462/0.55}{0.898}\text{g/(A·h)}=9.03\text{g/(A·h)} \quad (12\text{-}5)$$

$$负极铅膏量=\frac{M-}{0.780}=\frac{3.865/0.6}{0.78}\text{g/(A·h)}=8.26\text{g/(A·h)} \quad (12\text{-}6)$$

表 12-2　假设的正极铅膏组分中的铅元素全部转化成 PbO_2 的系数

组分	含量（%）	铅元素全部转化成 PbO_2 的系数
Pb	10	0.898
$PbSO_4$	15	
H_2O	13	
添加剂	0.1	
PbO	余量	

表 12-3　假设的负极铅膏组分中的铅元素全部转化成 Pb 的系数

组分	含量（%）	组分中的铅全部转化成 Pb 的系数
Pb	10	0.780
$PbSO_4$	14	
H_2O	12	
添加剂	1	
PbO	余量	

从以上可以看出，只要知道正极、负极活性物质的利用率和铅膏的配方，就可计算出单体电池每安时的铅膏量。活性物质的利用率一般要根据试验确定，因为每个公司的工艺不同，以及蓄电池的类型和要求不同，所以只能给出表 12-1 的参考范围。铅膏组分由铅膏配方减去合膏损耗或化验铅膏成分确定，转换系数根据成分的含量和分子量计算。

假设电池的容量为 60A · h，每单体电池的配组为正板 6 片、负板为 7 片，每安时铅膏为以上计算的铅膏量。

$$正极板的膏量=\frac{9.03\times 60}{6}\text{g}=90.3\text{g} \quad (12\text{-}7)$$

负板比正板的片数多一片，属于有两片负边板的结构，如果考虑负板边板的利用率是正常板的70%，相当于极群的有效片数为7－2×(100%－70%)＝6.4

$$负板每片的膏量=\frac{8.26\times60}{6.4}g=77.44g \tag{12-8}$$

电解液的利用率设定为80%，设定电解液的密度为1.280g/cm^3，1A·h电量理论需要硫酸为3.66g。

单体电池最少需要的纯硫酸量＝(3.66×60)g/80%＝274.5g　　(12-9)

换算成1.280g/cm^{3}的电解液的量＝274.5g/37.4%＝734g

(其中37.4%是1.280 g/cm^{3}的电解液中硫酸的含量)

换算成电解液的体积＝(734/1.280)mL＝573mL(单体)

无论负板是边板还是正板是边板、无论是一片还是两片，边板都可按此方法计算，只是边板的利用率是正常板的多少要根据情况给定。

12.1.3 蓄电池槽盖设计和配件设计

蓄电池外壳主要有两方面的作用，第一是活性物质的容器，活性物质在蓄电池槽中进行电化学反应。第二是蓄电池存放、使用、运输的载体，蓄电池依靠完整的壳体支撑正常的使用。当然对于多单体的蓄电池来讲，槽体还起分割各单体的作用。蓄电池的整个外壳由两部分组成，一部分是槽，一部分是盖（有的有多层盖），两部分通过环氧树脂胶粘接或热封焊接的方式密封在一起。

铅酸蓄电池发展到现在，很多用途的蓄电池的外形已基本固定，有很多标准的外形尺寸。因为蓄电池多是工程或装备的组件，自己设计的外形很难得到认可，建议尽可能地选用已有的标准外形。比如起动用蓄电池发展到今天，已形成了各国及主要汽车企业的标准体系，由于有配套尺寸和性能的要求，不符合配套尺寸的结构，将很难用于汽车上，因此各企业以标准外形进行研发和生产。除非汽车厂与蓄电池厂联合研发新的蓄电池。

蓄电池槽、盖是注塑产品，材料主要有PP、ABS等，一般根据槽盖的标准要求强度进行设计，槽盖的壁厚应符合功能的要求。盖子设计的细节较多，各公司的设计也有较大的差异，主要应注意：①与槽体的配合问题，盖子无论是胶粘还是热封都有配合的问题，配合尺寸一定符合工程和工艺的要求；②盖子所带功能要得到满足的问题，如起动用免维护蓄电池酸液回流、迷宫道的问题，滤气片的效能与安装问题，阀控式电池的酸嘴与安全阀的配合问题，铅圈与极柱的配合问题等。

12.2 起动用蓄电池的设计

12.2.1 起动用蓄电池的外观及尺寸

起动用蓄电池发展到今天，已经比较成熟，发达国家和相关国际组织发布了一系列的蓄电池标准，我国也有自己的蓄电池标准。传统的铅酸蓄电池的外形尺寸已基本固定，当然随着新技术的发展和汽车要求的不断变化，铅酸蓄电池的外形尺寸也会逐步发展。

世界上使用较多的蓄电池类型主要有，以欧洲蓄电池标准为基础的蓄电池、以美国标准

为基础的蓄电池、以日本标准为基础的蓄电池和以中国标准为基础的蓄电池。主要的外形要求也基于这些标准。

1. 中国系列起动用蓄电池外形及尺寸（见表 12-4、表 12-5 和图 12-1、图 12-2）

表 12-4　上固定式蓄电池外形尺寸

序号	20h 率额定容量/A·h	-18℃起动电流 I_{cc}/A	最大外形尺寸/mm			序号	20h 率额定容量/A·h	-18℃起动电流 I_{cc}/A	最大外形尺寸/mm		
			l	b	h				l	b	h
1	30	240	187	127	227	22	70	530	310	173	235
2	35（36）	280	199	130	227	23	75	550	320	173	225
3	36	330	205	129	220	24	75	550	310	173	235
4	40	300	238	138	235	25	80	550	310	173	235
5	45	350	236	133	215	26	90	600	380	177	235
6	45	350	238	129	227	27	98	750	332	173	260
7	45	350	242	138	227	28	100	650	405	171	227
8	45	350	250	129	220	29	100	650	410	177	250
9	48	400	242	173	180	30	105	750	450	177	250
10	50	400	230	173	200	31	110	760	406	173	230
11	50	400	260	173	235	32	120	700	506	180	228
12	53	500	242	173	210	33	120	750	513	189	260
13	55	500	242	180	185	34	135	800	513	189	260
14	55	500	242	173	225	35	150	800	513	223	260
15	60	500	260	169	220	36	165	850	513	223	260
16	60	500	270	173	235	37	180	900	513	223	260
17	63	600	270	173	210	38	195	900	517	272	260
18	63	600	270	180	185	39	200	1000	521	278	270
19	65	600	270	173	225	40	210	1000	521	278	270
20	65	600	270	180	210	41	220	1000	521	278	270
21	65	600	302	190	200	42	250	1200	527	283	270

表 12-5　下固定式蓄电池的外形尺寸

序号	20h 率额定容量/A·h	-18℃起动电流 I_{cc}/A	最大外形尺寸/mm			序号	20h 率额定容量/A·h	-18℃起动电流 I_{cc}/A	最大外形尺寸/mm		
			l	b	h				l	b	h
1	36	300	218	175	175	8	48	400	234	179	173
2	40	400	210	175	190	9	50	400	230	170	225
3	42	350	199	170	219	10	50	450	290	175	190
4	44	350	206	173	188	11	50	450	242	175	190
5	44	350	239	172	173	12	54	500	242	175	190
6	45	400	218	175	190	13	54	500	288	173	175
7	45	400	242	175	190	14	54	500	294	175	175

（续）

序号	20h 率额定容量/A·h	-18℃起动电流 I_{cc}/A	最大外形尺寸/mm			序号	20h 率额定容量/A·h	-18℃起动电流 I_{cc}/A	最大外形尺寸/mm		
			l	b	h				l	b	h
15	54	500	240	175	190	23	66	600	306	175	190
16	54	500	290	171	172	24	72	610	278	175	190
17	55	520	242	175	190	25	88	650	381	175	190
18	60	550	293	175	190	26	88	700	310	174	190
19	63	600	289	173	175	27	88	700	352	173	188
20	63	570	295	175	175	28	100	650	374	175	235
21	66	600	274	174	188	29	135	790	513	189	223
22	66	600	278	175	175	30	165	850	513	223	223

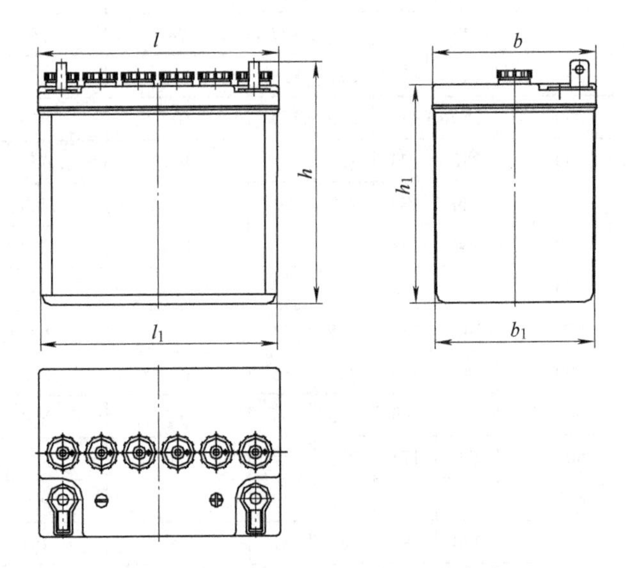

图 12-1　中国系列蓄电池上固定方式

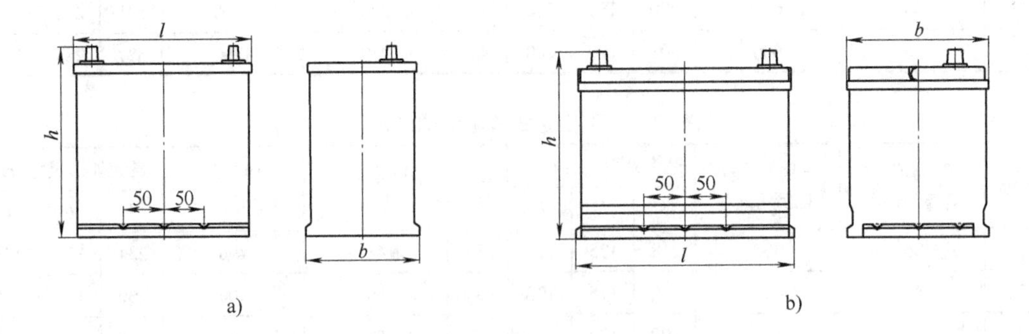

图 12-2　中国系列蓄电池下固定方式

中国系列、东亚（AS）系列、日本系列采用的端子的结构和尺寸如图 12-3 和表 12-6 所示；L 型端子如图 12-4 所示。

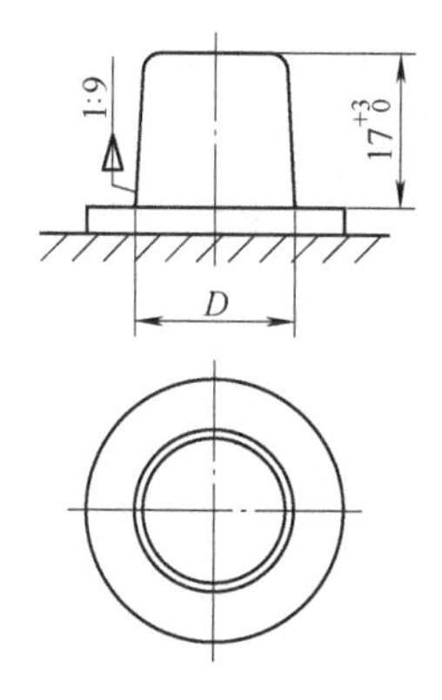

图 12-3　极柱端子 T_1 和 T_2（单位：mm）

表 12-6　端子的尺寸和分类

端子的分类	直径 D/mm	
	正　极	负　极
T_1（细）	$14.7_{-0.3}^{\ 0}$	$13.0_{-0.3}^{\ 0}$
T_2（粗）	$19.5_{-0.3}^{\ 0}$	$17.9_{-0.3}^{\ 0}$

2. 欧洲（EU）系列外形尺寸及固定方式

欧洲系列蓄电池的外形尺寸符合表 12-7 和表 12-8。固定方式符合图 12-5 ~ 图 12-7 所示的要求。其他位置的尺寸如图 12-8 ~ 图 12-13所示。标准以 LN 表示标准高度（H_h = 190mm）、LBN 表示低高度（H_h = 175mm）两种系列，在实际应用中优先考虑 LN 系列（标准允许与本部分蓄电池外形尺寸不对应的应符合制造企业产品图样要求）。

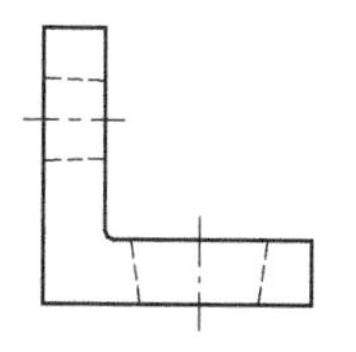

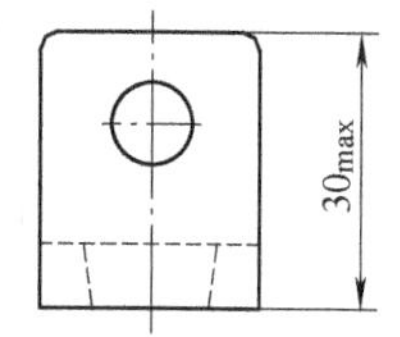

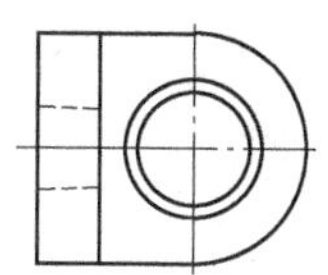

图 12-4　中国系列采用的 L 型端子的示意图（单位：mm）

表 12-7　LN 系列电池的主要尺寸和固定装置标准

类 型	20h 率额定容量/A·h	-18℃起动电流 I_{cc}/A	长/mm					高/mm	
			$a_{1\,-2}^{\ 0}$	$a_{2\,-1}^{\ 1}$	$a_{3\,-3}^{\ 0}$	$a_{4\,-1}^{\ 0}$	$a_{5\,-2}^{\ 2}$	$H_{-3}^{\ 0}$	$h_{-4}^{\ 0}$
LN 0	30	280	175	161	175	40	19	190	168
LN 1	51	350	207	193	207	40	24		
LN 2	60	500	242	228	242	40	26		
LN 3	66/70	500/600	278	264	277	40	29		
LN 4	80	650	315	301	314	40	31		
LN 5	88	650	353	339	352	60	27		
LN 6	100	700	394	379	393	60	30		

表 12-8　LBN 系列电池的主要尺寸和固定装置标准

类 型	20h 率额定容量/A·h	-18℃起动电流 I_{cc}/A	长/mm					高/mm	
			$a_{1\,-2}^{\ 0}$	$a_{2\,-1}^{\ 1}$	$a_{3\,-3}^{\ 0}$	$a_{4\,-1}^{\ 0}$	$a_{5\,-2}^{\ 2}$	$H_{-3}^{\ 0}$	$h_{-4}^{\ 0}$
LBN0	27	280	175	161	175	40	19	175	153
LBN1	44	350	207	193	207	40	24		
LBN2	55	500	242	228	242	40	26		

（续）

类 型	20h 率额定容量/A·h	−18℃起动电流 I_{cc}/A	长/mm					高/mm	
			$a_{1\,-2}^{\;\;0}$	$a_{2\,-1}^{\;\;1}$	$a_{3\,-3}^{\;\;0}$	$a_{4\,-1}^{\;\;0}$	$a_{5\,-2}^{\;\;2}$	$H_{-3}^{\;0}$	$h_{-4}^{\;0}$
LBN3	54/63	500/600	278	264	277	40	29	175	153
LBN4	70	650	315	301	314	40	31		
LBN5	88	700	353	339	352	60	27		
LBN6	100	700	394	379	393	60	30		

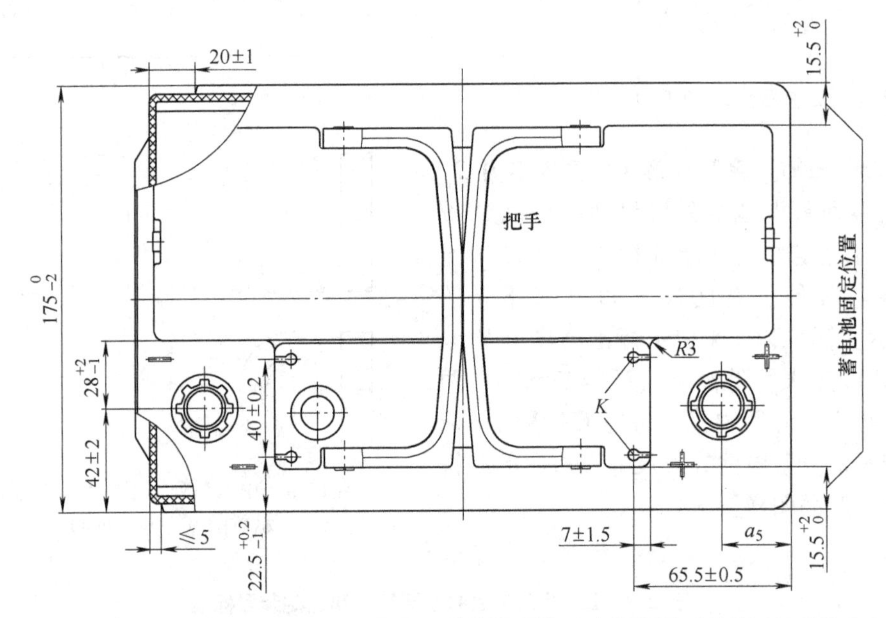

图 12-5 欧洲系列蓄电池上部的位置结构和配合尺寸参考图（单位：mm）

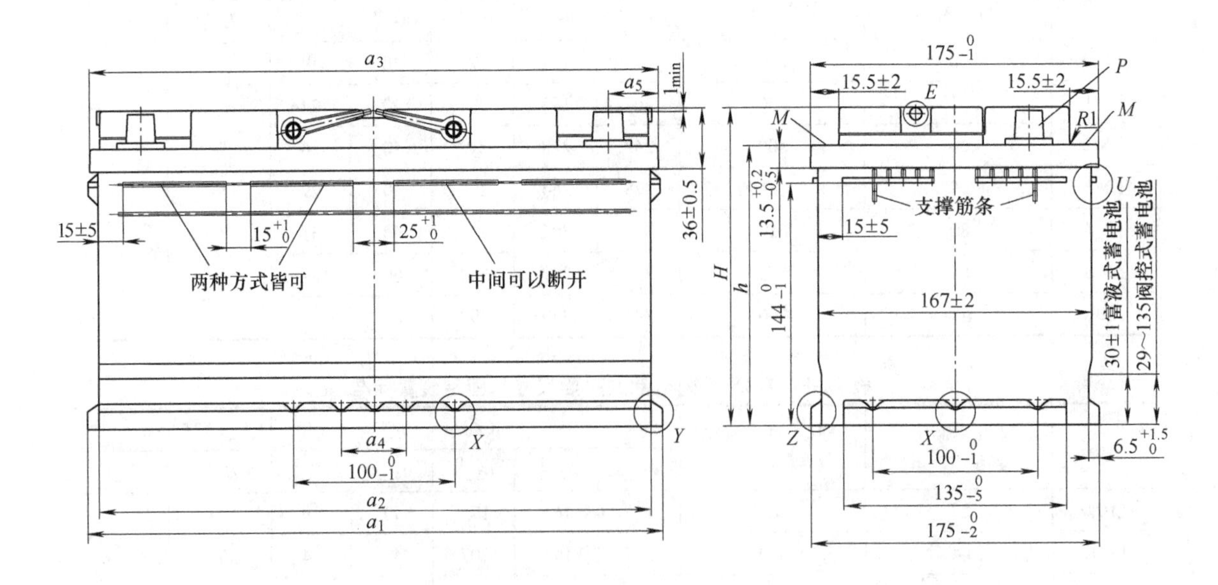

图 12-6 欧洲系列蓄电池的固定方式及主要尺寸图（单位：mm）

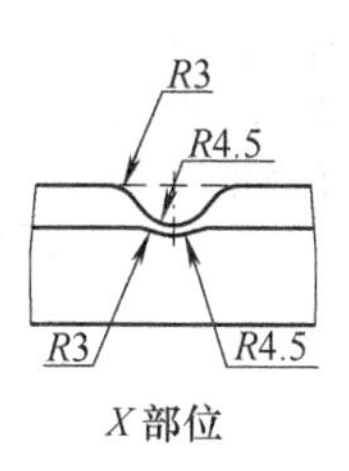

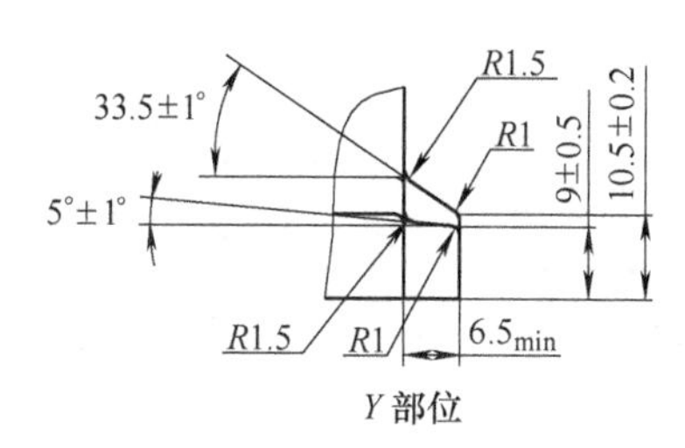

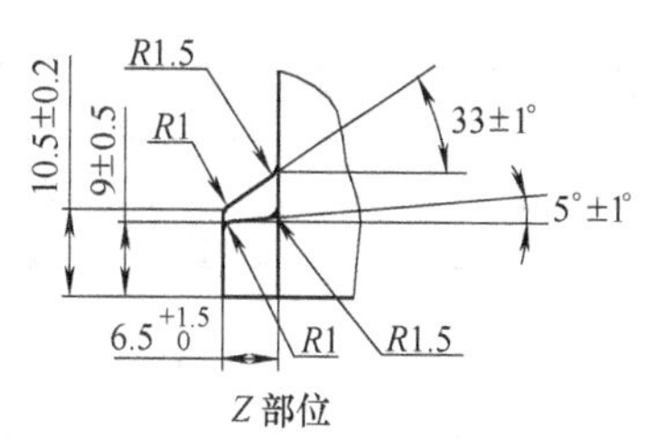

图 12-7　欧洲系列蓄电池下固定各边尺寸（单位：mm）

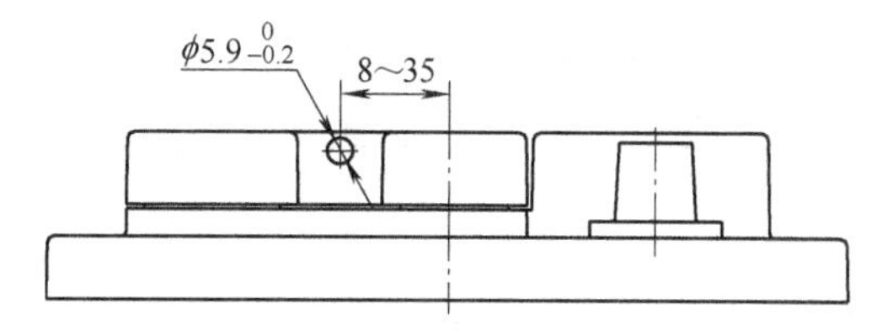

图 12-8　欧洲系列蓄电池 E 部位（排气孔尺寸）（单位：mm）

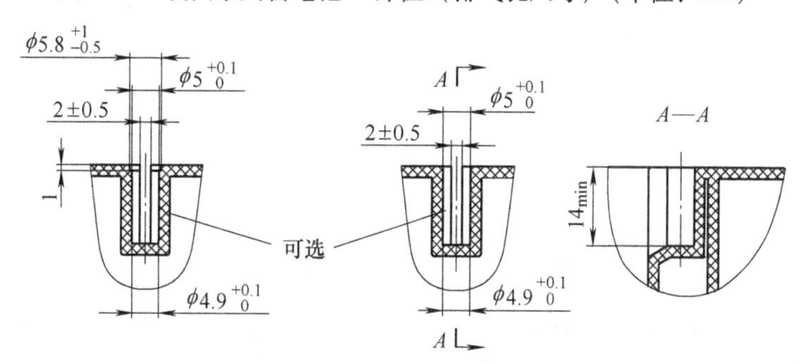

图 12-9　欧洲系列蓄电池 K 部位（端子保护盖的固定槽局部尺寸）（单位：mm）

表 12-9　电解液指示器位置（见图 12-10）

盖的尺寸	$A\pm2$/mm	$B\pm2$/mm	盖的尺寸	$A\pm2$/mm	$B\pm2$/mm
LN0/LBN0	13	40	LN4/LBN4	27	74
LN1/LBN1	18	48	LN5/LBN5	28	84
LN2/LBN2	19	57	LN6/LBN6	31	94
LN3/LBN3	27	65			

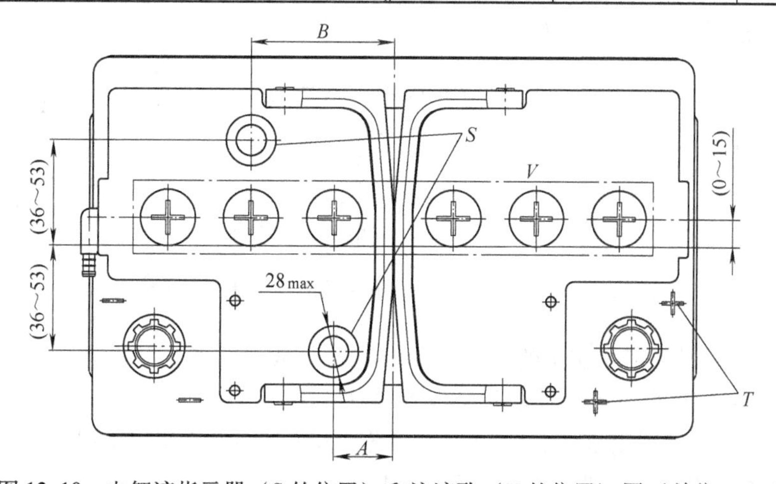

图 12-10　电解液指示器（S 的位置）和注液孔（V 的位置）图（单位：mm）

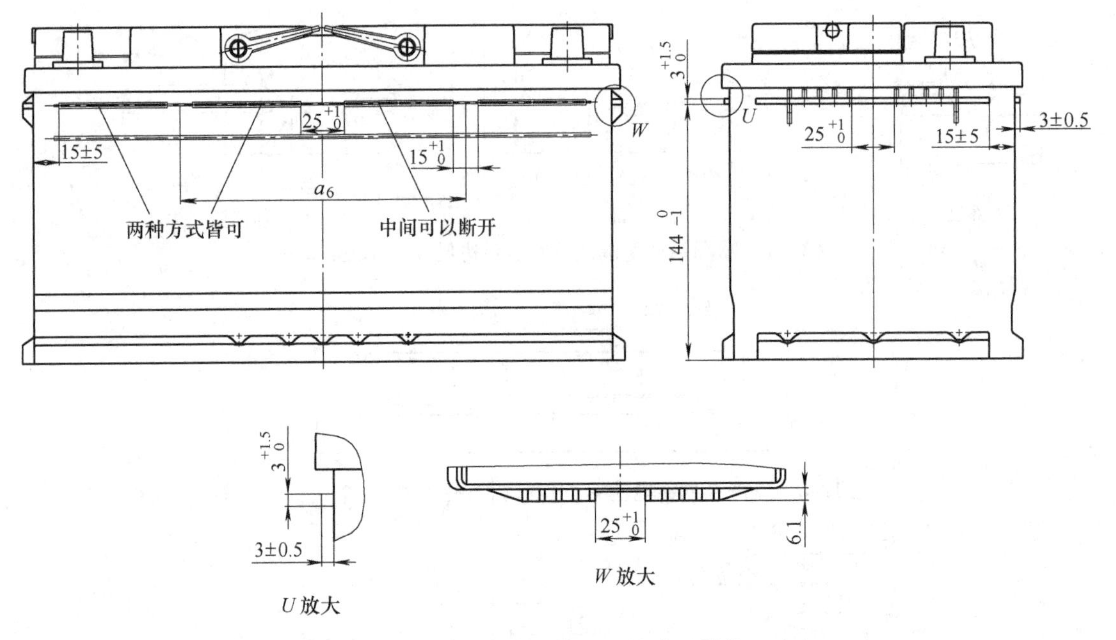

图 12-11　LN 系列把手的位置和尺寸（单位：mm）

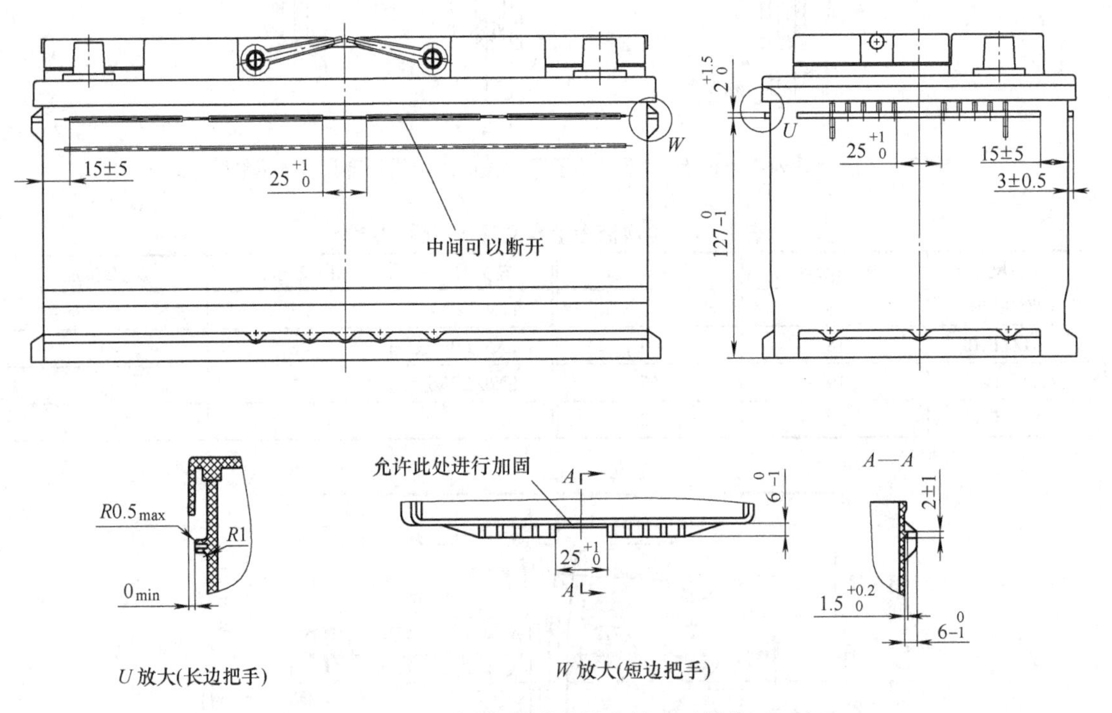

图 12-12　LBN 系列把手的位置和尺寸（单位：mm）

欧洲（EU）系列采用的端子的尺寸如图 12-13 所示。

3. 北美（AM）系列蓄电池外形尺寸（见表 12-10）

北美系列蓄电池的固定方式，分为插入式设计和嵌入式设计，如图 12-14 所示。

北美蓄电池的结构示意图如图 12-15 ~ 图 12-20 所示。

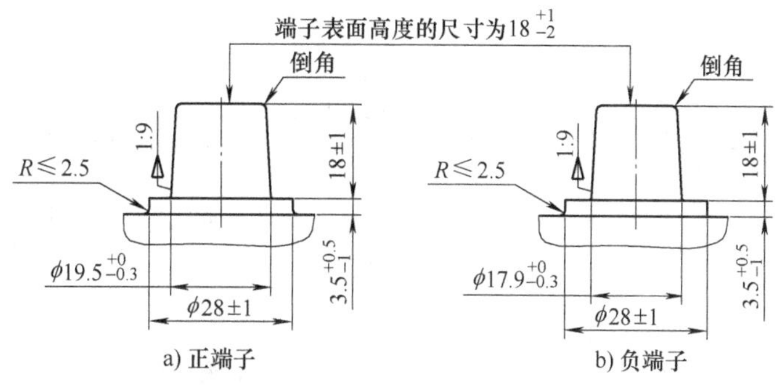

图 12-13　欧盟系列起动用电池正极与负极端子的尺寸（单位：mm）

表 12-10　北美系列蓄电池的外形尺寸

类型	20h 率额定容量/A·h	-18℃起动电流 I_{cc}/A	长/mm	宽/mm	高/mm		固定方式（图）
			$l_{-4}^{\ 0}$	$b_{-4}^{\ 0}$	h（max）	$h_{1\ -4}^{\ \ 0}$（不包括端子）	
26R	45	350	208	174	197	175	12-14b
27	80	600	306	173	225	203	12-14b
34	60	500	260	173	200	178	12-14b
36R	65	500	260	173	206	184	12-14a
59	70	550	255	193	196	174	12-14a
65	75	600	306	192	192	170	12-14a
75	55	550	230	180	186	186 max	12-14a
78	60	500	260	180	186	186 max	12-14a
85	55	550	230	173	203	181	12-14b
86	55	550	230	173	203	181	12-14b
100	50	450	260	179	170	148	12-1b

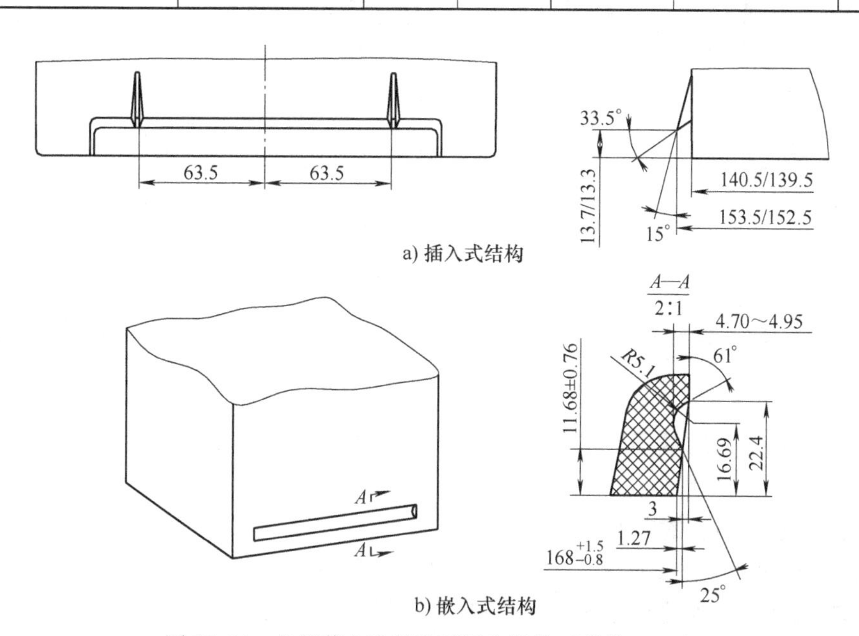

图 12-14　北美蓄电池长边下固定结构（单位：mm）

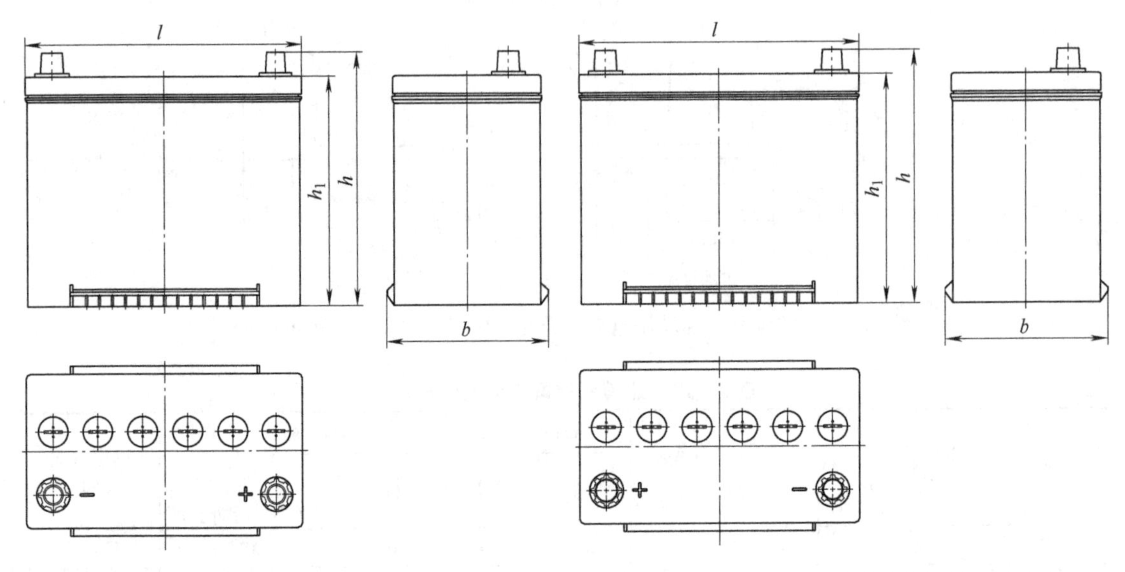

图 12-15 26R、85 型蓄电池结构示意图

图 12-16 27、34、86 型蓄电池结构示意图

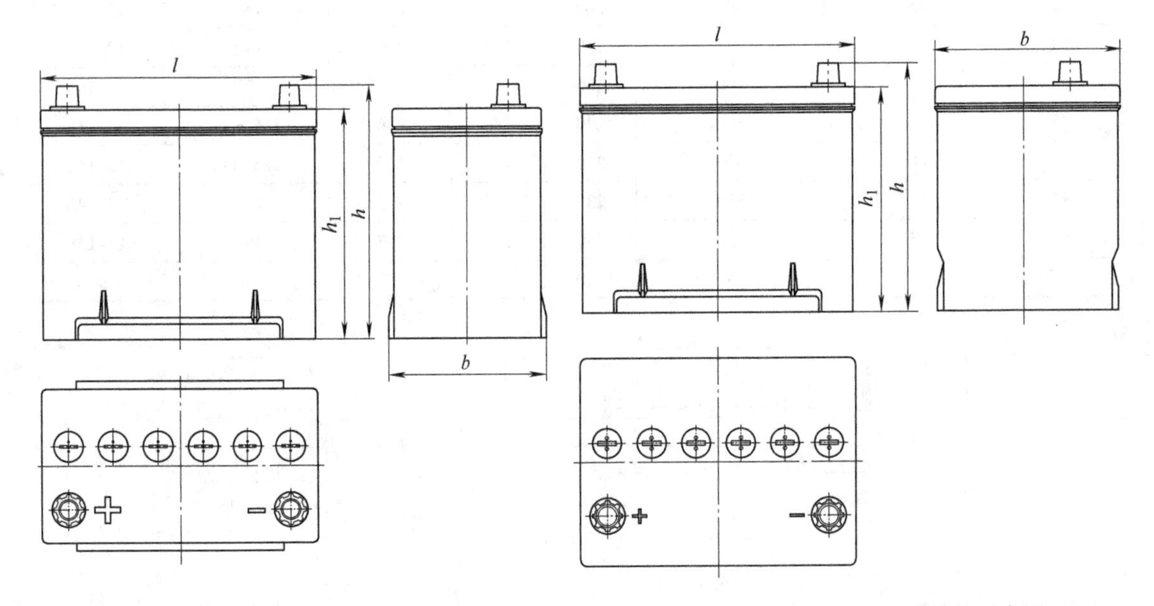

图 12-17 36R 型蓄电池结构示意图

图 12-18 59、65 型蓄电池结构示意图

北美（AM）系列的端子尺寸和结构，柱形端子如图 12-21 所示，侧端子如图 12-22、图 12-23所示。

4. 东亚系列（AS）**蓄电池外形**

东亚蓄电池的外形尺寸见表 12-11、结构如图 12-24 所示。

5. 日本（JIS）**系列蓄电池的外形和结构**（见表 12-12 和图 12-25）

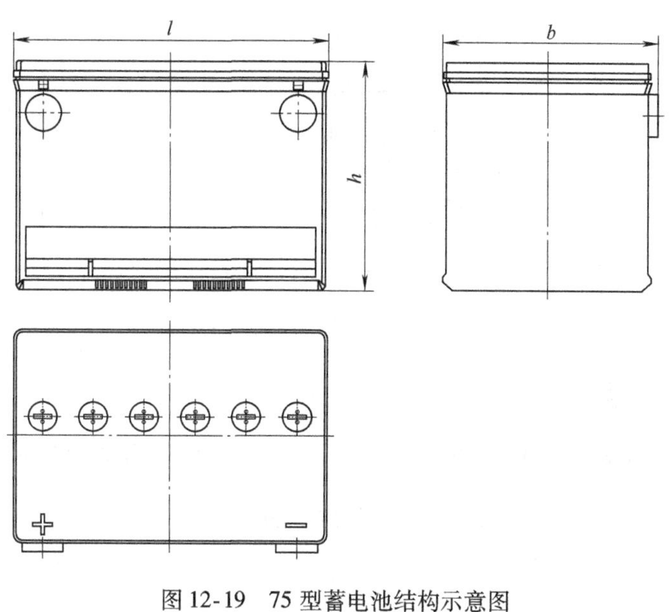

图 12-19　75 型蓄电池结构示意图

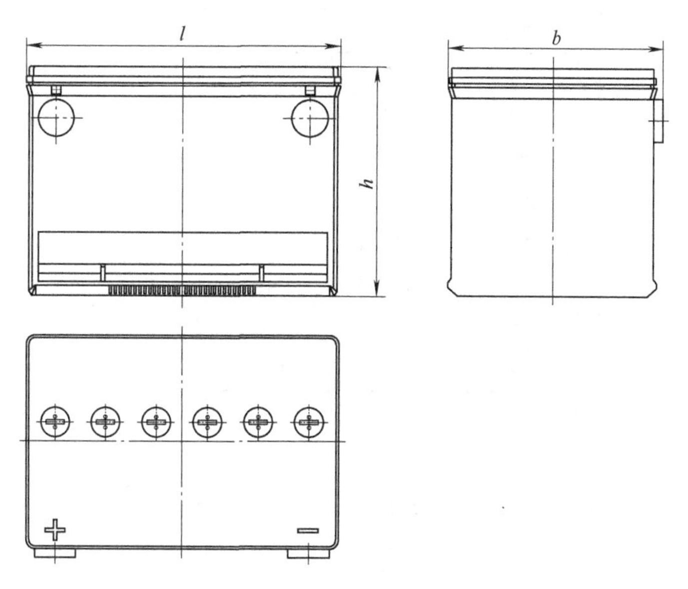

图 12-20　78、100 型蓄电池结构示意图

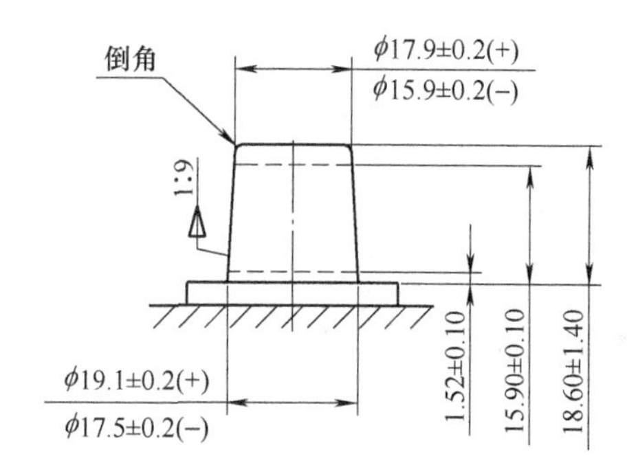

图 12-21　北美系列柱形端子的尺寸（单位：mm）

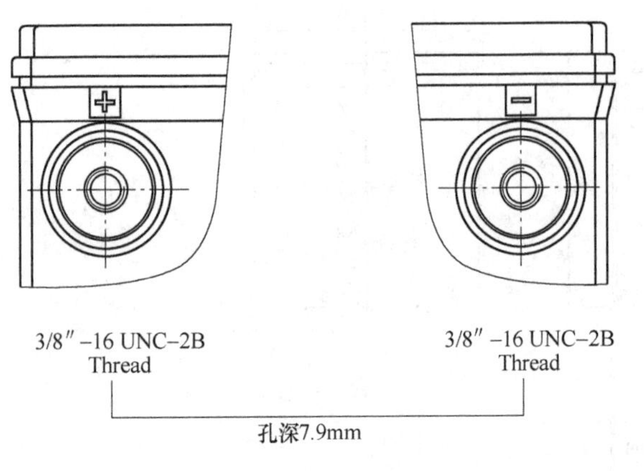

图 12-22 正面螺口端子的外形图示

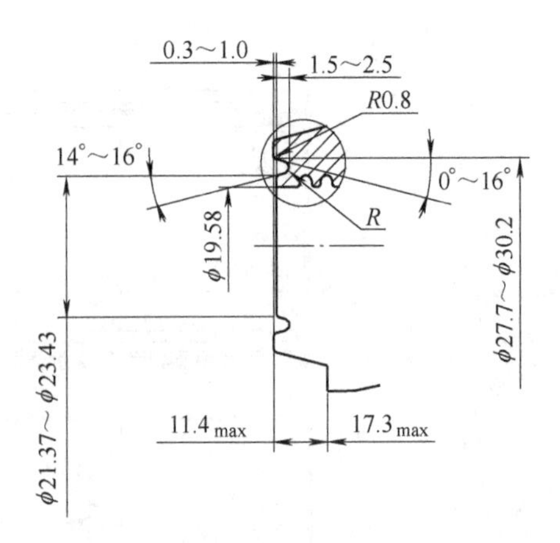

图 12-23 正面螺口端子的槽尺寸（单位：mm）

表 12-11 东亚系列外形尺寸

类型	20h 率额定容量/A·h	–18℃起动电流 I_{cc}/A	长/mm		宽/mm		高/mm	
			l	l_{1max}	b	b_{1max}	h_1	h_{max}
B17	28	250	167_{-4}^{0}	161	127_{-4}^{0}	123	203_{-5}^{0}	227
B19	32	280	187_{-4}^{0}	185	127_{-4}^{0}	123	203_{-5}^{0}	227
B20	35（36）	280	197_{-4}^{0}	195	129_{-4}^{0}	125	203_{-5}^{0}	227
B24	45	350	238_{-4}^{0}	237	129_{-4}^{0}	125	203_{-5}^{0}	227
C24	45	350	238_{-4}^{0}	237	135_{-4}^{0}	134	203_{-5}^{0}	232
D20	40	350	202_{-4}^{0}	200	173_{-5}^{0}	172	207_{-6}^{0}	225
D23	60	450	232_{-4}^{0}	231	173_{-5}^{0}	172	204_{-6}^{0}	225
D26	60	500	260_{-4}^{0}	259	173_{-5}^{0}	172	204_{-6}^{0}	255
D31	80	600	306_{-5}^{0}	304	173_{-5}^{0}	172	204_{-6}^{0}	255

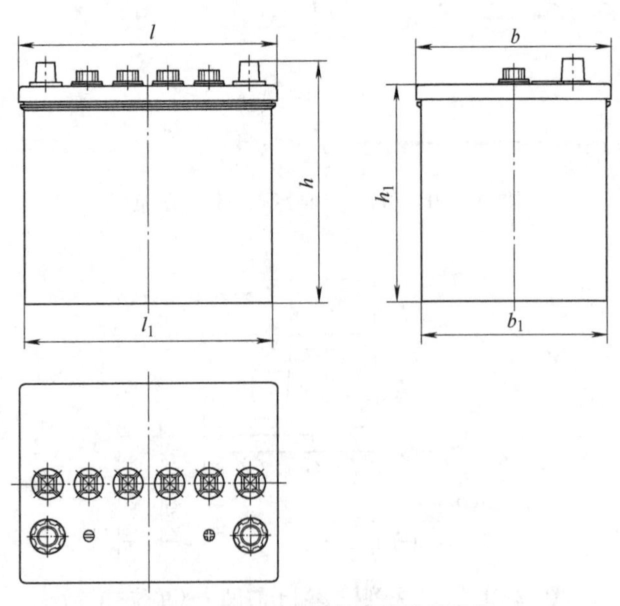

图 12-24 东亚系列外形结构示意图

表 12-12 日本标准蓄电池的外形尺寸和端子结构

<table>
<tr><th rowspan="2">组别</th><th rowspan="2">型号</th><th colspan="4">外形尺寸/mm</th><th rowspan="2">端子适合位图</th><th rowspan="2">端子的区分①</th></tr>
<tr><th>总高</th><th>槽高</th><th>宽</th><th>长</th></tr>
<tr><td rowspan="10">A</td><td>26B17L</td><td rowspan="9">227</td><td rowspan="9">203</td><td rowspan="5">127</td><td rowspan="3">167</td><td rowspan="19">图 12-25a
或
图 12-25b</td><td rowspan="9">T_1 或 T_2</td></tr>
<tr><td>28B17L</td></tr>
<tr><td>34B17L</td></tr>
<tr><td>34B19L</td><td rowspan="2">187</td></tr>
<tr><td>38B19L</td></tr>
<tr><td>38B20L</td><td rowspan="4">129</td><td rowspan="2">197</td></tr>
<tr><td>44B20L</td></tr>
<tr><td>46B24L</td><td rowspan="2">238</td></tr>
<tr><td>55B24L</td></tr>
<tr><td>50B20L</td><td rowspan="8">225</td><td rowspan="8">204</td><td rowspan="8">173</td><td>202</td><td rowspan="18">T_2</td></tr>
<tr><td rowspan="7">A 或 B</td><td>55D23L</td><td rowspan="3">232</td></tr>
<tr><td>65D23L</td></tr>
<tr><td>75D23L</td></tr>
<tr><td>75D26L</td><td rowspan="2">260</td></tr>
<tr><td>80D26L</td></tr>
<tr><td>95D31L</td><td rowspan="2">306</td></tr>
<tr><td>105D31L</td></tr>
<tr><td rowspan="10">B</td><td>115E41L</td><td rowspan="2">234</td><td rowspan="7">213</td><td rowspan="2">176</td><td rowspan="2">410</td></tr>
<tr><td>130E41L</td></tr>
<tr><td>115F51</td><td rowspan="5">257</td><td rowspan="2">182</td><td rowspan="2">505</td><td rowspan="8">图 12-25c</td></tr>
<tr><td>145F51</td></tr>
<tr><td>145G51</td><td rowspan="3">222</td><td rowspan="3">508</td></tr>
<tr><td>165G51</td></tr>
<tr><td>195G51</td></tr>
<tr><td>190Ⅱ52</td><td rowspan="3">270</td><td rowspan="3">220</td><td rowspan="3">278</td><td rowspan="3">521</td></tr>
<tr><td>210H52</td></tr>
<tr><td>245H52</td></tr>
</table>

① T_1、T_2 如图 12-3 所示。

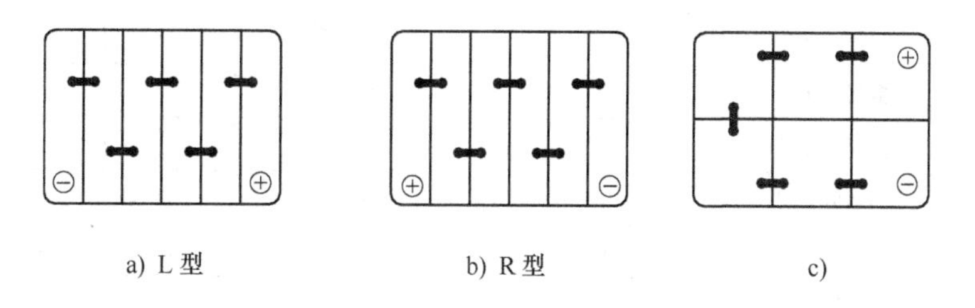

a) L 型　　b) R 型　　c)

图 12-25 日本型号蓄电池的端子位置

蓄电池的外形尺寸与外形结构以及端子的结构，均可由蓄电池生产商与汽车生产企业联合确定，可不受标准的限制，但考虑到通用性的要求及生产的便利，最好选用标准已有的外形尺寸和结构，以节约资源。国际上较大的汽车生产企业有自己的蓄电池企业标准，它们的标准往往比国家标准或地区标准高很多，一般也属于企业的技术秘密。但多数企业标准也考虑通用性的要求，外形和结构符合国标，但性能会高出国标很多。

6. 其他起动用蓄电池

除汽车起动用蓄电池外，还有船用起动蓄电池、摩托车用起动蓄电池等。摩托车用蓄电池除富液蓄电池外，还有的用贫液阀控式蓄电池；船用蓄电池用富液电池，其结构与汽车起动用蓄电池相近。常用的摩托车蓄电池见表12-13，船用蓄电池见表12-14。

表12-13　摩托车起动用蓄电池

类型	型号	额定电压/V	额定容量/A·h(10h率)	外形尺寸/mm		
				长	宽	总高
摩托车起动用富液蓄电池	6-MQ-5.5A	12	5.5	105	90	115
	6-MQ-5.5B	12	5.5	135	60	130
	6-MQ-6A	12	6	105	90	115
	6-MQ-6B	12	6	135	70	95
	6-MQ-6C	12	6	140	65	100
	6-MQ-6D	12	6	140	75	107
	6-MQ-6E	12	6	140	75	100
	6-MQ-6.5	12	6.5	140	70	100
	6-MQ-7A	12	7	130	90	115
	6-MQ-7B	12	7	135	75	120
	6-MQ-7C	12	7	135	75	125
	6-MQ-7D	12	7	135	75	135
	6-MQ-7E	12	7	135	75	140
	6-MQ-7F	12	7	135	75	150
	6-MQ-7G	12	7	145	55	125
	6-MQ-7H	12	7	150	60	130
	6-MQ-7I	12	7	150	85	95
	6-MQ-7J	12	7	150	90	100
	6-MQ-9A	12	9	136	76	140
	6-MQ-9B	12	9	148	88	110
	6-MQ-10A	12	10	135	90	145
	6-MQ-10B	12	10	135	90	155
摩托车起动用阀控蓄电池	6-MFQ-4A	12	4	115	70	90
	6-MFQ-4B	12	4	115	70	110
	6-MFQ-4C	12	4	120	60	130
	6-MFQ-5A	12	5	115	70	110

（续）

类型	型号	额定电压/V	额定容量/A·h(10h 率)	外形尺寸/mm		
				长	宽	总高
摩托车起动用阀控蓄电池	6-MFQ-5B	12	5	120	60	135
	6-MFQ-5C	12	5	135	70	110
	6-MFQ-6A	12	6	115	70	130
	6-MFQ-6B	12	6	150	60	130
	6-MFQ-6C	12	6	150	90	95
	6-MFQ-6.5A	12	6.5	140	65	105
	6-MFQ-6.5B	12	6.5	150	65	120
	6-MFQ-6.5C	12	6.5	150	65	93
	6-MFQ-7A	12	7	115	70	135
	6-MFQ-7B	12	7	135	75	115
	6-MFQ-7C	12	7	150	60	130
	6-MFQ-7D	12	7	150	85	95
	6-MFQ-8A	12	8	135	75	140
	6-MFQ-8B	12	8	150	70	105
	6-MFQ-8C	12	8	150	85	105
	6-MFQ-9A	12	9	135	75	140
	6-MFQ-9B	12	9	150	85	110
	6-MFQ-10A	12	10	150	70	130
	6-MFQ-10B	12	10	150	85	130
	6-MFQ-12	12	12	150	87	145
	6-MFQ-14	12	14	150	87	161
	6-MFQ-18A	12	18	150	87	190
	6-MFQ-18B	12	18	175	87	155

表 12-14　船舶用起动蓄电池

型号	额定电压/V	额定容量/A·h(20h 率)	最大外形尺寸/mm		
			长	宽	高
3-CQ-75	6	75	190	170	245
3-CQ-90		90	190	170	245
3-CQ-105		105	240	170	245
3-CQ-120		120	250	175	245
3-CQ-135		135	305	175	245
6-CQ-50	12	50	260	173	235
6-CQ-60		60	270	173	235
6-CQ-70		70	310	173	235
6-CQ-90		90	380	177	235

（续）

型号	额定电压/V	额定容量/A·h(20h率)	最大外形尺寸/mm		
			长	宽	高
6-CQ-100	12	100	410	177	250
6-CQ-120		120	513	189	260
6-CQ-135		135	513	189	260
6-CQ-150		150	513	223	260
6-CQ-165		165	513	223	260
6-CQ-180		180	513	223	260
6-CQ-195		195	517	272	260
6-CQ-210		210	521	278	270

注：船用蓄电池端子为L型端子。

12.2.2 起动用蓄电池的结构设计

1. 起动用蓄电池电池槽内的结构

起动用蓄电池一般由6个单体蓄电池串联而成，结构形式有两种，一种是1×6排列，端子在长方向的两端；另一种是2×3排列，端子在长方向的一侧。图12-26所示为一种1×6排列的结构图，设计中主要参数的关系见表12-15。

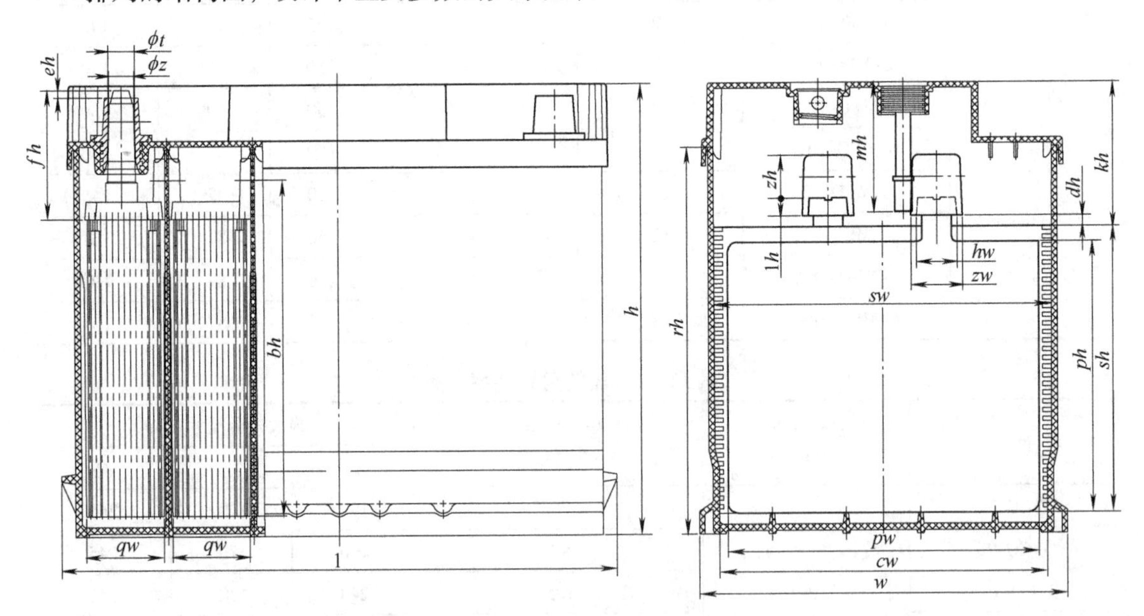

图12-26 蓄电池结构设计图

图12-27所示为D26蓄电池的装配结构图，图中的尺寸是一种设计的尺寸，供参考。

工厂为了生产的方便，常将容量接近的蓄电池的穿壁焊的直径归为一种，以方便生产(见表12-16)。

蓄电池内的汇流排宽度经常设计成比极耳的宽度略宽，一般汇流排的宽度比极耳的宽度约宽1.5mm。厚度为6~9mm。

表 12-15　蓄电池设计的结构关系　（单位：mm）

尺寸	代表的意义	设计关系	设计说明
l、w、h	蓄电池的长、宽、高	由标准规定或用户规定	外形尺寸需要与汽车的安装位置尺寸和固定方式配合
pw	极板宽度	由 cw 尺寸确定	$pw \leqslant cw-7$
cw	槽内腔最小宽度	由槽的结构确定	槽内腔最小宽度在槽的下方
sw	隔板宽度	由 pw 和 cw 确定	$sw \geqslant pw+(8\sim12)$ 用 PE 隔板 sw 可以大于 cw，但不超过6mm。硬质隔板 $sw \leqslant cw-3$
zw	中间极柱宽度	与穿壁焊强度和导电相关	≤80A · h 电池约 25mm >80A · h 电池约 30mm
hw	汇流排宽度	由极耳的宽度确定	$hw \geqslant$ 耳宽 $+1$
qw	极群厚度	为极板厚度和隔板厚度之和；要小于塑槽单隔最小厚度	qw = 单隔最小处厚度 － 垫板厚度
rh	槽热封高度	比槽低 1.5mm，即热封烫掉 1.5mm	看槽的高度一致性和热封设备的稳定性，一般烫掉 1.5mm 合理。盖同理
eh	端极柱高出极柱套的高度	极柱和极柱套要焊接在一起	极柱要高于极柱套 1～4mm
sh	隔板的高度	与极板的高度相关	$sh=ph+(3\sim7)$
dh	汇流排的底面距隔板的高度	保留极板膨胀的空间	$dh=2\sim7$
lh	汇流排高度	与焊接质量及焊接强度有关	$lh=6\sim9$
zh	中间极柱高度	与电池容量大小相关	≤80A · h 电池为 17～20mm； >80A · h 电池为 20～25mm
bh	极群穿壁焊高度	与极板的高度相关	$bh=sh+dh+lh+zh/2$
mh	猫眼的高度	与隔板高度有关	猫眼底端达到隔板上部 2mm
ϕt、ϕz	同高度极柱套内径、极柱外径的尺寸	极柱套内径与极柱外径的配合关系	$\phi z=\phi t-(0.4\sim0.8)$

起动用蓄电池端极柱的设计：在起动用蓄电池通常的端极柱高度范围内，极柱的瞬时熔断电流为 12A/mm^2，因为极柱承受电流的大小与通电的时间有一定的关系，通电时间短，承受的电流大；通电时间长，承受的电流小。以放电 5s 算，设计电流不超过熔断电流的 70%；以放电 30s 算，不超过熔断电流的 60%；以放电 120s 算，不超过熔断电流的 50%。如国标 GB/T5008—2013 中 60A · h 电池的大电流放电的电流值为 600A，放电时间为 30s，极柱能够通过的最大电流为 (12×0.6)A/mm^2 = 7.2A/mm^2，计算面积为 $(600/7.2)$mm^2 = 83.3mm^2，极柱直径为 10.3mm。极柱的面积指尺寸最小部位的面积。

根据常用蓄电池的外形，蓄电池的极板有以下几种常用的类型，见表 12-17。

蓄电池极板的厚度由生产厂家根据蓄电池具体要求确定，一般正板的厚度为 1.4～2.7mm，负板的厚度为 1.0～2.0mm。

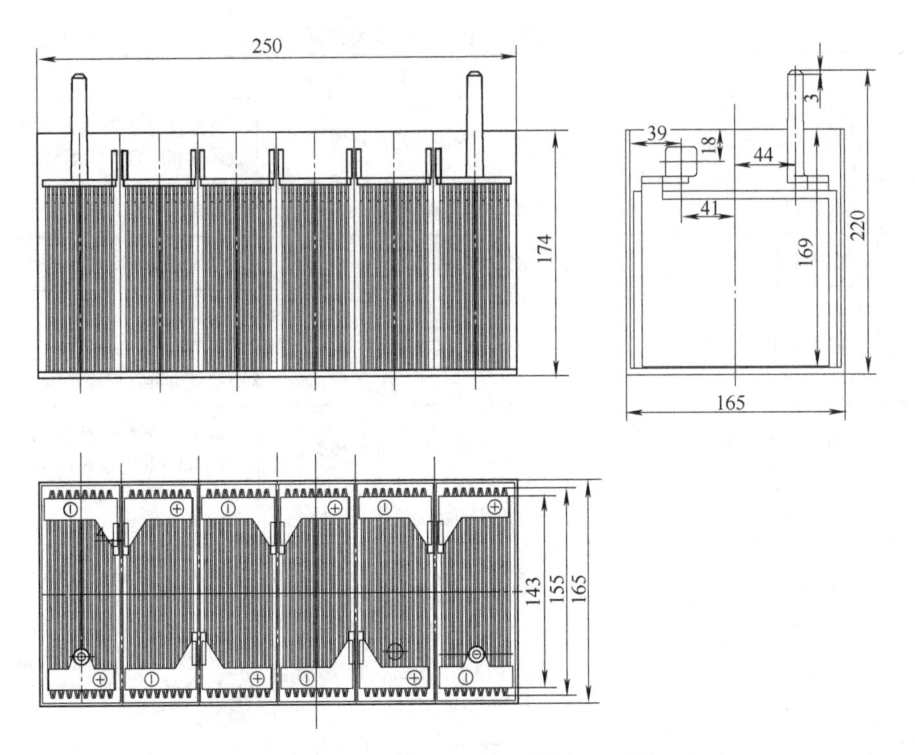

图 12-27 D26 蓄电池的装配结构图（单位：mm）

表 12-16 常用蓄电池穿壁焊的经验连接面积

蓄电池 20h 容量/A·h	穿壁焊直径 ϕ/mm
$C_{20} \leqslant 50$	7~9
$50 < C_{20} \leqslant 80$	10~12
$80 < C_{20} \leqslant 120$	12.5~14
$120 < C_{20} \leqslant 200$	14.5~16.5

表 12-17 起动用蓄电池常用的极板

编号	极板宽/mm	极板高/mm	用于蓄电池的典型型号
1	147	115	58815、6-QW-60
2	147	102	55415、$L_2$300、55414
3	147	100	58500、58430
4	143	125	6-Q-60、N50、N100
5	108	125	6-Q-40、6-Q-36、N40

2. 起动用蓄电池盖的结构

对于带工作栓的富液起动用蓄电池，一般结构比较简单，一层大盖，盖上带有排气栓。

排气栓的结构，由单层或多层挡液的装置组成，多为斜板结构，主要作用是阻止在蓄电池摇动时电解液漏出。各工厂设计的结构不同，这里给出一种螺栓式排气栓如图 12-28 所示。

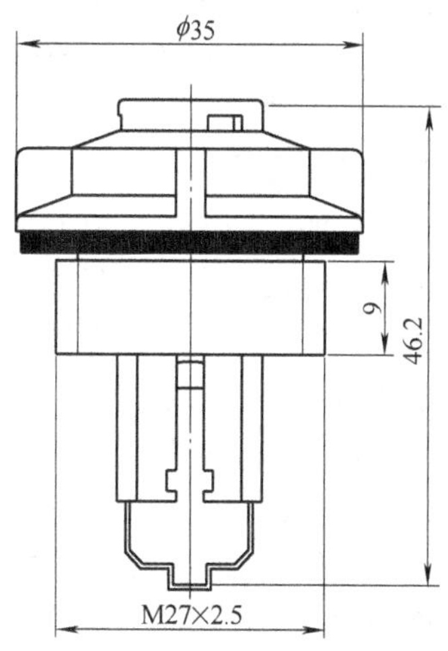

图 12-28　起动用蓄电池排气栓的一种结构（单位：mm）

对于免维护起动用蓄电池，一般由两层盖组成，没有液孔栓，生产时也是先封接大盖，灌入电解液，进行化成或充电，然后将电解液密度和液面调整好后，再将上面的小盖封好，大盖的结构为迷宫结构（见图 12-29），目的主要是酸的自然回流和防止酸的溢出，另外在大盖上或小盖上有滤气片，主要作用是可以排出电池内的气体，阻止酸液冒出，还可以起到阻止外面火源进入电池内的作用。滤气片根据电池容量大小设计，小于 40A · h 的电池可设计一个，40 ~ 100A · h 可设计两个，100A · h 以上可用尺寸较大的滤气片。滤气片尺寸过小可能导致排气不畅，容易使气体聚集，造成爆炸故障率高。

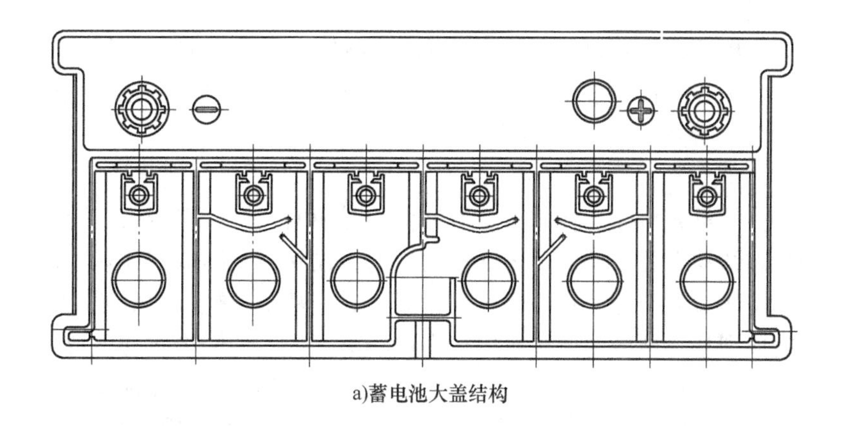

a)蓄电池大盖结构

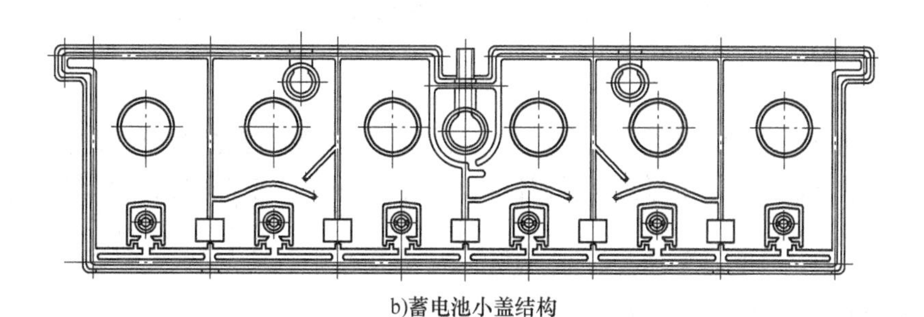

b)蓄电池小盖结构

图 12-29　100A · h 免维护起动用蓄电池的大小盖结构图

12.2.3　起动用蓄电池的性能

1. 蓄电池容量

蓄电池的容量设计按 12.1.2 节根据具体的情况设计。容量除与极板的活性物质量有关外，影响铅蓄电池容量的因素大致可分两类：一类是产品结构与生产工艺，如极板厚度、板栅筋条结构、活性物质孔率、铅粉的粒径、正负板的添加剂、电极高宽比和各工序的工艺等；另一类是放电制度，如放电速率、放电形式、终止电压和温度等。因此设计时应充分考虑各因素的影响。

2. 冷起动性能

起动性能，即大电流放电性能，是起动用蓄电池的主要性能之一。冷起动性能是在低温条件下，蓄电池的大电流起动性能。铅酸蓄电池的极板越薄，冷起动性能越好，但很薄的极板寿命较短。负极板对蓄电池的冷起动性能影响较大，一般对冷起动要求较高的蓄电池，负极板的铅膏量要比正常状态下的铅膏量高；负极板使用的膨胀剂对低温性能有一定的影响，工厂里常说的“低温配方”，就是针对低温起动性能要求较高而使用的配方，一般来讲，木素对低温起动比腐殖酸更优越一些，栲胶、合成鞣剂也是常用的低温添加剂。另外可多加导电添加剂，如炭黑等。隔板应使用电阻较低的隔板，如降低PE隔板的基底厚度，会降低电阻，增加冷起动性能。电解液密度可以比普通蓄电池高一些。

总之，提高冷起动性能，要采取综合的措施。因为蓄电池的结构和工艺各工厂都不相同，必须根据具体情况试验确定。

3. 充电接受能力

蓄电池的充电接受能力的设计要考虑板栅与活性物质界面电阻的降低，活性物质的结构，以及板栅的结构等。对降低电阻有利的方面对充电接受都有好处，如板栅中适当增加Sn含量；极板越薄，充电接受的性能越好。

4. 寿命

寿命是蓄电池的重要指标，标志着蓄电池使用时间的长短。寿命的设计除与板栅、极板设计的结构和组装结构有关系外，还与活性物质的组成和工艺制造方法有关，和使用的隔板等材料有关等，是非常复杂的。在提高寿命方面，只有基于试验过的电池，在此基础上改进提高。但基本的原则是，极板的厚度越厚，寿命相对越长；活性物质的表观密度越高，寿命越长；板栅合金的耐腐程度越高，寿命越长；耐振动性能越好，寿命越长等。除此之外，正极板、负极板的微观结构对蓄电池的寿命有一定影响，如正极采用添加4BS及采用高温固化，可提高蓄电池的寿命等。达到寿命要求，需要在设计上综合考虑，并考虑其他性能指标的互相影响。

5. 其他方面

其他性能如蓄电池的耐振动性、免维护性、端子强度等都要在设计中给予考虑。

蓄电池性能方面的设计，在工艺设计中已介绍一些，请参考相关的章节，这里不再介绍了。

12.3 固定型铅酸蓄电池

12.3.1 固定型电池的外形及尺寸

固定型铅酸蓄电池分为阀控式铅酸蓄电池和富液式铅酸蓄电池。阀控式铅酸蓄电池多用板式极板，AGM隔板，贫液结构。富液式固定型蓄电池有的正、负极板用板式极板，有的正板用管式极板，负板用板式极板；隔板用所谓的工业隔板，富液结构，有的用带催化栓的排气帽，有的用防酸隔爆排气帽。图 12-30 所示为阀控式蓄电池的外形及结构示意图，图 12-31 所示为管式富液固定型铅酸蓄电池示意图。表 12-18 ~ 表 12-20 是大中型固定型蓄电池的外形尺寸，表 12-21 是小型阀控式蓄电池的外形尺寸。当然，实际使用的蓄电池的型号远比列出的多[1]。

小型阀控式铅酸蓄电池主要在电动工具、仪器仪表、备用电源、照明等行业有广泛的用途。由于使用范围广，一般很难以用途分类，但大的配套厂家有严格的类型要求。因此，如客户有使用标准的要求，要符合要求，一般是通用型产品。

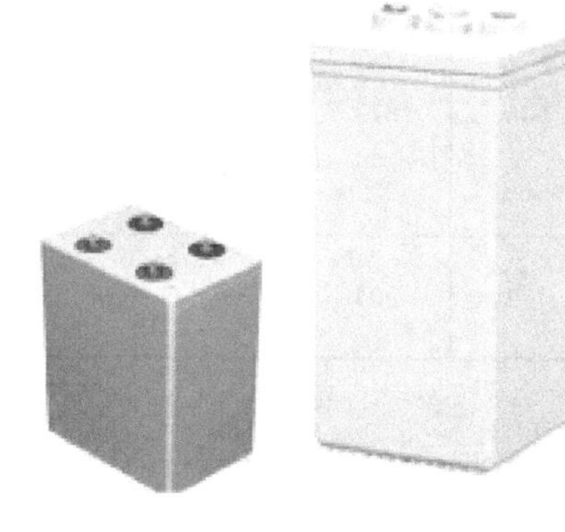

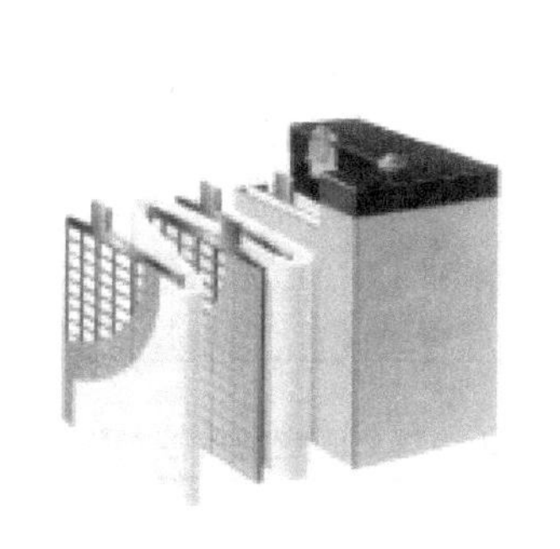

图 12-30　阀控式铅酸蓄电池外形及结构示意图

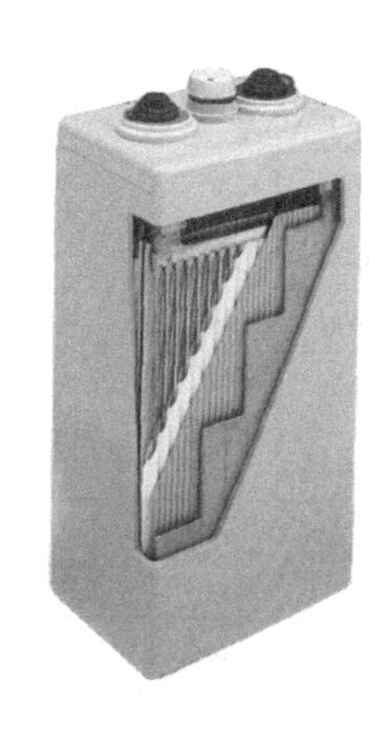

图 12-31　管式富液铅酸蓄电池解剖图

表 12-18　2V 固定型阀控式蓄电池（矮型）

<table>
<tr><th rowspan="2">电池型号</th><th rowspan="2">额定电压
/V</th><th rowspan="2">额定容量
（10h 率）/A · h</th><th colspan="4">外形尺寸 /mm</th><th rowspan="2">参考重量
/kg</th></tr>
<tr><th>长</th><th>宽</th><th>高</th><th>总高</th></tr>
<tr><td>GFM-200</td><td rowspan="10">2</td><td>200</td><td>107</td><td rowspan="2">171</td><td rowspan="8">334</td><td rowspan="8">345</td><td>15.0</td></tr>
<tr><td>GFM-300</td><td>300</td><td>151</td><td>21.5</td></tr>
<tr><td>GFM-360</td><td>360</td><td>174</td><td rowspan="6">175</td><td>25.5</td></tr>
<tr><td>GFM-400</td><td>400</td><td>211</td><td>30.0</td></tr>
<tr><td>GFM-500</td><td>500</td><td>243</td><td>35.5</td></tr>
<tr><td>GFM-600</td><td>600</td><td>302</td><td>44.0</td></tr>
<tr><td>GFM-800</td><td>800</td><td>410</td><td>60.0</td></tr>
<tr><td>GFM-1000</td><td>1000</td><td>478</td><td>71.0</td></tr>
<tr><td>GFM-1500</td><td>1500</td><td>401</td><td rowspan="2">351</td><td rowspan="2">340</td><td rowspan="2">350</td><td>117.0</td></tr>
<tr><td>GFM-2000</td><td>2000</td><td>490</td><td>151.0</td></tr>
</table>

富液的防酸隔爆固定型蓄电池在过去使用量很多，随着阀控式固定型蓄电池的发展，取代了较多的富液电池。其型号尺寸参考 GB/T13337.2 固定型防酸式铅酸蓄电池规格及尺寸的标准。

表 12-19 2V 固定型（管式胶体）阀控式蓄电池（高型）

电池型号	额定电压/V	额定容量（10h 率）/A·h	外形尺寸/mm				参考重量/kg
			长	宽	高	总高	
GFM-150	2	150	103	206	353	385	15.0
GFM-200		200	103				18.0
GFM-250		250	124				22.0
GFM-300		300	145				25.5
GFM-350		350	124		471	504	28.0
GFM-420		420	145				33.5
GFM-500		500	166				37.5
GFM-600		600	145		646	679	46.5
GFM-800		800	191	210			62.0
GFM-1000		1000	233				77.5
GFM-1500		1500	340				112.5
GFM-2000		2000	399	212	772	804	153
GFM-3000		3000	576				222

表 12-20 12V 固定型阀控式铅酸蓄电池

电池型号	额定电压/V	额定容量（20h 率）/A·h	外形尺寸/mm				参考重量/kg
			长	宽	高	总高	
6-GFM-38	12	38	196	167	179	179	14.5
6-GFM-50		50	257	133	201	201	17.1
6-GFM-65		65	324	167	179	179	23.2
6-GFM-80		80	350	167	179	179	27.6
6-GFM-100		100	329	173	216	224	34.6
6-GFM-120		120	407	173	224	232	41.5
6-GFM-150		150	497	203	228	238	57.7
6-GFM-200		200	497	259	228	238	73.4

表 12-21 小型阀控式铅酸蓄电池

型号	电压/V	最大外形尺寸/mm				额定容量（20h 率）/A·h
		总高	高	宽	长	
3-FM-1.0	6	60	53	44	52	1.0
3-FM-1.2		60	53	26	99	1.2
3-FM-2.0		62	55	53	77	2.0
3-FM-3.0		69	62	36	137	3.0
3-FM-3.2		132	127	35	68	3.2
3-FM-3.4		69	62	36	136	3.4
3-FM-4.0		111	104	50	72	4.0

（续）

型号	电压/V	最大外形尺寸/mm				额定容量（20h 率）/ A·h
		总高	高	宽	长	
3-FM-6.0	6	103	96	36	153	6.0
3-FM-6.5		95	92	53	119	6.5
3-FM-7.0		127	120	58	100	7.0
3-FM-8.0		103	96	52	153	8.0
3-FM-10		103	96	52	153	10
3-FM-12		103	96	52	155	12
3-FM-20		134	127	85	159	20
6-FM-0.7	12	64	64	27	100	0.7
6-FM-1.2		61	54	51	101	1.2
6-FM-1.9		69	62	36	180	1.9
6-FM-2.2		69	63	37	181	2.2
6-FM-3.0		69	62	69	136	3.0
6-FM-3.4		69	63	37	181	3.4
6-FM-4.0		79	72	49	197	4.0
6-FM-6.0		103	96	67	153	6.0
6-FM-6.5		103	96	67	153	6.5
6-FM-7.0		103	96	67	153	7.0
6-FM-10		103	93	100	155	10
6-FM-12		103	96	100	155	12
6-FM-15		176	169	78	183	15
6-FM-17		176	170	80	184	17
6-FM-24		134	127	168	177	24
6-FM-31		134	130	172	193	31

12.3.2　阀控式电池的内部结构

阀控式电池的结构形式有两种，一种为高型、一种为矮型。高型有 2V 蓄电池，矮型有 2～12V 的蓄电池。多个单体连接的蓄电池，其中一种采用跨桥焊单体电池，用树脂胶封接电池盖与电池槽；另一种采用穿壁焊连接，槽和盖采用热封封接。PP（聚丙烯）塑料材料不能用树脂胶粘接，所以只能用热封的方式封接，ABS 材料多用树脂胶粘接。阀控式电池都用 AGM 吸附式隔板，电解液吸附到隔板中，没有流动的电解液（见图 12-32）。

阀控式电池活性物质的设计符合电化学的规律，参照表 12-1 中的利用率设计，一般隔板宽度的设计比电池槽的宽度小0.5～1mm，高度与起动用电池的设计相近。隔板的吸酸量要经过试验或计算，隔板的厚度决定酸量的多少，隔板厚度与极板厚度有关，极板厚度越厚，隔板的厚度也越厚。因各厂家的隔板性能存在差异，因此最好通过试验确定。

实现贫液是阀控式电池的主要特征，过去认为多加一些酸，做成富液可保持较多的电解液，以延长寿命；但实际上，富液可能严重影响蓄电池的寿命。原因是使用时，浮充的电压较低，只有实现正极产生的氧气到达负极，才能增加负极的电位，在充电电压一定的情况下，负极电位提高，相当提高了正极的电位，使正极能够充好，才能保持长的寿命。阀控式电池的富液状态不能延长寿命，这点是非常重要的。一般电池最高的富液程度不超过5%。

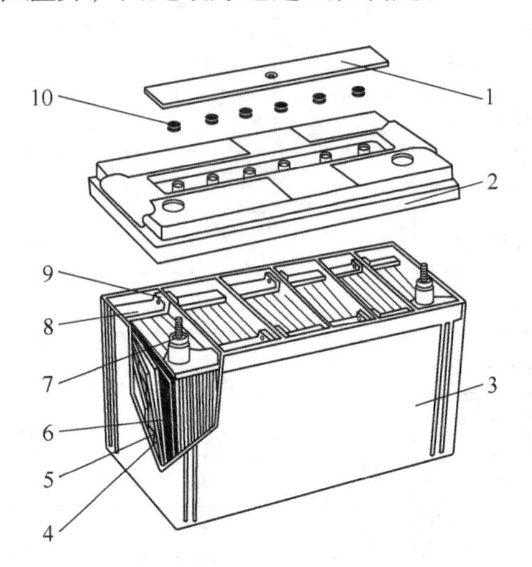

图12-32 阀控式铅酸蓄电池的结构示意图
1—单向阀压片 2—电池盖 3—电池槽 4—负极板
5—AGM（超细玻璃纤维）隔板 6—正极板
7—端柱 8—汇流排 9—穿壁焊连接 10—安全阀

电池极群的装配压力是关键的参数，压力与隔板的性能要匹配，一般通过试验确定。这里不主张用统一的固定压力参数，需要根据实际情况来确定。

安全阀也是关键的部件，要求安全阀的一致性要好，另外与之配合的电池盖上的排气嘴尺寸一致性要好。总之，开闭阀的一致性要好。

12.3.3 阀控式电池的性能

阀控式固定型铅酸蓄电池与起动用免维护富液电池有较大的不同，主要体现在蓄电池的使用状态不同，放电状态不同。起动用电池使用是大电流放电，浮充充电；阀控式蓄电池用于备用电池，是不确定的放电，但放电使用的次数一般不会很多，浮充充电。用于太阳能、风能储电，靠自然能充电，充电状况不规律，放电深度一般会较深。这些特点决定了蓄电池的设计。

按照活性物质的量来设计，一般阀控式固定型蓄电池比起动用蓄电池的利用率要低，用于太阳能、风能储能电池就要更低。阀控式电池主要的指标是水的损耗，与水损耗有关的因素主要有材料的纯度，包括合金、水、酸、铅膏等，另外就是安全阀的压力控制。

影响蓄电池寿命的因素很多，铅膏结构和组成、失水状况、电池的酸量、板栅腐蚀、正负活性物质比例和充电等。所以设计时要综合考虑，系统设计。

12.4 动力用蓄电池

12.4.1 电动助力车蓄电池

1. 外形尺寸

电动助力车蓄电池是我国应用最多，研发和生产处于世界领先水平的铅酸蓄电池之一。

其外形尺寸根据我国标准，主要有几种，见表 12-22。

表 12-22　电动助力车用阀控式铅酸蓄电池的外形尺寸

序号	规格型号	标称电压/V	额定容量（2h 率）/A·h	外形尺寸/mm				参考重量/kg
				长	宽	高	总高（max）	
1	6-DZM-6	12	6	151	65	94	103	2.7
2	6-DZM-10	12	10	152	98	94	103	4.1
3	6-DZM-14	12	14	181	77	163	176	6.5
4	6-DZM-20	12	20	166	125	175	177	9.0
5	6-DZM-26	12	26	174	166	126	126	10.0
6	6-DZM－32	12	32	197	165	175	177	14.0

注：供需双方可协商特殊尺寸的规格。

2. 电动助力车蓄电池的内部结构（见图 12-33、图 12-34）

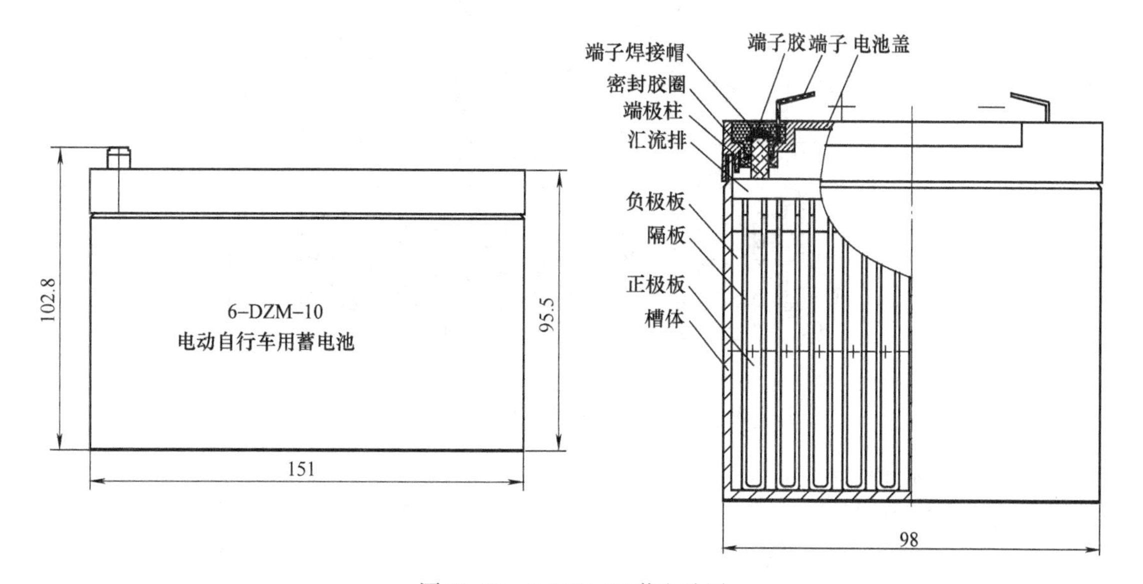

图 12-33　6-DZM-10 蓄电池图

3. 电动助力车蓄电池的性能

电动助力车蓄电池，还有电动三轮车、电动摩托车蓄电池，有时它们是用同样的蓄电池，有时是根据动力的需求，配备较大容量的蓄电池。主要的性能指标是深放电的循环寿命。目前蓄电池的实际使用寿命在一年半以上。在设计上该类电池仍属于阀控式电池，以前用铅锑镉作为正板栅的合金，负板栅用铅钙合金，随着国家禁镉的政策，以后的正负板栅合金应为铅钙锡合金，或新的替代合金。

阀控式电动助力车电池，具有阀控电池的所有特征，只是该电池在深循环性能方面比普通阀控电池高得多。需要相应的技术、装备和工艺的条件，如板栅占极板的重量比例比普通阀控式电池要低，活性物质的深充深放性能要好，如添加一些碳、锡、锑和铋等添加剂。

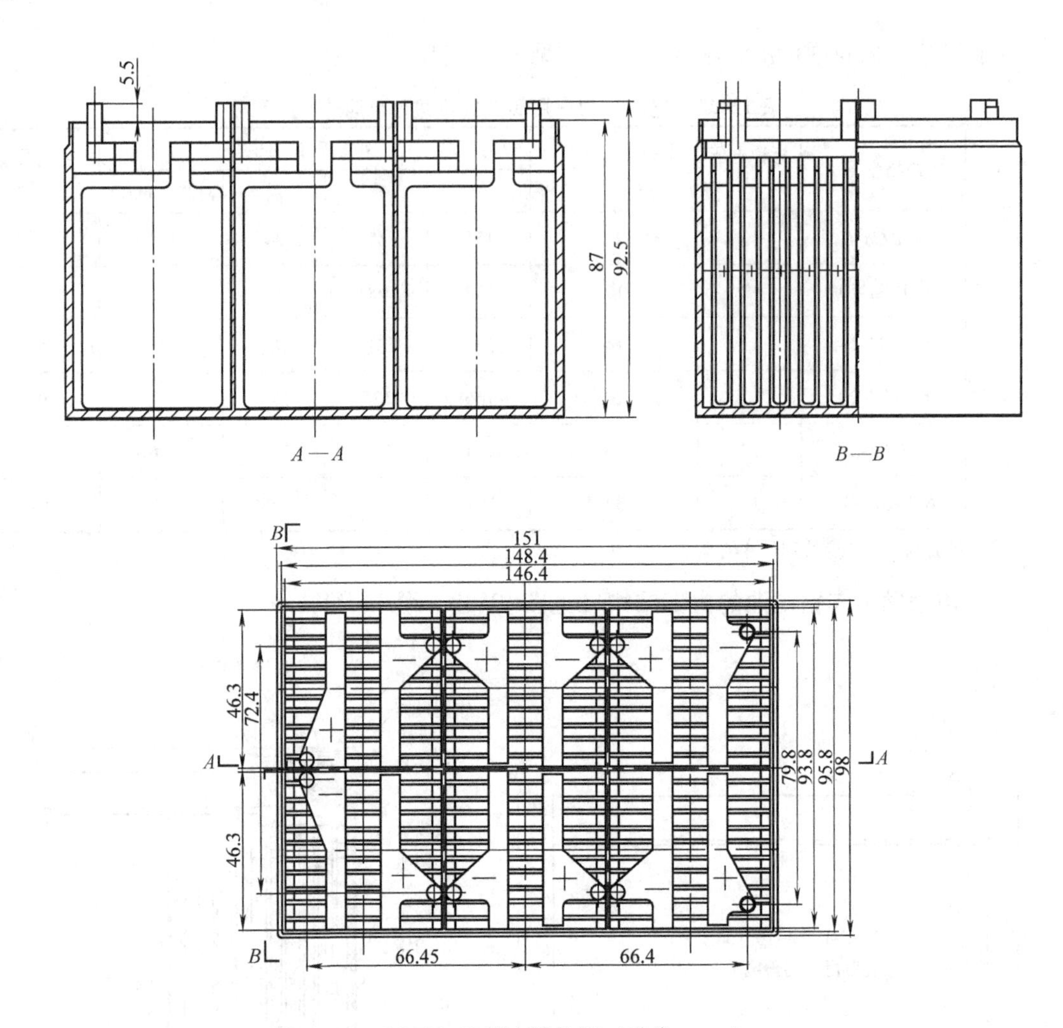

图 12-34 6-DZM-10 槽内结构图（单位：mm）

6-DZM-10 槽内结构技术要求：

1）极群组要符合极群组的技术要求。

2）电池由6个极群组成，1个正端极群，1个负端极群，2个中间极群，1个跨桥极群1，1个跨桥极群2组成。

3）极群不得反装。

4）根据尺寸的要求，跨桥连接处烧焊后高出槽应小于3.5mm。

12.4.2 电动汽车用蓄电池

电动汽车用蓄电池指专用或特定的汽车动力用蓄电池，如短途汽车、电动叉车、高尔夫球车、游览车（包括游艇）等。目前铅酸蓄电池提供的动力，不能远距离的行驶，因此还不能全面应用于普通的汽车中代替燃油作为动力。目前汽车技术中出现了微混汽车用蓄电池、起停蓄电池等，属于蓄电池动力辅助功能的用途，以便节省燃油，减少排放，这类电池在第13章蓄电池新技术中作详细介绍。

电动汽车用动力蓄电池，有的使用富液电池、有的使用贫液阀控式电池。可根据客户的具体要求设计和配置。表12-23电池的类型多为富液电池。其设计的特征主要在深循环寿命上。

表 12-23　电动车用蓄电池的型号规格

用途	序号	规格型号	标称电压/V	额定容量（5h率）/A·h	外形尺寸/mm				参考重量/kg
					长	宽	高	总高（max）	
短途汽车	1	3-DM-180	6	180	323	178	224	248	30
	2	6-DM-100	12	100	328	172	214	243	35
	3	6-DM-150	12	150	486	170	241	241	50
	4	6-DM-200	12	200	522	240	219	244	70
电动叉车	5	6-DM-60	12	60	348	167	175	175	22
	6	6-DM-70	12	70	260	168	208	226	23
	7	6-DM-80	12	80	260	168	208	226	24
	8	6-DM-90	12	90	306	169	206	226	26
割草机用	9	U1	12	24 ①	209	131	157	183	7.5
电动道路车用	10	6-EV-40	12	40 ②	260	172	—	240	15.2
	11	6-EV-80	12	80 ②	362	172	—	272	20.8
	12	6-EV-100	12	100 ②	372	172	—	276	30.4
	13	6-EV-150	12	150 ②	500	172	—	288	49
高尔夫球车用	14	3-D-180	6	180	260	182	245	288	23
	15	3-D-200	6	200	260	182	245	288	25
	16	4-D-135	8	135	260	182	245	288	23
	17	4-D-180	8	180	260	182	245	288	32

① 为20h率容量。
② 为3h率容量。

参考文献

[1] 全国铅酸蓄电池标准化技术委员会，GB/T 5008.2—2013 起动用铅酸蓄电池第2部分：产品品种规格和端子尺寸、标记［S］．北京：中国标准出版社，2013.
[2] BSEN50342—2—2007 铅酸蓄电池第2部分，蓄电池的尺寸和端子标识［S］．欧盟标准．
[3] J537—2000 蓄电池［S］．美国电工委员会标准．
[4] JIS D5301—2006 起动用铅酸蓄电池［S］．日本标准，2006.
[5] 全国铅酸蓄电池标准化技术委员会，GB/T 23638—2009 摩托车用铅酸蓄电池［S］．北京：中国标准出版社，2009.
[6] 山东圣阳电源股份有限公司编制．蓄电池产品目录，2011.
[7] 全国铅酸蓄电池标准化技术委员会，GB/T 19639.2—2014 通用阀控式铅酸蓄电池　第2部分：规格型号［S］．北京：中国标准出版社，2015.
[8] 全国铅酸蓄电池标准化技术委员会，GB/T 22199—2008 电动助力车用阀控密封铅酸蓄电池［S］．北京：中国标准出版社，2008.

13

第13章　铅酸蓄电池新技术

世界范围内在能源和环保的压力下，促进了新能源及应用的发展。在太阳能、风能等可再生能源，智能电网、电动汽车等新兴市场的推动下，其主要部件之一的电池技术需要有新的突破性进展。而铅蓄电池因具有技术成熟、价格低、资源丰富、可回收利用等优势，必将有更大的发展。

日本蓄电池减铅技术获得少有的国家工业大奖，美国奥巴马政府的经济刺激方案中拨款6860万美元用于支持铅炭、超级铅蓄电池等新型铅蓄电池产业化技术的开发。为推动先进铅蓄电池在电动汽车上的应用，1997年成立了专门的“国际先进铅蓄电池联合会”，总部设在美国，定期组织交流、制定目标，使传统铅蓄电池进入“新技术时代”[1]。

油电微混/轻混节能型汽车的发展已成国际趋势，北美、欧洲、日本等发达国家已明确2020年全部淘汰纯燃油车，实现汽车油电微混/轻混化，见表13-1，汽车电源系统将更新换代，目前市场上的汽车起动照明点火（SLI）电池将发展为起停功能的ISS动力型电池，根据国外分析，成熟可靠、廉价的先进铅蓄电池将迎来高速发展的机会，成为混合电动车的主导产品[1]。我国汽车微、轻混化的发展规划基本与发达国家同步，根据国家工信部《新能源和节能汽车发展规划》，2020年我国混合电动车将大规模普及。

表13-1　主要国家和地区汽车轻微混化进程（%）

年份	2005	2010	2015	2020
欧洲国家	2.9	28.3	64.2	100
日本	0.9	25.6	62.8	100
北美国家	0	28	64	100

当前先进铅酸蓄电池技术以及主要特征，见表13-2。

表13-2　先进铅酸蓄电池技术[2]

新技术	类型	主要特征
新结构	双极性铅酸电池	减少用铅量50%、寿命延长、容量提高
	双极耳卷绕式电池	超高倍率放电、能量密度高、高低温性能好
新材料	陶瓷隔板电池	隔膜材料新突破、循环寿命长、充放电效率高
	泡沫石墨铅蓄电池	板栅材料新突破、用泡沫石墨代替铅板栅、用铅量减少70%
综合技术	超级电池	电池与超级电容内联、兼顾容量和功率特性
	铅炭电池	负极材料新突破、用炭代替铅、循环寿命延长、可快速充电、重量轻、无硫酸盐化

13.1 双极性铅酸蓄电池

13.1.1 双极性铅酸蓄电池的结构

双极性是相对于单极性而言的，传统的铅酸电池一个板栅就对应一个极性即要么是正极要么是负极，而双极性是用一块基片的两面分别涂上正极膏和负极膏，即一块极板有两个极性。在电池组装时，一面涂有正极活性物质的极板与另一片极板涂有负极活性物质的一侧相对，中间用吸附电解液的玻璃纤维隔板隔开，而且双极性电池组必须有两个单极性电极，即与正极端子连接的具有正极活性物质的单极性正电极和与负极端连接的具有负极活性物质的单极性负电极，这样就组成了一个单体电池。在应用中，电流仅通过电极板而不需要通过汇流排或中间端柱。图13-1所示为双极性铅酸蓄电池结构示意图。

电流垂直于电极平面，只通过薄的双极性电极。与普通铅酸蓄电池相比，这提供了电流通过的很短距离和很大的截面。而普通蓄电池的单格电池间的电路长，板栅的电路截面也小。相比之下，双极性蓄电池几乎没有单格电池内的电阻，约是普通蓄电池总电阻的1/5。内阻的减少能使蓄电池给出大功率，可以用于驱动电动汽车，提高电池寿命，减轻电池重量，降低结构成本。普通铅酸蓄电池的极板是竖直立着放置的，而双极性铅酸蓄电池的电极是水平卧放的。电极水平卧放可以防止电解液分层，防止活性物质脱落以及便于采用轻量薄形电极基片[3]。

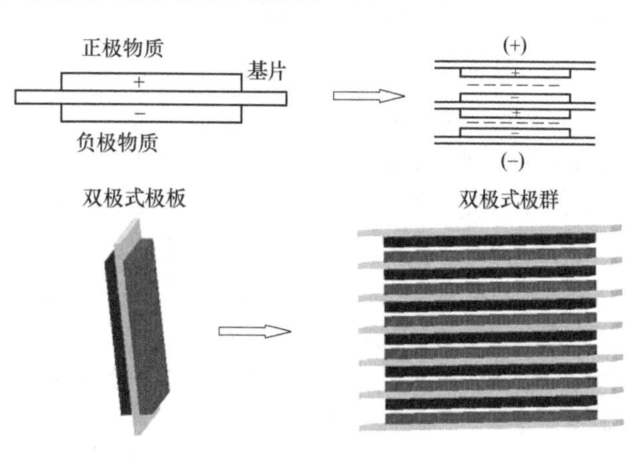

图13-1 双极性铅酸蓄电池结构示意图

13.1.2 双极性电极的基片材料

由于双极性电池正负极活性物质同时涂覆在一片基片的两侧，双极性基片材料的选择和密封技术就成为关键和难点[4]，即如何确保其质轻（提高比能量）、无孔（防止内短路）、导电好和耐蚀，成为人们对双极性电池研究的重点。

合格的导电基片必须满足以下几个条件[5]：

1）导电性好；

2）耐硫酸溶液腐蚀，耐二氧化铅氧化；

3）在电池中不参与电化学反应；

4）不透酸，避免引起电池内部短路；

5）与正、负极活性物质的结合性好，在电池充放电过程中活性物质不会脱落；

6）有足够的机械强度。

就陶瓷材料而言，由于基片的薄型要求，使得原本脆性的陶瓷材料更难达到耐振要求。

除此之外，基片与活性物质之间需要结合良好并且基片不渗透电解液，而陶瓷材料由于受制备工艺的限制很难做到无孔[3]。

为此人们又采用无机导电材料与有机聚合物复合。这些导电材料最常用的为碳类材料，以玻碳为主。另外，也有采用金属氧化物如 SnO_2、$BaPbO_3$、TiO_2；有机聚合物则采用聚乙烯。聚偏氟乙烯与碳复合，采用55%体积的玻碳（325 目），电导率可达 550（$\Omega\cdot cm$）$^{-1}$。这种塑料的密度只有 $1.06g/cm^3$，作为双极性的基片可制成 0.625mm 厚，体积电阻率小于 $1\Omega\cdot cm$，面积密度小于 $0.3g/cm^2$，作为双极性基片循环寿命可达 1200 周期 。此外，还有用银、铜、铜铍合金、铬钒钢等作为集流体和骨架，因为这些物质是性能良好的导电和导热体，为防止这些基体材料免受硫酸的腐蚀，在它们上面包覆一层钛或铑，这样做成的双极性基片活性物质利用率高，电池内阻小且散热快适于快速充电，同时基片与活性物质结合力好，因而电池循环寿命长[3]。

13.1.3 双极性铅酸蓄电池的特点

与传统蓄电池相比，改进后的双极性铅酸蓄电池具有以下优点：

1）省略了传统铅酸蓄电池的板栅（包括极耳）和汇流排所用的铅，节铅量可达传统铅酸蓄电池的50%，比能量高，可以达到 50W·h/kg 以上（传统电池仅为 35W·h/kg），同时也省略了相关元件的制造工序，简化了生产工序。

2）在双极性结构中，由于电流垂直于表面从双极性极板的一侧传导到另一侧，电流密度均匀，电流路径短，内阻远远低于传统的铅酸蓄电池，功率密度高，大电流充放性能好，可快速充电，低温性能好。

3）能以较小的体积提供较高的电压，特别是在组合 100V 以上高电压的电池时具有独特优势。

其主要的缺点如下：容易造成加酸不均匀，如果有富液的话，很容易造成串格使额定电压降低，电池自放电大；材料要求苛刻。

13.1.4 双极性铅酸蓄电池的技术动态[4]

1. 美国 AIC（Applied Intellectual Capital）**公司**

AIC 公司对双极性电池有 15 年的研究经验，总投资 1000 万美元，全部由 AIC 承担。2009 年中旬，开发出一套测试样品并开始寻找商业合作伙伴。2010 年 1 月与 East penn 制造股份有限公司达成合作关系在北美和北美自由贸易区协定的领域研究及生产双极性电池，在 2012 年年底已批量产出双极性铅酸蓄电池。目前已生产出了 12V 7A·h 和 48V 的样品电池。

2. Effpower 双极性铅酸蓄电池技术

Effpower 双极性铅酸蓄电池的极板，采用了以“铅-渗透-陶瓷”作为单体电池基片的技术。OPTIMA 与 VOLVO 汽车制造商合作，开发一种全新结构的铅酸蓄电池，称为 Effpower 双极式陶瓷隔膜密封铅酸蓄电池，目前已安装在本田的 Insight 混合动力电动车上作为动力电池，其优点是输出功率高、循环寿命长。Effpower 双极性电池产品照片及其双极性电池内部剖视图如图 13-2、图 13-3 所示。另外，该公司宣称所生产的双极性铅酸蓄电池产品具有非常高的循环寿命，2.5% DOD 可以达到 500 000 次。表 13-3 为 Effpower 双极性铅酸蓄电池产品相关参数。

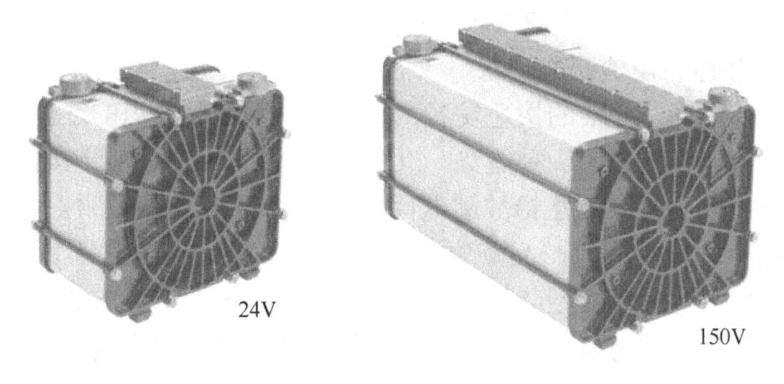

图 13-2　Effpower 双极性铅酸蓄电池产品

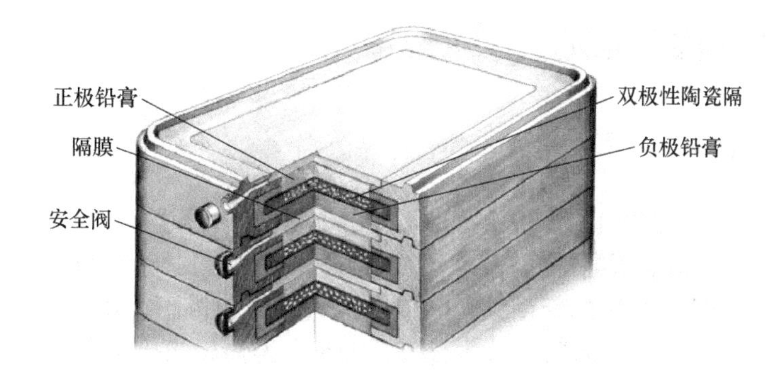

图 13-3　Effpower 双极性铅酸蓄电池产品内部剖视图

表 13-3　Effpower 双极性铅酸蓄电池产品参数

Effpower 动力蓄电池	24V	150V
长	90mm	330mm
宽	253mm	253mm
高	203mm	203mm
重量	8.6kg	37.5kg
容量（2 小时率）	6A·h	6A·h
功率（30s）	5kW	30kW

3. 英国威尔士 Atraverda 公司

2009 年 4 月 23 日，宣称是世界上唯一一家亚氧化钛双极性极板的英国威尔士 Atraverda 公司成立了英国第一家双极性蓄电池开发研究实验室，该实验室设于威尔士格拉摩根大学内，将在测试和开发双极性蓄电池项目中起核心作用。该双极性蓄电池使用的是由威尔士 Atraverda 先进材料公司制造的特殊元件。该公司首席技术官 Andrew Loyns 博士曾于 2011 年 3 月到中国考察，并介绍了 Atraverda 公司及双极性蓄电池的结构和原理，同时表示了与中国企业的合作意向。

4. 美国 BPC 公司和 TROJON 开发的双极性密封铅蓄电池所达到的技术指标[5]

1）额定电压 180V；电池容量 60A·h；

2）C/3 电流放电比能量≥50Wh/kg；峰值比功率＞700W/kg；

3）循环寿命≥1000次；预计使用寿命：10年。

5. 中国双极性铅酸蓄电池研究现状

由于能源问题的加剧、社会的快速发展，以及人们对环保意识的逐渐增强，对传统铅酸蓄电池的技术改造和创新已成为一种趋势。近几年，中国的一些科研单位、新型材料公司、铅酸蓄电池企业等也开始对双极性铅酸蓄电池及其关键材料进行探索。2011年6月份在北京举行的“第十届中国国际电池产品及原辅材料、零部件、机械设备展示交易会”上，国内企业展出了双极性电池样品模型，虽然展示的仅仅为双极性电池的雏形，制作工艺相对简易，但是从关键材料的研究与应用、密封技术设计、活性物质的涂覆等都为国内双极性铅酸蓄电池的研究与开发提供了借鉴。

13.2　水平式铅酸蓄电池

13.2.1　水平电池简介

水平式铅酸蓄电池是20世纪80年代初由美国Electrosource公司研究开发的，全称为“铅布水平双极VRLA铅酸蓄电池”。是VRLA铅酸蓄电池的延续产品，其采用了铅布及双极性极板的水平组叠这一独特的新型结构。该电池具有比能量高、比功率大、充/放电特性好、充电时间短、内阻小、重量轻、成本低廉、安全、寿命较长等优点，是一种有发展前途的新型VRLA铅酸电池。1995年第15届国际电动车会议上演示了由水平蓄电池为动力驱动电动汽车，受到了广泛关注。

在传统电池中，铅酸蓄电池由正极板、隔板、负极板、硫酸电解液和壳体组成，正负极板分别涂以正负活性物质，形成正负极板，再经汇流排连接。由于板栅、汇流排，连接条不参加电化学反应，不产生活性，仅起导电、支撑作用，因而比能量低、活性物质利用率低。此外，正板栅的耐腐蚀性差，放电过程中，电流经板栅筋条流到极耳，再到汇流排、极柱导出，线路长、电阻大影响了电池的大功率放电。而水平电池采用双极性极板，充放电过程中电流从一端进入边板经隔板进入第一个双极单元一极，再均匀通过板栅进入另一极，如此下去，直达另一端，电流线路短、电阻小，活性物质分布均匀，导电距离近，电流密度分布均匀。改变了现有电池结构和电流传导方式。

水平电池采用了独特的结构和新技术工艺，特点主要有，采用了双挤压工艺，制成的铅/玻璃纤维同轴复合丝再经编织成铅布作板栅，铅丝外直径为0.8 mm，壁厚仅为0.2～0.3 mm。

采用双极板方式，正、负极铅膏分别涂填于板栅两端，中间留有10 mm左右长的铅膏隔离带，由此省略了电池间的连接条和极耳，提供了短距离电流传导途径，大大降低了内阻。为阻止隔离带的腐蚀和自放电，隔离带铅筋表面涂敷一层耐酸、耐氧化且带憎水功能材料的保护层。

极板采用了水平叠放方式，这样大大减少了活性物质脱落和电解液分层的现象。双极板的正、负极交错搭放，使极板电流和活性物质的利用率趋于平衡，从而提高了整个电池的可靠性和质量。

采用了内壳紧固件，使整个电池的压力保持了一致。

虽然该电池有很多优点，除了可用于电动车、军用装甲车、坦克、飞机、鱼雷的起动和驱动等用途外，还受到智能电网、清洁能源系统储能等领域的青睐，但是它仍有以下几点不容乐观，铅布的成形工艺复杂，生产成本较高，且因铅丝壁太薄（0.2～0.3 mm）终端汇流排焊接要求高，比较难控制，需要专用设备，以及涂片工艺困难。其深循环（75%）DOD 寿命实测达到 200～300 次，还需要提高。虽然中国有几家知名企业相继开发生产过这种电池，但终因上述原因而使该型电池三起三落[6]。

13.2.2　水平电池的结构特点

1. 铅布

水平铅酸蓄电池所用的铅布是由包覆金属铅（或铅合金）的玻璃纤维编织而成。组成铅布内芯的玻璃纤维不但增加了铅布的强度，同时也由于玻璃纤维的密度小，减轻了铅布的重量。此外，由于铅布很薄、可制成薄极板，这一特点使水平铅酸蓄电池具有优良的大电流放电能力[7]。

铅布板栅是水平电池的核心技术之一，如图 13-4 所示。铅布的编织材料是同轴镀铅玻璃纤维复合丝。实现玻璃纤维镀铅有两种技术途径，一种是束纤维镀铅工艺，通过挤拉成型将纤维束表面用铅层包覆起来。另一种是单根纤维镀铅工艺，通过热浸镀使每一根纤维表面包覆铅层。由于镀铅工艺的不同，铅布板栅结构也分为两种：单纤维镀铅板栅和束纤维镀铅板栅。单纤维镀铅玻璃纤维板栅采用织造工艺制备，束纤维镀铅板栅采用节点焊接方法制备[9]。

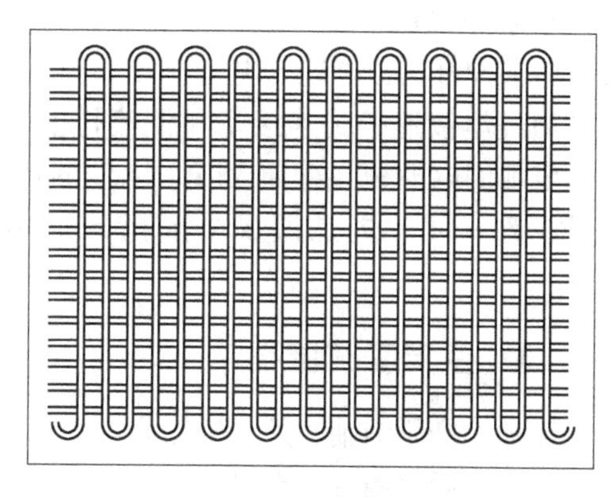

图 13-4　铅布板栅示意图

通过模拟电池运行环境对两种技术制造的铅丝进行腐蚀试验，结果表明：束纤维镀铅工艺优于单根纤维镀铅工艺。铅丝芯料曾用过钛丝、铜丝、铅丝和玻璃丝。经过试验，芯料为玻璃纤维，外包铅锡合金的铅丝性能更好。与传统铸造板栅相比，复合铅丝晶粒细小、晶界清晰、电阻率小、抗拉强度大，能降低充放电循环中因活性物质晶型变化而导致的板栅变形。

2. 极板

正极、负极可制作于同一块铅布上（称双极板），分别将正、负极铅膏涂填在一片铅布的两端，并在中间预留 10 mm 左右隔离带不涂铅膏，隔离带板栅表面涂敷一层耐酸、耐氧化且带憎水功能材料的保护层，以减少自放电和提高铅网耐腐蚀性能[9]。水平电池双极性极板如图 13-5 所示。

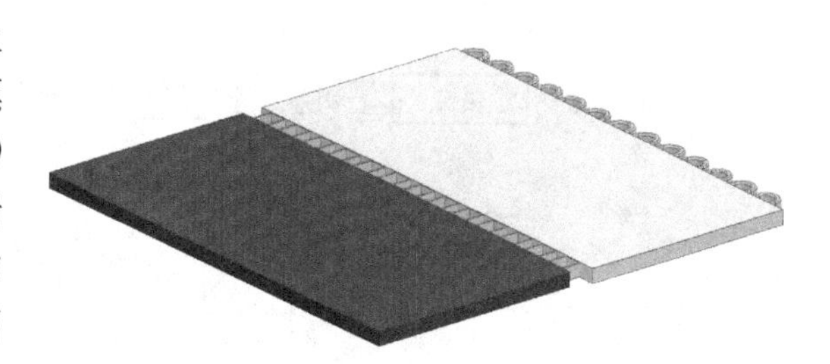

图 13-5　水平电池双极性极板示意图

3. 极群结构

水平铅酸蓄电池采用的是双极性的电池结构设计，由于极群是由双极性极板之间的铅布连接起来的，省略了普通阀控式铅酸蓄电池的焊接工艺，减少了跨桥极柱、汇流排等连接件，具有电阻小，活性物质利用较均匀的特点，因此水平电池充电接受能力强，可实现快速充电，且大电流放电能力强，比能量高[7]。

由于极板采用水平放置方式，降低了活性物质脱落，减少了电解液分层，避免了浓差极化，因浓差极化是铅蓄电池容量下降及寿命缩短的原因之一，从而提高了电池的寿命[8]。将双极性极板的正负极交错叠片，如图13-6所示，上下相邻两片极板以隔板隔开，使极板电流和活性物质的利用率趋于平衡，从而提高了整个电池的一致性和质量。水平电池采用了内紧固件，使整个电池的压力保持了一致。

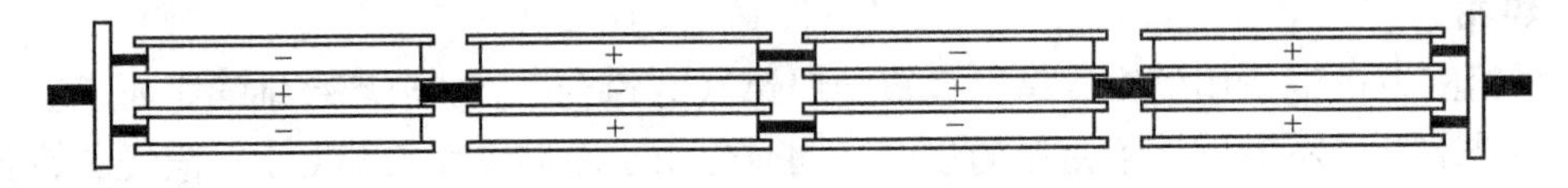

图13-6 极群结构示意图

4. 极群装配

将装配好的极群装入电池槽中，然后将极群一侧突出的铅丝通过焊接连接到连接条和汇流排上，作为电池的一极。水平电池的电池槽与普通VRLA电池的槽不同，需要做一定改进，有一种改进是做成半隔壁式的电池槽，如图13-7所示。

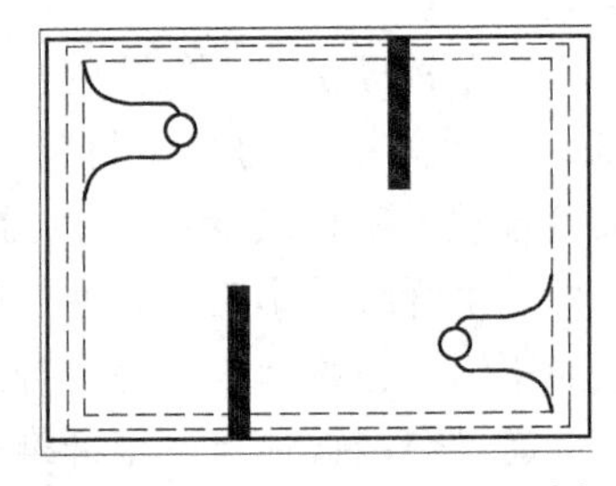

图13-7 半隔壁式的电池槽[9]

13.2.3 生产工艺流程[9]

以玻璃纤维为轴，外包铅锡合金，通过一定工艺（挤压抽丝），形成复合铅丝，并编织成铅布；然后将铅膏涂在铅布上。铅膏为普通阀控式铅酸电池用的铅膏，涂膏后的极板为湿板，经固化干燥后，得到生板。生板与隔板交替相放，组成极群，通过焊接工艺，将正、负极的极耳分别焊接到汇流排与极柱相连，装入电池槽，并对槽与盖的接触处进行热封或胶封以达到密封的目的，形成半成品电池，之后进行灌酸化成，化成完后检测开路电压以及外观，合格即可出厂，具体流程图13-8。

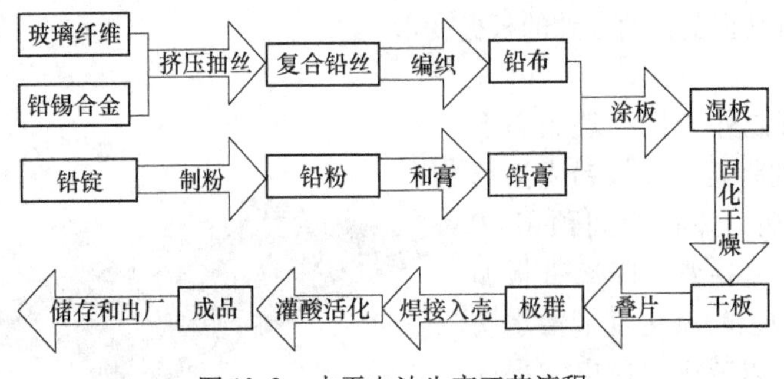

图13-8 水平电池生产工艺流程

13.2.4 水平电池的性能特点[10]

1）由于极板水平放置，正负极和隔板是采用卧式组合起来的，延缓了活性物质脱落，避免电解液分层，降低了浓差极化。

2）采用双挤压工艺制成共轴铅覆玻璃纤维丝，用这种铅覆玻纤维丝编织成轻巧而结实的板栅，由于有纤维丝作为稳定核心，抗拉强度大，使极板尺寸稳定，消除了极板的增长，不需要使用锑、钙或其他台金来增加机械强度，可采用纯铅或铅锡合金，因而减少了充电的析气及正板栅的腐蚀，由双挤压方法制成的复合铅丝晶粒致密，具有高度抗腐蚀性，大大地提高了电池的寿命。

3）由于极板薄且采用双极结构，省去极耳、汇流排、跨桥极柱等连接件，减少了电池内阻，电池大电流放电能力强，且电池充电接受能力强，可实现快速充电。

4）以玻璃纤维作内芯的同轴铅丝所编织的铅布与传统的板栅相比，其材料铅的用量减少了67%，从而使水平电池与传统电池相比在重量上减轻了25%～50%，质量比能量可达45～50Wh/kg。

13.2.5　存在的问题[9]

1. 涂膏

由于铅布较薄，与普通板栅涂板相比，容易拉伸变形，涂板困难。正、负极铅膏同时涂在双极板栅上，容易混杂。国内部分生产企业已通过改进铅膏和涂膏模具来改善。

2. 端子焊接

铅丝壁太薄，铅与玻璃纤维本身不浸润，若焊接不当容易融熔内芯而导致虚焊。

3. 自放电

虽然采用了贫液式设计，但由于单电池之间没有隔壁，液膜与板栅之间会产生自放电。自放电较大，达到10%/月。

4. 循环寿命

目前宣称水平电池循环寿命为800～900次，但实际测试寿命只有200～300次，寿命还有待提高。

影响寿命的因素有以下几个方面：

1）铅布的耐腐蚀性，取决于铅布的合金材料、成型工艺以及最佳使用方式。

2）单体电池一致性，因极板厚度的误差及水平叠放配组的原因，极群的装配压力会产生不一致，进而导致单体性能不一致。

3）电池失水，水平电池内部因温差产生的水蒸气汇流到电池底部，不能被极板吸收，造成电池失水和电解液浓度有差异，甚至会导致短路。

4）运行环境，包括温度、湿度、充放电制度等都会影响电池的使用寿命，比普通电池影响更大。

13.3　卷绕式铅酸蓄电池

13.3.1　卷绕式铅酸蓄电池的基本情况

卷绕式铅酸蓄电池是近年来发展较快的产品，区别于普通铅酸蓄电池平板叠片结构，它是将正、负极板做成软性带状，中间和两侧均夹有玻纤隔板，然后压紧卷起来装入圆形电池槽内，焊接好极柱，加盖密封，组成螺旋形结构的阀控式电池。

卷绕式铅酸蓄电池结构如图13-9所示，铅箔作为极板的基片（板栅），将正极板、隔板、负极板叠放，紧紧地卷绕成螺旋状的卷，放入圆筒状的电池槽中，制成单体，保持稳定的组装压力[11]。

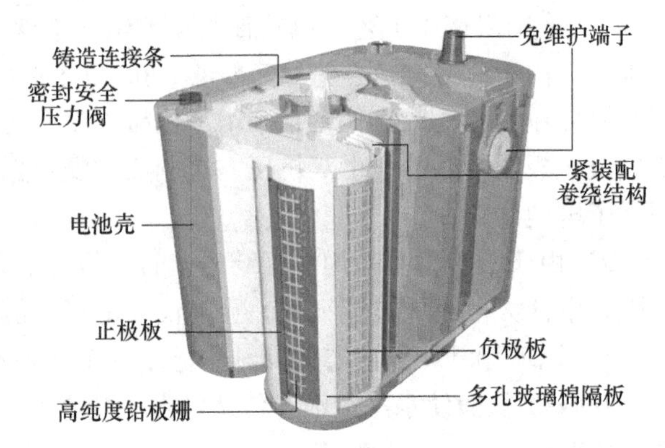

图13-9 卷绕式铅酸蓄电池结构

因极板做得很薄，提高了电极的表观面积，降低了充放电时电极所承担的电流密度，减小了电化学极化，提高了活性物质的利用率，在比能量、比功率、大电流充放电性能等方面都有很大提高。同时电极设计成卷绕结构，形成电池的紧密装配，消除了电极上活性物质的脱落现象，耐振动性能好，抗振动和冲击力强；解决了电解液分层的问题，缓解了电极上不均匀的硫酸盐化现象，提高了电池使用寿命。因比能量、比功率的提高，减少了铅的用量，大幅度提高了铅酸蓄电池技术经济性能，实现了铅酸蓄电池生产技术的进步，因此越来越受人们重视。卷绕式铅酸蓄电池与传统板式电池相比具有，瞬时输出功率高、可快速充电、耐振动冲击性能好、低温性能优、自放电小、使用寿命长和比能量大等优点。卷绕式铅酸蓄电池应用案例见表13-4。

表13-4 卷绕式铅酸蓄电池应用案例

部分汽车以及机械起动	宝马、丰田、克莱斯勒、大众、奔驰、福特、沃尔沃、日产、道依茨和帕金斯英格索兰
军用	1）美国空军：美国空军在全世界所有的地勤中均使用卷绕式铅酸蓄电池 2）挪威和瑞典军队：卷绕式铅酸蓄电池用于跑道牵引车 3）挪威和丹麦海军：卷绕式铅酸蓄电池用于小型和中型救生船 4）丹麦海军：卷绕式铅酸蓄电池用于新型军用运输舰“运输900” 5）荷兰军队：用于长途通信系统，自动操纵运输和各种各样的起动应用
电力、太阳能工程	1）荷兰Zwart Tech－nik公司太阳能工程 2）美国国防部太阳能电站工程 3）苏丹沙漠太阳能发电工程

13.3.2 卷绕式铅酸蓄电池的工艺技术特点

卷绕式铅酸蓄电池工艺采用卷绕方式生产，较高的极群压缩力，以及相应的固化工艺，其技术有以下的特点[5]：

1）采用为纯铅或铅锡合金作为板栅材料，较柔软，利于卷绕，且比普通铅酸电池一般采用铅锑合金或铅钙合金更耐腐蚀。

2）极板很薄（通常小于1mm），每片极板有多个极耳，电极比表面积非常大，电流分布均匀，有利于提高活性物质利用率，且大电流充放电性能好。

3）电极设计成卷绕结构，装配压力大，是AGM式阀控式铅酸蓄电池的两倍，消除了电极上活性物质的脱落现象，同时解决了电解液分层的问题。

4）槽为圆柱形，电池的开阀压力大，正负极板间距小，有利于提高密封反应效率，失水速度小，且有优良的耐过充性能。

5）只有30多个零件（传统板式电池有100多个零件），经过涂片后直接装配电池，提高了生产效率，降低了环境污染。

国内技术人员对卷绕式铅酸蓄电池制造工艺做了研究[12]，并有以下的认识：

1）正负极板湿态下和隔膜在一定张力控制下紧密卷绕在一起，并用卡具固定，使得极板始终承受向心压力，极板在循环寿命中不易膨胀变形，有利于延长电池寿命。

2）正负极板湿态下和隔膜一起卷绕并固化，活性物质与隔膜的贴和会更加紧密，有利于电解液扩散，并且会降低接触电阻。

3）工艺难点不在涂膏和焊接，而在极板的卷绕和卷绕后极耳有规则的分布，这两个问题可借鉴镍氢电池制造的成熟技术解决。

国内技术人员对卷绕式铅酸蓄电池隔膜的选用做了报道[13]：根据卷绕铅酸蓄电池的结构特点，电池的极板可做得很薄，可达0.6～1mm，这就决定了其所用的隔膜与普通超细玻璃纤维（AGM）电池相比会有比较大的不同：细玻璃纤维丝制得的隔膜具有小的孔径，在抗穿刺能力方面要明显好于粗纤维制得的隔膜；随着组成隔膜的玻璃纤维丝直径的加粗，隔膜的吸液量增加，酸液扩散速度越快，抗酸液分层的能力越好；玻璃纤维丝径越大，隔膜吸液后的回弹力性能越好，其抗压能力越好。所以结合在实际中的应用，卷绕式铅酸蓄电池所采用的隔膜应是复合型隔膜，即靠极板的两侧采用细丝径纤维，而中部采用粗丝径纤维。

日本技术人员对圆柱形铅酸蓄电池的极板铅箔进行了改进[11]：采用Pb-Ca-Sn合金，将其辊压成厚为0.2mm的铅箔，对铅箔进行电镀铅处理后，进行电化学氧化还原处理，使其表面成为粗糙状态，再涂覆铅膏。这样可以获得活性物质不脱落的铅箔极板。隔板采用极板间尺寸不到1 mm的隔板；在正极板的制作过程中，将未涂活性物质的部分涂覆树脂。

13.3.3 卷绕式铅酸蓄电池的主要性能特点

相对于平板电池而言，卷绕式铅酸蓄电池采用厚度只有1mm左右的极板高压卷绕而成，通过特殊的工艺手段使得电池具有了许多特点：

1）卓越的高低温性能：可在－40～65℃下工作。由于卷绕式铅酸蓄电池采用了螺旋卷绕技术，其极板之间的间隙极小、开阀压力大、氧循环效率高，有效地减少了高温下热失控现象，冷轧铅板栅较普通的铅合金抗腐蚀能力要高得多，有效缓解了高温下板栅腐蚀问题；电解液被玻璃纤维隔板吸附，无流动的电解液，有效防止低温下电解液结冰，因极板面积大、极板间距小，有效降低了低温极化，由此可见，在恶劣的环境中，使用卷绕式铅酸蓄电池将会更安全可靠。

2）充电非常迅速：40min内可冲入95%以上的电量。由于卷绕式铅酸蓄电池的极板做得很薄，提高了电极的表观面积，降低了充电时电极所承担的电流密度，减小了电化学极化，因此可将充电电量高比例接受，其一般快速充电时间在1h左右就能充足。卷绕式铅酸蓄电池采用高纯铅制作，相比普通蓄电池其副反应小，用于储能使用，在阴雨天可小电流充电达到90%以上的充电效率。

3）由于卷绕式铅酸蓄电池较小的内阻和较大的活性物质面积，100%深放电后再充电能力较强。卷绕式铅酸蓄电池100%深放电循环次数可达350次，在50%深度放电循环次数可达1500次，在25%深度放电循环次数则可达4000次。

4）瞬时输出功率高：最大放电倍率为$18C_{10}$，同样规格的卷绕式铅酸蓄电池和普通蓄电池作比较，卷绕式铅酸蓄电池的输出功率比普通蓄电池高出很多。

5）超长寿命：设计浮充寿命可达8年以上，太阳能领域设计寿命10年以上。根据美国SAE标准，在J240测试中，卷绕式铅酸蓄电池的起动次数高达15 000次以上。相比于普通蓄电池一般2000～4000次的起动次数，则卷绕式铅酸蓄电池更显优势。

6）自放电极小：由于卷绕式铅酸蓄电池采用纯铅或铅锡合金材料，且内阻小，可放置两年而不用充电。

7）耐振动性能优：由于卷绕式铅酸蓄电池的螺旋卷绕技术，故抗振动的能力十分卓越，根据美国SAE测试标准，其能抗4g（33Hz）的振动12h以及6g的振动4h后完好无损。倒置也一样安全，在军事测试中，当子弹射穿蓄电池后，照样可快速起动车辆。因此在一些特殊环境中，使用卷绕式铅酸蓄电池将会更可靠。

8）无游离电解液：可任意方向放置工作。

13.3.4 卷绕式铅酸蓄电池国内外技术动态[11]

1. OPTIMA公司卷绕式铅酸蓄电池的发展状况

美国GATES公司在20世纪60年代末期开始开发卷绕式铅酸蓄电池，后来被瑞典GYLLING集团兼并，并成为其属下的一个子公司即Optima batteries A B，从此以后卷绕式铅酸蓄电池的研究和发展更为迅速，瑞典OPTIMA公司投入市场的傲铁马牌电池便是由其开发的。该电池拥有18项专利，采用电池单元螺旋卷绕技术，板栅为纯铅0.3mm厚，正负极之间用超细玻璃纤维隔板（AGM）隔开，卷绕而成后装入圆柱形的塑料槽内，极板间距小，无流动的电解液，内阻仅为2.8mΩ。其特点是大电流放电性能好，可高功率输出，且具有较好的耐振性，能抗高温和高寒，可在-40～65℃的温度范围内正常工作。

电池板栅采用软铅合金，减少了气体析出；薄极板，提高了电池比功率；均匀的极群压缩，增加了电池的循环寿命。OPTIMA公司开发的OPTIMA Yel-low Top（黄顶）电池，能够为短距离电动车提供充足的能量和比较宽的使用范围，100% DOD、C/2率放电，循环寿命在250次以上。OPTIMA公司目前主要开发的6V/15A·h卷绕式铅酸蓄电池重3.1kg，功率输出为2.2kW，它主要用于满足电动汽车（EV）和混合电动汽车（HEV）的需要。

通过测试，OPTIMA 56A·h起动电池的输出功率，超过传统195 A·h起动电池的输出功率，而用160kW的推土机做实验时，前者的起动速度明显快于后者，而同时前者的体积却只是传统的195A·h的起动电池的1/4。OPTIMA电池的卷式设计及较高的极板压缩率可防止活性物质脱落，高纯度的铅锡合金板栅可减缓硫酸的腐蚀，所有这些都确保了这种电池具有较高的循环寿命，能较好地满足动力设备需要。这种电池最高可以用300A的电流进行充电，在100% DOD下，可在1 h内充足电；自放电很小，在放置不用250天后，其储电量下降了50%；此外，其独特的螺旋卷绕结构决定了它在抗振动和耐冲击方面的性能优良，这种电池不仅被美国军方选中用于美国空军战斗机，而且已被大量推广应用到坦克、装甲车等多种军事用途。并经历过海湾战争等多次实战考验。

OPTIMA公司的产品有D型（2.5A·h）、X型（5.0A·h）J型（12.5A·h）、BC型（25.0A·h）等四种，分为起动型（红顶灰顶）、船用型（蓝顶）、牵引型（黄顶）等多个专用系列。

OPTIMA 电池公司以卷绕式电池构造为基础，成为生产高比功率电池的领头企业。

2. BOLDER 公司卷绕式铅酸蓄电池的发展状况

美国 BOLDER 公司开发的卷绕铅酸蓄电池的极板像纸一样薄，称为 TMF 专利技术（Thin Metal Film），其结构如下：

它通过增加极板面积，减小极板厚度和极板之间的距离，可以提供很高的功率，具有相当好的再充性能。其板栅厚度仅为 50～80μm，其电池结构为正、负铅膏分别涂在约 50μm 厚的两张铅箔上，膏层厚度 200μm，用 AGM 隔板将正、负电极隔开，卷绕成形后塞入圆柱形的塑料容器内。这种电极结构，使得活性物质的充放电性能均匀。电池的正极在一端引出，负极在另一端。

相对于传统的 VRLA（阀控式铅酸蓄电池）电池，BOLDER 电池的设计使极板的表面积增加了 16～19 倍。目前这种电池的搁置寿命、自放电及金属箔的耐腐蚀性尚需加以改进。

3. 其他公司卷绕式铅酸蓄电池的发展状况

美国 EXIDE 公司于 1999 年推出了采用螺旋卷状电极的圆筒式汽车起动用新型 VRLA 蓄电池，称为 Orbital Select，电池结构和傲铁马牌电池相同。这种电池具有很大的电极表面积，活性物质用机械挤压到薄板栅上，采用新的连续制造技术，极群有大的压缩比，电极的厚度约为 1.3～1.4 mm，属 AGM 式的 VRLA 电池。电池有较高的比能量，具有深放电特性，80% DOD 时的深循环寿命可达 500 次以上，比功率可达到 400W/kg。这种电池自放电很小，即使几个月不用，仍可使汽车起动。

4. 卷绕式铅酸蓄电池国内发展状况

卷绕式铅酸蓄电池在国内还处于发展的初期，只有少数企业小规模批量生产。

由于卷绕式铅酸蓄电池生产存在一定的技术难度，同时需要装备方面的保证，国内的技术人员还需要做很多的工作，估计以后卷绕式蓄电池会有更好的前景。

13.4　超级电池

13.4.1　超级电池产生的背景

混合动力就是指汽车使用燃油驱动和电力驱动两种驱动方式。在汽车刹车时，蓄电池要回收刹车时的能量；在汽车起动时，蓄电池要作为辅助动力，提供比正常行驶时增加的部分动力，在汽车加速时也起同样作用。因此，能使发动机一直保持在较佳工况状态，并降低了燃油消耗和尾气排放量。蓄电池的电能仍来源于汽车的充电机或回收的能量，总之来源于燃油的能量。蓄电池提供动力的辅助作用，使发动机的工作方式发生了很大的变化，是节省能源的基础。

按照我国汽车行业标准中对混合动力汽车的分类和定义，一般情况下电动机的峰值功率和发动机的额定功率比小于等于 5% 的为微混合动力。汽车在行驶过程中临时停车（如等红灯）的时候，自动熄火，当需要继续前进时系统重起发动机，电机基本不具备驱动车辆的功能，该电机为一体式电动机，用来控制发动机的起动和停止（车辆短暂停车时，自动停止发动机的工作），从而取消了发动机的怠速，降低了油耗和排放，因此其特别适合交通拥堵的城市。

电动机的峰值功率和发动机的额定功率比在5% ~15%的为轻度混合动力。在这种类型中，内燃机依然是主要动力，电动机不能单独驱动汽车，只是在爬坡或加速时辅助驱动。与微混合动力系统相比，轻混合动力系统除了能够实现用电机控制发动机的起动和停止，还能够实现：①在减速和制动工况下，对部分能量进行吸收；②在行驶过程中，发动机等速运转，发动机产生的能量可以在车轮的驱动需求和发电机的充电需求之间进行调节。

微混合或轻混合动力车与普通汽车的不同点[4]：

1）因频繁的停止和起动，故比一般的汽车高数十倍的起动次数；

2）电池在减速、起动或加速时使用；

3）在减速时利用回收车辆的惯性能量进行充电，即回收充电。

因铅蓄电池自身的特点，其基本是用于微混合动力车型、轻混合动力车型。图13-10所示为各种电池适合的混合动力车型。

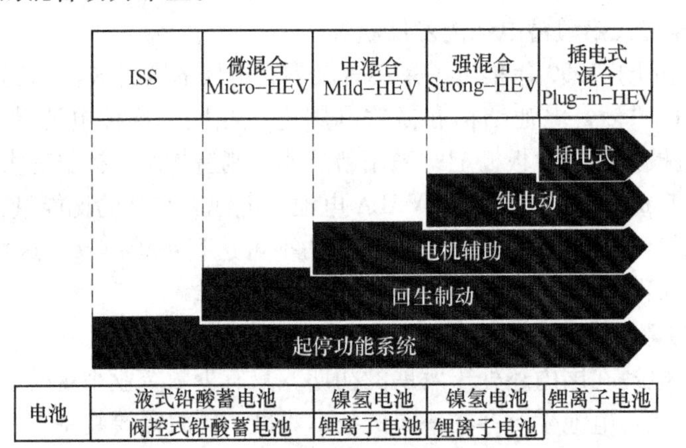

图13-10 混合动力车型选用电池[4]

因微混合或轻混合动力车的特点，对铅蓄电池提出技术要求：

1）高充电接受能力；高功率放电：瞬间大电流2 ~5C(A)甚至8 ~15C(A)；

2）长寿命性能（高耐久性）；

3）中等荷电态下使用：需要在一定电池荷电状态（SOC）内执行快速大电流充/放电的运行，以便提供和回收能量，即要求蓄电池SOC要在30% ~70%之间，SOC小于30%时，不能提供所需的起动电流，而大于70%时不能很好地接受制动和发动机引擎的充电。

13.4.2 铅酸蓄电池在高倍率部分荷电态下的负极失效机理

1. 电池HRPSoC（高倍率部分荷电态）**运行的特点**

1）电池经常处于不断的充电、放电循环状态；

2）很高的充放电倍率：放电时可高至15C，充电时可高至8C；

3）电池长时间处于部分荷电的状态（30% ~70%）；

4）充放电负荷小，循环次数多，可达30万次。

2. 引起铅负极失效的原因

混合电动车和一些储能电源系统要求铅酸蓄电池能在高倍率部分荷电状态（HRPSoC）下运行，但一般蓄电池经过较少的循环次数或较短的运行时间，电池寿命就提前终止。本世纪初，澳大利亚 CSIRO 的学者仔细研究了一块 12V，10A·h 的阀控铅酸电池在 HRPSoC 工况条件下的失效机理，他们将电池在 50% ~53% 的充电态下以 2C 的倍率进行循环充放电。在电池充放电终止电压在设定电压范围之内时，电池一直进行充放电测试；在电压超出设定电压后，算是完成一组循环。每完成一组循环后，都对电池进行容量恢复，包括反复全充全放及其过充的操作。尽管 2C 的倍率与 HEV 的需求相比并不高，他们的实验还是找到了在 HEV 工况下负极板失效的原因。总的来说，极板失效的主要原因是硫酸铅的逐渐沉积，而且通过对容量恢复后的极板进行成分分析，表明极板经历该操作后仍无法消除硫酸铅沉积物[15]。

在 HRPSoC 循环过程中，蓄电池处于部分荷电状态，极板中存在大量的硫酸铅粒子，这为硫酸铅的重结晶创造了合适的条件，小晶粒硫酸铅可能溶解再结晶成大的硫酸铅晶粒，大晶粒的硫酸铅溶解度低，未溶解的硫酸铅充电不能转化成金属铅，这导致负极的逐步硫酸盐化。

在 HRPSoC 循环时，蓄电池的充电和放电过程是以 2 ~5C（A）的电流进行。电极充放电反应主要发生在极板表面附近。由于负极的充放电过程遵从溶解 - 沉积机理。频繁发生这种循环，活性物质在电极表面重排或堆积，造成电极表面孔隙缩小、硫酸进入困难，充放电接受能力变差。导致充电时负极的高极化，该高极化可引起氢气析出副反应发生，结果充电效率降低，惰性硫酸铅不断积累[24]。

不论在常规电池还是卷绕式电池，这种硫酸铅积累发生在电极表面和上部，形成一层较厚且密实的硫酸铅层，如图 13-11 所示。其主要影响可能是以下原因[24]：

1）降低了极板的孔率和比表面积；在放电时，降低了负极板的放电性能。

2）造成硫酸离子扩散进出极板变得困难，使从溶液扩散进入极板孔隙的硫酸大大减少，从而引起极板内部微孔中硫酸的耗尽。

3）造成极板具有高的欧姆电阻。由于酸的耗尽，引起较大的欧姆压降和极化效应，大大降低了充电和放电时的电池性能，甚至改变电池的充放电反应。

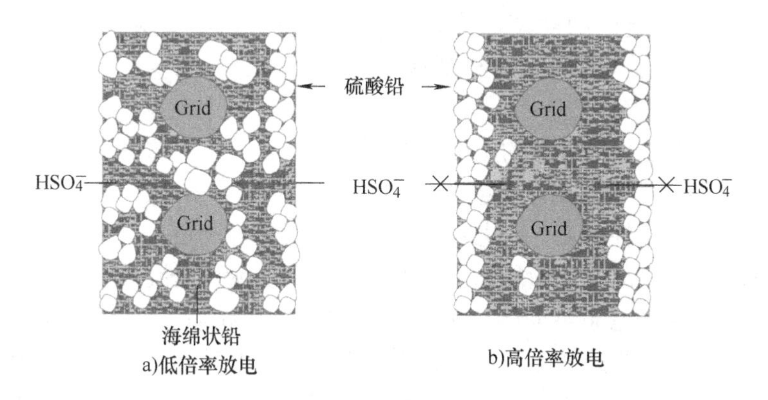

图 13-11　硫酸铅在负极的分布示意图

13.4.3　超级电池的结构原理及特点

由于普通铅酸蓄电池在高倍率部分荷电态下运行的负极很容易失效，使铅酸蓄电池在 HEV 中不占优势，电池的工艺技术和设计需要创新，以满足新的要求。

超级电容器能够输出和接受很高的功率，具有极长的浅循环寿命（因为伴随着充放电循环不发生电化学反应），但是可输出和接受的能量很低。为了延长铅酸电池的寿命，研究者尝试将高比功率特性的超级电容器与铅酸电池相结合。传统方法是把电池组与超级电容器并联连接在一起组成一个整体，加入复杂电控设备，实现电池电容同时供能或互补协调供能，也就是所谓的“外并”方式。对于HEV应用，这种技术的最佳运用是从制动吸收高功率，需要时为加速提供高功率，由一个电子控制器来控制电容器与电池组之间能量和功率的流量。原理上，在车辆制动和加速期间，控制器将首先调整进出超级电容器的功率，然后再调整进出电池组的功率。在发动机充电和常速行驶期间，控制器将主要调整进出电池组的功率和能量。这种系统已于2000年由澳大利亚CSIRO开发出来并成功地用在了Holden ECOmmodore和Axcessaustralia demonstration车上。然而，此系统的缺点是结构复杂和价格太高[16]。

在此基础上澳大利亚CSIRO能源技术研究所提出发展了一种超级电池，用以取代复杂且高成本的超级电容器–铅酸电池系统。它是将铅酸蓄电池和具有不对称结构的超级电容器有效地结合在一起，组合成一只整体电池，无须附加昂贵的电子控制装置。

超级电池的结构示意图如图13-12所示：铅酸单体电池是由二氧化铅正极板和海绵状铅负极板构成的，非对称超级电容器是由二氧化铅正极板和碳基负极板（也就是电容器的电极）构成的。由于铅酸电池和非对称超级电容器中的正极板具有共同的组成，用并联方式把电容器的电极和铅酸负极板内连接起来，就能使这两种装置合并成一只整体电池，这就是所谓的“内并”方式。因为电容器在高倍率放电和充电期间起缓冲器的作用，所以它会增加铅酸电池的功率和寿命。因此，这种混合技术能够在车辆加速和制动期间快速地输出和输入电荷[16]。

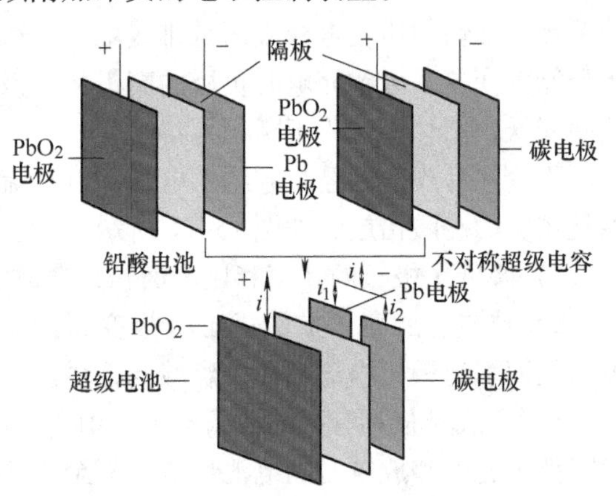

图13-12 超级电池结构示意图

由于铅酸蓄电池和超级电容器的负极具有不同的组分，它们的负极电位就会有差别，这样超级电池在充放电过程中，流过负极板的电流就有两部分组成：一部分是炭的电容性电流，另一部分是铅的电池性电流。放电初期，电流主要来自于超级电容器负极，随着放电反应的进行，电池负极的贡献就逐渐加大。充电时，充电电流首先流过电容器极板，然后才流过电池负极，这跟两个荷电态不同的电池并联充放电过程相似[5]。超级电容性炭能够起缓冲器的作用，与铅负极分担充放电电流，特别是在高倍率电流充放电时，复合负极板中的炭首先快速响应，同时能够减缓大电流对铅负极板的冲击，进而增加铅酸蓄电池的比功率和循环寿命[17]。但另一方面由于电池负极与电容负极之间产生电位差，使共有的负极产生严重的析氢，其本质原因是电容负极电位漂移至更负，因此析氢比单独电池负极严重的多，解决的办法是在超级电池负极群上串联银电极（$Ag/AgSO_4$）[18]。

由澳大利亚CSIRO能源技术研究所和日本古河电池公司开发的超级电池，经过样机的一系列试验，结果表明超级电池具有以下优点[5]：

1）充放电比功率比普通铅酸蓄电池高约 50%；

2）循环寿命约为普通铅酸蓄电池的 3 倍；

3）减小了装置的尺寸，可以给大功率电力推进装置提供动力；

4）可以在一般的电池厂生产；

5）价格比镍金属氢氧化物电池要低；

6）用途广泛（混合型电动车、电动工具、高功率不间断电源等）。

日本 FURUKAWA 公司研制的超级电池如图 13-13所示。

图 13-13　日本 FURUKAWA 公司研制的超级电池（比功率 500～600W/kg）

13.5　铅炭电池

在超级电池中最关键最棘手的问题是负极，许多深层次技术难题都集中在负极。一个简化的超级电池中正极是 PbO_2，面对的负极是由电池负极与电容负极组合的合并电极，由此产生了电荷缓冲保护功能与析氢严重的难题，如何处理好负极，就产生了将炭材料加入蓄电池负极板中，将电池的负板与电容器的负极合二为一的结构，这便是铅炭电池[18]，如图 13-14 所示。

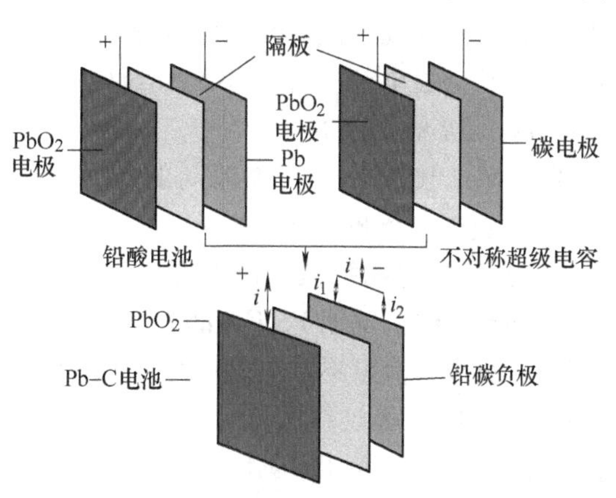

图 13-14　Pb-C 电池结构示意图

所谓铅炭电极，是指将高比表面的炭材料（如活性炭、活性炭纤维、石墨炭、炭气凝胶或炭纳米管等）掺入铅负极，发挥高比表面炭材料的高导电性和对铅基活性物质的分散性，提高铅活性物质的利用率，并能抑制硫酸铅结晶的长大和活性物质失效。高比表面炭材料在高功率充放电和脉冲放电时可提供双电层电容，减弱大电流对负极的损害，它还使铅负极内部具有多孔结构，这有利于高功率充放电下电解液离子的快速迁移[15]。

铅炭电池的生产非常接近现有铅酸电池的制作，易于产业化，因此国内外的技术人员非常重视铅炭电池的研究开发。

13.5.1　铅炭电池的特点

高比表面积炭加入到铅酸蓄电池负极中，会使铅酸蓄电池的高倍率部分荷电态（HRP-SoC）性能产生根本性改变，与常规电池相比具体表现在以下方面：

1）电池具有较高的功率：炭材料提高了极板的导电性，降低了电化学极化[22]。铅炭电池的内阻小于常规铅酸蓄电池的内阻，放电倍率越大。

2）电池具有较好的充电接受能力：炭添加增加了铅离子还原的表面，这样降低了电流密度，增加了充电接受能力。

3）电池具有较好的寿命：采用石墨烯等炭材料的铅炭负极，提高电池高倍率部分荷电状态（HRPSoC）下使用性能，HRPSoC循环能够达到10万次，可达到普通铅酸电池的3～4倍。基本克服负极硫酸盐化。

在参考文献［24］中报道了Pb-C电池的其他优点：

1）回收率高（97%）远远高于其他任何电池；

2）没有易燃成分，安全性好；

3）有很好的生产基础，无需大量投入；

4）价格最便宜。

13.5.2 炭材料添加的作用及其机理

1. 负极炭材料添加的作用及机理

数十年前，炭材料便已在铅酸电池中作添加剂，负极铅膏中常少量地混入炭黑（粒径0.01～0.4μm，质量分数0.15%～0.25%），主要作用是改善电极导电性，增加极板孔隙率，并限制有机膨胀剂的团聚，实践证明少量的炭黑能改善电极的放电性能。近期也有研究表明，在电极内混入较多的（质量分数2%或更多）炭粉、炭片或炭纤维能显著提高极板电导率，以及铅酸电池在高倍率部分荷电态（HRPSoC）状况下的性能。

D. Pavlov教授等对炭添加剂的作用及机理[21,24]进行了分析，认为如下：

1）形成导电网络提高极板电导率，改善负极的导电性。电池PSoC（部分荷电态）运行下，负极含大量不导电$PbSO_4$，而炭颗粒围绕$PbSO_4$晶体连续分布，提供电子导电通路，改善了负极的导电网络（见图13-15）。

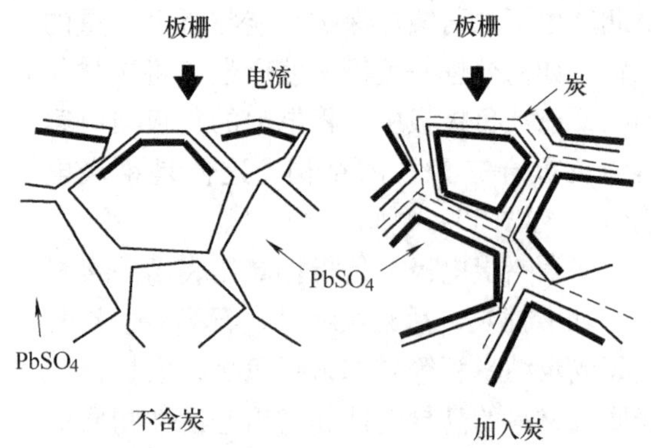

图13-15 炭材料电子导电通路

目前的试验得知，石墨炭负极的导电性优于炭黑炭负极；碳含量1.5%～2.0%，在PSoC下可循环150 000次。

2）降低极板活性物质孔径，细化硫酸铅晶粒，抑制硫酸铅的生长。未加入炭材料的空白电极中，负极硫酸铅晶体的尺寸可达20μm，在加入2.5wt%的石墨后，硫酸铅晶体的尺寸最大仅仅达到10μm，炭材料起到了细化硫酸铅结晶作用，有助于电池高倍率充电（见图13-16）。炭材料同时还起到降低硫酸铅生长速度，抑制了硫酸铅生长，延长了电池的寿命（见表13-5）。

炭材料的添加降低负极平均孔径，由于平均孔径的减小，在充放电过程中形成更小的硫酸铅晶体，该晶体具有更高的溶解度，并且在溶液中可维持更高的铅离子（Pb^{2+}）浓度，从而为充电过程提供充足的铅离子（Pb^{2+}），延长了蓄电池的循环寿命（见图13-17）。

3）促使硫酸铅在极板内均匀分布：常规极板放电后硫酸铅在表面形成厚的结晶层；加入一定量炭材料的极板，硫酸铅沿极板厚度方向均匀分布（见图13-18）。

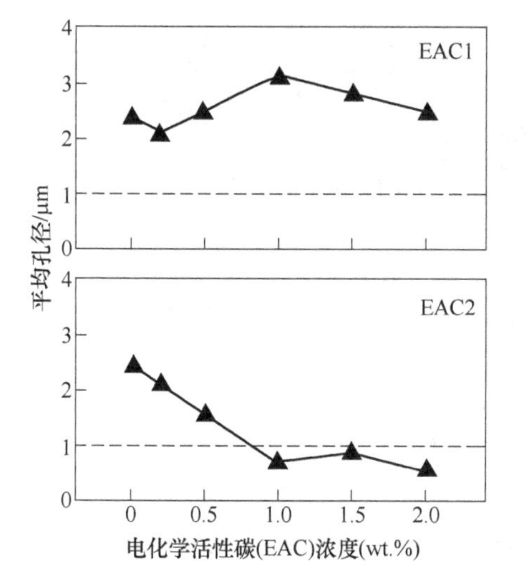

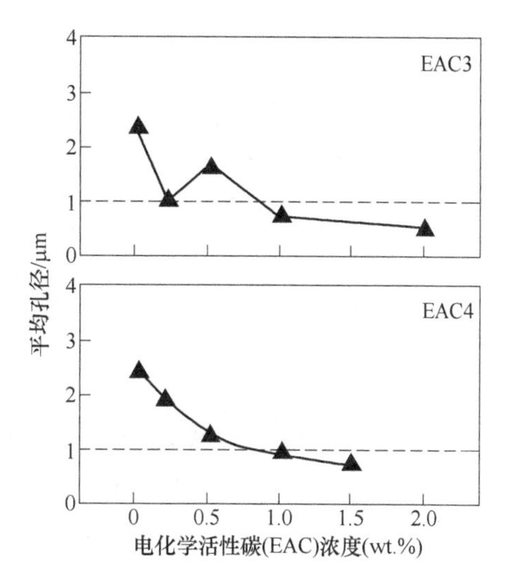

图 13-16　添加不同种类和不同浓度炭材料后负极板的平均孔径

表 13-5　碳含量对硫酸盐及循环的影响

	常规炭	3 倍炭	10 倍炭
硫酸铅积累	多	较少	最少
单次循环硫酸盐化速度	0.1%	0.05%	0.03%
硫酸铅还原速度	难	较容易	容易
循环次数	400	—	1100
短周期快充快放	—	—	5000

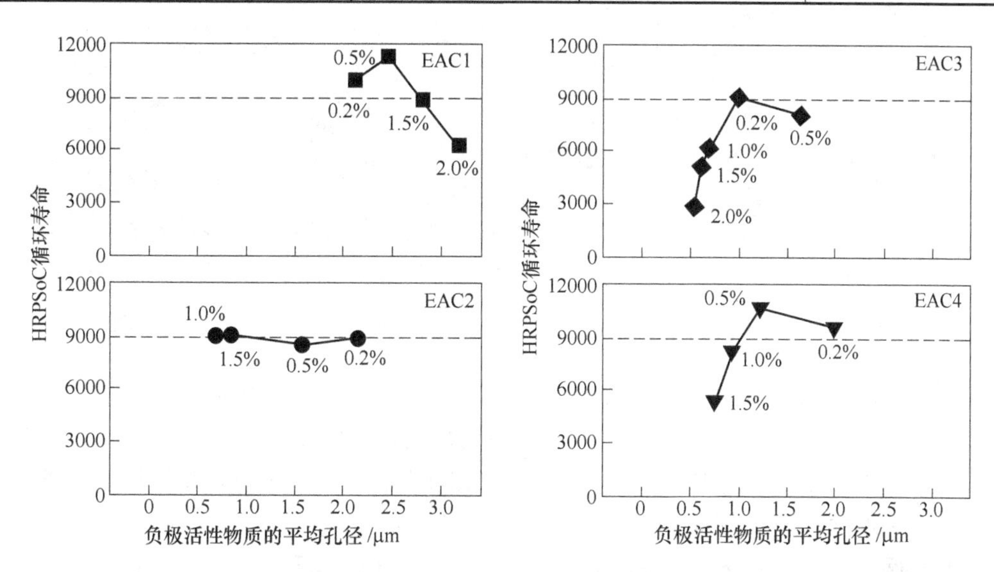

图 13-17　掺杂不同炭材料后负极平均孔径和电池 HRPSoC 循环寿命的关系

含不同炭添加剂负极在经过 100 000 循环，充电后用扫描电镜观察炭的种类对极板内 $PbSO_4$ 分布的影响：常规负极板，内含有大量硫酸铅晶体；加入 1% 石墨和 1% 炭黑混合炭材料的负极板，几乎无硫酸铅晶体；加入 1% 石墨和 1% 活性炭混合炭材料的负极板，含有

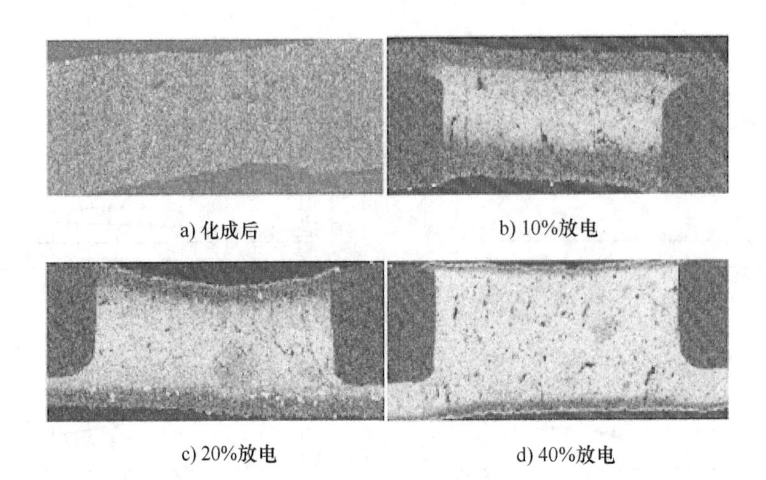

图 13-18 包含2%炭黑和2%石墨的负极在不同放电阶段的电子微探针图

少量硫酸铅晶体，这说明不同添加剂的影响不同（见图 13-19）。Moselay 等人认为在负极加炭对 HRPSoC 应用有两个作用：其一为炭材料作为一个稳定的第二相材料将单个硫酸铅晶体分割开，使硫酸铅分布均匀；其二为负极中的炭可起到电解液电渗泵的作用，促进高速率充电或放电时负极活性物质内部硫酸的输送，使电解液容易接近电极内部，从而有利于硫酸铅的转化。

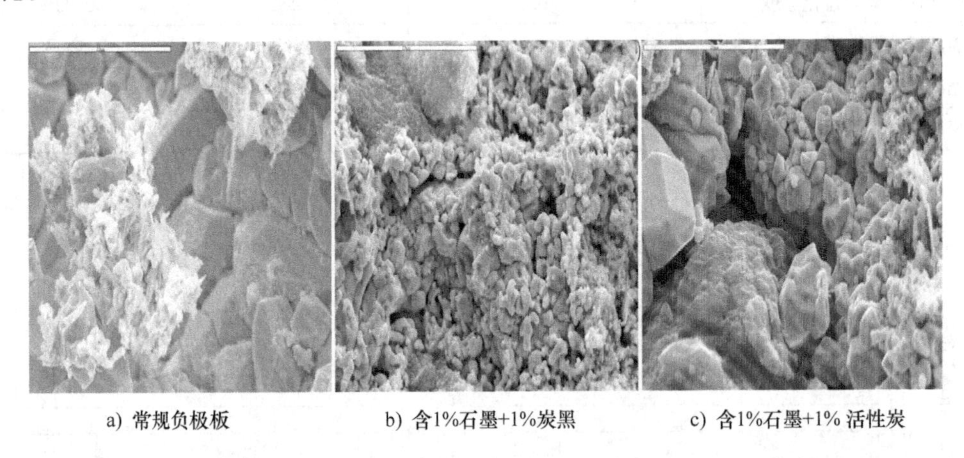

图 13-19 含不同炭添加剂负极在经过 100 000 循环并经充电后的扫描电镜图

4）增大电极比表面积：炭材料比负极铅具有更大的比表面积（铅的比表面积 $0.5m^2/g$），有利于增加充电过程发生的电化学活性表面（见图 13-20）。炭材料的比表面积随含量和种类而变化，高比表面积的炭材料，可以使负极在低于氢过电位下快速完成充电过程。但并不是增加负极比表面积的炭材料都改善 HRPSoC 循环寿命，加入高比表面积的炭太多，电池的循环寿命反而降低。在负极中添加 0.5wt% 电化学活性炭 EAC1、EAC4，活性物质的比表面积大约为 $4m^2/g$，电池的循环寿命达到最长（见图 13-21）。

5）降低极化的电催化作用：基于炭材料对负极活性物质的物理化学特性和电池 HRPoC 循环寿命影响的实验结果，Pavlov 提出了充电平衡机理。据此机理充电的电化学反应不仅在铅表面进行，也在炭相表面进行，而且铅离子在炭表面放电的阻力比在铅表面的阻力要小，

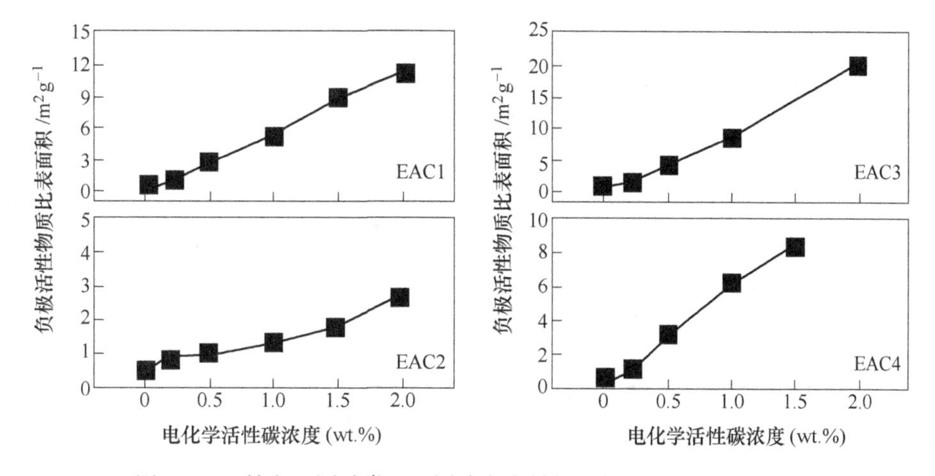

图 13-20　掺杂不同种类和不同浓度炭材料后负极比表面积的变化

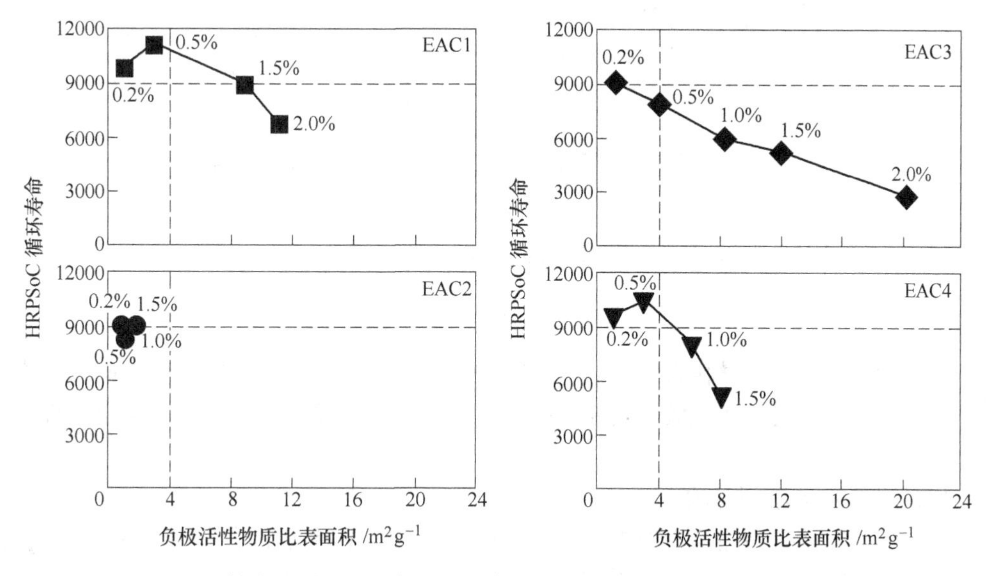

图 13-21　掺杂不同炭材料负极的比表面积和电池 HRPSoC 循环寿命的关系

所以铅离子在炭表面放电的电流比在铅表面的要大。根据该机理，加入炭后由于通过炭/溶液界面的电荷转移势能比铅/溶液界面更低，铅离子还原反应优先在电化学活性的炭表面进行，使充电电压降低，改善了硫酸铅还原的充电效率。电化学活性炭对充电反应具有高度的电催化作用，并直接参与其中，从而改善了铅/硫酸铅电极的可逆性，提高电池的循环寿命。

从图 13-22 所示中可知，不含炭添加剂的电池，随着电池循环充电终止电压不断上升，对负极加有 EAC 的电池，充电终止电压变化比较复杂，与炭添加剂在负极中的浓度有关，所有掺杂 EAC 电池的充电电压都比不含添加剂的电池低很多。对于负极充电的电化学反应（$Pb^{2+}+2e^{-}$ — Pb）过电位，添加 EAC 的过电位比不添加者低 300 ~400mV。

6）双电层电容效应：负极加入较高含量炭后，电池类似于传统电池与超级电容器的复合体。对电化学活性炭电极、铅电极以及含碳的复合电极的循环伏安测试结果[24]如图 13-23 所示。从图看出，单独的电化学炭电极具有电容特征，可储存少量的电量，在铅炭复合电极上表现出电容和电极反应复合的特征，同时炭材料对电极反应有催化作用，提高了电极过程

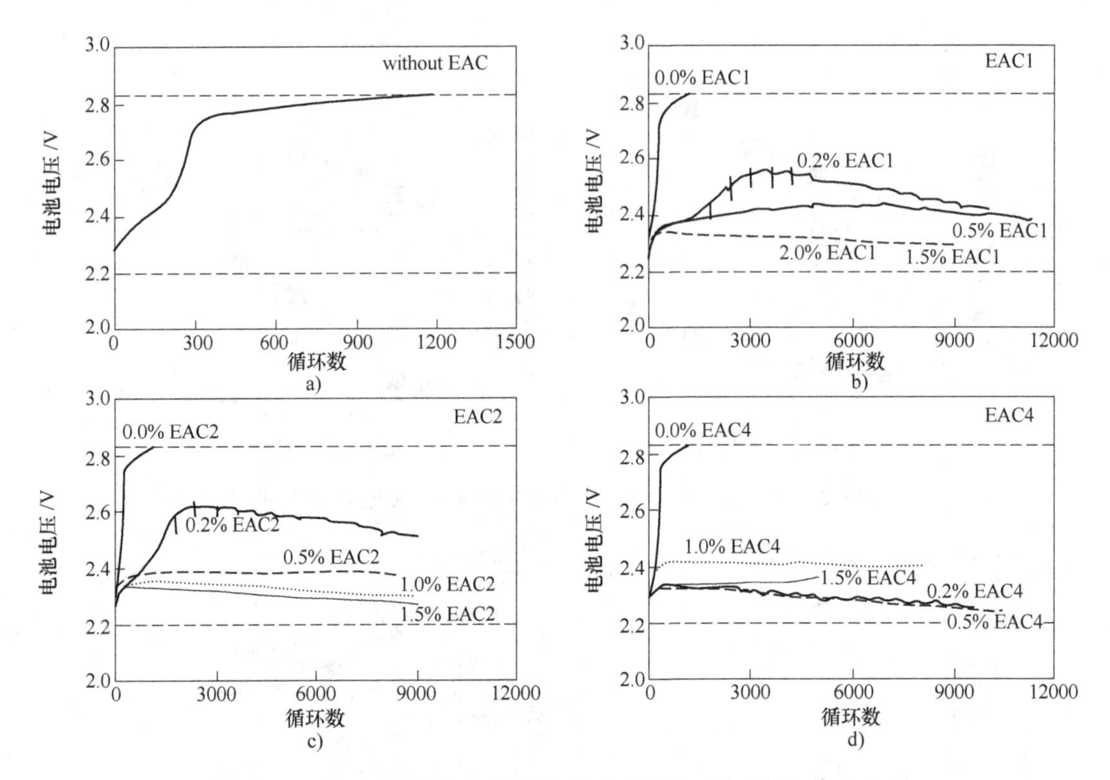

图13-22 负极含不同炭在不同HRPSoC循环时电池的充电终止电压

的可逆性。

大电流充电期间，炭材料表面的双电层首先被充电，该过程发生的电位区间在稳态铅电极电位和析氢电位之间。在硫酸铅还原为铅时，该双电层缓慢放电，这样该电容特性能支持电池以大电流充电。

2. 炭材料添加的不利影响

虽然负极炭材料的添加很好地提高了铅酸电池部分荷电状态下的充放电性能，但仍然存在许多技术和工艺上的问题，需亟待解决。国内外技术人员分别对相关的问题进行研究和报道[21-24]：

1）炭材料的析氢过电位较低，加入负极铅膏后会降低负极板的析氢过电位，导致在正常充电电压下电池析氢量和失水量的增加，铅酸蓄电池的失效模式从负极的硫酸盐化变成失水干涸。有报道称对于负极析氢问题，可以向负极活性物质中添加适量的抑制析氢添加剂，例如氧化银、锌的化合物等。炭材料中可能含有不同的杂质，会降低氢气析出的过电位，导致充电的效率降低。

2）炭材料的加入可能改变铅酸蓄电池充放电反应的某些历程。如某些炭添加剂会降低负极活性物质的平均孔径，当负极平均孔径小到1.5μm，在极板放电时硫酸就难于进入，这样在负极活性物质的微孔中会生成一些PbO，而不全是$PbSO_4$。若炭黑添加过多，会造成电池性能下降，这是由于炭黑颗粒较细，易紧密附着在电极板表面，限制铅离子在铅极板表面的沉积过程。

3）在制备高含量炭材料的电极时，铅膏之间的黏附难度增加引起黏度变化，铅膏的表观密度和活性物质比表面积会有很大改变，碳含量越高，合膏难度增大同时铅膏强度变差，

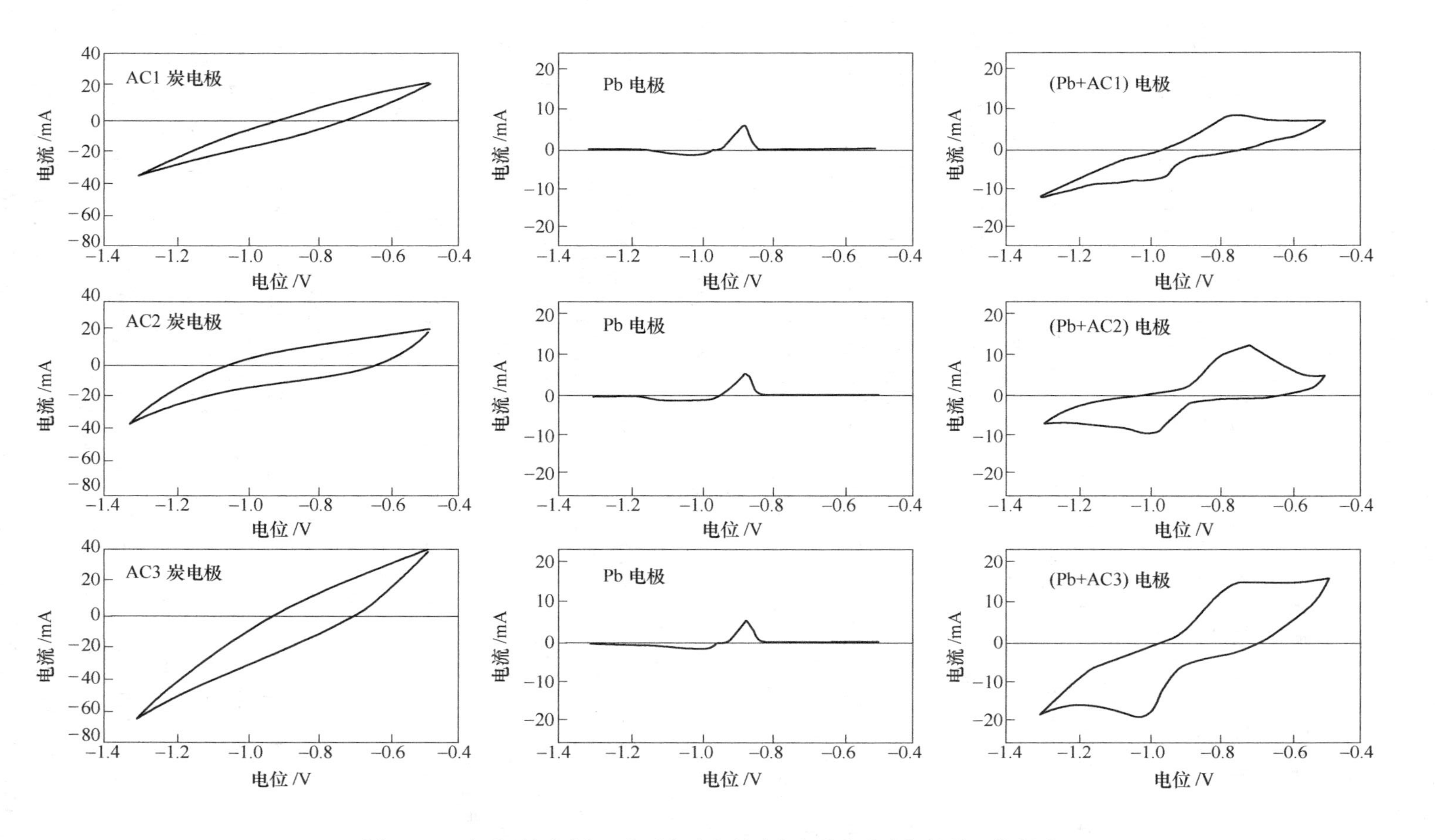

图13-23　不同活性炭电极、铅电极和活性炭与铅的复合电极的循环伏安图
（扫描速度：20mV · s^{-1}；扫描范围：−0.5～−1.3V；第5次循环扫描结果）

造成铅膏及极板制备困难，需要在铅膏中适当的补加水来满足涂膏要求。为保证负极铅膏的稳固性、板栅和铅膏的结合能力，必须加入适用于铅酸电池的粘结剂，例如 PTFE、CMC、氯丁橡胶等。

13.5.3 炭材料的选择及添加

不同的炭添加剂具有不同的电化学性质，不是所有种类的炭都有阻止硫酸盐化作用，不是所有形式的炭都有同样的效能。炭材料有很宽的结构无序范围，可能有不同的表面功能团，以及可以发生某些嵌入反应，添加不同的炭可以观察到一系列不同的行为。选择适合 HRPSoC 下使用的添加剂非常关键。

1. 用于铅酸电池负极炭材料的种类及性质

为了理解各种炭材料在铅酸电池中的应用，先要了解碳原子的成键结构及其特征。碳原子拥有六个核外电子，其中两个电子填充在 1s 轨道上。其余四个电子可填充在 sp3、sp 或 sp 杂化轨道，形成金刚石、石墨、富勒烯、炭纳米管、石墨烯等成键结构和同素异形体[15]。

炭粒子的尺寸在 $10^{-4} \sim 10^{-8}$m 之间，炭粒子的表面可能是平滑的，或者是高度发育的；其本体可以是紧密结合的，或者是高度多孔的（微米级或纳米级）。因此炭材料添加剂的比孔体积及比表面积可以差别很大[21]。

用于铅酸电池负极炭的类型从构造上来说可分为两种[21]：

一是构造型的炭：在负极板中构建的一种不变（在电池的整个服务期内）的炭结构，以保持负极活性物质的开孔 3D 结构，并提供电流的（或部分的）通道。这种类型的炭可以是碳纤维、网状玻璃炭、泡沫炭和蜂窝炭。

二是非构造型的炭：有 3 种主要的粉末状炭材料：炭黑、石墨和活性炭。将其加入负极活性物质，并不形成固定的炭结构，而是跟随负极活性物质的结构。炭材料的某些粒子会以多种方式植入负极活性物质并改变其微孔结构和性能。与负极活性物质的铅晶体接触差的炭材料粒子在电池工作时会改变位置，甚至分散到电解液中。

2. 如何选择炭材料

对于铅酸电池负极板性能有重要影响的炭材料有几种特性：粒子尺寸、表面积、孔率、结构、导电性和杂质。选用特性和添加量（0.2 wt% ~4wt%）不同的炭材料作为负极添加剂，对电池的充电接受能力、耐循环能力进行对比。

炭粒子尺寸和表面积是研究对循环能力影响的主要参数，石墨和活性炭的粒子大于 10μm，炭黑粒子小于 10μm。BET 表面积代表总的面积，STSA 是外表面积，石墨的表面积最低（$24m^2/g$），并且两个面积相等，说明石墨并不含有微孔；相反两种活性炭的 BET 表面积很高（$740m^2/g$ 和 $1750m^2/g$），其面积大部分来自微孔，STSA 表面积只有总表面积的 10% ~30%；两种炭黑的 BET 表面积为 $240m^2/g$ 和 $1430m^2/g$，STSA 表面积为总表面积的 40% 和 60%。炭黑和活性炭的吸油值接近，吸油值可以给出负极铅膏制备过程中炭材料能够吸收的液体量，是炭能与铅膏结合能力的一个重要指标[21]。

不同炭材料具有不同的特性（见表 13-6），通常石墨具有较好的导电性，而炭黑和活性炭通常具有高的孔率，两者的结合往往优于单独使用，更有利于解决在 HRPoC 循环时负极硫酸铅不断积累的问题[21]。

表 13-6 不同炭材料的性质[21]

炭材料种类	比表面/$m^2 \cdot g^{-1}$	电容性/$F \cdot g^{-1}$	电阻率/$\Omega \cdot cm$	孔体积/$cm^3 \cdot g^{-1}$
石墨	1~20	1~5	0.001~0.1	0~0.1
活性炭	500~2000	50~200	0.5~2.0	0.5~1.3
炭黑	50~1700	5~100	0.1	0.1~0.3

炭添加剂增加了铅离子还原的表面，这样降低了电流密度，增加了充电接受能力。为实现此种功能炭材料必须有高的表面积、与铅有高的亲和力、高的导电性、高的耐酸性以及合适的粒子尺寸，以便进入负极活性物质（NAM）结构[21]。

技术人员对多种炭材料进行了评价和研究，提出了一些不同的作用机理，但是最合适的炭的类型（如表面积、形貌、纯度等）和添加量仍是未定数，炭的作用和机理还不是完全清楚。这与炭材料结构的多样性和复杂性有关。了解炭材料的各种特性（表面积、孔率、粒子尺寸、导电性等）对负极性能的影响是关键的问题[21]。

今后铅炭电池的努力方向是寻找高比表面积、高电导率、高纯度、高性价比和较好润湿性（容易和铅粉的混合）的炭材料，以及研究具有以上性能的类炭材料。同时还应研究适合于铅炭电池的粘结剂种类及含量和负极配方、新的合膏工艺，以及深入研究高炭极板的固化、化成方法和机理[20]。

13.5.4 炭材料在铅酸电池负极板中的应用进展[15]

将负极炭黑含量从0.2%提高到2.0%使得电池在HEV状况下的使用寿命显著提高，增加炭材料含量后电池性能提高的原因是负极板电导率的提高。当炭黑含量超过某一特定数值后，电极板电导率显著增加。然而电导率的提高并不是电池性能提高的唯一原因，因为不同形式的炭材料均能增加极板电导率，但对电池性能的影响不尽相同。炭材料的比表面积可能更为重要，比表面高的炭材料添加剂使得电池性能更好，因为这项性质使得负极电位达不到析氢电位。但不是所有能控制负极电位的炭材料添加剂都能改善电池在HRPSoC状况下的循环性能。

在HEV上使用初期，添加剂只是起到了隔离硫酸铅结晶的第二相的作用。事实上，这个改善电池性能的第二相并不一定是炭材料，有报道加入石英纤维也能改善负极的电荷接收能力。而且，石英纤维能改善负极的涂膏性能，这个特性尤为重要，因为炭材料的加入常使得负极涂膏更加困难。

保加利亚的Pavlov院士系统地研究了高比表面活性炭和炭黑对铅负极性能的影响机制。将不同含量的一种商品化电容活性炭和三种高比表面炭黑加入铅负极，详细研究了炭的加入对铅酸电池在HRPSoC工况下的性能。结果不仅证实了炭材料的加入能提高极板电导率，并在极板内生成有利于电解液离子迁移的孔道，从而有效提高了电池的性能，还证实了活性炭材料使得铅离子得到电子生成沉积铅的反应过电位下降了300~400mV，这有利于铅沉积反应的进行，表明高比表面的电容用活性炭可能增强铅酸电池的充放电反应能力。若炭黑添加剂过多，会造成电池性能下降，这是由于炭黑颗粒较细，易紧密地附着在电极板表面，限制铅离子在铅极板表面的沉积过程。

由于不同种类的炭材料性质相差较大，如比表面积、电导率、表面官能团种类以及嵌入化学性质均有较大不同，因此不同炭材料做负极添加剂的效果迥异。Yuasa 近期报道，将导电石墨纤维加入负极板中组装电池。铅酸电池在实验室中、HRPSoC 工况下获得了超过了 30 万次的循环寿命，相当于可供混合动力大巴运行四年。

在负极加入一定的炭材料添加剂能改善电池性能，但炭添加剂也有副作用，Pavlov 小组研究过多的炭黑会对电池性能有负面影响 。美国的 Bullock 也针对这一问题开展研究，认为由于铅酸电池电位范围较宽，电极内的高比表面炭材料可能会发生副反应，生成二氧化碳、一氧化碳等产物并消耗大量电解液中的水，导致电池性能下降。

炭材料在负极中作用机理目前仍不清楚，而选用炭材料的种类、含量等均需要研究。有目的地开发高性能的添加剂用炭材料仍是关键。相信近期能够通过实验研究能够获得一定的进展[17]。

总之，负极中加入炭，可抑制在 HRPSoC 下使用时负极中硫酸铅的积累，提升电池的充电接受能力、减少电池在使用过程中的硫酸盐化、降低电池的重量、延长动力电池的寿命等，这些已得到证实。这些有益的作用不仅能改善 HEV 用电池的性能，可能对其他应用（太阳能、风能储能系统等）电池技术也具有重要意义[23]。负极中加炭的深入研究，对进一步理解炭的作用机理、优选炭材料的种类和添加量、改进目前铅炭电池的性能及延长铅酸蓄电池使用寿命都具有重要意义。

13.6 汽车用微混蓄电池

13.6.1 汽车用微混蓄电池概述

随着节能和环保的要求日益提高，汽车蓄电池的功能在扩展，在原来起动功能的技术上，派生出新的功能，如起停功能、微混功能等。

起停电池是在原有汽车起动电池的基础上发展起来的新型汽车用蓄电池，它在原有停车点起动、点火、照明的基础上，增加了在行驶中频繁起动的功能，它仍属于汽车用蓄电池的范围。起停电池有贫液电池和富液电池。贫液阀控式起停电池称为 AGM（Absorbed Glass Mat）起停电池；超强型富液起停电池，称为 EFB（Enhanced Flooded Battery）起停电池。起停电池用于带有起停系统的汽车上。

微混车电池除具有起动功能外，还具有电池的电力短时驱动和汽车在刹车时回收能量的功能。

微混、起停电池是适应节油和环保汽车的要求而产生的。相对于普通汽车节省 5% 左右的耗油量。

大气污染已成为影响人们生活的重大问题，雾霾已成为我国大中城市，特别是北方城市经常出现的现象，空气中的 PM2.5 颗粒物是空气污染的一个主要指标。在大气中细颗粒物（PM2.5）治理工作中，机动车污染的防治成为关键。

堵车，走走停停，已成为出行之痛。我国大中城市出行高峰时的汽车平均时速在 10km/h徘徊，普通汽车怠速停车不熄火，持续排放尾气。微混、起停技术就是致力于解决这个问题而诞生的新技术。当汽车没有前进处于怠速运转时，将发动机熄火，以节省燃油，减少排放；当前进时，电池起动发动机，进入正常的运行状态后，电池进入充电状态。

世界各国对 CO_2的排放和改善燃油效率提出了要求，日本到 2020 年轿车的燃油效率将比 2009 年实际燃油效率提高 24.1%；欧盟到 2020 年 CO_2的排放量规定在 95g/km 以下；美国公布每个轿车厂家的平均燃油效率到 2025 年应提高到规定的燃油效率 23.2km/L。这对汽车工业的发展提出了严格的要求，发展节油环保汽车是大势所趋。表 13-7 列出了到 2020 年汽车生产厂生产的汽车 CO_2排放和燃油消耗的平均值指标。

表 13-7　到 2020 年生产的汽车 CO_2排放和燃油消耗的平均值指标

国家或地区	CO_2平均排放　g/km	平均油耗　L/100km
欧盟	95	4.1
美国	99	4.28
日本	114	4.93
中国	116	5.0

见表 13-8，微混或起停汽车的驾驶方式并没有改变人们日常驾驶习惯，起动可以快速响应，时间在 400ms 左右，不影响正常加速。不存在使用上的麻烦，却带来了一定的节油减排的效果。

表 13-8　一般车和起停车的行驶状态

车辆状态		点火	加速(运行)	减速	停止	起动前进	加速(运行)
电池状态	一般车	高倍率放电	充电	充电	充电	充电	充电
	起停车	高率放电	充电	回馈充电	低倍率放电	高倍率放电	充电

微混、起停系统的技术被越来越广地应用在各种级别的车型中。目前，国内生产该技术车型的产量估计在 5% 左右，开始用于高档车上，目前中低档的车型逐渐开始使用，发展速度非常快。

从图 13-24 可以看出电流和电压的状况。虽然微混、起停系统有它的优点，但也存在一些问题，由于电池的电量有限，不能过度放电，因为电池必须为下次停车后起动留出必要的且充分有保证的电量。对于起停非常频繁的状况，如堵车非常严重的情况，在电池电量达到控制的低位时，系统会自动关闭起停系统。电池充电，起停的功能此时会失效。另外，长期在起停频繁的状况下使用，导致电池在低容量状况下长期运行，将使电池的寿命大大缩短。所以对起停系统的改进将是长期的工作。

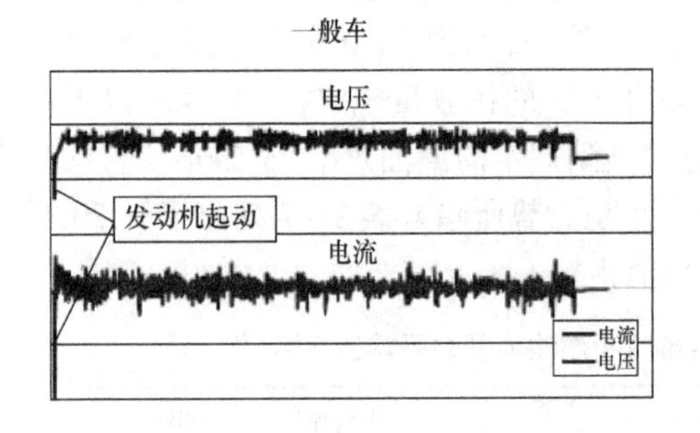

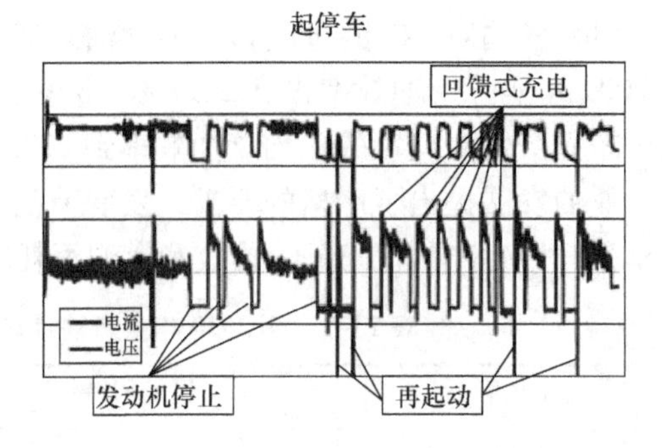

图 13-24 一般汽车和起停汽车电池的电压和电流曲线[25]

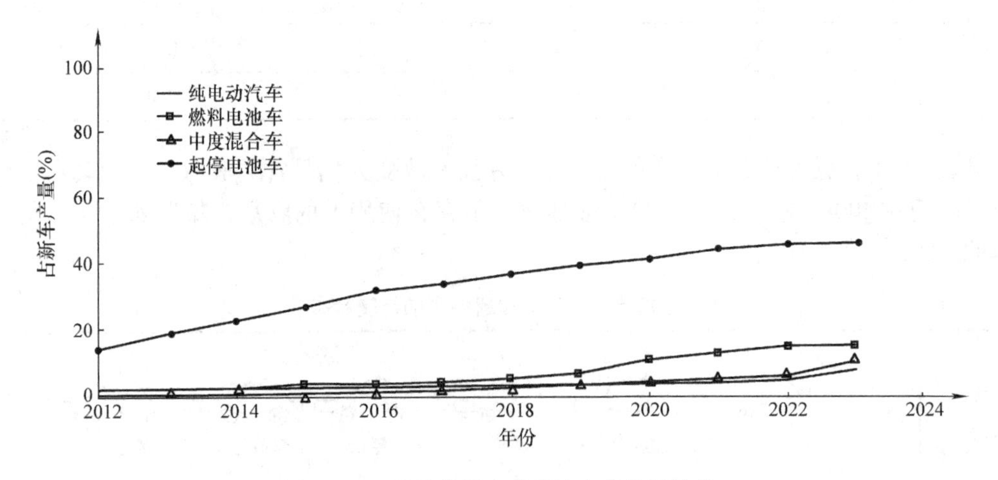

图 13-25 世界范围内节能汽车的发展趋势

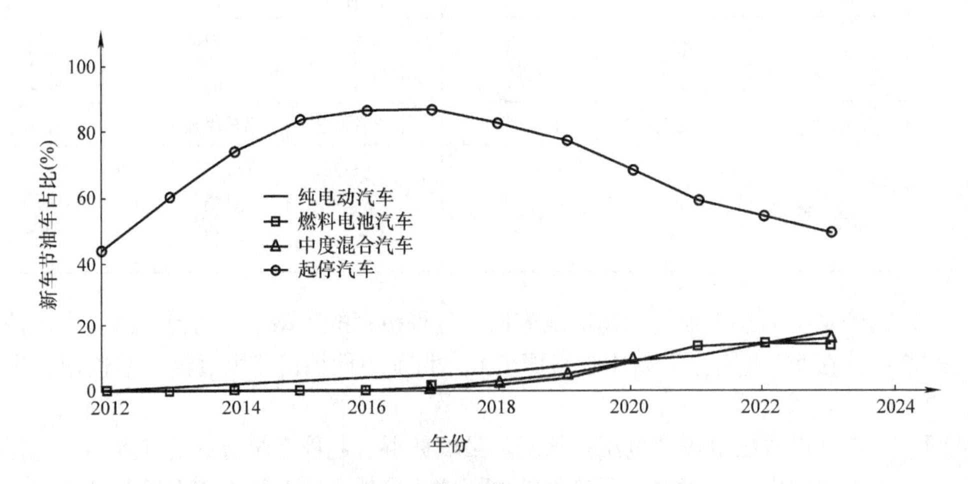

图 13-26 欧洲范围新车节油车占比[26]

13.6.2 微混、起停电池的发展趋势

2014 年 11 月 6、7 日在中国浙江长兴召开了“2014 国际先进铅酸蓄电池联合会中国峰

会”，主题为先进铅酸蓄电池未来的全球市场定位和发展方向。大会上，国际先进铅酸电池联合会（ALABC）副主席 Boris 博士在报告中，对起停电池及混合车的市场情况进行了分析，如图 13-25、图 13-26 所示。目前欧洲的起停电池车占销售汽车总量的85%，世界范围内销售的起停电池约占汽车电池总量的28%。我国估计仅占总销售量的5%左右。因此，可以看出我国起停电池第一步增加到全球平均水平28%，再增加达到发达国家的85%，市场前景是巨大的，保护环境，减少排放的社会效益也是巨大的。并且，起停电池汽车适合我国交通堵塞严重的路况，是当前适合我国发展的交通工具。

表 13-9 是各种类型汽车的燃料节省情况，虽然起停电池车节省燃料为3%～8%，但是目前最容易实现，技术逐渐成熟，成本增加不多，最实用的节能汽车。

表 13-9　不同电池技术的节油（估算）

机动车类别	电池技术	描　　述	节油（估算）
传统型	起动、照明、点火（SLI）	最切实可靠的技术，能起动引擎的可承受的方式	基准
启停微混	富液式蓄电池（EFB）	对于关注成本的车辆配备基本的起停功能，相对于SLI电池，有更好的节能效果	3%～5%
	AGM 电池	用于较高档的汽车，增加使用性能和节能性能	5%～8%
轻混	双电池系统	双电池系统，包括一套12V的铅酸蓄电池系统和一套48V的锂电池系统	8%～15%
全混和插电式	先进储能系统	较大的电池动力储存，行驶的主要动力靠电池。电气化性能强	15%～25%

13.6.3　微混电池与起动电池的区别

1. 功能上的差别

汽车微混功能的实现需要两方面的技术，一是控制和驱动、回收系统；二是蓄电池。其主要技术是微混蓄电池与其适应的性能。普通汽车蓄电池，主要用于汽车的起动，在发动机点火起动后转入浮充电状态，电池大部分时间内处于充足电的状态。微混电池在具有首次起动功能的基础上，需要具有中间频繁起动、瞬时充电和短时高功率供电的功能，这样电池不是处于充足电的状态，而是处于半荷电的状态，这种状态会使蓄电池产生硫酸盐化的现象，使蓄电池的寿命降低。为了克服这些困难，蓄电池的研发人员必须解决部分荷电态下长期使用的问题，这是蓄电池增加新的功能后产生的新问题。

过去对普通汽车用蓄电池的要求，一般不研究放电后的衰减问题，因为汽车在多数情况下处于浮充电的状态，一般不会过渡放电，在每次起动汽车时，汽车电池的电量多数处于充足电的状态，起动汽车不成功的风险很小。而起停电池工作状态在45%～85%的容量状态，在蓄电池容量偏低的情况下，汽车起动不成功的风险增大，这可能是蓄电池使用寿命短的原因之一。因此，一般同排量的汽车，具有微混功能使用的电池，一般电池的容量要大一些。

AGM 微混电池是贫液的阀控电池，电解液较少，不适合在高温条件下使用，因此使用 AGM 微混电池的汽车一般将电池安装在后备箱中，以避开高温环境，这样做的结果增加了电池导线的距离（增加了汽车成本）、连线的电阻、电压降和电能的损耗。EFB 电池一般放在引擎舱内。因此，鉴于汽车成本的考虑，AGM 微混电池更多用于相对高档的汽车上；

EFB 电池更多用于中低档的汽车上。

最初的研究，AGM 电池的使用寿命长于 EFB 电池，但随着技术的进步，EFB 电池的寿命已有大幅度提高。

2. 使用上的差别

普通汽车电池经过多年的发展，已经很成熟，重要的指标满足汽车的需要，如起动性能、低温性能、耐振动性能、水耗的性能等。普通汽车电池因没有微混或起停的功能，放电较浅，使用寿命较长，家庭用车一般为3～5年；营运车辆为1.5～3年。起停电池的使用时间会随着性能不断地改善而逐步提高。

微混和起停电池在我国刚刚起步，使用的经验还比较缺乏，加上我国的道路堵车状况与发达国家有明显的差别，电池的使用也不会一样。起初发展的车型一般是比较高端的车型，借鉴了国外的经验，由于功能的增加，汽车的成本也有所增加，目前高端车起停电池的使用是成功的。但相对普通的汽车电池来讲，由于电池的使用方式的改变，功能的增加，电池的寿命还是有些缩短，目前电池的成本也比较高。随着起停电池技术的成熟和逐渐的大量生产，使用寿命会大幅度延长，电池成本也会大幅度降低。对于中低端汽车，微混或起停系统要对原有的汽车发动机系统进行改进，满足经常起停（点火）的要求，还要对电气系统、电驱动系统、电回收系统进行改造或增加，另外还要增加电池的检测系统，使电池在过渡放电的情况下，自动关闭起停功能，以保证正常的停车后起动；增加这些辅助功能，对于低端车增加成本的比例是较高的。但起停技术仍将是电动汽车未成熟之前的最好的过渡产品，也是在目前普通汽车基础上节油降耗、减少污染的一种方法。

由于功能的变化，蓄电池的失效模式会发生根本的变化，普通起动电池，失效模式主要在活性物质软化、板栅腐蚀等；而起停电池主要是负极板极耳腐蚀、失水、负极板硫酸盐化等。

电池更换的状态是不同的，普通汽车电池是在浮充电状态下，不能起动汽车时（或报警时）更换电池；而起停电池，是在部分荷电态下，不能满足起动汽车或不符合起停功能时更换电池。这两种状态导致了电池实际使用寿命的差异和失效模式的不同。

13.6.4 微混蓄电池生产制造的要求

1. 板栅合金的选择

目前板栅合金无论是 AGM 微混电池还是 EFB 微混电池，通用的用正负板栅合金仍是 Pb－Ca－Sn－Al合金，一般为提高性能，Ca 含量比普通的免维护汽车电池略低，Sn 含量略高，或添加一些抗腐蚀的元素成分。

2. 板栅耐腐蚀性

板栅的腐蚀使板栅不能起到支撑活性物质的作用，导致极板腐烂或不能导电，极板失效，最终电池寿命终止。微混电池板栅腐蚀是失效的一个主要的原因。对于板栅腐蚀可采取一些措施。

从合金成分可以增加板栅强度或耐腐蚀性的合金成分，使板栅合金的结晶颗粒细化，减少晶间腐蚀，在对大部分微混电池板栅分析中得知，添加一些耐腐金属是比较有效的方法。

关于冲网板栅，目前认为铅带的制造对腐蚀性有影响，一种理论认为，铅带在轧制时，每次轧制不合理的轧制比和过多的轧制次数对铅带的结构会有影响，过多的轧制会破坏晶型结构，使得不耐腐蚀。因此，对于不同的轧制设备，经过几次轧制合适，最好经过腐蚀试验确定。经过验证的冲网板栅可用于正板栅也可用于负板栅。

对于拉网板栅用于微混电池的正板栅，耐腐蚀性是要格外注意的，一般拉网板栅较少用于微混电池的正板栅。

连铸板栅生产速度快，效率高，连铸的冷却工艺使板栅的耐腐性能下降，主要是冷却较快导致形成的结晶结构不耐腐。一般用于负板栅，用于正板栅耐腐蚀性不佳。

一般认为重力浇铸板栅更适合于微混电池，但重力浇铸效率低，经济性不好，大批量生产劳动力投入多，环保投资大等问题，势必要被效率更高、更经济的生产方式取代。现在已有用正负拉网板栅生产的 EFB 起停电池通过知名汽车公司检测的先例，也有用冲网板栅生产 AGM 起停电池大批量应用的现实。

3. 抗铅膏软化脱落

铅膏软化是微混电池失效的原因之一。铅膏软化除与使用有关外，主要是与在制造极板活性物质的结构有关。在前面的章节中已做了介绍。

微混电池的铅膏要求比较复杂，需要经过试验确定，在本书中第 4 章合膏与涂板中已做了介绍。这里强调两点，一是加酸量，加酸量是关键的参数，加酸多，形成的硫酸铅量大，铅膏密度低，极板的孔率高，容量高，但极板活性物质强度低，容易脱落；加酸量少，形成的硫酸铅量少，铅膏密度高，极板孔率低，容量低，但活性物质的强度好一些。如何保持好的极板强度又保持较高的容量，可试验添加一些添加剂改善这方面的性能。因此，要根据性能和寿命的要求选择一定酸量的铅膏。根据大量的资料报道，铅膏和之后的固化过程要保证正极板中形成一定量的 4BS 结构，这就需要在铅膏中加入 4BS 晶种，如 Addenda 4BS 晶种；在固化时要创造形成 4BS 结晶的条件。添加 4BS 晶种的好处在于，可细化形成的 4BS 结晶，形成较小的 4BS 颗粒，易于化成。生极板中形成合理的 4BS 结构，可大幅度的增加极板的强度，增加寿命。固化过程要有高温固化的阶段，参见本书的合膏涂板章节。

4. 负极耳抗腐蚀性

因为负极的极耳容易腐蚀，腐蚀的机理下面做一些介绍。有公司采用涂覆极耳的工艺进行解决[25]，如图 13-27。一般情况下，还是提高合金的抗腐蚀性，适当减少钙含量，增加锡含量会有一定的效果。

5. 负极铅膏抗硫酸盐化

微混电池处于经常起停的状态下，处于部分荷电态（PSOC）或高倍率部分荷电态（HRPSOC）下，蓄电池的失效模式之一是负极的硫酸盐化，在本书 13 章中的超级电池和铅炭电池已有详细的介绍。目前，解决硫酸盐化的问题主要是在负极中添加炭。炭黑的种类很多，需要根据炭黑的颗粒，杂质含量等指标选择性添加。

6. 低失水的要求

为防止负极的硫酸盐化，在负极中添加了量较大的炭黑，这些炭黑对蓄电池的负面影响就是增加了蓄电池的失水。在起停电池的要求中，失水的要求是比较苛刻的，因此在加入炭黑的同时也要考虑对失水性能的影响，另外各种炭黑的差异较大，可通过试验选择合适的炭黑。

7. 抵抗电解液分层

微混富液电池，在部分荷电态（PSOC）和高倍率部分荷电态（HRPSOC）下使用，因

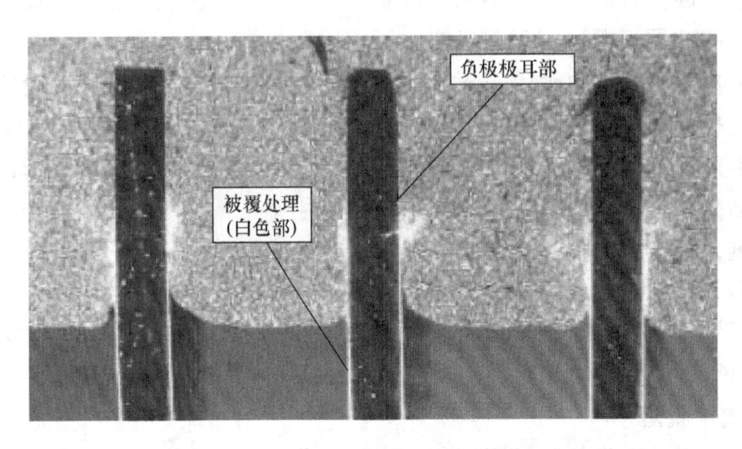

图 13-27 极耳涂覆图

此存在电解液分层的状况。电解液分层对极板的硫酸盐化产生更严重的影响，造成极板的下部硫酸盐化严重。因此，起停电池的酸液分层比普通电池严重。

在板栅结构上，为防止酸分层，可设计略多的横筋和增加横筋在厚度方向的尺寸或设计面积较大的加强筋，这样对酸分层有一定的作用。在活性物质上，极板的孔结构对酸离子进出是有影响的，极板中多储存酸就会减少酸分层。极板表面的活性也要关注，表面保持良好的活性，就会保证酸离子的顺利迁移扩散，否则微孔部分堵塞，酸分层就更严重。

富液电池比 AGM 电池的酸分层现象严重一些，这是贫液和富液的差别造成的。

图 13-28 为在电池充放电试验过程中，测得的电池不同高度电解液密度的情况，从图中可以看出，不同深度的电解液密度的差别还是很大的。

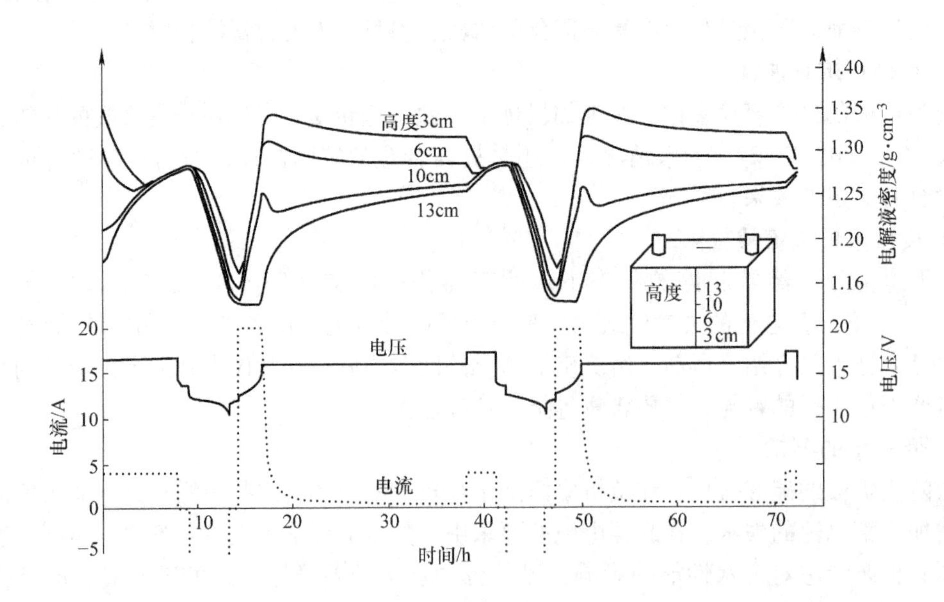

图 13-28 测得的电池酸液分层图[27]

13.6.5 微混电池制造的特点

微混电池可以借鉴汽车电池的设备和工艺进行生产。适当地调整是必须的，要根据微混电池性能等方面的要求适当地调整设备的能力和工艺参数。微混电池的制造有重力浇铸板栅方式、拉网方式、冲网方式，这些都有公司在用。

微混电池的工艺路线，富液电池基本遵循汽车起动电池的工艺路线；AGM 贫液电池遵循阀控密封电池的工艺路线。

在板栅生产方式上，有重力浇铸、冲网、拉网方式，表 13-10 是几种方式的比较。

表 13-10 起停电池板栅生产方式的比较

	重力浇铸	拉网	冲网
性能	初期性能较好，使用寿命较长	初期性能好，寿命可以，但部分电池存在板栅筋条尖角的刺穿短路，短路是主要的失效方式	初期性能好，寿命可以。板栅表面较光洁，影响与活性物质的结合，脱落的风险增多
生产	效率较低	效率高	效率高
耗铅	进入产品的铅耗较大	进入产品的铅耗低，生产过程中的损耗也少	进入产品的铅耗低，生产过程中的损耗较大
成本	成本高	成本低	成本中等
使用范围	AGM 和 EFB 正负都适用	EFB 正、负都可用，用于负板略多 AGM 不用	AGM 和 EFB 正负可用

13.6.6 微混电池的失效模式

微混电池的失效模式可以用一个网状图来表示，如图 13-29 所示。当然不同生产工艺、不同原材料、不同生产设备、不同生产环境起停电池的失效模式肯定是不同的，要根据自己的产品进行分析，如图 13-29 中负极活性物质收缩占 1，负极硫酸盐化占 2，隔板问题占 1，等等。这里只是介绍分析方法，以便分析自己的产品。

1. 负板极耳的腐蚀

汤浅公司研究了 Pb－Ca－Sn 负极合金分段腐蚀情况，反复对 $Pb/PbSO_4$平衡电位附近特定电位进行分段试验，在反复进行 Pb 的氧化 $PbSO_4$钝化层部分还原时，明显地出现腐蚀迹象。此时的腐蚀形态与极耳的腐蚀类似，推断在起停电池寿命试验中也能出现这种现象。图 13-30 中，测定起停寿命和轻负荷寿命试验的负极耳的电位的曲线，横坐标是一个循环寿命时间，纵坐标是相对对比于 $Pb/PbSO_4/3.39M\ H_2SO_4$电极的电位。反复进行 +40mV 和还原电位 -120 ~ -40mV 的电位分段试验时有明显的腐蚀迹象，这一现象接近起停电池使用时的负极电势。从这些情况看，在试验中负板极耳表面在循环放电时氧化成的硫酸铅，充电时没有完全还原成铅，经过反复充放电循环，起停循环电池的负极耳的内部逐渐形成腐蚀。

总之，在大部分使用时间里，起停电池在放电后不能完全充足电，而普通电池在使用中处于完全充电的状态，是他们的区别，也是起停电池为什么会出现极耳腐蚀，而普通电池很少出现这种问题的原因。图 13-31 给出了极耳腐蚀的机理图。腐蚀是多次充放电，硫酸铅不能完全还原，累计造成的结果。

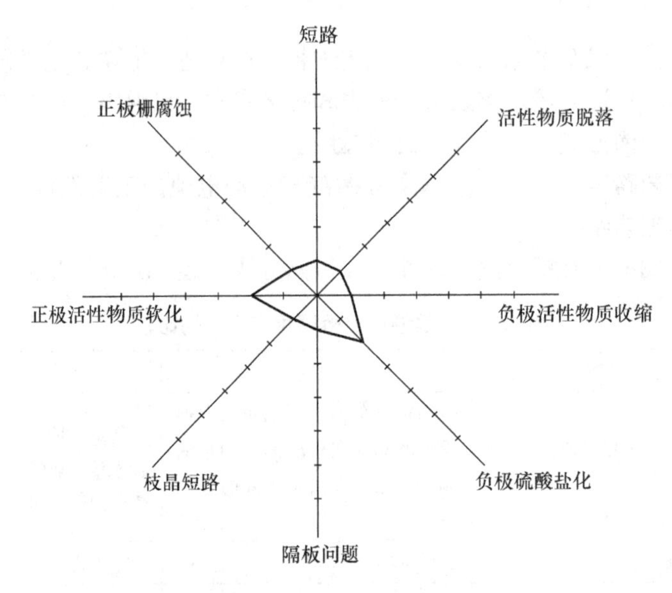

图 13-29 失效模式分析图

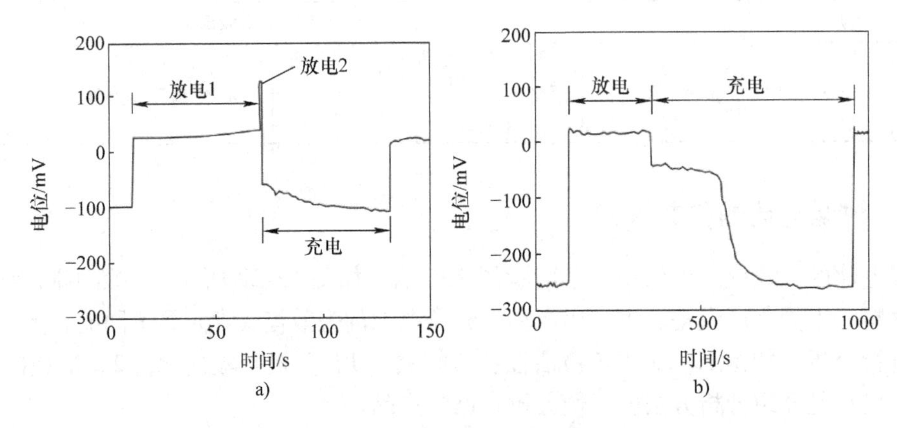

图 13-30 起停和轻负荷试验充放电时极耳电位的比较

a）起停试验 b）轻负荷试验

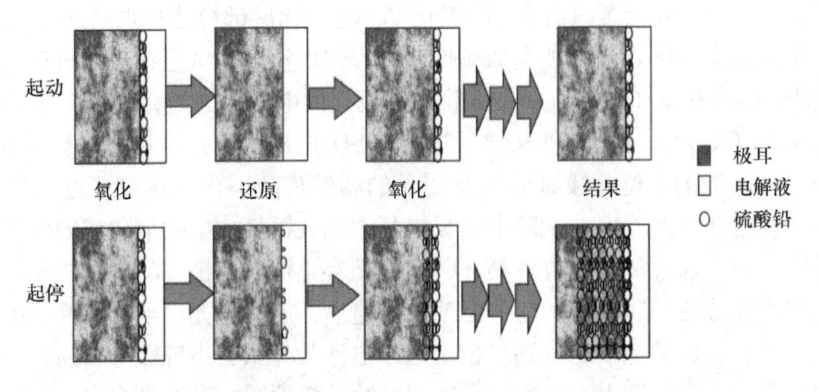

图 13-31 起动电池起停电池极耳腐蚀机理图

2. 负极板的硫酸盐化

普通汽车蓄电池的使用状态是汽车起动后，汽车上的充电机一直给蓄电池充电，在补充满蓄电池已使用的电量后，电池一直处于浮充电状态，尽管电路控制系统控制的充电电压不高，但较长时间的浮充电能将负极的硫酸铅全部转化成铅，能够保证活性物质的反复的循环。对于微混电池，除起动汽车时用蓄电池中的电量外，在路途中停止后起动时，做为辅助动力时，都要用电池的电能，瞬时消耗的电能较大，电池处于较深的放电状态。等汽车的发动机正常运转后，才能给蓄电池充电，由于蓄电池放电较深，需要更长的时间才能给蓄电池充足电。如果微混汽车起动的次数频繁，蓄电池则处于深放电状态，长期不能得到恢复，造成负极板中的硫酸铅不能全部转化成铅，形成硫酸盐化。

如果用普通汽车电池用于微混或起停车上，首要的失效模式就是硫酸盐化。这也是普通汽车蓄电池与微混或起停蓄电池的最大差别之一。在部分荷电态（PSOC）和高倍率部分荷电态（HRPSOC）下使用电池的主要特征。因此，在起停电池中，为防止硫酸盐化，添加剂中引进了大量的炭，以阻止硫酸铅盐化的进程。

3. 正极板栅的腐蚀

在微混或起停电池使用过程中，更多的时间处于部分荷电态（PSOC），正极在高电位状态下的机会远比普通汽车电池要低，因此正板栅的腐蚀减轻。主要是层状腐蚀，晶间腐蚀减少或消失。尽管腐蚀的程度降低，但板栅腐蚀仍是起停电池失效的原因之一，在解剖的失效电池中，发现了部分电池的板栅腐蚀失效。

从实车运行试验前后正板栅截面的图片中，清晰可见层化腐蚀，但未出现传统汽车用电池的晶间腐蚀，其原因可能是以较低的荷电状态（SOC）使用难以达到能引起晶间腐蚀的高电位。

4. 正极板活性物质的软化脱落

有文献报道，电池容量的变化结果，在行驶3年后的电池容量为初始容量的70%，接着继续解剖分析，正极活性物质除极板下部外均明显软化。其原因是高性能VRLA电池如果长时间的以部分荷电态（PSOC）使用，极板下部积蓄的硫酸铅无法进行反应，所以充放电反应均集中在极板的上部。在运行试验中，高性能VRLA电池的负极板硫酸铅的蓄积量为20%。由此可见，以部分荷电态使用时，定期的进行恢复充电来消除积蓄的硫酸铅，以避免充电不足的状况。

参考文献

[1] 王金良，胡信国. 铅蓄电池行业准入实施技术指南 [M]. 北京：中国轻工业出版社，2012.
[2] 胡信国. 环保整治下中国铅酸蓄电池行业状况和技术进步 [C]. 北京：中国化学与物理电源行业协会，2012：1-35.
[3] 阎智刚，胡信国. 双极性密封铅酸蓄电池 [J]. 电源技术，2000 (3)：169-170.
[4] 李现红. 双极性铅酸蓄电池发展概述 [J]. 蓄电池，2012 (6)：269-272.
[5] 桂长青. 动力电池 [M]. 北京：机械工业出版社，2009：64-74.
[6] 陈发生. 水平电池的研究与技术探讨 [J]. 蓄电池，2009 (3)：126-127.
[7] 许艳芳，等. 水平铅酸蓄电池 [J]. 蓄电池，2003 (1)：33-35.
[8] 吴寿松. 水平铅蓄电池 [J]. 蓄电池，1996 (3)：136-138.
[9] 刘宝生，顾大明，王振波. 水平铅酸蓄电池 [J]. 蓄电池，2012 (4)：184-187.

[10] 王瑜，魏杰，童一波. 水平电池国内外相关技术发展状况 [J]. 蓄电池，2002 (1): 33-35.
[11] 戴长松，等. 卷绕式铅酸蓄电池的研究发展现状 [J]. 电源技术，2004 (9): 583-587.
[12] 迟钝，章晖. 卷绕铅布电池工艺研究 [J]. 蓄电池，2002 (3): 136-139.
[13] 杨宝锋，等. 卷绕式铅酸蓄电池隔膜的选用方法 [J]. 电源技术，2006 (4): 319-321.
[14] 岩濑信二. 环保型汽车起停功能（ISS）用液式蓄电池的研究开发 [C]. 长兴：中国电池工业协会，2012: 5-18.
[15] 张浩，曹高萍，杨裕生. 炭材料在铅酸电池中的应用 [J]. 电源技术，2010 (7): 729-733.
[16] 王琰，张立华，吴喜攀. 未来的汽车用铅酸蓄电池 [J]. 蓄电池，2008 (3): 130-136.
[17] 梁逵，孔德龙，等. 铅炭超级电池的实验研究 [J]. 蓄电池，2012 (3): 99-102.
[18] 李中奇. 铅酸电池现代技术的进展 [C]. 沈阳：蓄电池杂志社，2012: 25-30.
[19] 朱守圃，顾立贞，等. 超级电池的“前世今生”[J]. 蓄电池，2012 (4): 162-166.
[20] 唐胜群，吴涛，等. 铅炭电池技术研究 [C]. 北京：中国化学与物理电源行业协会，2012, 56-58.
[21] 华寿南. VRLA 电池负极炭的材料 [C]. 沈阳：蓄电池杂志社，2012: 117-163.
[22] 吴贤章，等. 先进铅炭电池技术及其应用 [C]. 北京：中国化学与物理电源行业协会，2012, 51-55.
[23] 王富茜，朱振华，陈红雨，等. 铅炭电池研发中存在的问题 [J]. 蓄电池，2011 (2): 60-64.
[24] 柳厚田，赵杰权. 用于混合动力的 VRLA 电池负极添加剂的研究进展 [C]. 长兴：中国电池工业协会，2012: 39-63.
[25] 山口义彰. 杰士汤浅汽车起停功能用液式铅酸电池技术及其在中国市场的推广 [C]. 2014 混合动力车市场与先进电池技术发展研讨会，北京：2014. 4. 22-24.
[26] Boris Monahov（鲍里斯）. 混合电动汽车和储能用的先进铅酸蓄电池市场趋势 [C]. 2014 国际铅酸蓄电池联合会中国峰会，中国长兴：2014. 11. 5-7.
[27] 高红祥. 起停电池在汽车上的应用 [C]. 第三届铅酸蓄电池新技术研讨会，泰安：2014. 11.

14

第14章　蓄电池工厂的质量控制和管理

14.1　质量管理

铅酸蓄电池市场竞争日趋激烈，企业要靠好的产品质量谋生存，而经过一百多年的发展，蓄电池产品技术及生产方式渐趋成熟，产品质量主要体现在从原材料到生产过程再到出厂应用的有效质量控制上，所以蓄电池厂家产品质量的竞争也演变成了质量控制的竞争。

14.1.1　铅酸蓄电池工厂质量管理的特点

产品质量在一个公司的经营活动以及发展中，都是最重要的要素，和所有的制造业工厂一样，蓄电池的生产工厂也必须有从原材料进厂到产品销售出厂的全过程，中间必须有人员的体力劳力与脑力劳动的配合，有机械设备的正常投入使用，当然也一样会受到自然环境和社会环境等条件的影响和制约，所以通用的质量管理的理论和方法也同样适用于蓄电池工厂的质量管理。

1. 蓄电池行业的质量控制也存在着自身的特点

1）蓄电池生产涉及化工、电化学等工艺过程，其生产过程监控的因素有很多不能直观反应产品的性能的，只能间接的反应电池的性能，比如铅酸蓄电池用极板检测的项目指标通常为铅、二氧化铅以及铁的含量等，这个项目指标与蓄电池极板最终的质量目标 - 容量与寿命，对应性不是很强，不能用铅、二氧化铅或铁含量的高低来表示容量的高低和寿命的长短。

2）蓄电池产品有一百多个零部件，蓄电池生产过程从前到后有上百个工序和步骤，是一个复杂的过程，影响质量的各种因素（人、机、料、法、环）都会在这过程中发生变化和波动，哪一步出现问题，都能对蓄电池的质量造成隐患，从而影响蓄电池的性能或造成其失效，所以质量控制显得尤为重要，必须针对造成变化的条件进行分析，全面控制影响产品质量的任何因素，把不一致的情况限制在一个很小的范围内。只有坚持这种做法，才能制造出稳定产品质量的蓄电池。

2. 蓄电池行业内一些工厂存在的质量管理误区

1）因为蓄电池行业的质量控制自身的特点，质量控制变成了不是立竿见影的长期工作，当质量与产量、材料成本等要素产生矛盾时，一些工厂会出现例如：淡季抓质量，旺季抓产量；选用降级的原材料以降低成本等现象。当市场上出现质量赔付时，又将“质量放在第一位”提出，挂在口头上，但实际到生产和处理问题时，还是把质量抛在脑后了。这种做法有着非常严重的危害性：其一，在企业中形成了形式上重视质量、实际上不重视质量的风气，一旦公司出现质量问题时，进行整改的效果非常差；其二，影响企业的利益，很多操作看似当时有效益，一出质量问题得到的效益又赔了回去，甚至亏损；其三，影响企业的长期发展，一次次的质量事故或者不能被市场和客户认同的产品，既损毁企业和产品的品牌，又不利于市场的开发和发展，市场丢失了，企业也就不存在了。“态度决定成败”用在这里，最恰当不过了。所以铅酸蓄电池企业的产品质量控制首先是一个企业从领导到员工对产品质量真正重视的态度，“质量放在第一位”成为一个企业的精神和文化，并在生产实践中得到体现。许多铅酸蓄电池企业发展历史表明，只有坚持把产品质量放在首要地位的企业，多数能够坚持并逐步发展壮大，而在质量上做表面文章的企业，要发展就非常艰难，甚至最后被市场淘汰。

2）因为蓄电池行业的质量控制的特点，控制的要素不能直观反应产品的性能，判断问题时很容易做主观的判断而产生各种错误，给企业带来损失。所以在质量控制上必须坚持尊重客观事实，运用各种质量管理的工具，尽量用数据说话，把质量管理建立在科学分析的基础之上。比如运用新老七种 QC 工具调查问题、分析问题、分析原因、采取对策、确认效果、总结和标准化；改变变量试验（正交试验法）寻找原因；采用统计过程控制（SPC）图和过程能力指数来分析过程能力，判断过程运行状态的稳定和异常等等。

3）很多工厂都鼓励质量改进，认为质量改进能创造效益，但对质量控制的重视程度不够，往往是问题改进了，一段时间后这个问题又出现了，这个问题改进了，更大或更多的问题又出现了，所以质量改进必须建立在做好质量控制、全过程处于受控的基础上进行，没有稳定的质量控制，那么质量改进的效果也无法保证，质量改进也事倍功半。

4）很多公司请外面的专家来搞质量体系认证，建立体系，但往往不能结合自己的实际，而形成空洞的体系，和实际分离形成两张皮，只能是应付某些单位部门对体系的检查，得到一个通过某某认证的空名而已。想要真正地把体系建立起来，关键是内因，是公司从根本上想把质量做好，而不是表面工作。

14.1.2 蓄电池工厂质量管理的可行方法

以下是一些成功的蓄电池工厂运用的可行的质量管理方法。

1. 质量目标管理和绩效考核

目标管理就是企业员工的积极参与下，根据公司的总目标，自上而下地确定工作目标，并在工作中实行“自我控制”，自下而上地保证目标实现的一种管理办法。与目标管理紧密相关的是绩效考核，如果光有目标而没有每阶段的绩效考核，那么这个目标可能永远不会实现。目标只有与激励机制相匹配，才会形成更有效的动力机制。要真正实施目标管理，就必须以绩效考核为后盾。

2. 现场的5S 管理

在杂乱的工厂里，肮脏的工作环境，地面上的有厚厚的铅污和含酸的废水，空气中弥漫着铅尘，机器未受到经常的检查维护，导致经常发生故障，员工士气低落……在这样的环境中能生产出什么样的产品呢？但这确实是极少数蓄电池工厂的写照。

现场是一面镜子，直接反映企业经营管理水平的高低，尤其在蓄电池制造企业现场管理的好与坏直接影响着产品的质量，当走进一家蓄电池企业，看其现场管理，便知其产品的稳定性和可靠性。

现场管理对产品质量管理的重要性表现在：

1）好的现场管理可产生稳定的制造环境，设备及工具的有序管理，物流的通畅，不仅提高生产效率，而且防止问题发生及使过程因素变异最小化，是产品质量稳定的基础。

2）明朗的工作环境，可使员工工作时心情愉快，降低员工对工作的疲劳感，对影响产品质量最主要的因素 – 人的因素的控制上有积极的作用。

3）好的现场管理强调标准化作业的重要性，员工能遵守作业标准，产品质量自然稳定；同时为产品质量检验和控制，产品质量的改善和提高提供了好的基础。

所以现场管理是质量管理的基础，没有好的现场管理是不可能有稳定可靠的产品质量的。“5S” 管理即是现场管理中一个常用的有效的工具。

3. 质量检验

质量检验是质量管理工作的一个重要环节，蓄电池工厂一般会设置专门的质量检验部门和岗位，对从进厂的原材料到过程半成品再到出厂的成品进行检验，既可以防止不合格品流入和流出，又为预防不合格提供依据。

质量检验的主要功能：

1）鉴别功能：根据蓄电池生产的技术标准和作业规程，测量产品的特性，判定产品质量是否符合规定要求。鉴别是把关的前提，通过鉴别才能判断产品质量是否合格，所以鉴别功能也是质检各项功能的基础。

2）把关功能：是质量检验最重要、最基本的功能。不合格的原材料不投产，不合格的产品组成部分及中间产品不转序、不放行，不合格的成品不交付，实现“把关” 功能。

3）预防功能：在生产过程中，工序作业的首检和巡检都能起到预防的作用；对上一道工序的把关，就是对下一道工序的预防；通过过程能力的测定和控制图的使用可起到预防的作用。

4）报告功能：把检验获取的数据和信息，经汇总、整理、分析后写成报告，使相关的管理部门及时掌握蓄电池厂生产过程中的质量情况，评价和分析质量控制的有效性，为质量改进和质量考核以及管理层的决策提供重要的信息和依据。

质量检验的实施：蓄电池工厂须成立专门的质量检验部门，根据自己的实际情况，编制质量检验计划（质量管理者对整个检验和试验工作进行系统的策划和总体安排的结果，对检验涉及的活动、过程、资源及相互关系做出规范化的文件规定，用以指导检验活动正确、有序、协调的进行），具体内容包括编制检验流程图（详见 14. 2. 1 节），编制检验标准（详见 14. 2. 3 节）及检验作业指导书（详见 14. 2. 2 节），对人员明确组织形式、资格认定、培训计划等。然后根据质量检验计划执行。

4. 过程控制

生产一件高质量的产品容易，但持续生产高质量的产品就不是那么容易了。所以要关注生产过程，生产过程是产品质量形成的关键环节，在确保设计质量的前提下，产品质量很大程度上依赖于生产过程质量，过程控制强调的是对过程中各个影响因素的控制和作用，其目的在于为生产合格产品创造有利的生产条件和环境，从根本上预防和减少不合格品的产生。

过程控制的主要内容包括：

1）过程分析和控制标准：分析影响过程质量的因素，确定主导因素，并分析主导因素的影响方式、途径和程度，据此明确主导因素的最佳水平，实现过程标准化；确定产品的关键质量特性和影响产品质量的关键过程，建立管理点，编制全面的控制计划和控制文件。

2）过程监控和评价：根据过程的不同工艺特点和质量的影响因素，选择适宜的方法对过程进行监控，如采用首件检验，巡回检验和检查及记录工艺参数等方式对过程进行监控；利用质量信息对过程进行预警和评价，如利用控制图对过程波动进行分析，对过程变异进行预警，利用过程性能指数和过程能力指数对过程满足技术要求的程度和过程质量进行评定。

3）过程维护和改进：通过对过程的管理和分析评价，消除过程中存在的异常因素，维护过程的稳定性，对过程进行标准化，并在此基础上，逐渐减小过程固有的变异，实现过程质量的不断突破。

统计过程控制（简称SPC）就是根据产品质量的统计观点，运用统计的方法，对生产制造过程数据加以收集整理和分析，从而了解、预测和监控过程运行的状态和水平。它是过程控制的一部分，主要解决两个基本问题，一是过程运行的状态是否稳定，二是过程能力是否充足，前者可以利用控制图这种工具来进行测定，后者可通过过程能力分析来实现。

以下是对控制图在蓄电池生产的应用和分析：

编制控制图的基本假设是，测定结果在受控的条件下具有一定的精确度和准确度，并按正态分布。首先绘制一个控制图（见图14-1），如用一种方法对一个控制项目，用稳定的测试设备在一定时间内进行测量，累积一定数据。将这些数据进行处理，计算出σ值，然后画出控制图。在以后的经常分析过程中，将测试样品的结果填入图中，根据图形的变化规律分析受控状态，分析质量情况。

由正态分布性质可知，质量指标值落在$\pm 3\sigma$以外的概率只有0.27%，这是一个小概率。按照小概率事件原理，在一次测试中超出范围的小概率事件几乎是不会发生的。在正态分布中，68.26%落在$\pm\sigma$；95.44%落在$\pm 2\sigma$；99.73%在$\pm 3\sigma$，这是质量控制的图的理论基础。当一个值在$\pm 3\sigma$内有正态偶然变差出现在体系中，称作“控制中”的值，若在控制线以外，说明存在正态偶然变差的因素，称作“控制外”的值。

$\pm 3\sigma$方法确定的质量控制图控制界限，被认为是经济合理的方法。因此大多数国家都用这个方法，并称为“$\pm 3\sigma$”原理。

$\pm 3\sigma$为控制限域，限内表示可以接受；$\pm 2\sigma$为超出此范围应引起警惕的限域；$\pm\sigma$为检查测定结果质量的辅助指示范围。

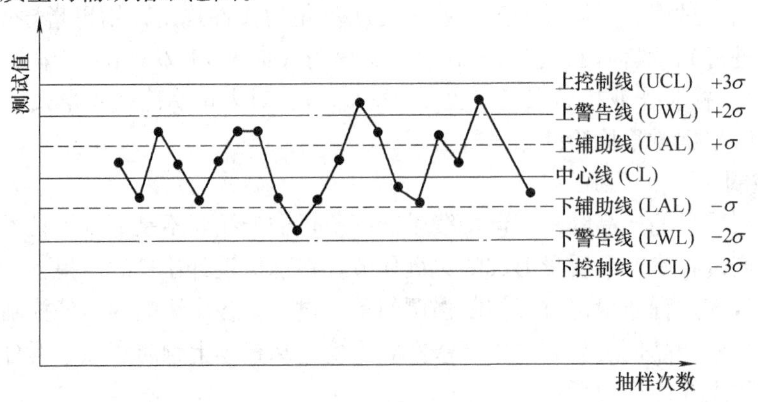

图14-1 控制图

常用的判定方法：

1）点超出或落在 UCL 或 LCL 的界限（异常）；

2）近期的 3 个点中的 2 个点都高于 $+2\sigma$ 或都低于 -2σ，近期 5 个点中的 4 个点都高于 $+\sigma$ 或都低于 $-\sigma$（有出现异常的趋势）；

3）连续的 8 个点高于中心线或低于中心线（有偏向性）；

4）连续的 6 个点呈上升或者下降趋势（有明显的偏向趋势）；连续的 14 个点在中心线上下呈交替状态（周期性，不稳定）。

现代质量管理强调以预防为主。要求在质量形成的整个生产过程中，尽量少出或不出不合格品，这就需要研究两个问题：一是如何使生产过程具有保证不出不合格品的能力；二是如何把这种保证不出不合格品的能力保持下去，一旦这种保证质量的能力不能维持下去，应能尽早发现，及时得到信息，查明原因，采取措施，使这种保证质量的能力继续稳定下来，保持下去，真正做到防患于未然。前一个问题一般称为生产过程中的工序能力分析，后一个问题一般称为生产过程的控制。这两个问题都与控制图有着密切的联系。

以上是控制图的理论和方法，如何将这种有效的方法应用到蓄电池的生产中，需要分析蓄电池生产的特点。首先，蓄电池生产中测试性的控制的主要指标有铅粉的氧化度、生极板的铅含量、生极板的水分、熟极板的二氧化铅含量、极板重量、杂质含量等。这些测试指标中，大部分测试的样品相对于机械加工行业是非常少的，如每天化验铅粉的氧化度 2 个，那么一个月才 60 个数据；化验生极板的铅含量，如果每个固化室化验 1 个样品，10 个固化室也只有 10 个数据，每个固化室状况也不相同，不可能将所有固化室的数据来做一个控制图，只能一个固化室做一张图。如果增加化验数据，一般企业会吃不消。因此，我们采用一种变通的方法，既实用又简单，又能达到控制的效果。这就是缩小控制的范围，然后用在控制线内数据占总测量数据的百分数作为质量指标。这样控制起来具有很强的操作性。如同样每月化验铅粉 60 个数据，按照 $\pm 3\sigma$ 控制，从以上分析可知，超出线外的几率微乎其微，参考 $\pm 3\sigma$ 定控制指标，一年当中按月考核，可能全部达标，对操作者没有督促的意义。将控制线范围缩小，缩小到统计规律的 3% 超出范围，这样操作起来就容易了，也就是在 $\pm 2\sigma$ 附近。就是按照规定的上下限，如每月指标定为小于等于 3%，大于 3% 将受到考核。当然一个企业可根据自己的情况制定。

铅酸蓄电池工厂只有在实际生产过程中，将工艺参数控制在一定的范围内，才能有效地保证产品的质量和一致性，才能持续稳定地生产出有质量保证的产品，然后将这些工艺参数和测试项目要素指标作为产品质量标准进行生产控制。

5. 质量改进

由于蓄电池市场激烈的竞争，企业迫切需要提升产品的质量水平，降低成本，增强竞争力。质量控制是使产品质量保持在规定的水平上，质量改进则是不断地通过纠正措施、预防措施，使现有的产品质量水平在受控的基础上得以提高，质量改进的基础和前提是质量控制，如果没有稳定的质量控制使全过程处于受控状态，那么质量改进的效果也无法保证。

质量改进基本过程就是通常讲的 PDCA 循环，即策划（Plan）、实施（Do）、检查（Check）、处置（Act）。第一个阶段是策划：制定方针、目标、计划书、管理项目等；第二个阶段是实施：按计划实地去做，去落实具体对策；第三各阶段是检查：把握对策的效果；第四个阶段是处置：总结成功经验，实施标准化，然后按标准进行。对未解决的问题，转入下一轮 PDCA 循环解决，为制定下一轮改进的策划提供资料。PDCA 循环的特点是，大环套小环即 PDCA 循环的每个阶段中也存在小的 PDCA 循环；不断上升的循环即每循环一次，产品质量、工序质量就提高一步。

质量改进的形式多种多样，有员工个人的改进，如合理化建议、技术革新等，也有团队改进，典型的如 QC 小组、六西格玛团队等。在质量改进的过程中注意应用质量改进工具如因果图、排列图、树图等新老七种 QC 工具，可起到事半功倍的效果。

总之，质量管理应以事后检验和把关为主转变为以预防和改进为主；把以就事论事、分散管理转变为以系统的观点进行全面的综合治理；从管结果转变为管因素。依靠科学的管理理论、程序和方法，使生产（作业）的全过程都处于受控制状态，以达到保证和提高产品质量或服务质量的目的。

有效质量控制的结果不仅能生产出好的蓄电池产品，也是工厂的质量成本得到降低。当生产中次废品率很高时，就意味着投入产品中的材料、能源、人工等大量费用被浪费，当次废品数量下降了，且生产的产品能全部出售，转化为资金，且退货减少，那么费用便开始下降；同时次废品数量下降了，返工返修品也就少了，生产能力也就开始提高了。

14.2 目标管理和绩效考核的控制

14.2.1 企业质量目标的制定

一个制造企业要进行生产，首先要依据产品定位、企业的质量方针制定出一个战略性的质量目标（至少是以年度为单位的质量目标），围绕这个战略目标分解出各项工作的具体目标，再围绕着每一个具体目标制定出操作实施的标准流程和产品质量控制标准。企业所有的工作都必须围绕这个战略性的质量目标而努力。战略性目标一定要有适当的高度和难度，这决定着企业的市场定位，也有利于企业的发展，因为有高度、有难度的目标，才有压力有动力；如果很容易就能达到的目标，也就不能称之为目标了。

和所有制造企业一样，铅酸蓄电池企业的质量目标用数字表示，一般有产品的合格率（指的是公司生产过程）、销售电池的退返率（出厂产品）、销售电池的质量问题赔偿率、万 kVA · h 的客户投诉率等。各公司可根据自己具体的实际情况选择统计方法和制定标准。

质量目标的制定一定要切实可行，可以根据上一年的质量目标和各种质量数据分析以及公司的现状、产品定位、质量方针、质量改进情况制定。合理的质量目标应该是在努力的情况下能够达到，太低的、不用费劲就能达到的目标就没有任何意义，定与不定没有什么区别；目标定的太高，怎么努力都达不到，又不能够激发出企业的动力，所以跳一跳能够得着的目标，才能成为一个有效的目标。因此定指标是非常关键的，形式上的质量目标和不严谨的质量目标都不能对公司发挥积极的作用。

产品定位决定着产品的价值，性价比是一个重要的参考指标，产品质量是一个综合的概念，当产品采用的生产技术高于顾客的消费需求，虽技术先进，但开发投入大，价位高而无人问津，因此真正的好的产品是品质稳定，适合顾客需要，同时价格适合、使用安全的产品。

14.2.2　质量目标的分解

要实现公司的总体质量目标，必须要达成每一项工作（序）的具体目标，因此总目标的具体化分是一项重要的工作。分解质量目标一定要根据工厂的设备生产条件，科学合理地确定。每一项具体的工序质量目标要合理，可衡量的、可接受的、现实可行具有可操作性的。过高不切合实际的指标，只能让基层管理人员望而生畏，没有努力的动力，放任产品质量的自然发展；过低的指标，怎么做都能完成，管理人员就会形成无所谓的思想，使管理不能进步，质量不能提高。表 14-1 为某公司根据自己的情况制定的分目标，其中表中的数据用于说明方法，仅供参考。

表 14-1　蓄电池公司的质量目标分解表

蓄电池公司各车间质量目标分解

版次：××　实施日期：××××

部门	质量目标	统计方法	统计部门
铅粉车间	铅粉氧化度不符合率≤3%	超范围样数/抽样化验总样数×100%［铅粉氧化度控制范围：78（1±2%）］	品管部
重力铸板车间	板栅返工率≤0.9%	流入涂板车间有质量问题返工的产量/涂板产量×100%	涂板车间
	板栅成分（Ca、Sn 含量）达标率 100%	超范围数/化验总数×100%（每天正负板栅各抽 5 个样）	品管部
	混片次数为 0	板栅混片次数（与标识型号不同，流入涂板车间）	品管部
涂板车间	极板单片重量抽查达标率≥96%	单片极板重量抽查达标片数/总抽查片数×100%	品管部
	涂板表面快干水分抽查达标率≥98%	极板表面快干后水分达标次数/总抽查化验次数×100%	品管部
	混片次数为 0	生板混片次数（非标识规格的极板，流入下道工序）	化成车间
化成车间	杂质超范围率≤1%	超范围样数/总抽查化验的样数×100%（Fe≤0.003%、Cu≤0.001%为指标）	品管部
	正板 PbO_2 达标率大于 98%	达标样数/总取样化验样数×100%（板厚度≤2.0mm 以下，75%≤PbO_2≤91%；板厚度>2.0mm 以上，78%≤PbO_2≤89%）	品管部
	负板 PbO 超 8% 的比值≤3%	超范围次数/总取样化验次数×100%（每天每条烘干线至少取 2 个样）	品管部
	负极熟板烘干水分达标率≥97%	负极熟板抽查化验达标次数/总抽查化验次数×100%（水分≤0.045%）	品管部
	混片次数为 0	化成混片次数（标识不符的极板，流入下一工序）	装配车间
装配车间	包封总超标率≤0.5%	以极群计：当天包封车间的超标数/当天总包封的数量×100%	铸焊车间
	铸焊超标率≤0.6%	超标极群数/总抽查极群数×100%	品管部
	装槽、穿壁焊、热封总超标率≤0.5%	超标极群数/总抽查极群数×100%	品管部

（续）

蓄电池公司各车间质量目标分解

版次：××　实施日期：××××

部门	质量目标	统计方法	统计部门
后处理车间	灌酸、充电、后处理超标率（包括短路、漏气）≤0.2%	超标电池数/生产电池总数×100%	品管部

编制：　　　　审核：　　　　批准：

从表14-1中可以看出，给定测量数据的质量指标的控制参数一个范围，以达到规定要求的比例表示质量指标，这样控制起来就非常方便，对一致性的控制简单实用，解决了用3σ作为控制线，质量指标数据少的缺陷。对于计数值的控制，以达到规定要求的百分数作为质量指标。质量指标一般以月计更合理，当然可以制定年度的质量指标。日常控制作3σ控制图，判断趋势是可行的，这与质量指标的制定没有任何矛盾。如果把检验指标数值范围放得很宽，把质量指标中的超出范围的百分数降得非常低甚至是零，那样的结果是，尽管质量指标都达到了，但实际上质量的一致性不会好，这当然不是企业想要的理想结果。因此制定出合理的品质控制标准范围和允许超出指标的范围，是重要的一项工作。

蓄电池半成品控制指标参数的特点就是很多控制指标在很宽的范围内，都是可用的，控制范围是为了控制蓄电池性能的一致性，一般规定在极限情况下才算不合格。我们知道铅粉的氧化度在很大的范围内都能使用，如果控制在±8%，测试值可能就没有超范围的铅粉；控制在±2%的范围，一些样品的检测值就可能超出了指标范围。但将铅粉检测的总体指标集中在适当的小范围内，实际上能更好地控制铅粉的一致性，从而保证蓄电池的最终的一致性和稳定性。在铅酸蓄电池生产中还有很多类似的指标，如生极板的PbO含量，极板中的PbO_2、Pb含量，极板的重量等。在指标控制中就是控制集中度的问题。

表14-1只是一种质量目标的分解，各个厂家可以根据各自的具体情况，制定出适合自己的生产条件和情况下的质量分解目标。目标要切实可行，并能真正的实施，否则就没有意义。适时的调整质量目标是必需的，根据工厂的实际生产情况，二至六个月调整一次是合理的、也是必要的。要控制目标的平衡性，质量目标的完成必须和管理人员绩效奖惩挂钩，平衡性就是因为质量目标得到实现与否的奖励或处罚要平衡。除非一个车间生产工序确实因为质量问题必须被处罚，否则不能总处罚同一个车间，如果是这样就要质疑和检验目标制定的合理性，在确定目标的合理之后，需要检查设备或工艺是否存在系统性问题，还要考察现场管理人员的管理能力是否有问题。在必要的时候要提升到公司层面，进行联合调查攻关解决。

质量指标的分解根据工厂的具体情况有所侧重，影响总体质量的方面要重点控制，影响轻微的可以减少控制。

14.2.3　质量目标的落实与考核

制定出了各项具体的质量目标，就要落实到生产的各个部门，贯彻实施下去，且要有配套的过程检查、督促、考核的环节。各级岗位、具体到每位员工职责的质量目标应该清晰明了，并且落实到规定中。如公司的质量副总对公司的质量目标最终负责；公司的中层管理人员对分解的相应质量目标负责；基层的管理人员对再次分解的质量目标负责，这样一层一层的分解下去，每个人都有自己的非常具体详细的质量控制目标。对于产品中出现的质量问题，追根寻底都能落实到每一位责任人头上，这样公司的质量体系的运转才会正常起来。

质量目标的落实和考核是有难度的。在落实上，首先要有很强的针对性，各道工序的质量目标内容必须与本部门的质量工作关系密切，可以制定相应的质量要求范围，并以各种形式明确说明该工序做不好将产生的质量问题，这样指标就容易得到落实；如果不能确认是由于某一质量指标完不成而出现的质量波动，责任不能明确直接关联的，最好不要写入文件中，非常重要必须要写的，也要将责任范围分清。很多工厂质量指标在执行过程中往往半途而废就是因为责任不能分清，最后只能不了了之，致使质量目标执行不下去。当然，质量文件也就无法得到有效实施和落实。

质量指标的考核要合理并且切实可行，确实是因为工作质量出了问题，导致指标没完成，一般管理人员都能够正确的面对，也能够从中去发现和探索更有效的质量管理方法；如果已经很努力了，或因为与工作质量无关的原因，导致质量指标没完成，受到考核或处罚，员工以及现场管理人员都会因此而产生情绪，甚至会派生出很多不必要的矛盾，这也是质量指标制度不能执行下去的重要原因之一。

实际生产中常常会因为设备状况、天气变化、停电等不可控因素而造成质量事故，这些质量事故一定要经过严谨地分析，从中吸取处理意外质量事故的经验和方法，当然这些不可控因素所造成的质量问题，不应纳入质量指标的考核中。

非常规的质量问题出现后，公司要有一个机构或组织召开会议进行处理，责任不能理清的，宁可不考核不明确的责任单位，也不要强行考核。一个公司不应出现有问题互相推脱，不检讨自己的行为，强势部门不能靠强势地位，推脱责任。

14.3　工序的质量检验与控制

14.3.1　铅酸蓄电池生产检验流程图的编制

图 14-2 所示为起动用蓄电池的检验流程图，其他蓄电池的生产检验流程图根据工艺过程的增减可参照图 14-2 制定。

14.3.2　铅酸蓄电池生产质量检验作业指导书的编制

铅酸蓄电池工厂一般以技术部门制定的技术性文件作为检验标准，有的公司称为技术条件，有的公司称为检验标准等，这都是以公司的第三层次的文件（一般公司第一层文件是质量手册，第二层次文件是程序文件）作为检验依据的。以第三层次的技术文件作为检验文件，一些细节的检验问题不能得到很好的体现。例如，板栅的厚度，在技术文件中，规定了板栅厚度和公差范围，但一般都没有具体规定怎么测量，以及需要测量具有代表性的哪几个点。因此，有必要根据第三层次的技术文件，编制出更为详细具体的、更适用于生产检验技术性文件，这种文件一般称为“质量检验作业指导书”。属于第四层次的文件。

质量检验作业指导书可由质管部编制，质管部部长批准，在公司技术部门备案，实施范围为各生产车间及相关单位，实施检测的人员主要是分部在各个岗位上的质检员。

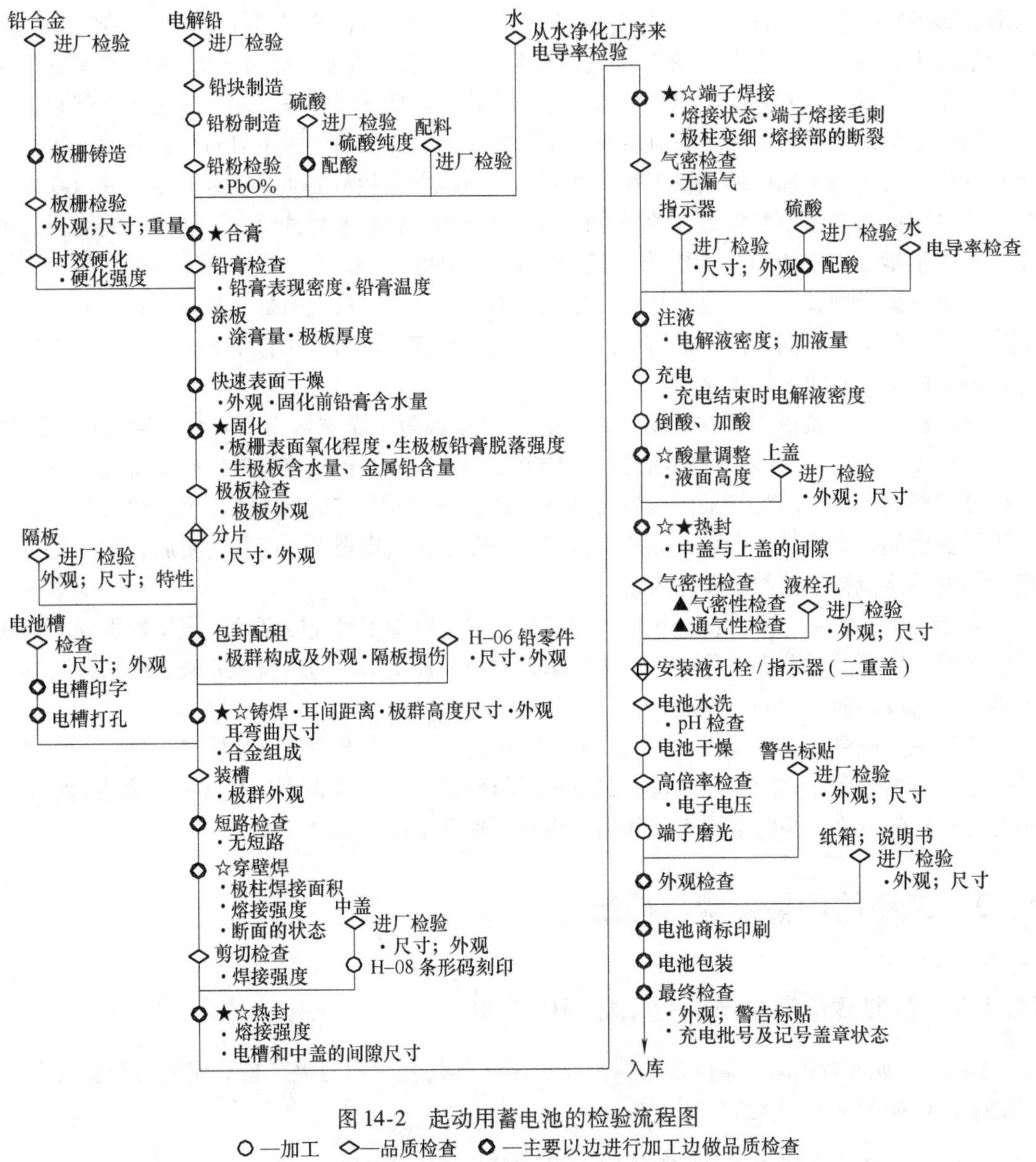

图 14-2 起动用蓄电池的检验流程图

○—加工 ◇—品质检查 ◆—主要以边进行加工边做品质检查

◇—主要以边进行品质检查边数量检查 ——工序顺序 ★—特殊工序

☆—重要工序 ▲—特殊特性 ·—主要的检查项目

首先需要明确的是质量检验作业指导书是基于公司的第三层次的技术性文件而制定的文件，是技术文件的扩展，不能违背上位文件或与上位文件产生矛盾。质量检验作业指导书是技术文件在质量检验方面的细化，应符合通用检验的规则和方法。其次，质量检验作业指导书要切合实际，符合常理，能够利用有限的人力资源和测量资源，保证产品检测的覆盖面，检测结果要在最大程度上代表生产出来的半成品及成品的性能，使产品最真实的质量情况得到体现。因此，合理的检验是非常重要的。如一片重力浇铸板栅，技术文件中规定了厚度值为1.2mm±0.05mm，合格的范围为1.15~1.25mm，我们可以规定测3个点，也可以规定测10个点，定多少合理，要看产品的状况，一般设备、模具良好，生产稳定性、一致性好，工人的技术操作水平相对比较均衡，经过多次测量的厚度偏差较小，就可以把测量点定的少一些，选几个有代表性的点。如果情况相反，则应该多设几个点。另外还必须特别明确的规定出如何处理略微的超出质量标准范围的产品，是加倍检验后超标进行报废处理，还是有条件的超差放行。总之不能因为过严的检验影响生产，也不能因过松的检验起不到控制的作用。

以下为一个工序的质量检验作业指导书的范本，其中的数据只用于说明方法，仅供参考。

板栅检验作业指导书

一、检验目的

为保证产品质量和生产有序进行，规范检验工作，便于检验工作的顺利开展，使板栅质量能够得到有效的控制，依据板栅的技术条件，制定了板栅检验作业指导书。

二、检验职责

1. 板栅生产车间质检员负责本车间板栅质量日常检测和控制，对不合格品标识区分，责成责任人返工处理。

2. 质检部负责对板栅车间质检员工作质量的监督检查；质检部化验室、检验室负责对质检员送样样品的测试工作，并对化验结果进行统计，质管部将统计结果列入质量目标考核。

三、板栅质量标准（注：根据具体要求制定）（见表 14-2）

表 14-2

序	检查项目	控制范围	判定结果	备注
1	板栅成分	正（0.07% ~0.10%）Ca、（1.2% ~1.4%）Sn； 负（0.08% ~0.11%）Ca、（0.6% ~0.7%）Sn	在范围值内正常使用	Ca 偏低、Sn 偏高可办超差使用
2	板栅外形尺寸	·符合图样要求	符合使用	
3	板栅表观	·表面平整光泽、不变形、不得受污染（油污等）、不能发黑氧化	符合使用、挑选合格使用	不挑选为废品
4	气孔（缩孔）	·正板栅有效区域边框不允许有 ·负板栅有效区域边框不允许有 ·正负板栅极耳不允许有 ·正负板栅挂耳不允许有大的气孔和缩孔，小气孔或缩孔不影响涂板可用 ·筋条内部不连续小气孔，且孔径小于 0.5mm 允许 ·正负板栅中间连接条小气孔，但不到边框的允许 ·正负板栅切刀处允许有两处浅表性小气孔，且孔径小于 0.5mm	废品 废品 废品 不影响涂板 可用 可用 可用 可用	剪开检查
5	毛刺（糊筋）	·边框不允许 ·挂耳不允许 ·极耳不允许 ·筋条毛刺小于 0.3mm ·辅助极耳连接点不允许	返工维修 返工维修 返工维修 可用 返工维修	不返工为废品
6	筋条错筋	·小于 0.3mm ·大于 0.3mm	可用 废品	修理模具

（续）

序	检查项目	控制范围	判定结果	备注
7	筋条边框浇铸不满	· 边框与竖筋不允许浇不满或细筋 · 横筋条面积不少于要求截面的1/2	有者为废品 可用	超过为废品
8	断筋	· 正板栅的竖筋条不允许断筋 · 正板栅斜筋条距极耳1/2的板高度以外断条小于2 mm，2处以下（不相邻）允许 · 负板栅的竖筋条距极耳1/2的板高度以外断条小于2mm，1处以下，允许 · 横筋条距极耳20 mm以外，断条小于1 mm，2处以下（不相邻），允许 · 极耳加强筋不允许断筋，其余地方加强筋断筋小于1处	有者为废品 可用 可用 可用	超过为废品 超过为废品 超过为废品
9	板栅变形	· 板栅四框不得歪斜，两片背放不重合尺寸不得超过1.5mm	可用	
10	杂质黑点	· 边框或筋条不允许存在杂质黑点	有者为废品	
11	边框裁损	· 边框裁损不允许大于1/3边框宽度	有者为废品	调整裁刀
12	辅助极耳连接点	· 不允许存在断裂（影响化成）	有者为废品	改进操作或修模
13	重量、厚度	· 符合《板栅技术要求》的规定	超过的为废品	改进操作或修模
14	板栅时效期	· 时效期3～60天	时效期内正常使用	合理安排生产

四、板栅操作检验规程

1. 首先检查使用的铅合金锭是否与生产板栅类别相对应（正负板栅合金）。

2. 板栅检查规定：

1）首先检查铸板员工是否进行了首件检查。正常生产时，员工每生产完500片，完整检查1次，并进行记录。

2）车间质检员每台机约每隔1h巡检一次，并测量、记录。发现异常，现场及时纠正处理，必要时上报车间主管或职能部门协调处理。

3）生产达到2500大片或生产停止前，由质检员抽样检查外观质量，抽样数量为5‰且均匀分布抽样。合格产品由当班质检员签发合格证；不能确认为合格品由当班质检员签发待处理品标识，退回由操作工人返工；确认不能返工的或经过返工修理仍不能达到质量要求的确认为不合格品，按程序进行报废处理。

3. 板栅外观检查：板栅外观检查用目视的方法，辅助以卡尺检查。检查项目见表14-2中第2至第12项，按顺序检查。图14-3所示中标注了化成和分板的相关影响部位，该部位不允许有毛刺和变形。

4. 板栅厚度检验：

1）板栅边框厚度测量方法：用准确度0.02mm的游标卡尺，测量时游标卡尺位置深度约15～25mm（伸入板栅内的长度），并与接触板栅边框呈45°角。

2）板栅边框规定测量点：单大片板栅、两连片板栅测量6个点；四连片、六连片、九连片板栅测量8个点呈均匀分布（见图14-4）；十二连片以上板栅测量10个点呈均匀分布。

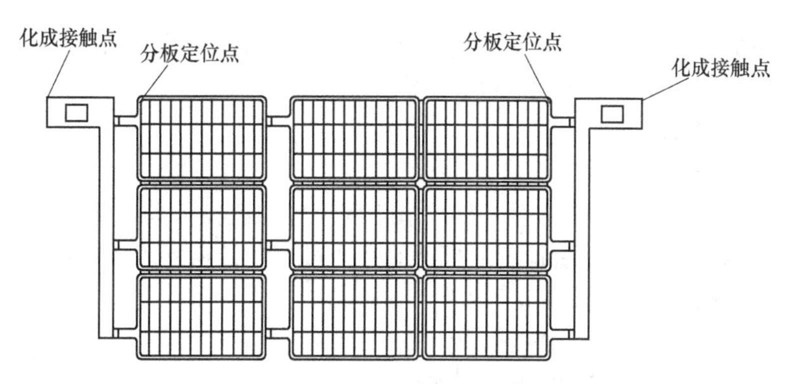

图 14-3　板栅影响化成和分板部位标识图

3）板栅极耳厚度测量方法：用准确度 0.02mm 的游标卡尺，测量时游标卡尺位置深度约 15～25mm，并与板栅极耳高方向呈 45°角。

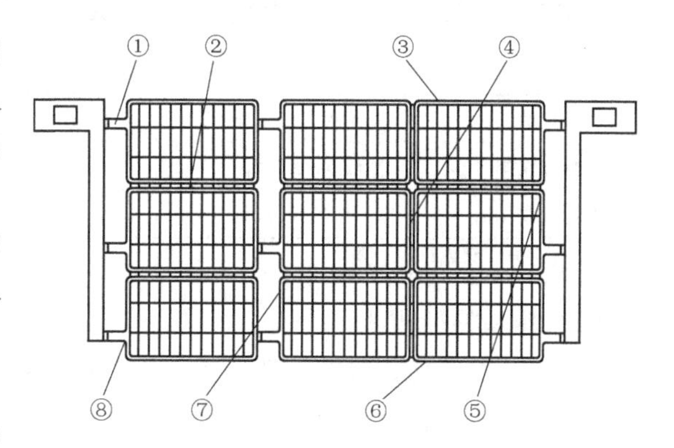

图 14-4　板栅测量点示意图
①～⑧—测量点

5. 板栅重量测量：用准确度 0.2g 的电子秤，每 200 片随机抽取一片（首件及收工检验不限数量）进行称量。

6. 板栅成分检测：

1）板栅成分检测：每班每型号，品管员随机抽取 1 个试样（板栅），送化验室化验，化验板栅的主要成分（Ca、Sn），并做好抽样记录。

2）化验室及时进行理化分析，出具检测报告，板栅成分（Ca、Sn 含量）都达标则判为合格品；检测项目中只要有一项不达标，则判定该班次为超标品，及时进行标识隔离待进一步处理。

7. 板栅存放时间由涂板质检员进行检验。

五、超标板栅处理：

板栅外观不良，返工挑选处理；重量和厚度超标时，严禁使用，回炉处理；板栅成分超标时，Ca 偏低、Sn 偏高的，可以按照实际情况进行超差处理；其余回炉处理。

编制：　　　　　　　审核：　　　　　　　批准：　　　　　　　日期：

14.3.3　铅酸蓄电池各生产车间的质量检验标准与检验规程

1. 铸板车间的质量检监测

在上一节中，介绍了质量作业指导书的编制，同时以板栅质量检验作业指导书为例进行了较详细地介绍，这里不再重复。

拉网板栅生产与重力浇铸的生产工艺不同，所控制的部位和项目也就不同。拉网板栅在生产时，速度很快，一般不能停下来测量，因此需要做好首件检验和停机调整后的检验，另外需要检测生极板的尺寸，或敲掉铅膏后测量板栅的尺寸，总之要根据自己总结出的有效方法控制。拉网板栅在生产中定时观察网孔及节点的情况也是检验的工作之一。拉网极板的平整度、边角的翘曲、毛刺等都应列入检验指标。

2. 铅粉车间的质量监测

（1）铅粉质量标准

铅粉的质量检验项目主要有三项：铅粉氧化度（标准值在72%～89%）；表观比重（标准值在1.25～1.70g/cm^3）；筛析检测（标准值为通过100目筛≥99.5%）。（以上数值仅供参考）。铅粉的吸水值和吸酸值一般不在生产时检验。

以上给出的铅粉质量标准范围是比较大的，一般生产工厂都会将控制指标缩小，按照各自的实际情况制定一个质量控制指标（或叫内控指标），实际控制以内控指标为主。表14-3列出了铅粉的内控指标，表中的数据用于说明方法，仅供参考。

表14-3 铅粉控制指标

铅粉位置	表观密度/g·cm^{-3}	氧化度（质量分数,%）	通过100目筛（%）	备注
负铅粉机取样口	1.43±0.05	76±2	≥99.5	
正铅粉机取样口	1.41±0.05	78±2	≥99.5%	

注：很多工厂不分正负铅粉。

（2）铅粉检验规程

1）铅粉生产前，检查制造铅粉所用的原材料铅是否为专用电铅。

2）铅粉表观密度的检查：可根据具体的情况，规定车间操作人员自检，再由质检员抽检，或质检员直接检验。检测频次为铅粉表观密度要求操作者每隔2h自行检验一次，并做好记录；质检员可2～4h检验一次。检测方法见第8章。

铅粉测试台对铅粉表观密度的影响较大，不同的测试台或操作者的手法不同可能产生的差异较大，因此测试铅粉的结果只有在相同条件下进行比较的才有意义。

3）铅粉筛析度检验：可根据具体的情况进行规定，一般先由车间操作人员进行自检，再由质检员抽检；也可以由质检员直接检验。检测频次为铅粉筛析度每机每4h自检一次，或质检员4～8h检验一次。

检验方法：用准确度0.1g的电子秤称量约50g铅粉，放入干净的100目筛中振动，两次带筛称重重量误差小于0.1g时，两次称重之间需连续振动大于1min为筛净，称量筛余物，用筛余物的重量除以铅粉的重量，计算筛析度。

4）铅粉氧化度检验：抽样频次为抽样人员每隔2～3h在每台铅粉机出粉口处进行取样并做好标识，送化验室化验。

5）铅粉中铁含量的检验：化验室每天对随机抽取的铅粉试样（已经通过氧化度化验的铅粉）进行抽查化验铁含量1次，如出现不合格，及时通知质检部处理。

6）合膏铅粉取样判定原则：质检部抽样人员每天对涂板合膏使用的铅粉，每台合膏机随机抽样一个（目的在于判定粉仓中铅粉氧化度的一致性），做好标识送化验室化验，将化验结果对比铅粉内控指标判定是否合格，结果不符合内控指标时对该粉仓铅粉进行加倍取样化验，加倍取样化验之后结果仍不符合内控指标时应通知车间停止使用该粉仓中的铅粉，对质量不能达标的铅粉进行标识并按超标品处理。已使用超标铅粉涂板的产品需要进行标识并跟踪其化成之后放电性能情况。

7）检查铅粉是否按先进先出使用原则，并在规定的有效时间内使用铅粉（正常铅粉时效期大于 3 天）。

8）所有铅粉取样送化验室进行理化分析，化验室必须及时出具化验报告，取样人员及时反馈检验结果；当出现检验超标的情况时，车间应及时做出调整并进行跟踪验证。批量超标铅粉须由技术等部门处理。

3. 涂板车间的质量监测

（1）涂板铅膏的质量要求

主要是铅膏的表观密度，见表 14-4。表中数据用于说明方法，仅供参考。铅膏颜色均匀，无黑、红疙瘩。涂板重量符合技术文件的要求。

表 14-4　铅膏表观密度的要求

铅膏类型	铅膏表观密度/$g \cdot cm^{-3}$	铅膏类型	铅膏表观密度/$g \cdot cm^{-3}$
QD（起动）	正极　4.15～4.30； 负极　4.30～4.40	DM（大密）	正极 4.25～4.35； 负极 4.30～4.40
DL（动力）	正极　4.25～4.35； 负极　4.40～4.45	XM（小密）	正极 4.15～4.25； 负极 4.30～4.40

（2）合膏检验

1）抽检合膏所用添加剂的重量，具体规定抽检比例及称重方法。

2）检查合膏用硫酸密度是否符合工艺要求（合膏硫酸密度：25℃，1.40g/cm^3，可取样化验杂质含量），规定频次和抽样方法。

3）检查合膏用铅粉是否按先进先出原则使用并检查铅粉时效期，正常取样化验氧化度，质检员目视检查铅粉表观质量。

4）合膏过程检验：质检员抽查合膏过程中的温度，严格执行合膏程序工艺，严格控制出膏温度，出膏前测量铅膏表观密度。

5）质检员要对每缸铅膏表观密度进行监督检测。在对表观密度不符合标准的铅膏及时采取相应的处理措施（添加调整水或延长合膏时间处理）后，重新测量表观密度，合格后方可出膏。在表观密度测量不达标的情况下，不允许在密度杯中直接再添加铅膏测量。

6）铅膏异常处理：出现铅膏异常（颜色、稀膏、粘膏）时，需立即停止使用，并第一时间通知技术部门进行处理。

（3）涂板检验

1）涂板前，检查待涂板栅质量是否符合质量要求，如有发现异常须立即停止使用并及时调用合格板栅。

2）涂板前，检查涂板淋酸用稀硫酸密度是否符合工艺要求（涂板淋酸用硫酸密度范围（25℃）：1.05～1.15g/cm^3），明确规定硫酸密度和杂质含量的抽测方法和频次。

3）涂板时，质检员要进行首件检查。正常涂板时，要规定生产操作工的自检频率，质检员每台机每隔 1～1.5h 测量 1 次，主要检查涂板重量和厚度等参数是否符合工艺要求（或检验作业指导书上的要求）。涂板重量的测量方法：在正常涂板运行时，按抽样方法抽取 10 片称重（可要求涂板人员配合）记录，根据实际涂板平均重量测量情况，可在给定的工艺参数内进行微调。涂板厚度测量方法：在涂板正常运行时，经过表面快速干燥后，随机抽取

10片，用准确度为0.02mm的高度游标卡尺测量10片总厚度，计算平均单片厚度（以极板标准厚度衡量），涂板10片总厚度，各部分平整度误差允许±2.0mm。

4）生板含水量的检测：当涂板正常运行时，每台涂板机，各随机抽取一片已经通过快干窑的生板，并及时用塑料带包好送化验室化验生板含水量，化验室须在第一时间出具化验报告。

5）涂板废次品的监督处理：涂板中挑出的不良品（粘板、变形板、破洞片、未涂满等），须及时将铅膏敲下来，加少许纯水浸泡，防止硬化结块。不受污染的铅膏可适量加入负极中回用（按技术文件规定）。严禁涂板车间使用未经过防锈处理的工装器具（铁车、铁架），严重生锈的铁车、铁架不得使用。

4. 生极板质量检验

（1）生极板质量要求

生极板的质量标准以各企业制定的技术文件或质量检验作业指导书中规定的要求为准。表14-5中的数据可用于介绍方法，仅供参考。

表14-5 生极板的技术要求

序号	检查项目	控制范围	判定结果	备注
1	干燥度	生极板的含水量小于0.8%（以活性物质计）	合格使用	超标重新烘干
2	生极板成分	干铅膏内游离铅含量：正极Pb≤3%；负极Pb≤5%	合格使用，超标隔离	
3	裂纹	正生极板不允许有明显裂纹，负生板不允许有穿透性裂纹	有者为废品	
4	生板变形	不允许有不规则的变形，向一个方向呈圆弧形弯曲，弯曲尺寸不得大于5mm/100mm	整平处理后可超差使用	
5	生板表面	生板表面需平整、整洁，不允许有粘板 不允许有铅疙瘩，不允许缺膏 不允许有铁锈痕迹片 正生板不允许有以中心部位为圆心直径超过20mm的颜色变化 负生板不允许有以中心部位为圆心直径超过30mm的颜色变化	有者挑选处理 有者挑选处理 报废处理 有者为废品 有者为废品	
6	铅膏类别	不允许涂错铅膏	有者为废品	
7	边框余膏	生板边框不允许有超过1mm的余膏	有者需刮膏处理	
8	生板强度	从1m高度平行跌落3次，活性物质脱落面积不大于1/5	合格使用	正常情况下可不测
9	结合度	筋条表面均匀腐蚀，敲掉活性物质，板栅界面与活性物质有明显粘膏现象	合格使用	正常情况下可不测
10	存放期	生板存放期为40天	超出超差使用	

（2）生极板质量检验方法

1）质检员用目视（辅以卡尺）检测出窑的生极板外观（裂纹、变形、生板表面粘膏、生板边框余膏）是否符合要求，将不符合外观要求的生板隔离，另行处理之后进行再次检查。

2）质检员现场抽样，每天随机抽取正负各两片生极板，送化验室测试生极板各成分和水分等是否符合质量要求。成分没有达到要求的生极板进行隔离并做好标识，单独化成处理后，取样送实验室做放电试验以确认该极板是否能投入使用。

3）在生板固化质量（游离铅含量）稳定和成品极板放电容量稳定的情况下，生产正常，可不做生板强度及生板结合度破坏性检验。

4）超标生极板处理：经技术部门鉴定能够办理超差使用的生极板，必须进行标识，并跟踪到化成完成极板放电测试没有问题为止。

5. 化成车间（电池或极板）的质量监测和控制

（1）化成质量检验

以极板化成为例介绍化成的质量检测及控制。表 14-6 是电解液的检测和控制项目；表 14-7是化成后极板的检测和控制的指标；表 14-8 为极板的放电性能指标。表中数据和要求，根据公司的技术文件制定，表中具体数据和要求只用于说明方法，仅供参考。

表 14-6　化成电解液质量标准和要求

序号	电解液要求	含量指标	备注
1	硫酸有效成分	按化成工艺参数规定的密度配比	
2	Fe 杂质含量	≤0.005g/L	
3	Cl 杂质含量	≤0.0003g/L	
4	还原高锰酸钾还原物	≤20mL/L（参考电解液标准）	
5	4～12 月电解液密度	（1.035±0.005）g/cm^3	25℃下测量
6	12～3 月电解液密度	（1.045±0.005）g/cm^3	25℃下测量

表 14-7　化成极板标准和要求

序号	项目	标准要求	备注
1	外观	正极板的颜色为褐色；负极板的颜色为浅灰色	
		极板表面轻微白斑、白花面积不得超过极板面积的 10%；不允许有严重白斑、白花	
2	正极板 PbO_2	普通板为 78%～88%；干荷板为 80%～92%	以活物质计
	正极板 H_2O	干荷板、普通板≤0.5%	以活物质计
	正极板 Fe（杂质）	≤0.005%	以活物质计
3	负极板 Pb	普通板≥78%；干荷板≥86%	以活物质计
	负极板 PbO	普通板≤13%；干荷板≤9%	以活物质计
	负极板 H_2O	≤0.4%	以活物质计
	负极板 Fe（杂质）	≤0.005%	正常不化验
	负极板 Cu（杂质）	≤0.001%	正常不化验

（2）化成过程检验规程和方法

1）用目视或辅助测量方法检查生板外观质量是否符合要求，发现异常时，禁止使用。

2）检查确认化成的生极板与生产安排型号一致。

3）生产操作工或现场管理人员对电解液密度是否符合工艺要求进行自检，质检员抽检，并取样送化验室检验。

表14-8　极板放电性能标准

极板规格	电性能要求		放电终止电压
正极板	极板厚＜2.5mm	1C≥35min，3C≥9min	1C为1.7V，3C为1.6V
	极板厚≥2.5mm	1C≥30min，3C≥8min	1C为1.7V，3C为1.6V
负极板	极板厚＜2.5mm	1C≥35min，3C≥9min	1C为1.7V，3C为1.6V
	极板厚≥2.5mm	1C≥30min，3C≥8min	1C为1.7V，3C为1.6V

注：1. 正极板试验1+/2-；负极板试验1-/2+。
2. 电解液密度：1.280g/cm^3。

4）质检员监督插片后补水，调整电解液量达到技术文件或作业指导书的要求，确保电解液密度均衡，符合工艺要求。

5）检查负极水洗的均匀性，按先后次序，保证水洗质量的一致性。水洗完后浸泡在木糖醇溶液的水溶液（或65℃硼酸的饱和溶液）里，测量木糖醇水溶液密度（标准为1.02～1.04g/cm^3），浸泡时间3～5min。检查浸泡质量，确认每2h补加木糖醇4～9kg/槽（视槽大小和用量消耗而定），每1h测量一次密度应符合工艺要求。

6）检查并确认正、负极板烘干工艺参数符合要求。

（3）正极板外观及成分检验规程和方法

1）正极板成分抽样送检：质检员在极板充电完成取出化成槽时，每个型号随机抽取1片正极板，做好标记，经快速烘干后，一半送化验室检测PbO_2含量，另一半送实验室做性能测试。检测结果如超标时，须加倍取样再次进行测试，二次测试结果如全部达标、则判合格；如有1个不达标，则判超标，技术部门必须指导车间将此批极板返工处理。

2）正极板杂质含量化验：化验室对每天所送样品进行杂质化验分析，随机取样数量不得少于6个（根据工厂情况规定），并及时出具检测报告。超标时，须加倍取样，二次测试结果如全部达标、则判合格；如有1个超标，则判不达标，技术部门指导车间进行报废或办理超差处理。

3）正极板性能测试：随机取样送实验室做性能测试，如超标时，须加倍取样，二次测试结果如全部合格、则判合格；如有1个超标，则判不达标，技术部门指导车间进行报废或办理超差处理。

4）正极板烘干出窑后，目测表观极板颜色，发现异常时停止加工生产。

（4）负极板外观及成分检验规程和方法

1）负极抽样化验成分：质检员每天对每条干燥线至少随机抽取2片试样（在负极出干燥线后半小时内取第1个样，每隔1.5～2h取第2个样或第3个样），送化验室测试PbO和水的含量。化验室及时对样品进行理化分析并出具检验报告（PbO含量稳定的情况下可不化验H_2O）。质检员根据理化分析结果，判定产品达标与否。如超标时，须加倍取样，二次测试结果如全部达标、则判合格；如有1个不达标，则判超标，技术部门指导车间进行报废或办理超差处理。

2）负极板杂质含量化验：正常情况下，每天抽查化验一次负板化验铁等杂质含量。表观颜色异常，呈深黑色，可化验铜含量，正常生产不需化验。

3）负极板性能测试：正常情况下，每天抽查检测一次负板的放电性能。

（5）化成超标品处理

化成白花片、半化片统一收集分类，重新化成处理；颜色异常、成分不合格、放电性能不达标的极板，重新化成或办理超差使用；杂质含量超标的极板，按实际情况进行报废或办理超差处理。处理需在相关部门审批后，在技术部门指导下进行。

（6）电池化成的检验

电池化成后，有两种工艺方法，一种是不倒酸，另一种是倒掉低密度的酸、灌入高密度的酸的工艺。过程检验要检验灌入酸的密度、纯度，检查电池的液面高度，热封后检查电池的气密性，电池清洗后检查电池的大电流放电性能等。然后进入包装工序。根据具体的情况制定检验作业指导书。

6. 装配车间的质量监测

装配车间包括极板包封、铸焊（手工焊）、装槽、穿壁焊（或跨桥焊）、热封（胶封）、封端子等工序，下面以工序为顺序分别介绍。

（1）包封工序

1）包封工序的检查标准和要求见表 14-9。

表 14-9 包封工序检查项目和要求

序号	检查项目	标准要求	序号	检查项目	标准要求
1	极群的正板、负板片数	符合技术规定要求	5	隔板两面错差	≤1mm
2	正、负板在组群的位置正确	符合技术规定要求	6	隔板不能有机械伤形成的针孔	没有为合格
3	隔板高出极板的尺寸	一般 3～5mm，以具体的技术规定为准	7	隔板不能有极板边角刺破的孔洞	没有为合格
4	隔板的左右高度偏差	≤1.5mm	8	生产中不能有严重的污浊	没有为合格

2）检验规程和方法：外观检查采用目视的方法；尺寸测量用准确度大于 0.02mm 的卡尺检查；隔板针孔检查可用放大镜检查，或将隔板拉伸，大约延长 50%，观察针孔的深度。不允许有穿透性的针孔。

（2）铸焊工序

1）铸焊工序的检查标准要求见表 14-10。

表 14-10 铸焊工序检查项目和要求

序号	检查项目	标准要求
1	铸焊用合金	每锅每班检查一次，符合技术要求为合格
2	极板焊接深度	首件检查外，每班抽查一次。将铸好的汇流排垂直板耳方向切开，用盐酸、草酸、双氧水的混合液浸泡 5s，观察焊接深度和粘接强度。符合技术要求为合格
3	极板焊接强度	强度检验方法：一手拿住极柱或极群，一手顺极板平面方向向外拉极板，判定焊接强度
4	汇流排的外观	无飞边毛刺、缩孔、裂痕
5	汇流排尺寸	尺寸符合要求
6	极柱的外观	无飞边毛刺、缩孔、裂痕。焊接面要平整，下部不应有毛刺

（续）

序号	检查项目	标准要求
7	极柱的尺寸	符合规定的尺寸要求
8	极群的尺寸	符合要求，特别是极群的总高，穿壁焊中心高度
9	极群的外观	极板排列应整齐，边板焊接牢固，汇流排下部不应有毛刺、铅豆等

2）检验规程和方法：外观检测用目测或辅以直尺检测；尺寸测量用卡尺等规定的测量工具检测。检验的顺序应在制定的检验作业指导书中做出明确规定。

（3）穿壁焊工序

1）穿壁焊的质量检查标准要求见表14-11。

表14-11 穿壁焊工序检验项目和要求

序号	检查项目	标准要求	备注
1	穿壁焊前塑槽检验	穿壁焊孔的直径要符合要求；穿壁焊孔四周不应有毛刺、飞边	抽查
2	穿壁焊前极柱检查	穿壁焊极柱的厚度应符合要求；穿壁焊极柱不应有收缩和裂纹。穿壁焊的平面应平整	抽查
3	穿壁焊电流给定和时间给定要符合要求	符合技术要求，定时检查	
4	穿壁焊效果检查	切开穿壁焊的截面，观察焊接的面积，焊接边缘应充满塑孔、饱满。中心焊接形成的小孔不大于直径1mm	
5	穿壁焊后外观	穿壁焊四周不应有溅铅，有溅铅的应返工或报废处理	
6	穿壁焊处的气密性	穿壁焊处不能漏气，热封后一同检验	

2）穿壁焊检验规程和方法：穿壁焊检查主要靠目视检查，漏气检测需通过气密性设备检测。穿壁焊的切开需规定使用的工具和切开的方法。检验作业指导书要明确规定检验的顺序和详细的检测方法。

（4）热封工序

1）热封工序的检验标准要求见表14-12。

表14-12 热封的技术要求

序号	检查项目	检验要求	备注
1	热封前检验	穿壁焊好的电池，极群上面应清洁、无污浊，隔板、极板排列整齐，极群的松紧度合适，汇流排无毛刺	抽查
2	热封前槽盖检查	检查槽盖的热封位置及尺寸合适，符合规定的要求，热封面平整，电池槽的热封边不能有超过1mm变形弯曲，电池槽的热封高度应一致，误差不超过0.5mm	抽查
3	槽盖热封深度检查	槽和盖的热封深度约为1.5mm，此深度和槽盖高度的一致性、机械的精度相关，可视具体情况调整。测量方法是解剖后测量高度	抽查或不装极群测试
4	槽盖结合一致性检查	在一定的温度下，将电池盖和槽从结合处撬开，目视结合处的热封一致性，有偏差或偏斜则需要调整	抽查或不装极群测试

（续）

序号	检查项目	检验要求	备注
5	槽盖偏斜	热封好的电池，观察槽盖位置或测量，两面位置一致为符合要求，偏斜需要调整	
6	气密性检查	热封好的电池需要经过气密性的检测，不漏气为合格，漏气要查找漏气点，进行解决。漏气电池为不合格电池，返修或报废	

2）热封工序的检验规程和方法：热封工序除采用目视的方法外，还需要用直尺辅助测量，必要时进行电池的解剖等，气密性测试需要配合气密性检测设备。检验规程和方法要在作业指导书中明确规定，要根据设备、槽盖精度、人员的操作水平合理规定检验的频次和采用的方法，以便在保证质量的情况下，不致因过度检验造成浪费。

14.4　铅酸蓄电池的实验室检测

铅酸蓄电池除了生产过程中严格的品质检验和控制外，还需要配以实验室定期或不定期的性能检测，以更好地掌握产品质量情况。实验室性能检测可以按照相关的蓄电池标准（国家标准、机械行业标准或客户特别注明的检测标准）进行检验，也可以模仿铅酸蓄电池的实际使用状况，编制更适用的检测方法进行检测。实验室不仅要对蓄电池的初期性能进行检测，也要按照相关标准定期进行全性能的例行检验。

14.4.1　实验室测试要具有代表性的原则

每个公司都有多种类型或型号的电池产品，不同类型或型号的电池间既存在差异，也有共同点，铅酸蓄电池的性能测试是产品设计的重要环节，所以在从取样到性能测试项目上都要求必须具有代表性，以便进行更多的研究工作，从而利用有限的检测资源获得更多有价值的信息。当然，新研发的蓄电池或异常生产中出现问题的必须试验的电池不涉及代表性的问题。

如起动用蓄电池生产企业，测试对象是电池，但得到的结果还要反映极板、隔板、制造工艺等问题，特别是极板的问题。因此我们可以以之前的试验结果为基础，选一些容量较低、寿命较短，或某项性能较差的电池进行试验，性能较差的电池测试结果满意的话，性能富余的电池几乎可以肯定不存在问题；或者也可以将条件相近情况下的历史测试值作为参照物与当前测试值进行比较，结果就更能直观地说明问题。

选择有代表的电池进行测试，也可以有效节省测试资源和电池的耗费。因此，测试的代表性是很重要的。

14.4.2　实验室资源充分发挥的原则

一般企业的试验室资源是有限的，如何充分有效地发挥实验室的作用，更大效益地利用现有的测试资源，满足公司的产品测试工作，保证更有效地控制质量，是公司技术质量管理的一项重要工作。企业必须配备经常使用到的测试设备，而对于测试频率较少的性能测试，可以选择委托专业测试机构、大专院校进行测试，这样可以有效节省设备的购置费用和维护费用。这要根据公司的具体情况确定，并不是具备所有试验设备就是最好的，而应该是测试设备的使用效益最高、实用性最强、能满足公司的质量控制才是最好的。

14.5 产品质量的用户认可和企业的品牌建立

14.5.1 客户是最高的质量检验员

产品最终要走向市场，在客户的使用中实现产品生产的价值，所以最终判定产品质量的好坏是客户。企业要很清楚地明白这其中的道理，而不能在生产质量上存在侥幸心理和松懈意识，产品质量的任何问题都会非常真实地反映到用户的面前。当然，产品质量的好坏也只能在产品寿命终止时，才能下最后的结论。

14.5.2 如何建立蓄电池品牌战略

许多铅酸蓄电池企业发展历史表明，只有坚持把产品质量放在首要地位的企业，才能够坚持并逐步发展壮大，而在质量上做表面文章的企业，要发展就非常艰难，甚至最后被市场淘汰。

产品质量做不好有以下几方面的原因，一是硬件设施不能满足生产需求的企业，很难做出高质量可靠的产品；二是受限于技术、工艺水平、技术人员能力等因素，不能提升质量；三是受限于管理水平，特别是公司高层的管理水平；四是受市场需求及国家政策的影响，随销售市场起伏产生质量波动，造成长期发展受到影响。

铅酸蓄电池生产发展到今天，生产的硬件设施已相当先进，用好的设备做出好的产品是应该的，但用不好的设备做出好的产品，是很难的或几乎不可能的，由于铅酸蓄电池受各方面因素的控制及其生产的特殊性，用好的设备能生产出好的产品，已属不易。所以，少数企业的管理层期望用成本低性能差的设备做出高端品质的产品，是一种不合实际的愿望。包括在原材料的选用上，用品质优良的原材料做出好的产品已属不易；希望用质量差的原材料做出好的产品是不现实的，也可能偶尔做出了少量的符合要求产品，但质量问题的隐患永久存在，最终还是会反映到客户和用户的面前。

一些企业硬件设施非常好，但技术人员的水平有限阻止了企业的质量进步，这样的企业应及时配备高水平的技术人员，使其生产工艺技术与设备的先进水平相适应。相当一部分企业，舍得在硬件上投资，但在诸如技术等软件方面的投入很少，导致硬件受限不能发挥其应有的效能，造成严重的资源浪费，并在企业中形成好设备也做不出好产品的状况。

企业最高层管理者的质量意识水平对产品质量起着非常关键的作用。表面上重视质量，并没有落实在具体的工作中的，或是质量与其他问题如成本、投资等发生矛盾时，主导思想无法倾向质量，这样企业迟早会被质量问题困扰，甚至将阻止企业的进一步发展。

多年来，铅酸蓄电池行业和市场跌宕起伏，铅价涨跌不定，形成了很多的投资机会，蓄电池涨价时抢购，蓄电池跌价时萧条，很多企业遇到投机机会，也有很多企业被这种情况困扰。一些企业在蓄电池抢购时，不重视产品质量，甚至在超出产能，在无法保证质量的条件下进行超量生产，这样导致质量问题频出，之后常遭到大量的索赔。市场萧条时，受质量问题影响的企业就更萧条。这种企业总在起伏不定中生存，这是典型的不重视产品质量企业的生存状态。随着蓄电池行业的利润率越来越低，这种生存方式将被渐渐淘汰出局。重视质量，树立品牌，长久发展才是根本。

因此，一个企业要发展必须在管理、硬件、软件上同时下工夫，强化质量意识，树立产品质量是企业生存根本的观念，将品质意识真正落到实处，才能在行业中树立起品牌形象，也才具备企业发展的基本条件。

附　　录

附录 A 《铅蓄电池行业规范条件》和《铅蓄电池行业规范公告管理办法》

工业和信息化部公告（《铅蓄电池行业规范条件》和《铅蓄电池行业规范公告管理办法》

中华人民共和国工业和信息化部

公　告

2015 年 第 85 号

为进一步规范铅蓄电池行业管理，加快行业结构调整和转型升级，工业和信息化部对《铅蓄电池行业准入条件》及《铅蓄电池行业准入公告管理暂行办法》进行了修订，形成了《铅蓄电池行业规范条件（2015 年本）》（见附件 1）和《铅蓄电池行业规范公告管理暂行办法（2015 年本）》（见附件 2）。现予以公告。

附件 1 铅蓄电池行业规范条件（2015 年本）
附件 2 铅蓄电池行业规范公告管理办法（2015 年本）
铅蓄电池企业规范审核申请书（2015 年本）
商品极板销售、采购记录报表

1　铅蓄电池行业规范条件

铅蓄电池行业规范条件
（2015 年本）

为促进我国铅蓄电池及其含铅零部件生产行业持续、健康、协调发展，规范行业投资行为，依据《中华人民共和国环境保护法》《产业结构调整指导目录（2011 年本）（修正）》和《工业和信息化部 环境保护部 商务部 发展改革委 财政部关于促进铅酸蓄电池和再生铅产业规范发展的意见》等国家有关法律、法规和产业政策，按照合理布局、控制总量、优化存量、保护环境、有序发展的原则，制定本规范条件。

一、企业布局

（一）新建、改扩建项目应在依法批准设立的县级以上工业园区内建设，符合产业发展规划、园区总体规划和规划环评，符合《铅蓄电池厂卫生防护距离标准》（GB 11659）和批复的建设项目环境影响评价文件中大气环境防护距离要求。有条件的地区应将现有生产企业逐步迁入工业园区。重金属污染防控重点区域应实现重金属污染物排放总量控制，禁止新建、改扩建增加重金属污染物排放的铅蓄电池及其含铅零部件生产项目。所有新建、改扩建项目必须有所在地地市级以上环境保护主管部门确定的重金属污染物排放总量来源。

（二）《建设项目环境影响评价分类管理名录》（环境保护部令第33号）第三条规定的各级各类自然保护区、文化保护地等环境敏感区，重要生态功能区，因重金属污染导致环境质量不能稳定达标区域，以及土地利用总体规划确定的耕地和基本农田保护范围内，禁止新建、改扩建铅蓄电池及其含铅零部件生产项目。

二、生产能力

（一）新建、改扩建铅蓄电池生产企业（项目），建成后同一厂区年生产能力不应低于50万千伏安时（按单班8小时计算，下同）。

（二）现有铅蓄电池生产企业（项目）同一厂区年生产能力不应低于20万千伏安时；现有商品极板（指以电池配件形式对外销售的铅蓄电池用极板）生产企业（项目），同一厂区年极板生产能力不应低于100万千伏安时。

（三）卷绕式、双极性、铅碳电池（超级电池）等新型铅蓄电池，或采用连续式（扩展网、冲孔网、连铸连轧等）极板制造工艺的生产项目，不受生产能力限制。

三、不符合规范条件的建设项目

（一）开口式普通铅蓄电池（采用酸雾未经过滤的直排式结构，内部与外部压力一致的铅蓄电池）、干式荷电铅蓄电池（内部不含电解质，极板为干态且处于荷电状态的铅蓄电池）生产项目。

（二）新建、改扩建商品极板生产项目。

（三）新建、改扩建外购商品极板组装铅蓄电池的生产项目。

（四）镉含量高于0.002%（电池质量百分比，下同）或砷含量高于0.1%的铅蓄电池及其含铅零部件生产项目。

四、工艺与装备

新建、改扩建企业（项目）及现有企业，工艺装备及相关配套设施必须达到下列要求：

（一）应按照生产规模配备符合相关管理要求及技术规范的工艺装备和具备相应处理能力的节能环保设施。节能环保设施应定期进行保养、维护，并做好日常运行维护记录。新建、改扩建项目的工程设计和工艺布局设计应由具有国家批准工程设计行业资质的单位承担。

（二）熔铅、铸板及铅零件工序应设在封闭的车间内，熔铅锅、铸板机中产生烟尘的部位，应保持在局部负压环境下生产，并与废气处理设施连接。熔铅锅应保持封闭，并采用自动温控措施，加料口不加料时应处于关闭状态。禁止使用开放式熔铅锅和手工铸板、手工铸铅零件、手工铸铅焊条等落后工艺。所有重力浇铸板栅工艺，均应实现集中供铅（指采用一台熔铅炉为两台以上铸板机供铅）。

（三）铅粉制造工序应使用全自动密封式铅粉机。铅粉系统（包括贮粉、输粉）应密封，系统排放口应与废气处理设施连接。禁止使用开口式铅粉机和人工输粉工艺。

（四）和膏工序（包括加料）应使用自动化设备，在密封状态下生产，并与废气处理设施连接。禁止使用开口式和膏机。

（五）涂板及极板传送工序应配备废液自动收集系统，并与废水管线连通，禁止采用手工涂板工艺。生产管式极板应当采用自动挤膏工艺或封闭式全自动负压灌粉工艺。

（六）分板刷板（耳）工序应设在封闭的车间内，使用机械化分板刷板（耳）设备，做到整体密封，保持在局部负压环境下生产，并与废气处理设施连接，禁止采用手工操作工艺。

（七）供酸工序应采用自动配酸系统、密闭式酸液输送系统和自动灌酸设备，禁止采用人工配酸和灌酸工艺。

（八）化成、充电工序应设在封闭的车间内，配备与产能相适应的硫酸雾收集装置和处理设施，保持在微负压环境下生产；采用外化成工艺的，化成槽应封闭，并保持在局部负压环境下生产，禁止采用手工焊接外化成工艺。应使用回馈式充放电机实现放电能量回馈利用，不得用电阻消耗。所有新建、改扩建的项目，禁止采用外化成工艺。

（九）包板、称板、装配焊接等工序，应配备含铅烟尘收集装置，并根据烟、尘特点采用符合设计规范的吸气方式，保持合适的吸气压力，并与废气处理设施连接，确保工位在局部负压环境下。

（十）淋酸、洗板、浸渍、灌酸、电池清洗工序应配备废液自动收集系统，通过废水管线送至相应处理装置进行处理。

（十一）新建、改扩建项目的包板、称板工序必须使用机械化包板、称板设备。现有企业的包板、称板工序应使用机械化包板、称板设备。

（十二）新建、改扩建项目的焊接工序必须使用自动烧焊机或自动铸焊机等自动化生产设备，禁止采用手工焊接工艺。现有企业的焊接工序应使用自动化生产设备。

（十三）所有企业的电池清洗工序必须使用自动清洗机。

五、环境保护

所有企业必须严格遵守《中华人民共和国环境保护法》、《中华人民共和国环境影响评价法》等相关法律、法规，必须严格依法执行环境影响评价审批、环保设施“三同时”（建设项目的环保设施与主体工程同时设计、同时施工、同时投产使用）竣工验收、自行监测及信息公开、排污申报、排污缴费与排污许可证制度；建设项目污染排放必须达到总量控制指标要求，且主要污染物和特征污染物实现稳定达标排放；建立完善的环境风险防控体系，结合实际制定与园区及周边环境相协调的突发环境事件应急预案并备案；必须实施强制性清洁生产审核并通过评估验收。应根据《企业事业单位环境信息公开办法》（环境保护部令第31号）的相关规定，及时、如实地公开企业环境信息，推动公众参与和监督铅蓄电池企业的环境保护工作。对于在环境行政处罚案件办理信息系统、环保专项行动违法企业明细表和国家重点监控企业污染源监督性监测信息系统等环境违法信息系统中存在违法信息的企业，应当完成整改，并提供相关整改材料，方可申请列入符合规范条件的企业名单公告。

六、职业卫生与安全生产

（一）企业应当遵守《安全生产法》、《职业病防治法》等有关法律、法规、标准要求，具备相应的安全生产、职业卫生防护条件；建立、健全安全生产责任制和有效的安全生产管理制度；加强职工安全生产教育培训和隐患排查治理工作，开展安全生产标准化建设并达到三级及以上。

（二）新建、改扩建项目应进行职业病危害预评价和职业病防护设施设计，经批准后方可开工建设；根据《建设项目职业卫生“三同时”监督管理暂行办法》（安全监管总局令第51号）的规定，职业病防护设施应与主体工程同时设计、同时施工、同时投入生产和使用，需要试运行的应与主体工程同时投入试运行，试运行时间为30～180天，并根据《建设项目职业病危害分类管理办法》（卫生部令第49号）的规定，在试运行12个月内进行职业病危害控制效果评价；职业病防护设施经验收合格后，方可投入正式生产和使用。

（三）生产作业环境必须满足《工业企业设计卫生标准》（GBZ 1—2015）、《工作场所有害因素职业接触限值第1部分：化学有害因素》（GBZ 2.1—2007）和《铅作业安全卫生规程》（GB 13746—2008）的要求，作业场所空气中铅尘浓度不得超过0.05mg/m^3，铅烟浓度不得超过0.03mg/m^3。

（四）企业应建立有效的职业卫生管理制度，实施有专人负责的职业病危害因素日常监测，并定期对工作场所进行职业病危害因素检测、评价，确保职工的职业健康。应设置专用更衣室、淋浴房、洗衣房等辅助用房，场所建设、生产设备应符合职业病防治的相关要求。企业办公区、员工生活区应与生产区域严格分开，加强管理，禁止穿着工作服离开生产区域；员工休息室、倒班宿舍设在厂区内的，禁止员工家属和儿童等非企业内部员工居住；员工下班前，应督促其洗手和洗澡。应为员工提供有效的个人防护用品，在员工离开生产区域前，应收回手套、口罩、工作服、帽子等，进行统一处理，不得带出生产区域；应对每班次使用过的工作服等进行统一清洗。

（五）应当在醒目位置设置公告栏，公布职业病防治规章制度、操作规程、职业病危害事故应急救援措施和工作场所职业病危害因素检测结果。熔铅、铸板及铅零件、铅粉制造、分板刷板（耳）、装配焊接、废极板处理等产生严重职业病危害的作业岗位应设置警示标识和中文警示说明；应安装送新风系统，并保持适宜的风速，其换气量应满足稀释铅烟、铅尘的需要；送新风系统进风口应设在室外空气洁净处，不得设在车间内；禁止使用工业电风扇代替送新风系统或进行降温。

（六）企业应当依法与劳动者订立劳动合同，如实向劳动者告知工作过程中可能产生的职业病危害及其后果、职业病防护措施、待遇及参加工伤保险等情况，并在劳动合同中写明；应加强劳动者职业健康教育，提高劳动者健康素质和自我保护意识；应加强职业健康监护，建立职业健康监护档案，根据《职业健康检查管理办法》（卫生计生委令第5号）、《用人单位职业健康监护监督管理办法》（安全监管总局令第49号）、《职业健康监护技术规范》（GBZ 188）和职业健康监护有关标准的规定，组织上岗前、在岗期间、离岗时职业健康检查，并将检查结果如实告知劳动者。普通员工每年至少应进行一次血铅检测；对工作在产生严重职业病危害作业岗位的员工，应采取预防铅污染措施，每半年至少进行一次血铅检测，经诊断为血铅超标者，应按照《职业性慢性铅中毒诊断标准》（GBZ 37—2015）进行驱铅治疗。

（七）企业应通过GB/T 28001（OHSAS 18001）“职业健康安全管理体系”认证。

七、节能与回收利用

（一）企业生产设备、工艺能耗和单位产品能耗应符合国家各项节能法律法规和标准的要求。

（二）铅蓄电池生产企业应积极履行生产者责任延伸制，利用销售渠道建立废旧铅蓄电池回收系统，或委托持有危险废物经营许可证的再生铅企业等相关单位对废旧铅蓄电池进行有效回收利用。企业不得采购不符合环保要求的再生铅企业生产的产品作为原料。鼓励铅蓄电池生产企业利用销售渠道建立废旧铅蓄电池回收机制，并与符合有关产业政策要求的再生铅企业共同建立废旧电池回收处理系统。

八、监督管理

（一）新建、改扩建铅蓄电池及其含铅零部件生产项目的投资管理、土地供应、节能评估、职业病危害预评价等手续应按照本规范条件中的规定进行审核，并履行相关报批手续。未通过建设项目环境影响评价审批的，一律不准开工建设；未经环境影响评价审批的在建项目或者未经环保“三同时”验收的项目，一律停止建设和生产。

（二）各地人民政府及工业和信息化主管部门应对本地区铅蓄电池及其含铅零部件生产行业统一规划，严格控制新建项目，并使其符合本地区资源能源、生态环境和土地利用等总体规划的要求；对现有铅蓄电池企业，在其卫生防护距离之内不应规划建设居住区、医院、学校、食品加工企业等环境敏感项目；应引导现有企业主动实施兼并重组，有效整合现有产能，着力提升产业集中度，加大先进适用的清洁生产技术应用力度，提高产品质量，改善环境污染状况。

（三）现有铅蓄电池及其含铅零部件生产企业应达到《电池行业清洁生产评价指标体系（试行）》（发展改革委公告第87号）中规定的“清洁生产企业”水平，新建、改扩建项目应达到“清洁生产先进企业”水平。

（四）有关部门在对铅蓄电池生产项目进行投资管理、土地供应、环保核查、信贷融资、规划和建设、消防、卫生、质检、安全、生产许可等工作中以本规范条件为依据。申请或重新核发生产许可证的企业，应当符合本规范条件的要求。对经审核符合本规范条件的企业名单，工业和信息化部将向有关部门进行通报。

（五）搬迁项目应执行本规范条件中关于新建项目的有关规定。

（六）生产或购买商品极板的企业，应向省级工业和信息化主管部门申报极板销售或采购记录，不得将极板销售给不符合本规范条件的企业，也不得采购不符合本规范条件的企业生产的极板。

（七）所有铅蓄电池及其含铅零部件生产企业，应在本规范条件公布后，按照自愿原则对本企业符合规范条件的情况进行自查，并将自查情况报省级工业和信息化主管部门进行审核。

（八）工业和信息化部将按照本规范条件做好相关管理工作。对于已达到本规范条件的企业，工业和信息化部将进行公告，并实行社会监督和动态管理。

（九）行业协会应组织企业加强行业自律，协助政府有关部门做好本规范条件的实施和跟踪监督工作。

九、附则

（一）本规范条件中涉及的企业和项目，包括中华人民共和国境内（台湾、香港、澳门地区除外）所有新建、改扩建和现有铅蓄电池及其含铅零部件生产企业及其生产项目。

（二）本规范条件中所涉及的国家法律、法规、标准及产业政策若进行修订，则按修订后的最新版本执行。

（三）本规范条件由工业和信息化部负责解释。

（四）本规范条件自2015年12月25日起实施。《铅蓄电池行业准入条件》（工业和信息化部 环境保护部2012年第18号公告）同时废止。

2　铅蓄电池行业规范公告管理办法

铅蓄电池行业规范公告管理办法

（2015 年本）

第一章　总则

为顺利实施《铅蓄电池行业规范条件》（以下简称《规范条件》），开展铅蓄电池行业规范公告管理工作，促进行业持续、健康、协调发展，制定本办法。

省级工业和信息化主管部门依据《规范条件》以及有关法律、法规和产业政策的规定，负责接受本地区铅蓄电池企业提出的公告申请，对企业提交的申请材料进行初审，将初审结果报送工业和信息化部。

工业和信息化部负责全国铅蓄电池行业规范公告管理工作。工业和信息化部组织专家组对各省报送的企业及相关材料进行审核，公告经审核符合《规范条件》的铅蓄电池生产企业名单。

第二章　申请条件

申请规范公告的铅蓄电池生产企业，应当具备以下条件：

（一）在工商部门登记，具备独立法人资格；

（二）拥有独立的生产厂区；

（三）符合国家有关法律、法规、产业政策和发展规划的要求；

（四）所生产的铅蓄电池产品符合国家有关标准要求；

（五）符合《规范条件》中的所有要求。

规范公告的申请工作以具备独立法人资格的企业为申请主体。集团公司旗下具有独立法人资格的子公司，需要单独申请。

同一企业法人拥有多个位于不同地址的厂区或生产车间的，每个厂区或生产车间需要单独填写《铅蓄电池企业规范审核申请书》（以下简称《申请书》，见附 1），并向所在地工业和信息化主管部门分别提交本厂区或生产车间的规范公告申请。

同一铅蓄电池生产厂区内有多个具有独立法人资格的铅蓄电池企业时，所有企业必须同时提出规范公告申请，并同时进行现场审核。

第三章　申请、审核及公告程序

铅蓄电池生产企业按自愿原则提出规范公告申请，填写《申请书》，与工商营业执照副本（复印件）等相关材料一起报送所在地省级工业和信息化主管部门；从事商品极板生产或外购商品极板进行组装的，还需要提供上一年度的极板销售或采购记录（销售、采购记录格式见附 2、3，从事进出口贸易的需附相应进出口证明）。

省级工业和信息化主管部门依据《规范条件》，对申请规范公告企业的申请材料进行初审，征询省级环境保护主管部门，提出相关初审意见，并填写在《申请书》的相应位置。

省级工业和信息化主管部门将经初审符合《规范条件》的企业名单以及相关申请材料报送工业和信息化部。

工业和信息化部组织专家组，对省级工业和信息化主管部门报送的企业申请材料和生产现场进行审核。

经过审核符合《规范条件》的企业，工业和信息化部将向社会进行公示，公示时间为10个工作日。公示期间无异议的，工业和信息化部将以公告形式公布；公示期间有异议的，将在核实有关情况后酌情处理。

第四章 监督管理

工业和信息化部将组织专家组，或委托省级工业和信息化主管部门，对进入规范公告名单的铅蓄电池生产企业进行不定期抽查。

进入规范公告名单的商品极板生产企业，应每半年向所在地省级工业和信息化主管部门上报上个半年的极板销售记录（销售记录格式见附2，向境外销售的需附相应出口证明）。

进入规范公告名单的铅蓄电池组装企业，应每半年向所在地省级工业和信息化主管部门上报上个半年极板采购记录（采购记录格式见附3，从境外采购的需附相应进口证明）。

工业和信息化部对进入规范公告名单的企业实行动态管理。进入规范公告名单的企业有下列情况之一的，省级工业和信息化主管部门要责令其限期整改，拒不整改或整改不合格的，工业和信息化部将撤销其公告资格：

1. 填报《申请书》时有弄虚作假行为；

2. 商品极板生产企业不及时申报极板销售记录、销售记录不真实或将极板销售给不符合《规范条件》的企业；

3. 外购商品极板组装铅蓄电池的企业不及时申报极板采购记录、采购记录不真实或从不符合《规范条件》的极板生产企业采购商品极板；

4. 拒绝接受抽查；

5. 不再符合《规范条件》要求；

6. 发生重大责任事故、造成严重社会影响。

从事铅蓄电池行业规范审核工作的有关工作人员，有徇私舞弊、玩忽职守、滥用职权等行为的，依法给予行政处分；构成犯罪的，依法移送司法机关追究刑事责任。

第五章 附则

本办法由工业和信息化部负责解释。

本办法自2015年12月25日起实施。《铅蓄电池行业准入公告管理暂行办法》（工信部联消费〔2012〕569号）同时废止。

附：1. 铅蓄电池企业规范审核申请书
　　2. 商品极板销售记录报表
　　3. 商品极板采购记录报表

1. 铅酸电池企业规范审核申请书

申 请 须 知

1. 所有铅蓄电池及其含铅零部件生产企业，包括单独生产商品极板和外购商品极板组装电池的企业，在申请规范条件审核时，均需要填写本申请书。

2. 本申请书须以单一生产厂区为单位填写。若同一公司有位于不同地址的厂区或生产车间的，应按照每个厂区或车间单独填写本申请书，并依次编号，填写在封面“申请书编号”处。在申请规范条件审核时，应将所有申请书一起提交。

3. 申请企业应确保所填资料真实、准确、客观，如有伪造、编造、变造和隐瞒等虚假内容，所产生的一切后果由填报企业承担。

4. 申请企业须严格按照申请书要求，在所选项目对应的“□”内打“√”，并认真填写相应内容。在填写时应注意正确的计算单位。

5. 企业应同时提交本申请书的纸质版和电子版，其中电子版以及所附照片由省级工业和信息化主管部门汇总后统一发送至 XFPSQGYC123@163.com。

6. 工业和信息化部组织专家组对申请企业进行资料审查和现场审核时，需将有关意见填写在“专家组审核意见”栏中，对于审核结果与企业申报情况不符的需要进行说明。

7. 企业应提供营业执照（副本）、卫生防护距离测量或有关部门证明、环境影响评价报告批复、三同时验收、清洁生产验收、生产许可证、“职业健康安全管理体系”认证、卫生主管部门认可的作业场所污染物检测、产品镉砷含量的第三方检测、上年度极板销售或采购台账、劳动合同书样本、职工血铅检测汇总表等相关的报告和证明材料复印件。

8. 现场审核时，须提供相关报告和证明材料的原件供专家组核对。

9. 现场审核和现场抽查时，企业不得借故停产或部分停产，所有工序的设备开工率不得低于70%；现场审核的区域包括厂区内所有涉及生产和生活的场所、装备和设施；凡在生产车间内的设备和装置均视为生产设备和装置。

10. 现场审核时，企业须准备20分钟左右的规范条件符合性自查汇报。

11. 现场审核时，专家组将视情况对企业的产品（或板栅）现场抽样、封样，由企业送具有资质的检验机构检测镉、砷含量。

一、企业基本情况

企业名称		不同地址的厂区或车间数目	
注册地址			
经济类型	国有□　集体□　民营□　外商独资□　中外合资□　港澳台投资□		
企业形式	有限责任□　股份有限□　股份合作制□　个人独资□		
申请类别	首次申请规范公告□　其他规范公告申请（　　　　）		
是否上市公司	是□　否□	法人代表	
企业注册日期		投产日期	
注册资本		工商注册号	
上年度主要经济指标			
工业总产值（万元）		主营业务收入（万元）	
出口交货值（万元）		出口量（万 kVAh）	
从业人员人数（人）		实际产量（万 kVAh）	

注：企业基本概况需按照企业营业执照上的内容填写；上年度经济指标按实填写。

（续）

二、生产项目情况				备注
项目生产地址				
占地面积（平方米）		投产日期		
是否在县级以上工业园区内建设		是□ 否□		
所在工业园区名称				
项目设计单位名称				
设计单位是否具有规范条件要求的设计资质	是□ 否□	设计资质级别	综合□ 甲级□ 乙级□ 丙级□	
是否通过“三同时”验收	是□ 否□	公告文号	________	
是否获得生产许可证 （附生产许可证复印件）	是□ 否□	许可证号	________	
		有效期至		
是否获得排污许可证 （附排污许可证复印件）	是□ 否□	许可证号	________	
		有效期至		
产品是否全部为卷绕式、双极性等新型工艺或结构铅蓄电池			是□ 否□	
是否通过清洁生产审核	一级□ 二级□ 三级□ 未通过□ 未审核□			
铅污染物排放总量（kg/年）	______，其中：废水铅排放______；废气铅排放______			
环评批复产能（万 kVAh）	极板生产：________			
	成品电池：________			
年生产能力（万 kVAh） （以单班8小时计）	极板生产：________	其中，商品极板：________		
	成品电池：________	其中，自产极板组装电池：________		
		外购极板组装电池：________		
主要产品类别（如汽车起动电池等）				
主要产品规格（如12V 60Ah）			____V ____Ah	
是否生产开口式普通铅蓄电池			是□ 否□	
是否生产干式荷电铅蓄电池			是□ 否□	
是否新建、改扩建商品极板生产项目			是□ 否□	
是否新建、改扩建纯电池组装生产项目			是□ 否□	
是否生产镉含量高于0.002%或砷含量高于0.1%（$w\%$）的铅蓄电池			是□ 否□	

三、工艺与装备		备注
（一）熔铅（包括板栅和铅零件制造）		含此工序□ 无此工序□
熔铅锅是否有效封闭	是□ 否□	
熔铅锅是否有自动控温设施	是□ 否□	
加料口不加料时是否处于关闭状态	是□ 否□	
是否有铅烟、尘收集装置	是□ 否□	
负压装置是否与废气处理设施连接	是□ 否□	
是否设置警示标识和中文警示说明	是□ 否□	
是否为每个固定工位配备送新风	是□ 否□	
是否未使用工业电风扇	是□ 否□	

（续）

三、工艺与装备			备注
（二）铅零件制造（须附设备和车间照片，能清楚显示铅烟收集罩及车间封闭情况等）			含此工序□ 无此工序□
铅零件制造工艺	铅零件制造机的数量（台）：________		
	是否采用手工铸铅零件	是□ 否□	
是否位于封闭的车间内		是□ 否□	
收集罩是否有效覆盖铅烟产生区域		是□ 否□	
负压装置是否与废气处理设施连接		是□ 否□	
是否设置警示标识和中文警示说明		是□ 否□	
是否为每个固定工位配备送新风		是□ 否□	
是否未使用工业电风扇		是□ 否□	
（三）板栅制造（须附熔铅锅、铸板机及车间照片，能清楚显示是否有效收集铅烟、集中供铅以及车间封闭情况等）			含此工序□ 无此工序□
板栅制造工艺	是否全部采用扩展网、冲孔网、连铸连轧等	是□ 否□	
	是否采用手工铸板	是□ 否□	
	铸板机的数量（台）：______ 是否全部采用集中供铅	是□ 否□	
是否位于封闭的车间内		是□ 否□	
设备产生铅烟的部位是否有收集装置		是□ 否□	
负压装置是否与废气处理设施连接		是□ 否□	
是否设置警示标识和中文警示说明		是□ 否□	
是否为每个固定工位配备送新风		是□ 否□	
是否未使用工业电风扇		是□ 否□	

铸板机（或连续式极板制造设备）

序号	型号	厂家	出厂年月	数量	生产速度（大片/分）	特殊工艺说明（如拉网等）
1						
2						
3						
4						
5						
6						

（四）铅粉制造（须附设备和车间照片，能清楚显示铅粉机、粉仓、排放口、管道连接及系统密封情况等）				含此工序□ 无此工序□
铅粒制造方式	熔铅造粒□ 冷切铅粒□			
铅粉制造系统是否全自动化	是□ 否□	系统是否完全密封	是□ 否□	
熔铅、造粒是否有铅烟收集罩	是□ 否□	熔铅锅是否保持封闭	是□ 否□	
排放口是否与废气处理设施连接	是□ 否□	是否未使用工业电风扇	是□ 否□	
是否设置警示标识和中文警示说明			是□ 否□	

（续）

铅粉机							
序号	型号	厂家	出厂年月	数量	标称容量（吨）	实际产量（吨/天）	
1							
2							
3							
4							
5							
6							
（五）和膏（须附设备及车间照片，能清楚显示主机、进料、排放口及车间地面情况等）							含此工序□ 无此工序□
是否未使用开口式和膏机			是□ 否□	是否未使用工业电风扇		是□ 否□	
是否自动进料、加酸与搅拌			是□ 否□	排放口是否与废气处理设施连接		是□ 否□	
和膏机							
序号	型号	厂家	出厂年月	数量	最大负载量（千克）	实际产量（吨/天）	
1							
2							
3							
4							
5							
6							
（六）涂板（含挤膏，须附设备及车间照片，能清楚显示设备自动化和车间地面情况等）							含此工序□ 无此工序□
是否为每个固定工位配备送新风						是□ 否□	
是否未使用工业电风扇						是□ 否□	
现场工况	操作区域周围是否设置废水沟槽					是□ 否□	
	废水沟槽是否与厂区废水管道连通					是□ 否□	
	地面是否有防腐蚀措施					是□ 否□	
（1）涂膏式极板							含此工序□ 无此工序□
是否有手工涂板工艺						是□ 否□	
涂板机							
序号	型号	厂家	出厂年月	数量	涂板速度（大片/分）		
1							
2							
3							
4							
5							
6							

（续）

<table>
<tr><td colspan="8">（2）管式极板</td><td>含此工序□
无此工序□</td></tr>
<tr><td colspan="5">是否不含手工操作干式灌粉工艺</td><td colspan="3">是□　否□</td><td></td></tr>
<tr><td colspan="5">灌粉操作工位是否位于独立、封闭、带有负压和通风系统的工作间中（挤膏不填）</td><td colspan="3">是□　否□</td><td></td></tr>
<tr><td colspan="5">挤膏工序是否有单独铅膏沉淀池（灌粉不填）</td><td colspan="3">是□　否□</td><td></td></tr>
<tr><td colspan="8">挤膏/灌粉设备</td><td></td></tr>
<tr><td>序号</td><td>型号</td><td>厂家</td><td>出厂年月</td><td>数量</td><td>是否封闭且带有负压</td><td>类别</td><td>自动化程度</td><td></td></tr>
<tr><td>1</td><td></td><td></td><td></td><td></td><td>是□
否□</td><td>挤膏□
灌粉□</td><td>手动□
自动□</td><td></td></tr>
<tr><td>2</td><td></td><td></td><td></td><td></td><td>是□
否□</td><td>挤膏□
灌粉□</td><td>手动□
自动□</td><td></td></tr>
<tr><td>3</td><td></td><td></td><td></td><td></td><td>是□
否□</td><td>挤膏□
灌粉□</td><td>手动□
自动□</td><td></td></tr>
<tr><td>4</td><td></td><td></td><td></td><td></td><td>是□
否□</td><td>挤膏□
灌粉□</td><td>手动□
自动□</td><td></td></tr>
<tr><td>5</td><td></td><td></td><td></td><td></td><td>是□
否□</td><td>挤膏□
灌粉□</td><td>手动□
自动□</td><td></td></tr>
<tr><td>6</td><td></td><td></td><td></td><td></td><td>是□
否□</td><td>挤膏□
灌粉□</td><td>手动□
自动□</td><td></td></tr>
</table>

<table>
<tr><td colspan="3">（七）分板刷板（耳）（须附设备与车间照片，清楚显示设备自动化、车间封闭及地面等情况）</td><td>含此工序□
无此工序□</td></tr>
<tr><td colspan="2">是否位于封闭车间内</td><td>是□　否□</td><td></td></tr>
<tr><td colspan="2">是否设置警示标识和中文警示说明</td><td>是□　否□</td><td></td></tr>
<tr><td colspan="2">是否为每个固定工位配备送新风</td><td>是□　否□</td><td></td></tr>
<tr><td colspan="2">是否未使用工业电风扇</td><td>是□　否□</td><td></td></tr>
<tr><td colspan="2">是否不含手工分板刷板（耳）</td><td>是□　否□</td><td></td></tr>
<tr><td rowspan="4">设备工况</td><td>设备是否整体封闭</td><td>是□　否□</td><td></td></tr>
<tr><td>维护入口是否保持常闭</td><td>是□　否□</td><td></td></tr>
<tr><td>是否保持局部负压环境</td><td>是□　否□</td><td></td></tr>
<tr><td>是否与废气处理设施连接</td><td>是□　否□</td><td></td></tr>
<tr><td>负压装置吸气类型</td><td colspan="2">上吸□　侧上吸□　侧下吸□　下吸□</td><td></td></tr>
</table>

<table>
<tr><td colspan="2">（八）供酸（须附灌酸设备、配酸车间及灌酸车间照片等）</td><td>含此工序□
无此工序□</td></tr>
<tr><td>是否为全自动配酸工艺</td><td>是□　否□</td><td></td></tr>
<tr><td>是否不含人工灌酸工艺</td><td>是□　否□</td><td></td></tr>
<tr><td>是否设置密封的酸液配置、储存、输送系统</td><td>是□　否□</td><td></td></tr>
<tr><td>配酸、灌酸区域周围是否设置废水沟槽并与废水管道连通</td><td>是□　否□</td><td></td></tr>
<tr><td>地面是否有防腐蚀措施</td><td>是□　否□</td><td></td></tr>
</table>

（续）

（九）化成、充电（须附化成充电机及车间照片，清楚显示工艺布局及地面情况等）		含此工序□ 无此工序□
是否位于封闭车间内	是□ 否□	
化成/充电架是否设置酸雾收集罩	是□ 否□	
外化成槽列是否有盖，并保持封闭和局部负压环境	是□ 否□	
是否不含手工焊接外化成工艺	是□ 否□	
负压装置是否与酸雾处理设施连接	是□ 否□	
化成车间是否保持微负压环境	是□ 否□	
是否未使用工业电风扇	是□ 否□	
地面是否有防腐蚀措施	是□ 否□	
酸雾处理设施是否满足设计产能要求（酸雾处理量填写附表1）	是□ 否□	

（1）充放电设备

序号	型号	厂家	出厂年月	数量	单台 通道数	标称电压/电流	放电能量是否 回馈利用
1						__ V/__ A	是□ 否□
2						__ V/__ A	是□ 否□
3						__ V/__ A	是□ 否□
4						__ V/__ A	是□ 否□
5						__ V/__ A	是□ 否□
6						__ V/__ A	是□ 否□

（2）外化成工艺（须附车间照片，能清楚显示车间封闭、外化成槽列、地面防腐措施情况等）	含此工序□ 无此工序□

外化成槽

序号	型号	厂家	建设或 购买时间	数量	单槽极板容量 （大片）	单批次平均 充电时间（小时）
1						
2						
3						
4						
5						
6						

（十）淋酸、洗板（须附设施和车间照片，能清楚显示废酸循环利用和地面情况等）		含此工序□ 无此工序□
操作区域周围是否设置废水沟槽并与废水管道连通	是□ 否□	
地面是否有防腐蚀措施	是□ 否□	
洗板工序用水是否循环利用	是□ 否□	

（续）

（十一）包板（须附设备及车间照片，能清楚显示自动化程度、铅尘收集及车间地面情况）		含此工序□ 无此工序□
是否配备烟尘收集装置	是□　否□	
负压装置吸气类型	上吸□　侧上吸□　侧下吸□　下吸□	
负压装置是否与废气处理设备连接	是□　否□	
包板设备自动化程度	手工□　半自动□　全自动□	
是否设置警示标识和中文警示说明	是□　否□	
是否为每个工位配备送新风	是□　否□	
是否未使用工业电风扇	是□　否□	
（十二）称板（须附设备及车间照片，清楚显示自动化程度、铅尘收集及车间地面情况）		含此工序□ 无此工序□
是否配备负压烟尘收集装置	是□　否□	
负压装置吸气类型	上吸□ 侧上吸□　侧下吸□　下吸□	
负压装置是否与废气处理设备连接	是□　否□	
称板工艺自动化程度	手工□　半自动□　全自动□	
是否设置警示标识和中文警示说明	是□　否□	
是否为每个工位配备送新风系统	是□　否□	
是否未使用工业电风扇	是□　否□	
（十三）装配焊接（须附设备及车间照片，能清楚显示自动化程度、铅烟收集）		含此工序□ 无此工序□
是否配备烟尘收集装置	是□　否□	
负压装置吸气类型	上吸□ 侧上吸□　侧下吸□　下吸□	
压装置是否与废气处理设备连接	是□　否□	
是否有手工焊接工艺	是□　否□	
作业岗位是否设置警示标识和中文警示说明	是□　否□	
是否为每个工位配备送新风系统	是□　否□	
是否未使用工业电风扇	是□　否□	

焊接设备（没有或仅有手工焊接工艺的不填）

序号	型号	厂家	出厂年月	数量	自动化程度	速度（组/分钟）	类型
1					全自动□ 半自动□		
2					全自动□ 半自动□		
3					全自动□ 半自动□		
4					全自动□ 半自动□		
5					全自动□ 半自动□		
6					全自动□ 半自动□		

（续）

（十四）封盖（须附工序照片，能清楚显示封盖工艺、自动化程度等）							含此工序□ 无此工序□
封盖设备							
序号	型号	厂家	出厂年月	数量	生产速度 （只/分钟）	封盖工艺类型 （如胶封、热封等）	
1							
2							
3							
4							
5							

（十五）电池清洗（须附工序照片，能清楚显示自动化程度等）		含此工序□ 无此工序□
是否采用自动清洗装置	是□ 否□	
操作区域周围是否设置废水沟槽并与废水管道连通	是□ 否□	
地面是否有防腐蚀措施	是□ 否□	
电池清洗水是否循环利用	是□ 否□	
四、职业卫生与安全生产		
（一）职业病危害预评价与防护设施		备注
项目是否进行职业病危害预评价	是□ 否□	
职业病危害控制效果评价是否通过验收	是□ 否□	
项目是否进行职业病防护设施设计	是□ 否□	
职业病防护设施是否与主体工程做到“三同时”	是□ 否□	
职业病防护设施是否验收合格（附竣工验收的批复文件）	是□ 否□	
（二）企业卫生管理情况		备注
企业是否通过“职业健康安全管理体系”认证	是□ 否□	
认证证书有效期至	20 年 月 日	
食堂、倒班宿舍等是否设在厂内生活区	是□ 否□	
办公区与生产区域是否隔离	是□ 否□	
生活区与生产区域是否隔离	是□ 否□	
倒班宿舍是否有常住人员和非本厂人员及儿童居住	是□ 否□	
是否设置专门休息室或休息区	是□ 否□	
是否设置洗手池并提供肥皂等清洁用品	是□ 否□	
是否设置警示标识提醒员工喝水前洗手、漱口	是□ 否□	
是否设置专门的更衣室、淋浴房、洗衣房等辅助用房	是□ 否□	
是否为员工提供相应口罩等个人防护用品及工作服等劳保用品	是□ 否□	
是否禁止员工将个人防护用品及劳保用品带离生产区域	是□ 否□	
是否对每班次使用过的工作服等进行回收并统一清洗	是□ 否□	
通风系统进风口是否设在室外空气洁净处	是□ 否□	

（续）

<table>
<tr><td colspan="3">（三）劳动者权益保护</td><td>备注</td></tr>
<tr><td colspan="2">劳动合同中是否将可能产生的职业病危害、防护措施、待遇等写明（附员工劳动合同书样本；职工血铅检测结果统计填写附表2）</td><td>是□　否□</td><td rowspan="5"></td></tr>
<tr><td rowspan="4">职业病防治措施（现场审核时提供员工血铅检测报告等）</td><td>是否建立职业健康监护档案</td><td>是□　否□</td></tr>
<tr><td>是否组织员工岗前、在岗、离岗职业健康检查</td><td>是□　否□</td></tr>
<tr><td>普通员工是否每年至少进行一次血铅检测</td><td>是□　否□</td></tr>
<tr><td>涉铅员工是否每半年至少进行一次血铅检测</td><td>是□　否□</td></tr>
<tr><td colspan="3">五、环保违法情况（铅蓄电池企业环保违法情况自我声明）</td><td>备注</td></tr>
<tr><td colspan="3">________________公司郑重声明：
自我公司申请铅蓄电池行业规范公告之日前5年内，曾经出现的全部环境违法情况如下：
1.　　年　月　日存在　　　　　　　　　情况；
2.　　年　月　日存在　　　　　　　　　情况；
3.　　年　月　日存在　　　　　　　　　情况。
除以上所列外，我公司不存在其他环境污染违法情况，如不属实，所产生的一切责任和后果均由我公司承担。

公司（盖章）
年　月　日</td><td></td></tr>
</table>

省级工业和信息化主管部门初审意见

项目核定（批复）产能是否符合《规范条件》要求	是□ 否□

初审意见：

盖章：

二〇____年____月____日

（续）

专家组审核意见		
现场环境管理水平评价	熔铅炉工作中是否有可见烟尘逸出	是□ 否□
	铅粉制造工序地面是否有铅粉洒落痕迹	是□ 否□
	和膏工作区域地面是否有铅膏泄露、酸液滴落痕迹	是□ 否□
	涂板、挤膏工作区域地面是否有铅膏泄露、酸液滴落痕迹	是□ 否□
	涂板、挤膏工作区域地面防腐层是否开裂、破损	是□ 否□
	分板刷板（耳）操作中是否有可见粉尘逸出	是□ 否□
	分板刷板（耳）工序地面是否有粉尘洒落痕迹	是□ 否□
	配酸、灌酸工序地面防腐层是否开裂、破损	是□ 否□
	淋酸、洗板工序地面防腐层是否开裂、破损	是□ 否□
	包板工序地面是否有粉尘洒落痕迹	是□ 否□
	称板工序地面是否有粉尘洒落痕迹	是□ 否□
	电池清洗工序地面防腐层是否开裂、破损	是□ 否□

审核意见：

签名：

二〇____年____月____日

表 A1　化成及酸雾处理装置相关参数统计

企业名称：________________　　典型产品规格：________________

序号或车间名称	化成架□　化成槽□				酸雾处理装置			
	列数	每列长度（m）	层数	电池排数（层）	型号	电机功率（kW）	吸风量（万 m^3/h）	台数

表 A2　职工血铅检测统计表

企业名称：________________

年度	职工总数	检测人数	平均值	最高值	分类	≤100	>100~200	>200~300	>300~400	>400
上年度					人数					
____ 年					占比					
本年度					人数					
____ 年					占比					

注：血铅单位为 μg/L；占比为分类项检测人数占血铅检测人数的百分比。

表 A3　20　年职工血铅检测登记表

企业名称：________________

序号	姓名	岗位	涉铅工作年限	第一次检测（μg/L）（时间：20 __ 年__月）	第二次检测（μg/L）（时间：20 __ 年__月）	年度平均（μg/L）

2. 商品极板销售记录表

商品极板销售记录报表

填报企业名称：__________ 规范公告文号：__________ 统计时间：____年 __ 月 __ 日 ~ ____ 年 __ 月 __ 日

采购商名称	采购商厂址	采购商规范公告文号	产品规格	销售量		销售金额（万元）	开票时间	产品用途（汽车起动等）	备注
				重量（吨）	容量（kVAh）				

填报人：__________ 联系电话：__________ 手机：__________

注：1. 商品极板须销售给获得规范公告的采购商，表中须填写采购商获得的规范公告文号；

2. 向境外销售的极板需附相应出口证明；

3. 产品数量应换算成 kVAh 为单位进行统计；

4. 本页如不够填写，可自行增加。

3. 商品极板采购记录表

商品极板采购记录报表

填报企业名称：__________ 规范公告文号：__________ 统计时间：____年 __ 月 __ 日 ~ ____ 年 __ 月 __ 日

供货商名称	供货商厂址	供货商规范公告文号	产品规格	采购量		采购金额（万元）	开票时间	产品用途（汽车起动等）	备注
				重量（吨）	容量（kVAh）				

填报人：__________ 联系电话：__________ 手机：__________

注：1. 商品极板须从获得规范公告的供货商采购，表中须填写供货商规范公告文号；

2. 境外采购的极板需附相应进口证明；

3. 产品数量应换算成 kVAh 为单位进行统计；

4. 本页如不够填写，可自行增加。

附录 B 中华人民共和国工业产品生产许可证管理条例实施办法

中华人民共和国国家质量监督检验检疫总局令

第 156 号

《中华人民共和国工业产品生产许可证管理条例实施办法》已经 2014 年 4 月 8 日国家质量监督检验检疫总局局务会议审议通过，现予公布，自 2014 年 8 月 1 日起施行。

局长

2014 年 4 月 21 日

中华人民共和国工业产品生产许可证管理条例实施办法

第一章 总则

第一条根据《中华人民共和国行政许可法》和《中华人民共和国工业产品生产许可证管理条例》（以下简称《管理条例》）等法律、行政法规，制定本办法。

第二条国家对生产重要工业产品的企业实行生产许可证制度。

第三条实行生产许可证制度的工业产品目录（以下简称目录）由国家质量监督检验检疫总局（以下简称质检总局）会同国务院有关部门制定，并征求消费者协会和相关产品行业协会以及社会公众的意见，报国务院批准后向社会公布。

质检总局会同国务院有关部门适时对目录进行评价、调整和逐步缩减，按前款规定征求意见后，报国务院批准后向社会公布。

第四条在中华人民共和国境内生产、销售或者在经营活动中使用列入目录产品的，应当遵守本办法。

任何单位和个人未取得生产许可证不得生产列入目录产品。任何单位和个人不得销售或者在经营活动中使用未取得生产许可证的列入目录产品。

列入目录产品的进出口管理依照法律、行政法规和国家有关规定执行。

第五条工业产品生产许可证管理，应当遵循科学公正、公开透明、程序合法、便民高效的原则。

第六条质检总局负责全国工业产品生产许可证统一管理工作，对实行生产许可证制度管理的产品，统一产品目录，统一审查要求，统一证书标志，统一监督管理。

全国工业产品生产许可证办公室负责全国工业产品生产许可证管理的日常工作。

省级质量技术监督局负责本行政区域内工业产品生产许可证监督管理工作，承担部分列入目录产品的生产许可证审查发证工作。

省级工业产品生产许可证办公室负责本行政区域内工业产品生产许可证管理的日常工作。

市、县级质量技术监督局负责本行政区域内生产许可证监督检查工作。

第七条质检总局统一确定并发布由省级质量技术监督局负责审查发证的产品目录。

第八条质检总局根据列入目录产品的不同特性，制定并发布产品生产许可证实施细则（以下简称实施细则），规定取得生产许可的具体要求；需要对列入目录产品生产许可的具体要求作特殊规定的，应当会同国务院有关部门制定并发布。

第九条质检总局和省级质量技术监督局统一规划生产许可证工作的信息化建设，公布生产许可事项，方便公众查阅和企业申请办证，逐步实现网上审批。

第二章　申请与受理

第十条企业取得生产许可证，应当符合下列条件：

（一）有与拟从事的生产活动相适应的营业执照；

（二）有与所生产产品相适应的专业技术人员；

（三）有与所生产产品相适应的生产条件和检验检疫手段；

（四）有与所生产产品相适应的技术文件和工艺文件；

（五）有健全有效的质量管理制度和责任制度；

（六）产品符合有关国家标准、行业标准以及保障人体健康和人身、财产安全的要求；

（七）符合国家产业政策的规定，不存在国家明令淘汰和禁止投资建设的落后工艺、高耗能、污染环境、浪费资源的情况。

法律、行政法规有其他规定的，还应当符合其规定。

第十一条企业生产列入目录产品，应当向企业所在地省级质量技术监督局提出申请。

第十二条申请材料符合实施细则要求的，省级质量技术监督局应当做出受理决定。

申请材料不符合实施细则要求的，省级质量技术监督局应当当场或者自收到申请之日起5日内一次性告知企业需要补正的全部内容。逾期不告知的，自收到申请材料之日起即为受理。

第十三条省级质量技术监督局以及其他任何部门不得另行附加任何条件，限制企业申请取得生产许可证。

第三章　审查与决定

第十四条对企业的审查包括对企业的实地核查和对产品的检验。

第十五条质检总局组织审查的，省级质量技术监督局应当自受理申请之日起5日内将全部申请材料报送质检总局。

第十六条质检总局或者省级质量技术监督局应当制定企业实地核查计划，提前5日通知企业。

质检总局组织审查的，还应当同时将企业实地核查计划书面告知企业所在地省级质量技术监督局。

第十七条对企业进行实地核查，质检总局或者省级质量技术监督局应当指派2至4名核查人员组成审查组。审查组成员不得全部来自同一单位。

实地核查工作中，企业所在地省级质量技术监督局或者其委托的市县级质量技术监督局根据需要可以派1名观察员。

第十八条审查组应当按照实施细则要求，对企业进行实地核查，核查时间一般为 1 至 3 天。审查组对企业实地核查结果负责，并实行组长负责制。

审查组应当自受理申请之日起 30 日内完成对企业的实地核查。

第十九条质检总局或者省级质量技术监督局应当自受理申请之日起 30 日内将实地核查结论书面告知被核查企业。

质检总局组织审查的，还应当将实地核查结论书面告知企业所在地省级质量技术监督局。

第二十条企业实地核查不合格的，不再进行产品检验，企业审查工作终止。

第二十一条企业实地核查合格的，应当按照实施细则要求封存样品，并及时进行产品检验。审查组应当告知企业所有承担该产品生产许可证检验任务的检验机构名单及联系方式，由企业自主选择。

需要送样检验的，审查组应当告知企业自封存样品之日起 7 日内将该样品送达检验机构；需要现场检验的，由审查组通知企业自主选择的检验机构进行现场检验。审查组应当将检验所需时间告知企业。

第二十二条检验机构应当在实施细则规定时间内完成检验工作，出具检验报告。

第二十三条省级质量技术监督局组织审查但应当由质检总局作出是否准予生产许可决定的，省级质量技术监督局应当自受理申请之日起 30 日内将相关材料报送质检总局。

第二十四条质检总局或者省级质量技术监督局应当自受理企业申请之日起 60 日内作出是否准予生产许可决定。作出准予生产许可决定的，质检总局或者省级质量技术监督局应当自决定之日起 10 日内颁发生产许可证证书；作出不予生产许可决定的，应当书面告知企业，并说明理由。

第二十五条质检总局、省级质量技术监督局应当以网络、报刊等方式向社会公布获证企业名单，并通报同级发展改革、卫生和工商等部门。

第二十六条质检总局、省级质量技术监督局应当将企业办理生产许可证的有关资料及时归档，以便公众查阅。

第四章　延续与变更

第二十七条生产许可证有效期为 5 年。有效期届满，企业需要继续生产的，应当在生产许可证期满 6 个月前向企业所在地省级质量技术监督局提出延续申请。

质检总局、省级质量技术监督局应当依照本办法规定的程序对企业进行审查。符合条件的，准予延续，但生产许可证编号不变。

第二十八条在生产许可证有效期内，因国家有关法律法规、产品标准及技术要求发生改变而修订实施细则的，质检总局、省级质量技术监督局可以根据需要组织必要的实地核查和产品检验。

第二十九条在生产许可证有效期内，企业生产条件、检验手段、生产技术或者工艺发生变化（包括生产地址迁移、生产线新建或者重大技术改造）的，企业应当自变化事项发生后 1 个月内向企业所在地省级质量技术监督局提出申请。质检总局、省级质量技术监督局应当按照本办法规定的程序重新组织实地核查和产品检验。

第三十条在生产许可证有效期内，企业名称、住所或者生产地址名称发生变化而企业生产条件、检验手段、生产技术或者工艺未发生变化的，企业应当自变化事项发生后1个月内向企业所在地省级质量技术监督局提出变更申请。变更后的生产许可证有效期不变。

第三十一条企业应当妥善保管生产许可证证书。生产许可证证书遗失或者毁损的，应当向企业所在地省级质量技术监督局提出补领生产许可证申请。质检总局、省级质量技术监督局应当予以补发。

第五章　终止与退出

第三十二条有下列情形之一的，质检总局或者省级质量技术监督局应当作出终止办理生产许可的决定：

（一）企业无正当理由拖延、拒绝或者不配合审查的；

（二）企业撤回生产许可申请的；

（三）企业依法终止的；

（四）依法需要缴纳费用，但企业未在规定期限内缴纳的；

（五）企业申请生产的产品列入国家淘汰或者禁止生产产品目录的；

（六）依法应当终止办理生产许可的其他情形。

第三十三条有下列情形之一的，质检总局或者省级质量技术监督局可以作出撤回已生效生产许可的决定：

（一）生产许可依据的法律、法规、规章修改或者废止的；

（二）准予生产许可所依据的客观情况发生重大变化的；

（三）依法可以撤回生产许可的其他情形。

撤回生产许可给企业造成财产损失的，质检总局或者省级质量技术监督局应当按照国家有关规定给予补偿。

第三十四条有下列情形之一的，质检总局或者省级质量技术监督局应当作出撤销生产许可的决定：

（一）企业以欺骗、贿赂等不正当手段取得生产许可的；

（二）依法应当撤销生产许可的其他情形。

有下列情形之一的，质检总局或者省级质量技术监督局可以作出撤销生产许可的决定：

（一）滥用职权、玩忽职守作出准予生产许可决定的；

（二）超越法定职权作出准予生产许可决定的；

（三）违反法定程序作出准予生产许可决定的；

（四）对不具备申请资格或者不符合法定条件的企业准予生产许可的；

（五）依法可以撤销生产许可的其他情形。

质检总局根据利害关系人的请求或者依据职权，可以撤销省级质量技术监督局作出的生产许可决定。

依照本条第一款、第二款规定撤销生产许可，可能对公共利益造成重大损害的，不予撤销。

第三十五条有下列情形之一的，质检总局或者省级质量技术监督局应当依法办理生产许可注销手续：

（一）生产许可有效期届满未延续的；

（二）企业依法终止的；

（三）生产许可被依法撤回、撤销，或者生产许可证被依法吊销的；

（四）因不可抗力导致生产许可事项无法实施的；

（五）企业不再从事列入目录产品的生产活动的；

（六）企业申请注销的；

（七）被许可生产的产品列入国家淘汰或者禁止生产产品目录的；

（八）依法应当注销生产许可的其他情形。

第六章　证书与标志

第三十六条生产许可证证书分为正本和副本，具有同等法律效力。

第三十七条生产许可证证书应当载明企业名称、住所、生产地址、产品名称、证书编号、发证日期、有效期。

第三十八条生产许可证标志由“企业产品生产许可”汉语拼音 QiyechanpinShengchanxuke 的缩写“QS”和“生产许可”中文字样组成。标志主色调为蓝色，字母“Q”与“生产许可”四个中文字样为蓝色，字母“S”为白色。

生产许可证标志由企业自行印（贴）。可以按照规定放大或者缩小。

第三十九条生产许可证编号采用大写汉语拼音“XK”加十位阿拉伯数字编码组成：XK××－×××－×××××。

其中，“XK”代表许可，前两位（××）代表行业编号，中间三位（×××）代表产品编号，后五位（×××××）代表企业生产许可证编号。

省级质量技术监督局颁发的生产许可证证书，可以在编号前加上相应省级行政区域简称。

第四十条企业应当在产品或者其包装、说明书上标注生产许可证标志和编号。根据产品特点难以标注的裸装产品，可以不予标注。

采取委托方式加工生产列入目录产品的，企业应当在产品或者其包装、说明书上标注委托企业的名称、住所，以及被委托企业的名称、住所、生产许可证标志和编号。委托企业具有其委托加工的产品生产许可证的，还应当标注委托企业的生产许可证标志和编号。

第四十一条取得生产许可证的企业应当自准予生产许可之日起 6 个月内完成在其产品或者包装、说明书上标注生产许可证标志和编号。

第四十二条任何单位和个人不得伪造、变造生产许可证证书、生产许可证标志和编号。

任何单位和个人不得冒用他人的生产许可证证书、生产许可证标志和编号。

取得生产许可证的企业不得出租、出借或者以其他形式转让生产许可证证书、生产许可证标志和编号。

第七章　监督检查

第四十三条质检总局和县级以上地方质量技术监督局依照《管理条例》和本办法对生产列入目录产品的企业、核查人员、检验机构及其检验人员进行监督检查。

第四十四条根据举报或者已经取得的违法嫌疑证据，县级以上地方质量技术监督局对涉嫌违法行为进行查处并可以行使下列职权：

（一）向有关生产、销售或者在经营活动中使用列入目录产品的企业和检验机构的法定代表人、主要负责人和其他有关人员调查、了解与涉嫌违法活动有关的情况；

（二）查阅、复制有关生产、销售或者在经营活动中使用列入目录产品的企业和检验机构的有关合同、发票、账薄以及其他有关资料；

（三）对有证据表明属于违反《管理条例》生产、销售或者在经营活动中使用的列入目录产品予以查封或者扣押。

第四十五条企业可以自受理申请之日起试生产申请取证产品。

企业试生产的产品应当经出厂检验合格，并在产品或者其包装、说明书上标明“试制品”后，方可销售。

质检总局或者省级质量技术监督局作出终止办理生产许可决定或者不予生产许可决定的，企业从即日起不得继续试生产该产品。

第四十六条取得生产许可的企业应当保证产品质量稳定合格，并持续保持取得生产许可的规定条件。

第四十七条采用委托加工方式生产列入目录产品的，被委托企业应当取得与委托加工产品相应的生产许可。

第四十八条自取得生产许可之日起，企业应当按年度向省级质量技术监督局或者其委托的市县级质量技术监督局提交自查报告。获证未满一年的企业，可以于下一年度提交自查报告。

企业自查报告应当包括以下内容：

（一）取得生产许可规定条件的保持情况；

（二）企业名称、住所、生产地址等变化情况；

（三）企业生产状况及产品变化情况；

（四）生产许可证证书、生产许可证标志和编号使用情况；

（五）行政机关对产品质量的监督检查情况；

（六）企业应当说明的其他情况。

第八章 法律责任

第四十九条违反本办法第三十条规定，企业未在规定期限内提出变更申请的，责令改正，处2万元以下罚款；构成有关法律、行政法规规定的违法行为的，按照有关法律、行政法规的规定实施行政处罚。

第五十条违反本办法第四十条规定，企业未按照规定要求进行标注的，责令改正，处3万元以下罚款；构成有关法律、行政法规规定的违法行为的，按照有关法律、行政法规的规定实施行政处罚。

第五十一条违反本办法第四十二条第二款规定，企业冒用他人的生产许可证证书、生产许可证标志和编号的，责令改正，处3万元以下罚款。

第五十二条违反本办法第四十五条第二款规定，企业试生产的产品未经出厂检验合格或者未在产品或者包装、说明书标明“试制品”即销售的，责令改正，处3万元以下罚款。

第五十三条违反本办法第四十六条规定，取得生产许可的企业未能持续保持取得生产许可的规定条件的，责令改正，处1万元以上3万元以下罚款。

第五十四条违反本办法第四十七条规定，企业委托未取得与委托加工产品相应的生产许可的企业生产列入目录产品的，责令改正，处3万元以下罚款。

第五十五条违反本办法第四十八条规定，企业未向省级质量技术监督局或者其委托的市县级质量技术监督局提交自查报告的，责令改正，处1万元以下罚款。

第九章　附则

第五十六条个体工商户生产、销售或者在经营活动中使用列入目录产品的，依照本办法规定执行。

第五十七条生产许可实地核查及核查人员、发证检验及检验机构的管理，以及生产许可证证书格式，由质检总局另行规定。

第五十八条本办法规定的期限以工作日计算，不含法定节假日。

第五十九条本办法由质检总局负责解释。

第六十条本办法自2014年8月1日起施行。质检总局2005年9月15日发布的《中华人民共和国工业产品生产许可证管理条例实施办法》、2006年12月31日发布的《工业产品生产许可证注销程序管理规定》以及2010年4月21日发布的《国家质量监督检验检疫总局关于修改〈中华人民共和国工业产品生产许可证管理条例实施办法〉的决定》同时废止。

附录C　电池行业清洁生产评价指标体系

中华人民共和国国家发展和改革委员会
中华人民共和国环境保护部
中华人民共和国工业和信息化部
公　告

2015年第36号

为贯彻落实《清洁生产促进法》(2012年修正案)，进一步形成统一、系统、规范的清洁生产技术支撑文件体系，指导和推动企业依法实施清洁生产，我们整合修编了《电池行业清洁生产评价指标体系》，制定了《镍钴行业清洁生产评价指标体系》、《锑行业清洁生产评价指标体系》、《再生铅行业清洁生产评价指标体系》，现予以公告，并于公布之日起施行。

国家发展改革委发布的《电池行业清洁生产评价指标体系（试行）》（国家发展改革委2006年第87号公告）、环境保护部发布的《清洁生产标准 铅蓄电池行业》（HJ 447—2008）同时停止施行。

附件：1.《电池行业清洁生产评价指标体系》

2. 《镍钴行业清洁生产评价指标体系》
3. 《锑行业清洁生产评价指标体系》
4. 《再生铅行业清洁生产评价指标体系》

电池行业清洁生产评价指标体系

国家发展和改革委员会
环境保护部发布
工业和信息化部

前言

为贯彻《中华人民共和国环境保护法》和《中华人民共和国清洁生产促进法》，指导和推动电池企业依法实施清洁生产，提高资源利用率，减少和避免污染物的产生，保护和改善环境，制定电池行业清洁生产评价指标体系（以下简称“指标体系”）。

本指标体系依据综合评价所得分值将清洁生产等级划分为三级，Ⅰ级为国际清洁生产领先水平；Ⅱ级为国内清洁生产先进水平；Ⅲ级为国内清洁生产基本水平。随着技术的不断进步和发展，本评价指标体系将适时修订。

本指标体系起草单位：中国轻工业清洁生产中心、中国环境科学研究院、浙江南都电源动力股份有限公司、超威电源有限公司、广州市虎头电池集团有限公司、浙江古越电源有限公司、轻工业化学电源研究所、中国电池工业协会。

本指标体系由国家发展和改革委员会、环境保护部会同工业和信息化部负责解释。

电池行业清洁生产评价指标体系

1. 适用范围

本指标体系规定了电池企业清洁生产的一般要求。本指标体系包括铅蓄电池、锌系列电池、镉镍电池、氢镍电池、锂离子电池、锂原电池生产企业的清洁生产评价指标。本指标体系不适用本体系中未涉及的电池原料制造企业的清洁生产评价。本指标体系将清洁生产指标分为六类，即生产工艺及设备要求、资源和能源消耗指标、资源综合利用指标、产品特征指标、污染物产生（控制）指标和清洁生产管理指标。

本指标体系适用于电池企业清洁生产审核、清洁生产潜力与机会的判断、清洁生产绩效评定和清洁生产绩效公告、环境影响评价、排污许可证、环境领跑者等管理制度。

2. 规范性引用文件

本指标体系内容引用了下列文件中的条款。凡不注明日期的引用文件，其有效版本适用于指标体系。凡是不注日期的引用文件，其最新版本（包括所有的修改单）适用于本文件。

GB 7469—1987 水质 总汞的测定 高锰酸钾－过硫酸钾消解法双硫腙分光光度法；

GB 18597—2001 危险废物贮存污染控制标准；

GB 18599—2001 一般工业固体废物贮存、处置场污染控制标准；

GB 24789—2009　用水单位水计量器具配备和管理通则；

GB/T 7470—1987　水质　铅的测定　双硫腙分光光度法；

GB/T 7471—1987　水质　镉的测定　双硫腙分光光度法；

GB/T 7475—1987　水质　铜、锌、铅、镉的测定　原子吸收分光光度法；

GB/T 11910—1989　水质　镍的测定　丁二酮肟分光光度法；

GB/T 11912—1989　水质　镍的测定　火焰原子吸收分光光度法；

GB/T 11914—1989　水质　化学需氧量的测定　重铬酸盐法；

GB/T 17167—2006　用能单位能源计量器具配备和管理导则；

GB/T 18820—2011　工业企业产品取水定额编制通则；

GB/T 24001—2015　环境管理体系　要求及使用指南；

HJ/T 341—2007　水质　汞的测定　冷原子荧光法；

HJ/T 399—2007　水质　化学需氧量的测定　快速消解分光光度法；

HJ 538—2009　固定污染源废气　铅的测定　火焰原子吸收分光光度法（暂行）；

HJ 550—2015　水质　总钴的测定 5－氯－2－（吡咯偶氮）－1，3－二氨基苯分光光度法（暂行）；

HJ 597—2011　水质　总汞的测定　冷原子吸收分光光度法；

HJ 617—2011　企业环境报告书编制导则；

CJ 343—2010　污水排入城镇下水道水质标准；

《污染源自动监控管理办法》（国家环保总局令第 28 号）；

《危险化学品安全管理条例》（中华人民共和国国务院令第 591 号）；

《企业事业单位环境信息公开办法》（环境保护部令第 31 号）；

《突发环境事件应急预案管理暂行办法》（环发［2010］113 号）；

《排污口规范化整治技术要求（试行）》（国家环保局环监［1996］470 号）；

《清洁生产评价指标体系编制通则》（试行稿）（国家发展改革委、环境保护部、工业和信息化部 2013 年第 33 号公告）。

3. 术语和定义

GB/T 18820、《清洁生产评价指标体系编制通则》（试行稿）所确立的以及下列术语和定义适用于本指标体系。

（1）清洁生产

不断采取改进设计、使用清洁的能源和原料、采用先进的工艺技术与设备、改善管理、综合利用等措施，从源头削减污染，提高资源利用效率，减少或者避免生产、服务和产品使用过程中污染物的产生和排放，以减轻或者消除对人类健康和环境的危害。

（2）清洁生产评价指标体系

由相互联系、相对独立、互相补充的系列清洁生产水平评价指标所组成的，用于评价清洁生产水平的指标集合。

（3）污染物产生指标（末端处理前）

即产污系数，指单位产品的生产（或加工）过程中，产生污染物的量（末端处理前）。本指标体系主要是水污染物产生指标。水污染物产生指标包括污水处理装置入口的污水量和污染物种类、单排量或浓度。

（4）指标基准值

为评价清洁生产水平所确定的指标对照值。

（5）指标权重

衡量各评价指标在清洁生产评价指标体系中的重要程度。

（6）指标分级

根据现实需要，对清洁生产评价指标所划分的级别。

（7）清洁生产综合评价指数

根据一定的方法和步骤，对清洁生产评价指标进行综合计算得到的数值。

（8）限定性指标

指对节能减排有重大影响或者法律法规明确规定必须严格执行的指标。本指标体系将限定性指标确定为：单位产品取水量、单位产品综合能耗、污染物产生指标、环境法律法规标准、产业政策执行情况、清洁生产管理指标等指标。

（9）取水量

从各种水源取得的水量，用于供给企业用水的源水水量。

注：引自 GB/T 18820—2011《工业企业产品取水定额编制通则》。

（10）水重复利用率

指在一定的计量时间内，生产过程中使用的重复利用水量（包括循环利用的水量和直接或经处理后回收再利用的水量）与总用水量之比。

（11）电池行业

指以正极活性材料、负极活性材料，配合电介质，以密封式结构制成的，并具有一定公称电压和额定容量的化学电源的制造业。

（12）铅蓄电池

指电极主要由铅制成，电解液是硫酸溶液的一种蓄电池。一般由正极板、负极板、隔板、电解液、电池槽和接线端子等部分组成。

（13）起动型铅蓄电池

指用于起动活塞发动机的汽车用铅蓄电池和摩托车用铅蓄电池等。

（14）动力用铅蓄电池

指电动自行车和其他电动车用铅蓄电池、牵引铅蓄电池和电动工具用铅蓄电池等。

（15）工业用铅蓄电池

指铁路客车用铅蓄电池、航标用铅蓄电池、储能用铅蓄电池及备用电源用铅蓄电池等其他用途的各种铅蓄电池等。

（16）锌系列电池

指以锌为负极的化学电源。

（17）糊式锌锰电池

用被电解质浸湿的淀粉凝胶作隔离层的锌锰电池。

（18）纸板锌锰电池

用浸透电解质的浆层纸（俗称：纸板）作隔离层的锌锰电池。

（19）碱性锌锰电池

含碱性电解质，正极为二氧化锰，负极为锌的原电池（俗称碱锰电池）。根据电池外形细分为：扣式碱性锌锰电池、圆柱型碱性锌锰电池、其他碱性锌锰电池。

（20）锌空气电池

以大气中的氧气为正极活性物质，以锌为负极活性物质，含碱性或盐类电解质的原电池。

（21）扣式电池

总高度小于直径的圆柱形电池，形似硬币或纽扣。

（22）镉镍电池

含碱性电解质，正极含氧化镍，负极为镉的蓄电池。

（23）氢镍电池

含氢氧化钾水溶液电解质，正极为氢氧化镍，负极为金属氢化物的金属氢化物镍电池，简称氢镍电池蓄电池。

（24）锂离子电池

含有机溶剂电解液，利用储锂的层间化合物作正极和负极的蓄电池。

（25）锂原电池

含非水电解质，负极为锂或含锂的一次电池。

4. 评价指标体系

（1）指标选取说明

本评价指标体系根据清洁生产的原则要求和指标的可度量性，进行指标选取。根据评价指标的性质，可分为定量指标和定性指标两种。

定量指标选取了有代表性的、能反映“节能”、“降耗”、“减污”和“增效”等有关清洁生产最终目标的指标，综合考评企业实施清洁生产的状况和企业清洁生产程度。定性指标根据国家有关推行清洁生产的产业发展和技术进步政策、资源环境保护政策规定以及行业发展规划选取，用于考核企业对有关政策法规的符合性及其清洁生产工作实施情况。

（2）指标基准值及其说明

在定量评价指标中，各指标的评价基准值是衡量该项指标是否符合清洁生产基本要求的评价基准。本评价指标体系确定各定量评价指标的评价基准值的依据是：凡国家或行业在有关政策、法规及相关规划中，对该项指标已有明确要求的，执行国家要求的指标值；凡国家或行业对该项指标尚无明确要求的，则选用国内重点大中型电池企业近年来清洁生产所实际达到的中上等以上水平的指标值。在定性评价指标体系中，衡量该项指标是否贯彻执行国家有关政策、法规的情况，按“是”或“否”两种选择来评定。

（3）指标体系

不同类型电池企业清洁生产评价指标体系的各评价指标、评价基准值和权重值见表C-1～表C-5。

表C-2 锌系列电池企业指标项目、权重及基准值（略）

表C-3 镉镍电池企业指标项目、权重及基准值（略）

表C-4 锂离子电池/锂原电池企业指标项目、权重及基准值（略）

表 C-1 铅蓄电池评价指标项目、权重及基准值

序号	一级指标	一级指标权重	二级指标		单位	二级指标权重	Ⅰ级基准值	Ⅱ级基准值	Ⅲ级基准值
1	生产工艺及设备要求	0.2	铅粉制造			0.1	铅锭冷加工造粒技术		熔铅造粒技术
2			和膏			0.05	自动全密封和膏机		
3			涂膏			0.05	自动涂膏技术与设备/灌浆或挤膏工艺		
4			板栅铸造			0.1	车间、熔铅锅封闭；采用连铸辊式、拉网式板栅和卷绕式电极等先进技术	车间、熔铅锅封闭；采用集中供铅重力浇铸技术	
5			化成			0.1	内化成		外化成
						0.15	车间封闭；酸雾收集处理；废酸回收利用		车间封闭；酸雾收集处理；外化成槽封闭
						0.1	能量回馈式充电机		电阻消耗式充电机
6			极板分离			0.1	整体密封；采用机械化分板刷板（耳）工艺		
7			组装			0.15	采用机械化包板、称板设备；采用自动烧焊机或铸焊机等自动化生产设备		
8			配酸和灌酸（配胶与灌胶）			0.1	密闭式自动灌酸机（灌胶机）		
9	资源和能源消耗指标	0.2	*单位产品取水量	起动型铅蓄电池	m^3/kVAh	0.4	0.08	0.10	0.12
				动力用铅蓄电池			0.09	0.10	0.11
				工业用铅蓄电池			0.13	0.15	0.17
				组装			0.02	0.022	0.025
10			*单位产品综合能耗	起动型铅蓄电池	kg/kVAh	0.4	4.5	4.8	5.3
				动力用铅蓄电池			4.2	4.8	5.0
				工业用铅蓄电池			3.8	4.2	4.5
				组装			1.8	2.2	2.4
11			铅消耗量	起动型铅蓄电池	kg/kVAh	0.2	18	19	20
				动力用铅蓄电池			21	22	24
				工业用铅蓄电池			20	21	22

（续）

序号	一级指标	一级指标权重	二级指标		单位	二级指标权重	Ⅰ级基准值	Ⅱ级基准值	Ⅲ级基准值
12	资源综合利用指标	0.1	水重复利用率		%	1	85	75	65
13	产品特征指标	0.1	*产品镉含量		ppm	1	20		
14	污染物控制指标	0.2	*单位产品废水产生量	起动型铅蓄电池	$m^3/kVAh$	0.2	0.07	0.09	0.11
				动力用铅蓄电池			0.08	0.09	0.10
				工业用铅蓄电池			0.11	0.13	0.15
				组装			0.015	0.02	0.022
15			*单位产品废水总铅产生量	起动型铅蓄电池	g/kVAh	0.3	0.2	0.26	0.32
				动力用铅蓄电池			0.25	0.27	0.3
				工业用铅蓄电池			0.3	0.4	0.45
				组装			0.03	0.04	0.05
16			*单位产品废气总铅控制量	铅蓄电池	g/kVAh	0.5	0.06	0.1	0.12
				组装			0.02	0.04	0.05
17	清洁生产管理指标	0.2	参见表C5						

注：带*的指标为限定性指标。

表 C-5 电池企业清洁生产管理指标项目基准值

序号	一级指标	二级指标		二级指标权重	Ⅰ级基准值	Ⅱ级基准值	Ⅲ级基准值
1	清洁生产管理指标	＊环境法律法规标准执行情况		0.1	符合国家和地方有关环境法律、法规，废水、废气、噪声等污染物排放符合国家和地方排放标准；污染物排放应达到国家和地方污染物排放总量控制指标和排污许可证管理要求		
2		＊产业政策执行情况		0.1	生产规模符合国家和地方相关产业政策以及区域环境规划，不使用国家和地方明令淘汰的落后工艺装备和机电设备		
3		＊清洁生产审核情况		0.1	按照国家和地方要求，开展清洁生产审核		
4		环境管理体系		0.1	按照GB/T 24001建立并运行环境管理体系，环境管理手册、程序文件及作业文件齐备	对生产过程中的环境因素进行控制，有严格的操作规程，建立相关方管理程序、清洁生产审核制度和各种环境管理制度，特别是固体废物（包括危险废物）的转移制度	对生产过程中的主要环境因素进行控制，有操作规程，建立相关方管理程序、清洁生产审核制度和必要环境管理制度
5		环境管理制度		0.05	有健全的企业环境管理机构；制定有效的环境管理制度；环保档案管理情况良好		
6		＊环境应急预案		0.1	按《突发环境事件应急预案管理暂行办法》制定企业环境风险应急预案，应急设施、物资齐备，并定期培训和演练		
7		＊危险化学品管理		0.05	符合《危险化学品安全管理条例》相关要求		
8		水污染物排放管理		0.03	＊厂区排水实行清污分流，雨污分流，污污分流；含重金属的洗浴废水和洗衣废水应按重金属废水处理		
				0.02	含盐废水有效处理，含盐废水排放应符合CJ 343		
9		污染物排放监测	在线监测设备	0.02	安装废气、废水重金属在线监测设备	安装废水重金属在线监测设备	
			监测能力建设	0.03	具备自行环境监测能力；对污染物排放状况及其对周边环境质量的影响开展自行监测		具备自行环境监测能力；对污染物排放状况开展自行监测
10		＊排放口管理		0.05	排污口符合《排污口规范化整治技术要求（试行）》相关要求		

（续）

序号	一级指标	二级指标		二级指标权重	Ⅰ级基准值	Ⅱ级基准值	Ⅲ级基准值
11	清洁生产管理指标	＊固体废物处理处置	一般固体废物	0.02	一般固体废物按照 GB 18599 相关规定执行		
			危险废物	0.08	对危险废物（如含重金属污泥、含重金属劳保用品、含重金属包装物、含重金属类废电池等），应按照 GB 18597 相关规定，进行危险废物管理，应交持有危险废物经营许可证的单位进行处理。应制定并向所在地县级以上地方人民政府环境行政主管部门备案危险废物管理计划（包括减少危险废物产生量和危害性的措施以及危险废物贮存、利用、处置措施），向所在地县级以上地方人民政府环境保护行政主管部门申报危险废物产生种类、产生量、流向、贮存、处置等有关资料。应针对危险废物的产生、收集、贮存、运输、利用、处置，制定意外事故防范措施和应急预案，向所在地县以上地方人民政府环境保护行政主管部门备案		
12		能源计量器具配备情况		0.05	计量器具配备率符合 GB 17167、GB 24789 三级计量要求	计量器具配备率符合 GB 17167、GB 24789 二级计量要求	
13		环境信息公开		0.05	按照《企业事业单位环境信息公开办法》公开环境信息，按照 HJ 617 编写企业环境报告书		按照《企业事业单位环境信息公开办法》公开环境信息
14		相关方环境管理		0.05	对原材料供应方、生产协作方、相关服务方提出环境管理要求		

注：带＊的指标为限定性指标。

5. 评价方法

（1）指标无量纲化

不同清洁生产指标由于量纲不同，不能直接比较，需要建立原始指标的隶属函数。

$$Y_{g_k}(x_{ij}) = \begin{cases} 100, & x_{ij} \in g_k \\ 0, & x_{ij} \notin g_k \end{cases} \tag{C-1}$$

式中　x_{ij}——第 i 个一级指标下的第 j 个二级指标；

g_k——二级指标基准值。其中 g_1 为Ⅰ级水平，g_2 为Ⅱ级水平，g_3 为Ⅲ级水平；

$Y_{gk}(x_{ij})$为二级指标 x_{ij}对于级别 g_k的隶属函数。

如式（5-1）所示，若指标 x_{ij}属于级别 g_k，则隶属函数的值为100，否则为0。

（2）综合评价指数计算

通过加权平均、逐层收敛可得到评价对象在不同级别 g_k 的得分 Y_{gk}，如式（5-2）所示。

$$Y_{g_k} = \sum_{i=1}^{m}(w_i \sum_{j=1}^{n_i} \omega_{ij} Y_{g_k}(x_{ij})) \tag{C-2}$$

式中　w_i——第 i 个一级指标的权重；

ω_{ij}——第 i 个一级指标下的第 j 个二级指标的权重，其中 $\sum_{i=1}^{m} w_i = 1$，$\sum_{j=1}^{n_i} \omega_{ij} = 1$；

m——一级指标的个数；

n_i——第 i 个一级指标下二级指标的个数。另外，Y_{g1}等同于 Y、Y_{g2}等同于 Y、Y_{g3}等同于 Y。

（3）电池行业清洁生产企业评定

本标准采用限定性指标评价和指标分级加权评价相结合的办法。在限定性指标达到Ⅲ级水平的基础上，采用指标分级加权评价方法，计算行业清洁生产综合评价指数。根据综合评价指数，确定清洁生产水平等级。

对电池企业清洁生产水平的评价，是以其清洁生产综合评价指数为依据的，对达到一定综合评价指数的企业，分别评定为清洁生产领先企业、清洁生产先进企业或清洁生产基本水平企业。

根据目前我国电池行业的实际情况，不同等级的清洁生产企业的综合评价指数列于表C-6。

表 C-6　电池行业不同等级清洁生产企业综合评价指数

企业清洁生产水平	评定条件
Ⅰ级（国际清洁生产领先水平）	同时满足： $-Y \geqslant 85$； 限定性指标全部满足Ⅰ级基准值要求
Ⅱ级（国内清洁生产先进水平）	同时满足： $-Y \geqslant 85$； 限定性指标全部满足Ⅱ级基准值要求及以上
Ⅲ级（国内清洁生产基本水平）	同时满足： $-Y_{Ⅲ} \geqslant 100$； 限定性指标全部满足Ⅲ级基准值要求及以上

6. 指标解释与数据来源

指标解释

1）单位产品取水量　企业在一定计量时间内生产单位产品需要从各种水资源所取得的水量。工业生产取水量，包括取自地表水（以净水厂供水计量）、地下水、城镇供水工程，以及企业从市场购得的其他水或水的产品（如蒸汽、热水、地热水等），不包括企业自取的海水和苦咸水等以及企业为外供给市场的水产品（如蒸汽、热水、地热水等）而取用的水量。

按式（6-1）计算：

$$V_{ui} = \frac{V_i}{Q} \tag{C-3}$$

式中　V_{ui}——单位产品取水量（m^3/kVAh 或 m^3/万只、m^3/万 Ah）；

V_i——在一定计量时间内产品生产取水量（m^3）；

Q——在一定计量时间内产品产量（kVAh 或万只、万 Ah）。

2）单位产品综合能耗　单位产品综合能耗指电池企业在计划统计期内，对实际消耗的各种能源实物量按规定的计算方法和单位分别折算为一次能源后的总和。综合能耗主要包括一次能源（如煤、石油、天然气等）、二次能源（如蒸汽、电力等）和直接用于生产的能源工质（如冷却水、压缩空气等），但不包括用于动力消耗（如发电、锅炉等）的能耗工质。按式（6-2）计算：

$$E_{ui} = \frac{E_i}{Q} \tag{C-4}$$

式中　E_{ui}——单位产品综合能耗（kgce/kVAh 或 kgce/万只、kgce/万 Ah）；

E_i——在一定计量时间内产品生产的综合能耗（kgce）；

Q——在一定计量时间内产品产量（kVAh 或万只、万 Ah）。

3）水重复利用率　水的重复利用率，按式（6-3）计算：

$$R = \frac{V_r}{V_i + V_r} \times 100\% \tag{C-5}$$

式中　R——水的重复利用率,%；

V_r——在一定计量时间内重复利用水量（包括循环用水量和串联使用水量）（m^3）；

V_i——在一定计量时间内产品生产取水量，不包括产品本身（电解液）用水量（m^3）。

4）单位产品废水产生量　废水产生量，按式（6-4）计算：

$$V_{ci} = \frac{V_c}{Q} \tag{C-6}$$

式中　V_{ci}——单位产品废水产生量（m^3/kVAh 或 m^3/万只、m^3/万 Ah）；

V_c——在一定计量时间内企业生产废水产生量（m^3）；

Q——在一定计量时间内产品产量（kVAh 或万只、万 Ah）。

5）单位产品 COD_{cr}产生量　COD_{cr}产生量指电池生产过程产生的废水中 COD_{cr}的量，在废水处理站入口处进行测定。

$$\mathrm{COD}_{cr}=\frac{C_{\mathrm{COD}_{cr}}\times V_C}{Q} \tag{C-7}$$

式中 COD_{cr}——单位产品COD产生量（g/万kVAh或g/万只、kg/万Ah）；

$C_{\mathrm{COD}_{cr}}$——在一定计量时间内，各生产环节$C_{\mathrm{COD}_{cr}}$产生浓度实测加权值（mg/L）；

V_c——在一定计量时间内，企业生产废水产生量（m^3）；

Q——在一定计量时间内产品产量（万kVAh或万只、万Ah）。

6）单位产品废水总铅产生量　废水总铅产生量指电池生产过程产生的废水中总铅的量，在废水处理站入口处进行测定。

$$\mathrm{Pb}=\frac{C_{\mathrm{Pb}}\times V_c}{Q} \tag{C-8}$$

式中 Pb——单位产品铅的产生量（g/kVAh）；

C_{Pb}——在一定计量时间内，各生产环节总铅产生浓度实测加权值（mg/L）；

V_c——在一定计量时间内，企业生产废水产生量（m^3）；

Q——在一定计量时间内产品产量（kVAh）。

7）单位产品废水总汞产生量　总汞产生量指电池生产过程产生的废水中总汞的量，在废水处理站入口处进行测定。

$$\mathrm{Hg}=\frac{C_{\mathrm{Hg}}\times V_c}{Q} \tag{C-9}$$

式中 Hg——单位产品汞的产生量（g/万只）；

C_{Hg}——在一定计量时间内，各生产环节总汞产生浓度实测加权值（mg/L）；

V_c——在一定计量时间内，企业生产废水产生量（m^3）；

Q——在一定计量时间内产品产量（万只）。

8）单位产品废水总镉产生量　总镉产生量指电池生产过程产生的废水中总镉的量，在废水处理站入口处进行测定。

$$\mathrm{Cd}=\frac{C_{\mathrm{Cd}}\times V_c}{Q} \tag{C-10}$$

式中 Cd——单位产品镉的产生量（g/万kVAh）；

C_{Cd}——在一定计量时间内，各生产环节总镉产生浓度实测加权值（mg/L）；

V_c——在一定计量时间内，企业生产废水产生量（m^3）；

Q——在一定计量时间内产品产量（万kVAh）。

9）单位产品废水总镍产生量　总镍产生量指电池生产过程产生的废水中总镍的量，在废水处理站入口处进行测定。

$$\mathrm{Ni}=\frac{C_{\mathrm{Ni}}\times V_c}{Q} \tag{C-11}$$

式中 Ni——单位产品镍的产生量（g/万kVAh）；

C_{Ni}——在一定计量时间内，各生产环节总镍产生浓度实测加权值（mg/L）；

V_c——在一定计量时间内，企业生产废水产生量（m^3）；

Q——在一定计量时间内产品产量（万 kVAh）。

10）单位废水总钴产生量　总钴产生量指电池生产过程产生的废水中总钴的量，在废水处理站入口处进行测定。

$$\text{Co} = \frac{C_{\text{Co}} \times V_c}{Q} \tag{C-12}$$

式中　Co——单位产品钴的产生量（g/万 Ah）；

C_{Co}——在一定计量时间内，各生产环节总钴产生浓度实测加权值（mg/L）；

V_c——在一定计量时间内，企业生产废水产生量（m^3）；

Q——在一定计量时间内产品产量（万 Ah）。

11）单位产品废气总铅控制量　废气总铅控制量指电池生产过程产生的废气中总铅的量，在废气排气筒排口处进行测定。

$$\text{Pb}_e = \frac{\sum \text{Pb}_i}{Q} \tag{C-13}$$

式中　Pb_e——单位产品废气中总铅的控制量（g/kVAh）；

Pb_i——在一定计量时间内，各废气排气筒排口实测总铅排放量（g）；

Q——在一定计量时间内产品产量（kVAh）。

12）NMP 回收率　NMP 回收率，按式（6-12）计算：

$$R_{\text{NMP}} = \frac{H_d}{H_b} \times 100\% \tag{C-14}$$

式中　R_{NMP}——NMP 回收率（%）；

H_d——在一定计量时间内 NMP 回收量（kg）；

H_b——在一定计量时间内 NMP 使用量（kg）；

7. 数据来源

（1）统计

企业的产品产量、原材料消耗量、取水量、重复用水量、能耗及各种资源的综合利用量等，以年报或参考周期报表为准。

（2）实测如果统计数据严重短缺，资源综合利用特征指标也可以在考核周期内用实测方法取得，考核周期一般不少于一个月。

（3）采样和检测

本指标污染物产生指标的采样和监测按照相关技术规范执行，并采用国家或行业标准监测分析方法，详见表 C-7。

表 C-7　污染物项目测定方法标准

监测项目	测定位置	方法标准名称	方法标准编号
化学需氧量（COD_{cr}）	末端治理设备入口	水质 化学需氧量的测定 重铬酸钾法	GB/T 11914
		水质 化学需氧量的测定 快速消解分光光度法	HJ/T 399

（续）

监测项目	测定位置	方法标准名称	方法标准编号
总铅（Pb）	车间或生产设施废水治理设施入口	水质 铅的测定 双硫腙分光光度法	GB/T 7470
		水质 铜、锌、铅、镉的测定 原子吸收分光光谱法	GB/T 7475
总汞（Hg）		水质 总汞的测定 冷原子吸收分光光度法	HJ 597
		水质 总汞的测定 高锰酸钾－过硫酸钾消解法 双硫腙分光光度法	GB 7469
		水质 汞的测定 冷原子荧光法（试行）	HJ/T 341
总镉（Cd）		水质 镉的测定 双硫腙分光光度法	GB/T 7471
		水质 铜、锌、铅、镉的测定 原子吸收分光光谱法	GB/T 7475
总镍（Ni）		水质 镍的测定 丁二酮肟分光光度法	GB/T 11910
		水质 镍的测定 火焰原子吸收分光光度法	GB/T 11912
总钴（Co）		水质 总钴的测定 5－氯－2－（吡咯偶氮）－1，3－二氨基苯分光光度法（暂行）	HJ 550
铅及其化合物	车间或生产设施排气筒	固定污染源废气 铅的测定 火焰原子吸收分光光度计（暂行）	HJ 538

参考文献

[1] D Berndt. 蓄电池技术手册［M］. 第2版. 唐谨，译. 北京：中国科学技术出版社，2001.
[2] 柴树松. 铅酸蓄电池板栅设计的探讨［J］. 蓄电池，2008（3）：103－106.
[3] 刘广林. 铅酸蓄电池技术手册［M］. 北京：宇航出版社，1991.
[4] 朱松然. 蓄电池手册［M］. 天津：天津大学出版社，1998.
[5] D A J Rand. 阀控式铅酸蓄电池［M］. 郭永榔，译. 北京：机械工业出版社，2007.
[6] 胡耀波，张祖波. 铅酸蓄电池用拉网合金 Pb－Ca－Sn－Al 研究［J］. 蓄电池，2008（4）：154－157.